移动开发系列丛书

Google Android 应用开发与系统改造实战

王保卫 申波 编著

人民邮电出版社
北京

图书在版编目（CIP）数据

Android应用开发与系统改造实战 / 王保卫，申波编著. -- 北京 : 人民邮电出版社，2012.2
ISBN 978-7-115-27272-0

Ⅰ. ①A… Ⅱ. ①王… ②申… Ⅲ. ①移动电话机—应用程序—程序设计 Ⅳ. ①TN929.53

中国版本图书馆CIP数据核字(2011)第262934号

内 容 提 要

本书共分 25 章，对 Android 系统的各个层面进行了详细讲解，旨在让读者在尽量短的时间内对 Andriod 系统的各个方面有一个全面的了解，为进一步学习开发和研究 Android 操作系统源程序打下坚实的基础。首先，在 Android 应用程序层面，详细讲解了应用程序开发的各项技术，着重讲解了应用程序的开发基础、应用程序的结构、4 大组件工作原理与功能，以及它们之间通信的基础 Intent 类。此外，给出了一些实例让读者能够更深刻地理解这些知识并加以应用。然后，讲解了 Android NDK 开发的方方面面，为了更好地开发出高质量的应用程序，详细讲解了 Android 调试技术，包括普通 Android 应用程序和 NDK 应用程序调试。

当然，为满足一些有着丰富应用程序开发经验的读者和对 Android 系统底层有很大兴趣的读者的学习需求，本书还详细讲解了如何编译 Android 源程序工程，并对 Android 编译系统进行了深入剖析，让读者对 Android 工程的高效组织和自动编译有更深刻的理解。此外，本书还结合着源程序深入讲解了 Android 系统中的某些子系统，包括子系统的功能、结构和工作原理。

本书还着重讲解了 Android 系统改造的思路，详细讲解了一些改造 Android 系统的实例，如状态栏定制、开机动画、系统服务、系统应用改造，使读者通过动手实践来真正将所学知识融会贯通。

本书适合作为 Android 应用程序开发者的实践教材，也适合对 Android 系统原理有极大兴趣的爱好者阅读，还可供 Android 系统改造人员作为参考书使用。

Android 应用开发与系统改造实战

◆ 编　　著　王保卫　申　波
　责任编辑　张　涛
◆ 人民邮电出版社出版发行　　北京市崇文区夕照寺街 14 号
　邮编　100061　　电子邮件　315@ptpress.com.cn
　网址　http://www.ptpress.com.cn
　三河市潮河印业有限公司印刷
◆ 开本：800×1000　1/16
　印张：29
　字数：675 千字　　2012 年 2 月第 1 版
　印数：1 – 4 000 册　　2012 年 2 月河北第 1 次印刷

ISBN 978-7-115-27272-0

定价：59.00 元

读者服务热线：(010)67132692　印装质量热线：(010)67129223
反盗版热线：(010)67171154
广告经营许可证：京崇工商广字第 0021 号

前　言

随着 Android 系统版本的不断升级，给很多学习以及开发的人带来很多的困扰，目前为止，虽然系统依然在有序升级，但是系统已经趋于成熟，只是做了少许的性能改进以及 UI 界面的更换。已经很少改动系统的 API，这对于我们的学习和开发带来了很大的好处。

从 2008 年初接触 Android 以来，一直从事 Android 方面的开发，对 Android 的发展和学习参杂着很多的感受，从学习系统编译到学习系统部分移植；从学习系统的架构到应用架构的开发，以及对系统各部分 API 的深入学习，让我们逐步地对 Android 系统有了全面的理解。目前，虽然已经有很多 Android 方面的书籍，但不能满足用户深入学习系统底层知识需要，以及着手去尝试着对系统做些改造的体验。所以此书应时而生。

本书概述

全书共 25 章，分为 4 个部分。

第一部分从第 1 章至第 7 章。主要从 Android 应用开发的角度来讲解 Android 基础知识的入门。这一部分主要介绍了开发环境的搭建、应用开发所遇到的基本概念、各种控件及其使用方法、应用程序结构、应用程序组件、应用数据存储、应用通信机制以及应用的开发实例，最后讲解了高性能应用开发所需要注意的事项。这一部分旨在让读者能够对 Android 系统有一个直观的理解，能够开发基本的应用程序。

第二部分从第 8 章至第 12 章。主要从 Android 调试的角度来讲解 Android 的基础工具以及 Android 的编译系统。这一部分主要介绍了 4 个方面，第一个方面是介绍 Android 应用开发的基本工具，如模拟器、adb 工具、Hierarchy Viewer、layoutopt、DDMS、aapt、sqlite3 以及 Traceview 等；第二个方面是介绍应用调试技术、系统源码的调试技术等；第三个方面主要介绍系统源码的编译系统以及编译过程；第四个方面介绍了 NDK 的编译调试技术。这一部分旨在让读者能够从 Android 系统开发的角度来理解系统的各个部分是怎么开发出来的，并且能够使用这些工具来进行应用开发和调试，并且能够自己去接触系统源程序，并对其中的各个部分进行编译，尝试亲手编译系统的体验。

第三部分从第 13 章至第 21 章。主要从 Android 系统框架层来讲解系统应用的各个部分的基本原理，主要包括系统架构、系统服务模型、启动过程、图形系统、蓝牙系统、电话系统、多媒体系统、电源管理以及系统通信机制等方面。旨在让读者能够从系统应用的角度来了解系统应用存在于虚拟机之上是怎么调用和工作的。了解了原生的系统应用，就可以编写自己的系统应用了。

第四部分从第 22 章至第 25 章。这一部分主要介绍了几个系统改造的实例，让读者能够以创造者的身份去创造自己的系统。从系统开机动画的设计到系统服务编写以及系统应用的开发，让读者能够看到其实对系统的改造并不是那么的深奥，完全可以自己按照这种方式在系统级别上去做一些事情。

致谢

在写这本书的过程中，深深地感受到写书的不易，虽然参加过很多的项目，也自己开发过很多项目，对 Android 的理解也已经不浅，但是真正提笔写起来，总是感觉功底不够，笔力有限，很多知识不知道怎么去组织、去介绍才能让读者更加轻松地理解和学习。

这期间，非常感谢陈榕老师，在科泰华捷的那段日子，我接触到了 Android，也是在这个公司的时候，我们深入学习和理解了整个 Android 的框架基础知识以及应用开发。很感激裴喜龙老师和顾伟楠老师一直以来对我们的指导，还有很多同学对我们的帮助。

非常感谢人民邮电出版社的张编辑，一直默默地在支持着我们写作，才让我们有足够的勇气去组织材料编写本书。源程序下载网址：www.ptpress.com.cn。编辑联系邮箱：zhangtao@ ptpress.com.cn。

编　者

目　录

第一部分　Android 应用程序开发

第二部分 Android 调试技术与编译系统

第三部分　Android 子系统分析

第四部分 Android 系统改造实战

第一部分 Android 应用程序开发

第 1 章　Android 开发环境

第 2 章　Android 基本应用开发与解析

第 3 章　Android 应用程序清单

第 4 章　Androidr 的 4 大组件

第 5 章　Android 应用层通信机制

第 6 章　综合案例——多线程下载器开发

第 7 章　Android 应用程序设计与优化

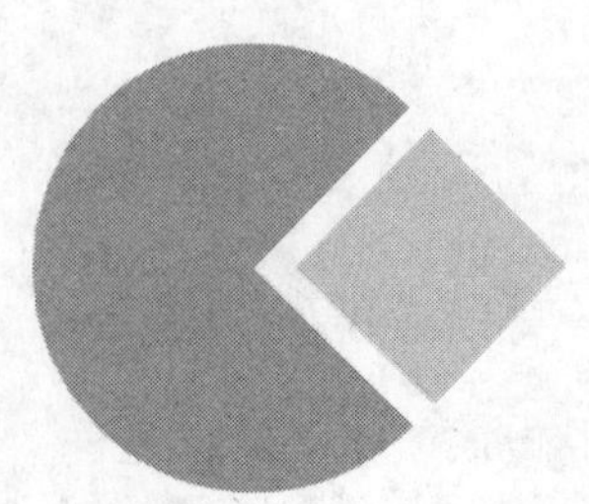

第1章 Android开发环境

1.1 初识庐山真面目——Android 开发环境概述

“巧妇难为无米之炊”，要想在 Android 平台上开发软件，必须装备好必备的工具，一个好的开发环境能够帮助我们快速地开发出想要的应用软件。伴随着 Android 的开放，Google 也提供了一套开发工具，包括设备模拟器、Android 资源打包工具 aapt、Dalvik 调试监控工具 DDMS，adb 调试桥和字节码转换工具 Dx 工具。

这些工具我们在开发基本应用时一般是用不着的，在后面的一些部分，会专门讲解 Android 系统中自带工具的用处。下面将进入 Android 开发环境搭建之旅。

1.2 Android 开发系统环境要求

1.2.1 操作系统配置

在你的计算机上具备以下其中的一个条件方能正常地开发 Android 程序。

- Windows XP（32-bit）、Windows Vista（32- or 64-bit）或 Windows 7（32- or 64-bit）。
- Mac OS X 10.5.8 或 later（x86 only）。
- Linux（Ubuntu Linux，Lucid Lynx）。GNU C 库（glibc）2.11 或者最新的。Ubuntu Linux、Lucid Lynx 新版本。

1.2.2 开发环境配置要求

（1）Eclipse 工具。

- Eclipse 3.4（Ganymede）或者更新版本。
- Eclipse JDT 插件（包含在大多数的 Eclipse IDE 包中）。
- 如果你想安装或者更新 Eclipse，可以从下面的网址中下载：http：//www.eclipse.org/downloads/。
- JDK 5 or JDK 6（仅安装 JRE 是不够的）。
- Android Development Tools plugin（ADT）。

- 不适宜用 GNU 编译器来编译 Java。
- Apache Ant 1.8 或者最新版本。

（2）注意。

如果 JDK 已经安装好了，请确信它是满足上面所列的系统要求。特别要注意的是，在 Linux 的某些版本的系统中，使用的是 JDK1.4 或者 GNU 编译器来编译 Java，这两种都不能支持 Android 开发环境。

1.3 Android 开发所需软件的下载

1.3.1 Elcipse

目前，Android 官方已经给出的最新 ADT 集成开发环境的插件已经开始支持 Eclipse 的 3.6（Helios）版本，也可以使用 Eclipse3.4 或者 3.5 版本。Eclipse 的下载网址：http：//www.eclipse.org/downloads/。

1.3.2 ADT

ADT 是 Eclipse 的一个插件，全称为 Android Development Tools。是 Google 开发用来给 Android 开发人员开发 Android 应用软件的集成开发工具。你可以轻松地通过 ADT 工具来快速建立一个新的工程，创建应用程序界面。还可以通过使用 Android SDK 工具来调试你的应用程序，为应用程序签名。这些功能都会在后续的章节中介绍。下面通过网址下载 ADT。

ADT 下载网址：http：//developer.android.com/sdk/eclipse-adt.html。

1.3.3 Android SDK

安装完整 Android SDK。（官网上下载的 SDK 只是一个框架，并不是完整的开发包，所以需要进一步下载完整）安装步骤如下。

（1）进入官方网址 http：//developer.android.com/sdk/index.html，如图 1.1 所示。

Platform	Package	Size	MD5 Checksum
Windows	android-sdk_r08-windows.zip	32696391 bytes	3e0b08ade5bfa9624bce9ddc164a48cb
	installer_r08-windows.exe (Recommended)	32746192 bytes	04ce87b10a8361a1f63cf2238bbc1ee3
Mac OS X (intel)	android-sdk_r08-mac_86.zip	28797617 bytes	d2e392c4e4680cbf2dfd6dbf82b662c7
Linux (i386)	android-sdk_r08-linux_86.tgz	26817291 bytes	3b626645b223d137d27beefbda0c94bc

图 1.1 SDK 安装包

选择第一个 android-sdk_r08-windows.zip 下载，下载完成后解压，会看到目录如图 1.2 所示。

（2）运行 SDK Manager.exe 文件，如图 1.3 所示，弹出一个对话框，显示进行下载 SDK 列表。

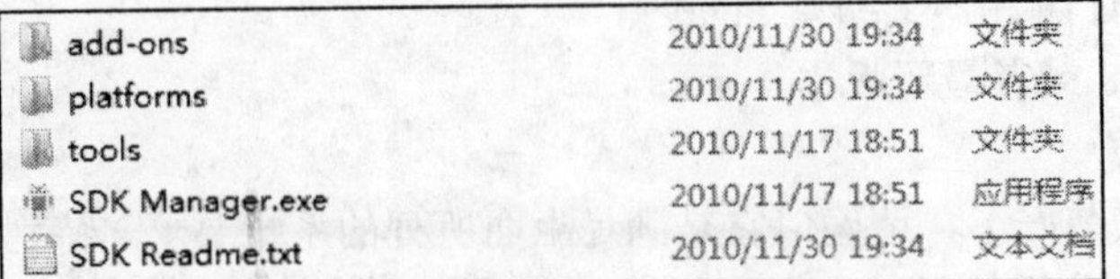

图 1.2 SDK Manager 工具

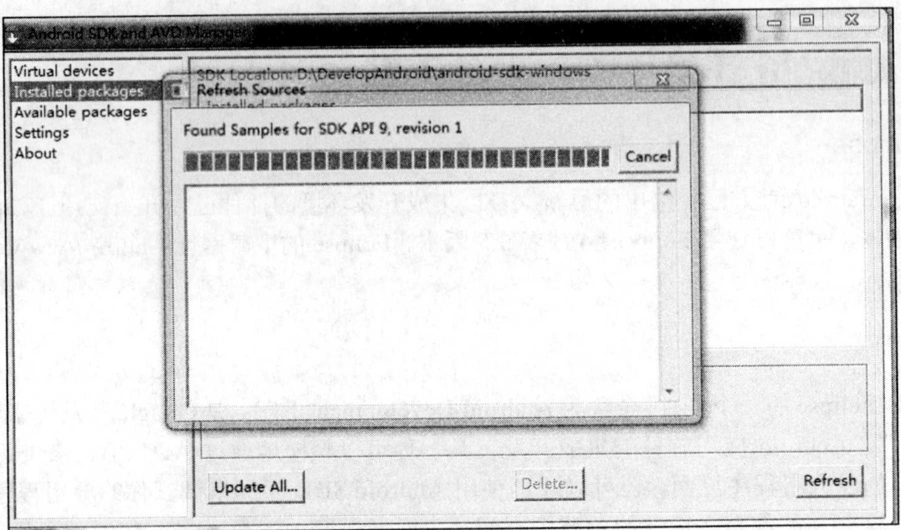

图 1.3 运行 SDK Manager

列表下载完成后会显示图 1.4 所示界面。

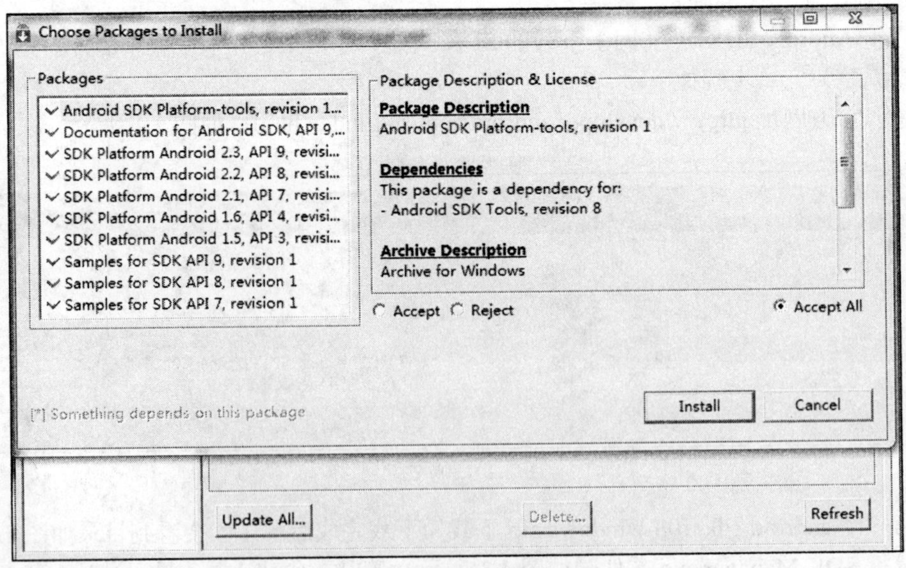

图 1.4 SDK 目录列表

选择 Accept All 项，并点击 Install 按钮，SDK Manager 就会下载所有的 SDK1.5 以上版本的 Android 以及 SDK 文档，如图 1.5 所示。

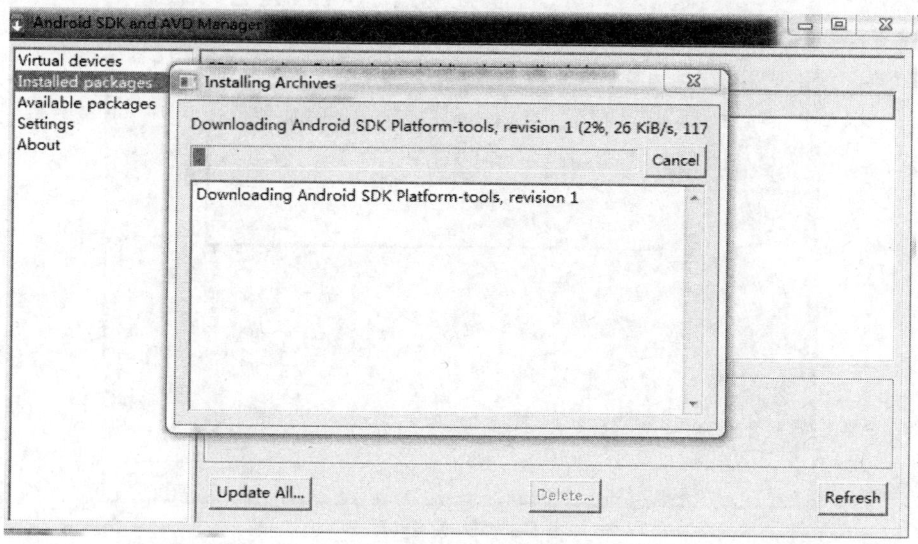

图 1.5　开始下载 SDK

（3）安装完毕后，点击“Close”按钮，关闭窗口，进入你的 SDK 目录，其中多了 4 个文件夹，如图 1.6 所示。

文件夹 platforms 是下载的各个版本的 Android 系统 SDK。platform-tools 文件夹下载的是各种工具。docs 文件夹是下载的最新的 Android 开发文档。temp 文件夹是空的。

（4）在 Eclipse 中，依次选中菜单 Window→Preferences 项，如图 1.7 所示。

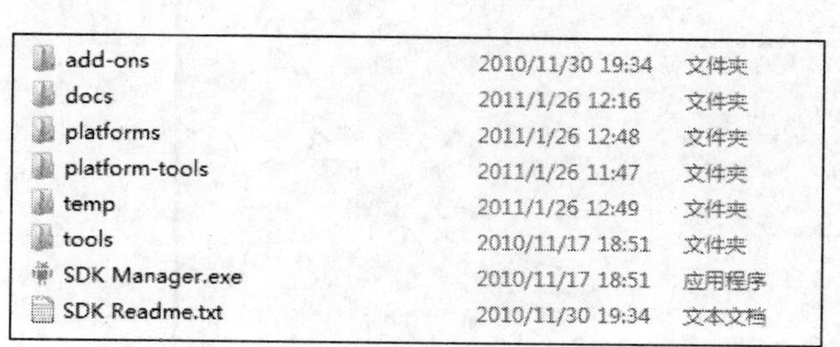

图 1.6　SDK 目录结构

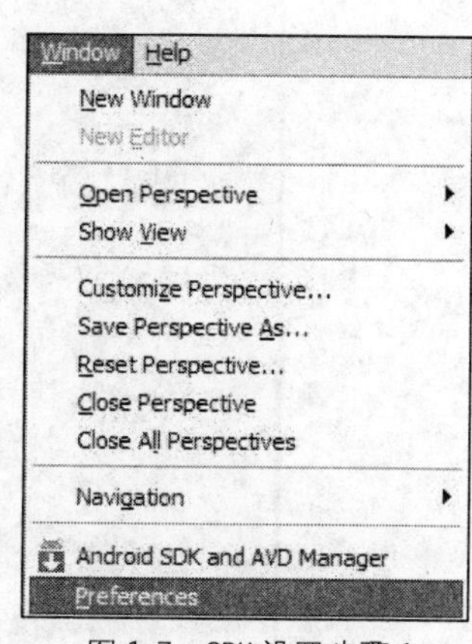

图 1.7　SDK 设置步骤 1

（5）弹出“Preferences”对话框，可能会立即弹出“Android SDK Location”的错误对话框，如图 1.8 所示。

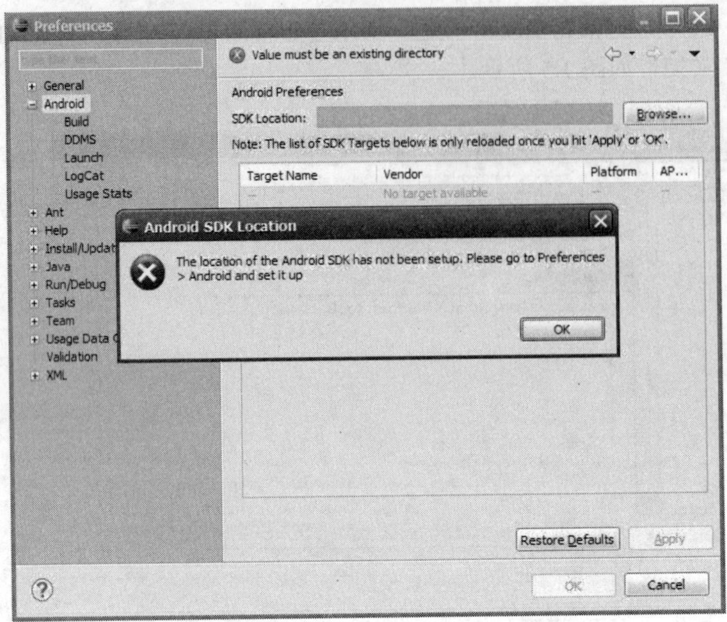

图 1.8 SDK 设置步骤 2

（6）关掉上述错误对话框，在 SDK Location 中输入你的 SDK 文件所在的位置，这里是 E:\Android\android-sdk_r06-windows，点击“OK”按钮，如图 1.9 所示。

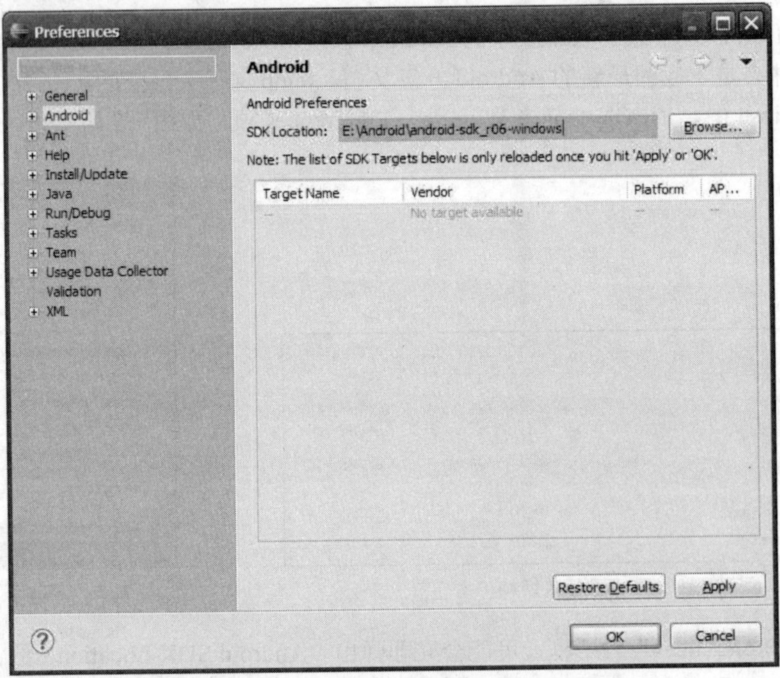

图 1.9 SDK 设置步骤 3

安装好 Eclipse 插件 ADT 后，还可以使用另外的方法来安装 SDK 各平台包。

（1）依次选择菜单 Window→Android SDK and AVD Manager 项，如图 1.10 所示。

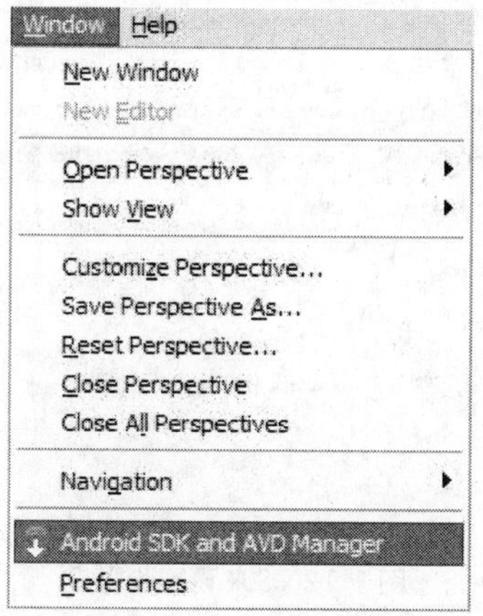

图 1.10　SDK 设置步骤 1

（2）弹出“Android SDK and AVD Manager”对话框，选择“Available Packages”，点击“+”展开选项。并选中“Samples for SDK API 8 revision#2”的 4 个选项。点击“Install Selected”按钮，如图 1.11 所示。

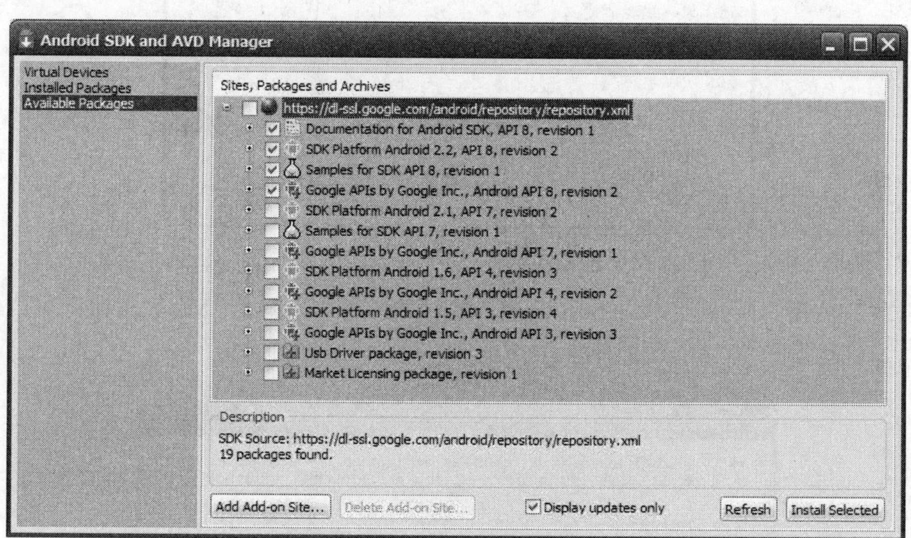

图 1.11　SDK 设置步骤 2

（3）弹出“Choose Packages to Install”对话框，选中“Accept All”单选框，点击“Install”按钮，如图 1.12 所示。

（4）弹出“Installing Archives”对话框，开始下载安装。此过程所需时间视网速而定，如图 1.13 所示。

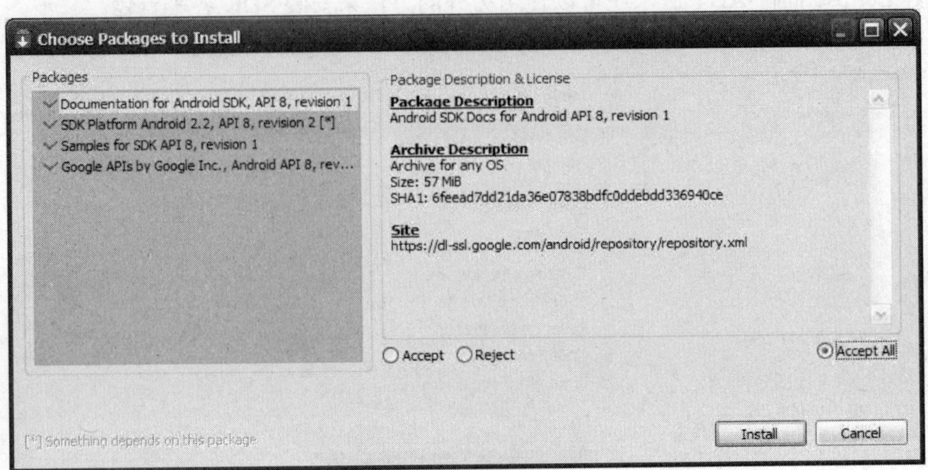

图 1.12　SDK 设置步骤 3

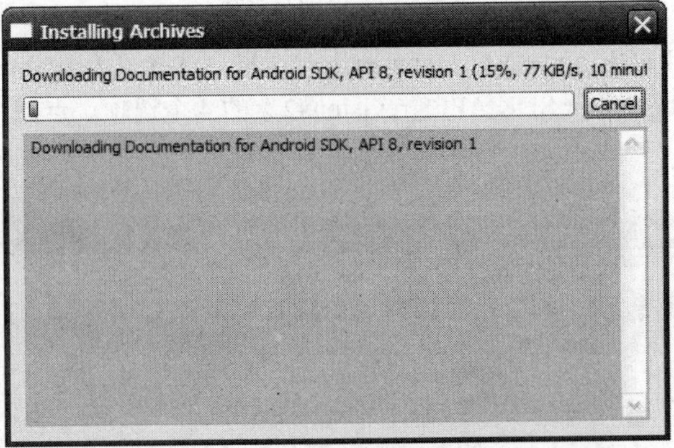

图 1.13　SDK 设置步骤 4

（5）下载完成后，可能会弹出“ADB Restart”对话框，点击“Yes”按钮即可，如图 1.14 所示。

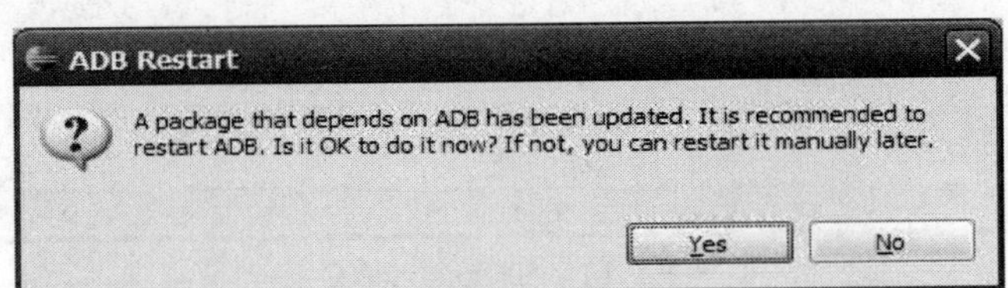

图 1.14　SDK 设置步骤 5

（6）安装完毕后，点击“Close”按钮，关闭窗口，如图 1.15 所示。

（7）如果不确定刚才的 4 个包是否正确安装，可以在“Android SDK and AVD Manager”对话框中，选择“Installed Packages”，查看已安装的软件包，如图 1.16 所示。

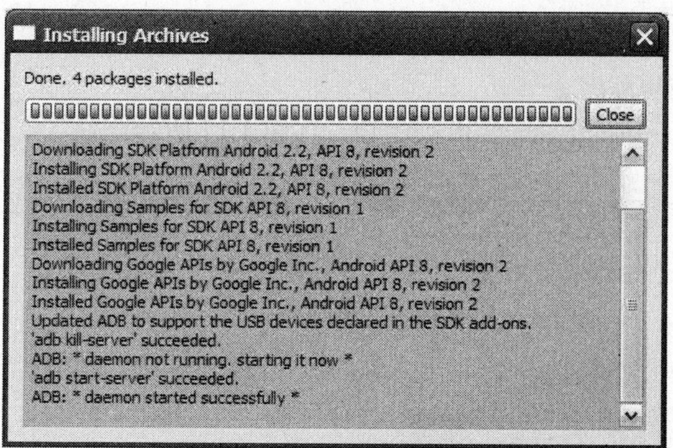

图 1.15　SDK 设置步骤 6

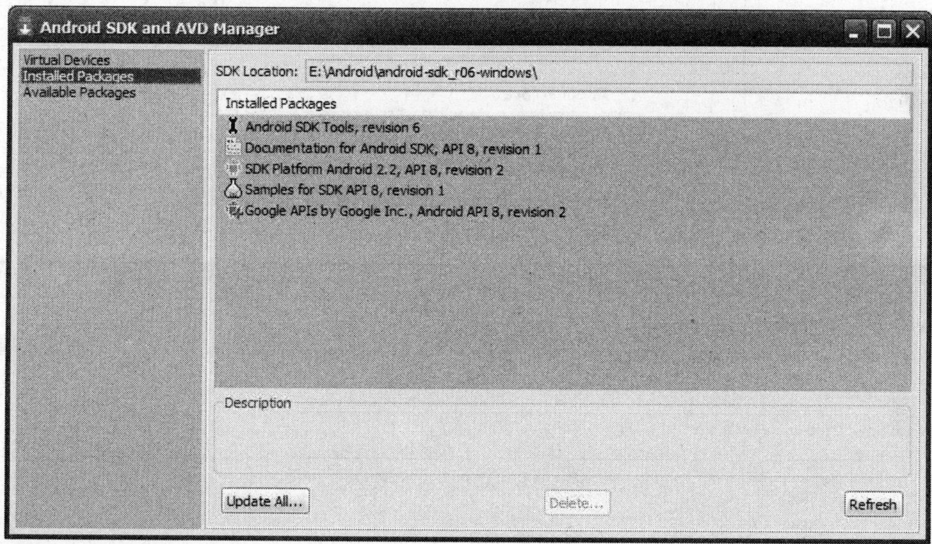

图 1.16　SDK 设置步骤 7

保证计算机上安装了 JDK，若没有安装，则要下载 jre1.5/jdk1.5 或最新版本。

1.4 Android SDK 开发环境配置

1.4.1　安装已下载的软件

（1）建立一个开发环境的文件夹，例如 D：/delvelop 文件夹。

（2）解压 Eclipse 到一个 delvelop 文件夹下。

（3）解压 ADT 到 develop 文件夹下。

（4）解压 SDK 到 develop 文件夹下。

1.4.2 本地安装 ADT

（1）打开 Eclipse 应用程序。

（2）然后进入 Help→Install New Software 项，如图 1.17 所示。

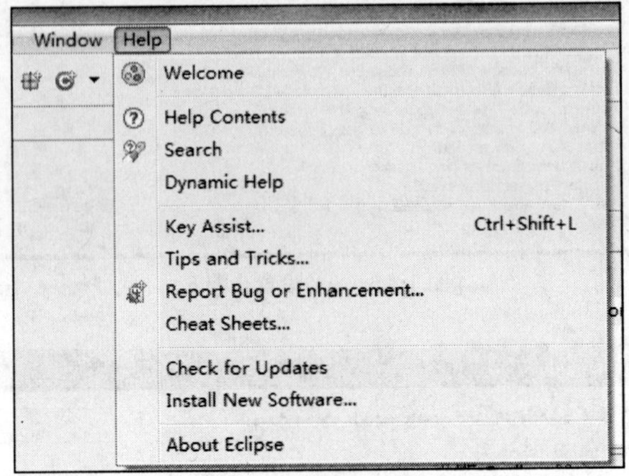

图 1.17 ADT 安装步骤 1

点击“Install New Software”项后出现对话框，如图 1.18 所示。

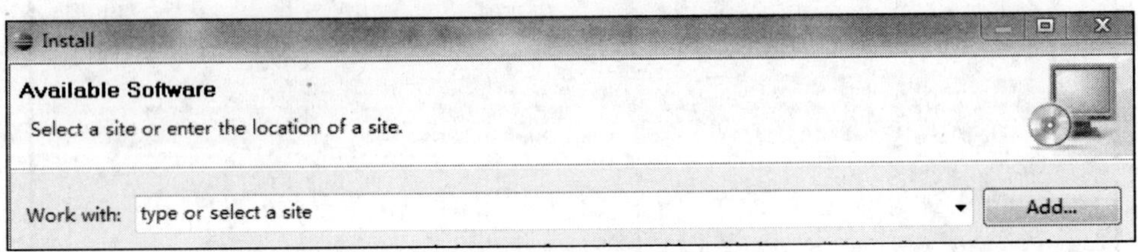

图 1.18 ADT 安装步骤 2

（3）点击“Add”按钮出现图 1.19 所示界面。

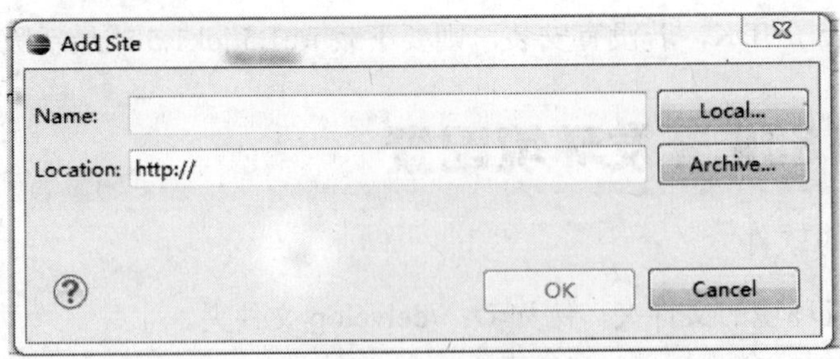

图 1.19 ADT 安装步骤 3

（4）点击右边的“Local”按钮，选择已经下载好的 ADT 的目录得到如图 1.20 所示界面。

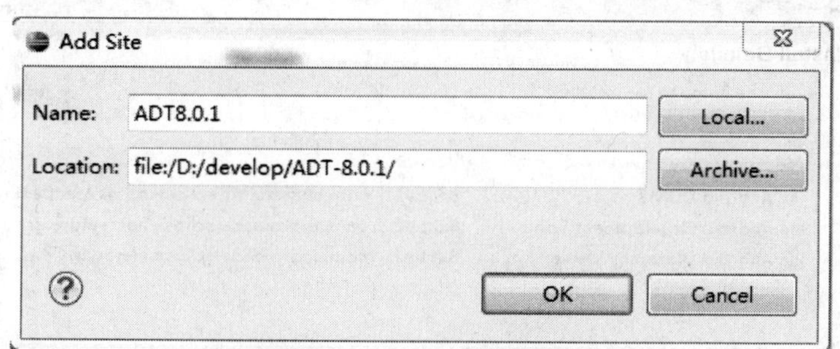

图 1.20 ADT 安装步骤 4

（5）点击图示的“OK”按钮后出现如图 1.21 所示界面。

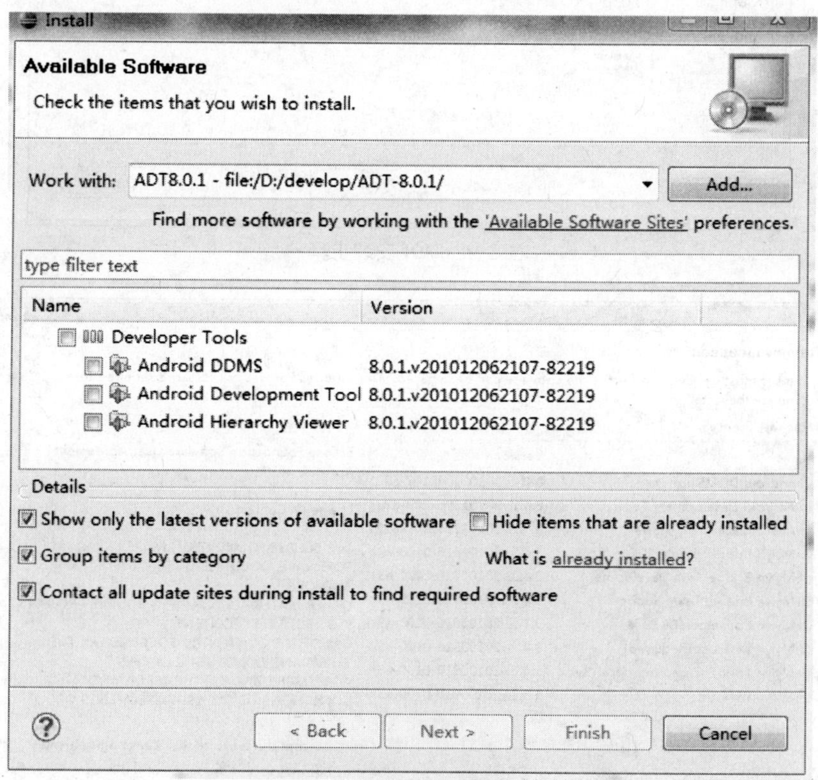

图 1.21 ADT 安装步骤 5

（6）选中上面的 Developer Tools，然后点击“Next”按钮，会出现图 1.22 所示界面。

（7）点击“Next”按钮，如图 1.23 所示。

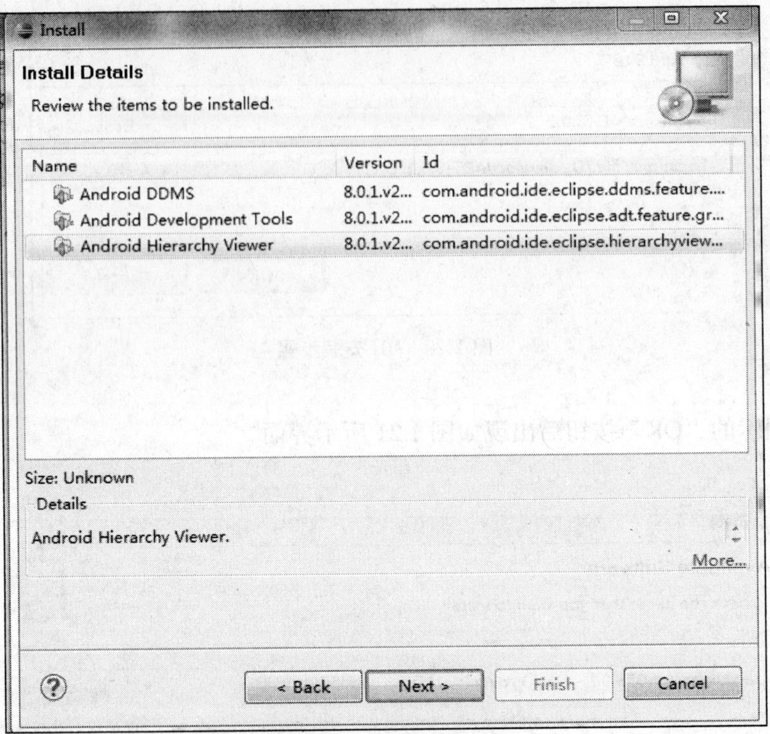

图 1.22　ADT 安装步骤 6

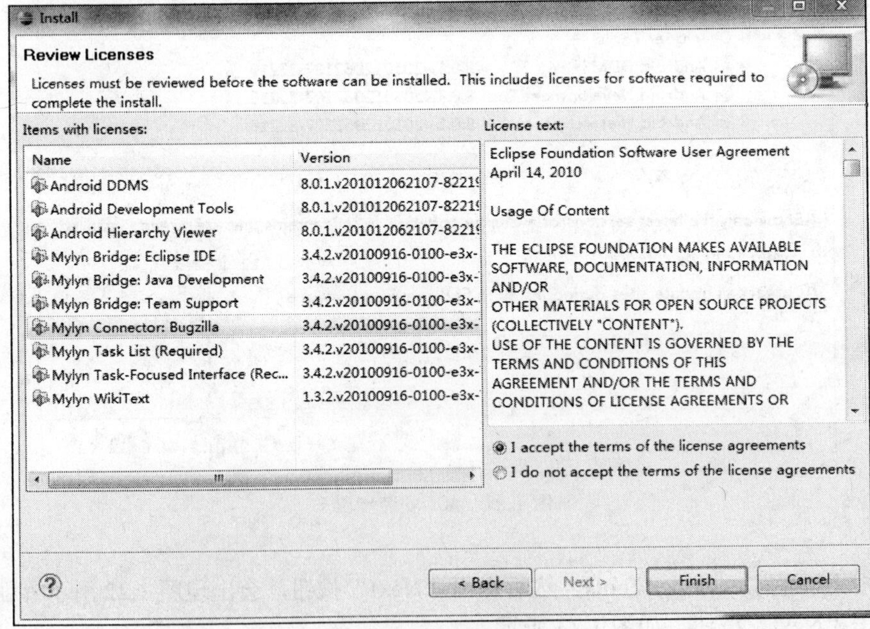

图 1.23　ADT 安装步骤 7

（8）选择“I accept the terms of the license agreements”接受，并点击“Finish”按钮开始安装ADT，进入安装界面，如图 1.24 所示。

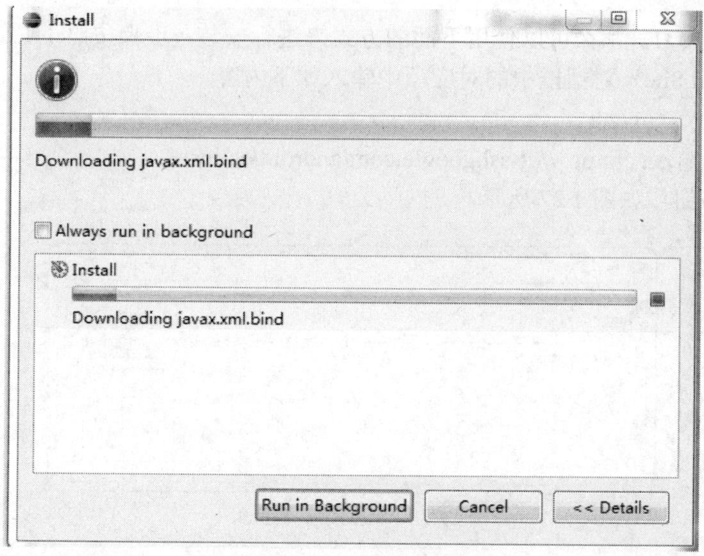

图 1.24　ADT 安装步骤 8

（9）当安装进行到中间时会跳出一个对话框，如图 1.25 所示。

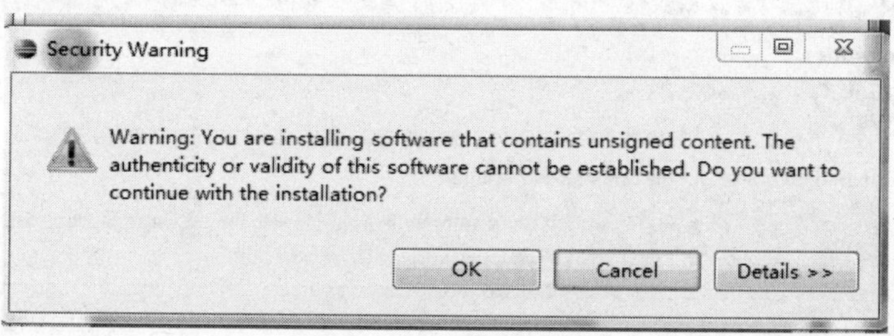

图 1.25　ADT 安装步骤 9

点击“Ok”按钮就可以了。

（10）接下来会弹出一个对话框，如图 1.26 所示。

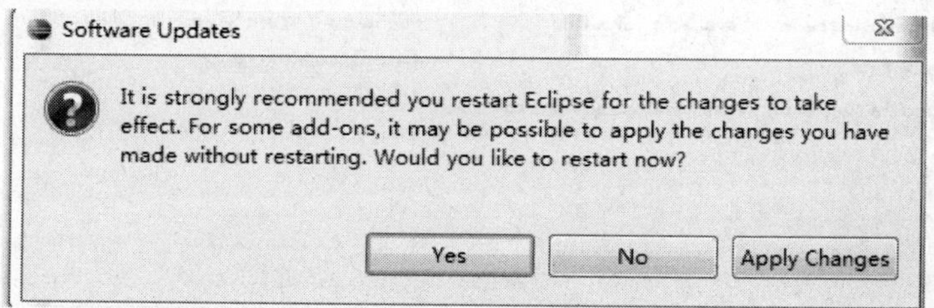

图 1.26　ADT 安装步骤 10

系统会要求重启 Eclipse。重新启动完成后，ADT 就已经安装成功了。

1.4.3 网络安装 ADT

如果没有下载 ADT，那么可以使用下面的方式来进行安装：步骤按照 1.4.2 中的第三步来继续安装，在弹出“Add Site”对话框中的对应项中输入如下内容。

- Name 中输入：myadt。
- Location 中输入：http：//dl-ssl.google.com/android/eclipse/。

点击“OK”按钮，如图 1.27 所示。

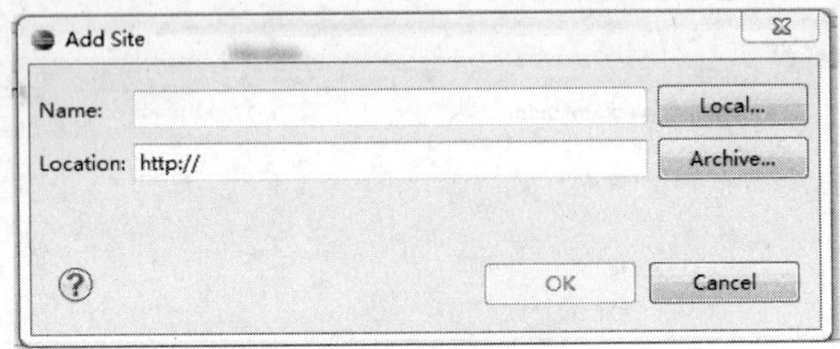

图 1.27 ADT 网络安装步骤 1

此时 Eclipse 会搜索指定 URL 的资源，如果搜索无误，会出现 Developer Tools 的复选框，选中此复选框。点击“Next”按钮，如图 1.28 所示。

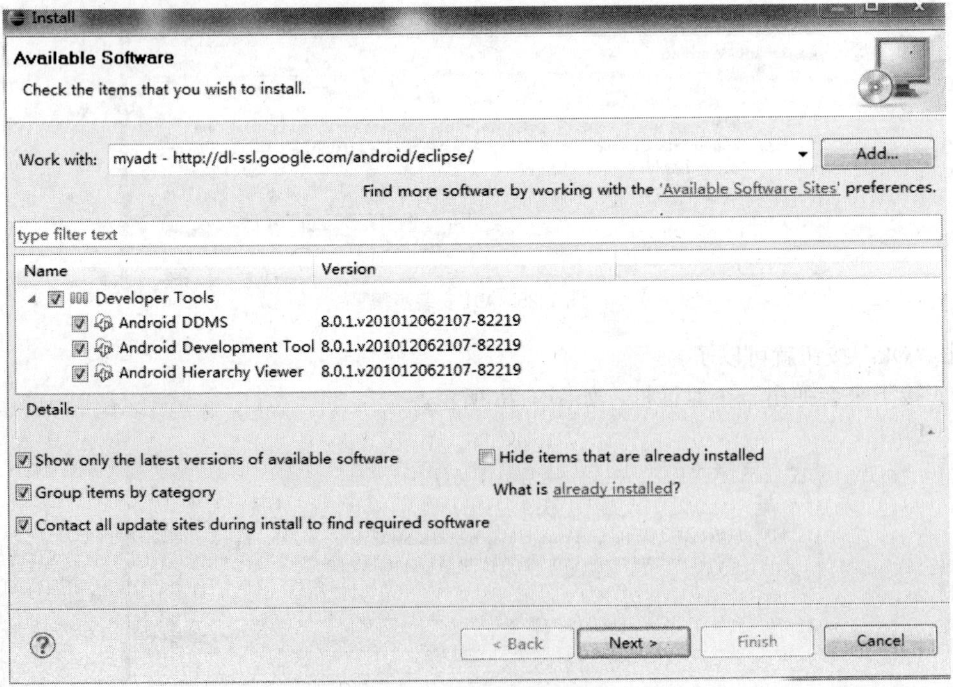

图 1.28 ADT 网络安装步骤 2

出现“Install Details”对话框。点击“Next”按钮。

出现“Review Licenses”对话框后，选择“I accept the terms of the license agreements”复选框。点击“Finish”按钮。

出现“Installing Software”对话框，开始下载资源，如图 1.29 所示。

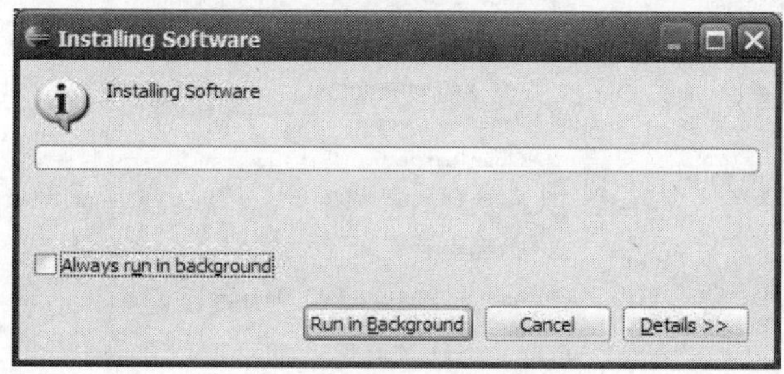

图 1.29　ADT 网络安装步骤 3

下载过程中可能会出现“Security Warning”对话框，不用担心，点击“OK”按钮继续安装，如图 1.30 所示。

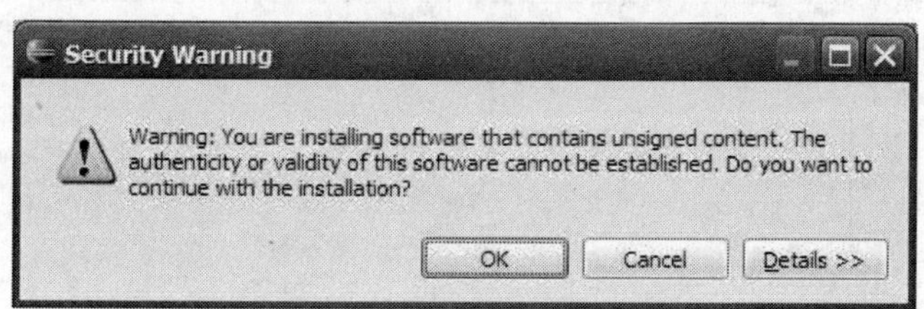

图 1.30　ADT 网络安装步骤 4

下载完毕会弹出“Software Updates”对话框；点击“Restart NOW”按钮，重新启动 Eclipse，如图 1.31 所示。

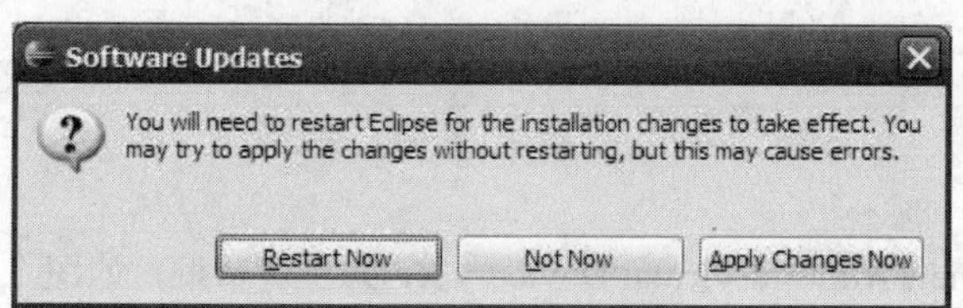

图 1.31　ADT 网络安装步骤 5

1.4.4　创建 AVD

（1）如果 SDK 安装无误，则出现如图 1.32 所示界面；点击“Android SDK and AVD Manager”项，如图 1.32 和图 1.33 所示。

在图 1.33 所示的对话框中选择“Virtual devices”项，点击“New”按钮。

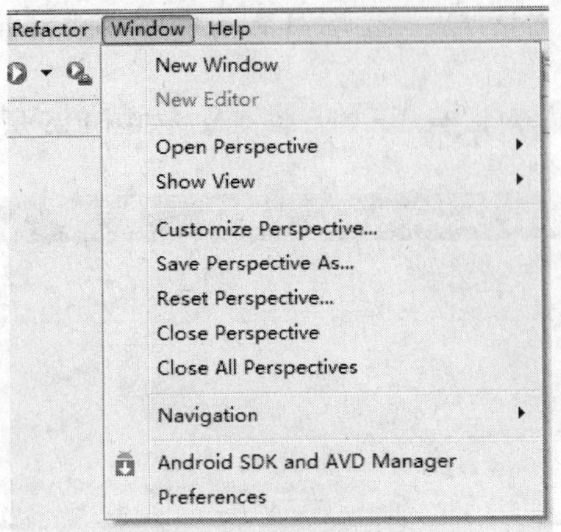

图 1.32　创建 AVD 步骤 1

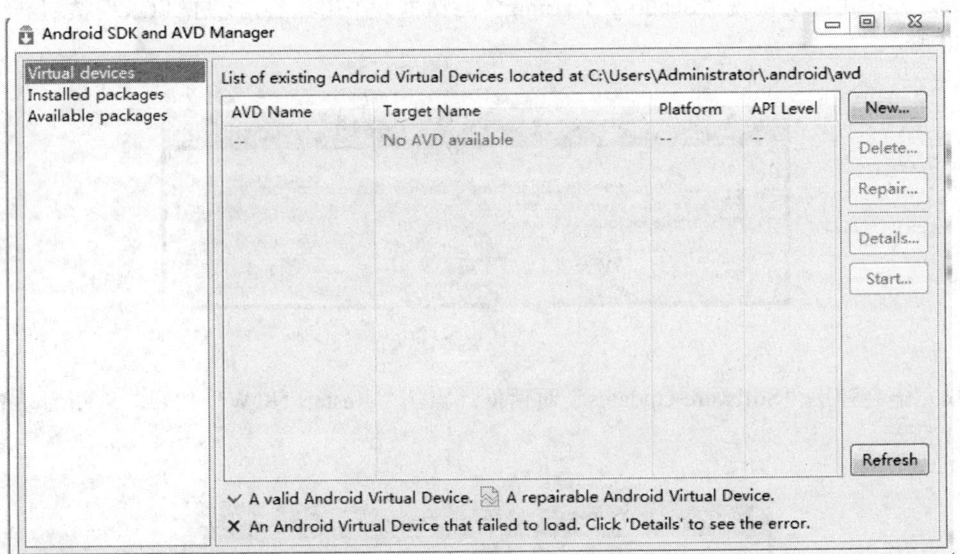

图 1.33　创建 AVD 步骤 2

（2）弹出“Create new Android Virtual Device（AVD）”对话框，如图 1.34 所示；在 Name 项中输入：Android-AVD Creat 项，Target 项中选择：Android 2.3-API Level 9。

其他选项按照默认即可，也可以设置 SD Card 的存储大小，这样可以在模拟器的 SD Card 中存储文件，如果设置了这一项，那么在 HardWare 一项中需要点击“New”按钮，选择 SD Card support 选项。

点击“Create AVD”按钮即创建了一个模拟器。

（3）如果创建成功，会在“Android SDK and AVD Manager”对话框中显示，如图 1.35 所示。

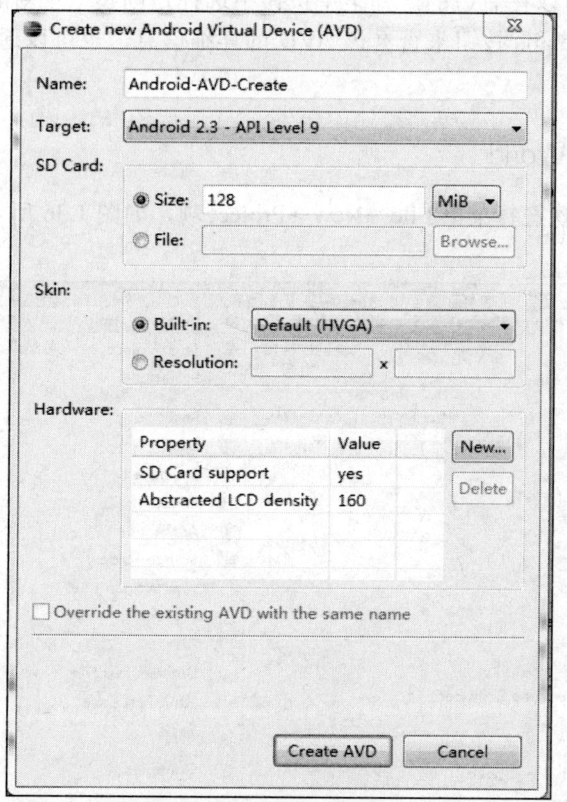

图 1.34　创建 AVD 步骤 3

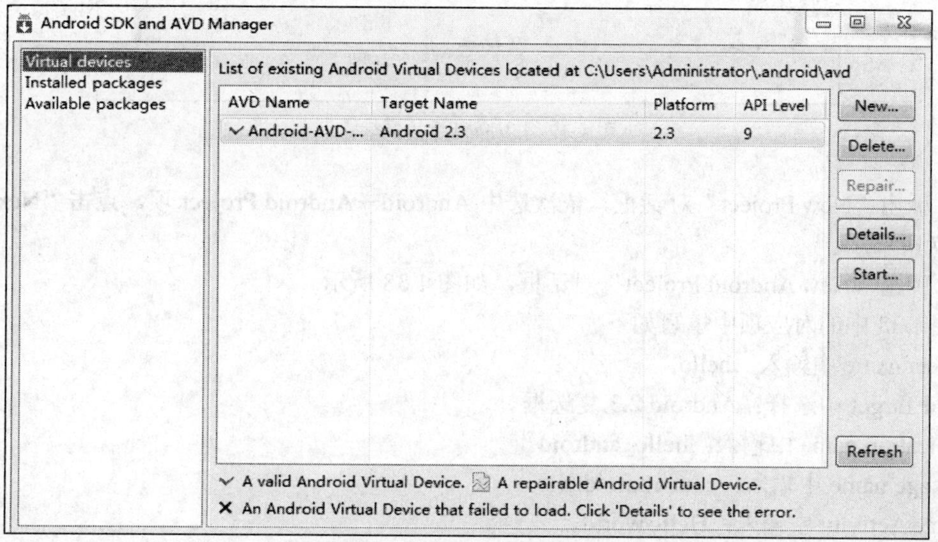

图 1.35　创建 AVD 步骤 4

选中该 AVD 后，可以在右边的一列菜单按钮中选择是创建一个新的还是删除这个已经创建的 AVD，还可以通过 Details 按钮来查看该 AVD 的详细信息，也可以通过 **Start** 按钮来启动这个模拟器。

1.4.5 新建工程 HelloWorld

（1）在 Eclipse 中依次选择菜单 File→New→Project 项，如图 1.36 所示。

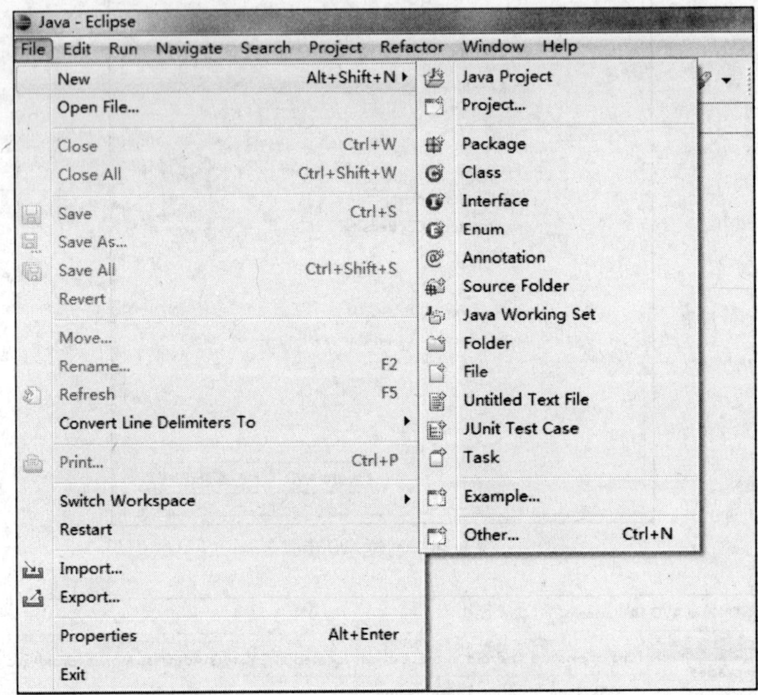

图 1.36 HelloWorld 工程步骤 1

（2）弹出“New Project”对话框，依次选中 **Android→Android Project** 项，点击“**Next**”按钮，如图 1.37 所示。

（3）弹出“New Android Project”对话框，如图 1.38 所示。

在图 1.38 中的对应项中填写如下。

Project name 中输入：hello。

Build Target 中选择：Android 2.3 复选框。

Appication name 中输入：hello_android。

Package name 中输入：com.android.test。

Create Activity 中输入：HelloWorld。

点击“Next”按钮。

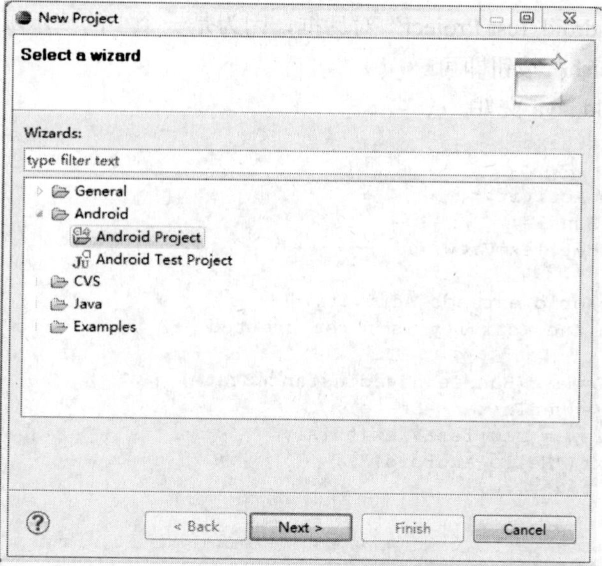

图 1.37　HelloWorld 工程步骤 2

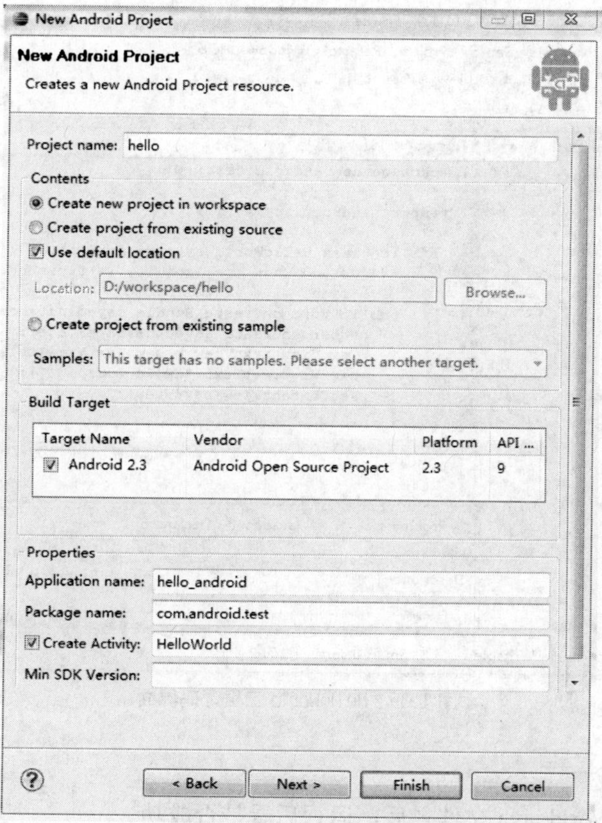

图 1.38　HelloWorld 工程步骤 3

（4）弹出“New Android Test Project”对话框，因为是一个小的演示项目，所以不需要创建测试项目。直接点击“Finish”按钮即可。

（5）编辑 HelloWorld.java 文件。

```
package com.android.test;

import android.app.Activity;
import android.os.Bundle;
import android.widget.TextView;

public class HelloWorld extends Activity {
    /** Called when the activity is first created. */
    @Override
    public void onCreate(Bundle savedInstanceState) {
    super.onCreate(savedInstanceState);
    TextView textView = new TextView(this);
    textView.setText("Hello Android!");
    setContentView(textView);
    }
}
```

工程源程序如图 1.39 所示。

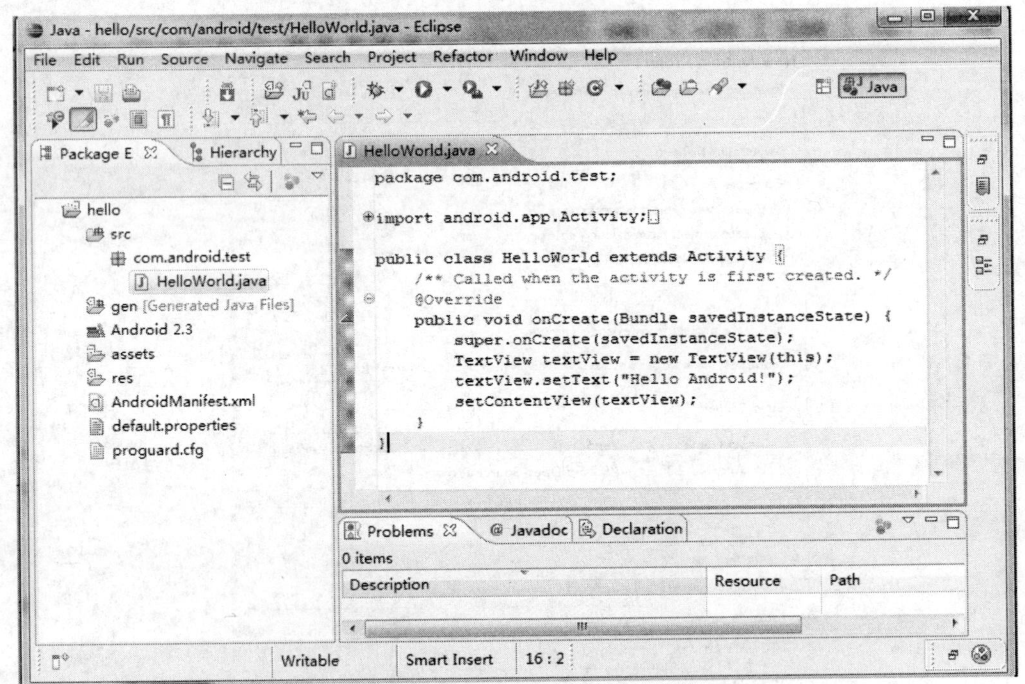

图 1.39　HelloWorld 工程源码界面

1.4.6　运行 Android 工程

（1）保存好 HelloWorld.java 文件之后，运行后看是否成功。

右键点击工程上的 hello，会出现一个菜单，选择 Run As 中的 Android Application 按钮，如

图 1.40 所示，就会运行 Android 工程。

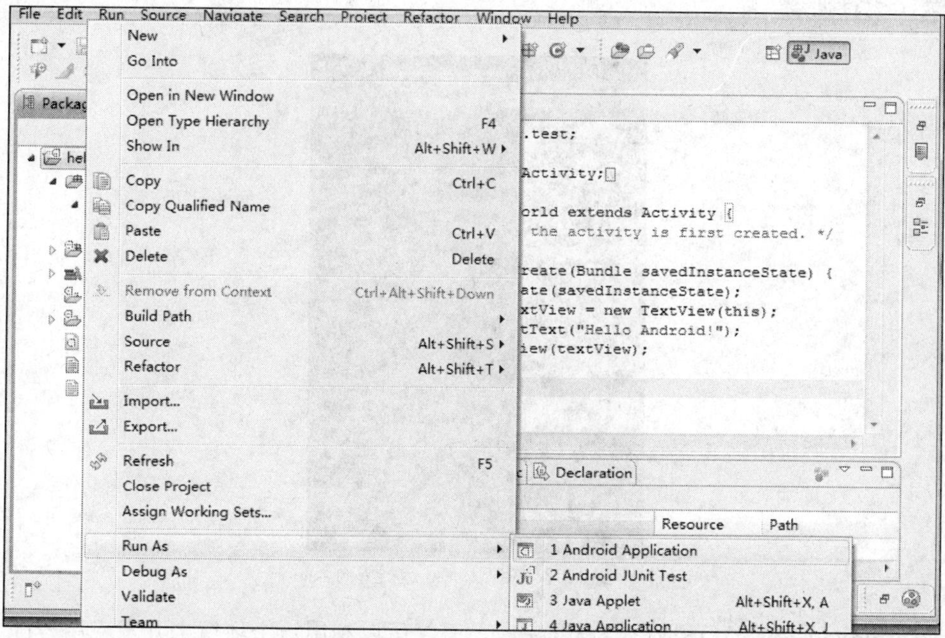

图 1.40　运行 HelloWorld 工程

还有一种方式运行 Android 工程，那就是点击工具栏的运行按钮，或选择菜单 Run→Run 项，会弹出“Run As”对话框，选择“Android Application”项，点击“OK”按钮。这时等待一会儿就看到 AVD 的出现。

（2）等待一会儿后就会出现 Android 待机界面，如图 1.41 所示。

图 1.41　Android 待机界面

（3）接着就会自动运行刚才的项目，可以看到效果，如图 1.42 所示。如果看到“Hello Android!”的字样就表示运行无误。

图 1.42 HelloWorld 运行界面

至此，Android 基本开发环境已经设置完成，已经可以利用这个环境来开发应用程序了，调试时可以使用模拟器来看应用的运行效果。

1.5 Android NDK 开发环境搭建

1.5.1 Android NDK 简介

Android NDK 是编译嵌入在 Android 应用中的原生代码（C 或 C++）的工具。

Android 应用运行在 Dalvik 虚拟机上。NDK 允许开发者用原生代码（C 或 C++）实现应用的一部分。这将给某些应用带来好处，这种方式可重用代码，而且在某些情况下可加快运行速度。

NDK 提供了将 C 和 C++源代码生成原生代码库的工具和文件；提供了将原生库嵌入 apk 文件的方法；提供了兼容 Android1.5 版本以上的原生系统头文件和库；提供了文档，示例和指引。

最新发布的 NDK 版本支持 ARMv5TE 和 ARMv7-A 机器指令集，提供稳定的 C 库头文件（C library），JNI 接口和其他的库。在将来的版本中还将支持 x86 instructions。

ARMv5TE 机器指令可以运行在所有的包含 ARM CPU 的计算机上。ARMv7-A 机器指令只能运行在 Verizon Droid 或者 Google Nexus One 这种具有兼容性的 CPU 的机器上。这两种机器指令的不同之处在于，ARMv7-A 支持硬件 FPU、Thumb-2 和 NEON 指令。你可以以其中一个或者两个为目标来设置，默认情况下是 ARMv5TE，你可以通过在应用程序的 Application.mk 文件的开始（通过设置默认指令的类型就很容易地切换到 ARMv7-A）其他的部分都不用改变。你也可以建立同时适配两种结构，并且将所有的东西都存储在最终的.apk 文件中。

NDK 并不适用于大部分应用。作为开发者，你应该衡量它的优缺点。很明显，用原生代码并不能自动提升性能，却增加了应用的复杂度。NDK 适合用于独立的、占用内存少、占用较多 CPU 资源的处理，例如，信号处理、物理仿真等。简单的用 C 重写代码一般不会带来性能的大幅提升。不过，NDK 提供了重用现有 C/C++的有效途径。

Android Framework 层提供了两种方法来访问本地 native 代码。

（1）利用 Android Framework 来编写应用，并且使用 JNI 来访问 Android NDK 提供的 API。这项技术允许你充分利用 Framework 层提供的便利，而且允许你在必要的时候编写 native 代码。不过编写出来的应用只可以运行在 Android 1.5 以上的设备上。

（2）编写一个 native 的 Activity，这个 Activity 允许你在 native 代码中实现 Activity 生命周期中的某个部分的回调。Android SDK 提供了 nativeActivity 类，它可以很方便地提示你，在 Activity 的生命周期的某个部分，如 onCreate( )、onResume( )或者 onStop 等时候再在 native 代码中实现你的回调。利用 native Activity 编写的应用程序必须运行在 Android 2.3 以及以后的系统版本平台上才可以。

注意　NDK 并不能让你开发纯原生应用。Android 的主要运行时仍然是 Dalvik 虚拟机。

NDK 包含了一套交叉编译工具（编译，linkers 等），它可生成 Linux、OS X 和 Windows（用 Cygwin）上的原生 ARM 的二进制码。

它提供了一套原生 API 的系统头文件（兼容今后版本）。

- libc（C library）headers。
- libm（math library）headers。
- JNI interface headers。
- libz（Zlib compression）headers。
- liblog（Android logging）header。
- OpenGL ES 1.1 and OpenGL ES 2.0（3D graphics libraries）headers。
- libjnigraphics（Pixel buffer access）header（for Android 2.2 and above）。
- A Minimal set of headers for C++ support。
- OpenSL ES native audio libraries。
- Android native application APIS。

NDK 也提供了编译系统，可以快速编译源代码，而不用处 toolchain/platform/CPU/ABI 的细节问题。只需创建很短的编译文件，用来说明哪些源代码需要编译，以及编译到哪个目标 Android 应用，编译工具将根据此文件编译，并将生成的共享库放到对应的应用下。

重要提示　除上述的库之外，Android 1.5 的原生系统库在以后的版本有可能改变。因此，你的应用应该只适用 NDK 提供的库。

1.5.2　开发环境配置

1．配置命令行的编译方式

（1）Cygwin 安装。

首先下载 Cygwin 软件，下载地址如下：

http：//www.cygwin.com/setup.exe。

Cygwin 安装比较麻烦些，安装的快慢主要依靠网络速度。

我这里选择的是 Default 安装后，再安装以下模块。

- make。
- binutils。
- gcc-core。
- gcc4-core。
- gdb。
- GNU awk。

在搜索输入框里分别输入上面的关键字查找出来安装，如图 1.43 所示。

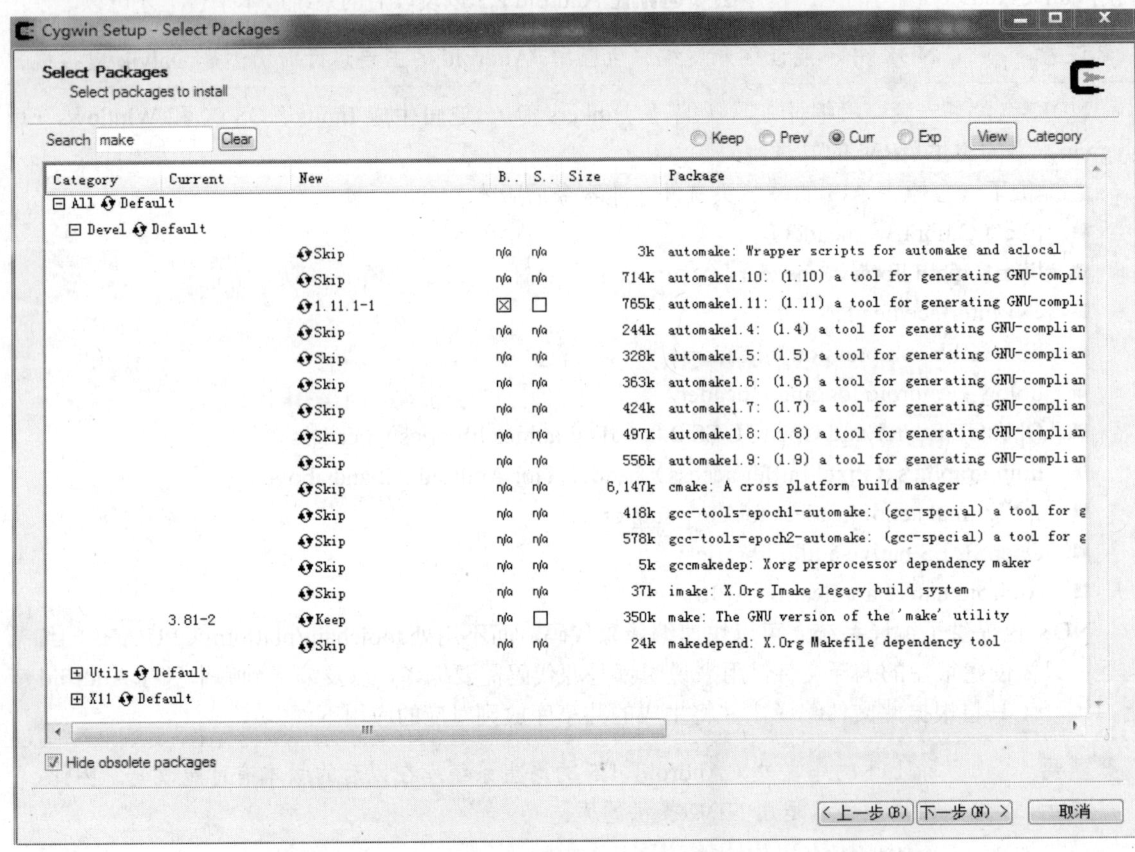

图 1.43 Cygwin Setup 界面

（2）NDK 安装。

从官方网站上下载 NDK 后解压到一个目录下就可以了，解压后的绝对路径是 E：/paul/developandroid/AndroidNDKDevelop/android-ndk-r5。

（3）上面的软件安装完成后，下面设置环境变量。

进入 C：\cygwin\home\Administrator 目录，打开目录里的.bash_profile 文件，在最下面一行输入设置 NDK 的编译工具的目录如下：

```
export DK_HOME=/cygdrive/e/paul/developandroid/AndroidNDKDevelop/android-ndk-r5
```

（4）使用该工具的命令行进行编译 NDK 自带的程序。

打开已经安装好的 Cygwin.exe 文件，如图 1.44 所示。

图 1.44　Cygwin 运行界面

进入 NDK 解压的目录，输入命令 cd $NDK_HOME，显示如图 1.45 所示界面。

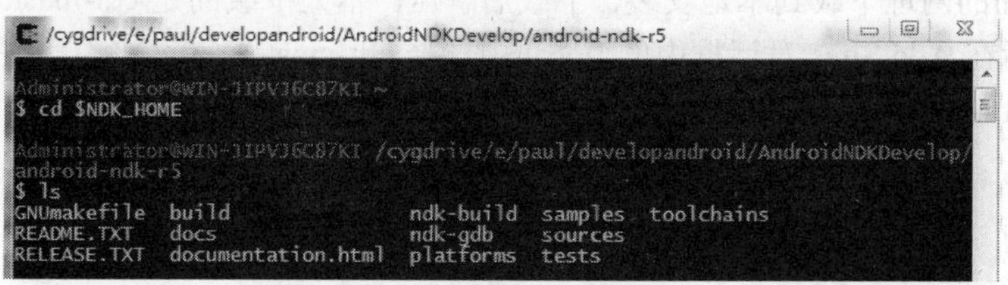

图 1.45　进入$NDK_HOME 目录

此时说明该环境变量设置成功。

进入该目录下的 NDK 自带的 Samples。

输入命令：cd samples/hello-jni/jni 后，显示界面如图 1.46 所示。

```
Administrator@WIN-JIPVJ6C87KI /cygdrive/e/paul/developandroid/AndroidNDKDevelop/
android-ndk-r5
$ cd samples/hello-jni/jni

Administrator@WIN-JIPVJ6C87KI /cygdrive/e/paul/developandroid/AndroidNDKDevelop/
android-ndk-r5/samples/hello-jni/jni
$
```

图 1.46　进入 samples/hello-jni/jni 目录

然后开始编译该目录下的文件。

输入命令：$NDK_HOME/ndk-build，回车后开始编译，编译完成后，会在 libs 目录下找到编译完成的.so 文件，如图 1.47 所示。

```
$ $NDK_HOME/ndk-build
Gdbserver      : [arm-linux-androideabi-4.4.3] libs/armeabi/gdbserver
Gdbsetup       : libs/armeabi/gdb.setup
Install        : libhello-jni.so => libs/armeabi/libhello-jni.so
```

图 1.47　编译 hello-jni

2．配置 Eclipse 自动编译方式

（1）安装 CDT 工具。

CDT，就是 Eclipse 的 C/C++环境，可以将这个工具加载进 Eclipse 中，这样，就可以利用这个工具开发出 Android 应用程序所需要的 C 或 C++文件，并且通过环境变量的设置可以让这些文件自动生成.so 文件，这样会极大方便你在 Android 上的应用开发。

打开 Eclipse 应用程序，然后依次进入 Help→Software Updates→Find and Install 项，如图 1.48 所示。

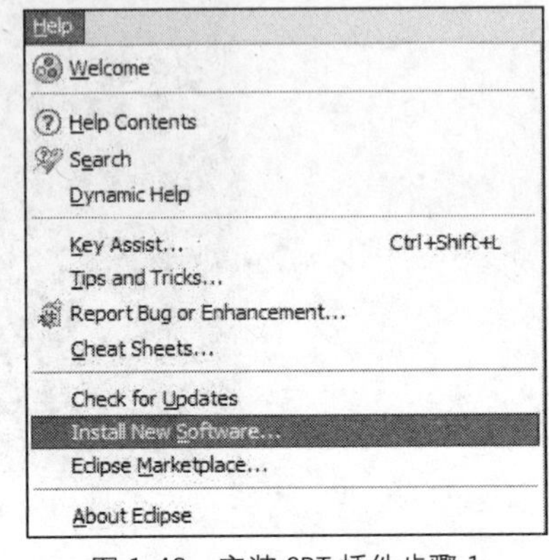

图 1.48　安装 CDT 插件步骤 1

打开 Available Software 选项，选择右边的 Add Site 按钮，输入在线安装地址 http：//download.eclipse.org/tools/cdt/releases/galileo，然后点击 Install 按钮就可以安装，如果网速慢的话可以进入上面的网址下载到本地安装，下载后解压。本人下载的是 cdt-master-6.0.2，解压到一个文件夹后，然后在 Add Sites 对话框中的 Local 中选择 cdt-master-6.0.2，解压后的地址就会出现下面的界面，如图 1.49 的所示。

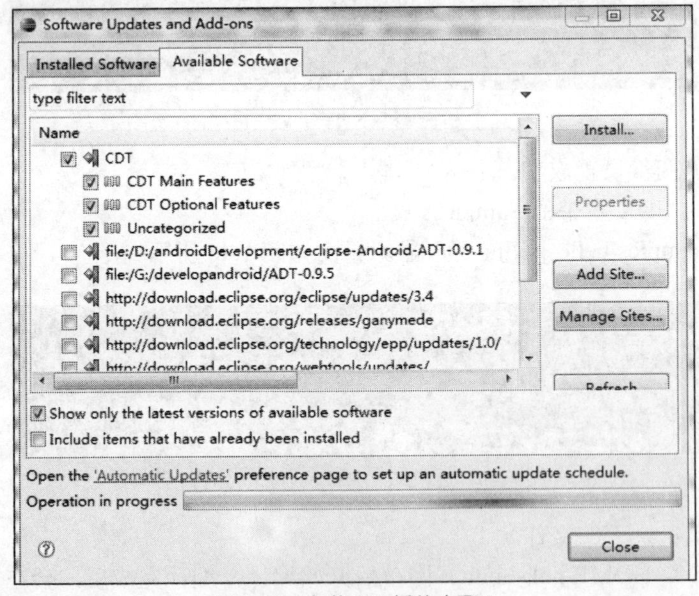

图 1.49　安装 CDT 插件步骤 2

选择 CDT 后，点击 Install 按钮，进入图 1.50 所示。

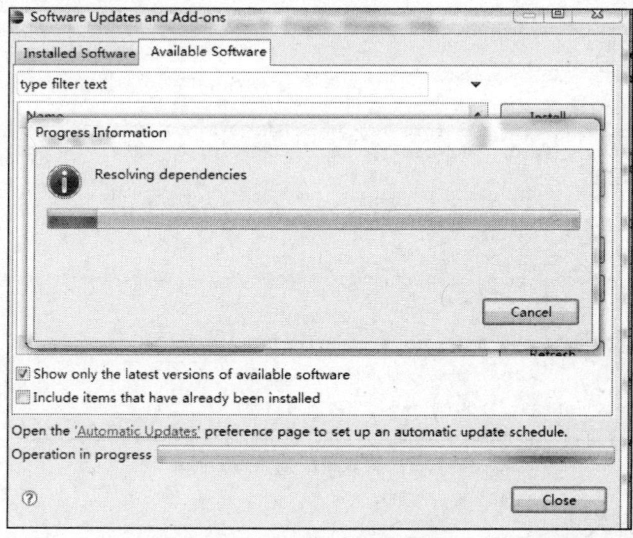

图 1.50　安装 CDT 插件步骤 3

安装完成后重启 Eclipse 就可以了。

其实运行一个 NDK 的例子工程后发现，CDT 并不是必须的，不过至少安装 CDT 后并没有什么坏处。在利用 NDK 时，其中的 C 或 C++文件就可以利用 Android 中的 CDT 工具进行开发。

安装 CDT 之前 C++文件的编辑如图 1.51 所示。

```
 * Copyright (C) 2009 The Android Open Source Project
 *
 * Licensed under the Apache License, Version 2.0 (the "License");
 * you may not use this file except in compliance with the License.
 * You may obtain a copy of the License at
 *
 *      http://www.apache.org/licenses/LICENSE-2.0
 *
 * Unless required by applicable law or agreed to in writing, software
 * distributed under the License is distributed on an "AS IS" BASIS,
 * WITHOUT WARRANTIES OR CONDITIONS OF ANY KIND, either express or implied.
 * See the License for the specific language governing permissions and
 * limitations under the License.
 *
 */
#include <string.h>
#include <jni.h>

/* This is a trivial JNI example where we use a native method
 * to return a new VM String. See the corresponding Java source
 * file located at:
 *
 *   apps/samples/hello-jni/project/src/com/example/HelloJni/HelloJni.java
 */
jstring
Java_com_example_hellojni_HelloJni_stringFromJNI( JNIEnv* env,
                                                  jobject thiz )
{
    return (*env)->NewStringUTF(env, "Hello from JNI !");
}
```

图 1.51　安装 CDT 插件前的界面

以及安装 CDT 之后的图示，如图 1.52 所示。

```
#include <string.h>
#include <jni.h>
#include <android/log.h>

#define LOG_TAG "HELLO_JNI"
#define LOGI(...) ((void)__android_log_print(ANDROID_LOG_INFO, LOG_TAG, __VA_ARGS__))
#define LOGW(...) ((void)__android_log_print(ANDROID_LOG_WARN, LOG_TAG, __VA_ARGS__))

/* This is a trivial JNI example where we use a native method
 * to return a new VM String. See the corresponding Java source
 * file located at:
 *
 *   apps/samples/hello-jni/project/src/com/example/HelloJni/HelloJni.java
 */
jstring
Java_com_example_hellojni_HelloJni_stringFromJNI( JNIEnv* env,
                                                  jobject thiz )
{
    return (*env)->NewStringUTF(env, "Hello from JNI !");
}
```

图 1.52　安装 CDT 插件后的界面

1.5.3　NDK 的实例开发

1. 新建工程

运行 Eclipse，新建一个 Android Project，取名 HelloJni（或者自己喜欢的其他名字，比如 fxxk-jni 也行）。

工程代码就从 NDK/samples/hello-jni 复制一份即可，记得复制 jni 那个目录，最终的配置目录结构如图 1.53 所示。

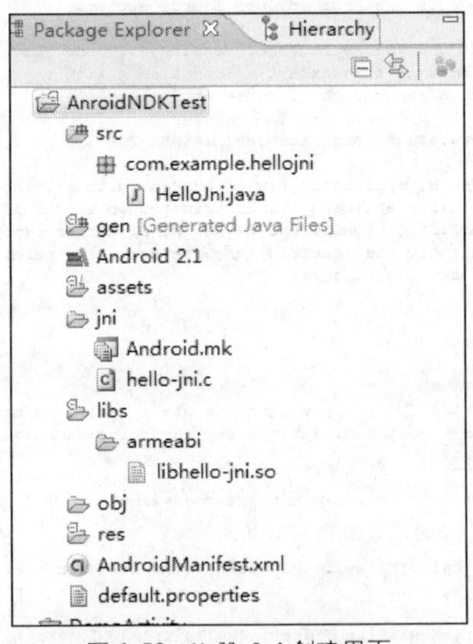

图 1.53　HelloJni 创建界面

Libs 目录会自动创建，如图 1.53 所示。

下面是各部分的代码，其中，HelloJni.java 的代码如下：

```
public class HelloJni extends Activity {
    /** Called when the activity is first created. */
    @Override
    public void onCreate(Bundle savedInstanceState) {
        super.onCreate(savedInstanceState);
        setContentView(R.layout.main);
        TextView  tv = new TextView(this);
        tv.setText( stringFromJNI() );
        setContentView(tv);
    }

    public native String  stringFromJNI();

    static {
        System.loadLibrary("hello-jni");
    }
}
```

hello-jni.c 的代码如下：

```
#include <string.h>
#include <jni.h>

jstring
Java_com_example_hellojni_HelloJni_stringFromJNI( JNIEnv* env,
                                                  jobject thiz )
{
    return (*env)->NewStringUTF(env, "Hello from JNI !");
}
```

Android.mk 的代码如下：

```
LOCAL_PATH := $(call my-dir)

include $(CLEAR_VARS)

LOCAL_MODULE    := hello-jni
LOCAL_SRC_FILES := hello-jni.c

include $(BUILD_SHARED_LIBRARY)
```

如果现在运行这个工程，就会在 Android 控制台看到如下错误：

```
java.lang.UnsatisfiedLinkError: Library hello-jni not found。
```

因为还没有产生那个 libhello-jni.so 出来。没关系，下面继续进行可以解决问题。

2．工程属性设置

打开 hello-jni 工程属性，选择 Builders，点击 New，选择 Program，点击“OK”按钮，如图 1.54 所示。

配置如下，名字随便取一个，Location 和 working directory 要和你的 Cygwin 目录一致，arguments 要和工程目录一致。arguments 是：

```
---login   -c   "cd   /cygdrive/e/paul/developandroid/workspace21/AnroidNDKTest   &&
$NDK_HOME/ndk-build"
```

其中命令第一部分 e/paul/developandroid/workspace21/AnroidNDKTest 是你的工程所在的目录，第二部分$NDK_HOME/ndk-Build 是在 cygwin 下设置的环境变量，这是在使用 NDK 工具，如图 1.55 所示。

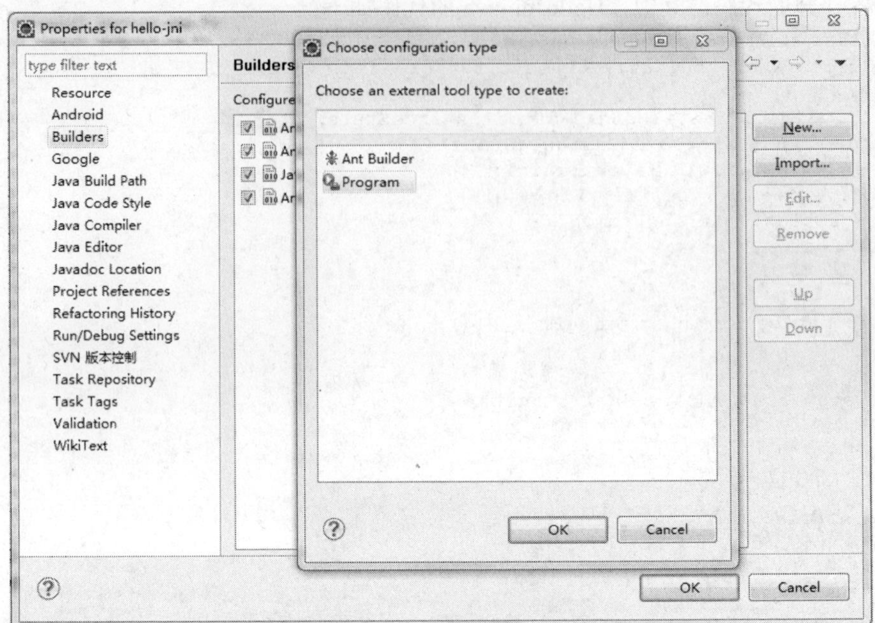

图 1.54　工程属性设置界面 1

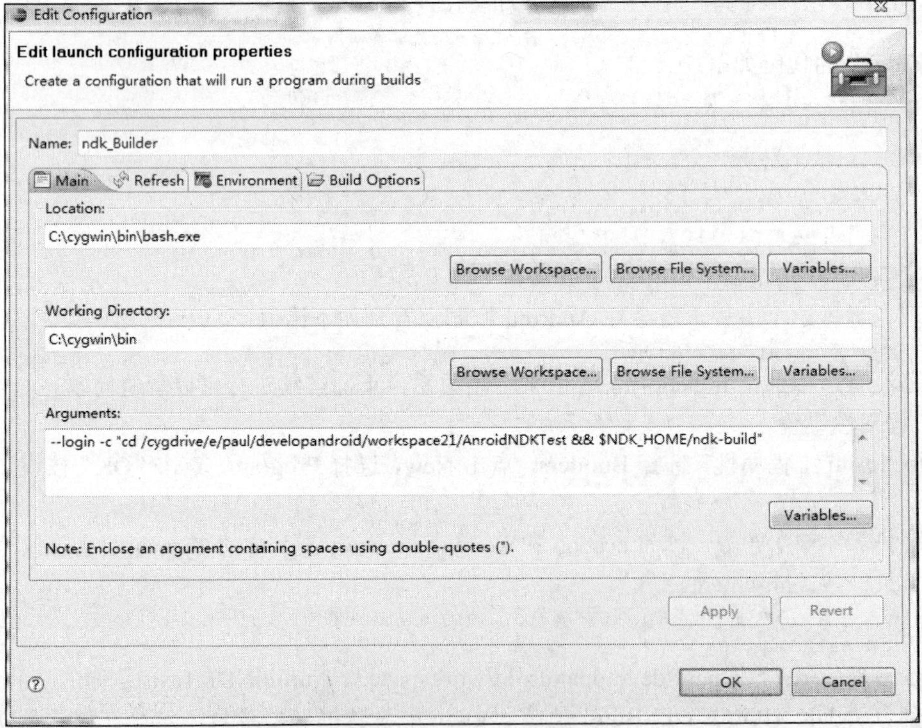

图 1.55　工程属性设置界面 2

从上面的图片应该看得清，然后勾选其他配置如图 1.56 和图 1.57 所示。

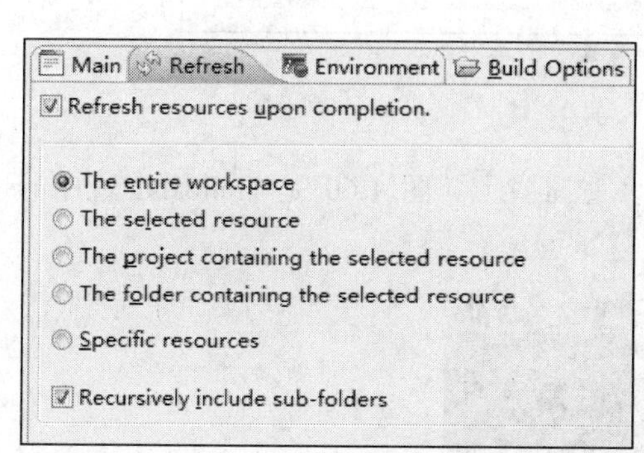

图 1.56　工程属性设置界面 3

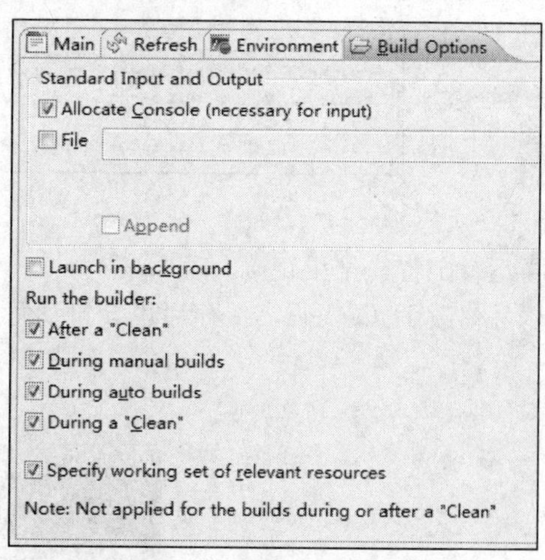

图 1.57　工程属性设置界面 4

当以上步骤都正确配置无误，保存配置后应该就会自动编译 jni 目录下的 C 相关代码，并输出相应的.so 库文件到工程的 libs 目录下，libs 目录会自动创建。

注意如图 1.58 所示，将 ndk_Builder 向上移动到第一位，因为 C++需要先编译成.so 后 Java 程序才能使用。

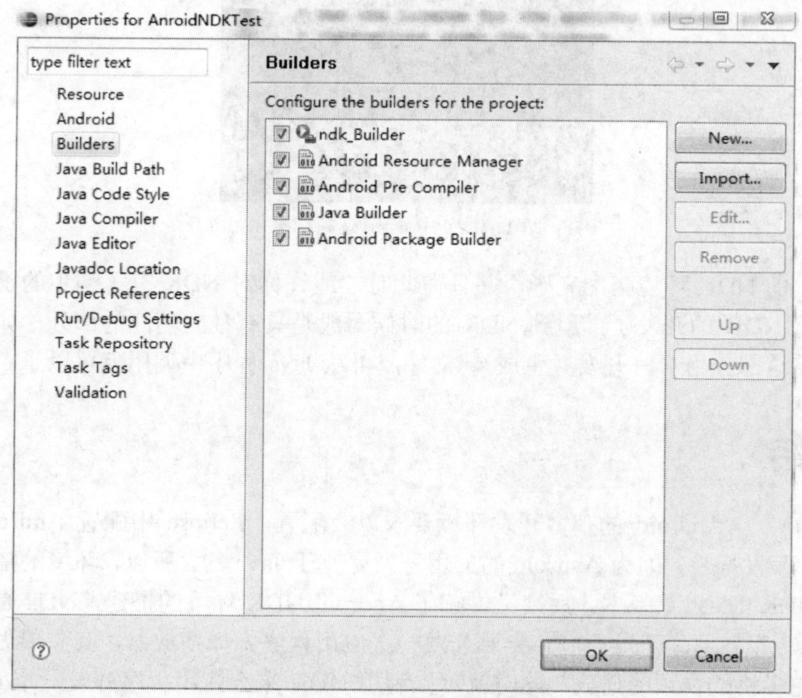

图 1.58　工程属性设置界面 5

编译时控制台输出类似如图 1.59 所示。

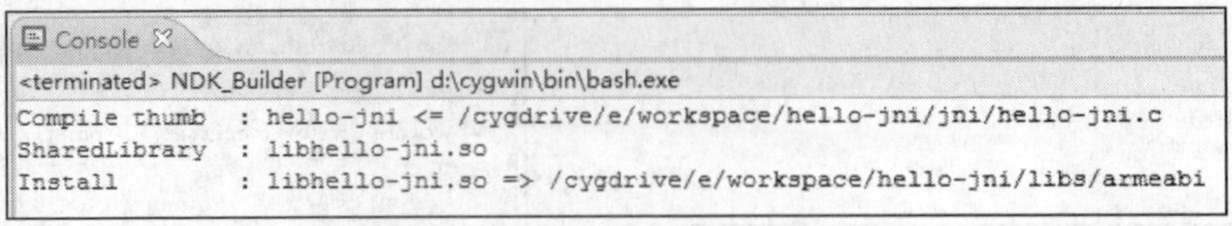

Console
<terminated> NDK_Builder [Program] d:\cygwin\bin\bash.exe
Compile thumb : hello-jni <= /cygdrive/e/workspace/hello-jni/jni/hello-jni.c
SharedLibrary : libhello-jni.so
Install   : libhello-jni.so => /cygdrive/e/workspace/hello-jni/libs/armeabi

图 1.59　NDK 编译结果

再运行工程，结果正确。

以后修改了 C 代码，保存后也会自动触发编译，省时省力。图 1.60 是 HelloJNI 程序的运行结果。

7:23 AM
AnroidNDK
Hello from JNI !

图 1.60　hello-jni 运行结果

至此，我们的 NDK 环境搭配完毕，并且在此时，或许你对 NDK 有了初步的了解，能够掌握这些就可以进行 NDK 的开发了，用到 NDK 的时候一般是具有独立功能的部分，如播放器的编解码部分，可以将这部分用 C++开发并生成 so 文件，再从 Java 程序中调用就可以了。

1.6　小结

本章主要介绍了 Android 的基本开发环境要求以及配置，Eclipse 中配置 Android 的应用开发 SDK 以及 ADT 开发插件，因为 Android 的应用开发是基于 Java 的，所以，环境的搭建是依赖 Java 的，需要安装 JDK 1.5 以上版本。后续又讲解了 Android NDK 环境的搭建，NDk 是开发应用程序中需要用到的 C 库的部分开发环境。当要开发一个应用程序，如播放器，其中要做一些新媒体的编解码来支持更多格式视频的播放，此时就可以利用 NDK 来为应用程序开发一个 C 的 so 库，供应用程序调用。

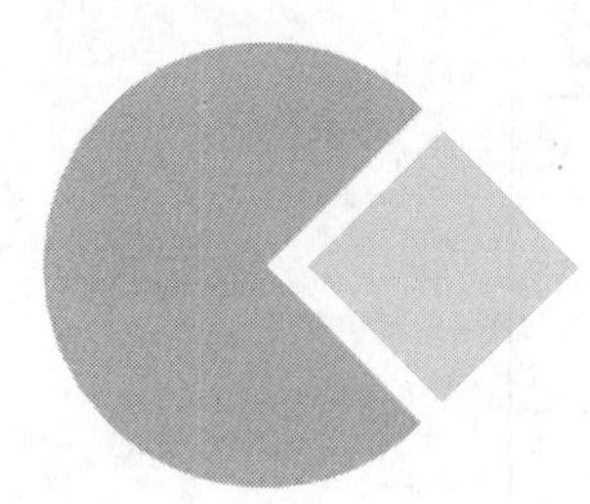

第 2 章　Android 基本应用开发与解析

在这一章里，首先解释 Android 的应用程序结构，让开发者对 Android 应用程序有一个直观的了解。然后根据目录中涉及的 Android 系统中的各个部分，分别详细解释。

通过这一章的学习，读者将会对 Android 的应用开发有一个初步的入门准备，并且可以独立的通过更改应用程序的各个部分来编写出一般的 Android 应用程序。Android 系统的应用开发有一个很大的特点是，通过布局 XML 文件来设计应用程序的界面。我们通过对 Android 资源系统的定义、引用和对 View 的学习，以及了解各种布局和 UI 事件处理，从而可以让你编写出有特色的应用程序。

2.1 应用程序结构

这一节将介绍应用程序的基本目录结构，带你直观地了解 Android 的应用程序。当然，最好的方法是，打开计算机来对比在第一章的时候编写的第一个应用程序，这样学习效果更好。

2.1.1　应用程序目录结构

下面将根据在第 1 章中新建的第一个 HelloWorld 程序来解释 Android 系统中的应用程序结构，如图 2.1 所示。

这些目录包含下面几个部分，我们分别作解释。

（1）src/目录。Java 原代码存放目录。用于存放你的程序功能代码。

（2）gen/目录。自动生成目录，负责将图片、文字，以及布局资源自动生成一个类文件中，以供程序开发时使用。

gen 目录中存放所有用 Android 开发工具自动生成的文件。目录中最重要的文件就是 R.java。这个文件由 Android 开发工具自动产生。Andro id 开发工具会自动根据你放入 res 目录的 XML 界面文件、图标与常量，同步更新修改 R.java 文件。正因为 R.java 文件是由开发工具自动生成的，所以，应避免手工修改 R.java。

R.java 在应用中起到了字典的作用，它包含了界面、图标、常量等各种资源的 ID，通过 R.java 文件，应用可以很方便地找到对应资源。另外，编绎器也会检查 R.java 列表中的资源是否被使用到，没有被使用到的资源不会编绎进软件中，这样可以减少应用在手机中占用的空间。

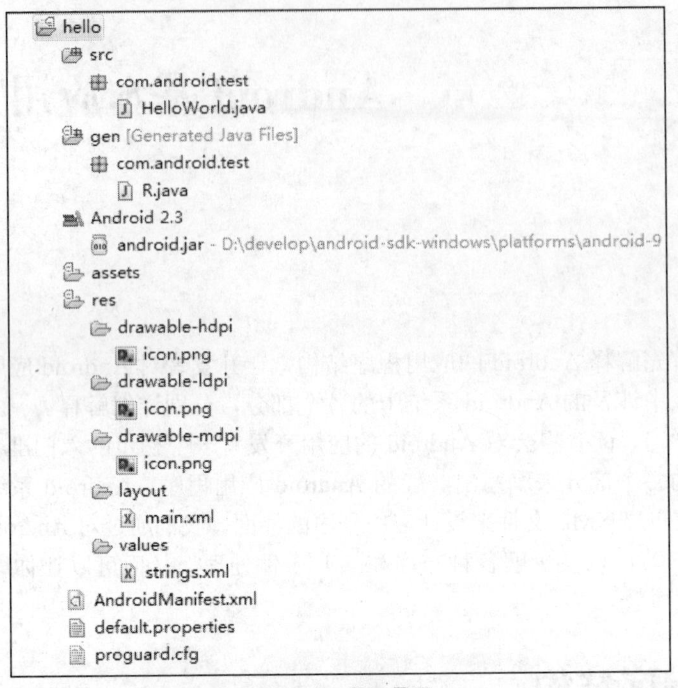

图 2.1 工程目录图

（3）res/资源（Resource）目录。在这个目录中可以存放应用使用到的各种资源，如 XML 界面文件、图标或常量。该目录包含 3 个文件夹，分别介绍如下。

■ res/drawable 专门存放图标文件，在新版本的 Android 中出现了 3 个存放图片的文件夹，这 3 个文件夹中分别存放高、中、低分辨率的图片，系统会根据机器的分辨率来分别到这几个文件夹里去找对应的图片，在开发程序时，为了兼容不同平台，不同屏幕的手机，建议根据需要来在各个文件夹中存放不同版本的图片，3 个文件夹分别解释。

- drawable-hdpi 文件夹中是存放高分辨率的图片，如 WVGA（480*800）、FWVGA（480*854）。
- drawable-mdpi 存放中等分辨率的图片，如 HVGA（320*480）。
- drawable-ldpi 是存放低分辨率的图片，如 QVGA（240*320）。

■ res/layout 专门存放 XML 界面文件，XML 界面文件和 HTML 文件一样，主要用于用户界面显示。

■ res/values 专门存放应用使用到的各种常量，作用和 struts 中的国际化资源文件一样。这里面可以存放各种语言版本的文本，以支持多国语言。

（4）AndroidManifest.xml。是功能清单文件，鉴于此文件的重要性，将在后续的章节中详细讲解它的作用以及用法。这个文件列出了应用程序所提供的功能，在这个文件中，可以指定应用程序使用到的服务（如电话服务、互联网服务、短信服务、GPS 服务等）。另外当新添加一个 Activity 的时候，也需要在这个文件中进行相应配置，只有配置好后，才能调用此 Activity。

（5）default.properties 系统默认信息，一般是不需要修改此文件。

整个应用程序的开发结构可以从图 2.1 中看到。而对于开发应用程序来说，他所具有的功能以及使用到得功能都在 Manifest.xml 这个清单文件中列出来。其中 4 大组件的声明以及授权和使用授权也需要在这个文件中声明，否则有些系统应用的功能将无法使用。

2.1.2　知其然，知其所以然——Hello Wrold 程序结构讲解

下面讲解第一个程序的结构，这个程序是大多程序员入门时所写的最多的一个实例，却也是程序员入门时能最快了解一个平台或者一个语言开发的方法。因此，我们也不例外地告诉你这个程序如何创建，及其每一部分所代表的含义。让你知其然，也知其所以然。首先回顾 HelloWorld 程序的运行效果图 2.2 所示。

图 2.2　HelloWorld 程序运行结果图

下面介绍该程序的基本代码结构，因为这是第一个程序，所以我们将贴出完全的 Java 代码，在后面的章节中，我们将不必要的部分略掉。Hello World 的主程序是一个 Java 类文件，其中主要代码如下：

```
package com.android.test;                //此行代码是用来声明此 Activity 所在的包
import android.app.Activity;             //引入 Activity 所在的包
import android.os.Bundle;                //引入 Bundle 所在的包
import android.widget.TextView;          //引入 TextView 控件
public class HelloWorld extends Activity {
    /** Called when the activity is first created. */
    @Override
    public void onCreate(Bundle savedInstanceState) {//bundle 中存储状态数据
        super.onCreate(savedInstanceState);
        TextView textView = new TextView(this);     //在这个 Activity 中创建文本 view
        textView.setText("Hello Android!");         //设置 View 的显示文字
        setContentView(textView);    //将这个 View 加入该 Activity 的容器中显示出来。
    }
}
```

这是 Android 的主程序代码，HelloWorld 继承自 Activity，具备了处理 UI 视图的能力。其中的

onCreate 函数是重载的 Activity 的，是程序的入口函数，处于生命周期的最开始，当这个 Activity 启动的时候，系统会调用这个入口函数，一般用来初始化并建立一个窗口的 UI 视图，不过不是必须要初始化视图的。一个应用程序可以有很多的 Activity，但是用户每次只能和一个 Activity 进行交互。

Bundle 是 Android 系统用来传递数据的一个数据集容器，可以装入 Intent 中来传递数据。这里是用来保存一些数据。

在函数中的 setContentView 方法是用来将 View 填充进 Activity 中，并通过系统初始化显示出来。在这个应用程序中，是将布局 layout 中的 main.xml 布局 View 填充进 HelloWorld 这个 Activity 中，从而在运行的时候可以显示 main.xml 布局所定义的视图。

Android 编程的一大特点是，将代码功能模块与资源提供模块彻底分割开来，给程序员提供了足够的灵活性来开发自己的应用程序，程序员可以选择通过代码来编写视图，也可以通过布局来编写视图。通过布局来编写视图大大简化了程序员的 UI 编程工作，可以通过简单的标记来实现自己满意的 UI 视图，并且可以通过不同的属性来更改 UI 视图的各种效果。

在 Android 工程中，字符串、音频、视频、布局、文件等都称为资源，Android 提供了文件夹来存放这些资源，并同时在编译时将这些资源引用、编译进自动生成的 R 类文件中，该文件位于 gen 目录下，生成后，程序员就可以在代码中引用这些资源，在运行时，代码中会根据引用来调用相应的资源。

在 HelloWorld 程序中，通过对比上面的那张 Android 工程结构图和下面的这个系统自动生成的 R 文件内容不难发现一个共性，就是 R 中的 drawable 类代表了工程结构图中的几个存储图片的文件夹，其中的 icon 被编译成一个十六进制的静态整型值；layout 类代表了工程结构图中的 layout 文件夹，文件夹下的 main.xml 布局文件被编译成了一个整型值；同理还有 string 类也代表了工程结构图中的 string 文件夹，其中的两个字符串定义被同样编译成 string 类的两个成员变量如下：

```
package com.android.test;

public final class R {
    public static final class attr {
    }
    public static final class drawable {
        public static final int icon=0x7f020000;
    }
    public static final class layout {
        public static final int main=0x7f030000;
    }
    public static final class string {
        public static final int app_name=0x7f040001;
        public static final int hello=0x7f040000;
    }
}
```

R 类中的 Attr、drawable、layout、string 是代表了资源文件夹 res 下的各种资源，图片资源的文件夹变成了 drawable 类，图片 icon 变成了该类中的一个静态不可改变的 int 值。

这些资源不仅可以被代码引用，在资源文件中也可以被使用，如 layout 中的 main.xml 文件内容：

```
<?xml version="1.0" encoding="utf-8"?>
<LinearLayout xmlns:android="http://schemas.android.com/apk/res/android"
    android:orientation="vertical"
    android:layout_width="fill_parent"
    android:layout_height="fill_parent">
<TextView
    android:layout_width="fill_parent"
    android:layout_height="wrap_content"
    android:text="@string/hello"/>
</LinearLayout>
```

其中在 TextView 控件属性中：android：text="@string/hello"就引用了 string.xml 中的属性名为 hello 的字符串：

```
<?xml version="1.0" encoding="utf-8"?>
<resources>
    <string name="hello">Hello World, HelloWorld!</string>
    <string name="app_name">hello_android</string>
</resources>
```

你需要定义什么 String，就可以在这个文件中加入你想要的字符串定义就可以了，如想定义一个名字为 sample 字符串"我要去上海！"，那么就可以在上面的 resources 元素内加入一行：

```
<string name="sample">我要去上海！ </string>
```

我们就可以使用了，如果在代码中使用，我们可以使用 getString（R.string.sample）来获取这个字符串，如果是其他 XML 文件（如布局文件等）中使用则是：

```
android:text="@string/sample"
```

现在只是提醒一下，在后来的程序编写中，会不断地在这个程序中加入这些代码，让你先有所了解，也可以试着自己加入进去。

2.2 Android 资源系统（Android resource system）

资源是 Android 应用程序不可或缺的部分。总体而言，资源是你想包含和引入到应用程序里面的一些外部元素，如图片、音频、视频、文本字符串、布局、主题等。每个 Android 应用程序包含一个资源目录（res/）和资产目录（assets/），资产不经常被使用，因为它们的应用程序很少。仅在需要读取原始字节流时才需要保存数据为资产。资源和资产目录均驻留在 Android 项目树的顶端和源代码目录（src/）处在同一级上。

资源和资产从表面上看没多大区别，不过总体上，在存储外部内容时资源用得更多。真正的区别在于，任何放置在资源目录里的内容可以通过您的应用程序的 R 类访问，这是被 Android 编译过的。任何存放在资产目录里的内容会保持它的原始文件格式，为了读取它，必须使用 AssetManager 以字节流的方式读取文件。所以，保持文件和数据在资源中（res/）更方便访问。

2.2.1 资源系统中的基本概念

资源系统将一系列分散的内容集合在一起形成最终完整的资源功能，从而帮我们能够很专注地开发功能或者界面视图 UI。介绍该部分时，首先介绍基本概念。

■ Asset。是用来存储与应用相关的文件数据，它是一个独立的数据包。可以在这个文件夹中存放一些 XML 文件、png 图片等。在最终打包程序时，这些文件将会被打包进一个 zip 文件中。

■ Aapt。这是 Android 文件的打包工具，将 assets 文件夹中的数据打包成 zip 文件。除了将这些原始文件集合起来外，还解析这些源文件，并把它们定义成二进制 asset 数据。

■ Resource Table（资源表）。是 aapt 工具产生的特殊文件，描述了所有在程序/包里的资源。这个文件可以通过资源类来访问，它不能被应用程序直接使用。

■ Resource（资源）。资源表里一条记录，描述的是单一的命名值。大体上资源分成两种：primitives（基本的）和 bags（包）。

■ Resource Identifier。在资源表里所有的资源都被一个惟一的整型值来标识。在源码中，可以使用这个整型值的惟一标识来引用实际的资源。

■ Primitive Resource（基本资源）。所有基本资源都可以被写成一个简单的字串，使用一定的格式可以描述资源系统里各种不同的基本类型：整数、颜色、字串、其他资源的引用等。像图片以及 XML 描述文件这些复杂资源，被当成基本字符串资源存储起来，它们的值就是相关最终数据文件的路径。

■ Bag resource（包资源）。有一种特殊类型的资源，不是简单的字符串，而是有一个随意的名字/数值配对的列表。每个数值都可以对应它本身的资源标识，每个值都可以持相同类型的字符串格式的数据作为一个正常的资源。包资源支持集继承：一个包里的数据能从其他的包里继承，有选择地替换或者扩展能产生自己需要的内容。

■ Kind（种类）。资源种类是对于不同需求的资源标识符而言的。例如，绘制资源类常常实例化绘制类的对象，所以，这些包含颜色以及指向图片数据或者是 XML 文件的字符串路径等都被称为是原始数据。其他常见资源类型是字符串（本地化字符串），颜色（基本颜色），布局（一个指向 XML 文件的字符串路径，它描述的是一个用户界面）以及风格（一个描述用户接口属性的包资源）。还有一个标准的“attr”资源类型，它定义了命名包数据以及 XML 属性的资源标识符。

■ Style（风格）。包含包资源类型的名字常常用来描述一系列用户接口属性。例如，一个 TextView 的类可能会有一个描述界面风格的类来定义文本大小、颜色以及对齐方式。在一个界面布局的 XML 文件中，可以使用 Style（风格）属性来确定整体界面的风格，它的值就是风格资源的名字。

■ Style class（风格类）。这里将详述一些属性资源类。其实数据不会被放在资源表本身里，通常在源代码里它以常量的形式出现，这也可以使你在风格类或者 XML 的标签属性里方便找到它的值。例如，Android 平台里定义了一个 View（视图）的风格类，它包含所有标准（View）视图的属性：padding、visibility、background 等。这个 View（视图）被使用时，它就会借助 Style（风格）类从 XML 文件中取得数据并将其载入到实例中。

■ Configuration（配置）。对于许多特殊的资源标识符，根据当前的配置，可以有多种不同的值。配置包括地区（语言和国家）、屏幕方向、屏幕分辨率等。当前配置用来选择当前资源表载入哪个资源值生效。

■ Theme（主题）。一个标准类型的资源能为一个特殊的 Context 提供全局的属性值。例如，当应用工程师写一个 Activity 时，他能选择一个标准的主题去使用，白色的或者黑色的；这个类型能够提供很多信息，如屏幕背景图片/颜色，默认文本颜色，按钮类型，文本编辑框类型，文本大小等。当编写一个资源布局时，控件（文本颜色，选中后颜色，背景）的大部分设置值取自当前主题。如果有必要，居中的风格以及属性也可以从主题的属性中获得。

■ Overlay（覆盖层）。资源表不能定义新类型的资源，但可以在其他表里替换资源值。就像配置值，这可以在装载的时候进行。它能加入新的配置值（例如，改变字符串到新的位置），替换现有值（例如，将标准的白色背景替换成一个背景图片），修改资源包（例如，修改主题的字体大小，白色主题字大小为 20pt）。这实际上允许用户选择设备不同的外表，或者下载新的外表文件。

资源是外部文件（即非源代码文件），它们被你的程序使用，并且在编译时被编译到应用程序中。Android 支持很多不同类型的资源文件，包括 XML、PNG 和 JPEG 文件。XML 文件会由于其所描述的内容不同而形式不同。该文档描述了所有支持的文件类型及每种类型的语法或格式。

资源从源代码中被抽取出来，基于效率考虑，XML 文件被编译成二进制、可以快速加载的形式。字符串，同样被压缩为一种更富效率的存储形式。由于这些原因，在 Android 平台中我们就有了这些不同的资源类型。

2.2.2　Android 资源系统引用

Android 提供给开发者的便利之处就在于，将逻辑代码和界面资源相分离，Android 提供了一个资源系统，在这个资源系统中记录着应用程序的所有非代码资源，这些资源包括应用程序的 String 资源、Anim 动画资源、Drawable 图片资源、Layout 布局资源、XML 资源等。可以使用 Resources 类来访问应用程序中的资源。一般可以通过 Context.getResources( )获得这个 Resources 实例。

这些资源在应用程序 build 创建时被编译器编译到应用程序的二进制文件中。要使用某个资源，必须把它放置到源代码树中的正确位置，例如，需要定义一个 string，那么就要在 res 目录下的 string.xml 中定义，并且经过 build 后，应用程序才能调用。作为编译过程的一部分，每个资源的标记都会被生成进 R 文件中，在源代码中可以使用这些标记。

我们可以通过两种方法来使用，在代码中使用时一般通过 Context.getResources( )方法得到 resources 对象，获得对不同资源的调用。在其他资源中引用这些资源时一般通过统一格式来引用：@[包名称：]资源类型/资源名称。

2.2.2.1　创建资源

Android 支持字符串、图片以及其他很多种类型的不同资源。每一种资源都有固定的摆放位置，当然也有自己的语法、格式。通常，创建的资源一般来自于 3 种文件：XML 文件、图片文件以及 Raw 文件（如声音文件）。事实上，XML 文件也有两种不同的类型。

（1）一种文件被原封不动地编译进包内，格式未变。

（2）另一种文件被 aapt 工具编译进包内，格式已经改变。

这里有一个每种资源类型的列表，包括文件格式、文件描述以及 XML 文件类型的细节。可以在项目中的 res/目录的适当子目录中创建和保存资源文件。Android 有一个资源编译器（aapt），它依照资源所在的子目录及格式对其进行编译。如表 2.1 一个每种资源的文件类型的列表，关于每种类型的描述、语法、格式以及其包含文件的格式或语法可以详细参考 Android SDK 文档。

表 2.1 文件类型列表

目　录	资源类型（Resource Types）
res/anim/	XML 文件，它们被编译进逐帧动画（frame by frame animation）或补间动画（tweened animation）对象
res/drawable/	.png、.9.png、.jpg 文件，这些文件都会有一个引用生成并且存在于 R 文件的 Drawable 资源类中。 要获得这种类型的一个资源，可以使用 Resource.getDrawable（id）。 为了获取资源类型，使用 mContext.getResources( ).getDrawable（R.drawable.imageId）。 注意：放在这里的图像资源可能会被 aapt 工具自动地进行无损压缩优化。如一个真彩色但并不需要 256 色的 PNG 可能会被转换为一个带调色板的 8 位 PNG。这使得同等质量的图片占用更少的资源。所以要意识到这些放在该目录下的二进制图像在生成时可能会发生变化。如果想读取一个图像位流并转换成一个位图（bitmap），请把图像文件放在 res/raw/目录下，这样可以避免被自动优化
res/layout/	被编译为屏幕布局（或屏幕的一部分）的 XML 文件
res/values/	可以被编译成很多种类型的资源的 XML 文件。 注意：不像其他的 res/文件夹，它可以保存任意数量的文件，这些文件保存了要创建资源的描述，而不是资源本身。XML 元素类型控制这些资源应该放在 R 类的什么地方。 尽管这个文件夹里的文件可以任意命名，不过下面是一些比较典型的文件（文件命名的惯例是将元素类型包含在该名称之中）。 • array.xml 定义数组数据。 • colors.xml 定义 color drawable 和颜色的字符串值（color string values）。使用 Resource.getDrawable( )和 Resources.getColor( )分别获得这些资源。 • dimens.xml 定义尺寸值（dimension value）。使用 Resources.getDimension( )获得这些资源。 • strings.xml 定义字符串（string）值（使用 Resources.getString( )或者 Resources.getText( )获取这些资源。getText( )会保留在 UI 字符串上应用的丰富的文本样式）。 • styles.xml 定义样式（style）对象
res/xml/	任意的 XML 文件，在运行时可以通过调用 Resources.getXML( )读取
res/raw/	直接复制到设备中的任意文件。它们无须编译，添加到你的应用程序编译产生的压缩文件中。要使用这些资源，可以调用 Resources.openRawResource( )，参数是资源的 ID，即 R.raw.somefilename

资源被编进最终的 APK 文件中。Android 创建了一个封装类，叫做 R，在代码中可以使用它来引用这些资源。R 包含了根据资源文件的路径和名称命名的子类。

2.2.2.2 string 资源的引用

Hello Wrold 程序的布局文件 main.xml 中引用一个名字为 hello 的 string 资源。

res/values/string.xml 文件的 string 资源定义如下：

```
<?xml version="1.0" encoding="utf-8"?>
<resources>
    <string name="hello"> Hello World, HelloWorld! </string>
    <string name="app_name"> hello_android </string>
</resources>
```

在 res/layout/main.xml 的布局文件中引用名字为 hello 的字符串资源“Hello World，HelloWorld!”如下：

```
<TextView
    android:layout_width="fill_parent"
    android:layout_height="wrap_content"
    android:text="@string/hello"/>
```

在代码中，我们可以通过以下代码来获取该 string 资源，可以测试一下，在 HelloWorld.java 文件中的 onCreate 函数中加入以下代码：

```
String getStr = getString(R.string.hello);
```

这样，就将名字为 hello 的 string 资源引用到代码中了。

当然也可以定义其他的 string 资源，类似于上面已定义的 string 资源定义。

2.2.2.3　color 资源的引用

颜色值的定义是通过 RGB 三原色和一个 alpha 值来定义的。颜色值统一用下面的格式定义：以#开始，后面跟随 alpha-red-green-bulu 的格式。一般有以下几种包含十六进制常数的形式：#RGB、#ARGB、#RRGGBB、#AARRGGBB。

在 Hello Wrold 程序中增加一些代码来使用 color 资源。

（1）创建 color 的资源文件。在 res/values 目录下创建一个 colors.xml 文件，其代码内容如下：

```
<?xml version="1.0" encoding="utf-8"?>
<resources>
    <color name="red_text">#FF0000</color>
    <color name="white_bg">#FFFFFF</color>
</resources>
```

color 的定义有六位和八位，八位中多出的高位是用来定义颜色的透明度，可以自定义颜色值。

（2）更改 res/layout 目录下的 main.xml，其中的 TextView 部分更改如下：

```
<TextView
    android:layout_width="fill_parent"
    android:layout_height="wrap_content"
android:text="@string/hello"
android:textColor="@color/red_text"/>
```

该 TextView 引用了我们定义的 color 资源，也可以引用系统定义的 color 资源，具体实现如下所示：

```
<TextView
    android:layout_width="fill_parent"
    android:layout_height="wrap_content"
android:text="@string/hello"
android:textColor="@android:color/opaque_red" />
```

注意　这里的引用系统资源是以@android 开始的。

（3）在 HelloWorld.java 中我们可以设置背景，这个背景也可以从 XML 文件中读取，只要在这个 Java 文件中的 onCreate 函数的 setContentView 后面加上如下代码即可：

```
getWindow().setBackgroundDrawableResource(R.color.white_bg);
```

2.2.2.4 XML 资源的引用

在 res/xml 目录下创建一个 test_xml.xml 文件，内容如下所示：

```
<?xml version="1.0" encoding="utf-8"?>
<resources>
   <color name="red_text">#FF0000</color>
   <color name="white_bg">#FFFFFF</color>//可以用其他类似的替换掉
</resources>
```

在 Java 代码中可以通过 getResources( ).getXml（R.xml.test_xml）引用这个文件中的 color 资源，该值可以赋给一个 XmlResourceParser 对象。具体如下所示：

```
XmlResourceParser Testparser = getResources () .getXml (R.xml.test_xml);
```

可以通过这个对象来获取 XML 资源中的节点信息。

2.2.2.5 drawable 资源的引用

drawable 资源一些是图片资源，drawable 资源分为 3 类：Bitmap File（位图文件）、Color Drawable（颜色）、Nine-patch Image（九片图片）等，其中最常用的是位图文件。Android 系统支持的位图文件类型包括 png、jpg 和 gif。

图片资源的引用实例，还是从 Hello World 实例程序中扩展。首先放一张图片在 drawable 目录下，命名为 test.png，然后在 res/main.xml 下增加以下代码：

```
<ImageView
   android:layout_width=" wrap_content"
   android:layout_height="wrap_content"
android:src="@drawable/test"
/>
<ImageView
   android:id="@+id/testimage"
   android:layout_width=" wrap_content"
   android:layout_height="wrap_content"
/>
```

这样运行后，会发现两个 ImageView 只显示一个，如果让另一个 ImageView 也显示出来，可以和上一个 ImageView 一样设置 src 属性，也可以在功能代码中设置，在 HelloWorld.java 的 onCreate 函数中加入以下代码，运行后就可以看到效果了：

```
ImageView testView = (ImageView) findViewById (R.id.testimage)
testView.setImageDrawable (getResources () .getDrawable (R.drawable.test));
```

利用图片资源还可以做出动画效果，具体做法就是通过定义 XML 来获取动画类别的图片资源，也就是说将多个图片定义在一个 XML 文件中，在引用时直接通过获取该 XML 就可以得到很多效果的图片资源，它们主要是用来绘制屏幕，组成屏幕的一部分，可以通过 Resources. getDrawable( )方法获得。

2.2.2.6 布局 Layout 资源的引用

布局资源的引用很简单，就是通过在 Java 代码中的 R.layout.main 来将布局 main.xml 引进来。

2.2.2.7 Menu 资源的引用

应用程序菜单是应用程序用户界面中另外一个重要的组成部分。菜单为展现应用程序功能和设置提供了一个可靠的界面。按下设备上的 MENU 键会调出最普通的应用程序菜单。你也可以加入当用户长按一个项目时调出的上下文菜单。

菜单也是用视图层次进行构架的，但不必自己定义这个架构。只要为你的 Activity 定义 onCreateOptionsMenu( )和 onCreateContextMenu( )回调方法，并声明想要包含在菜单中的项目就行了。Android 将为你的菜单自动创建视图层次，并在其中绘入菜单项。

菜单会自行处理它们的事件，所以，不必为菜单中的项目注册事件侦听器。当菜单中的一项被选定时，框架将自动调用 onOptionsItemSelected( )或 onContextItemSelected( )方法。

如同应用程序布局一样。也可以在一个 XML 文件中定义菜单中的项目。

例如，我们在 res/menu/目录下新建一个 XML 文件为 test_menu.xml，具体实现如下：

```
<menu xmlns:android="http://schemas.android.com/apk/res/android">
    <item android:id="@+id/item1"
          android:title="@string/item1"
          android:icon="@drawable/group_item1_icon" />
    <group android:id="@+id/group">
        <item android:id="@+id/group_item1"
              android:title="@string/group_item1"
              android:icon="@drawable/group_item1_icon" />
        <item android:id="@+id/group_item2"
              android:title="G@string/group_item2"
              android:icon="@drawable/group_item2_icon" />
    </group>
    <item android:id="@+id/submenu"
          android:title="@string/submenu_title" >
        <menu>
            <item android:id="@+id/submenu_item1"
                  android:title="@string/submenu_item1" />
        </menu>
    </item>
</menu>
```

下一步定义，找两张图片分别命名为 group_item1_icon、group_item2_icon。然后定义在该 XML 中用到的 string 资源，在 res/values/string.xml 中添加如下字符串资源：

```
<string name="item1">item1</string>
<string name="group_item1">group_item1</string>
<string name="group_item2">group_item2</string>
<string name="submenu_title">submenu_title</string>
<string name="submenu_item1">submenu_item1</string>
```

定义好之后，可以在代码中调用，菜单可以通过在回调函数 onCreateOptionsMenu（Menu）中调用，也可以在 HelloWorld 程序中的 HelloWorld.java 中添加代码实现：

```
public boolean onCreateOptionsMenu(Menu menu) {
   MenuInflater inflater = getMenuInflater();
   inflater.inflate(R.menu.example_menu, menu);
      return true;
}
```

运行后看到的效果如图 2.3 所示。

点击 submenu_title 时，进入将会显示该 item 中定义的一个 menu，如图 2.4 所示。

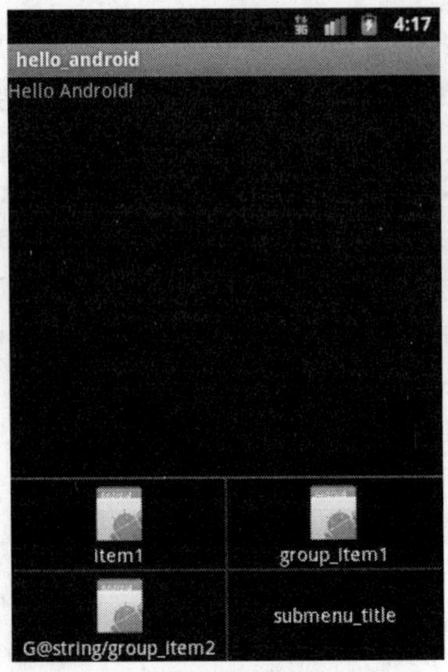

图 2.3　menu 菜单效果 1

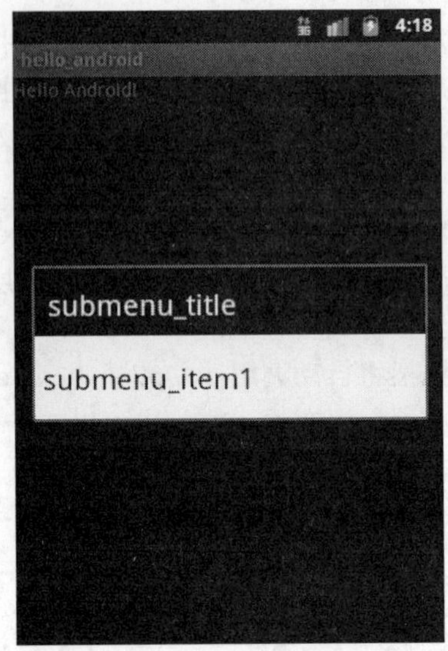

图 2.4　menu 菜单效果 2

2.2.2.8　风格与主题（Styles and Themes）

（1）风格与主题概述。

或许对标准工具的外表不是那么满意。为了解决这个问题，可以创建自己的风格和主题。

■　风格是一套包含一个或多个格式化属性的整体，可以把它们加诸于布局中的单个元素之上。例如，可以定义一个包含特定文本字体大小和颜色的风格，并将它单独施用于特定的视图元素。

■　主题也是一套包含一个或多个格式化属性的整体，但却应用于一个应用程序中的所有 Activity，或单独一个 Activity。例如，可以定义一个包含了特定窗口边框颜色和板面背景，以及一套字体大小和菜单颜色的主题。这个主题可以施用于特定的 Activity 或整个应用程序。

风格与主题隶属于资源。Android 提供了一些默认的风格和主题供开发者使用，也可以定制自己的风格和主题资源。

另外一种资源值允许引用当前主题中的属性的值。这个属性值只能在样式资源和 XML 属性中使用。它允许你通过将它们改变为当前主题提供的标准变化来改变 UI 元素的外观，而不是提供具体的值。

如 Hello Vorld 例中所示，在布局资源中使用这个特性将文本颜色设定为标准颜色的一种，这些标准的颜色都是定义在基本系统主题中。

```
<?xml version="1.0" encoding="utf-8"?>
<EditText id="text" xmlns:android="http://schemas.android.com/apk/res/android"
     android:layout_width="fill_parent"
    android:layout_height="fill_parent"
    android:textColor="?android:textDisabledColor"
    android:text="@string/hello_world" />
```

注意

这和资源引用非常类似，除了使用一个“?”前缀代替了“@”。当你使用这个标记时，你就提供了属性资源的名称，它将会在主题中被查找——因为资源工具知道需要的属性资源，所以不需要显示声明这个类型（如果声明，其形式就是?android:attr/android: textDisabledColor）。

除了使用这个资源的标识符来查询主题中的值代替原始的资源，其命名语法和“@”形式一致：?[namespace：]type/name，这里类型可选。

（2）风格与主题实例。

下面来自定义一个 Style 资源。

首先在 res/values 目录下新建一个名叫做 style.xml 的文件。在 style.xml 中定义内容如下：

```
<?xml version="1.0" encoding="utf-8"?>
<resources>
    <style name=" StyleTest1">
        <item name="android:textSize">18sp</item>
        <item name="android:textColor">#EC9237</item>
    </style>
    <style name=" StyleTest2">
        <item name="android:textSize">14sp</item>
        <item name="android:textColor">#FF7F7C</item>
        <item name="android:fromAlpha">0.0</item>
        <item name="android:toAlpha">0.0</item>
    </style>
</resources>
```

上面样式的定义，从字面意思就可以了解其功能了，下面看看如何应用它。

```
<!- 应用样式 1 的 TextView ->
<TextView
    style="@style/ StyleTest1"
    android:layout_width="fill_parent"
    android:layout_height="wrap_content"
    android:gravity="center_vertical|center_horizontal"
    android:text="welcome to my first style"/>
<!- 应用样式 2 的 TextView ->
<TextView
    style="@style/ StyleTest2"
    android:layout_width="fill_parent"
    android:layout_height="wrap_content"
    android:gravity="center_vertical|center_horizontal"
    android:text="Hello see my style"
    android:autoLink="all"/>
```

现在这个 TextView 组件所表现出来的风格就如我们在上边的 XML 文件中所定义的那样，如图 2.5 所示。

2.2.2.9　在代码中使用系统资源

在系统中包含了很多应用程序可以使用的资源。所有的这些资源都在“android.R”类下定义。例如，使用下面的代码可以在屏幕上显示标准应用程序的图标：

```
public class MyActivity extends Activity {
    public void onStart () {
```

```
        requestScreenFeatures (FEATURE_BADGE_IMAGE) ;
        super.onStart () ;
        setBadgeResource (android.R.drawable.sym_def_app_icon) ;
    } }
```

图 2.5 Style 菜单效果

以相似的方式，下面的代码将对你的屏幕应用系统定义的标准“绿色背景”视觉处理：

```
public class MyActivity extends Activity
    public void onStart () {
        super.onStart () ;
        setTheme (android.R.style.Theme_Black) ;
  } }
```

2.3 Android 布局

回过头来讲 Android 系统中的布局，这部分入门很容易，但是要想做好却很难，因为布局很容易写地出来，但是布局的好坏决定了应用程序界面的好坏，所以要想写好这些布局，必须要十分熟悉各种布局的用法以及布局的嵌套使用。即使你对编程不是很了解，但是如果能很好地去定义布局，那么，即使再简单的应用程序，也会变得十分漂亮。

在 Android 系统中共有 5 种布局，它们分别是：线性布局（LinearLayout）、相对布局（RelativeLayout）、帧布局（FrameLayout）、表格布局（TableLayout）、绝对布局（AbsoluteLayout）。通过这些布局可以开发出很多我们喜欢的界面。下面分别介绍这些布局。在介绍的时候都将以第一个 Hello World 程序为基础，再通过多种变化后得到想要的界面。

2.3.1 线性布局（LinearLayout）

在程序中最常用的一个布局是线性布局，之所以叫线性布局是因为，在该布局中的控件，无论有多少，都只能纵向排列或者横向排列，无论横竖都是一条线，所以叫做线性布局。当然，为了实现纵向中的部分布局的横向或排列，或者为了实现横向布局中的某部分布局的纵向排列都需要在该布局中嵌套另一个布局。

布局就像容器，里面可以装下很多控件。布局里面还可以套用其他的布局。这样就可以实现界面的多样化，以及设计的灵活性。线性布局，线性版面配置，在 LinearLayout 这个标签中，所有元件都是按由上到下的排队排成的。

在这个界面中，我们应用了一个 LinearLayout 的布局，它是垂直向下扩展的，所以创建的布局 XML 文件，以节点作为开头。一个布局容器里可以包括 0 或多个布局容器。具体如下所示：

```
<LinearLayout xmlns:android="http://schemas.android.com/apk/res/android"
    android:orientation="vertical"
    android:layout_width="fill_parent"
    android:layout_height="fill_parent">
```

解释一下 LinearLayout 中的标签。

（1）android：orientation="vertical" 表示垂直方式，即纵向对齐。

（2）android：orientation="horizontal"表示水平方式对齐。

（3）android：layout_width="fill_parent"定义当前视图在屏幕上所占据的宽度，fill_parent 即填充整个屏幕。

（4）layout_weight 默认值是零，用于给一个线性布局中的诸多视图的所占比重赋值。如在水平方向上有一个文本标签和两个文本编辑元素，该文本标签并无指定 layout_weight 值，所以，它将占据需要提供的最少空间。如果两个文本编辑元素每一个的 layout_weight 值都设置为 1，则两者平分在父视图布局剩余的宽度（因为，声明这两者的所占比重相等）。如果两个文本编辑元素其中第一个的 layout_weight 值设置为 1，第二个的设置为 2，则剩余空间的三分之一分给第一个，三分之二分给第二个（正比划分）。

下面在 HelloWorld 程序的基础上通过改动代码来展示各种情况下的显示。

例如，我们要实现两个控件的纵向布局，就是让两个 Textview 在纵向上排列，那么可以增加一个相同的 TextView 在布局代码中：

```
<TextView
        android:layout_width="fill_parent"
        android:layout_height="wrap_content"
        android:text="@string/hello"/>
```

运行得到的效果如图 2.6 所示。

若要变成横向的，那么可以改变 main.xml 中的 android：orientation 这个属性，它就是来控制下面的控件的排列方向，若为“vertical”就代表该视图中的两个 TextView 是纵向排列，若为“horizontal”则表示为横向排列。横向排列的视图如图 2.7 所示。

为了让显示更好看一些，若喜欢对称，为了让两边的大小一致，可以有两种方式，一种方法是通过设定绝对值，通过设置 android：layout_width 的值来固定这个控件的宽度，若总的宽度为 320，那么设置成 160 后，两个控件在界面的显示将会各占一半。另一种方法是通过在两个 TextView 元素中设置属性 android：layout_weight=“1”，表示它们所要占用相同比例的大小宽度，效果如图 2.8 所示。

图 2.6 TextView 效果

图 2.7 TextView 排列效果

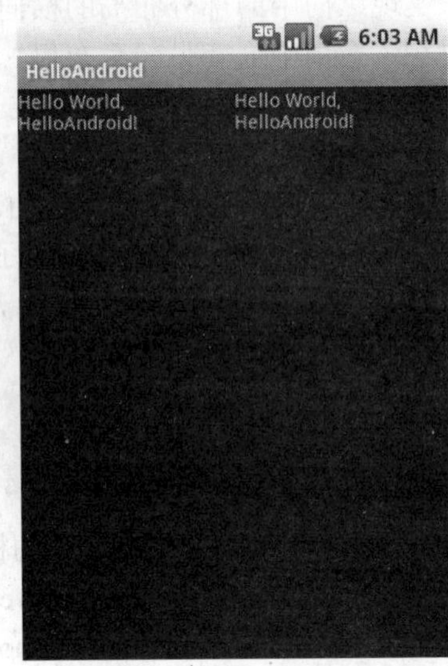

图 2.8 TextView 排列效果

同样也可以将 TextView 改为其他控件，如 Button、EditText、ProgressBar 等。下面就来通过在 main.xml 中多加入一些 TextView 以及其属性看看效果变化：

```
<?xml version="1.0" encoding="utf-8"?>
<LinearLayout xmlns:android="http:      //schemas.android.com/apk/res/android"
   android:orientation="vertical"
   android:layout_width="fill_parent"      //布局宽度填充满屏幕
   android:layout_height="fill_parent"     //布局高度填充满屏幕
   android:gravity="center_horizontal">    //布局横向居中
<TextView                                  //第一个 TextView
   android:layout_width="fill_parent"      //定义改 TextView 的宽度为填充满布局
   android:layout_height="wrap_content"    //定义 TextView 的高度为自身占用高度
   android:text="第一行："                  //显示的文本内容
   android:textSize="20px"                 //文本字体的大小
   android:textColor="#0ff"                //文本字体颜色
   android:background="#333"               //文本的背景颜色
 />
<TextView
   android:layout_width="wrap_content"
   android:layout_height="wrap_content"
   android:text="第二行"
   android:textSize="20px"
   android:textColor="#0f0"
   android:background="#eee"
   android:layout_weight="10" />
<TextView
   android:layout_width="wrap_content"
   android:layout_height="wrap_content"
   android:text="第三行"
   android:textColor="#00f"
   android:textSize="20px"
   android:background="#ccc"
```

```
        android:layout_weight="1" />

    <TextView
        android:layout_width="fill_parent"
        android:layout_height="wrap_content"
        android:text="第四行"
        android:textColor="#f33"
        android:textSize="20px"
        android:background="#888"
        android:layout_weight="1" />
    <TextView
        android:layout_width="fill_parent"
        android:layout_height="wrap_content"
        android:text="第五行"
        android:textColor="#ff3"
        android:textSize="20px"
        android:background="#333"
        android:layout_weight="1" />
</LinearLayout>
```

运行效果如图 2.9 所示。

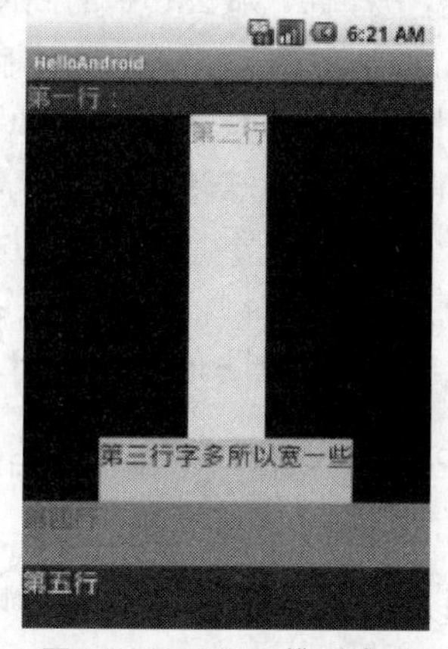

图 2.9　TextView 排列效果

其中 android：layout_width 是决定该控件的宽度，如果为“fill_parent”，就表示该控件占窗口宽度的 100%，即占满屏幕的宽度。若值为“wrap_content”，则表示该控件的宽度是可以改变的，可以根据控件所能显示的文字的长度来进行改变宽度。例如，第三行就是这个例子，因为文字多，所以宽度自动调整了。

android：textSize 是表示该控件中文字的大小。

android：background 是指该控件的背景，可以是图片，也可以是颜色值。

android：layout_weight 是指该控件在纵向或横向上所占有的比例值高度或者宽度。在上面的例子中，第三行、第四行和第五行因为值相同，所以占有的纵向高度一样，而第二行的值为 10，就是说第二个 TextView 占有的高度是下面的 3 个控件的十倍。

下面我们来讲线性布局的嵌套使用来达到更好的效果，为了实现图 2.10 的布局，我们需要在上面代码的基础上进行嵌套使用线性布局，我们通过将第二个和第三个 TextView 加入到一个 LinearLayout 布局中，从而使得这两个 textView 横向排列。将下面这段代码代替上面 main.xml 中的第二个和第三个 TextView 后，就可以得到图 2.10 所显示的效果了。具体实现的程序如下：

```
    <LinearLayout
        android:orientation="horizontal"
        android:layout_width="fill_parent"
        android:layout_height="wrap_content"
        android:gravity="center_horizontal"
        android:layout_weight="10">
         <TextView
            android:layout_width="wrap_content"
            android:layout_height="wrap_content"
            android:text="第二行"
            android:textSize="20px"
```

```
        android:textColor="#0f0"
        android:background="#eee" />
    <TextView
        android:layout_width="wrap_content"
        android:layout_height="fill_parent"
        android:text="第三行"
        android:textColor="#00f"
        android:textSize="20px"
        android:background="#ccc"/>
</LinearLayout>
```

为什么会出现第二行和第三所占的高度不一样呢，请注意观察代码中的两个 TextView 中的 android：layout_height 属性，一个是“wrap_content”，另一个是“fill_parent”。“wrap_content”是指需要占有多大就实际占用多大。而“fill_parent”是一定要填充慢他的父类布局的大小。所以才会出现这种情况。

图 2.10 TextView 排列效果

这里有一个需要注意的地方：那就是在纵向的时候，如果想显示多个控件，那么其中的高度属性值 android：layout_height 最好不要用“fill_parent”，同理，在横向排列的多个控件都要显示的时候，那么其中的 android：layout_width 属性值最好也不用“fill_parent”，这两种情况都会导致某个控件的高度或者宽度过大，占满了屏幕而使得其他控件无法显示。同时要使用 android：layout_weight 这个属性来设置各自所占的比例，这样就可以显示出所有控件了。

看完线性布局 LinearLayout，下面就来看看相对的布局。

2.3.2 相对布局（RelativeLayout）

相对布局：是一个 ViewGroup，它能够以相对位置显示它的子视图（view）元素，一个视图可以指定相对于它的兄弟视图的位置（例如，在给定视图的左边或者下面）或相对于 RelativeLayout 的特定区域的位置（例如，底部对齐，或中间偏左）。

相对布局是设计用户界面的有力工具，因为它消除了嵌套视图组。如果发现你使用了多个嵌套的 LinearLayout 视图组后，你可以考虑使用一个 RelativeLayout 视图组了。通过 LinearLayout 来实现多种 View 的布局效果，其实都是可以使用相对布局来实现的，相对布局的出现也是为了简化繁琐的嵌套而设计的，只需要在相对布局中加入一些控件，并通过其中的一个控件的位置来控制其他控件是在那个控件的哪个方向，那个位置上。在下面的程序中将会看到相对布局的强大作用。

下面我们来将 HelloWorld 程序中的 main.xml 改为下面的程序：

```
<?xml version="1.0" encoding="utf-8"?>
<RelativeLayout xmlns:android="http://schemas.android.com/apk/res/android"
    android:layout_width="fill_parent"
    android:layout_height="fill_parent">
    <TextView
        android:id="@+id/label"
        android:layout_width="fill_parent"
        android:layout_height="wrap_content"
        android:text="输入标题:"/>
```

```
    <EditText
        android:id="@+id/entry"
        android:layout_width="fill_parent"
        android:layout_height="wrap_content"
        android:background="@android:drawable/editbox_background"
        android:layout_below="@id/label"/>
    <Button
        android:id="@+id/ok"
        android:layout_width="wrap_content"
        android:layout_height="wrap_content"
        android:layout_below="@id/entry"
        android:layout_centerInParent="true"
        android:layout_marginLeft="10dip"
        android:text="确认" />
    <Button
    android:id="@+id/cancel"
        android:layout_width="wrap_content"
        android:layout_height="wrap_content"
        android:layout_toLeftOf="@id/ok"
        android:layout_alignTop="@id/ok"
        android:text="取消" />
</RelativeLayout>
```

程序运行后的效果如图 2.11 所示。

让我们来仔细的看一下布局中使用的各种属性，在相对布局中，定义了 4 个控件，一个 TextView 定义其 id 为 label，这个 id 是这个控件的惟一标识，可以被其他控件或者程序代码引用，它处于相对布局的第一行；一个 EditText，定义其 id 为 entry，通过属性 android：layout_below=“@id/label”来设置这个控件的相对位置，位于 id 为 label 的控件的下方。在图 2.11 中可以看到这个文本输入框是在第二行，处于第一个 id 为 label 的 TextView 的下方；一个 Button，其 id 为 ok，通过设置其属性 android：layout_below=“@id/entry”来将其位置放置在 id 为 entry 的控件的下方，其中 android：layout_centerInParent=“true”表示该控件处于它的父容器，即根 View 的中间位置。在图 2.11 中可以看到确认按钮在横向的中间位置；另一个 Button，其 id 为 cancel。RelativeLayout 为这些控件的根，这个相对布局比线性布局又多了几个相对的属性，表 2.2 总结如下。

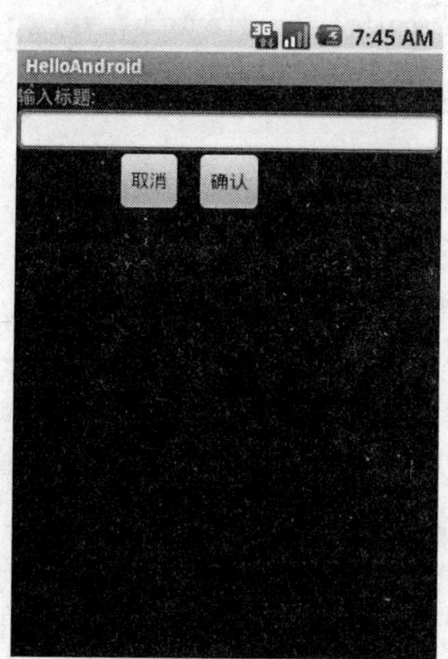

图 2.11　相对布局效果

表 2.2　相对的属性

属 性 名 称	描　述
android：layout_above	位于指定控件 View 的 ID 的上部，并紧邻其上
android：layout_alignBaseline	本 View 的底线与指定 View 的底线对齐
android：layout_alignBottom	本 View 的底边与指定 View 的底边对齐
android：layout_alignLeft	本 View 的左边与指定 View 的左边对齐

续表

属 性 名 称	描　述
android：layout_alignParentBottom	如果值为 true，本 View 的底边与其父 View 的底边对齐
android：layout_alignParentLeft	如果值为 true，本 View 的左边与其父 View 的左边对齐
android：layout_alignParentRight	如果值为 true，本 View 的右边与其父 View 的右边对齐
android：layout_alignParentTop	如果值为 true，本 View 的上边与其父 View 的上边对齐
android：layout_alignRight	将本 View 的右边与指定 View 的右边对齐
android：layout_alignTop	将本 View 的上边与指定 View 的上边对齐
android：layout_alignWithParentIfMissing	如果值为 true，当使用 layout_toLeftOf 和 layout_toRightOf 等时没有找到指定的 View，转而使用父 View 作为参照对象
android：layout_below	将本 View 放置于指定 View 的下面
android：layout_centerHorizontal	如果值为 true，将本 View 在其父 View 中水平居中
android：layout_centerInParent	如果值为 true，将本 View 在其父 View 中水平和垂直居中
android：layout_centerVertical	如果值为 true，将本 View 在其父 View 中垂直居中
android：layout_toLeftOf	将本 View 放置于指定 View 的左边
android：layout_toRightOf	将本 View 放置于指定 View 的右边

2.3.3　帧布局（FrameLayout）

FrameLayout 是最简单的一个布局对象。它被定制为屏幕上的一个空白备用区域，之后可以在其中填充一个单一对象，例如，一张你要发布的图片。所有的子元素将会固定在屏幕的左上角。

不能为 FrameLayout 中的一个子元素指定一个位置。后一个子元素将会直接在前一个子元素之上进行覆盖填充，把它们部份或全部挡住（除非后一个子元素是透明的）。LinearLayout 以你为它设置的垂直或水平的属性值来排列所有的子元素。

所有的子元素都被堆放在其他元素之后，因此一个垂直列表的每一行只会有一个元素。而不管他们有多宽，一个水平列表将会只有一个行高（高度为最高子元素的高度加上边框高度）。

FrameLayout 是一个最简单的布局对象。之所以简单是因为在该布局中的所有控件都处于左上角的位置上相互重叠，而你无法改变它们的位置，它的子元素 View 只是简单的叠在另一个子元素 View 上面，有可能是全部覆盖，有可能四局部覆盖（除非新对象是透明的，才可以看到下面被覆盖的子 view）。下面就通过一个实例看效果。

我们还是通过上一节的相对布局的例子来说明问题，将上面的例子中的 main.xml 文件中的 LinearLayout 改为 FrameLayout，之后会看到运行后的结果如图 2.12 所示。

是不是看到了 4 个控件重叠在一起的状况。你一定会想，这么简单的东西在 Android 系统中能做些什么呢，又不能调整位置。下面就给你一个实用的例子，这个例子使用到了它的一个属性，就是可以利用 android：layout_gravity 来设置它的子 View 的位置，把 main.xml 文件的代码改成如下：

```
<?xml version="1.0" encoding="utf-8"?>
<FrameLayout xmlns:android="http://schemas.android.com/apk/res/android"
android:layout_width="fill_parent"
android:layout_height="fill_parent">
<ImageView android:id="@+id/image"
     android:layout_width="fill_parent"
     android:layout_height="fill_parent"
     android:scaleType="center"
     android:src="@drawable/icon" />
 <TextView android:id="@+id/text1"
     android:layout_width="wrap_content"
     android:layout_height="wrap_content"
     android:layout_gravity="center"
     android:textColor="#00ff00"
     android:text="@string/hello" />
<Button android:id="@+id/start"
     android:layout_width="wrap_content"
     android:layout_height="wrap_content"
     android:layout_gravity="bottom"
     android:text="Start" />
</FrameLayout>
```

其运行效果如图 2.13 所示。

图 2.12　FrameLayout 效果

图 2.13　FrameLayout 效果

2.3.4　表格布局（TableLayout）

表格布局是一个 ViewGroup，以表格显示它的子视图（view）元素，即行和列标识一个视图的位置。其实 Android 的表格布局与 HTML 中的表格布局非常类似，TableRow 就像 HTML 表格的<tr>标记。

用表格布局需要知道以下几点。

- android：shrinkColumns，对应的方法：setShrinkAllColumns（boolean），作用：设置表格的列是否收缩（列编号从 0 开始，下同），多列用逗号隔开（下同），如 android：shrinkColumns="0，1，2"，即表格的第 1、2、3 列的内容是收缩的以适合屏幕，不会挤出屏幕。
- android：collapseColumns，对应的方法：setColumnCollapsed（int，boolean），作用：设置表格的列是否隐藏。
- android：stretchColumns，对应的方法：setStretchAllColumns（boolean），作用：设置表格的列是否拉伸。
- 看下面的 res/layour/main.xml 文件程序：

```
<?xml version="1.0" encoding="utf-8"?>
<TableLayout xmlns:android="http://schemas.android.com/apk/res/android"
    android:layout_width="fill_parent"
android:layout_height="fill_parent"
    android:shrinkColumns="0,1,2"><!-- have an eye on ! -->
    <TableRow><!-- row1 -->
      <Button android:id="@+id/button1"
          android:layout_width="wrap_content"
          android:layout_height="wrap_content"
          android:text="Hello, I am a Button1"
          android:layout_column="0" />
      <Button android:id="@+id/button2"
          android:layout_width="wrap_content"
          android:layout_height="wrap_content"
          android:text="Hello, I am a Button2"
          android:layout_column="1" />
    </TableRow>
    <TableRow><!-- row2 -->
      <Button android:id="@+id/button3"
          android:layout_width="wrap_content"
          android:layout_height="wrap_content"
          android:text="Hello, I am a Button3"
          android:layout_column="1" />
      <Button android:id="@+id/button4"
          android:layout_width="wrap_content"
          android:layout_height="wrap_content"
          android:text="Hello, I am a Button4"
          android:layout_column="1" />
    </TableRow>
    <TableRow>
      <Button android:id="@+id/button5"
          android:layout_width="wrap_content"
          android:layout_height="wrap_content"
          android:text="Hello, I am a Button5"
          android:layout_column="2" />
    </TableRow>
</TableLayout>
```

运行之后可以得出的效果如图 2.14 所示。

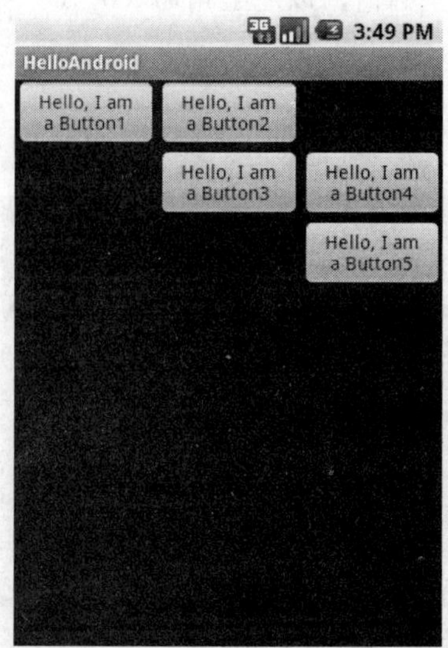

图 2.14　TableLayout 效果

2.3.5　绝对布局（AbsoluteLayout）

AbsoluteLayout 也就是绝对布局，又称坐标布局，在布局上灵活性较大，也较复杂，通常是通过坐标来定位它的子 View，也就是控件的位置。由于各种手机屏幕尺寸的差异，所以在某种机型上适应的绝对坐标搬到另一种机型时就会造成不同的 View，给开发人员带来较多困难。在高版本的 Android 系统中，已经将该方法废弃了，但是如果开发人员有必须使用的地方，系统依然是支持的。

用坐标布局时，需要注意坐标原点为屏幕左上角，这和计算机屏幕的设置是一样的。添加视图时，要精确地计算每个视图的像素大小，最好先在纸上画草图，将所有元素的像素定位计算好。

这里选取了 320*480 像素的标准屏幕，图片尺寸为 275*95，程序实现如下：

```
<?xml version="1.0" encoding="utf-8"?>
<AbsoluteLayout
    xmlns:android="http://schemas.android.com/apk/res/android"
    android:orientation="horizontal"
    android:layout_width="fill_parent"
    android:layout_height="fill_parent">
    <TextView android:text="TextView01"
      android:id="@+id/TextView01"
      android:layout_height="wrap_content"
      android:layout_y="10px"
      android:layout_width="wrap_content"
      android:layout_x="110px">
    </TextView>
</AbsoluteLayout>
```

布局讲解：通过 absoluteLayout 子 View 的属性：

```
android:layout_x="110px"
android:layout_y="10px"
```

来设置了该 View 在屏幕上的坐标值，以左上角为（0，0）原点，向下为 y 轴，向右为 x 轴，如图 2.15 所示。

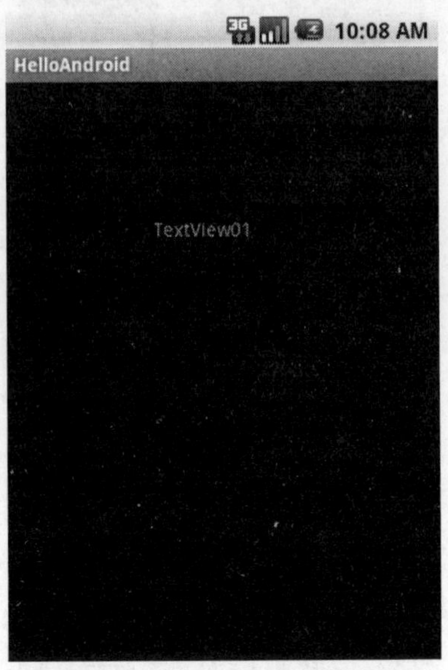

图 2.15　AbsoluteLayout 效果

2.4 Android ViewGroup

通过前面的学习我们知道，在一个 Android 应用程序中，用户界面通过 View 和 ViewGroup 对象构建。Android 中有很多种 View 和 ViewGroup，它们都继承自 View 类。View 对象是 Android 平台上表示用户界面的基本单元，视图（Views）可以将其自身绘制到屏幕上，Android 用户界面由一系列的视图树（trees of views）构成。

View 的布局显示方式直接影响用户界面，View 的布局方式是指一组 View 元素如何布局，准确地说是一个 ViewGroup 中包含的一些 View 怎么样布局。ViewGroup 类是布局（Layout）和视图容器（View container）的基类，此类也定义了 ViewGroup.LayoutParams 类，它作为布局参数的基类，此类告诉父视图其中的子视图想如何显示。例如，XML 布局文件中名为 layout_something 的属性。我们要介绍的 View 的各种布局类，都是继承自 ViewGroup 类的，如图 2.16 所示。

其实，所有的布局方式都可以归类为 ViewGroup 的 5 个类别，即 ViewGroup 的 5 个直接子类。其他的一些布局都扩展自这 5 个类。下面分别介绍 View 的 7 种布局显示方式。

上面的图示中前面的 5 个 Layout 都已经讲解过，下面开始讲解 TabWidget 和 TableHost。因为 AdapterView 是与数据显示相关的，所以，后面会单用一节来讲解怎样使用系统的 Adapter 和自定义 Adapter。

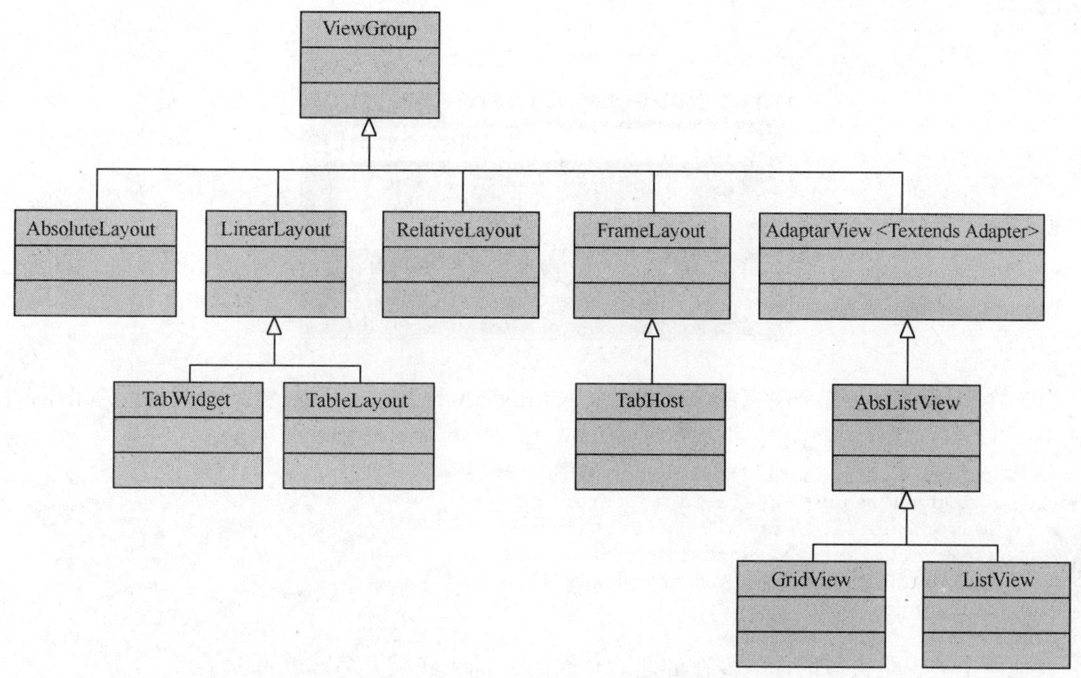

图 2.16　继承自 ViewGroup 的一些布局类

2.4.1　TabWidget 和 TabHost

Android 的联系人就是 TabWidget 的一个典型的应用。当用户需要用到多页的时候，TabWidget 是一个非常好的选择。

要实现这一效果，首先要了解 TabHost，它是一个用来存放多个 Tab 标签的容器。每一个 Tab 都可以对应自己的布局，例如，电话薄中的 Tab 布局就是一个 List 线性布局。

要使用 TabHost，必须通过 TabActivity 中的 getTabHost 方法来获取 TabHost 的对象，然后通过 addTab 的方法向 TabHost 添加 Tab，也就是添加一个新的标签页。Tab 标签在切换的时候都会产生一个事件，可以通过 TabActivity 的事件监听 setOnTabChangeListener。也可以设置默认的标签页：setCurrentTab（int index），index 是添加的标签的索引，以 0 为开始。

2.4.2　TabWidget 和 TabHost 的应用

下面使用这两个工具来实现在 Android 系统中经常可以见到的一个视图界面，如图 2.17 所示。

为了创建一个如图 2.17 所示的标签布局视图界面，需要使用到 TabHost 和 TabWidget。TabHost 必须是布局的根节点，它包含显示标签的 TabWidget 和显示标签内容的 FrameLayout。

可以有两种方式实现标签内容：使用标签在同一个 Activity 中交换视图和使用标签在完全隔离的 Activity 之间改变。根据应用的需要选择不同的方式，但是，如果每个标签提供不同的用户 Activity，为每个标签选择隔离的 Activity，因此，可以更好地将程序分离成块来管理应用程序，这样不致于形成一个巨大的应用程序和布局。下面还有一个例子来创建一个标签 UI，每个标签使用隔离的活动。

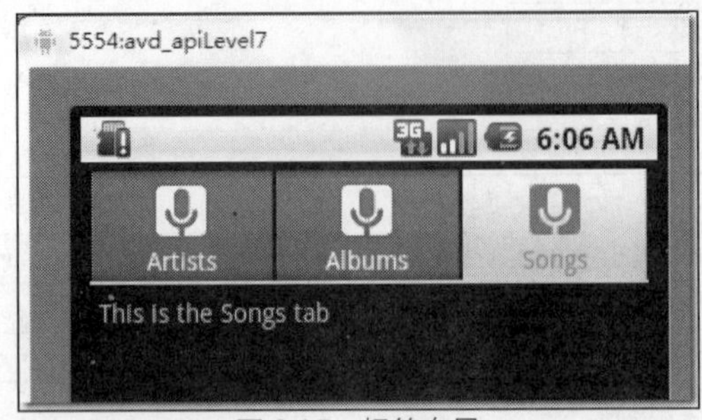

图 2.17　标签布局

（1）在项目中建立 3 个隔离的 Activity 类：ArtistisActivity、AlbumActivity、SongActivity。它们每个表示一个分隔的标签。每个通过 TextView 显示简单的一个消息，例如：

```
public class ArtistsActivity extends Activity {
public void onCreate (Bundle savedInstanceState) {
        super.onCreate (savedInstanceState) ;
        TextView textview = new TextView (this) ;
        textview.setText ("This is the Artists tab") ;
        setContentView (textview) ;
} }
```

其他两个类也是类似的，只需在创建的时候换个 class（类）名称就可以了。

（2）设置每个标签的图标，每个图标应该有两个版本：一个是选中时的，一个是未选中时的。通常的设计建议是，选中的图标应该是深色（灰色），未选中的图标是浅色（白色）。

现在创建一个 state-list drawable 指定哪个图标表示标签的状态：将图片放到 res/drawable 目录下，并创建一个新的 XML 文件，命名为 ic_tab_artists.xml，程序内容如下：

```
<?xml version="1.0" encoding="utf-8"?>
<selector xmlns:android="http://schemas.android.com/apk/res/android">
   <!-当选中的时候使用 grey -->
<item android:drawable="@drawable/ic_tab_artists_grey"
           android:state_selected="true" />
  <!-当未被选中的时候使用 white-->
 <item android:drawable="@drawable/ic_tab_artists_white" />
</selector>
```

（3）res/layour/main.xml 的内容如下：

```
<?xml version="1.0" encoding="utf-8"?>
<TabHost xmlns:android=http://schemas.android.com/apk/res/android
     android:id="@android:id/tabhost"
android:layout_width="fill_parent"
     android:layout_height="fill_parent">
 <LinearLayout
     android:orientation="vertical"
     android:layout_width="fill_parent"
     android:layout_height="fill_parent"
     android:padding="5dp">
   <TabWidget
     android:id="@android:id/tabs"
     android:layout_width="fill_parent"
     android:layout_height="wrap_content" />
```

```
    <FrameLayout
        android:id="@android:id/tabcontent"
        android:layout_width="fill_parent"
        android:layout_height="fill_parent"
        android:padding="5dp" />
  </LinearLayout>
  </TabHost>
```

这个布局将显示标签和提供上面创建的活动之间的导航。TabHost 要求包含一个 TabWidget 和一个 FrameLayout。TabWidget 和 FrameLayoutTabHost 以线性垂直地显示。

（4）HelloWorld.java 文件源程序如下：

```
package skynet.com.cnblogs.www;
import android.widget.TabHost;
import android.app.TabActivity;
import android.content.Intent;
import android.content.res.Resources;
import android.os.Bundle;
public class HelloWorld extends TabActivity{
  /** Called when the activity is first created. */
  @Override
public void onCreate (Bundle savedInstanceState) {
    super.onCreate (savedInstanceState) ;
    setContentView (R.layout.main) ;
    Resources res = getResources () ;
    TabHost tabHost = getTabHost () ;
    TabHost.TabSpec spec;
    Intent intent;
    intent = new Intent () .setClass (this, ArtistsActivity.class) ;
    spec = tabHost.newTabSpec ("artists")
      .setIndicator ("Artists",res.getDrawable (R.drawable.ic_tab_artists))
      .setContent (intent) ;
   tabHost.addTab (spec) ;
   intent = new Intent () .setClass (this, AlbumsActivity.class) ;
    spec = tabHost.newTabSpec ("albums")
      .setIndicator ("Albums", res.getDrawable (R.drawable.ic_tab_artists))
      .setContent (intent) ;
     tabHost.addTab (spec) ;
     intent = new Intent () .setClass (this, SongsActivity.class) ;
     spec = tabHost.newTabSpec ("songs")
       .setIndicator ("Songs",res.getDrawable (R.drawable.ic_tab_artists))
       .setContent (intent) ;
     tabHost.addTab (spec) ;
     tabHost.setCurrentTab (2) ;
 } }
```

设置每个标签的文字和图标，并分配每个标签一个活动（这里为了方便 3 个标签都有相同的图标）。TabHost 的引用第一次通过 getTabHost( )获取。然后，为每个标签创建 TabHost.TabSpec，定义标签的属性。newTabSpec（String）方法创建一个新的 TabHost.TabSpec，以给定的字符串标识标签。调用 TabHost.TabSpec.setIndicator（CharSequence，Drawable）为每个标签设置文字和图标，调用 setContent（Intent）指定 Intent 去打开合适的 Activity。每个 TabHost.TabSpec 通过调用 addTab（TabHost.TabSpec）添加到 TabHost。

最后，setCurrentTab（int）设置打开默认显示的标签，通过索引定位标签的位置。

（5）打开 Android 的清单文件 AndroidManifest.xml，添加 NoTitleBar 主题到 HelloWorld 的<activity>标记。这将移除默认应用程序的标题和顶端布局，给标签腾出位置。<activity>标记应该像这样：

```
<activity android:name=".HelloWorld" android:label="@string/app_name"
        android:theme="@android:style/Theme.NoTitleBar">
```

完成了以上步骤并不能把程序运行起来，因为还缺少一步，那就是需要在清单文件中列出我们所使用到的 Activity，这样，程序在运行的时候，系统才知道应用程序中有几个 Activity，需要启动的时候，系统如果在这个清单文件中找不到相应的 Activity，就会报错，所以在 AndroidManifest.xml 中添加下面 3 个 Activity：

```
<activity android:name=".AlbumsActivity"></activity>
<activity android:name=".ArtistsActivity" ></activity>
<activity android:name=".SongsActivity" ></activity>
```

2.4.3 ListView（列表示图）

ListView 是一个经常用到的控件，ListView 里面的每个子项 Item 可以是一个字符串，也可以是一个组合控件。先讲一下 ListView 的实现。

（1）准备 ListView 要显示的数据。

（2）使用一维或多维动态数组保存数据。

（3）构建适配器，简单地来说，适配器就是 Item 数组，动态数组有多少元素就生成多少个 Item。

（4）把适配器添加到 ListView，并显示出来。

接下来，看看本文代码所实现的 ListView，如图 2.18 所示。

图 2.18　ListView 效果

接下来，就开始 UI 的 XML 代码。

main.xml 代码如下，很简单，在此不作解释了：

```
<?xml version="1.0" encoding="utf-8"?>
<LinearLayout
        android:id="@+id/LinearLayout01"
        android:layout_width="fill_parent"
        android:layout_height="fill_parent"
        xmlns:android="http://schemas.android.com/apk/res/android">
        <ListView android:layout_width="wrap_content"
                android:layout_height="wrap_content"
                android:id="@+id/MyListView">
        </ListView>
</LinearLayout>
```

my_listitem.xml 的代码如下，my_listitem.xml 用于设计 ListView 的 Item：

```
view plaincopy to clipboardprint?
<?xml version="1.0" encoding="utf-8"?>
<LinearLayout
        android:layout_width="fill_parent"
        xmlns:android="http://schemas.android.com/apk/res/android"
        android:orientation="vertical"
        android:layout_height="wrap_content"
```

```
        android:id="@+id/MyListItem"
        android:paddingBottom="3dip"
        android:paddingLeft="10dip">
        <TextView
                android:layout_height="wrap_content"
                android:layout_width="fill_parent"
                android:id="@+id/ItemTitle"
                android:textSize="30dip">
        </TextView>
        <TextView
                android:layout_height="wrap_content"
                android:layout_width="fill_parent"
                android:id="@+id/ItemText">
        </TextView>
</LinearLayout>
```

解释一下里面用到的一些属性。

（1）paddingBottom="3dip"，Layout 在底部留出 3 个像素的空白区域。

（2）paddingLeft="10dip"，Layout 在左边留出 10 个像素的空白区域。

（3）textSize="30dip"，TextView 的字体为 30 个像素。

最后就是 Java 的源代码：

```
public void onCreate (Bundle savedInstanceState) {
    super.onCreate (savedInstanceState) ;
    setContentView (R.layout.main) ;
    //绑定 XML 中的 ListView，作为 Item 的容器
    ListView list = (ListView) findViewById (R.id.MyListView) ;
    //生成动态数组，并且转载数据
    ArrayList<HashMap<String, String>> mylist = new ArrayList<HashMap<String,
      String>> () ;
    for (int i=0;i<30;i++)
    {
        HashMap<String, String> map = new HashMap<String, String> () ;
        map.put ("ItemTitle", "This is Title...") ;
        map.put ("ItemText", "This is text...") ;
        mylist.add (map) ;
    }
    //生成适配器，数组===》ListItem
    SimpleAdapter mSchedule = new SimpleAdapter (this, //没什么解释
                     mylist,//数据来源
                      R.layout.my_listitem,//ListItem 的 XML 实现
                      //动态数组与 ListItem 对应的子项
                      new String[] {"ItemTitle", "ItemText"},
                      //ListItem 的 XML 文件里面的两个 TextView ID
                    new int[] {R.id.ItemTitle,R.id.ItemText}) ;
    //添加并且显示
    list.setAdapter (mSchedule) ;
}
```

但是，如果想实现如图 2.19 所示的效果，就要用到上面讲的布局的效果了。

每一项都有两列且第二列有两行的效果。

图 2.19 效果图

main.xml 的源代码，跟上一篇的一样，这里就不作解释了，直接贴出 my_imageitem.xml 的代码，这个文件的代码实现了 ImageItem 的 UI：

```
<?xml version="1.0" encoding="utf-8"?>
<RelativeLayout
        android:id="@+id/RelativeLayout01"
        android:layout_width="fill_parent"
        xmlns:android="http://schemas.android.com/apk/res/android"
        android:layout_height="wrap_content"
        android:paddingBottom="4dip"
        android:paddingLeft="12dip">
        <ImageView
             android:layout_width="wrap_content"
             android:layout_height="wrap_content"
             android:id="@+id/ItemImage">
        </ImageView>
        <TextView
             android:text="TextView01"
             android:layout_height="wrap_content"
             android:textSize="30dip"
             android:layout_width="fill_parent"
             android:layout_toRightOf="@+id/ItemImage"
             android:id="@+id/ItemTitle">
        </TextView>
        <TextView
             android:text="TextView02"
             android:layout_height="wrap_content"
             android:layout_width="fill_parent"
             android:layout_toRightOf="@+id/ItemImage"
             android:layout_below="@+id/ItemTitle"
             android:id="@+id/ItemText">
        </TextView>
</RelativeLayout>
```

解释一下 my_imageitem.xml 的代码，这里使用了 RelativeLayout 布局，控件的关键的属性是：

- ItemTitle 的属性 android：layout_toRightOf="@+id/ItemImage" ，ItemTitle 在 ItemImage 的右边。

- ItemText 的属性 android：layout_toRightOf= “@+id/ItemImage”，ItemText 在 ItemImage 的右边，android：layout_below= “@+id/ItemTitle”，ItemText 在 ItemTitle 的下面。

最后，贴出 Java 的源代码，这里的源代码与上面讲的很类似，只是修改了一部分，引入 Item Image：

```
@Override
  public void onCreate (Bundle savedInstanceState) {
      super.onCreate (savedInstanceState);
      setContentView (R.layout.main);
      //绑定 XML 中的 ListView，作为 Item 的容器
      ListView list = (ListView) findViewById (R.id.MyListView);
      //生成动态数组，并且转载数据
      ArrayList<HashMap<String, Object>> lstImageItem = new
               ArrayList<HashMap<String, Object>> ();
      for (int i=0;i<10;i++)
      {
       HashMap<String, Object> map = new HashMap<String, Object> ();
       map.put ("ItemImage", R.drawable.icon);//添加图像资源的 ID
       map.put ("ItemTitle", "This is Title...");
       map.put ("ItemText", "This is text...");
       lstImageItem.add (map);
      }
      //生成适配器的 ImageItem <====> 动态数组的元素，两者一一对应
      SimpleAdapter saImageItems = new SimpleAdapter (this,
              lstImageItem,//数据来源
              R.layout.my_imageitem,//ListItem 的 XML 实现
     //动态数组与 ImageItem 对应的子项
              new String[] {"ItemImage","ItemTitle", "ItemText"},
     //ImageItem 的 XML 文件里面的一个 ImageView,两个 TextView ID
              new int[] {R.id.ItemImage,R.id.ItemTitle,R.id.ItemText});
     //添加并且显示
      list.setAdapter (saImageItems);
  }
```

ListView 的 XML 属性如表 2.3 所示。

表 2.3　　ListView 的 XML 属性

属 性 名 称	描　述
android：choiceMode	规定此 ListView 所使用的选择模式。缺省状态下，List 没有选择模式。属性值必须设置为下列常量之一：none，值为 0，表示无选择模式；singleChoice，值为 1，表示最多可以有一项被选中；multipleChoice，值为 2，表示可以多项被选中。可参看全局属性资源符号 choiceMode
android：divider	规定 List 项目之间用某个图形或颜色来分隔。可以用“@[+][package：]type：name”或者“?[package：][type：]name”（主题属性）的形式来指向某个已有资源；也可以用“#rgb”，“#argb”，“#rrggbb”或者“#aarrggbb”的格式来表示某个颜色。 可参看全局属性资源符号 divider
android：dividerHeight	分隔符的高度。若没有指明高度，则用此分隔符固有的高度。必须为带单位的浮点数，如“14.5sp”。可用的单位如 px（pixel 像素），dp（density-independent pixels 与密集度无关的像素），sp（scaled pixels based on preferred font size 基于字体大小的固定比例的像素），in（inches 英寸），mm（millimeters 毫米）。可以用“@[package：]type：name”或者“?[package：][type：]name”（主题属性）的格式来指向某个包含此类型值的资源。 可参看全局属性资源符号 dividerHeight

续表

属 性 名 称	描　述
android：entries	引用一个将使用在此 ListView 里的数组。若数组是固定的，使用此属性，将比在程序中写入更为简单。必须以“@[+][package：]type：name”或者“?[package：][type：]name”的形式来指向某个资源。 可参看全局属性资源符号 entries
android：footerDividersEnabled	设成 flase 时，此 ListView 将不会在页脚视图前画分隔符。此属性缺省值为 true。属性值必须设置为 true 或 false。可以用“@[package：]type：name”或者“?[package：][type：]name”（主题属性）的格式来指向某个包含此类型值的资源。 可参看全局属性资源符号 footerDividersEnabled
android：headerDividersEnabled	设成 flase 时，此 ListView 将不会在页眉视图后画分隔符。此属性缺省值为 true。属性值必须设置为 true 或 false。可以用“@[package：]type：name”或者“?[package：][type：]name”（主题属性）的格式来指向某个包含此类型值的资源。 可参看全局属性资源符 headerDividersEnabled

2.4.4 实现九宫图首选——GridView

GridView 与 ListView 都是比较常用的多控件布局，而 GridView 更是实现九宫图的首选！本文介绍如何使用 GridView 实现九宫图。GridView 的用法很多，网上介绍最多的方法就是实现一个 ImageAdapter 继承 BaseAdapter，再供 GridView 使用，类似这种方法本文不再重复讲解，这一部分介绍的 GridView 用法与前文 ListView 的类似，运行效果如图 2.20 所示。

图 2.20　GridView 效果图

为了实现图 2.20 所示的效果，本文需要在上面代码的基础上添加/修改 3 个文件：main.xml、night_item.xml、Java 源代码。

main.xml 源代码如下，本身是个 GirdView，用于装载 Item：

```
<?xml version="1.0" encoding="utf-8"?>
<GridView xmlns:android="http://schemas.android.com/apk/res/android"
```

```
    android:id="@+id/gridview"
    android:layout_width="fill_parent"
    android:layout_height="fill_parent"
    android:numColumns="auto_fit"
    android:verticalSpacing="10dp"
    android:horizontalSpacing="10dp"
    android:columnWidth="90dp"
    android:stretchMode="columnWidth"
    android:gravity="center"
/>
```

介绍一下里面的某些属性。

- android：numColumns="auto_fit"，GridView 的列数设置为自动。
- android：columnWidth="90dp"，每列的宽度，也就是 Item 的宽度。
- android：stretchMode="columnWidth"，缩放与列宽大小同步。
- android：verticalSpacing="10dp"，两行之间的边距，如行一（NO.0～NO.2）与行二（NO.3～NO.5）间距为 10dp。
- android：horizontalSpacing="10dp"，两列之间的边距。

接下来介绍 night_item.xml，这个 XML 与前面 ListView 的 ImageItem.xml 很类似：

```
<?xml version="1.0" encoding="utf-8"?>
<RelativeLayout
        xmlns:android="http://schemas.android.com/apk/res/android"
        android:layout_height="wrap_content"
        android:paddingBottom="4dip" android:layout_width="fill_parent">
        <ImageView
            android:layout_height="wrap_content"
            android:id="@+id/ItemImage"
            android:layout_width="wrap_content"
            android:layout_centerHorizontal="true">
        </ImageView>
        <TextView
            android:layout_width="wrap_content"
            android:layout_below="@+id/ItemImage"
            android:layout_height="wrap_content"
            android:text="TextView01"
            android:layout_centerHorizontal="true"
            android:id="@+id/ItemText">
        </TextView>
</RelativeLayout>
```

最后就是 Java 的源代码了，也与前面的 ListView 的 Java 源代码很类似，不过多了“选中”的事件处理：

```
public void onCreate(Bundle savedInstanceState) {
    super.onCreate(savedInstanceState);
    setContentView(R.layout.main);
    GridView gridview = (GridView) findViewById(R.id.gridview);

    //生成动态数组，并且转入数据
    ArrayList<HashMap<String, Object>> lstImageItem =
            new ArrayList<HashMap<String, Object>>();
```

```
        for (int i=0;i<10;i++)
        {
          HashMap<String, Object> map = new HashMap<String, Object> () ;
          map.put ("ItemImage", R.drawable.icon) ;          //添加图像资源的 ID
    map.put ("ItemText", "NO."+String.valueOf (i)) ;    //按序号做 ItemText
          lstImageItem.add (map) ;
        }
        //生成适配器的 ImageItem <====> 动态数组的元素，两者一一对应
        SimpleAdapter saImageItems = new SimpleAdapter (this, //没什么解释
                   lstImageItem,                               //数据来源
                   R.layout.night_item,                        //night_item 的 XML 实现
         //动态数组与 ImageItem 对应的子项
                    new String[] {"ItemImage","ItemText"},
         //ImageItem 的 XML 文件里面的一个 ImageView,两个 TextView ID
                   new int[] {R.id.ItemImage,R.id.ItemText}) ;
              //添加并且显示
              gridview.setAdapter (saImageItems) ;
             //添加消息处理
              gridview.setOnItemClickListener (new ItemClickListener ()) ;
    }

    //当 AdapterView 被点击（触摸屏或者键盘），则返回 Item 点击事件
  class  ItemClickListener implements OnItemClickListener{
     public void onItemClick (AdapterView<?> arg0,
       // AdapterView
                                View arg1,
       //在 AdapterView 中的 view
                                int arg2,
       //在 adapter 中的第几个 view
                                long arg3
       //adapter 中的第几项
                                ) {
         HashMap<String, Object> item= (HashMap<String, Object>)
                      arg0.getItemAtPosition (arg2) ;
              //显示所选 Item 的 ItemText
               setTitle ((String) item.get ("ItemText")) ;
   }

   }
```

2.5 Android View（示图）

2.5.1 文本框（TextView）

TextView 是用来给用户显示文本的，并且可以让用户有选择的编辑它。一个 TextView 是一个文本编辑的完成时，但是它的基类不允许它可以编辑，但可以让 EditText 小部件被编辑。

TextView 的使用非常简单，就像我们在 HelloWorld 程序里应用的那样，功能比较简单好用。TextView 的 XML 属性如表 2.4 所示。

表 2.4　　TextView 属性

属 性 名 称	描　述
android：autoLink	设置是否当文本为 URL 链接/E-mail/电话号码/map 时，文本显示为可点击的链接。可选值（none/web/email/phone/map/all）
android：autoText	如果设置，将自动执行输入值的拼写纠正。此处无效果，在显示输入法并输入的时候起作用
android：bufferType	指定 getText（）方式取得的文本类别。选项 editable 类似于 StringBuilder 可追加字符，也就是说 getText 后可调用 append 方法设置文本内容。spannable 则可在给定的字符区域使用样式
android：capitalize	设置英文字母大写类型。此处无效果，需要弹出输入法才能看得到，参见 EditView 此属性说明
android：cursorVisible	设定光标为显示/隐藏，默认显示
android：digits	设置允许输入哪些字符。如“1234567890.+-*/%\n（）”
android：drawableBottom	在 text 的下方输出一个 drawable，如图片。如果指定一个颜色会把 text 的背景设为该颜色，并且同时和 background 使用时覆盖后者
android：drawableLeft	在 text 的左边输出一个 drawable
android：drawablePadding	设置 text 与 drawable（图片）的间隔，与 drawableLeft、drawableRight、drawableTop、drawableBottom 一起使用，可设置为负数，单独使用没有效果
android：drawableRight	在 text 的右边输出一个 drawable
android：drawableTop	在 text 的正上方输出一个 drawable
android：editable	设置是否可编辑。这里无效果，参见 EditView
android：editorExtras	设置文本额外的输入数据。在 EditView 中再讨论
android：ellipsize	设置当文字过长时,该控件该如何显示。有如下值设置：“start”——省略号显示在开头；“end”——省略号显示在结尾；“middle”——省略号显示在中间；“marquee”——以跑马灯的方式显示（动画横向移动）
android：freezesText	设置保存文本的内容以及光标的位置
android：gravity	设置文本位置，如设置成“center”，文本将居中显示
android：hint	Text 为空时显示的文字提示信息，可通过 textColorHint 设置提示信息的颜色。此属性在 EditView 中使用，但是这里也可以用
android：imeOptions	附加功能，设置右下角 IME 动作与编辑框相关的动作，如 actionDone 右下角将显示一个“完成”，若不设置，默认是一个回车符号。这个在 EditView 中再详细说明，此处无用
android：imeActionId	设置 IME 动作 ID。在 EditView 再做说明
android：imeActionLabel	设置 IME 动作标签。在 EditView 再做说明
android：includeFontPadding	设置文本是否包含顶部和底部额外空白，默认为 true
android：inputMethod	为文本指定输入法，需要完全限定名（完整的包名）。例如，com.google.android.inputmethod.pinyin，如果没有该包，就会在这里报错找不到
android：inputType	设置文本的类型，用于帮助输入法显示合适的键盘类型。在 EditView 中再详细说明
android：marqueeRepeatLimit	在 ellipsize 指定 marquee 的情况下，设置重复滚动的次数，当设置为 marquee_forever 时表示无限次

续表

属 性 名 称	描　述
android：ems	设置 TextView 的宽度为 N 个字符的宽度。这里测试为一个汉字字符宽度
android：maxEms	设置 TextView 的宽度最长为 N 个字符的宽度。与 ems 同时使用时覆盖 ems 选项
android：minEms	设置 TextView 的宽度最短为 N 个字符的宽度。与 ems 同时使用时覆盖 ems 选项
android：maxLength	限制显示的文本长度，超出部分不显示
android：lines	设置文本的行数，设置两行就显示两行，即使第二行没有数据
android：maxLines	设置文本的最大显示行数，与 width 或者 layout_width 结合使用，超出部分自动换行，超出行数将不显示
android：minLines	设置文本的最小行数，与 lines 类似
android：linksClickable	设置链接是否点击连接，即使设置了 autoLink
android：lineSpacingExtra	设置行间距
android：lineSpacingMultiplier	设置行间距的倍数。如“1.2”
android：numeric	如果被设置，该 TextView 有一个数字输入法。此处无用，设置后惟一效果是 TextView 有点击效果，此属性在 EdtiView 将详细说明
android：password	以小点“.”显示文本
android：phoneNumber	设置电话号码的输入方式
android：privateImeOptions	设置输入法选项，此处无用，在 EditText 将进一步讨论
android：scrollHorizontally	设置文本超出 TextView 宽度的情况下是否出现横拉条
android：selectAllOnFocus	如果文本是可选择的，让它获取焦点而不是将光标移动为文本的开始位置或者末尾位置。TextView 中设置后无效果
android：shadowColor	指定文本阴影的颜色，需要与 shadowRadius 一起使用
android：shadowDx	设置阴影横向坐标开始位置
android：shadowDy	设置阴影纵向坐标开始位置。
android：shadowRadius	设置阴影的半径。设置为 0.1 就变成字体的颜色了，一般设置为 3.0 的效果比较好
android：singleLine	设置单行显示。如果和 layout_width 一起使用，当文本不能全部显示时，后面用“…”来表示。如 android：text=“test_ singleLine” android：singleLine=“true” android：layout_width=“20dp” 将只显示“t…”。如果不设置 singleLine 或者设置为 false，文本将自动换行
android：text	设置显示文本
android：textAppearance	设置文字外观。如“?android：attr/textAppearanceLargeInverse” 这里引用的是系统自带的一个外观，? 表示系统是否有这种外观，否则使用默认的外观。可设置的值如下： textAppearanceButton/textAppearanceInverse/textAppearanceLarge/textAppearanceLargeInverse/textAppearanceMedium/textAppearanceMediumInverse/textAppearanceSmall/textAppearanceSmallInverse
android：textColor	设置文本颜色
android：textColorHighlight	被选中文字的底色，默认为蓝色

续表

属 性 名 称	描 述
android：textColorHint	设置提示信息文字的颜色，默认为灰色。与 hint 一起使用
android：textColorLink	文字链接的颜色
android：textScaleX	设置文字缩放，默认为 1.0f。分别设置 0.5f/1.0f/1.5f/2.0f
android：textSize	设置文字大小，推荐度量单位“sp”，如“15sp”
android：textStyle	设置字形[bold（粗体）0，italic（斜体）1，bolditalic（又粗又斜）2] 可以设置一个或多个，用“|”隔开
android：typeface	设置文本字体，必须是以下常量值之一：normal 0，sans 1，serif 2，monospace（等宽字体）3]
android：height	设置文本区域的高度，支持度量单位：px（像素）/dp/sp/in/mm（毫米）
android：maxHeight	设置文本区域的最大高度
android：minHeight	设置文本区域的最小高度
android：width	设置文本区域的宽度，支持度量单位：px（像素）/dp/sp/in/mm（毫米）。
android：maxWidth	设置文本区域的最大宽度
android：minWidth	设置文本区域的最小宽度

2.5.2 AutoCompleteTextView

（1）概述。

AutoCompleteTextView 是 TextView 的子类。AutoCompleteTextView 和 EditText 一样都可以输入文本。但它可以和适配器绑定，当用户输入两个及以上字符时，系统将根据适配器提供的内容，进行文本的自动匹配提示。这个是 Web 开发中 Ajax 里的一个标志性的功能，现在被 Android 弄成了一个标准组件。

（2）实例。

下面讲 AutoCompleteTextView 的使用，通过更改 hello world 程序来学习。

打开 res/layout/main.xml 写入如下内容：

```
<?xml version="1.0" encoding="utf-8"?>
<LinearLayout xmlns:android="http://schemas.android.com/apk/res/android"
   android:orientation="vertical"
   android:layout_width="fill_parent"
   android:layout_height="fill_parent"
   >
   <AutoCompleteTextView android:layout_height="wrap_content"
     android:layout_width="fill_parent"
     android:id="@+id/AutoCompleteTextView01"
     android:completionThreshold="1"
     android:hint="请输入">
   </AutoCompleteTextView>
</LinearLayout>
```

这里留意一下，android：completionThreshold=“1”属性设置了一个阀值，规定用户输入了多少字符之后才出现自动提示，默认值是 2，在这里改成了 1。

打开 HelloWorld.java 写入如下内容：

```
public class HelloWorld extends Activity{
    static final String[] COUNTRIES = new String[] {//这里用一个字符串数组来当数据匹配源
        "Afghanistan", "Albania", "Algeria", "American Samoa", "Andorra",
        "Angola", "Anguilla", "Antarctica", "Antigua and Barbuda", "Argentina",
      };

    /** Called when the activity is first created. */
    @Override
    public void onCreate(Bundle savedInstanceState) {
        super.onCreate(savedInstanceState);
        setContentView(R.layout.main);
        String[] province = getResources().getStringArray(R.array.autoselect);
        //定义数组适配器
        ArrayAdapter adapter = new ArrayAdapter(this,
                android.R.layout.simple_dropdown_item_1line, COUNTRIES);
        //找到自动完成组件
        AutoCompleteTextView atv = (AutoCompleteTextView) findViewById
                (R.id.AutoCompleteTextView01);
        //为其设置适配器
        atv.setAdapter(adapter);
    }
}
```

运行后效果如图 2.21 所示。

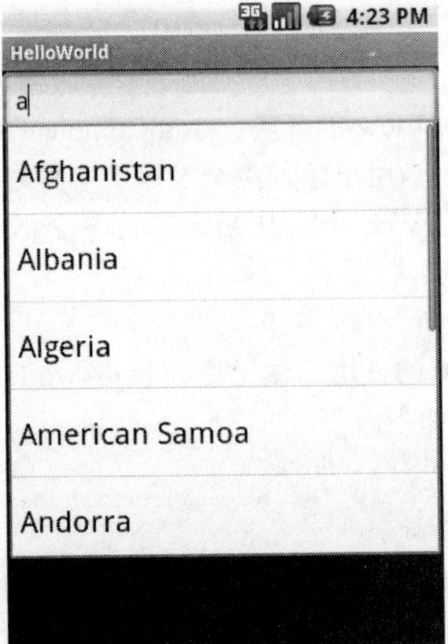

图 2.21　AutoCompleteTextView 效果图

2.5.3　编辑框（EditText）

android：imeOptions 例子。首先是增加 View，代码如下所示：

```
<EditText android:id="@+id/txtTest" android:imeOptions="actionGo"
  android:layout_width="100dp" android:layout_height="wrap_content">
</EditText>
```

在 Java 代码中增加如下代码：

```
((EditText) findViewById (R.id.txtTest)) .setOnEditorActionListener (new TextView.
OnEditorActionListener () {
        @Override
        public boolean onEditorAction (TextView v, int actionId,
                KeyEvent event) {
            if (actionId == EditorInfo.IME_ACTION_GO) {
                Toast.makeText (TestActivity.this, "你点了!",
            Toast.LENGTH_SHORT) .show () ;
            }
            return false;
        }
});
```

继承自 TextView 的 XML 属性说明如表 2.5 所示。

表 2.5　　继承自 TextView 的 XML 属性

属性名称	描述
android：autoLink	设置是否当文本为 URL 链接/E-mail/电话号码/map 时，文本显示为可点击的链接。可选值（none/web/email/phone/map/all）。这里只有在同时设置 text 时才自动识别链接，后来输入的无法自动识别
android：autoText	自动拼写帮助。这里单独设置是没有效果的，需要其他输入法辅助才行
android：bufferType	指定 getText（）方式取得的文本类别。选项 editable 类似于 StringBuilder 可追加字符，也就是说 getText 后可调用 append 方法设置文本内容。spannable 则可在给定的字符区域使用样式
android：capitalize	设置英文字母大写类型。设置如下值：sentences 仅第一个字母大写；words 每一个单词首字母大小，用空格区分单词；characters 每一个英文字母都大写。在模拟器上用 PC 键盘直接输入可以出效果，但是用软键盘无效果
android：cursorVisible	设定光标为显示/隐藏，默认显示。如果设置 false，即使选中了也不显示光标栏
android：digits	设置允许输入哪些字符。如“1234567890.+-*/%\n（）”
android：drawableTop	在 text 的正上方输出一个 drawable。在 EditView 中的效果比较搞笑，居然在文本框里，而且删不了
android：drawableBottom	在 text 的下方输出一个 drawable。如果指定一个颜色的会把 text 的背景设为该颜色，并且同时和 background 使用时覆盖后者
android：drawableLeft	在 text 的左边输出一个 drawable
android：drawablePadding	设置 text 与 drawable（图片）的间隔，与 drawableLeft、drawableRight、drawableTop、drawableBottom 一起使用，可设置为负数，单独使用没有效果
android：drawableRight	在 text 的右边输出一个 drawable
android：editable	设置是否可编辑。仍然可以获取光标，但是无法输入
android：editorExtras	指定特定输入法的扩展，如“com.mydomain.im.SOME_FIELD”。源码跟踪至 EditorInfo.extras，暂无相关实现代码
android：ellipsize	设置当文字过长时,该控件该如何显示。有如下值设置：“start”——省略号显示在开头；“end”——省略号显示在结尾；“middle”—省略号显示在中间；“marquee”——以跑马灯的方式显示（动画横向移动）
android：freezesText	设置保存文本的内容以及光标的位置

续表

属性名称	描述
android：gravity	设置文本位置，如设置成“center”，文本将居中显示
android：hint	Text 为空时显示的文字提示信息，可通过 textColorHint 设置提示信息的颜色
android：imeOptions	设置软键盘的 Enter 键。有如下值可设置：normal，actionUnspecified，actionNone，actionGo，actionSearch，actionSend，actionNext，actionDone，flagNoExtractUi，flagNoAccessoryAction，flagNoEnterAction。可用‘|’设置多个。这里仅设置显示图标之用
android：imeActionId	设置 IME 动作 ID，在 onEditorAction 中捕获判断进行逻辑操作
android：imeActionLabel	设置 IME 动作标签。但是不能保证一定会使用
android：includeFontPadding	设置文本是否包含顶部和底部额外空白，默认为 true
android：inputMethod	为文本指定输入法，可生成按键事件，生成文本等。在处理输入事件时，将文本输入至文本框或者其他控件。应用程序通常不直接调用该方法，而是依靠 TextView 或者 EditText 等提供标准的交互
android：inputType	设置文本的类型，用于帮助输入法显示合适的键盘类型。有如下值设置：none、text、textCapCharacters 字母大小、textCapWords 单词首字母大小、textCapSentences 仅第一个字母大小、textAutoCorrect、textAutoComplete 自动完成、textMultiLine 多行输入、textImeMultiLine 输入法多行（如果支持）、textNoSuggestions 不提示、textEmailAddress 电子邮件地址、textEmailSubject 邮件主题、textShortMessage 短信息（会多一个表情按钮出来）、textLongMessage 长信息、textPersonName 人名、textPostalAddress 地址、textPassword 密码、textVisiblePassword 可见密码、textWebEditText 作为网页表单的文本、textFilte 文本筛选过滤、textPhonetic 拼音输入、numberSigned 有符号数字格式、numberDecimal 可带小数点的浮点格式、phone 电话号码、datetime 时间日期、date 日期、time 时间
android：marqueeRepeatLimit	在 ellipsize 指定 marquee 的情况下，设置重复滚动的次数，当设置为 marquee_forever 时表示无限次
android：ems	设置 TextView 的宽度为 N 个字符的宽度
android：maxEms	设置 TextView 的宽度最长为 N 个字符的宽度。与 ems 同时使用时覆盖 ems 选项
android：minEms	设置 TextView 的宽度最短为 N 个字符的宽度。与 ems 同时使用时覆盖 ems 选项
android：maxLength	限制输入字符数。如设置为 5，那么仅可以输入 5 个汉字/数字/英文字母
android：lines	设置文本的行数，设置两行就显示两行，即使第二行没有数据
android：maxLines	设置文本的最大显示行数，与 width 或者 layout_width 结合使用，超出部分自动换行，超出行数将不显示
android：minLines	设置文本的最小行数，与 lines 类似
android：linksClickable	设置链接是否点击连接，即使设置了 autoLink
android：lineSpacingExtra	设置行间距
android：lineSpacingMultiplier	设置行间距的倍数，如“1.2”
android：numeric	如果被设置，该 TextView 有一个数字输入法。有如下值设置：integer 正整数、signed 带符号整数、decimal 带小数点浮点数
android：password	以小点“.”显示文本
android：phoneNumber	设置为电话号码的输入方式

续表

属性名称	描述
android：privateImeOptions	提供额外的输入法选项（字符串格式）。依据输入法而决定是否提供，如这里所见。自定义输入法需要继承 InputMethodService
android：scrollHorizontally	设置文本超出 TextView 宽度的情况下是否出现横拉条
android：selectAllOnFocus	如果文本是可选择的，让它获取焦点而不是将光标移动为文本的开始位置或者末尾位置。TextView 中设置后无效果
android：shadowColor	指定文本阴影的颜色，需要与 shadowRadius 一起使用
android：shadowDx	设置阴影横向坐标开始位置
android：shadowDy	设置阴影纵向坐标开始位置
android：shadowRadius	设置阴影的半径。设置为 0.1 就变成字体的颜色了，一般设置为 3.0 的效果比较好
android：singleLine	设置单行显示。如果和 layout_width 一起使用，当文本不能全部显示时，后面用"…"来表示。如 android：text="test_ singleLine" android：singleLine="true" android：layout_width="20dp" 将只显示"t…"。如果不设置 singleLine 或者设置为 false，文本将自动换行
android：text	设置显示文本
android：textAppearance	设置文字外观。如"?android：attr/textAppearanceLargeInverse"这里引用的是系统自带的一个外观，? 表示系统是否有这种外观，否则使用默认的外观。可设置的值如下：textAppearance Button/textAppearanceInverse/textAppearanceLarge/textApp earanceLargeInverse/textAppearance Medium/textAppearanceMediumInverse/textAppearanceSmall/textAppearanceSmallInverse
android：textColor	设置文本颜色
android：textColorHighlight	被选中文字的底色，默认为蓝色
android：textColorHint	设置提示信息文字的颜色，默认为灰色。与 hint 一起使用
android：textColorLink	文字链接的颜色
android：textScaleX	设置文字缩放，默认为 1.0f
android：textSize	设置文字大小，推荐度量单位"sp"，如"15sp"
android：textStyle	设置字形[bold（粗体）0，italic（斜体）1，bolditalic（又粗又斜）2] 可以设置一个或多个，用"|"隔开
android：typeface	设置文本字体，必须是以下常量值之一：normal 0，sans 1，serif 2，monospace（等宽字体）
android：height	设置文本区域的高度，支持度量单位：px（像素）/dp/sp/in/mm（毫米）
android：maxHeight	设置文本区域的最大高度
android：minHeight	设置文本区域的最小高度
android：width	设置文本区域的宽度，支持度量单位：px（像素）/dp/sp/in/mm（毫米）的区别看这里
android：maxWidth	设置文本区域的最大宽度
android：minWidth	设置文本区域的最小宽度

2.5.4 下拉列表（Spinner）

Spinner 就相当于 HTML 中的下拉列表框，下面用例子测试一下效果。Spinner 的 XML 属性如表 2.6 所示。

表 2.6 Spinner 的 XML 属性

属性名称	描述
android：prompt	该提示在下拉列表对话框显示时显示

实例使用。更改 main.xml 的代码如下：

```
<?xml version="1.0" encoding="utf-8"?>
<LinearLayout xmlns:android="http://schemas.android.com/apk/res/android"
    android:orientation="vertical"
    android:layout_width="fill_parent"
    android:layout_height="fill_parent"
    >
     <Spinner android:layout_height="wrap_content"
       android:layout_width="fill_parent"
       android:id="@+id/spinner"
       android:completionThreshold="1"
       android:hint="请输入">
     </Spinner>
</LinearLayout>
```

打开 HelloWorld.java 写入以下内容：

```
public class HelloWorld extends Activity
{
    public void onCreate ( Bundle savedInstanceState )
    {
     super.onCreate  ( savedInstanceState ) ;
      setContentView  ( R.layout.main ) ;
        Spinner spinner = (Spinner) findViewById(R.id.spinner) ;
        spinner.setPrompt ( "500" ) ;
        String [ ] items = { "bam", "boo", "lab", "code", "programming",
                 "framework", "android" };
        ArrayAdapter array_adapter = new ArrayAdapter <String> ( this,
           android.R.layout.simple_spinner_item, items ) ;
       array_adapter.setDropDownViewResource (
           android.R.layout.simple_spinner_dropdown_item ) ;
       spinner.setAdapter  ( array_adapter ) ;

    }
}
```

运行效果如图 2.22 所示。

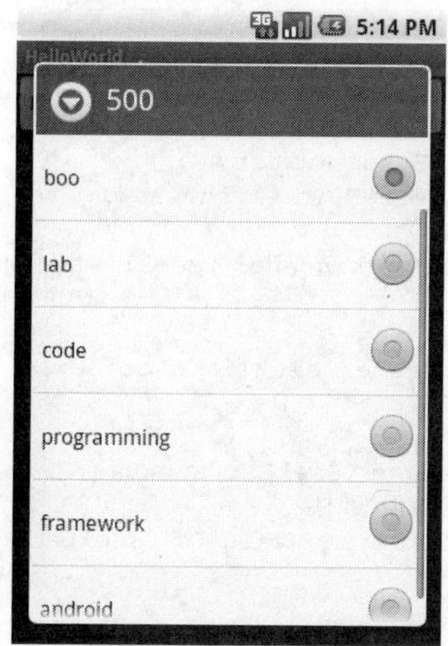

图 2.22　Spinner 效果图

2.5.5　拖动条（SeekBar）

（1）概述。

SeekBar 是 ProgressBar 的扩展，在其基础上增加了一个可滑动的滑片（注：就是那个可拖动的图标）。用户可以触摸滑片并向左或向右拖动，或者使用方向键可以设置当前的进度等级。不建议把可以获取焦点的 widget 放在 SeekBar 的左边或右边。

SeekBar 可以附加一个 SeekBar.OnSeekBarChangeListener 以获得用户操作的通知。

（2）实例。

还是更改 hello world 程序来做这个示例，首先修改 res/layout/main.xml，代码如下所示：

```
<?xml version="1.0" encoding="utf-8"?>
<LinearLayout xmlns:android="http://schemas.android.com/apk/res/android"
    android:orientation="vertical"
    android:layout_width="fill_parent"
    android:layout_height="fill_parent">
 <TextView android:id="@+id/tv"
 android:layout_width="fill_parent"
 android:layout_height="wrap_content"
 android:text=""/>
 <SeekBar
       android:id="@+id/seek"
       android:layout_width="fill_parent"
       android:layout_height="wrap_content"
       android:max="100"
       android:progress="10"/>
</LinearLayout>
```

修改 HelloWorld.java 文件，代码如下所示：

```
public class HelloWorld extends Activity {
    private SeekBar seekbar;
    private TextView tv;
```

```
    @Override
    public void onCreate (Bundle savedInstanceState)  {
        super.onCreate (savedInstanceState) ;
        setContentView (R.layout.main) ;
        tv= (TextView) findViewById (R.id.tv) ;
        seekbar= (SeekBar) findViewById (R.id.seek) ;
        seekbar.setProgress (80) ;
        seekbar.setOnSeekBarChangeListener (seeklistener) ;
    }

    private OnSeekBarChangeListener seeklistener=new
     OnSeekBarChangeListener () {
    @Override
    public void onProgressChanged (SeekBar seekBar, int progress,
      boolean fromUser)  {//进度改变时触发
                    tv.setText (String.valueOf (seekbar.getProgress ())) ;
    }
    @Override
    public void onStartTrackingTouch (SeekBar seekBar)  {
// 开始拖动时触发，与 onProgressChanged 区别在于 onStartTrackingTouch 在停止
//拖动前只触发一次,而 onProgressChanged 只要在拖动，就会重复触发
    }
    @Override
    public void onStopTrackingTouch (SeekBar seekBar)  {
    //结束拖动时触发
    }
    };
}
```

运行结果如图 2.23 所示。

图 2.23　SeekBar 效果图

（3）Seek Bar 的 XML 属性（表 2.7）

表 2.7　　Seek Bar 的 XML 属性

属性名称	描　述
android：thumb	Seekbar 上绘制的 thumb（可拖动的那个图标）

2.5.6　评分条（RatingBar）

（1）概述。

RatingBar 是基于 SeekBar 和 ProgressBar 的扩展，用星型来显示等级评定。使用 RatingBar 的默认大小时，用户可以触摸/拖动或使用键来设置评分，它有两种样式（小风格用 ratingBarStyleSmall，大风格用 ratingBarStyleIndicator），其中大的只适合指示，不适合于用户交互。

当使用可以支持用户交互的 RatingBar 时，无论将控件（widgets）放在它的左边还是右边都是不合适的。

只有当布局的宽被设置为 wrap content 时，设置的星星数量（通过函数 setNumStars（int）或者在 XML 的布局文件中定义）将显示出来（如果设置为另一种布局宽，后果无法预知）。

次级进度一般不应该被修改，因为他仅仅是被当作星型部分内部的填充背景。

（2）实例。

以 HelloWorld 程序为例，更改 res/layout/main.xml 文件，代码如下所示：

```
<?xml version="1.0" encoding="utf-8"?>
<LinearLayout
xmlns:android="http://schemas.android.com/apk/res/android"
   android:orientation="vertical"android:layout_width="fill_parent"
   android:layout_height="fill_parent">
   <TextView android:layout_width="fill_parent"
     android:layout_height="wrap_content"
     android:text="@string/hello" />
   <RatingBar android:layout_width="wrap_content"
     android:layout_height="wrap_content"
     style="?android:attr/ratingBarStyleIndicator"
     android:id="@+id/ratingbar_middle" />
   <RatingBar android:layout_width="wrap_content"
     android:layout_height="wrap_content"
     style="?android:attr/ratingBarStyleSmall"
     android:id="@+id/ratingbar_small"
     android:numStars="15" />
   <RatingBar android:layout_width="wrap_content"
     android:layout_height="wrap_content"
     style="?android:attr/ratingBarStyle"
     android:id="@+id/ratingbar_big" />
</LinearLayout>
```

完成后，更改 HelloWorld.java 的主程序代码如下：

```
public class HelloWorld extends Activity {
   @Override
   public void onCreate (Bundle savedInstanceState) {
   super.onCreate (savedInstanceState) ;
   setContentView (R.layout.main) ;
   final RatingBar ratingbar_small = (RatingBar)
          findViewById (R.id.ratingbar_small) ;
```

```
        final RatingBar ratingbar_middle = (RatingBar)
                findViewById(R.id.ratingbar_middle);
        final RatingBar ratingbar_big = (RatingBar)
                findViewById(R.id.ratingbar_big);

        ratingbar_big.setOnRatingBarChangeListener(new
              RatingBar.OnRatingBarChangeListener() {
          public void onRatingChanged(RatingBar ratingBar,
              float rating, boolean fromUser) {
              ratingbar_small.setRating(rating);
              ratingbar_middle.setRating(rating);
              Toast.makeText(HelloWorld.this,
                        "rating:"
                      + String.valueOf(rating),
                    Toast.LENGTH_LONG).show();

              }
          });
        }
    }
```

运行结果如图 2.24 所示。

图 2.24　RatingBar 效果图

（3）RatingBar 的 XML 属性（表 2.8）

表 2.8　RatingBar 的 XML 属性

属 性 名 称	描　　述
android：isIndicator	RatingBar 是否是一个指示器（用户无法进行更改）
android：numStars	显示的星型数量，必须是一个整形值，像“100”
android：rating	默认的评分，必须是浮点类型，像“1.2”
android：stepSize	评分的步长，必须是浮点类型，像“1.2”

2.5.7 按钮（Button）

（1）概述。

代表一个按钮部件。用户通过按下按钮，或者点击按钮来执行一个动作。

（2）实例。

以 HelloWorld 程序为例，更改布局文件 res/layout/main.xml 内容为：

```
<?xml version="1.0" encoding="utf-8"?>
<LinearLayout
   xmlns:android="http://schemas.android.com/apk/res/android"
   android:orientation="vertical"
   android:layout_width="fill_parent"
   android:layout_height="fill_parent">
   <Button
     android:id="@+id/click"
     android:layout_width="wrap_content"
     android:layout_height="wrap_content"
     android:text="@string/sure"
     android:onClick="clickMyself"/>

</LinearLayout>
```

修改 HelloWorld.java 程序内容为：

```
public class HelloWorld extends Activity {
    @Override
    public void onCreate(Bundle savedInstanceState) {
      super.onCreate(savedInstanceState);
      setContentView(R.layout.main);

      final Button ok = (Button) findViewById(R.id.click);
      ok.setOnClickListener(new OnClickListener() {

           @Override
           public void onClick(View v) {
                // TODO Auto-generated method stub
                Toast.makeText(HelloWorld.this, "hello
                     you clicked!", 2000).show();
           }

      });
    }
}
```

运行结果如图 2.25 所示。

因为我们在布局文件中的 Button 属性中设置了 onClick 属性，所以也可以不在 HelloWorld.java 程序中建立此 Button 的 onClickListener，只需要根据 XML 中 onClick 的属性值“clickMyself”在 Java 代码中建立这个 clickMyself 函数即可实现 onClickListener 一样的效果，代码如下所示：

```
public class HelloWorld extends Activity {
    @Override
    public void onCreate(Bundle savedInstanceState) {
      super.onCreate(savedInstanceState);
      setContentView(R.layout.main);
      final Button ok = (Button) findViewById(R.id.click);
```

```
    }
    public void clickMyself (View view) {
      Toast.makeText (HelloWorld.this, "clickMyself!",
                2000) .show () ;
    }
}
```

运行后效果如图 2.26 所示。

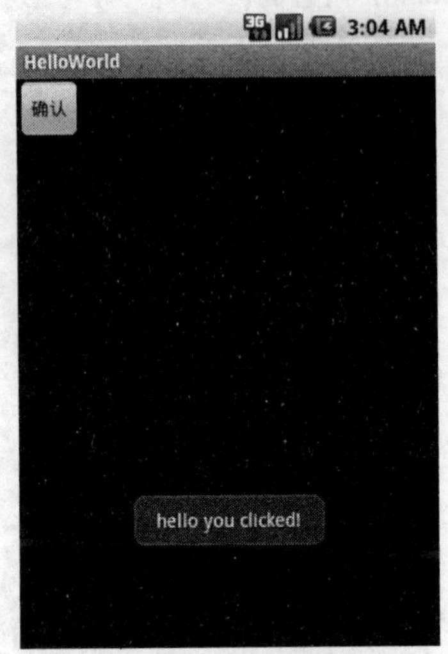

图 2.25　Button 效果图

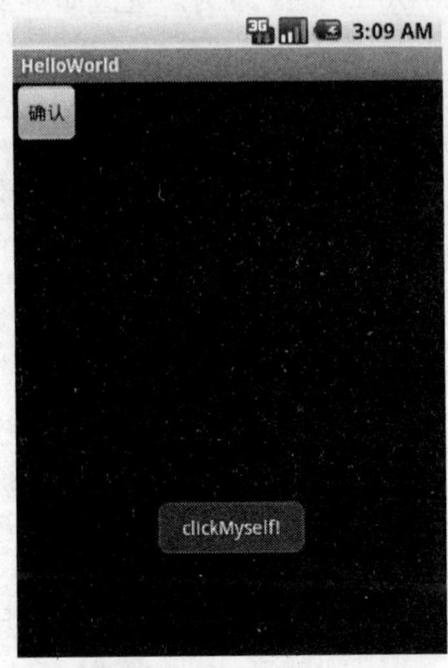

图 2.26　Button 按扭事件效果图

（3）改变样式

每个按钮的样式默认为系统按钮的背景，不同的设备、不同的平台版本有不同按钮风格。如你不满意默认的按钮样式，想对其定制以符合您应用程序的设计，那么能用 XML 定义的状态图片列表替换按钮的背景图片。一个状态图片列表 drawable 是一个在 XML 中定义的 drawable 资源，根据当前按钮的状态改变其图片。一旦在 XML 中定义了一个状态列表 drawable，可以将它应用于你的 android：background 属性。具体可以查看 Android 的 SDK 文档。

2.5.8　图片按钮（ImageButton）

（1）概述。

显示一个可以被用户点击的图片按钮（默认情况下，ImageButton 看起来像一个普通的按钮），在不同状态（如按下）下改变背景颜色。按钮的图片可通过<ImageButton>XML 元素的 android：src 属性或 setImageResource（int）方法指定。也可以定义自己的背景图片或设置背景为透明。

（2）实例。

以 HelloWorld 程序为例，为了表示不同的按钮状态（焦点、选择等），可以为各种状态定义不同的图片。例如，定义蓝色图片为默认图片，黄色图片为获取焦点时显示的图片，黄色图片为按钮被按下时显示的图片。一个简单的方法就可以做到这点——通过 XML 的“selector.”配置，实现程序如下：

```
<?xml version="1.0" encoding="utf-8"?>
<selector
xmlns:android="http://schemas.android.com/apk/res/android">
    <item android:state_pressed="true"
      android:drawable="@drawable/button_pressed"/>
    <item android:state_focused="true"
      android:drawable="@drawable/button_focused"/>
    <item android:drawable="@drawable/button_normal"/>
</selector>
```

保存上面的 XML 到 res/drawable/文件夹下（注：注意文件名大小写!），将该文件名作为一个参数设置到 ImageButton 的 android：src 属性中（注：如 XML 文件名为 myselector.xml，那么这里设置为"@drawable/myselector"，设置 android：background 也是可以的，但效果不太一样）。Android 根据按钮的状态改变会自动地到 XML 中查找相应的图片以显示。

<item>元素的顺序很重要，因为是根据这个顺序判断是否适用于当前按钮状态，这也是为什么正常（默认）状态指定的图片放在最后，是因为它只会在 pressed（按下）和 focused（获得焦点）都判断失败之后才会被采用（注：例如，按钮被按下时是同时获得焦点的，但是获得焦点并不一定按了按钮，所以，这里会按顺序查找，找到合适的就不往下找了。这里按钮被点击了，那么第一个将被选中，且不再往后面查找其他状态）。

更改布局文件 res/layout/main.xml 内容为：

```
<?xml version="1.0" encoding="utf-8"?>
<LinearLayout
    xmlns:android="http://schemas.android.com/apk/res/android"
    android:orientation="vertical"
    android:layout_width="fill_parent"
    android:layout_height="fill_parent">
    <ImageButton
      android:id="@+id/click"
      android:layout_width="wrap_content"
      android:layout_height="wrap_content"
      android:text="@string/sure"
      android:onClick="clickMyself"/>
</LinearLayout>
```

修改 HelloWorld.java 文件的内容为：

```
public class HelloWorld extends Activity {
    @Override
    public void onCreate(Bundle savedInstanceState) {
      super.onCreate(savedInstanceState);
      setContentView(R.layout.main);
      final ImageButton ok = (ImageButton)
               findViewById(R.id.click);
    }
    //可以使用 OnClickListener 代替
    public void clickMyself(View view){
      Toast.makeText(HelloWorld.this, "clickMyself!",
               2000).show();
    }
}
```

运行后结果为，当点击这个 ImageButton 时，这个 Button 的图片将改变，实现了图片的样式改变。

2.5.9 图片框（ImageView）

（1）概述。

显示任意图像，例如图标。ImageView 类可以加载各种来源的图片（如资源或图片库），需要计算图像的尺寸，比便它可以在其他布局中使用，并提供例如缩放和着色（渲染）各种显示选项。

（2）ImageView 的 XML 属性（表 2.9）。

表 2.9　ImageView 的 XML 属性

<table>
<tr><th>属 性 名 称</th><th>描　述</th></tr>
<tr><td>android：adjustViewBounds</td><td>是否保持宽高比。需要与 maxWidth、MaxHeight 一起使用，否则单独使用没有效果</td></tr>
<tr><td>android：cropToPadding</td><td>是否截取指定区域用空白代替。单独设置无效果，需要与 scrollY 一起使用</td></tr>
<tr><td>android：maxHeight</td><td>设置 View 的最大高度，单独使用无效，需要与 setAdjustViewBounds 一起使用。如果想设置图片固定大小，又想保持图片宽高比，需要如下设置：
（1）设置 setAdjustViewBounds 为 true；
（2）设置 maxWidth、MaxHeight；
（3）设置 layout_width 和 layout_height 为 wrap_content</td></tr>
<tr><td>android：maxWidth</td><td>设置 View 的最大宽度。同 android：maxHeight 说明</td></tr>
<tr><td>android：scaleType</td><td>设置图片的填充方式
<table>
<tr><td>matrix</td><td>0</td><td>用矩阵来绘图</td></tr>
<tr><td>fitXY</td><td>1</td><td>拉伸图片（不按比例）以填充 View 的宽高</td></tr>
<tr><td>fitStart</td><td>2</td><td>按比例拉伸图片，拉伸后图片的高度为 View 的高度，且显示在 View 的左边</td></tr>
<tr><td>fitCenter</td><td>3</td><td>按比例拉伸图片，拉伸后图片的高度为 View 的高度，且显示在 View 的中间</td></tr>
<tr><td>fitEnd</td><td>4</td><td>按比例拉伸图片，拉伸后图片的高度为 View 的高度，且显示在 View 的右边</td></tr>
<tr><td>center</td><td>5</td><td>按原图大小显示图片，但图片宽高大于 View 的宽高时，截图图片中间部分显示</td></tr>
<tr><td>centerCrop</td><td>6</td><td>按比例放大原图直至等于某边 View 的宽、高显示</td></tr>
<tr><td>centerInside</td><td>7</td><td>当原图宽高或等于 View 的宽高时，按原图大小居中显示；反之将原图缩放至 View 的宽高居中显示</td></tr>
</table></td></tr>
<tr><td>android：src</td><td>设置 View 的 drawable（如图片，也可以是颜色，但是需要指定 View 的大小）</td></tr>
<tr><td>android：tint</td><td>将图片渲染成指定的颜色</td></tr>
</table>

2.5.10 画廊（Gallery）

（1）概述。

Gallery（画廊）使用 Theme_galleryItemBackground 作为 Gallery（画廊）适配器中的各视图的

默认参数。如果没有设置，就需要调整一些 Gallery（画廊）的属性，如间距。

Gallery（画廊）中的视图应该使用 Gallery.LayoutParams 作为它们的布局参数类型。它扩展了 LayoutParams，以此提供可以容纳当前的转换信息和先前的位置转换信息的场所。

（2）实例。

仍然以 HelloWorld 程序为例，更改布局文件 res/layout/main.xml 内容如下：

```
<?xml version="1.0" encoding="utf-8"?>
<Gallery
   xmlns:android="http://schemas.android.com/apk/res/android"
   android:id="@+id/gallery"
   android:layout_width="fill_parent"
   android:layout_height="fill_parent" />
```

然后更改 HelloWorld.java 主程序，实现内容如下：

```
public class HelloWorld extends Activity {

   @Override
   public void onCreate (Bundle savedInstanceState) {
     super.onCreate (savedInstanceState) ;
     setContentView (R.layout.main) ;
     // 定义 Gallery 控件
     Gallery g = (Gallery) findViewById (R.id.gallery) ;
     // 设置 Gallery 控件的图片源
     g.setAdapter (new ImageAdapter (this)) ;
     // 点击监听事件
     g.setOnItemClickListener (new OnItemClickListener () {
          // 点击事件
          public void onItemClick (AdapterView parent, View
                v, int position, long id) {
          // Toast 显示图片位置
          Toast.makeText (HelloWorld.this, "" + position,
                   Toast.LENGTH_SHORT) .show () ;
     } }) ; } }
```

其中有个 ImageAdapter 是为了给 gallery 绑定图片源，下面在 HelloWorld.java 的同目录下创建一个 ImageAdapter 类，详细代码如下：

```
public class ImageAdapter implements SpinnerAdapter {
   private Context mContext; // 定义 Context
   private Integer[] mImageIds = {
          // 定义整型数组 即图片源
          R.drawable.bg_android,
          R.drawable.bg_sunrise,
          R.drawable.bg_sunset,
          R.drawable.bg_android,
          R.drawable.bg_sunrise,
          R.drawable.bg_sunset
   };
   public ImageAdapter (Context  c) {
     // 声明 ImageAdapter
     mContext = c;}
   @Override
   public View getDropDownView (int position, View convertView, ViewGroup parent) {
   return null; }
   @Override
   public int getCount () {
     return mImageIds.length; }
```

```
    @Override
    public Object getItem (int position)  {
      // 获取图片在库中的位置
      return position;  }
    @Override
    public long getItemId (int position)  {
      // 获取图片在库中的位置
      return position; }
    @Override
    public int getItemViewType (int position)  {
    return 0;  }
    @Override
    public View getView (int position, View convertView, ViewGroup parent)  {
      ImageView i = new ImageView (mContext) ;
      i.setImageResource (mImageIds[position]) ;
      // 给 ImageView 设置资源
      i.setLayoutParams (new Gallery.LayoutParams (200, 200)) ;
      // 设置布局 图片 (宽) 200× (高) 200 显示
      i.setScaleType (ImageView.ScaleType.FIT_XY) ;
      // 设置比例类型
      return i; }
    @Override
    public int getViewTypeCount ()  {
    return 0; }
    @Override
    public boolean hasStableIds ()  {
    return false; }
    @Override
    public boolean isEmpty ()  {
    return false; }
    @Override
    public void registerDataSetObserver (DataSetObserver observer)  {  }
    @Override
    public void unregisterDataSetObserver (DataSetObserver observer) {  }
}
```

这样就完成了一个画廊，这个图片显示界面如图 2.27 所示。

图 2.27　Gallery 效果图

2.6 Android UI 事件处理

2.6.1 Android UI 概述

部件是为用户交互界面提供服务的视图对象。Android 提供了一套完整的部件实现，包括按钮、复选框、文本输入框等，以助于用户快速地构建 UI。Android 还提供了一些更高级的部件，如日期选择、时钟以及缩放控制。但您并没有被局限于 Android 平台提供的这些部件上。如果您想创建一些自己的定制动作元素，只要定义自己的视图对象或者扩展或合并现有的部件就行。任何一个小部件都有自己的事件侦听，这样当触发该部件时就会调用相应事件的回调函数，你可以在回调函数中建立自己的事件运行结果。

2.6.2 事件监听器和事件处理

在 Android 系统里，有很多途径来侦听用户和应用程序之间交互的事件。对于这些用户界面里的事件，侦听方法就是从与用户交互的特定视图对象截获这些事件。

在各种用来组建布局的视图类里面，你可能会注意到一些公共的回调方法看起来对用户界面事件有用。这些方法在该对象的相关动作发生时被 Android Framework 调用。例如，当一个视图（如一个按钮）被触摸时，该对象上的 onTouchEvent( )方法会被调用。不过，为了侦听这个事件，你必须扩展这个类并重写该方法。很明显，扩展每个你想使用的视图对象（只是处理一个事件）是荒唐的。这就是为什么视图类也包含了一个嵌套接口的集合，这些接口含有实现起来简单得多的回调函数。这些接口叫做事件侦听器 event listeners，它是用来截获用户和界面交互动作的最佳方案。

当为普遍的事件使用侦听器来侦听用户动作时，总有那么一次你可能需要创建一个继承自 View 的自定义组件。也许你想扩展按钮 Button 类来使事件更加复杂一些。在这种情况下，将需要使用事件处理器 event handlers 类来为你的类定义缺省事件行为。

当在用户界面中加入了一些视图和工具之后，可能想要知道如何让它们与用户交互，进而实现所需要的动作。如欲获得用户界面事件通知，需要做以下两件事情之一：

（1）定义一个事件侦听器并将其注册至视图。通常情况下，这是侦听事件的主要方式。View 类包含了一大堆命名类似 On<…>Listener 的接口，每个都带有一个叫做 On<…>( )的回调方法。例如：View.OnClickListener（用以处理视图中的点击），View.OnTouchListener（用以处理视图中的触屏事件），以及 View.OnKeyListener（用以处理视图中的设备按键事件）。所以，如果希望你的视图在它被“点击”（如选择了一个按钮）的时候获得通知，就要实现 OnClickListener，定义它的 onClick( )回调方法（在其中进行相应处理），并将它用 setOnClickListener( )方法注册到视图上。

（2）为视图覆写一个现有的回调方法。这种方法主要用于自己实现了一个 View 类，并想侦听其上发生的特定事件。如当屏幕被触摸（onTouchEvent( )），当轨迹球发生了移动（onTrackballEvent( )）或者是设备上的按键被按下（onKeyDown( )）。这种方式允许为自己定制的视图中发生的每个事件定义默认的行为，并决定是否需要将事件传递给其他的子视图。再说一次，这些是 View 类相关的回调方法，所以只能在你构建自定义组件时定义它们。

事件侦听器是视图 View 类的接口，包含一个单独的回调方法。这些方法将在视图中注册的侦听器被用户界面操作触发时由 Android 框架调用。下面这些回调方法被包含在事件侦听器接口中。

- onClick（）。

包含于 View.OnClickListener。当用户触摸这个 item（在触摸模式下），或者通过浏览键或跟踪球聚焦在这个 item 上，然后按下“确认”键或者按下跟踪球时被调用。

- onLongClick（）。

包含于 View.OnLongClickListener。当用户触摸并控制住这个 item（在触摸模式下），或者通过浏览键或跟踪球聚焦在这个 item 上，然后保持按下“确认”键或者按下跟踪球（一秒钟）时被调用。

- onFocusChange（）。

包含于 View.OnFocusChangeListener。当用户使用浏览键或跟踪球浏览进入或离开这个 item 时被调用。

- onKey（）。

包含于 View.OnKeyListener。当用户聚焦在这个 item 上并按下或释放设备上的一个按键时被调用。

- onTouch（）。

包含于 View.OnTouchListener。当用户执行的动作被当做一个触摸事件时被调用，包括按下、释放，或者屏幕上任何的移动手势（在这个 item 的边界内）。

- onCreateContextMenu（）。

包含于 View.OnCreateContextMenuListener。当正在创建一个上下文菜单的时候被调用（作为持续的“长点击”动作的结果）。可以参阅 Android SDK 官方文档中的关于创建菜单 Creating Menus 内容以获取更多信息。

这些方法是它们相应接口的惟一“住户”。要定义这些方法并处理你的事件，在你的活动中实现这个嵌套接口或定义它为一个匿名类。然后，传递实现的一个实例给各自的 View.set...Listener( ) 方法。(例如，调用 setOnClickListener( )，并传递给它你的 OnClickListener 实现。)

2.6.3 监听器和事件处理实例

下面的例子说明了如何为一个按钮注册一个点击侦听器：

```
// Create an anonymous implementation of OnClickListener
private OnClickListener mCorkyListener = new OnClickListener() {
    public void onClick(View v) {
      // do something when the button is clicked
    }
};

protected void onCreate(Bundle savedValues) {
    ...
    // Capture our button from layout
    Button button = (Button)findViewById(R.id.corky);
    // Register the onClick listener with the implementation above
```

```
    button.setOnClickListener(mCorkyListener);
    ...
}
```

你可能会发现把 OnClickListener 作为活动的一部分来实现会方便的多。这将避免额外的类加载和对象分配。例如：

```
public class ExampleActivity extends Activity implements
    OnClickListener {
    protected void onCreate(Bundle savedValues) {
        ...
        Button button = (Button)findViewById(R.id.corky);
         button.setOnClickListener(this);
    }

    // Implement the OnClickListener callback
    public void onClick(View v) {
      // do something when the button is clicked
    }
    ...
}
```

注意　上面例子中的 onClick( ) 回调没有返回值，但是一些其他事件侦听器必须返回一个布尔值。原因和事件相关。对于其中一些原因如下。

- onLongClick（）。返回一个布尔值来指示是否已经处理了这个事件而不应该再进一步处理它。也就是说，返回 true 表示已经处理了这个事件而且到此为止；返回 false 表示还没有处理它和/，或这个事件应该继续交给其他 on-click 侦听器。
- onKey（）。返回一个布尔值来指示是否已经处理了这个事件而不应该再进一步处理它。也就是说，返回 true，表示已经处理了这个事件而且到此为止；返回 false，表示还没有处理它和 /，或这个事件应该继续交给其他 on-key 侦听器处理。
- onTouch（）。通过返回一个布尔值来表示你的侦听器是否已经处理了这个事件。重要的是这个事件可以有多个彼此跟随的动作，如手势动作。因此，如果当接收到 touch down 动作事件时返回 false，那表明还没有消费这个事件，而且对后续动作也不感兴趣。那么，将不会被该事件中的其他动作调用，如 touch move 和 touch up。
- 记住按键事件总是递交给当前焦点所在的视图。它们从视图层次的顶层开始被分发，然后依次向下，直到到达恰当的目标。如果视图（或者一个子视图）当前拥有焦点，那么可以看到事件经由 dispatchKeyEvent（）方法分发。除了从你的视图截获按键事件，还有一个可选方案，你还可以在你的活动中使用 onKeyDown（）and onKeyUp（）来接收所有的事件。

注意　Android 将首先调用事件处理器，其次是类定义中合适的缺省处理器。这样，从这些事件侦听器中返回 true 时，touch 事件将停止向其他事件侦听器传播，同时也会阻塞视图中的事件处理器的回调函数，也就是说回调事件将不会被调用。因此，当返回 true 时表示想终止这个事件。

2.7 小结

在这一章中，主要从应用程序开发的角度讲解了一般应用程序开发所涉及的一些基本控件，以及应用程序目录结构，从实践上来真实地了解了应用程序的开发以及所包含的基本概念。

概括来说，基本应用程序的界面部分主要靠布局中添加不同的控件来实现，通过注册回调函数来实现不同控件以及其他 View 的事件处理，当然，如果 Android 系统提供的基本的控件不能满足您的需求，也可以通过自定义控件来实现自己的需求。通过本章的学习，使得您对应用程序的开发有了个基本了解，并且理解了基本 View 的概念及其使用。

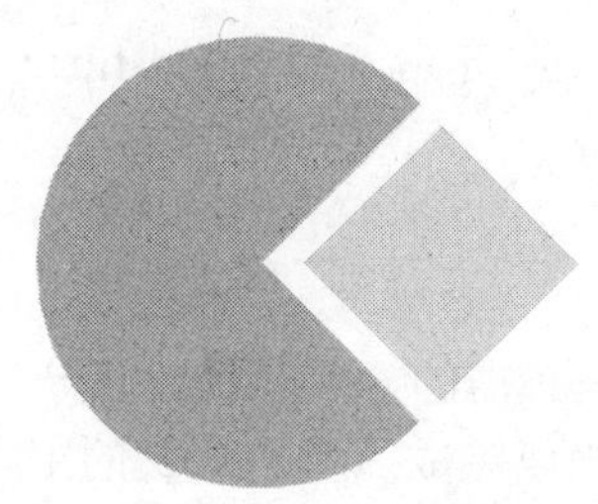

第 3 章　Android 应用程序清单

3.1 应用程序结构

Android 系统中的应用程序一般的结构如图 3.1 所示。其中 Manifest.xml 是应用程序的清单文件，里面注册了一个应用程序包含的 4 大组件、这些组件可以是 Activity、ContentProvider、Services 或者 Broadcast Receiver，也可以包含有很多的 View 等，所有这些构成了 Android 系统中的一个应用程序。

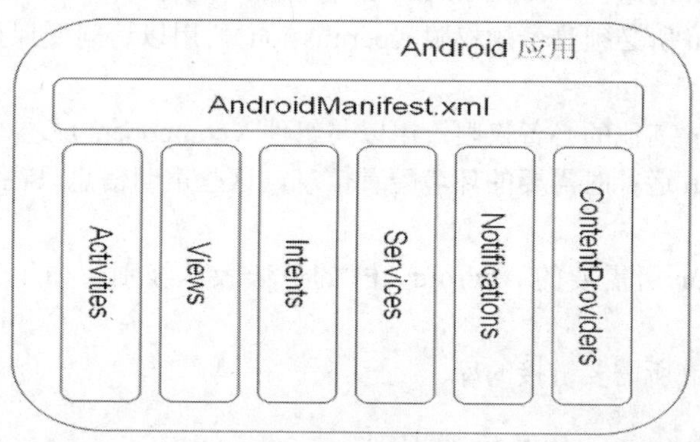

图 3.1　整体结构

3.1.1　Manifest 文件作用

Manifest.xml 文件很重要，但也不重要。很重要是因为离开了它，应用程序无法启动和完成功能；不重要是因为它是工程自动生成的文件，只需要简单地改动或者不改动就可以实现一些功能。

Manifest 文件称为应用程序的组成清单文件，负责告诉系统这个应用程序需要做什么才能完成整个应用程序的功能，其中包括加载系统中的哪些 Activity（包括该应用的和其他应用的），加载 Activity 之后要做什么行为（Action），根据什么策略（Category）来完成这个行为等；还包括该应用需要给系统共享哪些数据（Porvider），要接收哪些消息（Receiver）以及需要什么服务（Service）等。

当该应用程序被 FrameWork 层加载时，先加载该应用程序的 Manifest 文件，由 FrameWork 层来解析其中的一系列标签。首先找到哪个 Activity 是根 Activity（通过 Activity 元素下的 Intent-filter 中的 Action 来决定），找到后启动根 Activity。

3.1.2 元素顺序问题

元素（Elements）。在所有的元素中只有<manifest>和<application>是必需的，且只能出现一次。很多其他元素可以出现多次甚或一次都没有，但是，如果清单文件想要完成一些有意义的工作，必须设置至少其中的一些元素。如果一个元素能包含点什么，那就是可以包含其他元素，所有的值必须通过属性来设置，而不是元素中的字符数据。同一级别的元素一般是没有顺序的，例如，<activity>、<provider>和<service>元素可以以任意顺序混合使用。<activity-alias>元素是个例外，它必须跟在该别名所指的<activity>后面。

属性（Attributes）。正规意义上，所有的属性都是可选的，但实际上为了让一个元素完成其目标功能，有些属性是必须指定的。

3.1.3 AndroidManifest.xml 的功能介绍

（1）说明 application 的 Java 数据包，数据包名是 application 的惟一标识。

（2）描述 application 的组件（component）。

（3）说明 application 的组件（component）运行在哪个进程（process）下。

（4）声明 application 所必须具备的权限（permission），用以访问受保护的部分 API，以及与其他 application 的交互。

（5）声明 application 其他的必备权限，用以与组件（component）之间的交互。

（6）列举 application 运行时需要的环境配置信息，这些声明信息只在程序开发和测试时存在，发布前将被删除。

（7）声明 application 所需要的 Android API 的最低版本级别，如 1.0、1.1、1.5、2.0、2.3、3.0 等。

（8）列举 application 所需要链接的库。

3.1.4 AndroidManifest.xml 的结构和规则

AndroidManifest.xml 文件的结构、元素，以及元素的属性，可以在 Android SDK 文档中查看详细说明，也会在后面章节中给予介绍。在讲解这些众多的元素以及元素的属性前，需要先了解这些元素在命名、结构等方面的规则。

（1）元素。在所有的元素中只有<manifest>和<application>是必需的，且只能出现一次。如果一个元素包含有其他子元素，必须通过子元素的属性来设置其值。处于同一层次的元素，这些元素的说明是没有顺序的。

（2）属性。按照常理，所有的属性都是可选的，但是有些属性是必须设置的。那些真正可选的属性，即使不存在，其也有默认的数值项说明。除了根元素<manifest>的属性，所有其他元素属性的名字都是以 android：前缀的。

（3）定义类名。所有的元素名都对应其在 SDK 中的类名，如果自定义类名，必须包含类的数据包名，如果类与 application 处于同一数据包中，可以直接简写为“.”。

（4）多数值项。如果某个元素有超过一个数值，这个元素必须通过重复的方式来说明其某个属性具有多个数值项，且不能将多个数值项一次性说明在一个属性中。

（5）资源项说明。当需要引用某个资源时，其采用如下格式：@[package：]type：name。例如，<activity android：icon=“@drawable/icon” ...>。

（6）字符串值。类似于其他语言，如果字符中包含有字符“\”，则必须使用转义字符“\\”。

3.1.5　结合实例综述说明

这里，结合 HelloWorld 实例中的 AndroidManifest.xml 文件来说明一下，原 XML 文件如下：

```
<?xml version="1.0" encoding="utf-8"?>
<manifest xmlns:android="http://schemas.android.com/apk/res/android"
package="com.android.test"
android:versionCode="1"
android:versionName="1.0">
<application
android:icon="@drawable/icon" android:label="@string/app_name">
<activity android:name=".HelloWorld" android:label="@string/app_name">
<intent-filter>
<action android:name="android.intent.action.MAIN" />
<category android:name="android.intent.category.LAUNCHER" />
</intent-filter>
</activity>
</application>
<uses-sdk android:minSdkVersion="3" />
</manifest>
```

除去头部 XML 信息说明，首先是 manifest 项—根节点，其属性包括：schemasURL 地址、包名（com.android.test），以及程序的版本说明。其次是 manifest 的子节点 application，其属性包括：程序图标、程序名称。前面带有@表示引用资源，例如，@drawable/icon 表示引用的是 drawable 资源中的 icon，可以在其源工程的 res/drawable 中找到。然后就是 application 的子节点 activity，其属性包括：activity 的名称、activity 的标签名，其子节点 intent-filter 则是对 activity 的说明。

在 intent-filter 中，action android：name=“android.intent.action.MAIN”和 Category android：name=“android.intent.category.LAUNCHER”用以说明程序启动时的入口 Activity 是哪个。如果这两个属性值中分别含有 MAIN 和 LAUNCHER，则说明它就是启动程序时的入口 Activity。如果想完全了解 application 与 Activity 项的说明，就需要更为深入地了解和学习 Android，下面会详细介绍，这里因篇幅限制暂且不提。

uses-sdk android：minSdkVersion=“3”说明程序使用的 Android SDK 的最低版本，其中 1 表示 Android 1.0、2 表示 Android 1.1、3 则表示 Android 1.5、4 表示 Android1.6、5 表示 Android2.0、6 表示 Android2.01、7 表示 Android2.1、8 表示 Android2.2、9 表示 Android2.3。

在 Eclipse 中创建工程后，会自动生成一个 AndroidManifest.xml 文件。在代码编写的过程中，需要同时修改 AndroidManifest.xml，如果配置出现错误会导致程序不能正常运行。

3.2 Manifest 文件结构

其文件程序如下：

```
<?xml version="1.0" encoding="utf-8"?>
<manifest>
    <uses-permission />
    <permission />
    <permission-tree />
    <permission-group />
    <instrumentation />
    <uses-sdk />
    <uses-configuration />
    <uses-feature />
    <supports-screens />
    <application>
        <activity>
            <intent-filter>
                <action />
                <category />
                <data />
            </intent-filter>
            <meta-data />
        </activity>
        <activity-alias>
            <intent-filter> . . . </intent-filter>
            <meta-data />
        </activity-alias>
        <service>
            <intent-filter> . . . </intent-filter>
            <meta-data/>
        </service>
        <receiver>
            <intent-filter> . . . </intent-filter>
            <meta-data />
        </receiver>
        <provider>
            <grant-uri-permission />
            <path-permission />
            <meta-data />
        </provider>
        <uses-library />
    </application>
</manifest>
```

3.3 Manifest 文件中各个元素及属性介绍

3.3.1 <action>

（1）代码：

```
<action android:name="string" />
```

（2）使用地方：

```
<intent-filter>
```

（3）实例：

```
<intent-filter>
   <action android:name="…"/>
</intent-filter>
```

（4）解释。

<intent-filter>至少包含一个<action>元素。如果不包含 action 元素，那么这个 filter 将不会获得任何 intent 对象。

（5）属性。

android：name 是它的属性，设置一个 action 的名字。Intent 类中定义了一些标准的类似于 ACTION_string 的标准 action 常量。为了指定那些 action 到这个元素的属性里，需要将这些 action 引进来，引进规则为"android.intent.action.*"，"*"代表 Intent 中定义的 ACTION_string。例如，Intent 中定义了一个 ACTION_MAIN，那么可以在元素中这样使用：

```
<action android:name="android.intent.ACTION_MAIN"/>
```

也可以自己定义 ACTION，一般在定义的时候使用包名来作为 ACTION 的前缀。例如要指定你定义的一个 ACTION：MYACTION，那么引用时如下：

```
<action android:name="android.intent.MYACTION"/>
```

3.3.2　<activity>

（1）代码：

```
<activity android:allowTaskReparenting=["true" | "false"]
          android:alwaysRetainTaskState=["true" | "false"]
          android:clearTaskOnLaunch=["true" | "false"]
          android:configChanges=["mcc", "mnc", "locale",
                                 "touchscreen", "keyboard", "keyboardHidden",
                                 "navigation", "orientation", "fontScale"]
          android:enabled=["true" | "false"]
          android:excludeFromRecents=["true" | "false"]
          android:exported=["true" | "false"]
          android:finishOnTaskLaunch=["true" | "false"]
          android:icon="drawable resource"
          android:label="string resource"
          android:launchMode=["multiple" | "singleTop" |
                              "singleTask" | "singleInstance"]
          android:multiprocess=["true" | "false"]
          android:name="string"
          android:noHistory=["true" | "false"]
          android:permission="string"
          android:process="string"
          android:screenOrientation=["unspecified" | "user" | "behind" |
                                     "landscape" | "portrait" |
                                     "sensor" | "nosensor"]
          android:stateNotNeeded=["true" | "false"]
          android:taskAffinity="string"
          android:theme="resource or theme"
          android:windowSoftInputMode=["stateUnspecified",
                                       "stateUnchanged", "stateHidden",
```

```
                                    "stateAlwaysHidden", "stateVisible",
                                    "stateAlwaysVisible",
                        "adjustUnspecified",
                                    "adjustResize", "adjustPan"] >
    . . .
</activity>
```

（2）使用地方：

```
<application>
```

（3）可以包含的元素：

```
<intent-filter>
<meta-data>
```

（3）实例：

```
 <application>
      <activity></activity>
 </application >
```

（4）解释。

声明了一个 Activity，这个 Activity 实现了这个应用的部分可视的界面。所有的 Activity 都必须使用<activity>这个元素在 Manifest 文件中声明。任何没有在 Manifest 文件中声明的 Activity 都不会被系统知道，但是也不会被系统运行。

（5）属性。

- android：allowTaskReparenting 是否允许 Activity 更换从属的任务，如从短信息任务切换到浏览器任务。
- android：alwaysRetainTaskState 是否保留状态不变，如切换到 HOME，再从新打开，Activity 处于最后的状态。
- android：configChanges 是当配置 list 发生修改时，是否调用 onConfigurationChanged（）方法，如 "locale|navigation|orientation"。
- android：enabled Activity 是否可以被实例化。
- android：excludeFromRecents 是否可被显示在最近打开的 Activity 列表里。
- android：exported 是否允许 Activity 被其他程序调用。
- android：finishOnTaskLaunch，当用户重新启动这个任务的时候，是否关闭已打开的 Activity。
- android：launchMode Activity 启动方式，"standard"、"singleTop"、"singleTask"、"singleInstance"，其中前两个为一组，后两个为一组。
- android：multiprocess 允许多进程。
- android：name Activity 的类名，必须指定。
- android：onHistory 是否需要移除这个 Activity，当用户切换到其他屏幕时。这个属性是 API level 3 中引入的。
- android：process 一个 Activity 运行时所在的进程名，所有程序组件运行在应用程序默认的进程中，这个进程名跟应用程序的包名一致。<application>中的元素 process 属性能够为所有组件设定一个新的默认值。但是任何组件都可以覆盖这个默认值，允许将你的程序放在多进程中运行。如果这个属性被分配的名字以“:”开头，当这个 Activity 运行时，一个新的专属于这个程序的进程将会被创建。如果这个进程名以小写字母开头，这个 Activity 将会运行在全局的进程中，被它的许可所提供。

■ android：screenOrientation Activity 显示的模式，“unspecified”是默认值。“landscape”风景画模式，宽度比高度大一些。“portrait”肖像模式，高度比宽度大。“user”用户的设置如“behind”、“sensor”、“nosensor”。

■ android：stateNotNeeded 是否 Activity 被销毁和成功重启并不保存状态。

■ android：taskAffinity Activity 的任务亲属关系，设置该 Activity 属于哪一个任务，默认情况同一个应用程序下的 Activity 有相同的关系。

■ android：theme Activity 的样式主题，如果没有设置，则 Activity 的主题样式从属于应用程序。

■ android：windowSoftInputMode Activity 主窗口与软键盘的交互模式，从 API level 3 被引入。

3.3.3 <activity-alias>

（1）代码：

```
<activity-alias android:enabled=["true" | "false"]
                android:exported=["true" | "false"]
                android:icon="drawable resource"
                android:label="string resource"
                android:name="string"
                android:permission="string"
                android:targetActivity="string" >
    . . .
</activity-alias>
```

（2）使用地方：

```
<application>
```

（3）实例：

```
<application>
        <activity-alias ></activity-alias >
 </application >
```

（4）解释。

定义 Activity 的一个别名，由 targetActivity 属性来指定名字。目标必须是和这个别名在同一个应用程序，并且该 Activity 必须先在 Manifest 中声明，然后才能被其他的 activity-alias 使用。

这个别名作为目标 Activity 的另一个独立实体出现。它可以有自己的一套 Intent-filter。就是说，可以通过这个 Activity-alias 中的 Intent-filter 来启动目标 Activity。而无须使用目标 Activity 的 Intent-filter。

该元素的属性介绍参照 Activity 元素介绍即可。

3.3.4 <application>

（1）代码：

```
<application android:allowClearUserData=["true" | "false"]
             android:allowTaskReparenting=["true" | "false"]
             android:debuggable=["true" | "false"]
             android:description="string resource"
             android:enabled=["true" | "false"]
```

```
            android:hasCode=["true" | "false"]
            android:icon="drawable resource"
            android:label="string resource"
            android:manageSpaceActivity="string"
            android:name="string"
            android:permission="string"
            android:persistent=["true" | "false"]
            android:process="string"
            android:taskAffinity="string"
            android:theme="resource or theme" >
   . . .
</application>
```

（2）使用地方：

```
<manifest>
```

（3）可以包含的元素：

```
<activity>
<activity-alias>
<service>
<receiver>
<provider>
<uses-library>
```

（3）实例：

```
<manifest>
   < application …></application >
</manifest>
```

（4）解释。

application 的声明：它包含很多元素，这些元素用来描述一个应用的各个组件。这些元素的属性中，如 icon、label、permission、process、taskAffinity 和 allowTaskReparenting，这些组件是作为应用的默认值来提供的。是可以被子元素的值覆盖的。而像其他的一些属性，如 debuggable、enabled、description 和 allowClearUserData 却是作为整个应用的不可覆盖的值。它们一旦在 application 元素中声明，就不会被它的组件覆盖。

（5）属性。

■ android：debuggable=["true" | "false"] 是否允许该应用程序处于可调式状态。

■ android: allowTaskReparenting=["true" | "false"] 是否允许它所包含的这些 Activity 可以从定义它的那个任务中转移到它通过 affinity 所依附的另一个任务中。如果可以转移，就为 true，默认为 false。Activity 元素也包含这个元素，如果 Activity 元素中的 allowTaskReparenting 的设置会覆盖 application 中对该属性的设置，也就是说，如果在 application 中声明了 allowTaskReparenting 为 true，而且也在 Activity 的属性中设置 allowTaskReparenting 为 false，那个这个 Activity 将会以这个 Activity 中设置的 allowTaskReparenting 的值起作用。

■ android：hasCode=["true" | "false"]　应用是否包含所有代码，为 true 是表示包含；为 false 时，表示不包含，当启动组件的时候，那么系统将不会载入任何应用程序。默认为 true。仅仅当这个应用什么都没用但是嵌入了组件类时，这个应用才不包含任何代码。这就像一个 Activity 在用到 aliasActivity 类时一样，很少见。

■ android：manageSpaceActivity="string"是 Activity 的子类的完全限定名，系统可以启动这个

Activity 子类来让用户管理这个应用所占用的内存。

- android：persistent=["true" | "false"] 定义该应用是否将一直运行。
- android：process="string" 默认时，当该应用的第一个组件需要运行的时候，Android 会为这个应用创建一个进程，然后，所有组件都运行在这个进程里。默认进程的名字与 Manifest 元素中的 Package 名字是匹配的。通过设置该进程名的这个属性，可以与另一个进程进行共享。你可以安排两个应用的组件运行在相同的进程里。但是，只有在两个应用共享一个用户 ID，并且用相同的证书进行签名的情况下才可以。如果给这个属性指定的名字以"："开始，一个新的该应用的私有进程将会在需要的时候被创建。如果这个进程的名字以小写字母开始，一个全局的进程名字就会被创建。一个全局的进程可以与其他的应用共享，以减少资源消耗。

3.3.5　<category>

（1）代码：

```
<category android:name="string" />
```

（2）使用地方：

```
<intent-filter>
```

（3）实例：

```
<intent-filter>
    <category android:name="string" />
</intent-filter>
```

（4）解释。

可以用来设置该 Activity 或者该应用启动的方式。例如，以主屏的方式启动就用：

```
<category android:name="android.intent.category.HOME" />
```

以默认的方式启动就用：

```
<category android:name="android.intent.category.DEFAULT" />
```

以 Tab 标签的方式启动就用：

```
<category android:name="android.intent.category.TAB" />
```

还有<category android:name="android.intent.category.BROWSABLE" />、<category android:name="android.intent.category. LAUNCHER " />等。

3.3.6　<data>

（1）代码：

```
<data android:host="string"
      android:mimeType="string"
      android:path="string"
      android:pathPattern="string"
      android:pathPrefix="string"
      android:port="string"
      android:scheme="string" />
```

（2）使用地方：

```
<intent-filter>
```

（3）实例：

```
<intent-filter . . . >
    <data android:scheme="something" />
```

```
    <data android:host="project.example.com" />
    . . .
</intent-filter>
```

（4）解释。

在<intent-filter>元素下，它的属性可以包含一个 mimeType 和 URI。<intent-filter>可以包含无数的 Data 元素。mimeType 的类型可以是 image/jpeg or audio/mpeg4-generic，子类型可以是任意的。这个 URI 包含了 Intent 的路径以及前缀数据。如：scheme：//host：port/path or pathPrefix or pathPattern。

- android：path：匹配 intent 对象的完整路径。
- android：pathPrefix ：指定部分路径来匹配 intent 对象中的初始部分。
- android：pathPattern：指定完整路径来匹配 intent 对象的完整路径，但是可以包含以下匹配符，“*”匹配数字 0 以及后来出现的字符，“.*”匹配 0 到多个字符。
- android：scheme：URI 中的 scheme 部分是指定一个 URI 的本质属性部分，至少要有一个 scheme 属性被指定，否则其他的 URI 属性就无意义。

```
<data android:mimeType="vnd.android.cursor.dir/calls" />
```

3.3.7 <grant-uri-permission>

（1）代码：

```
<grant-uri-permission android:path="string"
                     android:pathPattern="string"
                     android:pathPrefix="string"/>
```

（2）使用地方：

```
<provider>
```

（3）实例：

```
<provider>
   <grant-uri-permission android:path="string"
                     android:pathPattern="string"
                     android:pathPrefix="string"/>
 </provider>
```

（4）解释。

指定想要获取应用程序提供的 ContentProvider 中的哪部分数据集的 permission。数据集的内容的访问是通过一个 URI 路径来提供给被要访问者的。通过授予权限，有利于限制没有访问权限的客户端来访问数据。被授权的客户端可以访问它所拥有权限的那部分数据。一个 Provider 可以包含任意多个<grant-uri-permission>元素，但是每一个只可以制定一个路径。

一个 path 代表了一个数据集或者数据子集，可以通过获取 permission 来获取该路径的访问权，从而可以获得某部分或者全部数据集的访问权。Path 属性指定了一个完整的路径，你可以通过提供一个可以访问部分数据的 permission 来只授予部分数据的访问权限。

pathPrefix 属性指定了 path 的开始部分。

pathPattern 属性指定了一个完整路径，但是只能包含以下宽字符：

- 一个“*”匹配一个到多个字符序列；
- 以“.*”开始的一段字符可以匹配任意的从 0 到多个字符的序列。

因为当从 XML 中读取字符串时，“\”被用来作为转义字符的字符串，你需要增加一个转义字符。例如，要获得字符“*”时，必须写成“*”；要获得字符“\”时，必须写成“\\\\”。

3.3.8 <instrumentation>

（1）代码：

```
<instrumentation android:functionalTest=["true" | "false"]
        android:handleProfiling=["true" | "false"]
        android:icon="drawable resource"
        android:label="string resource"
        android:name="string"
        android:targetPackage="string" />
```

（2）使用地方：

```
<manifest>
```

（3）实例：

```
< manifest>
    < instrumentation  …/>
 </ manifest>
```

（4）解释。

声明 instrumentation 类来使你可以管理应用程序与系统的交互。一个 instrumentation 对象启动的时间比较早，在该应用的组件还没启动的时候，它就启动了。

（5）属性：

- android：functionalTest instrumentation 类是否应该作为功能测试来运行；
- android：handleProfiling 是否允许 instrumentation 类启动分析；
- android：targetPackage 指定 instrumentation 对象运行的应用程序包，一般是指<manifest>元素中所指定的包名。

3.3.9 <intent-filter>

（1）代码：

```
<intent-filter android:icon="drawable resource"
     android:label="string resource"
     android:priority="integer" >
   . . .
</intent-filter>
```

（2）使用地方：

```
<activity>
<activity-alias>
<service>
<receiver>
```

（3）实例：

```
< activity >
   <intent-filter android:icon="drawable resource"
       android:label="string resource"
       android:priority="integer" >
       . . .
   </intent-filter>
 < /activity>
```

（4）解释。

指定一个活动的 Intent、服务或广播接收器可以响应的类型。一个 Intent 过滤宣告了它的父组件功能—什么活动或服务可以做，什么样的广播接收器可以处理的类型。它打开了广播类型的接收意向组成部分，过滤掉那些不合适组件。

对过滤器的内容大多是描述它的<操作，<category>中和它的<data>子元素。

有关过滤器的更详细的讨论，请参阅 Android 官方 SDK 中的 Intent 章节。

3.3.10 <manifest>

（1）代码：

```
<manifest xmlns:android="http://schemas.android.com/apk/res/android"
   package="string"
   android:sharedUserId="string"
   android:sharedUserLabel="string resource"
   android:versionCode="integer"
   android:versionName="string" >
   . . .
</manifest>
```

（2）可以包含的元素。

必须包含：

```
<application>
```

可以包含的：

```
<instrumentation>
<permission>
<permission-group>
<permission-tree>
<uses-configuration>
<uses-permission>
```

（3）解释。

该元素是 AndroidManifest.xml 文件的根元素。一定包含<application>元素。

（4）属性。

- xmlns：android=http：//schemas.android.com/apk/res/android 定义一个命名空间。
- package="string"应用的包名。
- android：sharedUserId="string" linux 用户的一个 ID，可以与其他应用共享使用。拥有同一个 ID 的应用之间可以共享使用数据，还有可能运行在同一个进程中。
- android：sharedUserLabel="string resource" 拥有共同的 ID 的用户可读的一个说明标签。
- android：versionCode="integer"值越大表明越是最近开发的。表明一个开发时间的先后顺序。
- android：versionName="string" >显示给用户的版本号。

3.3.11 <meta-data>

（1）代码：

```
<meta-data android:name="string"
     android:resource="resource specification"
     android:value="string" />
```

（2）使用地方：

```
<activity>
<activity-alias>
<service>
<receiver>
```

（3）实例：

```
< activity>
    <meta-data …/>
 </activity>
```

（4）解释。

这个名字值是额外的、任意的可以提供给父组件的数据。一个组件元素能够包含任意数量的 meta-data 子元素。它们所有的值都会被收集在 Bundle 对象中，并且使其可以作为组件的 PackageItemInfo.metaData 字段。

一般的值可以通过 Value 属性来指定，但是，如果要指定一个资源 ID 作为一个值，就要用 resource 属性来代替。例如，下面的代码就是指定存储在@string/test 资源中的 firsttest 名字：

```
<meta-data android:name="firsttest" android:value="@string/test" />
```

另一方面，利用 resource 属性指定 zoo 的资源 ID 号，并不是存储在资源中的资源值：

```
<meta-data android:name="firsttest" android:resource="@string/test" />
```

当要给组件提供多个复杂的数据时，在这里并不推荐使用多重 meta-data 元素，推荐存储这些数据在一个资源文件中，并且利用 resource 属性来通知它的 ID 给组件。

（5）属性。

■ android：name 元数据项的名字，为了保证这个名字是惟一的，采用 Java 风格的命名规范。例如，com.example.project.activity.fred。

■ android：resource 资源的一个引用，指定给这个项的值是该资源的 ID。该 ID 可以通过方法 Bundle.getInt（）来从 meta-data 中找到。

■ android：value 指定给这一项的值。可以作为值来指定数据类型，并且供组件用来找回哪些值的 Bundle 方法列在了表 3.1 中。

表 3.1 数据的类型

Type	Bundle method
字符串值，使用双反斜杠（\\）来转义字符，如“\\ n”和一个 Unicode 字符“\\ uxxxxx”	getString（）
整型值，如 100	getInt（）
布尔值，是“true”或“false”	getBoolean（）
颜色值，如“#rgb”、“#argb”、“#rrggbb”、“#aarrggbb”	getString（）
浮点值，如“1.23”	getFloat（）

3.3.12 <path-permission />

（1）代码：

```
<path-permission android:path="string"
      android:pathPrefix="string"
```

```
        android:pathPattern="string"
        android:permission="string"
        android:readPermission="string"
        android:writePermission="string" />
```

（2）使用地方：

```
<provider>
```

（3）实例：

```
<provider> <path-permission …/> </provider>
```

（4）解释。

这个元素的作用是提供特定子集的访问权限的路径，此元素可以定义多次。

3.3.13 <permission>

（1）代码：

```
<permission android:description="string resource"
        android:icon="drawable resource"
        android:label="string resource"
        android:name="string"
        android:permissionGroup="string"
        android:protectionLevel=["normal" | "dangerous" |
                                 "signature" | "signatureOrSystem"] />
```

（2）使用地方：

```
<manifest>
```

（3）实例：

```
<manifest>
   <permission …/>
</manifest>
```

（4）解释。

声明一个安全权限，可以用来限制访问本应用或者其他应用中的某个组件或者特定的功能。

（5）属性。

■ android：description：用户可读的许可描述，比 Label 的拥有更多和更长的信息。它一般用来显示给用户用以给用户解释这个许可。例如，询问用户是否可以授予另一个应用这个许可。这个属性和 Label 不一样，不能为原始字符串。它必须用 string 资源文件来进行设置引用。

■ android：name：许可的名字，这个名字将使用在代码中。例如，在 application 组件 permission 属性和 uses-permission 元素。这个名字必须是惟一的，因此，它应该用到 Java 风格的范围，例如，"com.example.project.PERMITTED_ACTION"。

■ android：permissionGroup：给一个组制定这个许可，这个属性值就是这个组的名字，这个组是在此应用或者其他的应用中的 permission-group 元素中声明的。如果没有设置这个属性，那么这个许可将不属于任何 group（组）。

■ android：protectionLevel：描述在许可中的潜在风险，并且当决定是否授予给一个应用这个许可的时候，表明系统应该遵循的步骤，有 4 个值可以赋予，如表 3.2 所示。

表 3.2　　4 个值可以赋予

值	解　释
"normal"	默认值。一个低风险的许可，它给予用户有请求的应用访问不同应用权限的功能，对于其他的应用以及对于系统或者用户将会有较小的风险。当应用在安装时，这些权限的请求，系统会自动授予许可类型，不用询问用户得到明确的同意
"dangerous"	一个高风险的许可。它将给予一个有请求的应用访问私有用户数据或者控制设备（这样可能给用户带来负面影响），因为这种类型的许可具有潜在的风险，系统将不会自动授予这个应用请求许可。例如，一个应用的任何有风险的许可请求都会显示给用户，并且在进行之前要求用户确认，或者通过其他的一些处理来避免用户自动允许这些便利的使用
"signature"	系统将授予这个许可给那些有请求的应用，前提是，这个应用的签名证书和声明这个许可的应用具有相同的证书。如果匹配，系统将自动授予许可而不询问用户
"signatureOrSystem"	系统仅仅授予这个许可给那些在 Android 系统镜像中的应用，或者和那些在系统镜像中的应用具有相同的证书签名的应用。请避免使用这个选项，因为签名保护级别对于大多数的不管是安装在什么地方的工作需求的应用都应该是足够了 这个属性是用在特定的特殊条件下的，条件就是：有第三方厂商要将应用创建进系统镜像并且需要共享一些特别明确的功能，因为它们是创建在一起的

3.3.14　<permission-group>

（1）代码：

```
<permission-group android:description="string resource"
        android:icon="drawable resource"
        android:label="string resource"
        android:name="string" />
```

（2）使用地方：

```
<manifest>
```

（3）实例：

```
<manifest>
   <permission-group …/>
</manifest>
```

（4）解释。

为相关的 permission 的一个逻辑组声明一个名字，各个 permission 是通过 permission 元素的 permissionGroup 属性来加入这个 group 的。一个组的成员在用户的接口里是放在一起。

注意　这个元素并不给自己声明一个 permission，permission 仅能放在一个 category 中。怎么来将 permission 指定到组中，这些信息可以从 permission 元素中获得。

3.3.15　<permission-tree>

（1）代码：

```
<permission-tree android:icon="drawable resource"
        android:label="string resource" ]
        android:name="string" />
```

（2）使用地方：

```
<manifest>
```

（3）实例：

```
<manifest>
   <permission-tree …/>
 </manifest>
```

（4）解释。

为 permission 树声明了一个基本的名字。应用拥有树上的所有名字。它可以通过 PackageManager.addPermission( )方法来动态地增加一个新的 permission，树上的名字是用“.”分开的。例如，如果基本的名字是 com.example.project.taxes。那么 permission 就应该用下面的格式来添加：

```
com.example.project.taxes.CALCULATE
com.example.project.taxes.deductions.MAKE_SOME_UP   com.example.project.taxes.deductions.EXAGGERATE
```

注意 这个元素并不是声明一个 permission，而仅仅是一个命名空间，很多的 permission 可以放进这个空间里。

3.3.16 <provider>

（1）代码：

```
<provider android:authorities="list"
        android:enabled=["true" | "false"]
        android:exported=["true" | "false"]
        android:grantUriPermissions=["true" | "false"]
        android:icon="drawable resource"
        android:initOrder="integer"
        android:label="string resource"
        android:multiprocess=["true" | "false"]
        android:name="string"
        android:permission="string"
        android:process="string"
        android:readPermission="string"
        android:syncable=["true" | "false"]
        android:writePermission="string" >
   . . .
</provider>
```

（2）使用地方：

```
<intent-filter>
```

（3）实例：

```
<intent-filter>
   <action android:name="com.example.project.TRANSMOGRIFY"/>
 </intent-filter>
```

（4）解释。

声明了一个 content provider—contentProvider 的一个子类—提供了通过应用管理来有组织地访问数据。所有的 content Provider 都是应用的部分，必须用 Manifest 文件中的 Provide 元素来表示出来。任何一个没有被声明，系统将不能看到，因此将不能运行（你仅仅需要声明的是那些你开发的应用所需要的那部分 content Provider，而不是那些你用到的其他人开发的应用中用到的 content Provider）。

Android 系统通过一个 content：URI 的授权部分来识别 content Providers。例如，假如下面的 URI 是传递到 ContentResolver.query( )：

```
content://com.example.project.healthcareprovider/nurses/rn
```

Content：模式识别数据作为 content provider 的并且授权识别这个特别的 Provider。因此这个授权是惟一的，典型的，就像在这个例子中，它是一个 ContentProvider 子类的完全限定名。URI 的路径部分可能通过一个 content provider 来使用以识别特定的数据子集，但是那些路径并没有在 Manifest 文件中声明。

（5）属性。

- android：authorities：一组 URI 的授权，能够识别在 content provider 范围内的数据。多授权时，名字用分号分隔开来。为了避免名字冲突，采用 Java 类型的命名规范。很典型，它是 contentProvider 子类的名字。
- android：enabled：该组件能否被实例化，受制于 application 元素的此属性。
- android：exported：能否被其他的应用使用。默认是可以的（true）。
- android：grantUriPermissions：那些没有权限获取 contentProvider 中数据的应用是否可以获取被允许获取此 Provider 提供的数据。例如，如果没有权限打开一个邮件的附件，那么可以通过这个属性和 intent 对象的 FLAG_GRANT_READ_URI_PERMISSION 和 FLAG_GRANT_WRITE_URI_PERMISSION 这两个标识来获取 permission。从而传递给 Context.startActivity（）来启动。有两种方法来获取这个功能：（1）通过设置此属性为 true（2）通过调用方法 Context.revokeUriPermission（）来获取。
- android: initOrder content provider 实例化的顺序。包含相关的在同一个进程运行的 content provider。值越大表示越先被实例化。
- android：multiprocess 是否允许 content provider 在每一个客户端都实例化。默认值为 false。为 true 时表示能运行在多个进程中。
- android：name content Provider 的名字。一般为包名加该类的名字组成。如 com.example.project.TransportationProvider。
- android：permission：读写 content provider 数据所需要声明的许可。这种方法同时实现读写。
- android：process 定义该组件运行的进程名字。默认为定义该组件的应用进程的名字。
- android：readPermission 通过 content provider 来读取数据的许可。
- android：syncable 在 content provider 的控制下，是否要将数据同步到服务器。
- android：writePermission 通过 content provider 来改变数据的许可。

下面举例说明。

（1）在 Manifest 文件中的 provider 中定义此属性，如在 Launcher 中的全局文件：

```
<provider
android:name="LauncherProvider"
android:authorities="com.android.launcher.settings"
android:writePermission="com.android.launcher.permission.WRITE_SETTINGS"
android:readPermission="com.android.launcher.permission.READ_SETTINGS" />
```

所定义的 authorities 的值为 com.android.launcher.settings。

定义的 name 值为 LauncherProvider。

（2）然后在 LauncherProvider.java 中定义：

```
static final String AUTHORITY = "com.android.launcher.settings";
```

（3）定义 URI 用来操作数据库：

```
static final Uri CONTENT_APPWIDGET_RESET_URI =
        Uri.parse("content://" + AUTHORITY + "/appWidgetReset");
```

（4）使用此 URI 在 ContentResolver 实例中：

```
private void sendAppWidgetResetNotify() {
        final ContentResolver resolver = mContext.getContentResolver();
            resolver.notifyChange(CONTENT_APPWIDGET_RESET_URI, null);
        }
```

例如 Email 应用中的例子：

```
<provider
        android:name=".provider.AttachmentProvider"
        android:authorities="com.android.email.attachmentprovider"
        android:multiprocess="true"
        android:grantUriPermissions="true"
android:readPermission="com.android.email.permission.READ_ATTACHMENT"
        />
```

其中 name 指出了代码中定义的一个继承 contentprovider 类的文件 AttachmentProvider.java，此文件定义了一各 ContentProvider，URI 为 content：//com.android.email.attachmentprovider，并且定义了一系列操作数据库的方法。应用程序通过 ContentResolver.query( )来进行调用并处理。

3.3.17 <receiver>

（1）代码：

```
<receiver android:enabled=["true" | "false"]
        android:exported=["true" | "false"]
        android:icon="drawable resource"
        android:label="string resource"
        android:name="string"
        android:permission="string"
        android:process="string" >
    . . .
</receiver>
```

（2）使用地方：

```
<application>
```

（3）实例：

```
<application>
   <receiver …/>
 </application>
```

（4）解释。

声明一个广播接收器作为应用的一个组件。广播接收器使得应用可以接收到系统或者其他应用广播的 Intent，甚至是在这个应用的其他组件还没有运行的时候。

有两种方式可以使系统知道一个广播接收器：一个就是在 Manifest 文件的这个元素中进行声明，另一个就是动态地在代码中创建接收器，并且利用 Context.registerReceiver( )方法来注册。

（5）属性。

■ android：enabled 系统是否可以实例化这个广播接收器。Application 元素有它自己的 enabled 属性，并且这个属性可以应用于它的所有组件，包括广播接收器。两个元素的这个属性必须都为 true 时，这个广播接收器才能被实例化。如果任何一个为 false，就不能被实例化。

■ android：exported 广播接收器是否可以接收它的 application 的外部资源的消息。如果为 false，就只能接收自己的应用内部的组件或者具有相同用户 ID 标识的组件发送的消息。默认值依赖于这个广播接收器是否包含 Intent filters。没有 Intent filters 就意味着它只能被指定它的精确的类名的 Intent 对象呼叫到。也就是说，这个接收器只能为应用内部使用。因此，在这种情况下默认值为 false。相反，只要有一个 Intent filters 就意味着广播接收器可以接收被系统或者其他应用广播的 Intent，默认值为 true。

■ android：permission 广播者发送一个消息给接收者所用的许可的名字。如果没有设置 application 元素的 permission 属性就应用到广播接收器。如果都没有设置，那么接收器将不受许可保护。

■ android：process 规定广播接收器将运行在的进程的名字。一般的，应用的所有的组件都运行一个默认的为应用创建的进程里。这个名字和应用的 Package 是一样的。Application 元素的 process 属性可以为应用的所有组件设置一个不同的默认进程。但是每一个组件都能够设置自己的默认 process 属性来将其覆盖，允许你的应用跨进程。如果它的名字以“：”开始，一个新的应用的私有的进程，在需要的时候将会被创建，并且广播接收器也运行在那个进程里。如果名字以小写字母开始，接收器将运行在那个名字的一个全局进程里，如果它有做此事的许可。这允许组件在不同的应用中共享一个进程，减少资源消耗。

3.3.18 <service>

（1）代码：

```
<service android:enabled=["true" | "false"]
        android:exported[="true" | "false"]
        android:icon="drawable resource"
        android:label="string resource"
        android:name="string"
        android:permission="string"
        android:process="string" >
    . . .
</service>
```

（2）使用地方：

```
<application>
```

（3）实例：

```
<application>
   <action android:name="com.example.project.TRANSMOGRIFY"/>
 </application>
```

（4）可以包含的元素：

```
<intent-filer>
<meta-data>
```

（5）解释。

声明为应用程序的组件之一——服务（服务子类）。不同于 Activity，服务缺乏一个可视化的用户界面。一般用来实现长期运行的后台操作或一些的通信 API，可以被其他应用程序调用。其中元素的属性和其他组件差不多，就不多做解释了。

3.3.19 <supports-screens>

（1）代码：

```
<supports-screens android:smallScreens=["true" | "false"]
                  android:normalScreens=["true" | "false"]
                  android:largeScreens=["true" | "false"]
                  android:anyDensity=["true" | "false"] />
```

（2）使用地方：

```
<manifest>
```

（3）实例：

```
<manifest>
   <supports-screens …/>
</manifest>
```

（4）解释。

让您指定的应用程序所能支持的屏幕尺寸。默认情况下的应用（使用 API 级别 4 或更高）支持所有的屏幕大小，必须明确地在这里禁用某些屏幕尺寸，老的应用被认为只支持“正常”的屏幕大小。请注意，屏幕尺寸从密度是一个单独的轴。屏幕尺寸被确定为一个应用程序可用的像素密度缩放后得到了应用。

根据目标设备的屏幕密度，Android 框架。将规模减少了 0.75 因子（低 DPI 屏幕）的资产或规模的 1.5 倍（高 DPI 屏幕）。屏幕密度表示为点每英寸（dpi）。

（5）属性。

■ android：smallScreens。用来声明该应用程序支持外形尺寸较小的屏幕，这个小尺寸是相对于传统的 HVGA 屏幕而言的。不支持小屏幕的应用将不能在小屏幕的设备上使用。默认值是 true。

■ android：normalScreens。用来表示该应用程序是否支持一般的屏幕尺寸，这个大小和传统的 HVGA 屏幕大小一致。但 WQVGA 的低密度和 WVGA 高密度也认为是正常的。这个参数不用设置，默认为 true。

■ android：largeScreens。用来声明该应用程序是否支持外形尺寸较大的屏幕，相对 normalScreen 来说的。这个参数需要好好利用，如果不设置这个参数，那么你的应用程序将会在大屏幕上也是只显示普通屏幕的大小，不会随着屏幕的增大而适配布局 UI。

■ android：anyDensity。用来声明该应用程序可以适配各种尺寸的屏幕类型。在旧的 SDK 版本中（API 低于 4 的版本）默认值是 false，是不支持所以屏幕类型的。在版本 4 以及以上都是支持的，默认值是 true。所以如果想让该参数为 true，别忘了在 manifest 文件中加入你的 SDK 的最小 version（版本）为 4 或者以上的设置。

3.3.20 <uses-configuration>

（1）代码：

```
<uses-configuration android:reqFiveWayNav=["true" | "false"]
        android:reqHardKeyboard=["true" | "false"]
        android:reqKeyboardType=["undefined" | "nokeys" | "qwerty" |  "twelvekey"]
        android:reqNavigation=["undefined" | "nonav" | "dpad" | "trackball" | "wheel"]
        android:reqTouchScreen=["undefined" | "notouch" | "stylus" | "finger"] />
```

（2）使用地方：

```
<manifest>
```

（3）实例：

```
<manifest>
    <uses-configuration …/>
</manifest>
```

（4）解释。

表示那些硬件和软件功能的应用程序要求。例如，一个应用程序可能会指定它需要一个物理键盘或某一导航设备，就像一个轨迹球。该规范是用来避免在设备上安装它不会工作中的应用。

如果应用程序可以使用不同的设备配置，它应该包括为每一个都做单独的<uses-configuration>声明。每个声明必须是完整的。例如，如果应用程序需要一个 5 向导航控制、触摸屏幕、可以用手指操作，以及一个标准的 QWERTY 键盘或数字 12 键，像大多数手机发现的键盘，它会指定这些要求两个<uses-configuration>要素如下：

```
<uses-configuration android:reqFiveWayNav="true"
      android:reqTouchScreen="finger"
      android:reqKeyboardType="qwerty" />
<uses-configuration android:reqFiveWayNav="true"
      android:reqTouchScreen="finger"
      android:reqKeyboardType="twelvekey" />
```

3.3.21　<uses-feature>

（1）代码：

```
<uses-feature android:glEsVersion="integer"
      android:name="string"
      android:required=["true" | "false"] />
```

（2）使用地方：

```
<manifest>
```

（3）实例：

```
<manifest>
    <uses-feature …/>
</manifest>
```

3.3.22　<uses-library>

（1）代码：

```
<uses-library android:name="string" />
```

（2）使用地方：

```
<application>
```

（3）实例：

```
<application>
    <uses-library android:name="string" />
</application>
```

（4）解释。

指定一个应用程序已经链接的共享库。该元素告诉系统在类加载器中为应用程序包含库的代码。

所有的 Android 包（如 android.app、android.content、android.view 和 android.widget）都在默认的应用程序都会自动链接的库中。然而，如地图和 AWT 一些软件包在独立的库中并没有自动连接。查询文档来查找你想使用的包，以确定哪个库包含包代码文档。

3.3.23 <uses-permission>

（1）代码：

```
<uses-permission android:name="string" />
```

（2）使用地方：

```
<manifest>
```

（3）实例：

```
<manifest
    <uses-permission android:name="string" /
 </manifest>
```

（4）解释。

应用为了正确地进行操作所需要请求的一个许可，这个许可是在应用安装的时候就获得的，并不是在运行的时候。

例如："android.permission.CAMERA"或者"android.permission.READ_CONTACTS"。

3.3.24 <uses-sdk>

（1）代码：

```
<uses-sdk android:minSdkVersion="integer" />
```

（2）使用地方：

```
<manifest>
```

（3）实例：

```
<manifest>
    <uses-sdk android:minSdkVersion="integer" />
 </manifest>
```

（4）解释。

它能够让你表达一个应用在一个或多个 Android 版本平台兼容性，通过 API Level 整型值来表示。应用的 API 级别将会与 Android 系统的 API 级别进行比较，对于不同的 Android 设备，将有不同的 API 级别。为了声明你的应用的最小 API 级别的兼容性，请用 minSdkVersion 属性。默认级别为 1。

3.4 Android permission 列表

表 3.3 是 Android 中所有的 permission，当然也可以自定义 permission，如果在自己的应用程序中自定义 permission，那么在使用时就要声明相应的 permission 才能使用你的应用。

表 3.3　　permission 含义

String	ACCESS_CHECKIN_PROPERTIES	允许在登入数据库的时候读写其中的属性表，并上传改变的值
String	ACCESS_COARSE_LOCATION	允许应用访问范围（如 WIFI）性的定位
String	ACCESS_FINE_LOCATION	允许应用访问精确（如 GPS）性的定位
String	ACCESS_LOCATION_EXTRA_COMMANDS	允许应访问额外的提供定位的指令
String	ACCESS_MOCK_LOCATION	允许应用创建用于测试的模拟定位提供者
String	ACCESS_NETWORK_STATE	允许应用访问网络上的信息
String	ACCESS_SURFACE_FLINGER	允许应用使用低版本视图的特征
String	ACCESS_WIFI_STATE	允许应用访问关于 Wi-Fi 网络的信息
String	ACCOUNT_MANAGER	允许应用进入账户认证
String	AUTHENTICATE_ACCOUNTS	允许应用为 ACCOUNT_MANAGER 扮演一个账户认证系统
String	BATTERY_STATS	允许应用统计电源信息
String	BIND_APPWIDGET	允许应用告诉 AppWidget 哪个应用能够访问该 AppWidget 的数据
String	BIND_DEVICE_ADMIN	必须通过关机接收者的请求来确保只有系统能够与之交互
String	BIND_INPUT_METHOD	必须通过 InputMethodService 的请求来确保只有系统能够与之绑定
String	BIND_WALLPAPER	必须通过 WallpaperService 的请求来确保只有系统能够与之绑定
String	BLUETOOTH	允许应用去连接蓝牙设备
String	BLUETOOTH_ADMIN	允许应用找到与之连接的蓝牙设备
String	BRICK	被请求废止设备（非常危险）
String	BROADCAST_PACKAGE_REMOVED	允许应用发出一个程序包被移除的广播消息
String	BROADCAST_SMS	允许应用发出一个收到短信的消息
String	BROADCAST_STICKY	允许应用发出一个与 Intent 相连的消息
String	BROADCAST_WAP_PUSH	允许应用发出一个收到 WAP PUSH 的广播消息
String	CALL_PHONE	允许应用启动一个用户确认电话被拨打而不通过拨打电话的用户界面的拨打程序
String	CALL_PRIVILEGED	允许应用启动一个用户确认电话被拨打而不通过拨打电话的用户界面的任意号码的拨打，包括紧急号码
String	CAMERA	能够启动照相机设备的请求
String	CHANGE_COMPONENT_ENABLED_STATE	允许应用去改变一个应用是否是激活状态
String	CHANGE_CONFIGURATION	允许应用修改当前的配置，如本地设置
String	CHANGE_NETWORK_STATE	允许应用改变网络的连接状态
String	CHANGE_WIFI_MULTICAST_STATE	允许应用进入 Wi-Fi 的组播方式
String	CHANGE_WIFI_STATE	允许应用改变 Wi-Fi 的连接状态
String	CLEAR_APP_CACHE	允许应用清除所有安装在设备上的应用的缓存

续表

String	CLEAR_APP_USER_DATA	允许应用清除使用者的信息资料
String	CONTROL_LOCATION_UPDATES	允许从广播设备来更新或不更新本地的消息
String	DELETE_CACHE_FILES	允许应用删除掉缓存文件
String	DELETE_PACKAGES	允许应用删除掉程序包
String	DEVICE_POWER	允许低权限地访问电源管理项
String	DIAGNOSTIC	允许应用诊断程序资源
String	DISABLE_KEYGUARD	允许应用禁用键盘锁
String	DUMP	允许应用从系统服务中恢复转储的信息
String	EXPAND_STATUS_BAR	允许应用扩大或缩小状态栏
String	FACTORY_TEST	如制造商测试的应用一样用终极权限用户运行
String	FLASHLIGHT	允许访问手电筒
String	FORCE_BACK	允许应用强制地返回操作而不论是不是最终的 Activity
String	GET_ACCOUNTS	允许应用访问账目服务中的统计清单
String	GET_PACKAGE_SIZE	允许应用查找出任何程序包使用的空间
String	GET_TASKS	允许应用找到关于当前或最近运行的任务和在哪些 acitivities 里运行
String	GLOBAL_SEARCH	这个权限可以被内容提供者用来允许使用全程搜索它们的数据
String	HARDWARE_TEST	允许访问硬件及周边设备
String	INJECT_EVENTS	允许应用注入用户事件（键盘、触摸）到事件中然后提供给任意的窗口
String	INSTALL_LOCATION_PROVIDER	允许应用安装一个位置提供商到位置管理器中
String	INSTALL_PACKAGES	允许应用安装程序包
String	INTERNAL_SYSTEM_WINDOW	允许应用打开被部分系统用户接口使用的窗口
String	INTERNET	允许应用打开网络套接口
String	KILL_BACKGROUND_PROCESSES	允许应用去呼叫 killBackgroundProcesses（String）方法
String	MANAGE_ACCOUNTS	允许应用去管理账户管理者中的重要清单
String	MANAGE_APP_TOKENS	允许应用去管理（创建、销毁、顺序）在窗口管理者中的应用
String	MASTER_CLEAR	
String	MODIFY_AUDIO_SETTINGS	允许应用修改全局音频设定
String	MODIFY_PHONE_STATE	允许改变拨打电话的状态、电源等
String	MOUNT_FORMAT_FILESYSTEMS	允许格式化可移除的存储仓库的文件系统
String	MOUNT_UNMOUNT_FILESYSTEMS	允许装备或解除可移除的存储仓库的文件系统
String	PERSISTENT_ACTIVITY	允许应用使它的 activities 更持久稳固
String	PROCESS_OUTGOING_CALLS	允许应用监督、限定或终止呼出的电话

续表

String	READ_CALENDAR	允许应用读取用户的日历数据
String	READ_CONTACTS	允许应用读取用户的联系人数据
String	READ_FRAME_BUFFER	允许应用抓取屏幕和更多可获得的缓冲数据
String	READ_HISTORY_BOOKMARKS	允许应用去读取（非写）用户浏览历史和书签
String	READ_INPUT_STATE	允许应用读取当前键盘和控制的状态
String	READ_LOGS	允许应用读取低级别的系统日志文件
String	READ_OWNER_DATA	允许应用读取所有者的数据
String	READ_PHONE_STATE	允许读取电话的状态
String	READ_SMS	允许应用读取短信息
String	READ_SYNC_SETTINGS	允许应用读取同步的设置
String	READ_SYNC_STATS	允许应用读取同步的统计数据
String	REBOOT	重新启动设备的请求
String	RECEIVE_BOOT_COMPLETED	允许应用接收在系统完成启动后发出的 ACTION_BOOT_COMPLETED 广播信息
String	RECEIVE_MMS	允许应用去监听多媒体信息并记录和对进行处理
String	RECEIVE_SMS	允许应用去监听短消息并对其进行处理
String	RECEIVE_WAP_PUSH	允许应用监听 WAP push 信息
String	RECORD_AUDIO	允许应用记录音频信息
String	REORDER_TASKS	允许应用改变任务的关系位置
String	RESTART_PACKAGES	已废弃使用
String	SEND_SMS	允许应用发送短消息.
String	SET_ACTIVITY_WATCHER	允许应用查看和控制 activities 是怎样在系统中运行的
String	SET_ALWAYS_FINISH	允许应用控制 activity，当 activity 被覆盖后立即结束
String	SET_ANIMATION_SCALE	改变动画的比例因子
String	SET_DEBUG_APP	设置一个应用为调试模式
String	SET_ORIENTATION	允许低级别的设置屏幕的方向
String	SET_PREFERRED_APPLICATIONS	已废弃
String	SET_PROCESS_LIMIT	允许应用设置可以运行的最大数的应用进程
String	SET_TIME	允许应用设置系统时间
String	SET_TIME_ZONE	允许应用设置系统时区时间
String	SET_WALLPAPER	允许应用设置壁纸
String	SET_WALLPAPER_HINTS	允许应用设置锁定的壁纸
String	SIGNAL_PERSISTENT_PROCESSES	允许应用发出一个给所有稳定进程信号的请求
String	STATUS_BAR	允许应用打开、关闭或使状态栏或图标失去作用

续表

String	SUBSCRIBED_FEEDS_READ	允许应用访问自己订阅的内容提供者的 feeds
String	SUBSCRIBED_FEEDS_WRITE	允许应用写入 feeds 到自己订阅的内容提供者中
String	SYSTEM_ALERT_WINDOW	允许应用使用 TYPE_SYSTEM_ALERT 来打开窗口，并将窗口显示于其他应用的顶端
String	UPDATE_DEVICE_STATS	允许应用更新设备资料信息
String	USE_CREDENTIALS	允许应用从管理器得到授权请求
String	VIBRATE	允许应用访问震动器
String	WAKE_LOCK	允许使用电源锁定管理以使进程休眠或屏幕变暗
String	WRITE_APN_SETTINGS	允许应用去写入接入点设置
String	WRITE_CALENDAR	允许应用写（非读）用户的日历数据
String	WRITE_CONTACTS	允许应用写（非读）用户的联系人数据
String	WRITE_EXTERNAL_STORAGE	允许应用写（非读）用户的外部存储器
String	WRITE_GSERVICES	允许应用修改 Google 服务地图
String	WRITE_HISTORY_BOOKMARKS	允许应用写（非读）用户的浏览器历史和书签
String	WRITE_OWNER_DATA	允许应用写（非读）用户的数据
String	WRITE_SECURE_SETTINGS	允许应用写或读当前系统设置
String	WRITE_SETTINGS	允许应用写或读系统设置
String	WRITE_SMS	允许应用写短消息信息
String	WRITE_SYNC_SETTINGS	允许应用写同步设置

3.5 小结

这一章从清单文件 Manifest.xml 的结构来展开讲解了应用程序的基本结构，并且详细讲解了该文件的各种元素定义，这些元素中的大部分在程序代码中需要用到，通过在这个清单文件中声明，在框架层就能够知道我们的应用程序能做什么，包含了哪些功能。例如，通过 permission 的声明，我们申请到了这个方面的功能使用权限。当然也可以在某个组件上声明自己的 permission，这样，在使用该组件的功能时就必须同时声明这个 permission，通过声明 permission，可以防止其他的应用程序使用我们的应用程序的功能。

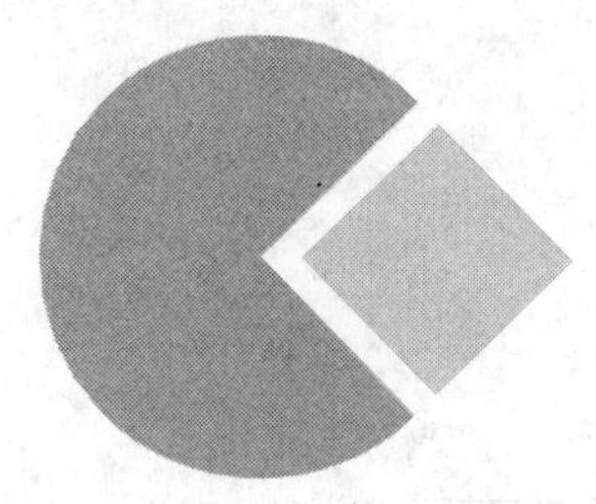

第 4 章 Androidr 的 4 大组件

4.1 Activity 简介和应用实例

4.1.1 Activity 简介

Activity 是 Android 系统中的 4 大组件之一，主要是与显示界面相关，如果想为应用程序显示一个界面就要使用 Activity 类，通过继承 Activity 类就可以在里面创建自己需要的界面，它就像一个装载器，可以装载你的各种布局和控件。一个 Activity 表示用户界面中的一个屏幕。应用程序越复杂，需要的屏幕界面就会越多，这时就需要更多的 Activity 来满足开发需求。如果是做插件式的应用，主要完成某些幕后工作，可以不用 Activity，只用其他的组件就可以了。一般一个应用程序都至少需要一个 Activity 来显示并且处理用户请求。

可以使用各种样式来装扮 Activity，例如，透明的、半透明的、背景颜色或者动画效果等。通过这些效果还可以把一个 Activity 做成类似一个 Dialog（对话框）的形态。当然需要好的布局能力，好好地掌握 Android 上面的各种控件有助于做出一个漂亮的界面。这些漂亮的界面展示在一个 Activity 中，可以看到一个屏幕中的整体界面效果。

4.1.2 Activity 的生命周期

Activity 是有生命的，就像任何一个生命体一样，有出生、有成长、也有灭亡。理解它的生命周期是很重要的，因为，只有了解了它的规律，才能更好地把握它，让它做一些我们希望看到的事情，例如，要创建一个界面，但是当其他应用跳出来或者它休眠时，我们是不是要保存一些将要丢失的数据呢，如果不去保存，那么当它重新被唤醒时是否能保持那个状态展现在我们面前呢。这期间涉及 Activity 的好几个状态变化，如果不能理解这些状态之间的切换，那么有可能达不到我们的设计效果。

在 Android 系统中，应用程序本身是不能控制自己的进程生命的，这项工作由 Runtime 负责，它能够管理每个应用程序进程，但是每个 Activity 的状态反过来会影响到 Runtime 是否将终止当前 Activity 和还是让它继续运行。

图 4.1 很生动地展现了 Activity 的整个生命周期期间的所有状态变化，下面逐步介绍各个状态及其变化。

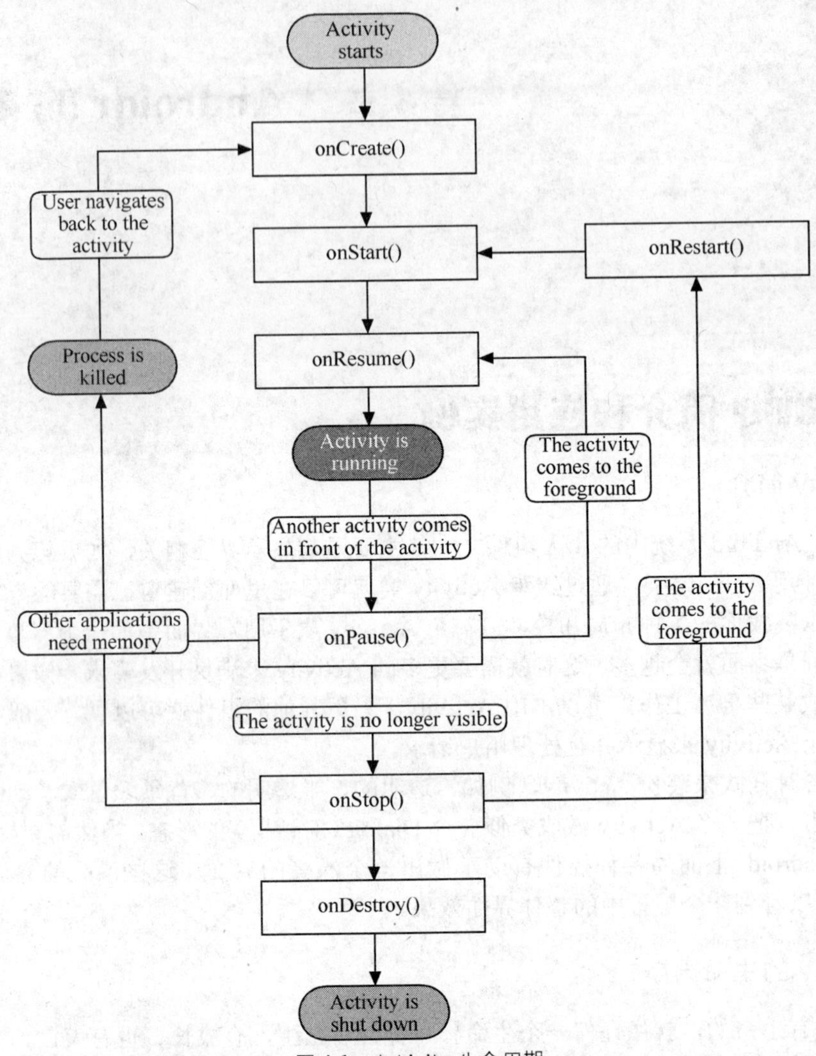

图 4.1　Activity 生命周期

Activity 启动后首先进入 onCreate 函数，执行一系列函数方法后到 onDestroy 函数生命结束。在 onCreate 函数中主要是做一些界面的初始化准备工作，例如，初始化界面资源、数据资源等。在函数 onDestroy 函数中，虚拟机会将该 Activity 使用到的资源全部释放。

Activity 的生命周期中，分 3 个阶段，第一阶段是 onCreate，初始化界面以及数据资源，用户看不到界面；第二阶段从 onStart 到 onStop 结束，用户可以看到该 Activity 所能展现的 UI 界面，可以与用户进行交互；第三个阶段到 onDestroy，至此系统回收该 Activity 所占用的资源，并且结束该 Activity 的生命。

因为一个 Activity 并不一定都要有用户界面，例如，一个幕后下载线程并不一定需要一个界面来告诉用户，它可能只需要告诉前台 Activity 的状态以及做的事情就可以了，这时候，幕后的 Activity

可以通过广播的方式来与前台 Activity 交互，也可以通过 Handler 来传递消息。在第二阶段的生命里，会发生一系列的状态变化，其中的状态有可能被多次调用，例如，在当前 Activity 正在运行的时候，跳出了其他 Activity（如电话界面），此时该 Activity 进入暂停状态，跳出的 Activity 结束后，被覆盖的那个 Activity 就会重新显示出来，此时该 Activity 从 onResume 状态开始执行。

在第二阶段的 onStart 到 onStop 为可视周期，用户可以在 onStart 中注册广播来监视数据变化并影响 UI 界面的变化，该广播将在 onStop 函数中被注销，此时广播将不在起作用，随着 Activity 的停止而停止。

在第二阶段的 onResume 到 onPause 为 Activity 的前台生命周期。在此期间，Activity 位于前台最上面并与用户进行交互。Activity 会经常在暂停和恢复之间进行状态转换，例如，当设备转入休眠状态或者有新的 Activity 启动时，就会调用 onPause( )方法。当 Activity 接收到新的 Intent 时会调用 onResume( )方法。

4.1.3 Actvity 堆栈（Stack）

Activity 在启动后就会被压入栈中，最上面的 Activity 都将是活跃状态，是当前与用户正在交互的 Activity。当其他 Activity 到来时也会被压入栈顶，这样被覆盖的 Activity 进入暂停状态，而栈顶的 Activity 被结束时，下面的 Activity 将会调用 onResume 函数恢复与用户的交互状态。

所有已经被启动的 Actvity 都遵循后进先出的原则。当一个新的 Activity 启动，当前的 Activity 将移至堆栈的顶部，如果用户使用 Back 按钮关闭该 Activity，那么下一个 Activity 将会被激活并且移至到堆栈的顶部。

在栈中，一个 Activity 从创建到销毁，其中可能会经历以下 4 种状态。

（1）激活（Active）状态：处于激活状态的时候，Activity 是处于栈顶的，且是用户可见的，有焦点的，能够与用户进行交互。Runtime 将尽自己最大努力让它活着，当资源不够用时，Runtime 将会杀死栈中靠下面的那些 Activity 以回收资源来供当前 Activity 使用。当另一个 Activity 变成 Active 时，当前的将变成 Paused 状态。

（2）暂停（Paused）状态：处于暂停状态的 Activity 一般是由于被突如其来的其他 Activity 打扰到被覆盖的缘故，有时候会被完全覆盖而看不到那个 Activity，不过在某些情况下，Activity 可以被你看到，但是没有焦点，这个时候你的 Actvity 就是处于 Paused 状态。

例如，如果 Actvity 被一个透明或非全屏上的 Activity 覆盖，虽然你可以看到 Activity，但是此时已经处于 paused 状态。不过此时的处于 Paused 状态时，该 Actvity 仍被认为是激活的，只是当前它不接受用户输入事件。在某些情况下，如当前 Activity 资源不够用，那么 Runtime 将杀死处于栈底的处于暂停状态的 Activity，以进一步回收资源。当一个 Actvity 完全被覆盖不可见时，它将进入 Stopped 状态。

（3）停止（Stopped）状态：如果 Activity 是完全不可见时，此时它处于停止状态。虽然处于停止状态，但是依然保存在 Activity 栈中，系统将会给其保存一些状态和信息，但是如果处于激活状态的 Activity 急需资源的话，该 Activity 最有可能被回收掉。常规的做法是当 Activity 处于停止状态时，记着保存你的一些重要数据，这样在恢复该 Activity 的时候才容易恢复到你的之前的状态，不然的话可能要丢失 UI 状态了。

（4）非激活（Inactive）状态：Activity 被杀掉以后或者被启动以前，处于 Inactive 状态，此时的 Activity 已经被 Destroy 了，已经没有了资源。这时 Activity 也被从 Activity 堆栈中移除，需要重新启动才可以显示和使用。

当 Activity 从一种状态转变到另一种状态时，会调用以下保护方法来通知这种变化。

■ void onCreate（Bundle savedInstanceState）这个函数中所做的工作一般是初始化 UI 资源并显示 UI 界面。

■ void onStart（）启动一个 Activity 必经的阶段，一般不做任何事情。在 Service 启动的时候可以接收一些数据。

■ void onRestart（）当 Activity 停止后，又重新回到启动时，经过 onRestart 到 onStart。这个过程表示该 Activity 重新展示了之前的 UI。

■ void onResume（）这个方法的出现是为了处理，当该 Activity 处于 Pause 状态后又重新回到这个 Activity，这个 Activity 不需要从开始重新初始化界面，直接进入 onResume 来展示 UI，在这个函数中可以做一些数据恢复的工作。

■ void onPause（）当一个 Activity 界面被覆盖时调用的一个函数，在这里可以保存一些参数，等到 onResume 时可以恢复。

■ void onStop（）这个函数表示该 Activity 已经停止了，一般做一些退出的工作，如释放一些不再使用的资源。

■ void onDestroy（）这个函数表示该 Activity 生命的终结。

这 7 个方法定义了 Activity 的完整生命周期。可以通过继承 Activity 来实现这些方法，也可以实现其中的一部分，用来完成所需要的功能。通过这些方法可以掌握应用程序的运行过程，并在相应的阶段实现相应的功能。这些 Activity 由 Runtime 完全管理。必要的时候，Runtime 将首先杀掉处于 Stopped 状态的 Activity，在某些情况下如资源紧缺，当杀掉停止状态的 Activity 也不能满足资源需求的时候，也会杀掉那些处于 Paused 状态的 Activity。为确保有一个好的用户体验，这些状态之间的过渡对用户来说应该做到透明的、流畅的。不管 Activity 处于哪种状态，最重要的是保留好 UI 状态和用户数据，一旦 Actvity 被激活，用户都能看到他想要的东西。

4.1.4 Activity 使用实例

下面我们来看一个 Activity 的实例，可以通过继承 Activity 类，来创建一个新的 Activity。示例代码如下所示：

```
package com.test;
import android.app.Activity;
import android.os.Bundle;

public class TestActivity extends Activity {
@Override
public void onCreate(Bundle saveinstance) {
   super.onCreate(saveinstance); }  }
```

Activity 基类仅仅是一个封装了一些与窗口显示相关的空空的屏幕，类似一个容器，本身并无显示，也无具体功能，所以在创建一个新的 Activity 以后，首先就是布局各种 Views，并且在屏幕上显示出来。这些 Views 包括 TextView、ImageView、Button 等。通过在 Acitvity onCreate 方法中调用 setContentView，将这些 View 加入进去，就实现了容器与 View 的绑定。这样就实现了界面与用户交互的功能。

可以在代码中定义一个 TextView，并将其加入到屏幕上：

```
@Override
public void onCreate(Bundle saveinstance) {
  super.onCreate(saveinstance);
  TextView testView = new TextView(this);
  setContentView(testView );
}
```

也可以在 Layout 文件中定义你的 Views，可以是各种控件 View：

```
@Override
public void onCreate(Bundle saveinstance) {
    super.onCreate(saveinstance);
    setContentView(R.layout.main);
}
```

写完上面的程序并没完成这个程序，在前面讲过 Android 的目录结构，定义完 Activity 和布局后，还要在 Manifest 文件中进行说明，告诉系统你的应用中包含这个 Activity。Manifest 文件中该 Activity 部分的 XML 片段如下：

```
<activity android:label=" @string/app_name"
   android:name=" . TestActivity" >
   <intent-filter>
   <action android:name=" android.intent.action.MAIN"  />
   <category android:name=" android.intent.category.LAUNCHER" />
   </intent-filter>
</activity>
```

4.1.5 多个 Activity 之间的数据传递

一个应用程序通常包含很多的 Activity，这些 Activity 之间切换过程中通常需要传递一些数据，为了方便传递数据，在 Android 平台上系统提供了一个方便的方法，这就是通过 Bundle 来进行传递数据。当然也可以通过其他方式，如文件、preference、数据库或静态变量等。在这里重点介绍 Bundle 的使用。下面创建一个简单的实例来说明怎么使用 Bundle 来传递数据。

首先建立布局文件。

（1）更改 main.xml 的代码如下：

```
<?xml version="1.0" encoding="utf-8"?>
<LinearLayout xmlns:android="http://schemas.android.com/apk/res/android"
   android:orientation="vertical"
   android:layout_width="fill_parent"
   android:layout_height="fill_parent">
   <Button
     android:id="@+id/ok"
      android:layout_width="fill_parent"
      android:layout_height="wrap_content"
      android:text="@string/trans"/>
</LinearLayout>
```

并且在 main.xml 的相同目录下新建一个 result.xml，代码如下所示：

```
<?xml version="1.0" encoding="utf-8"?>
<LinearLayout xmlns:android="http://schemas.android.com/apk/res/android"
   android:orientation="vertical"
```

```
    android:layout_width="fill_parent"
    android:layout_height="fill_parent">
    <TextView
      android:id="@+id/getdata"
       android:layout_width="fill_parent"
       android:layout_height="wrap_content"/>
</LinearLayout>
```

（2）在 string.xml 中定义我们在 main.xml 中使用的名字为 trans 的字符串资源，在 res/values 目录下的 strings.xml 中增加以下字符串定义：

```
<string name="trans">确认传递数据</string>
```

（3）新建两个 Activity：MyActivity 和 ResultActivity，实现代码分别如下。

My Activity 程序如下所示：

```
package com.app.test;

import android.app.Activity;
import android.content.Intent;
import android.os.Bundle;
import android.view.View;
import android.view.View.OnClickListener;
import android.widget.Button;
import android.widget.EditText;

public class MyActivity extends Activity {
    private  EditText et;
    /**Called when the activity is first crea/
    @Override
    public void onCreate(Bundle savedInstanceState) {
        super.onCreate(savedInstanceState);
        setContentView(R.layout.main);
        Button transData = (Button)findViewById(R.id.ok);
        et = (EditText)findViewById(R.id.message);

        transData.setOnClickListener(new OnClickListener(){
    @Override
    public void onClick(View v) {
      String transMessage = et.getText().toString();
      Bundle bundle = new Bundle();
      bundle.putString("data", transMessage);
      Intent intent = new Intent();
      intent.setClass(MyActivity.this, ResultActivity.class);
      intent.putExtras(bundle);
      startActivity(intent);
    }

        });
}
}
```

ResultActivity 程序如下所示：

```
package com.app.test;

import android.app.Activity;
import android.content.Intent;
import android.os.Bundle;
import android.widget.TextView;
```

```
public class ResultActivity extends Activity{
    /**Called when the activity is first creat fed.*/
    @Override
    public void onCreate(Bundle savedInstanceState) {
        super.onCreate(savedInstanceState);
        setContentView(R.layout.result);
        TextView tv = (TextView)findViewById(R.id.getdata);

        Intent intent = getIntent();
        Bundle b = intent.getExtras();
        String getData = b.getString("data");
        tv.setText(getData);
    }
}
```

当然不能缺少 Manifest 文件的说明，Manifest.xml 清单文件代码如下所示：

```
<?xml version="1.0" encoding="utf-8"?>
<manifest xmlns:android="http://schemas.android.com/apk/res/android"
     package="com.app.test"
     android:versionCode="1"
     android:versionName="1.0">
<application android:icon="@drawable/icon"
      android:label="@string/app_name">
        <activity android:name=".MyActivity"
                  android:label="@string/app_name">
            <intent-filter>
                <action android:name="android.intent.action.MAIN" />
                <category android:name="android.intent.category.LAUNCHER" />
            </intent-filter>
        </activity>
    <activity android:name=".ResultActivity"> </activity>
    </application>
    <uses-sdk android:minSdkVersion="7" />

</manifest>
```

运行结果如图 4.2 所示。

图 4.2　Activity 数据传递

4.1.6 Actvity 的生命周期实例

Activity 的生命周期需要读者好好的重视一下，因为如果不懂得生命周期中各个函数之间的状态转换，会在后续开发应用的时候遇到很多麻烦。Android 提供了一系列的事件处理功能来确保 Activity 能够即时响应它的状态的变化，这些状态转移如前面的图 4.1 所示。下面我们可以通过代码来讲解：

```
public class MyActivity extends Activity {
// 在 Activity 生命周期开始时被调用
public void onCreate(Bundle icicle) {
}
// onCreate 完成后被调用，用来恢复之前的 UI 状态，这期间系统要判断是否保存了状
// 态，如果保存了状态，就可以在这个里面来加载那些状态和数据，如果没有保存，
//那么 Bundle 中的数据将为空
public void onRestoreInstanceState(Bundle savedInstanceState) {
 }
  //当 Activity 从停止状态到重新启动时将会调用
 public void onRestart(){
 }
 //当 Activity 对用户即将可见的时候调用
  public void onStart(){
   }
//当 Activity 将要与用户交互时调用此方法，此时 Activity 在 Activity 栈的栈顶，用户输入已经可以传递给它
public void onResume(){
}
// 当这个 Activity 即将被停止并且移除出栈顶保留 UI 状态时调用此方法
public void onSaveInstanceState(Bundle savedInstanceState) {
}
//当另一个 Activity 被启动时，如跳出打电话界面，这个方法将会被调用，用来提交那些持久数据的改变、停止动
//画和其他占用 CPU 资源的东西。由于下一个 Activity 在这个方法返回之前不会 resumed，所以实现这个方法时所要
//写的代码所做的工作应该尽可能的少
public void onPause(){
}
//当启动的另一个 Activity 遮盖住此 Activity,从而导致用户看不见这个 Activity 了，这时会调用该函数来停
//止那个被遮盖的 Activity。一个新 Activity 启动、其他 Activity 被切换至前景、当前 Activity 被销毁时都会
//发生这种场景
public void onStop(){
}
//在 Activity 被销毁前所调用的最后一个方法，当进程终止时会出现这种情况
public void onDestroy(){
}
```

在一个 Activity 的完整的生命周期里，即在创造和销毁之间，它会经过一个或多个不同状态之间的转移，包括从可见到不可见，从 Active 到 Inactive。每一次状态的转移都将触发以上这些或者部分事件。

4.2 服务（Service）应用

4.2.1 Service 概念及使用实例

Service（服务）在 Android 系统中占据重要的位置，服务基本上不会显示界面给用户，除了一些

通知之类的。它与 Activity 不同，一般不能与用户交互，不能自己启动，必须由另一个动作来触发它，触发后，服务运行在后台，并完成一些处理操作。在服务运行的时候，可以通过一些消息传递来让主 Activity 了解服务的运行状态。因为服务是运行在后台的程序，所以，当我们退出应用程序时，并不能结束服务的运行，它仍然在后台运行，执行一些动作。

也许你会疑惑那我们用它干嘛，那么不好用。有些时候它很好用，如播放音乐的时候，每个人都想边听音乐边干些其他事情，即使退出播放音乐的应用，有时候依然想听到音乐的播放，这时就可以使用服务。如果不用服务，那么音乐随着应用的结束就结束了，我们就听不到歌了，所以这时候就得用到 Service 了。还有就是当我们从网络上取数据来显示给用户或者主 Activity 时，这时需要服务在后台不断地刷新数据来定时更新应用程序。这样就不用每次来打开应用来更新应用或者数据。

4.2.2　Service 的生命周期

一个 Service 有以下两种使用方式。

（1）Service 一般需要被动地结束。如果没有程序停止它或者它自己停止，Service 将一直运行。在这种模式下，Service 开始于调用 Context.startService( )，停止于 Context.stopService( )。Service 可以通过调用 stopService( )或 Service.stopSelfResult( )停止自己。不管调用多少次 startService( )，只需要调用一次 stopService( )就可以停止 Service。

（2）外部程序通过调用该 Service 的接口建立到 Service 的连接，通过连接来操作 Service。建立连接开始于 Context.bindService( )，结束于 Context.unbindService( )。多个客户端可以绑定到同一个 Service，如果 Service 没有启动，bindService( )可以选择启动它。

这两种方式不是完全分离的，可以混合使用。你也可以绑定到一个通过 startService( )启动的服务。可以新建一个 Intent 来播放音乐，这时通过 startService( )方法启动了后台播放音乐的 Service。如果这时想要操作播放器或者想要获取播放乐曲的信息，可以通过 bindService( )建立一个到此 Service 的连接。这样就可以做许多事情了。不管启动多少次这个服务，都可以通过一次 stopService( )来结束这个服务，不过结束服务要在断开服务连接后。

类似于 Activity，Service 也有自己的生命周期，只不过生命周期的过程有些差异，一个 Service 包含下面的 3 个函数状态：

```
void onCreate() //创建
void onStart(Intent intent)  //开始
void onDestroy() //结束
```

当继承一个 Service 时，可以实现这 3 种方法，用以完成你的服务所要做的功能。整个 Service 生命周期包含两个嵌套循环。

整个生命周期从 onCreate( )开始，到 onDestroy( )结束，类似于 Activity，一个 Android Service 生命周期在 onCreate( )中执行初始化操作，在 onDestroy( )中释放所有用到的资源。如后台播放音乐的 Service 可能在 onCreate( )创建一个播放音乐的线程，那么需要在 onDestroy( )中销毁这个线程。

当使用 Intent 启动一个 Service 时，这个 Service 开始于 onStart( )。这个方法处理传入到 startService( )方法的 Intent。音乐服务会打开 Intent 查看要播放哪首歌曲，并开始播放。当服务停止的时候，并没有调用 onStop( )方法，onCreate( )和 onDestroy( )用于所有通过 Context.startService( )or Context.bindService( )启动的 Service。onStart( )只用于通过 startService( )开始的 Service。

如果一个 Android Service 生命周期是可以从外部绑定的，它就可以触发以下的方法：

```
IBinder onBind(Intent intent)
boolean onUnbind(Intent intent)
void onRebind(Intent intent)
```

onBind( )回调被传递给调用 bindService 的 Intent，onUnbind( )被 unbindService( )中的 Intent 处理。如果服务允许被绑定。那么 onBind( )方法返回客户端和 Service 的沟通通道。如果一个新的客户端连接到服务，onUnbind( )会触发 onRebind( )调用。

图 4.3 说明了 Service 的一个生命过程，从图 4.3 中可以看到 Service 的回调方法。该图包含 Service 的两种启动方式，一种是表示通过 StartService 启动的，另一种表示通过 bindService( )启动的，但是要注意，不管它们怎么启动的，都有可能被客户端连接，因此，都有可能触发到 onBind( )和 onUnbind( )方法。

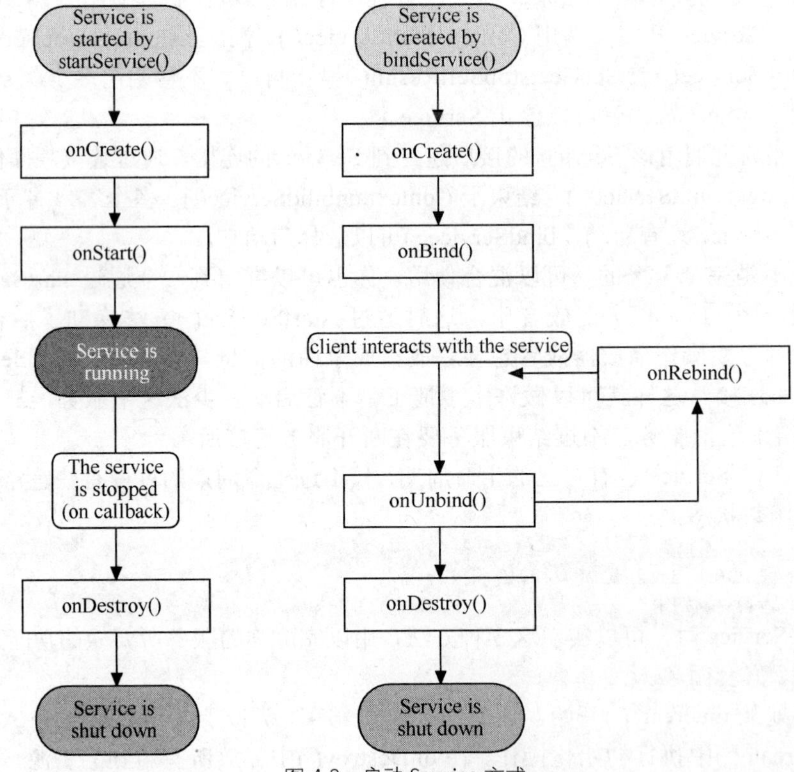

图 4.3 启动 Service 方式

当经过 receiver 请求，Broadcast Message 到达的时候，Android 调用持有 Message 的 Intent 的 onReceive( )方法，只有 Broadcast Receivers 执行此方法的时候才是激活的，当 onReceive( )返回的时候，它就是非激活状态。

如果一个 Broadcast Receiver 在运行的时候，包含该 Receiver 的进程是不会被中止的。但是不含有该组件的进程在它占用的内存被其他程序请求的时候，随时都可以被中止。

如果在一个 Activity 中利用 onReceive 来接收广播消息时会有一种危险。那就是，当 onReceive( )开启一个线程并返回后，整个程序（包括新建的线程）状态是非激活的（除非此进程中有其他激活的组件），因此，这个进程就有被中止的危险。解决这个问题的办法是，onReceive( )方法启动一个 Android Service 生命周期，让 Servcie 去做耗时的工作，这样系统就知道此进程中还有活动的工作。

Android Service 对于用户来说应该很好理解，因为它的生命周期并不像 Activity 那么复杂，它只继承了 onCreate( )、onStart( )、onDestroy( )3 个方法，当第一次启动 Service 时，先后调用了 onCreate( )、onStart( )这两个方法，当停止 Service 时，则执行 onDestroy( )方法，这里需要注意的是，如果 Service 已经启动了，当我们再次启动 Service 时，不会再次执行 onCreate( )方法，而是直接执行 onStart( )方法。

4.2.3 Service 与 Activity 通信

Service 作为幕后进程，所做的更新数据最终还是要呈现在前端 Activity 之上的，因为启动 Service 时，系统会重新开启一个新的进程，这样启动的 Service 和自己的应用程序就分别在两个进程中了，这就涉及不同进程间通信的问题。当我们想获取启动的 Service 实例时，可以用到 bindService 和 onBindService 方法，它们分别执行了 Service 中 IBinder( )和 onUnbind( )方法。当然，在我们通过 Intent 启动 Service 时，可以通过 bundle 来传递数据到 Service 中，而当我们使用 BinderService 时，可以通过 parcel 来进行传递数据，当然还可以通过传递 Handler 到 Service 中，这样 Service 就可以通过 Handler 来将消息不断地发送到前端，具体如何实行，将通过下一部分的实例进行讲解。

4.2.4 Service 与 Activity 通信实例

在前面讲了 Service 的一些基础知识，下面我们来看一个实例，实现步骤如下。

第一步，新建一个 Android 工程，这里命名为 MyService。

第二步，修改 main.xml 代码，因为要演示启动 Service 的两种方式，所以在这个文件里定义 4 个按钮，分别代表启动 Service、停止 Service、绑定 Service 和解绑 Service。实现程序如下：

```
<?xml version="1.0" encoding="utf-8"?>
<LinearLayout xmlns:android="http://schemas.android.com/apk/res/android"
    android:orientation="vertical"
    android:layout_width="fill_parent"
    android:layout_height="fill_parent"
    >
    <TextView
        android:id="@+id/text"
        android:layout_width="fill_parent"
        android:layout_height="wrap_content"
        android:text="@string/hello"
        />
    <Button
```

```
        android:id="@+id/startservice"
        android:layout_width="fill_parent"
        android:layout_height="wrap_content"
        android:text="startService"
    />
    <Button
        android:id="@+id/stopservice"
        android:layout_width="fill_parent"
        android:layout_height="wrap_content"
        android:text="stopService"
    />
    <Button
        android:id="@+id/bindservice"
        android:layout_width="fill_parent"
        android:layout_height="wrap_content"
        android:text="bindService"
    />
    <Button
        android:id="@+id/unbindservice"
        android:layout_width="fill_parent"
        android:layout_height="wrap_content"
        android:text="unbindService"
    />
</LinearLayout>
```

第三步，新建一个 Service，命名 StartService.java，实现程序如下：

```
package com.startService;

import android.app.Service;
import android.content.Intent;
import android.os.Binder;
import android.os.IBinder;
import android.text.format.Time;
import android.util.Log;

public class StartService extends Service {
    //定义个一个Tag标签
    private static final String TAG = "StartService";
    //这里定义一个Binder类，用在onBind()方法里，这样Activity那边可以获取到
    private MyBinder mBinder = new MyBinder();
    @Override
    public IBinder onBind(Intent intent) {
      Log.e(TAG, "start IBinder~~~");
      return mBinder;
    }
    @Override
    public void onCreate() {
      Log.e(TAG, "start onCreate~~~");
      super.onCreate();
    }

    @Override
    public void onStart(Intent intent, int startId) {
      Log.e(TAG, "start onStart~~~");
      super.onStart(intent, startId);
    }
```

```
    @Override
    public void onDestroy() {
      Log.e(TAG, "start onDestroy~~~");
      super.onDestroy();
    }

    @Override
    public boolean onUnbind(Intent intent) {
      Log.e(TAG, "start onUnbind~~~");
      return super.onUnbind(intent);
    }

    //这里是一个获取当前时间的函数
    public String getSystemTime(){
      Time now = new Time();
      now.setToNow();
      return now.toString();
    }

    public class MyBinder extends Binder{
      StartService getService()
      {
          return StartService.this;
      }
    }
}
```

第四步，修改 ServiceDemo.java，实现程序如下：

```
package com.startService;

import android.app.Activity;
import android.content.ComponentName;
import android.content.Context;
import android.content.Intent;
import android.content.ServiceConnection;
import android.os.Bundle;
import android.os.IBinder;
import android.view.View;
import android.view.View.OnClickListener;
import android.widget.Button;
import android.widget.TextView;

public class ServiceDemo extends Activity implements OnClickListener{

 private StartService  mstartService;
    private TextView mTextView;
    private Button startServiceButton;
    private Button stopServiceButton;
    private Button bindServiceButton;
    private Button unbindServiceButton;
    private Context mContext;

    //这里需要用到 ServiceConnection，其在 Context.bindService 和
//Context.unBindService()里用到
    private ServiceConnection mServiceConnection = new ServiceConnection(){
```

```
    //当绑定(bindService)时，让 TextView 显示 startService 里 getSystemTime()方法的
//返回值
    public void onServiceConnected(ComponentName name, IBinder service){
          mstartService = ((StartService.MyBinder)service).getService();
          mTextView.setText("I am frome Service :" +
                  mstartService.getSystemTime());
    }

    public void onServiceDisconnected(ComponentName name) {}
    };

    public void onCreate(Bundle savedInstanceState) {
       super.onCreate(savedInstanceState);
       setContentView(R.layout.main);
       setupViews();
    }

//初始化布局中的各种控件
    public void setupViews(){

      mContext = ServiceDemo.this;
      mTextView = (TextView)findViewById(R.id.text);

      startServiceButton = (Button)findViewById(R.id.startservice);
      stopServiceButton = (Button)findViewById(R.id.stopservice);
      bindServiceButton = (Button)findViewById(R.id.bindservice);
      unbindServiceButton = (Button)findViewById(R.id.unbindservice);

      startServiceButton.setOnClickListener(this);
      stopServiceButton.setOnClickListener(this);
      bindServiceButton.setOnClickListener(this);
      unbindServiceButton.setOnClickListener(this);
    }

    public void onClick(View v) {
      if(v == startServiceButton){
          Intent i  = new Intent();
          i.setClass(ServiceDemo.this, StartService.class);
          mContext.startService(i);
      }else if(v == stopServiceButton){
          Intent i  = new Intent();
          i.setClass(ServiceDemo.this, StartService.class);
          mContext.stopService(i);
      }else if(v == bindServiceButton){
          Intent i  = new Intent();
          i.setClass(ServiceDemo.this, StartService.class);
          mContext.bindService(i,
                 mServiceConnection,BIND_AUTO_CREATE);
      }else{
          mContext.unbindService(mServiceConnection);
      }
    }
}
```

第五步，修改 AndroidManifest.xml 代码：

```
<?xml version="1.0" encoding="utf-8"?>
<manifest xmlns:android="http://schemas.android.com/apk/res/android"
      package="com.startService"
      android:versionCode="1"
      android:versionName="1.0">
    <application android:icon="@drawable/icon"
      android:label="@string/app_name">
        <activity android:name=".ServiceDemo"
                  android:label="@string/app_name">
            <intent-filter>
                <action android:name="android.intent.action.MAIN" />
                <category android:name="android.intent.category.LAUNCHER" />
            </intent-filter>
        </activity>
        <service android:name=".StartService" android:exported="true"></service>
    </application>
    <uses-sdk android:minSdkVersion="7" />
</manifest>
```

第六步，执行上述工程，运行效果如图 4.4 所示。

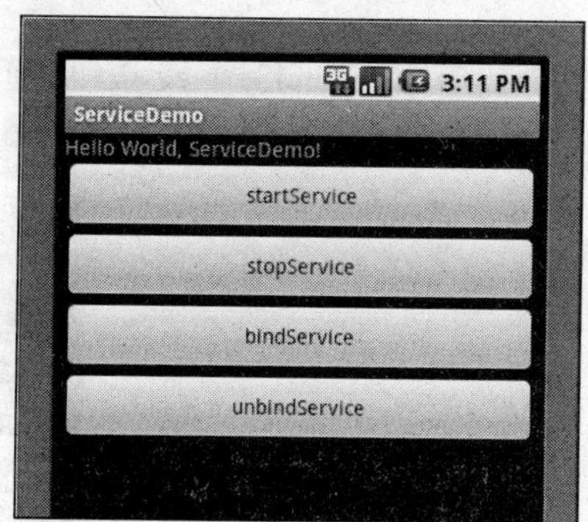

图 4.4　Service 实例（1）

点击 startServie 按钮时，先后执行了 Service 中 onCreate( )和 onStart( )这两个方法，打开 Logcat 视窗效果如图 4.5 所示。

LogCat　Console　Debug

Log

Time		pid	tag	Message
06-19 22:45...	E	2958	StartService	start onCreate~~~
06-19 22:45...	E	2958	StartService	start onStart~~~
06-19 22:45...	D	468	dalvikvm	GC_EXPLICIT freed 7K, 54% free 2752K/595
06-19 22:45...	I	381	EventLogService	Aggregate from 1308492957070 (log), 1308
06-19 22:45...	D	104	dalvikvm	GC_CONCURRENT freed 1564K, 45% free 5954
06-19 22:46...	D	381	dalvikvm	GC_EXPLICIT freed 215K, 56% free 2865K/6

图 4.5　Service 实例（2）

这时可以按 HOME 键，依次进入 Settings（设置）→Applications（应用）→Running Services（正在运行的服务）项，看一下新启动的一个服务，效果如图 4.6 所示。

点击 stopService 按钮时，Service 则执行了 onDestroy( )方法，运行效果如图 4.7 所示。

10:48
已下载
全部
SD 卡中
正在运行
设置
11MB
1 个进程和 0 个服务
startService
2.7MB
1 个进程和 1 个服务
02:20
资讯与天气
4.5MB
1 个进程和 1 个服务
3:58:55
Google 服务框架
6.4MB
1 个进程和 1 个服务
3:59:00
谷歌拼音输入法
10MB
1 个进程和 1 个服务
3:59:13
RAM
已用空间：79MB
可用空间：272MB

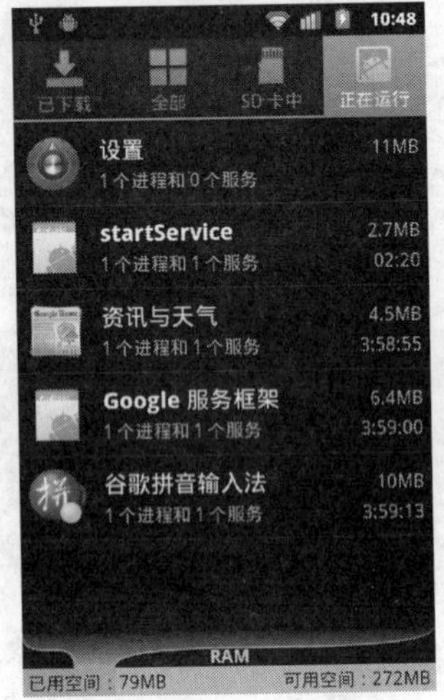

图 4.6　Service 实例显示

LogCat
Console
Debug
Log
Time
pid
tag
Message
06-19 22:49... I 104 ActivityManager Start proc com.nduoa.updater for broadcast co
06-19 22:49... D 3126 dalvikvm Debugger has detached; object registry had 1
06-19 22:49... E 2958 StartService start onDestroy~~~
06-19 22:49... D 381 GoogleLoginService onBind: Intent { act=android.accounts.Account
06-19 22:49... W 381 GoogleLoginService Device has no accounts, sending Intent { act=
06-19 22:49... I 104 ActivityManager Start proc android.process.acore for content

图 4.7　Service Log 信息实例显示（1）

这时再次点击 startService 按钮，然后点击 bindService 按钮（通常 bindService 都是绑定（bind）已经启动的 Service），Service 执行了 IBinder( )方法，以及 TextView 的值也变化了，运行效果如图 4.8 和图 4.9 所示。

LogCat
Console
Debug
Log
Time
pid
tag
Message
06-19 22:51... E 2958 StartService start onCreate~~~
06-19 22:51... E 2958 StartService start onStart~~~
06-19 22:51... E 2958 StartService start IBinder~~~

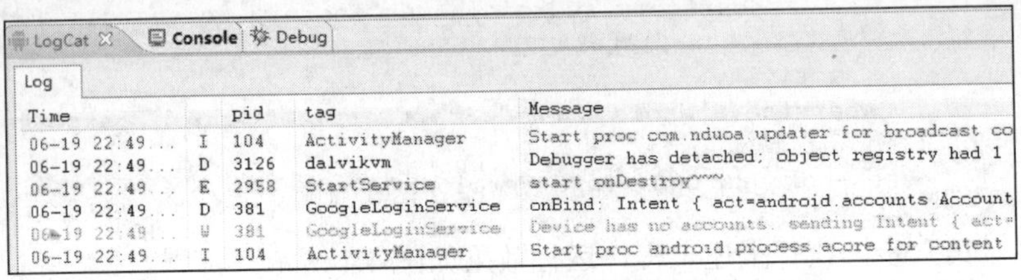

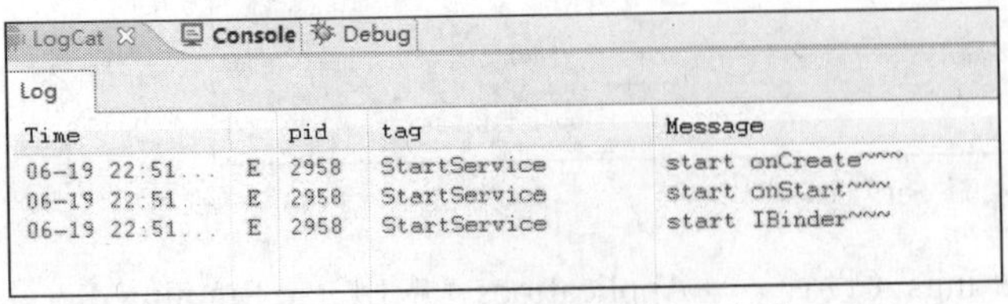

图 4.8　Service Log 信息实例显示（2）

10:51
startService
I am frome Service :20110619T225103Asia/
Shanghai(0,169,28800,0,1308495063)
startService
stopService
bindService
unbindService

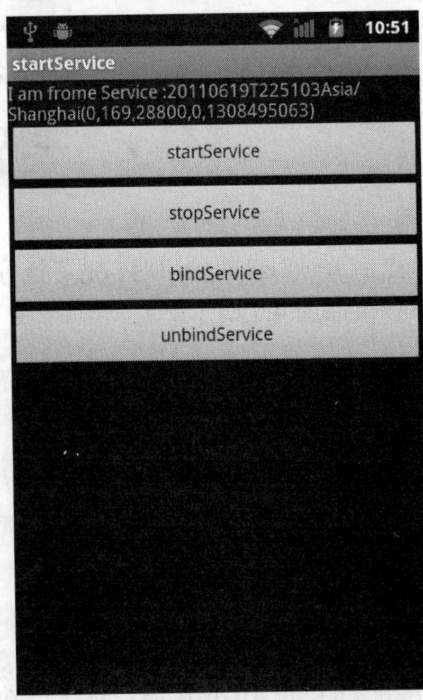

图 4.9　Service 实例运行结果显示（3）

最后点击 unbindService 按钮，则 Service 执行了 onUnbind( )方法，如图 4.10 所示。

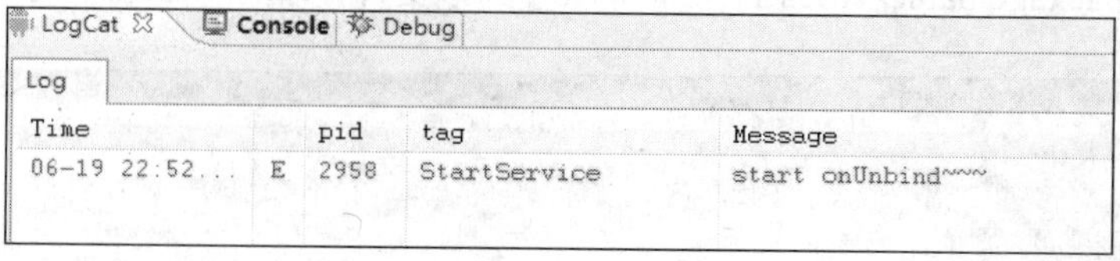

Time		pid	tag	Message
06-19 22:52...	E	2958	StartService	start onUnbind~~~

图 4.10　Service Log 结果显示

4.3 存储与访问

在 Android 系统中数据的存储与访问可以有几种方式：文件存储、Sharepreferences 存储、数据库 SQLite 存储，下面就这几种数据存储方式分别介绍。

4.3.1　文件进行数据存储

1．数据存储

在 Android 系统中的文件存储操作和 Java 中的操作类似，不过在 Android 系统中文件的存放地点可以多变，可以直接在移动设备内存里或可移动存储媒介里存放文件，也可以存放在应用程序中。默认情况下，其他应用程序是没有访问权限的。

文件的操作包含读操作和写操作，读取一个文件时可调用 Context.openFileInput( )方法，并传递本地文件名和文件路径给它。结果将返回一个标准的 Java FileInputStream 对象。如果要执行写操作，可调用 Context.openFileOutput( )）方法并传递文件名和路径，这个方法也返回 FileOutputStream 对象。从另外的应用程序中调用这些方法将不起作用，你只能访问本地文件。

当然，如果要存放一个静态文件在应用程序中，并随着应用程序的生成打包进一个 APK 中，那么可以保存该文件在工程中的 res/raw/目录下，命名为 test.txt，然后在代码中就可以使用 Resources.openRawResource （R.raw. test.txt）打开它。该方法返回一个 InputStream 对象，可以使用它读取文件数据。

下面介绍一下如何使用文件对数据进行存储，Activity 提供了 openFileOutput( )方法可以用于把数据输出到文件中，其具体的实现过程与在 Java 环境中文件保存数据是一样的：

```
public class FileActivity extends Activity {
   @Override public void onCreate(Bundle savedInstanceState) {
      ...
       FileOutputStream outStream = this.openFileOutput("test.txt", Context.MODE_PRIVATE);
       outStream.write("同济大学".getBytes());
       outStream.close();
   }
}
```

openFileOutput( )方法的第一参数用于指定文件名，不能包含路径分隔符“/”，如果文件不存在，Android 会自动创建它。创建的文件保存在 /data/data/<package name>/files 目录，如 /data/data/com.test.filetest/files/test.txt。通过点击 Eclipse 菜单“Window”→“Show View”→“Other”

项，在对话窗口中展开 Android 文件夹，选择下面的 File Explorer 视图，然后在 File Explorer 视图中展开/data/data/<package name>/files 目录就可以看到该文件，如图 4.11 所示。

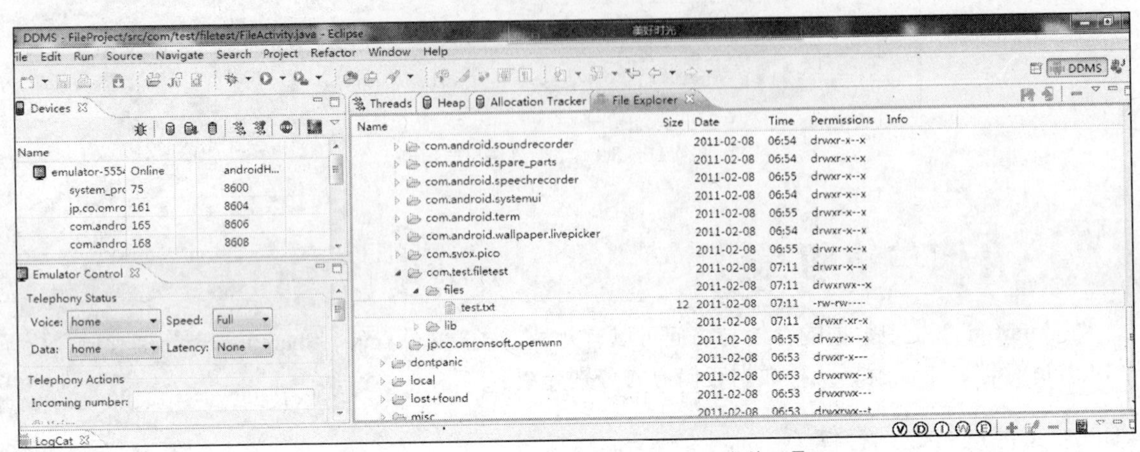

图 4.11　Eclipse 中显示模拟器 Android 文件目录

在 Android 系统中，openFileOutput( )方法的第二参数用于指定操作模式，有 4 种模式，分别为：

```
Context.MODE_PRIVATE=0
Context.MODE_APPEND=32768
Context.MODE_WORLD_READABLE=1
Context.MODE_WORLD_WRITEABLE=2
```

- Context.MODE_PRIVATE：为默认操作模式，代表该文件是私有数据，只能被该应用访问，在该模式下，写入的内容会覆盖原文件的内容，如果想把新写入的内容追加到原文件中，可以使用 Context.MODE_APPEND。
- Context.MODE_APPEND：该模式会检查文件是否存在，若文件已经存在就往该文件中追加内容，否则就创建一个新文件。
- Context.MODE_WORLD_READABLE 和 Context.MODE_WORLD_WRITEABLE 用来控制其他应用是否有权限读写该文件。
- MODE_WORLD_READABLE：表示当前文件可以被其他应用读取。
- MODE_WORLD_WRITEABLE：表示当前文件可以被其他应用写入。

如果希望文件被其他应用读和写，可以通过以下方式来进行和其他应用共享存储的数据：

```
openFileOutput("test.txt",Context.MODE_WORLD_READABLE+ Context.MODE_WORLD_WRITEABLE);
```

Android 有一套自己的安全模型，当应用程序（.apk）在安装时，系统就会分配给它一个 userid，当该应用要去访问其他资源，如文件的时候，就需要 userid 匹配。默认情况下，任何应用创建的文件、sharedpreferences、数据库都应该是私有的（位于/data/data/<package name>/files），其他程序无法访问。除非在创建时指定了 Context.MODE_WORLD_READABLE 或者 Context.MODE_WORLD_WRITEABLE，只有这样其他程序才能正确访问。

2．数据读取

如果要打开存放在/data/data/<package name>/files 目录应用私有的文件，可以使用 Activity 提供

openFileInput( )方法：

```
FileInputStream inStream = this.getContext().openFileInput("test.txt");
```

或者直接使用文件的绝对路径：

```
File file = new File("/data/data/com.test.filetest/files/test.txt");
FileInputStream inStream = new FileInputStream(file);
```

> 注意　上面文件路径中的“com.test.filetest”为应用所在包，当在编写代码时可以自己定义该应用的包名，并同时在此处替换为自己应用使用的包。

私有文件只能被创建该私有文件的应用程序访问，其他应用程序是无访问权限的，如果希望该文件能被其他应用程序读和写，可以在创建文件时，指定该文件的 Context.MODE_WORLD_READABLE 和 Context.MODE_WORLD_WRITEABLE 权限。

每个 Activity 还提供了 getCacheDir( )和 getFilesDir( )两种方法，用来方便本应用对于文件的读写。

- getCacheDir( )方法可以获取/data/data/<package name>/cache 目录。
- getFilesDir( )方法可以获取/data/data/<package name>/files 目录。

可以在程序中做个试验，通过 Log 信息来查看该方法获取的目录。

3．把文件数据存放在 SDCard 中

使用 Activity 的 openFileOutput( )方法保存文件，文件是存放在手机空间上，一般手机的存储空间不是很大，存放些小文件还行，如果要存放像视频这样的大文件是不可行的。对于像视频这样的大文件，可以把它存放在 SDCard。SDCard 是外存储设备，可以拔插，也可以更换。类似于移动硬盘或者 U 盘，和一般相机中使用的存储设备一样。

在模拟器中使用 SDCard，需要先创建一个模拟 SDCard 卡（不是真的 SDCard，只是镜像文件）。创建 SDCard 可以在 Eclipse 创建模拟器时随同创建，也可以使用 DOS 命令进行创建，创建步骤如下。

在程序→运行中输入 cmd 命令，打开 DOS 窗口，在 DOS 窗口中进入 Android SDK 安装路径的 tools 目录，输入以下命令创建一张容量为 128M 的 SDCard，文件后缀建议使用.img：

```
mksdcard 128M D:\sdcard.img
```

在程序中访问 SDCard，需要申请访问 SDCard 的权限。

在 AndroidManifest.xml 中加入访问 SDCard 的权限如下：

```
<!-- 在SDCard中创建与删除文件权限 -->
<uses-permission android:name="android.permission.MOUNT_UNMOUNT_FILESYSTEMS"/>
<!-- 往SDCard中写入数据权限 -->
<uses-permission android:name="android.permission.WRITE_EXTERNAL_STORAGE"/>
```

要往 SDCard 中存放文件，程序必须先判断手机是否装有 SDCard，并且可以进行读/写。

> 注意　访问 SDCard 必须在 AndroidManifest.xml 中加入访问 SDCard 的权限。

```
if(Environment.getExternalStorageState().equals(Environment.MEDIA_MOUNTED)){
    //获取SDCard目录
        File sdCardDir = Environment.getExternalStorageDirectory();
        File saveFile = new File(sdCardDir, "test.txt");
   FileOutputStream outStream = new FileOutputStream(saveFile);
```

```
        outStream.write("The frist test file ".getBytes());
        outStream.close();
    }
```

Environment.getExternalStorageState( )方法用于获取 SDCard 的状态，如果手机装有 SDCard，并且可以进行读/写，那么，方法返回的状态等于 Environment.MEDIA_MOUNTED。

Environment.getExternalStorageDirectory( )方法用于获取 SDCard 的目录，当然要获取 SDCard 的目录，也可以这样写：

```
File sdCardDir = new File("/sdcard"); //获取 SDCard 目录
File saveFile = new File(sdCardDir, "test.txt");
```

上面两句代码可以合成一句：

```
 File saveFile = new File("/sdcard/test.txt");
FileOutputStream outStream = new FileOutputStream(saveFile);
outStream.write("The frist test file".getBytes());
outStream.close();
```

完成这些代码运行后，将在 SDCard 中看到刚刚创建的 test.txt 文件，如图 4.12 所示。

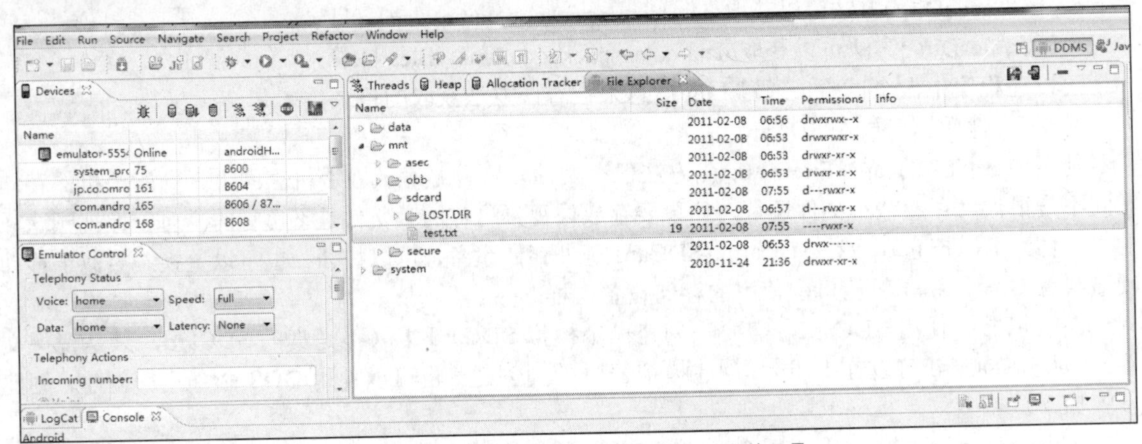

图 4.12　Eclipse 中显示模拟器 Android 文件目录

4.3.2　SharedPreferences

1．使用 SharedPreferences 进行数据存储

不管是什么平台，或者什么应用一般都有自己的应用配置，这些配置是软件或者系统运行时需要调用的。对于软件配置参数的保存，在 Window 平台上软件配置参数通常采用 ini 文件进行保存，Android 平台也提供了这样一种方式，一般 Android 应用，最适合采用 Android 平台提供的一个 SharedPreferences 方式保存软件配置参数，它是一个轻量级的存储类，特别适合用于保存软件配置参数。使用 SharedPreferences 保存数据，其最终是用 XML 文件存放数据，文件存放在 /data/data/<package name>/shared_prefs 目录下。

它是一个用来存放和提取元数据类型“键-值”对的轻量级机制。它通常用来存放应用程序设置，例如，一个应用程序启动时所使用的默认问候语或文本字体。通过调用 Context.getSharedPreferences( )来读写数值。如果想分享给应用程序中的其他组件，可以为设置集合分配一个名字，或者使用没有名字的 Activity.getPreferences( )方法来保持对于该调用程序的私有性。不能跨应用程序共享（除了使用一个内容提供器 ContentProvider）。

例如，可以在代码中这样使用 SharePreferences 来存储我们的数据：

```
SharedPreferences sharedPreferences = getSharedPreferences("test", Context.MODE_PRIVATE);
 Editor editor = sharedPreferences.edit();//获取编辑器
editor.putString("name", "The first SharePreference Test file!");
editor.putInt("count", 2);
 editor.commit();//提交修改
```

生成的 test.xml 文件目录如图 4.13 所示。

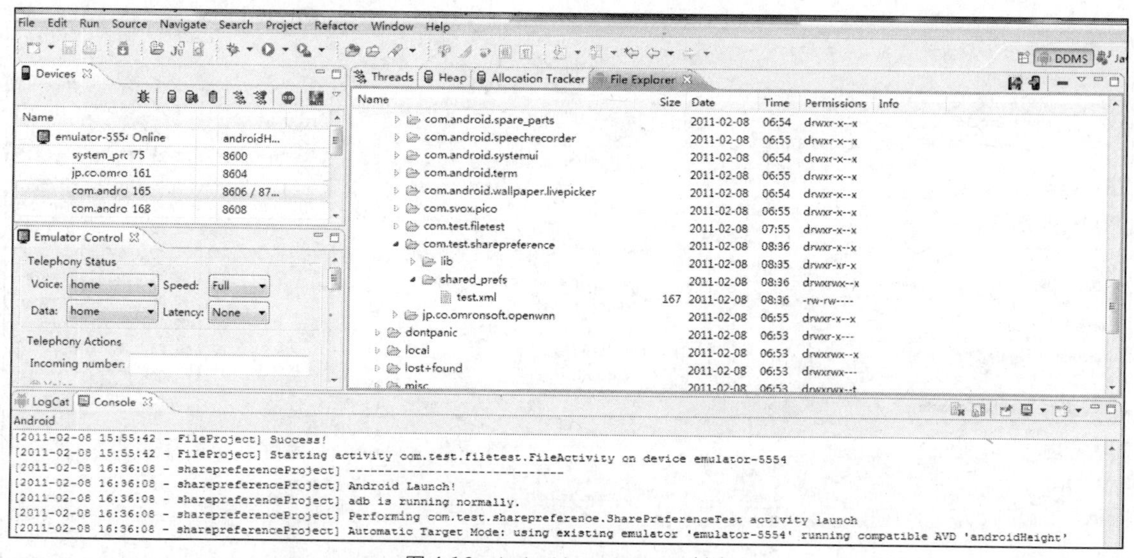

图 4.13　Android preference 创建

Test.xml 内容如下：

```
<?xml version='1.0' encoding='utf-8' standalone='yes' ?>
<map>
<int name="count" value="2" />
<string name="name">The first SharePreference Test file!</string>
</map>
```

因为 SharedPreferences 最终是用 XML 文件保存数据的，getSharedPreferences（name，mode）方法的第一个参数用于指定该文件的名称，名称不用带后缀，后缀会由 Android 在运行该应用时自动加上。方法的第二个参数是用来指定文件的操作模式，共有 4 种操作模式，这 4 种模式前面介绍使用文件方式保存数据时已经讲解过。如果希望使用 SharedPreferences 保存的数据文件能被其他应用读和写，可以指定 Context.MODE_WORLD_READABLE 和 Context.MODE_WORLD_WRITEABLE 权限，制定后，其他应用程序就可以读写该数据文件了。

Activity 还提供了另一个 getPreferences（mode）方法操作 SharedPreferences，这个方法默认使用当前类，不带包名的类名作为文件的名称。

2．访问 SharedPreferences 中的数据

访问 SharedPreferences 中的数据代码如下：

```
SharedPreferences sharedPreferences = getSharedPreferences("test", Context.MODE_PRIVATE);
String name = sharedPreferences.getString("name", "");
int count = sharedPreferences.getInt("count", 1);
Log.i("test", "name=" + name);
Log.i("test", "count=" + count);
```

其中 getString( )中的第二个参数为缺省值，如果 preference 中不存在该 key，将返回缺省值。如果 name 值并没有存储在 XML 文件中，那么读出的数据将会以后面指定的空字符串代替，并赋值给 name。如果 count 值没有被指定，读出的数据将会输出后面指定的 1，如图 4.14 所示。

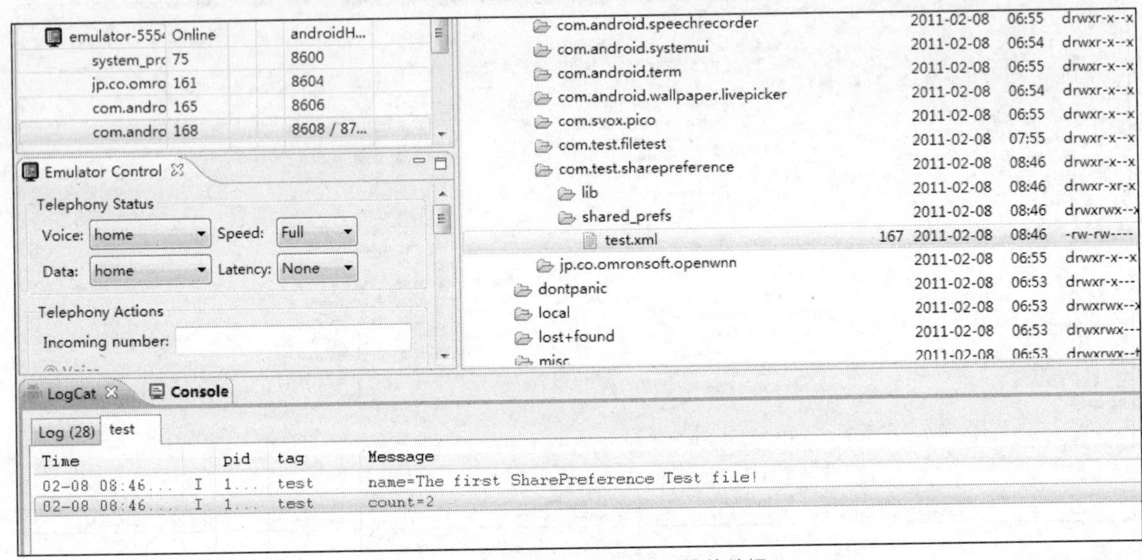

图 4.14　读取 Preference 中存储的数据

如果访问其他应用中的 Preference，前提条件是，该 preference 创建时指定了 Context.MODE_WORLD_READABLE 或者 Context.MODE_WORLD_WRITEABLE 权限。例如，有一个<package name>为 com.test.sharepreference 的应用使用下面语句创建了 preference。

```
getSharedPreferences("test", Context.MODE_WORLD_READABLE);
```

其他应用要访问上面应用的 preference，首先需要创建上面应用的 Context，然后通过 Context 访问 preference，访问 preference 时会在应用所在包下的 shared_prefs 目录找到 preference：

```
Context otherAppsContext = createPackageContext("com.test.sharepreference", Context.CONTEXT_
IGNORE_SECURITY);
SharedPreferences sharedPreferences = otherAppsContext.getSharedPreferences ("test",
Context. MODE_WORLD_READABLE);
String name = sharedPreferences.getString("name", "");
int age = sharedPreferences.getInt("count", 0);
```

如果不通过创建 Context 访问其他应用的 preference，能以读取 XML 文件方式直接访问其他应用 preference 对应的 XML 文件，如：

```
File xmlFile = new File("/data/data/<package name>/shared_prefs/test.xml");
```

其中的<package name>应替换成应用的包名。

4.3.3 使用 SQLite 数据库存储数据

Android API 包含对创建和使用 SQLite 数据库的支持。每个数据库都是创建它的应用程序所私有的。

这个 SQLiteDatabase 对象代表了一个数据库，并且具有一些实用方法：生成查询和管理数据。可以通过调用 SQLiteDatabase.create( )方法，并同时子类化 SQLiteOpenHelper 来创建一个数据库。

作为支持 SQLite 数据库的一部分，Android 提供了数据库管理函数的 API，可以通过这些 API 来存储复杂的数据集合，这些数据被包装到有用的数据字段的数据结构里。例如，Android 为联系人信息定义了一个数据库：它由很多字段组成，其中包括姓名（字符串）、地址信息和电话号码（也是字符串）、照片（位图图像），以及更多其他个人信息。

Android 提供了 SQLIte3 数据操作工具，利用这个工具可以浏览表内容，运行 SQL 命令，并执行 SQLite 数据库上的其他有用的函数。具体用法请查看实例 http：//developer.android.com/guide/developing/tools/adb.html#sqlite，这个链接下包含了具体的用法。下面让我们来学习如何运行这个程序。

所有的数据库都被保存在设备如下目录里，其中 package_name 是指你的应用程序的包名：

```
/data/data/package_name/databases。
```

讨论创建多少表格，包含哪些字段以及它们之间如何连接超出了本文的范围，不过 Android 并没有引入任何在标准 SQLite 概念之外的限制。我们推荐包含一个自增长数值的关键域，作为一个惟一 ID 用来快速查找一个记录。这对于私有数据并不必要，但如果实现了一个内容提供器（Content Provider），必须包含这样一个惟一 ID 字段。可以从 Android 官方 SDK 文档中找到 NotePadProvider 类（在 NotePad 例子代码里），其中包含了创建和组装一个新数据库的方法。创建的任何数据库都将可以通过一个名称被应用程序中其他的类访问，但不能从应用程序外部访问。

在 Android 平台上，集成的嵌入式关系型数据库—SQLite，SQLite3 支持 NULL、INTEGER、REAL（浮点数字）、TEXT（字符串文本）和 BLOB（二进制对象）数据类型，虽然它支持的类型只有 5 种，实际上 SQLIte3 也接受 varchar（n）、char（n）、decimal（p，s）等数据类型，只不过在运算或保存时会转成对应的 5 种数据类型。SQLite 最大的特点是可以保存任何类型的数据到任何字段中，无论这列声明的数据类型是什么。例如，可以在 Integer 字段中存放字符串，或者在布尔型字段中存放浮点数，或者在字符型字段中存放日期型值。但有一种情况例外：定义为 INTEGER PRIMARY KEY 的字段只能存储 64 位整数，当向这种字段中保存除整数以外的数据时，将会产生错误。另外，SQLite 在解析 CREATE TABLE 语句时，会忽略 CREATE TABLE 语句中跟在字段名后面的数据类型信息，如下面语句会忽略 name 字段的类型信息：

```
CREATE TABLE person (personid integer primary key autoincrement, name varchar(20))
```

SQLite 可以解析大部分标准 SQL 语句，例如：

- 查询语句，select * from 表名 where 条件子句 group by 分组字句 having ... order by 排序子句。如：

```
select * from person
     select * from person order by id desc
     select name from person group by name having count(*)>1
```

分页 SQL 与 MYSql 类似，下面 SQL 语句获取两条记录，跳过前面 3 条记录：

```
select* from Account limit 2 offset 3或者select * from Account limit 3,2。
```

- 插入语句，insert into 表名（字段列表）values（值列表）。

如：

```
insert into person(name, age) values('小李',30)
```

- 更新语句：update 表名 set 字段名=值 where 条件子句。

如：

```
update person set name='小李' where id=10
```

- 删除语句：delete from 表名 where 条件子句。

如：

```
delete from person where id=1
```

1．使用 SQLite 数据库操作 SQLite 数据库

Android 提供了一个名为 SQLiteDatabase 的类，该类封装了一些操作数据库的 API，使用该类可以完成对数据进行添加（Create）、查询（Retrieve）、更新（Update）和删除（Delete）操作（这些操作简称为 CRUD）。对 SQLiteDatabase 的学习，应该重点掌握 execSQL( )和 rawQuery( )方法。execSQL( )方法可以执行 insert、delete、update 和 CREATE TABLE 之类有更改行为的 SQL 语句；rawQuery( )方法可以执行 select 语句。

execSQL( )方法的使用例子：

```
SQLiteDatabase db = ...;
db.execSQL("insert into person(name, age) values('小李', 14)");
db.close();
```

执行上面 SQL 语句会往 person 表中添加一条记录，在实际应用中，语句中的“小李”这些参数值应该由用户输入界面提供，如果把用户输入的内容原样组拼到上面的 insert 语句，当用户输入的内容含有单引号时，拼出来的 SQL 语句就会存在语法错误。要解决这个问题需要对单引号进行转义，也就是把单引号转换成两个单引号。有些时候用户往往还会输入像“&”这些特殊 SQL 符号，为保证拼好的 SQL 语句语法正确，必须对 SQL 语句中的这些特殊 SQL 符号都进行转义，显然，对每条 SQL 语句都做这样的处理工作是比较烦琐的。SQLiteDatabase 类提供了一个重载后的 execSQL（String sql，Object[] bindArgs）方法，使用这个方法可以解决前面提到的问题，因为这个方法支持使用占位符参数（?）。使用例子如下：

```
SQLiteDatabase db = ...;
db.execSQL("insert into person(name, age) values(?,?)", new Object[]{"小李", 14});
db.close();
```

execSQL（String sql，Object[] bindArgs）方法的第一个参数为 SQL 语句，第二个参数为 SQL 语句中占位符参数的值，参数值在数组中的顺序要和占位符的位置对应。

SQLiteDatabase 的 rawQuery( )用于执行 select 语句，使用例子如下：

```
SQLiteDatabase db = ...;
Cursor cursor = db.rawQuery("select * from person", null);
while (cursor.moveToNext()) {
    int personid = cursor.getInt(0);        //获取第一列的值,第一列的索引从 0 开始
    String name = cursor.getString(1);      //获取第二列的值
    int age = cursor.getInt(2);             //获取第三列的值
}
cursor.close();
```

```
db.close();
```

rawQuery( )方法的第一个参数为 select 语句；第二个参数为 select 语句中占位符参数的值，如果 select 语句没有使用占位符，该参数可以设置为 null。带占位符参数的 select 语句使用例子如下：

```
Cursor cursor = db.rawQuery("select * from person where name like ? and age=?", new String[]{"%小李%", "14"});
```

Cursor 是结果集游标，用于对结果集进行随机访问，如果大家熟悉 JDBC，其实 Cursor 与 JDBC 中的 ResultSet 作用很相似。使用 moveToNext( )方法可以将游标从当前行移动到下一行，如果已经移过了结果集的最后一行，返回结果为 false，否则为 true。另外，Cursor 还有常用的 moveToPrevious( )方法（用于将游标从当前行移动到上一行，如果已经移过了结果集的第一行，返回值为 false，否则为 true）、moveToFirst( )方法（用于将游标移动到结果集的第一行，如果结果集为空，返回值为 false，否则为 true）和 moveToLast( )方法（用于将游标移动到结果集的最后一行，如果结果集为空，返回值为 false，否则为 true）。

除了前面给大家介绍的 execSQL( )和 rawQuery( )方法，SQLiteDatabase 还专门提供了对应于添加、删除、更新、查询的操作方法：insert( )、delete( )、update( )和 query( )。这些方法实际上是给那些不太了解 SQL 语法的开发人员使用的，对于熟悉 SQL 语法的程序员，直接使用 execSQL( )和 rawQuery( )方法执行 SQL 语句就能完成数据的添加、删除、更新、查询操作。

insert( )方法用于添加数据，各个字段的数据使用 ContentValues 进行存放。ContentValues 类似于 MAP（Map 是以键/值对的形式存储数据，和数组非常相似），相对于 MAP，它提供了存取数据对应的 put（String key，Xxx value）和 getAsXxx（String key）方法，key 为字段名称，value 为字段值，Xxx 指的是各种常用的数据类型，如 String、Integer 等：

```
SQLiteDatabase db = databaseHelper.getWritableDatabase();
ContentValues values = new ContentValues();
values.put("name", "小李");
values.put("age", 14);
long rowid = db.insert("person", null, values);//返回新添记录的行号，与主键 id 无关
```

不管第三个参数是否包含数据，执行 insert( )方法必然会添加一条记录，如果第三个参数为空，会添加一条除主键之外其他字段值为 NULL 的记录。insert( )方法内部实际上通过构造 insert 语句完成数据的添加，insert( )方法的第二个参数用于指定空值字段的名称，相信大家对此参数会感到疑惑，此参数的作用是什么？是这样的：如果第三个参数 values 为 Null 或者元素个数为 0，insert( )方法必然要添加一条除了主键之外其他字段为 NULL 值的记录，为了满足这条 insert 语句的语法，insert 语句必须给定一个字段名，如 insert into person（name）values（NULL），倘若不给定字段名，insert 语句就成了这样：insert into person( )values( )，显然这不满足标准 SQL 的语法。对于字段名，建议使用主键之外的字段，如果使用了 INTEGER 类型的主键字段，执行类似 insert into person（personid）values（NULL）的 insert 语句后，该主键字段值也不会为 NULL。如果第三个参数 values 不为 NULL，并且元素的个数大于 0，可以把第二个参数设置为 NULL。

delete( )方法的使用：

```
SQLiteDatabase db = databaseHelper.getWritableDatabase();
db.delete("person", "personid<?", new String[]{"2"});
```

```
db.close();
```

上面代码用于从 person 表中删除 personid 小于 2 的记录。

update( )方法的使用：

```
SQLiteDatabase db = databaseHelper.getWritableDatabase();
ContentValues values = new ContentValues();
values.put("name", "小李");//key 为字段名，value 为值
db.update("person", values, "personid=?", new String[]{"1"});
db.close();
```

上面代码用于把 person 表中 personid 等于 1 的记录的 name 字段的值改为“小李”。

query( )方法实际上是把 select 语句拆分成了若干个组成部分，然后作为方法的输入参数：

```
SQLiteDatabase db = databaseHelper.getWritableDatabase();
Cursor cursor = db.query("person", new String[]{"personid,name,age"}, "name like ?", new
String[]{"%小李%"}, null, null, "personid desc", "1,2");
while (cursor.moveToNext()) {
        int personid = cursor.getInt(0);        //获取第一列的值,第一列的索引从 0 开始
        String name = cursor.getString(1);     //获取第二列的值
        int age = cursor.getInt(2);             //获取第三列的值
}
cursor.close();
db.close();
```

上面代码用于从 person 表中查找 name 字段含有“北大”的记录，匹配的记录按 personid 降序排序，对排序后的结果略过第一条记录，只获取两条记录。

query（table，columns，selection，selectionArgs，groupBy，having，orderBy，limit）方法各参数的含义。

- table：表名。相当于 select 语句 from 关键字后面的部分。如果是多表联合查询，可以用逗号将两个表名分开。
- columns：要查询出来的列名。相当于 select 语句 select 关键字后面的部分。
- selection：查询条件子句，相当于 select 语句 where 关键字后面的部分，在条件子句允许使用占位符“?”。
- selectionArgs：对应于 selection 语句中占位符的值，值在数组中的位置与占位符在语句中的位置必须一致，否则就会有异常。
- groupBy：相当于 select 语句 group by 关键字后面的部分。
- having：相当于 select 语句 having 关键字后面的部分。
- orderBy：相当于 select 语句 order by 关键字后面的部分，如 personid desc，age asc。
- limit：指定偏移量和获取的记录数，相当于 select 语句 limit 关键字后面的部分。

2．使用 SQLiteOpenHelper 对数据库进行版本管理

如果应用使用到了 SQLite 数据库，在用户初次使用软件时，需要创建应用使用到的数据库表结构及添加一些初始化记录。另外，在软件升级的时候，也需要对数据表结构进行更新。在 Android 系统，提供了一个名为 SQLiteOpenHelper 的类，该类用于对数据库版本进行管理，该类是一个抽象类，必须继承它才能使用。为了实现对数据库版本进行管理，SQLiteOpenHelper 类有两种重要的方法，分别是 onCreate（SQLiteDatabase db）和 onUpgrade（SQLiteDatabase db，int oldVersion，int newVersion）。

当调用 SQLiteOpenHelper 的 getWritableDatabase( )或者 getReadableDatabase( )方法获取用于操作数据库的 SQLiteDatabase 实例的时候，如果数据库不存在，Android 系统会自动生成一个数据库，接着调用 onCreate( )方法，onCreate( )方法在初次生成数据库时才会被调用，在 onCreate( )方法里可以生成数据库表结构及添加一些应用使用到的初始化数据。onUpgrade( )方法在数据库的版本发生变化时会被调用，数据库的版本是由程序员控制的，假设数据库现在的版本是 1，由于业务的需要，修改了数据库表的结构，这时候就需要升级软件，升级软件时希望更新用户手机里的数据库表结构。为了实现这一目的，可以把原来的数据库版本设置为 2（读者可能会问设置为 3 行不行？当然可以，如果你愿意，设置为 100 也行），并且在 onUpgrade( )方法里面实现表结构的更新。当软件的版本升级次数比较多，这时在 onUpgrade( )方法里面可以根据原版号和目标版本号进行判断，然后做出相应的表结构及数据更新。

getWritableDatabase( )和 getReadableDatabase( )方法都可以获取一个用于操作数据库的 SQLiteDatabase 实例。但 getWritableDatabase( )方法以读写方式打开数据库，一旦数据库的磁盘空间满了，数据库就只能读而不能写，倘若使用的是 getWritableDatabase( )方法就会出错。getReadableDatabase( )方法先以读写方式打开数据库，如果数据库的磁盘空间满了，就会打开失败，当打开失败后会继续尝试以只读方式打开数据库。

```
    public class DatabaseHelper extends SQLiteOpenHelper {
        //类没有实例化,是不能用作父类构造器的参数,必须声明为静态
            private static final String name = "test";    //数据库名称
            private static final int version = 1;         //数据库版本
            public DatabaseHelper(Context context) {
    //第三个参数 CursorFactory 指定在执行查询时获得一个游标实例的工厂类,设置为 null,//代表使用系统默
//认的工厂类
                super(context, name, null, version);
            }
            @Override
        public void onCreate(SQLiteDatabase db) {
                db.execSQL("CREATE TABLE IF NOT EXISTS person (personid integer primary key
autoincrement, name varchar(20), age INTEGER)");
            }
            @Override
        public void onUpgrade(SQLiteDatabase db, int oldVersion, int newVersion) {
                db.execSQL("DROP TABLE IF EXISTS person");
                onCreate(db);
            }
    }
```

上面程序中 onUpgrade( )方法在数据库版本每次发生变化时都会把用户手机上的数据库表删除，然后再重新创建。一般在实际项目中是不能这样做的，正确的做法是在更新数据库表结构时，还要考虑用户存放于数据库中的数据不会丢失。

使用 SQLiteOpenHelper 获取用于操作数据库的 SQLiteDatabase 实例：

```
    public class DatabaseHelper extends SQLiteOpenHelper {
            private static final String name = "test";    //数据库名称
            private static final int version = 1;         //数据库版本
            ...略
    }
```

```
public class HelloActivity extends Activity {
    @Override public void onCreate(Bundle savedInstanceState) {
        ...
        Button button =(Button) this.findViewById(R.id.button);
        button.setOnClickListener(new View.OnClickListener(){
    public void onClick(View v) {
    DatabaseHelper databaseHelper = new DatabaseHelper(HelloActivity.this);
    SQLiteDatabase db = databaseHelper.getWritableDatabase();
    db.execSQL("insert into person(name, age) values(?,?)", new Object[]{"
                小李", 14});
    db.close();
    }});
    }
}
```

第一次调用 getWritableDatabase( )或 getReadableDatabase( )方法后，SQLiteOpenHelper 会缓存当前的 SQLiteDatabase 实例，SQLiteDatabase 实例正常情况下会维持数据库的打开状态，所以，当不再需要 SQLiteDatabase 实例时，请及时调用 close( )方法释放资源。一旦 SQLiteDatabase 实例被缓存，多次调用 getWritableDatabase( )或 getReadableDatabase( )方法得到的都是同一实例。

3．使用事务操作 SQLite 数据库

使用 SQLiteDatabase 的 beginTransaction( )方法可以开启一个事务，程序执行到 endTransaction( )方法时会检查事务的标志是否为成功，如果为成功则提交事务，否则回滚事务。当应用需要提交事务，必须在程序执行到 endTransaction( )方法之前使用 setTransactionSuccessful( )方法设置事务的标志为成功，如果不调用 setTransactionSuccessful( )方法，默认会回滚事务。使用例子如下：

```
 SQLiteDatabase db = ...;
db.beginTransaction();                    //开始事务
try {
    db.execSQL("insert into person(name, age) values(?,?)", new Object[]{"小李", 14});
    db.execSQL("update person set name=? where personid=?", new Object[]{"小王", 10});
    db.setTransactionSuccessful();    //调用此方法会在执行到 endTransaction() 时提交当前事务，
如果不调用此方法会回滚事务
} finally {
    db.endTransaction();                  //由事务的标志决定是提交事务还是回滚事务
}
db.close();
```

上面两条 SQL 语句在同一个事务中执行。

4.3.4 内容提供器——Content provider

内容提供器用来存放和获取数据，并使这些数据可以被所有的应用程序访问。在 Android 系统中它是应用程序之间共享数据的惟一方法。

Android 为常见数据类型（音频、视频、图像、个人联系人信息等）装载了很多内容提供器。你可以看到在 android.provider 包里列举了一些。还能查询这些提供器包含了什么数据（但对某些提供器，必须获取合适的权限来读取数据）。

如果想公开自己的数据，有两个选择：一个是可以创建自己的内容提供器（一个 ContentProvider 子类），另一个是可以给已有的提供器添加数据，但是这要求存在一个控制同样类型数据的内容提供器，并且拥有对该内容提供器的写的权限。

内容提供器究竟如何在表层下保存它的数据依赖于它的设计者。但是，所有的内容提供器实现了一个公共的接口来查询这个内容提供器以及返回结果，增加、替换和删除数据也是一样。

这是一个客户端直接使用的接口，一般是通过 ContentResolver 对象。可以通过 getContentResolver( )从一个 Activity 或其他应用程序组件的实现里获取一个 ContentResolver：

```
ContentResolver cr = getContentResolver();
```

然后可以使用这个 ContentResolver 的方法来和你感兴趣的任何内容提供器交互。

当初始化一个查询时，Android 系统识别查询目标的内容提供器并确保它正在运行。系统实例化所有的 ContentProvider 对象，从来不需要自己做。事实上，开发者从来不会直接处理 ContentProvider 对象。通常，对于每个类型的 ContentProvider 只有一个简单的实例。但它能够和不同应用程序和进程中的多个 ContentProvider 对象通信。进程间的交互通过 ContentResolver 和 ContentProvider 类处理。

内容提供器以数据库模型上的一个简单表格形式暴露它们的数据，这里每一个行是一个记录，每一列是特别类型和含义的数据。例如，关于个人信息以及电话号码可能会以下面的方式展示。

_ID	NUMBER	NUMBER_KEY	LABEL	NAME	TYPE
1	************	************	Test1 office	Bully Pulpit	TYPE_WORK
2	************	************	Test1 home	Alan Vain	TYPE_HOME
3	************	************	Test2 office	Alan Vain	TYPE_MOBILE

每个记录包含一个数字的_ID 字段用来惟一标识这个表格里的记录。IDs 可以用来匹配相关表格中的记录，例如，用来在一张表格中查找个人电话号码，并在另外一张表格中查找这个人的照片。

一个查询返回一个 Cursor 对象，它可在表格和列中移动来读取每个字段的内容。它有特定的方法读取每个数据类型。所以，为了读取一个字段，你必须了解这个字段包含了什么数据类型。（后面会更多地讨论查询结果和游标 Cursor 对象）

当应用继承 ContentProvider 类，并重写该类用于提供数据和存储数据的方法，就可以向其他应用共享其数据。虽然使用其他方法也可以对外共享数据，但数据访问方式会因数据存储的方式而不同，如采用文件方式对外共享数据，需要进行文件操作读写数据；采用 sharedpreferences 共享数据，需要使用 sharedpreferences API 读写数据。而使用 ContentProvider 共享数据的好处是统一了数据访问方式。

当应用需要通过 ContentProvider 对外共享数据时，实现的步骤如下。

第一步需要继承 ContentProvider 并重写下面方法：

```
public class PersonContentProvider extends ContentProvider{
  public boolean onCreate()
```

```
    public Uri insert(Uri uri, ContentValues values)
    public int delete(Uri uri, String selection, String[] selectionArgs)
    public int update(Uri uri, ContentValues values, String selection, String[] selectionArgs)
    public Cursor query(Uri uri, String[] projection, String selection, String[]
selectionArgs, String sortOrder)
    public String getType(Uri uri)}
```

第二步需要在 AndroidManifest.xml 中使用<provider>对该 ContentProvider 进行配置，为了能让其他应用找到该 ContentProvider，ContentProvider 采用了 authorities 对它进行惟一标识，你可以把 ContentProvider 看作是一个提供数据的接口，authorities 一般是域名的倒写（为了防止冲突）：

```
<manifest ... >
<application android:icon="@drawable/icon" android:label="@string/app_name">
 <provider android:name=".PersonContentProvider"
     android:authorities="cn.test.provider.personprovider"/>
 </application>
</manifest>
```

> **注意** 一旦应用继承了 ContentProvider 类，后面我们就会把这个应用称为 ContentProvider（内容提供者）。

（1）Uri 介绍。

Uri 代表了要操作的数据，Uri 主要包含了两部分信息。

① 操作的对象 ContentProvider。

② 对 ContentProvider 中的什么数据进行操作。

一个 Uri 由以下几部分组成。

① ContentProvider（内容提供者）的 scheme 已经由 Android 所规定，scheme 为 content：//。

② 主机名（或叫 Authority）用于惟一标识这个 ContentProvider，外部调用者可以根据这个标识来找到它。

③ 路径（path）可以用来表示我们要操作的数据，路径的构建应根据业务而定，如下：

- 要操作 person 表中 id 为 10 的记录，可以构建这样的路径/person/10；
- 要操作 person 表中 id 为 10 的记录的 name 字段，person/10/name；
- 要操作 person 表中的所有记录，可以构建这样的路径/person；
- 要操作 xxx 表中的记录，可以构建这样的路径/xxx；
- 当然要操作的数据不一定来自数据库，也可以是文件等其他存储方式；
- 要操作 XML 文件中 person 节点下的 name 节点，可以构建这样的路径/person/name。

如果要把一个字符串转换成 Uri，可以使用 Uri 类中的 parse( )方法，如下：

```
Uri uri = Uri.parse("content://cn.test.provider.personprovider/person")
```

（2）UriMatcher 类使用介绍。

因为 Uri 代表了要操作的数据，所以经常需要解析 Uri，并从 Uri 中获取数据。Android 系统提供了两个用于操作 Uri 的工具类，分别为 UriMatcher 和 ContentUris。掌握它们的使用，便于我们的开发工作。

UriMatcher 类用于匹配 Uri，它的用法如下。

把需要匹配 Uri 路径全部注册上，如下：

```
//常量 UriMatcher.NO_MATCH 表示不匹配任何路径的返回码
UriMatcher  sMatcher = new UriMatcher(UriMatcher.NO_MATCH);
//如果 match()方法匹配 content://cn.test.provider.personprovider/person 路径，返回匹配码为 1
sMatcher.addURI("cn.test.provider.personprovider", "person", 1);//添加需要匹配 uri，//如果匹配就会返回匹配码
//如果 match()方法匹配 content://cn.test.provider.personprovider/person/230 路径，//返回匹配码为 2
sMatcher.addURI ("cn.test.provider.personprovider","person/#", 2); //#号为通配符
switch
(sMatcher.match(Uri.parse("content://cn.test.provider.personprovider/person/10"))) {
   case 1
    break;
   case 2
    break;
   default://不匹配
    break;
}
```

注册完需要匹配的 Uri 后，就可以使用 sMatcher.match（uri）方法对输入的 Uri 进行匹配，如果匹配就返回匹配码，匹配码是调用 addURI( )方法传入的第三个参数，假设匹配 content://cn.test.provider.personprovider/person 路径，返回的匹配码为 1。

（3）ContentUris 类使用介绍。

ContentUris 类用于获取 Uri 路径后面的 ID 部分，它有两个比较实用的方法。

① withAppendedId（uri，id）用于为路径加上 ID 部分：

```
Uri uri = Uri.parse("content://cn.test.provider.personprovider/person")
Uri resultUri = ContentUris.withAppendedId(uri, 10);
//生成后的 Uri 为：content://cn.test.provider.personprovider/person/10
```

② parseId（uri）方法用于从路径中获取 ID 部分：

```
Uri uri = Uri.parse("content://cn.test.provider.personprovider/person/10")
long personid = ContentUris.parseId(uri);//获取的结果为:10
```

ContentProvider 类主要方法的作用：

```
public boolean onCreate()
```

该方法在 ContentProvider 创建后就会被调用，Android 在系统启动时就会创建 ContentProvider。

```
public Uri insert(Uri uri, ContentValues values)
```

该方法（insert）用于供外部应用往 ContentProvider 添加数据。

```
public int delete(Uri uri, String selection, String[] selectionArgs)
```

该方法（delete）用于供外部应用从 ContentProvider 删除数据。

```
public int update(Uri uri, ContentValues values, String selection, String[] selectionArgs)
```

该方法（update）用于供外部应用更新 ContentProvider 中的数据。

```
public Cursor query(Uri uri, String[] projection, String selection, String[] selectionArgs,
String sortOrder)
```

该方法（query）用于供外部应用从 ContentProvider 中查询数据，通过 Uri 来定位该数据库，并获得一个数据库的游标 Cursor。

```
public String getType(Uri uri)
```

该方法（getType）用于返回当前 Url 所代表数据的 MIME 类型。

如果操作的数据属于集合类型，那么 MIME 类型字符串应该以 vnd.android.cursor.dir/开头，例

如，要得到所有 person 记录的 Uri 为 content：//cn.test.provider.personprovider/person，那么返回的 MIME 类型字符串应该为："vnd.android.cursor.dir/person"。如果要操作的数据属于单一数据，那么 MIME 类型字符串应该以 vnd.android.cursor.item/开头，例如，得到 id 为 10 的 person 记录，Uri 为 content：//cn.test.provider.personprovider/person/10，那么返回的 MIME 类型字符串应该为："vnd.android.cursor.item/person"。

（4）使用 ContentResolver 操作 ContentProvider 中的数据。

当外部应用需要对 ContentProvider 中的数据进行添加、删除、修改和查询操作时，可以使用 ContentResolver 类来完成，要获取 ContentResolver 对象，可以使用 Activity 提供的 getContent Resolver( )方法。ContentResolver 类提供了与 ContentProvider 类相同签名的 4 个方法。

- public Uri insert（Uri uri，ContentValues values）。该方法用于往 ContentProvider 添加数据。
- public int delete（Uri uri，String selection，String[] selectionArgs）。该方法用于从 ContentProvider 删除数据。
- public int update（Uri uri，ContentValues values，String selection，String[] selectionArgs）。该方法用于更新 ContentProvider 中的数据。
- public Cursor query（Uri uri，String[] projection，String selection，String[] selectionArgs，String sortOrder）。该方法用于从 ContentProvider 中查询数据。

这些方法的第一个参数为 Uri，代表要操作的是哪个 ContentProvider 和对其中的什么数据进行操作，假设给定的是：Uri.parse（"content：//cn.test.provider.personprovider/person/10"），那么将会对主机名为 cn.test.provider.personprovider 的 ContentProvider 进行操作，操作的数据为 person 表中 id 为 10 的记录。

使用 ContentResolver 对 ContentProvider 中的数据进行添加、删除、修改和查询操作：

```
ContentResolver resolver =  getContentResolver();
Uri uri = Uri.parse("content://cn.test.provider.personprovider/person");
//添加一条记录
ContentValues values = new ContentValues();
values.put("name", "test");
values.put("age", 25);
resolver.insert(uri, values);
//获取 person 表中所有记录
Cursor cursor = resolver.query(uri, null, null, null, "personid desc");
while(cursor.moveToNext()){
   Log.i("ContentTest", "personid="+ cursor.getInt(0)+ ",name="+ cursor.getString(1));
}
//把 id 为 1 的记录的 name 字段值更改新为 liming
ContentValues updateValues = new ContentValues();
updateValues.put("name", "liming");
Uri updateIdUri = ContentUris.withAppendedId(uri, 2);
resolver.update(updateIdUri, updateValues, null, null);
//删除 id 为 2 的记录
Uri deleteIdUri = ContentUris.withAppendedId(uri, 2);
resolver.delete(deleteIdUri, null, null);
```

4.4 广播（Broadcast）与接收（Receiver）

4.4.1　概述

一个广播接收器是一个组件，它只是负责接收广播的通知并做出反应。许多广播产生于系统代码，例如，公布的时区变化，电池已经很低，已经拍下照片，或者用户改变了语言设置。应用程序还可以启动广播，例如，为了让其他应用程序知道有些数据已经被下载到设备，可供它们使用时发送广播。

应用程序可以有任意数量的广播接收器来对它认为重要的广播进行回应。所有接收器都应继承自 BroadcastReceiver 基类。

广播接收器不会显示用户界面。然而，它们可能会根据它们得到的信息，开始启动一个 Activity 来对接收到的信息进行响应，也可以使用 NotificationManager 来提醒用户。通知可以以各种方式获取用户的关注如闪烁背光、振动设备、播放声音等。它们通常发生在状态栏，用户可以获得提示信息的持续图标。

4.4.2　广播的生命周期

一个 broadcast receiver 仅仅有一个回调方法，如下：

```
void onReceive(Context curContext, Intent broadcastMsg)
```

当一个广播消息到达接收器时，Android 调用其 onReceive( )方法来获得传递给它的包含着消息中的 Intent 对象。仅仅当广播接收器执行这个方法时，广播接收器才处于活动状态。当 onReceive( )返回时，它处于非活动状态。

一个进程，当它含有一个处于活动状态时的 broadcast receiver 时，系统不会结束这个进程以回收资源。但是，如果一个进程中的 broadcast receiver 处于非活动状态时，当系统内存不足时，该进程随时都会被结束掉。

当响应一个广播消息并且要做非常耗时的动作时，我们一般会把耗时的工作放在一个单独的线程中，这样可以不妨碍主线程运行一些其他的用户界面程序。但这会出现一个问题，那就是当我们在 onReceive( )中创建一个线程并返回时，整个进程包括这个线程都会被认为处于非活动状态（除非该应用的其他组件在活动状态），这时进程就有可能被杀掉的危险。这个问题的解决方法就是在 onReceive( )中启动一个 Service，并且让这个 Service 来做这些工作，这样，系统就会认为该进程中有一个服务在运行，从而不会杀掉该进程。

4.4.3　广播实例

广播接收者（Broadcast Receiver）用于异步接收广播 Intent，广播 Intent 的发送是通过调用 Context.sendBroadcast( )、Context.sendOrderedBroadcast( )或者 Context.sendStickyBroadcast( )来实现的。通常一个广播 Intent 可以被订阅了此 Intent 的多个广播接收者所接收。实现一个广播接收者的方法如下。

第一步，继承 BroadcastReceiver，并重写 onReceive( )方法：

```
public class IncomingSMSReceiver extends BroadcastReceiver {
    @Override
    public void onReceive(Context context, Intent intent) {
      Log.i("sms", "coming message");
    }
}
```

第二步，订阅感兴趣的广播 Intent，订阅方法有两种。

第一种，使用代码进行订阅：

```
IntentFilter filter = new IntentFilter("android.provider.Telephony.SMS_RECEIVED");
IncomingSMSReceiver receiver = new IncomingSMSReceiver();
registerReceiver(receiver, filter);
```

register 是注册接收器，用来订阅感兴趣的消息，当不需要这些消息的时候需要使用 unregister 来解除订阅。

第二种，在 AndroidManifest.xml 文件中进行订阅：

```
<receiver android:name=".IncomingSMSReceiver">
    <intent-filter>
        <action android:name="android.provider.Telephony.SMS_RECEIVED"/>
    </intent-filter>
</receiver>
```

第三步，在 AndroidManifest.xml 文件中加入接收短信的权限。

在 application 元素外边加入接收短信的权限如下：

```
<uses-permission android:name="android.permission.RECEIVE_SMS"/>
```

下面是一个完整的实例。

我们在 HelloWorld 程序的基础上来修改。首先更改 HelloWorld.java 程序，添加并注册了一个广播接收器。实现程序如下：

```
public class HelloWorld extends Activity{
    public void onCreate(Bundle savedInstanceState){
    super.onCreate(savedInstanceState);

      IntentFilter filter = new IntentFilter("android.provider.Telephony.SMS_RECEIVED");
    SMSReceiver receiver = new SMSReceiver();
registerReceiver(receiver, filter);
      setContentView(R.layout.main);
    }
}
```

然后在程序中添加一个 SMSReceiver 类，其代码如下：

```
public class SMSReceiver extends BroadcastReceiver {
    @Override
    public void onReceive(Context context, Intent intent) {
    Log.d("sms", "Coming a sms message!");
    }
}
```

最后更改 Manifest.xml 文件，在代码中增加一行程序，获取我们截获短消息的权限，实现程序如下：

```
<uses-permission android:name="android.permission.RECEIVE_SMS"/>
```

程序运行后进行测试，使用 Eclipse 中 ddms 自带的发送短信工具来给我们的模拟器发送一条信息，然后按下 send 键，会在下面 Log 中看到程序运行后接收到消息，然后打印出来，结果如

图 4.15 所示。

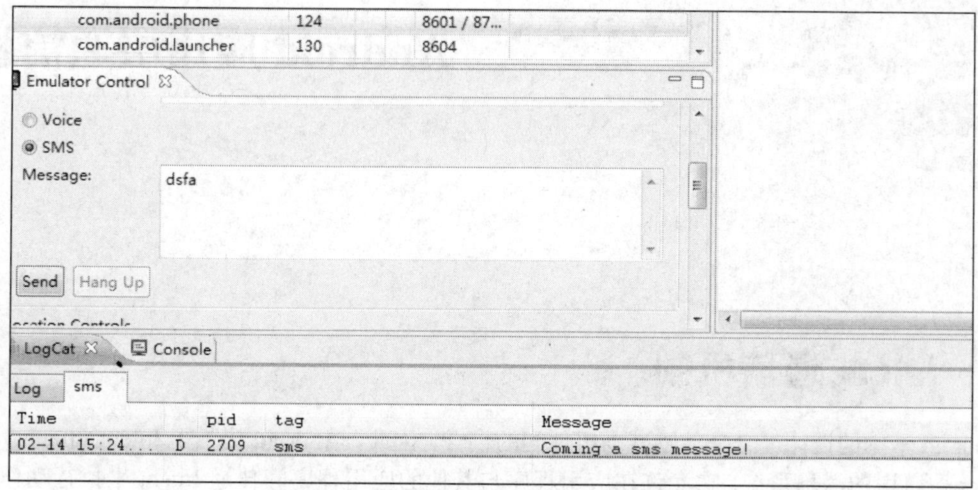

图 4.15　利用模拟器发送消息并用程序接收

4.5 小结

这一章主要讲解了 Android 应用系统中的 4 大组件，它们组成了一个应用程序的核心，可以包含其中的某个或者全部组件，如果想要有界面显示，Activity 这个组件是必不可少的，除非只是通过通知的形式展现出来一个界面。其中 Activity 组件负责界面显示的容器。Service 组件负责运行一些后台的服务，存储部分包含文件存储和 XML 数据存储 SharePreferences 以及 SqlIte 数据库存储；Broadcast 和 Receiver 是负责在 Activity 之间或者应用与服务之间传递消息的工具。

通过本章的学习，读者对一个基本的应用程序加深了一些理解，可以尝试着利用这些组件来编写和完善你的应用程序。

第 5 章　Android 应用层通信机制

5.1 Intent 通信机制

Android 基本的设计理念是鼓励减少组件间的耦合，因此，Android 提供了 Intent（Intent），Intent 提供了一种通用的消息系统，它允许在应用程序与其他的应用程序间传递 Intent 来执行动作和产生事件。使用 Intent 可以激活 Android 应用的 3 个核心组件：活动、服务和广播接收器。

Intent 可以划分成显式 Intent 和隐式 Intent。

- 显式 Intent，调用 Intent.setComponent（）或 Intent.setClass（）方法指定了组件名或类对象的 Intent 为显式 Intent，显式 Intent 明确指定了 Intent 应该传递给哪个组件。
- 隐式 Intent，没有调用 Intent.setComponent（）或 Intent.setClass（）方法指定组件名或类对象的 Intent 为隐式 Intent。 Android 系统会根据隐式 Intent 中设置的动作（action）、类别（category）、数据（URI 和数据类型）找到最合适的组件来处理这个 Intent。那么 Android 是怎样寻找到这个最合适的组件呢？记得前面我们在定义活动时，指定了一个 intent-filter，Intent Filter（过滤器）其实就是用来匹配隐式 Intent 的，如果 Intent Filter 定义的动作、类别、数据（URI 和数据类型）与 Intent 匹配，就会使用 Intent Filter 所在的组件来处理该 Intent。想要接收使用 startActivity（）方法传递的隐式 Intent 的活动，必须在它们的 Intent 过滤器中包含“android.intent.category.DEFAULT”。

5.1.1　Intent 概述

Android 应用程序中 3 个主要的组件——Activity、Service、Broadcast receiver 都是由 Intent 中传递过来的消息启动的，Intent 消息传递是一个基础手段，它把相同或者不同应用程序的组件的运行绑定起来。Intent 对象本身是一个被动的数据结构，它可以承载一个 ACTION，这个 ACTION 决定了一个组件需要执行的动作；它也可以承载一个 Bundle，用来在各个组件之间传递数据。下面有很多相互独立机制，是各种类型的组件之间传递 Intent，具体介绍如下。

（1）一个 Intent 对象传给 Context.startActivity( )或者 Activity.startActivityForResult( )去启动一个 Activity，或者利用已存在的 Activity 执行某项操作。

（2）一个 Intent 对象传给 Content.startService( )，初始化一个 Service 或者为一个正在进行的 Service 传递新的指示。同样地，一个 intent 对象传给 Context.bindService( )，用来建立主动调用的组件和目标 Service 之间的连接。如果 Service 尚未运行，则可选择性的启动。

（3）Intent 对象传递给任意 broadcast 方法，如 Context.sendBroadcast( )，Context.sendOrderBroadCast( )，或者 Context.sendStickyBroadCast( )，这种方式的传递，会将 Intent 传递给所有感兴趣的 Broadcastreceiver。许多 broadcast 起源于系统代码。

在上述各情况下，Android 系统要找到需要的 Activity，Service，或者是 Broadcast receiver 的集合，从而响应 Intent 消息，并且在需要的情况下初始化这些组件。这些 Intent 消息没有交集：Broadcast intent 只送往 Broadcast receiver，不会送往 Activity 或者 Service。一个 Intent 通过 startActivity( )传递消息时，只会送往 Activity，不会送给一个 Service 或者 Broadcast receiver。

5.1.2 Intent 对象

一个 Intent 对象是一组信息。它包含接收这个 Intent 的组件所感兴趣的信息（如将要采取的动作和操作的数据）再加上 Android 系统感兴趣的信息（如应该处理这个 Intent 的组件类别以及如何启动一个目标 Activity 的指令）。

1．组件名称（Component name）

是指应该处理这个 Intent 的组件名字。这个字段是一个 ComponentName 对象。它是一个组合物（由该组件所在的包名+该组件的名称）：目标组件的完全的类名（如"com.example.project.app.FreneticActivity"）以及应用程序描述文件中设置的组件所在包的名字（如"com.example.project"）。这个组件名字的包部分和描述文件中设置的包名字不一定要匹配。

组件名字是可选的。如果被设置了，这个 Intent 对象将被传递到指定的类。如果没有被设置，Android 使用另外的 Intent 对象中的信息去定位一个合适的目标。

组件名字通过方法 setComponent( )、setClass( )，或者 setClassName( )设置，并通过 getComponent( )方法读取。

2．动作 Action

一个将被执行的动作的字符串，在广播 Intent 的情况下，这个 Action 就是将要发生并被广播的动作。Intent 类定义了一些动作常量如表 5.1 所示。

表 5.1　一些动作常量

常　　量	目标组件	Action
ACTION_CALL	活动	开始一个电话呼叫
ACTION_EDIT	活动	显示数据用以给用户编辑
ACTION_MAIN	活动	开始任务的初始活动，没有输入数据也没有输出返回
ACTION_SYNC	活动	同步服务器与移动设备之间的数据
ACTION_BATTERY_LOW	广播接收器	电池低电量警告
ACTION_HEADSET_PLUG	广播接收器	耳机插拔
ACTION_SCREEN_ON	广播接收器	屏幕开启
ACTION_TIMEZONE_CHANGED	广播接收器	时区变化

通过查看 Intent 类描述可获得一个通用动作的预定义常量列表。其他动作被定义在 Android API

的其他地方。也可以自定义动作字符串来激活应用程序中的组件。那些你所创建的动作字符串应该以应用程序包名作为前缀，例如：

```
"com.example.project.SHOW_COLOR"。
```

动作很大程度上决定了 Intent 其他部分如何被组织，尤其是数据 Data 和附加字段 extras，很像一个方法名决定了一些参数和返回值。因此，一个好的想法就是使用尽可能具体的动作名并与 Intent 的其他字段紧密联系起来。换句话说，为您的组件能处理的 Intent 对象定义一个整体的协议而不是定义一个孤立的动作。

一个 Intent 对象里的动作可以通过 setAction( )方法设置和通过 getAction( )方法读取。

3．数据 Data

想要操作数据的统一资源标识符（URI）和那种数据的 MIME 类型，不同的动作伴随着不同种类的数据规格。例如，如果动作是 ACTION_EDIT，数据字段会包含可编辑文档的 URI；如果动作是 ACTION_CALL，数据字段会是一个电话号码：含呼叫电话号码的 URI；类似的，如果动作是 ACTION_VIEW 而且数据字段是一个 http：URI，那么接收到的活动将会是下载并显示 URI 所引用数据的请求。当匹配一个 Intent 到一个能处理数据的组件时，除了它的 URI 外，通常需要知道数据类型（它的 MIME 类型）。

例如，一个能显示图片的组件不应该被要求去播放一个声音文件。

在很多情况下，这个数据类型可以从 URI 里推断出来，尤其是 content：URIs，这意味着数据被存放在设备上而且由一个内容提供者控制着。但类型可以在 Intent 对象里显示的设置。setData( )方法指定数据只能为一个 URI，setType( )指定它只能是一个 MIME 类型，而 setDataAndType( )指定它同时为 URI 和 MIME 类型。URI 通过 getData( )读取，类型则通过 getType( )获到。

4．目录 Category

一个包含关于应该处理这个 Intent 的组件的附加信息的字符串。任意数目的类别描述可以被放到一个 Intent 对象里。和动作一样，Intent 类定义若干类别常量，具体如表 5.2 所示。

表 5.2　若干类别常量

常　量	含　义
CATEGORY_BROWSABLE	目标 Activity 可以被浏览器安全地唤起来显示被一个链接所引用的数据，例如，一张图片或一条 E-mail 消息
CATEGORY_GADGET	这个 Activity 可以被嵌入到充当配件宿主的另外的活动里面
CATEGORY_HOME	这个 Activity 将显示桌面，也就是用户开机后看到的第一个屏幕或者按 HOME 键时看到的屏幕
CATEGORY_LAUNCHER	这个 Activity 可以是一个任务的初始活动，被列在应用程序启动器的顶层
CATEGORY_PREFERENCE	目标 Activity 是一个选择面板

addCategory( )方法在一个 Intent 对象中添加了一个目录，removeCategory( )删除之前添加的目录，而 getCategories( )可以获取当前对象的所有类别。

5．附加信息 Extras

应该递交给 Intent 处理组件的附加信息键/值对。就像一些动作伴随着特定的数据 URIs 类型，一些动作则伴随着特定的附加信息。例如，一个 ACTION_TIMEZONE_CHANGEDIntent 有一个“时区”附加信息用来区别新的时区，而 ACTION_HEADSET_PLUG 有一个“状态”附加字段表明耳机有没有插着，以及一个“名字”附加信息来表示耳机的类型。如果想要创建一个 SHOW_COLOR 动作，颜色的值将被设置在一个附加的键/值对中。

Intent 对象有一系列的 put...( )方法来插入各种不同的附加数据和一个类似的用来读取数据的 get...( )方法系列。这些方法与 Bundle 对象的方法相似。事实上，附加信息可以被当作一个 Bundle 通过使用 putExtras( )和 getExtras( )方法安装和读取。

6．标志 Flags

各种类型的标志。许多标志用来指示 Android 系统如何去加载一个活动（例如，哪个是这个活动应该归属的任务）和启动后如何对待它（例如，它是否属于当前活动列表），所有这些列表都在 Intent 类中定义了。

Android 系统以及这个平台上的应用程序利用 Intent 对象来发送源于系统的广播以及激活系统定义的组件。

5.1.3　Intent 数据传递 Bundle

Bundle 类用作携带数据，它类似于 Map，用于存放 key-value 名值对形式的值。相对于 Map，它提供了各种常用类型的 putXxx( )/getXxx( )方法，如 putString( )/getString( )和 putInt( )/getInt( )，putXxx( )用于往 Bundle 对象放入数据，getXxx( )方法用于从 Bundle 对象里获取数据。Bundle 的内部实际上是使用了 HashMap<String，Object>类型的变量来存放 putXxx( )方法放入的值。

下面是 Bundle 实现的源代码：

```
public final class Bundle implements Parcelable, Cloneable {
         ...
  Map<String, Object> mMap;
  public Bundle() {
       mMap = new HashMap<String, Object>();
        ...
  }
  public void putString(String key, String value) {
      mMap.put(key, value);
  }
 public String getString(String key) {
       Object o = mMap.get(key);
        return (String) o;
        .....//类型转换失败后会返回 null，这里省略了类型转换失败后的处理代码
 }
 }
```

在调用 Bundle 对象的 getXxx( )方法时，方法内部会从该变量中获取数据，然后对数据进行类型转换，转换成什么类型由方法的 Xxx 决定，getXxx( )方法会把转换后的值返回。

5.1.4　Intent 过滤器——Intent filters

Intent 过滤器目的是要告知 Activity、服务、广播接收器等组件能处理的一些隐含的意图类型，

这些组件可以有一个或多个 Intent 过滤器。每个过滤器描述了一个意图集，表示该组件具有能够接收并处理这些 Intent 的能力。实际上，过滤器只能过滤掉不想接收的隐式的 Intent，并不能阻止对一个显式 Intent 的接收。一个显式的 Intent 总是能够传递到它的目标组件，这时，不管它包含什么，过滤器是不起作用的。但是，一个隐式 Intent 如果想要传递到某个组件，那么只有当该组件的过滤器中包含该 Intent 时才能实现。

Android 递交一个显式的 Intent 给一个指定目标类的实例。Intent 对象中的组件名称惟一的确定哪个组件应该获取这个 Intent。隐式 Intent 需要一个不同的策略。在没有指定目标的情况下，Android 系统必须找到最合适的组件来处理这个 Intent。单个活动或者服务来执行这个请求动作或者一系列的广播接收器来应对广播通告。

这是通过比较 Intent 对象的内容和 Intent 过滤器，有可能接收 Intent 的组件相关结构。过滤器公布一个组件具备的能力以及限定它能处理的 Intent。它们使组件接收该公布类型的隐式 Intent 成为可能。如果一个组件没有任何的 Intent 过滤器，那它只能接收显式 Intent。一个带过滤器的组件可以同时接收显式和隐式 Intent。

当一个 Intent 对象被一个 Intent 过滤器测试时，只有 3 个方面会被参考到。

- 动作。
- 数据（URI 以及数据类型）。
- 类别。

附加信息和标志并不参与解析哪个组件接收一个 Intent。

Intent 过滤器（Intent filters）

为了通知系统它们可以处理哪些 Intent，活动、服务和广播接收器可以有一个或多个 Intent 过滤器。每个过滤器描述组件的一个能力，一系列组件想要接收的 Intent。它实际上按照一个期望的类型来进行 Intent 滤入，同时滤出不想要的 Intent，但是只有不想要的隐式 Intent 会被滤出（那些没有命名目标的对象类）。一个显式 Intent 总能够被递交给它的目标，而无论它包含什么。这种情况下过滤器不起作用。但是一个显式 Intent 仅当它能通过组件的一个过滤器时才可以被递交到这个组件。

组件为它能做的每项工作，每个呈现给用户的不同方面分有不同的过滤器。例如，范例记事本应用程序中的主要活动有 3 个过滤器：一个是空白板，另一个是用户可以查看、编辑、或选择的一个指定的记事目录，第三是在没有初始目录说明的情况下查找一个特定的记录。一个 Intent 过滤器是 IntentFilter 类的一个实例。但是，由于 Android 系统在启动一个组件前必须知道这个组件的能力，Intent 过滤器通常不会用 Java 代码来设置，而是在应用程序清单文件（AndroidManifest.xml）中设置<intent-filter>元素（有一个例外，通过调用 Context.registerReceiver( )来注册的广播接收器的过滤器，它们是作为 Intent 过滤器对象而被直接创建的)。

过滤器与安全（Filters and Security）。

不能信赖一个 Intent 过滤器的安全性。当它打开一个组件来接收某些特定类型的隐式 Intent，它并不能阻止以这个组件为目标的显式 Intent。即使过滤器对组件要处理的 Intent 限制某些动作和数据源，总有人能把一个显式 Intent 和一个不同的动作及数据源组合在一起，然后命名该组件为目标。

一个过滤器和 Intent 对象有同样的动作、数据以及类别字段。一个隐式 Intent 在过滤器的所有 3 个方面都被测试。为了递交到拥有这个过滤器的组件，它必须通过所有这 3 项测试。即便只有一个不通过，Android 系统都不会把它递交给这个组件，至少以那个过滤器的标准而言。不过，由于一个组件可以包含多个 Intent 过滤器，一个不能通过其中一个组件过滤器的 Intent 可能在另外的过滤器上获得通过。

3 个测试详细描述如下。

1．动作测试（Action test）

清单文件中的 Intent 过滤器元素里列举了动作元素，例如：

```
<intent-filter . . . >
    <action android:name="com.example.project.SHOW_CURRENT" />
    <action android:name="com.example.project.SHOW_RECENT" />
    <action android:name="com.example.project.SHOW_PENDING" />
    . . .
</intent-filter>
```

如同例子所示，一个 Intent 对象只对单个动作命名，而一个过滤器可能列举多个。列表不能为空；一个过滤器必须包含至少一个动作元素，否则它将阻塞所有的 Intent。

为了通过这个测试，在 Intent 对象中指定的动作必须匹配过滤器中所列举的动作之一。如果 Intent 对象或过滤器不指定一个动作，结果将如下：

如果这个过滤器没有列出任何动作，那么 Intent 就没有什么可匹配的，因此，所有的 Intent 都会测试失败。没有 Intent 能够通过这个过滤器。

另一方面，一个未指定动作的 Intent 对象自动通过这个测试，只要过滤器包含至少一个动作。

2．类别测试（Category test）

一个 Intent 过滤器<int ent-filter>元素也列举了类别作为子元素，例如：

```
<intent-filter . . . >
    <category android:name="android.intent.category.DEFAULT" />
    <category android:name="android.intent.category.BROWSABLE" />
    . . .
</intent-filter>
```

注意：前面描述的动作和类别常量没有在清单文件中使用。相反使用了完整的字符串。例如，对应于前述 CATEGORY_BROWSABLE 常量，上面的例子里使用了"android.intent.category.BROWSABLE"字符串。类似的，字符串"android.intent.action.EDIT" 对应于 ACTION_EDIT 常量。

对一个通过类别测试的 Intent，每个 Intent 对象中的类别必须匹配一个过滤器中的类别。这个过滤器可以列举另外的类别，但它不能遗漏任何在这个 Intent 中的类别。

因此，原则上一个没有类别的 Intent 对象应该总能够通过测试，而不管过滤器里有什么。绝大部分情况下这个是对的。但有一个例外，Android 把所有传给 startActivity( )的隐式 Intent 当作它们包含至少一个类别：“android.intent.category.DEFAULT”（CATEGORY_DEFAULT 常量）。因此，想要接收隐式 Intent 的活动必须在它们的 Intent 过滤器中包含“android.intent.category.DEFAULT”。带“android.intent.action.MAIN”和“android.intent.category.LAUNCHER”设置的过滤器是例外。因为它们负责标记那些启动新任务和呈现在启动屏幕的 Activity。

3．数据测试（Data test ）

就像动作和类别，一个 Intent 过滤器的数据规格被包含在一个子元素中。而且这个子元素可以出现多次或一次都不出现，例如：

```
<intent-filter . . . >
    <data android:type="video/mpeg" android:scheme="http" . . . />
    <data android:type="audio/mpeg" android:scheme="http" . . . />
    . . .
</intent-filter>
```

每个数据<data>元素可以指定一个 URI 和一个数据类型（MIME 媒体类型）。有一些单独的属性：模式、主机、端口和路径-URI 的每个部分：

```
scheme://host:port/path
```

例如，在下面的 URI 里面：

```
content://com.example.project:200/folder/subfolder/etc
```

模式是“内容”，主机是“com.example.project”，端口是“200”，路径是“folder/subfolder/etc”。主机和端口一起组成 URI 鉴权（authority）。如果未指定主机，端口会被忽略。

这些属性都是可选的，但彼此有依赖关系：一个授权要有意义，必须指定一个模式。一个路径要有意义，必须同时指定模式和鉴权。

当一个 Intent 对象中的 URI 被用来和一个过滤器中的 URI 规格比较时，它实际上比较的是上面提到的 URI 的各个部分。例如，如果过滤器仅指定了一个模式，所有那个模式的 URIs 和这个过滤器相匹配；如果过滤器指定了一个模式、鉴权但没有路径，所有相同模式和鉴权的 URIs 可以匹配上，而不管它们的路径；如果过滤器指定了一个模式、鉴权和路径，只有相同模式、鉴权和路径的 URIs 可以匹配上。当然，一个过滤器中的路径规格可以包含通配符，这样只需要部分匹配即可。

数据<data>元素的类型属性指定了数据的 MIME 类型。这在过滤器里比在 URI 里更为常见。Intent 对象和过滤器都可以使用一个"*"通配符指定子类型字段，例如，"text/*"或者"audio/*"指示任何匹配的子类型。

数据测试同时比较 Intent 对象和过滤器中指定的 URI 和数据类型。具体规则如下：

（1）一个既不包含 URI 也不包含数据类型的 Intent 对象仅在过滤器也同样没有指定任何 URIs 和数据类型的情况下才能通过测试。

（2）一个包含 URI 但没有数据类型的 Intent 对象仅在它的 URI 和一个同样没有指定数据类型的过滤器里的 URI 匹配时才能通过测试。这通常发生在类似于 mailto：和 tel：这样的 URIs 上：它们并不引用实际数据。

（3）一个包含数据类型但不包含 URI 的 Intent 对象仅在这个过滤器列举了同样的数据类型而且也没有指定一个 URI 的情况下才能通过测试。

（4）一个同时包含 URI 和数据类型（或者可从 URI 推断出数据类型）的 Intent 对象，如果它的类型和过滤器中列举的类型相匹配的话就可以通过测试。如果它的 URI 和这个过滤器中的一个 URI 相匹配或者它有一个内容 content：或者文件 file：URI，而且这个过滤器没有指定一个 URI，那么它也能通过测试。

如果一个 Intent 可以通过不止一个活动或服务等组件的过滤器，用户可能会被询问要激活那个组件。如果没有发现目标对象将会出现异常。

5.1.5　一般案例

上面描述的数据测试的最后一个规则（4），表达了这样一个期望，即组件能够从文件或内容提供者中获取本地数据。因此，它们的过滤器可以只列举一个数据类型而不需要显式地命名 content：和 file：模式。这是一个典型情况。例如，一个如下的数据<data>元素，告诉 Android 这个组件能从内容提供者获取图片数据并显示：

```
<data android:type="image/*" />
```

既然大多数可用数据是通过内容提供者来分发，那么过滤器最通常的配置就是指定一个数据类型而不指定 URI。另外一个通用的配置是带有一个模式和数据类型的过滤器。例如，一个如下的数据<data>元素告诉 Android 可以从网络获取视频数据并显示：

```
<data android:scheme="http" android:type="video/*" />
```

例如，想一下，当用户点击网页上的一个链接时浏览器做了什么。它首先试图去显示这个数据（如果这个链接指向一个 HTML 页面）。如果它不能显示这个数据，它会把一个显式 Intent 和一个模式、数据类型组成整体然后尝试启动一个可以处理这个工作的活动。如果没有接受者，它将要求下载管理器来下载数据。这让它处于内容提供者的控制下，以便一个潜在的更大的活动池可以做出反应。

大多数应用程序同样有一个方法去启动刷新，而不包含任何特定数据的引用。能初始化应用程序的活动拥有指定动作为"android.intent.action.MAIN"的过滤器。如果它们表述在应用程序启动器中，那它们同样指定了"android.intent.category.LAUNCHER"类别：

```
<intent-filter . . . >
    <action android:name="code android.intent.action.MAIN" />
    <category android:name="code android.intent.category.LAUNCHER" />
 </intent-filter>
```

5.1.6　如何利用 Intent 来匹配

通过 Intent 过滤器匹配的 Intent 不仅是为了发现要激活的目标组件，而且为了发现这个设备上的一系列组件的某些东西。例如，Android 系统通过查找符合条件的所有活动（需要包含指定了动作“android.intent.action.MAIN”和“android.intent.category.LAUNCHER”类别的 Intent 过滤器，如前面章节所述）来产生应用程序启动器，也就是用户可用程序的前置屏幕。然后它显示在这个启动器里的这些活动的图标和标签。类似的，它通过查找其过滤器配有“android.intent.category.HOME”元素的活动来发现桌面。

你的应用程序可以用类似的方式使用 Intent 匹配。PackageManager 有一系列的查询 query…( )方法可以接收一个特定的 Intent，以及相似的一个解析 resolve…( )方法系列可以确定应答 Intent 的最佳组件。例如，queryIntentActivities( )返回一个所有活动的列表，而 queryIntentServices( )返回一个类似的服务列表。两个方法都不会激活组件，它们仅仅列举能应答的。对于广播接收者，有一个类似的方法 queryBroadcastReceivers( )。

5.1.7 Intent 的实例

第一种写法，用于批量添加数据到 Intent：

```
Intent intent = new Intent();
Bundle bundle = new Bundle();//该类用作携带数据
bundle.putString("name", "希望大学");
bundle.putString("description", "这是一所大学");
intent.putExtras(bundle);//为 Intent 追加额外的数据，Intent 原来已经具有的数据不会丢失，但 bundle
//中的 key 不能重复，如果重复的话，与 key 同名的数据会被替换
```

第二种写法，这种写法的作用等价于上面的写法，只不过这种写法是把数据一个个地添加进 Intent，这种写法使用起来比较方便，而且只需要编写少量的代码：

```
Intent intent = new Intent();
intent.putExtra("name", "希望大学");
```

Intent 提供了各种常用类型重载后的 putExtra( )方法，如 putExtra（String name，String value）、putExtra（String name，long value），在 putExtra( )方法内部会判断当前 Intent 对象内部是否已经存在一个 Bundle 对象，如果不存在就会新建 Bundle 对象，以后调用 putExtra( )方法传入的值都会存放于该 Bundle 对象，下面是 Intent 的 putExtra（String name，String value）方法代码片断：

```
public class Intent implements Parcelable {
private Bundle mExtras;
public Intent putExtra(String name, String value) {
        if (mExtras == null) {
            mExtras = new Bundle();
        }
        mExtras.putString(name, value);
        return this;
  }
```

5.2 Handler 消息通信机制

5.2.1 Handler 机制概述

在 Android 系统中，有一套 Handler 机制，该机制主要用来接收子线程发送的数据，并利用此数据，在主线程中更新界面显示。在 Android 应用程序启动时，系统将会开启一个主线程，这个主线程的主要工作就是负责 UI 界面显示的更新，管理界面中的控件，将事件分发出去。当点击一个 View 时，系统就会将事件转移到这个 View 上，通过你的 onClick 事件来响应你的操作。当我们处理一个比较耗时的操作时，例如，下载文件，读取网络数据等时，我们一般不能把这些操作放进主线程中，因为放进主线程后，该操作就会妨碍主线程对于界面的更新，从而导致用户无法继续操作而出现假死的状态。一般系统都会定义超时操作，就是当你的事件在一定时间没有更新或者完成时就会收到系统提示的强制关闭或者等待提示框。这个时候我们一般把这些耗时的操作放进另一个线程中去处理，为了在线程进行时能够有一个通信机制使之可以通知主线程一些行为的变化，这时便出现了 Handler。Handler 运行在主线程中，它与子线程之间可以通过 Message 对象来传递数据，在子线程运行时，可以通过 Handler 利用 sendMessage( )方法来传递消息到主线程中，子线程中的消息都存在一个主线程队列中，配合主线程更新界面显示。

5.2.2　Handler 发送消息的方法列表

```
* post(Runnable)
* postAtTime(Runnable,long)
* postDelayed(Runnable,long)
* sendEmptyMessage(int)
* sendMessage(Message)
* sendMessageAtTime(Message,long)
* sendMessageDelayed(Message,long)
```

其中 post、postAtTime、postDelayed 方法可以让你将线程的 Runnable 对象插入主线程队列中，而 sendMessage、sendEmptyMessage、sendMessageAtTime、sendMessageDelayed 方法是让你通过 Message 来把数据带进队列中，用来配合主线程根据数据消息更新界面显示，将在后面的小节中利用实例进行讲解。

5.2.3　Handler 实例

首先新建一个 Android 工程，主 Activity 的名字为 HandlerActivity。此时在 onCreate 主函数中还没有操作，为了验证线程通过 Handler 来将新消息传输到线程外部，通过 Handler 来接收消息并打印出来。我们在该文件中建立一个线程，实现程序如下：

```
class MyThread implements Runnable{
int i=1;
@Override
public void run(){
    while(i<101){
    try {
      Thread.sleep(100);
    } catch (InterruptedException e) {
      e.printStackTrace();
    }
    Message msg=new Message();
    Bundle b=new Bundle();
    b.putString("textStr", "线程运行"+i+"次");
    b.putInt("barValue", i);
    i++;
    msg.setData(b);
    //通过 sendMessage 向 Handler 发送更新 UI 的消息
    HandlerActivity.this.myHandler.sendMessage(msg);
    }
}
}
```

该线程中，我们在 run 函数中实现了一个计数器，当 i 从 1 到 100 的时候，每一次都会将该数据封装进一个 Bundle 对象中，通过 Message 对象让 Handler 传送出去。

下面来定义我们的 Handler，实现程序如下：

```
class MyHandler extends Handler {
    public MyHandler() {}
    public MyHandler(Looper l) {
      super(l);
    }
@Override
```

```
    public void handleMessage(Message msg) {
// 执行接收到的通知，此时执行的顺序是按照队列进行，即先进先出
        super.handleMessage(msg);
        Bundle bundle = msg.getData();
        String text0 = testtextView.getText().toString();
        String text1 = bundle.getString("textStr");
        HandlerActivity.this.testtextView.setText(text0 + " " + text1);
        int barValue = bundle.getInt("barValue");
        HandlerActivity.this.testprogressBar.setProgress(barValue);
        }
    }
```

我们定义了自己的一个 Handler，它是 MyHandler，继承自 Handler，并且重写了 handleMessage 方法。在该方法中，我们接受到线程发送到 Bundle 中的数据，并且通过 TextView 显示出来这些消息。然后通过收到的数据来更新我们的 progressBar，使得进度条一直往前走。完成这两项功能后，可以在 onCreate 函数中完善我们的实例了。

在介绍 onCreate 函数之前，需要定义界面显示，界面显示为一个 Button、一个 ProgressBar 和一个 TextView。分别在 onCreate 函数外部声明，其中定义了我们的一个 Thread，在 onCreate 函数中可以使用到：

```
private TextView testtextView;
private Button testbutton;
private ProgressBar testprogressBar;
private MyHandler myHandler;
private MyThread testThread = new MyThread();
```

onCreate 函数代码如下：

```
testtextView = (TextView) findViewById(R.id.mytext);
   testbutton = (Button) findViewById(R.id.startButton);
   testprogressBar = (ProgressBar) findViewById(R.id.progressbar);
   testprogressBar.setMax(100);
   testbutton.setOnClickListener(new View.OnClickListener() {
      @Override
      public void onClick(View arg0) {
           myHandler = new MyHandler();
           new Thread(testThread).start();
      }
   });
```

当然还要在 main.xml 布局文件中定义我们的控件：

```
<?xml version="1.0" encoding="utf-8"?>
<LinearLayout xmlns:android="http://schemas.android.com/apk/res/android"
    android:orientation="vertical" android:layout_width="fill_parent"
    android:layout_height="fill_parent">

<Button android:id="@+id/startButton" android:layout_width="fill_parent"
android:layout_height="wrap_content" android:text="@string/hello" />
<ProgressBar
android:id="@+id/progressbar"android:layout_width="fill_parent"
android:layout_height="wrap_content" android:max="100"
android:progress="0" android:orientation="horizontal"
android:progressBarStyle="@android:style/Widget.ProgressBar.Horizontal"
android:indeterminateOnly="false"
android:progressDrawable="@android:drawable/progress_horizontal"
android:indeterminateDrawable="@android:drawable/progress_indeterminate_horizontal" />
```

```
<TextView android:id="@+id/mytext" android:layout_width="fill_parent"
    android:layout_height="wrap_content" android:text="@string/hello" />
</LinearLayout>
```

完成以上代码以后，就可以去运行程序了，运行的结果会看到很多线程被启动起来了。

5.3 小结

这一章主要讲解了 Android 中的应用之间的通信问题，在 Activity 之间，你可以通过 Intent 来传递数据，也可以启动其他 Activity 或者服务，这是比较常见的一种做法。通过 Handler 来传递消息是带有线程的应用必不可少的一个使用工具，可以轻易地将线程中的消息传递给主线程进行 UI 操作，Handler 提供了很多种消息的 post 方式，可以根据需要进行选择，如有不明白的地方可以查官方的 SDK 文档，里面提供了很详细的解释。

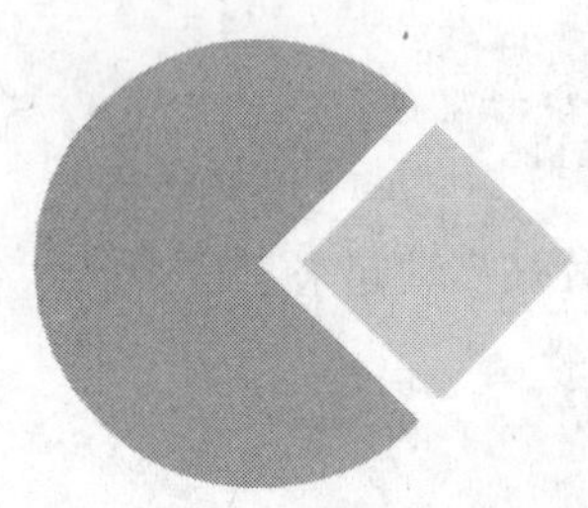

第6章　综合案例——多线程下载器开发

6.1 多线程下载概述

前面讲了很多关于 Android 的基础知识，这些知识并不能让你了解的很透彻，因为在没编写一些相关的应用程序之前，看的多也会忘记的很多，所以，我们还是专注于让你先了解，然后写程序来熟悉 Android 系统。

在这一章节我们来做一个 Android 上面的多线程下载的例子，这个例子在你以后编写应用程序时会变的很好用。

6.2 Android 多线程下载

Android 多线程下载有很多种方法，现在做的一种方法是将一个网络文件切割成多块同时下载，这样当各个部分下载完成后，通过将文件合并操作来实现文件的完整下载。分 3 步，第一步创建一个类 DownloadTask，并在这个类中获取 URLConnection 的网络文件的大小，并且进行切割；第二步是写线程分别下载网络文件的各个部分；第三步是合并文件，并通过我们传进来的 Handler 将信息返回出去。

1. DownloadTask 类需要的包

有时因为导入的包不正确，会引起编译不成功，笔者就遇到过这种情况，所以在这列出了 DownloadTask 类需要的所有包：

```
import java.io.BufferedInputStream;
import java.io.BufferedOutputStream;
import java.io.File;
import java.io.FileInputStream;
import java.io.FileNotFoundException;
import java.io.FileOutputStream;
import java.io.IOException;
import java.io.InputStream;
import java.net.HttpURLConnection;
import java.net.URL;
import java.net.URLConnection;
import java.util.concurrent.CountDownLatch;
import java.util.concurrent.ExecutorService;
```

```
import java.util.concurrent.Executors;
import java.util.concurrent.TimeUnit;
import com.gallery.util.ConstantPublic;
import android.os.Handler;
import android.os.Message;
import android.util.Log;
```

2．创建类 DownloadTask

类 DownloadTask 是多线程下载器的主类，主要用来控制多线程下载、分段下载目标文件、下载完成时合并目标文件，以及向界面逻辑提供多线程下载 API。图 6.1 表示的这个类的 UML 类图。

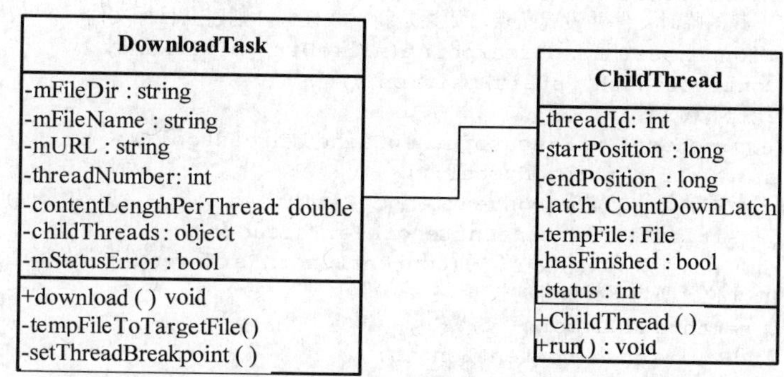

图 6.1　DownloadTask 类图

我们看一下 Download 类的成员变量，mFileDir 表示将要下载的文件存储在本地的位置，可以当成一个设置参数由调用者设置；mFileName 表示将要下载的文件的名称，也是当成一个设置参数由调用者设置；mURL 是 URL 类型的变量，表示的是网络文件的网络地址，也就是将要下载的文件的链接地址，当成一个设置参数由调用者设置；threadNumber 表示的是线程的数量，每个线程下载文件的一部分，当成一个设置参数由调用者设置；contentLengthPerThread 表示的是每个线程分得的文件的大小，它可以根据目标文件和线程数据计算得来；childThreads 表示的是担当下载任务的各个线程的一个数组结构，主要用来维护各个下载线程；mStatusError 表示下载线程的下载状态，为了简单起见，我们写的程序只有两种状态，分别是 STATUS_HAS_FINISHED 和 STATUS_HTTPSTATUS_ERROR；mHandler 是 Handler 类型的对象，主要用来传递消息。

3．创建函数 download

这个 download 函数是向界面逻辑提供多线程下载的 API，它将内部实现逻辑与外部界面逻辑分开，以便更好地设计程序。

通过该函数来进行网络连接，并获取网络文件大小，通过我们刚才定义的变量来进行切割这个目标文件，并启动下载线程分别下载。在这一步骤中分为 3 步，首先，设置断点，续传一些信息；其次，分多线程来下载；最后是合并文件。

其中，参数 urlStringn 表示的是将要下载的目标文件的 URL，由调用者提供；path 表示的是将要保存文件到哪里，name 表示的是将文件保存的名字，mHandler 表示的是向主线程发送消息的 Handler。下面是这个函数的源代码：

```
public void download(String urlString, String path, String name, Handler mHandler) {
    m_Handler = mHandler;
```

```
    long contentLength = 0;
    CountDownLatch latch = new CountDownLatch(threadNumber);
    long[] startPosition = new long[threadNumber];
    long endPosition = 0;
    try {
      mFileDir = path;
      mFileName = name;
      mURL = new URL(urlString);
      URLConnection con = mURL.openConnection();
      contentLength = con.getContentLength();                    //得到 content 的长度
      contentLengthPerThread = contentLength / threadNumber;     //每段的长度
// 第一步，分析已下载的临时文件并设置断点，如果是新下载任务，则建立目标文件
      startPosition = setThreadBreakpoint(mFileDir, mFileName,
              contentLength, startPosition);
// 第二步，分多个线程下载文件
      ExecutorService exec = Executors.newCachedThreadPool();
      for (int i = 0; i < threadNumber; i++) {
// 子线程下载的每段数据的起始位置为(contentLengthPerThread * i + 已下载长度)
          startPosition[i] += contentLengthPerThread * i;
// 设置子线程的终止位置，非最后一个线程即为(contentLengthPerThread * (i + 1) - 1)
// 最后一个线程的终止位置即为下载内容的长度
          if (i == threadNumber - 1) {
              endPosition = contentLength;
          } else {
              endPosition = (long) contentLengthPerThread * (i + 1) - 1;
          }
          // 开启子线程，并执行。
          ChildThread thread = new ChildThread(this, latch, i,
                  startPosition[i], endPosition);
          childThreads[i] = thread;
          exec.execute(thread);
      }
// 等待 CountdownLatch 信号为 0，表示所有子线程都结束。
      latch.await();
      exec.shutdown();
// 第三步，把分段下载下来的临时文件中的内容写入目标文件中。
      tempFileToTargetFile(childThreads);
    } catch (Exception e) {
      e.printStackTrace();
    }
}
```

4. 下载线程 ChildThread

下载线程 ChildThread 继承自 Thread 类，主要负责下载目标文件。我们下面来看一下这个类的源代码。

首先，从图 6.1 中可以看 ChildThread 类的成员变量，其中，threadId 表示的是记录当前线程编号，方便线程的管理；startPosition 表示的是下载目标文件的起始位置；相应的有 endPosition，表示下载目标文件的结束位置；tempFile 表示的是当前线程下载下来的文件保存成临时文件，以供合并为整个文件做准备；hasFinished 是一个布尔值，表示的是当前线程是否已经下载下来；status 也是一个标记位置，记录着当前线程下载的状态，目前程序中只支持 STATUS_HTTPSTATUS_ERROR 和 STATUS_HAS_FINISHED。

ChildThread 类的构造函数做一些准备工作，首先判断该文件的此部分是否存在，若不存在就创建它。源代码如下所示：

```
public ChildThread(DownloadTask task, CountDownLatch latch,
        int threadId, long startPosition, long endPosition) {
    super();
    this.task = task;
    this.threadId = threadId;
    this.startPosition = startPosition;
    this.endPosition = endPosition;
    this.latch = latch;
      try {
      tempFle = new File(this.task.mFileDir + this.task.mFileName
              + "_" + threadId);
      if (!tempFile.exists()) {
           tempFile.createNewFile();
      }
    } catch (IOException e) {
      e.printStackTrace();
       sendMessageBack(ConstantPublic.downloadStatus_error);
    }
}
```

当 ChildThread 初始化好了以后，就可以调用 start 函数启动这个线程了，进行真正的下载任务。首先打开 URLConnection，然后设置连接超时时间，设置下载数据的起止区间，接着判断 http 返回状态，为了简单起见，如果不是 HTTP/1.1 206 Partial Content 或者 200 OK 两值，就把 status 改为 STATUS_HTTPSTATUS_ERROR。然后，每下载到一定量的内容，就将其写入到文件中，直到它负责的文件部分下载完成。如果在下载期间出错了，就提示错误并退出下载。

一个线程初始化后调用 status 函数，就会自动启动 run 函数。下面是这个 run 函数的源代码：

```
public void run() {
    Log.d(LOGTAG,"Thread " + threadId + " run ...");
    HttpURLConnection con = null;
    InputStream inputStream = null;
    BufferedOutputStream outputStream = null;
    long count = 0;
    long threadDownloadLength = endPosition - startPosition;
    try {
      outputStream = new BufferedOutputStream(
                        new FileOutputStream(tempFile.getPath(), true));
    } catch (FileNotFoundException e) {
      e.printStackTrace();
      sendMessageBack(ConstantPublic.downloadStatus_error);
    }
   for(int k = 0; k < RECONNECT_MAX; k++){
      if(k > 0)
      try {
          //打开 URLConnection
          con = (HttpURLConnection) task.mURL.openConnection();
          con.setAllowUserInteraction(true);
          //设置连接超时时间为 10000ms
          con.setConnectTimeout(10000);
          //设置读取数据超时时间为 10000ms
          con.setReadTimeout(10000);
```

```
            if(startPosition < endPosition){
                //设置下载数据的起止区间
                con.setRequestProperty ("Range", "bytes=" + startPosition + "-"
                        + endPosition);
//判断 http status 是否为 HTTP/1.1 206 Partial Content 或者 200 OK
//为了简单起见，如果不是上述两值，就把 status 改为 STATUS_HTTPSTATUS_ERROR
                if (con.getResponseCode() != HttpURLConnection.HTTP_OK
                        &&
                con.getResponseCode() != HttpURLConnection.HTTP_PARTIAL) {
                    Log.d(LOGTAG, "Thread " + threadId + ": code = "
                            + con.getResponseCode() + ", status = "
                            + con.getResponseMessage());
                    status = ChildThread.STATUS_HTTPSTATUS_ERROR;
                    this.task.mStatusError = true;
                    outputStream.close();
                    con.disconnect();
                    Log.d(LOGTAG, "Thread " + threadId + " finished.");
                    latch.countDown();
                    break;
                }
                inputStream = con.getInputStream();
                int len = 0;
                byte[] b = new byte[1024];
                while ((len = inputStream.read(b)) != -1) {
                    outputStream.write(b, 0, len);
                    count += len;
                    startPosition += count;
                    if(count % 4096 == 0){
                        outputStream.flush();
                    }
                }
                if(count == threadDownloadLength){
                    hasFinished = true;
                }
                outputStream.flush();
                outputStream.close();
                inputStream.close();
                con.disconnect();
            }
            Log.d(LOGTAG, "Thread " + threadId + " finished.");
            latch.countDown();
            break;
        } catch (IOException e) {
            try {
                outputStream.flush();
                TimeUnit.SECONDS.sleep(getSleepSeconds());
            } catch (InterruptedException e1) {
                e1.printStackTrace();
                sendMessageBack(ConstantPublic.downloadStatus_error);
            } catch (IOException e2) {
                e2.printStackTrace();
                sendMessageBack(ConstantPublic.downloadStatus_error);
            }
            continue;
        }
```

```
    }
}
```

5．文件合并函数 tempFileToTargetFile

函数 tempFileToTargetFile 的功能就是将由各个线程下载的临时文件合并成一个文件，首先判断下载的文件的各个部分是否完成，若没有完成则下载失败，删除临时文件；如果下载完成，就执行循环将各个文件写进一个文件中的操作：

```
private void tempFileToTargetFile(ChildThread[] childThreads) {
    try {
      BufferedOutputStream outputStream = new BufferedOutputStream(
                      new FileOutputStream(mFileDir + mFileName));
      // 遍历所有子线程创建的临时文件，按顺序把下载内容写入目标文件中
      for (int i = 0; i < threadNumber; i++) {
          if (mStatusError) {
              for (int k = 0; k < threadNumber; k++) {
                  if (childThreads[k].tempFile.length() == 0)
                      childThreads[k].tempFile.delete();
              }
              Log.d(LOGTAG, "本次下载任务不成功，请重新设置线程数。");
              break;
          }
          BufferedInputStream inputStream = new BufferedInputStream(
                        new FileInputStream(childThreads[i].tempFile));
          Log.d(LOGTAG, "Now is file " + childThreads[i].threadId);
          int len = 0;
          long count = 0;
          byte[] b = new byte[1024];
          while ((len = inputStream.read(b)) != -1) {
              count += len;
              outputStream.write(b, 0, len);
              if ((count % 4096) == 0) {
                  outputStream.flush();
              }
          }
          inputStream.close();
          if (childThreads[i].status == ChildThread.STATUS_HAS_FINISHED) {
              childThreads[i].tempFile.delete();
          }
      }
      outputStream.flush();
      outputStream.close();
      sendMessageBack(ConstantPublic.downloadStatus_Completed);
    } catch (FileNotFoundException e) {
       sendMessageBack(ConstantPublic.downloadStatus_error);
    } catch (IOException e) {
      e.printStackTrace();
      sendMessageBack(ConstantPublic.downloadStatus_error);
    }
}
```

我们再来看看 sendMessageBack 函数，它主要是用来通过 Handler 来向主线程传递消息。其中参数 downloadstatusError 整数值表示的是下载状态错误码，这个值保存在新创建的 Message 对象中。这个函数的源代码如下所示：

```
private void sendMessageBack(int downloadstatusError) {
    Message msg = new Message();
    switch(downloadstatusError){
    case ConstantPublic.downloadStatus_error:
      msg.what = ConstantPublic.downloadStatus_error;
      break;
    case ConstantPublic.downloadStatus_Completed:
      msg.what = ConstantPublic.downloadStatus_Completed;
      break;
    case ConstantPublic.downloadStatus_IsExist:
      msg.what = ConstantPublic.downloadStatus_IsExist;
      break;
    }
    m_Handler.sendMessage(msg);
}
```

在前面我们看到了调用 setThreadBreakpoint 函数，它用来分析已下载的临时文件，设置断点，如果是新的下载任务，则建立目标文件。我们来看一下这个函数的源代码：

```
private long[] setThreadBreakpoint(String mFileDir, String mFileName,
        long contentLength, long[] startPos) {
    File file = new File(mFileDir + mFileName);
    long localFileSize = file.length();
    if (file.exists()) {
      Log.d(LOGTAG, "file " + mFileName + " has exists!");
      if (localFileSize < contentLength) {//目标文件已存在，判断其是否完整
          Log.d(LOGTAG, "Now download continue ... ");
          //遍历目标文件的所有临时文件，设置断点的位置
          File tempFileDir = new File(mFileDir);
          File[] files = tempFileDir.listFiles();
          for (int k = 0; k < files.length; k++) {
              String tempFileName = files[k].getName();
              // 临时文件的命名方式为：目标文件名+"_"+编号
              if (tempFileName != null && files[k].length() > 0
                      && tempFileName.startsWith(mFileName + "_")) {
                  int fileLongNum = Integer.parseInt(tempFileName
                          .substring(tempFileName.lastIndexOf("_") + 1,
                                  tempFileName.lastIndexOf("_") + 2));
                  // 为每个线程设置已下载的位置
                  startPos[fileLongNum] = files[k].length();
              }
          }
      }
    } else {
      try {
          file.createNewFile();// 如果下载的目标文件不存在，则创建新文件
      } catch (IOException e) {
          e.printStackTrace();
      }
    }
    return startPos;
}
```

因为有些网站为了安全起见，会对请求的 http 连接进行过滤，因此为了伪装这个 http 的连接请求，我们给 httpHeader 封装一下。下面的 setHeader 方法展示了一些非常常用的典型的 httpHeader 的伪装方法。比较重要的有：Uer-Agent 模拟从 Ubuntu 的 Firefox 浏览器发出的请求；Referer 模拟

浏览器请求的前一个触发页面，例如，从 skycn 站点下载软件，Referer 设置成 skycn 的首页域名就可以了。Range 就是这个连接获取的流文件的起始区间：

```
    private void setHeader(URLConnection con) {
        con.setRequestProperty(
                "User-Agent",
                "Mozilla/5.0  (X11;  U;  Linux  i686;  en-US;  rv:1.9.0.3)  Gecko/2008092510
Ubuntu/8.04 (hardy) Firefox/3.0.3");
        con.setRequestProperty("Accept-Language", "en-us,en;q=0.7,zh-cn;q=0.3");
        con.setRequestProperty("Accept-Encoding", "aa");
        con.setRequestProperty("Accept-Charset", "ISO-8859-1,utf-8;q=0.7,*;q=0.7");
        con.setRequestProperty("Keep-Alive", "300");
        con.setRequestProperty("Connection", "keep-alive");
        con.setRequestProperty("If-Modified-Since", "Fri, 02 Jan 2009 17:00:05 GMT");
        con.setRequestProperty("If-None-Match", "\"1261d8-4290-df64d224\"");
        con.setRequestProperty("Cache-Control", "max-age=0");
        con.setRequestProperty("Referer", "http://www.baidu.com");
    }
```

此多线程下载器的程序就完成了，可以将其作为一个应用的功能库，专门为我们的应用程序访问网络文件使用。这个多线程下载可以在一个 Android 中的 Activity 中调用，调用方法是创建一个 Activity，在 onCreate 函数中通过下面的一些代码完成调用：

```
    DownloadTask downloadManager = new DownloadTask();
    String urlStr =
    "http://zhangmenshiting.baidu.com/service/64/f5cf6378ea5554bdb122d15840a8eb1e.mp3?xcode=40cd4695cc4539bc9ed7ba15aa467a51&r=1308484609";
    downloadManager.setSleepSeconds(5);
    downloadManager.download(urlStr, encoding);
```

当然，也可以为下载器开发一个漂亮的界面，就是通过验证文件下载的大小来计算文件下载的进度，然后通过 Handler 将这些消息不断地传送出来，通过 ProgressBar 的进度条显示给用户。

6.3 小结

在前面的几章中，我们了解了 Android 的应用开发技术及基本概念，在本章中介绍了一个多线程下载实例来告诉读者如何开发一个应用，从本章这个实例可以看到，其实 Android 上的应用开发和 Java 应用程序的开发差别并不大，将 Java 的代码封装成功能代码然后将其按照 Android 的应用格式进行调用、显示出来即可。真正开发 Android 的应用，主要是去了解 Android 的图形界面布局，视图的各种样式的编写与应用，程序的优化以及优秀的用户操作体验，这样才能开发出一个优秀的应用程序。

在 Android 的 SDK 中的 Samples 文件夹中包含了很多的应用程序实例，从中吸取养分，让你更加了解 Android 的应用开发。

第7章 Android应用程序设计与优化

7.1 UI设计

一款软件的好坏在于两方面，一方面是否方便使用，一方面界面是否漂亮，如果做到了这两点，那么做出来的软件就是成功的。作为开发者，并不能只局限于应用功能的开发，因为即使开发出具有优秀功能的软件，若 UI 不友好，一样不会受到欢迎和青睐。当然 UI 的设计并不是一蹴而就的事情，不同类型的应用要有不同的风格，需要充分考虑很多因素来完成设计。例如，UI 的设计理念、图标的设计、各个图标之间的距离以及 UI 各部分的排版和颜色设置等。有时候程序员在写自己的应用程序时会仿照别人或者基本上是抄袭别人应用中的 UI 设计，如果长久这样，没有自己的风格，也很难做出品牌，将应用做大。

UI 设计的要素要注意以下几点：

（1）布局合理；

（2）资源图标使用高分辨率图片，这样会使整个应用都很清晰；

（3）字体要大；

（4）按钮易被选中；

（5）颜色搭配合理；

（6）不照搬其他应用的 UI；

（7）尽量少用对话框，减少对用户的打扰；

（8）正确处理屏幕方向变化所带来的 UI 的改变；

（9）尽量使用主题/样式以及尺寸和颜色资源来定义，以减少 UI 设计改变带来的麻烦；

（10）资源需要合理的间距。

设计 UI 的原则性就是：

（1）干净而不过于简单；

（2）内容充实而不显繁琐；

（3）UI 界面一致能吸引人；

（4）对错误人性化的提示；

（5）根据不同的场景显示不同的内容；

（6）适当的交互；

（7）次要功能尽量使用菜单；

（8）只需要有意义的操作，把最重要的让用户容易看到、使用到；

（9）充分考虑设备间的不同差异，如屏幕大小、横竖屏幕等。

7.2 性能设计

移动设备的一个重要特点是有限的电力资源、计算资源和存储资源，在这种设备上运行的所有的应用程序都需要经过精心地设计才能做到合理利用有限的资源来完成想要完成的任务。即使应用程序可以快速地运行，也要考虑到移动设备上电源的可持续性，如果应用十分耗费电力，那么再好的应用也不会得到用户的青睐，因此，要将应用设计的尽可能高效。但是“高效”这个词并没有一个标准，在这一小节中将会介绍应该从哪几个方面来考虑设计你的应用程序来使它尽量高效。

“高效”的应用程序一般符合两个原则：（1）不做不该做的事情（2）如果可以的话尽量少分配甚至不分配内存资源。

其实高效的原则远不止这两个，但是不可能面面俱到地都说的很完善，这里假设你已经可以自主地进行 Android 开发工作，而且知道一些数据结构和算法的设计，并且能够考虑到不同接口调用的性能。好的算法和数据结构能够让你的应用程序得到更好的性能，而好的接口设计能够让你在后续的开发中受益很多，因为可以很容易地在这个基础上扩展相应功能。

在编写应用程序时要注意的一个重要方面就是，避免创建过多的对象，如果可以不创建对象就完成应用程序的开发，那是最好的，当然这种情况是不存在的。尽量减少对象的创建，虽然垃圾回收器 GC 能够很容易地分配对象内存，但是对象的创建不是“免费”的，当与用户交互时，如果需要循环创建对象，这时最好人工调用垃圾收集器来回收不需要的对象，这样会让交互更加顺畅。下面一些例子仅供参考，可以对你理解这部分有所帮助。

（1）当需要从一个 String 字符集合中抽取一部分时，别去创建一个 String 的副本，要试着去返回原始数据的一个子串。

（2）如果有一个返回 String 的方法，并且知道可以使用 StringBuffer 来实现，那么就直接使用 StringBuffer 来实现这个方法。

（3）尽量避免使用多维数组，应该使用一维数组，因为无论如何，两个一维数组的效率是高于一个二维数组的，例如，要定义两个一维数组 byte[]和 bytebuffer[]，而不是创建一个二维数组[byte][bytebuffer]。

总之尽量少地创建临时对象，创建的对象越少越好，必要的时候人工调用垃圾回收器来回收临时对象。

对象接口的调用方面会遇到很多让人无法理解的事情，例如，在没有 JIT 技术支持的设备上，我们调用方法 HashMap 来定义一个 map，和调用 Map 方法来定义一个 map 对象，虽然这两种情况下 map 对象都是一个 HashMap，但是性能却不一样，调用 HashMap 定义的 map 对象会相对好些，虽然性能上不是 2 倍级数的增长，但是可以减少许多消耗。当然在有 JIT 技术支持的设备上，性能的差异就更加明显了。

最好使用 static 而不是 final，如果不需要访问一个对象的属性，那就让那个方法变为静态方法。

调用速度将会提升 15%～20%。这个方法很好用，因为可以很容易地去调用这个方法而不用去改变这个对象的状态。

在 C++中，经常使用 getters 而不是直接去访问，这是个好的习惯，因为编译器常常包含在访问中，并且如果想调试或者访问属性，可以在任何时候添加这个代码。但是在 Android 上，这个方法并不好。虚函数的调用比起实例属性的查找所需要花费的资源多很多。我们有很多理由来遵循常规的原始对象编程实践以及在公共接口中使用 getters 和 setters，但是在一个类中，应该直接访问该属性才对。如果没有 JIT 支持，直接访问属性比通过 getter 访问属性快 3 倍；如果有 JIT 支持，那么这个倍数可提升至 7 倍。

定义常量时使用 static final 来定义，例如，在一个类中的一个常量的定义：

```
static int intVal = 42;
static String strVal = "Hello, world!";
```

编译器生成一个类的初始化方法 Clinit，在类第一次被使用时就开始执行。这个方法将 42 存储到 intVal 中，而 strVal 将从这个类文件中的 String 常量表中取得一个引用。当这些引用被连接后，就可以通过这些变量名来访问其属性值。我们可以用关键字“final”来改进上面的两个定义：

```
static final int intVal = 42;
static final String strVal = "Hello, world!";
```

使用了 final 关键字后，类就不需要 Clinit 方法了，因为在 dex 字节码文件中常量直接被初始化在静态 static 字段里，intVal 被引用时将直接调用值 42，而在访问 strVal 时将会调用相对占用资源较少的 String 常量指针，而不用去查找字段目录。

使用高性能的循环句法。也许你会疑惑，循环语句对一个程序来说还有什么高性能和低性能的，确实，下面我们来看下面的 3 个循环：

```
Foo[] mArray = ...
public void zero() {
    int sum = 0;
    for (int i = 0; i < mArray.length; ++i) {
        sum += mArray[i].mSplat;
    }
}
public void one() {
    int sum = 0;
    Foo[] localArray = mArray;
    int len = localArray.length;
    for (int i = 0; i < len; ++i) {
        sum += localArray[i].mSplat;
    }
}

public void two() {
    int sum = 0;
    for (Foo a : mArray) {
        sum += a.mSplat;
    }
}
```

第一个方法 zero( )是最慢的一个循环，因为 JIT 无法对其优化，避免每次都要计算这个数组的长度。

第二个方法 one( )相对较快些，它把那些循环需要的变量变为本地变量，避免了每次的查找工作，而数组的长度提供了程序上的一个性能提升。

第三个方法 two( )在没有 JIT 技术支持的设备上是最快的一个方法，在有 JIT 技术支持的设备上，它和方法 one( )的差别不大。

避免使用 Enums。虽然 Enum 关键字很好用，但是由于尺寸大小和速度的关系，你会用的很痛苦，例如：public enum Shrubbery { GROUND，CRAWLING，HANGING }，相比较将代码中的 3 个变量都变成 public static final int，这段代码在生成的.dex 文件中增加了 740 个字节。在第一次使用的时候，类初始化时将会调用 init 方法来实例化这些列举出来的值。每个对象拥有自己的 static 字段，并且整个数据集都存储在一个数组里。包含很多代码和数据，仅仅存储这 3 个整型值。另外 Shrubbery shrub = Shrubbery.GROUND 调用时，将会进行 static 字段目录查找。如果“GROUND”是一个 static final int 型的，编译器将会认为它是一个常量。当然，利用 enums 可以很容易调用 API，并且编译时能够得到检查。因此，平时使用时，如果不考虑性能，可以尽量多用这个 API；但是考虑到性能时，就尽可能地避免使用这个方法。

如果使用了 Enum.ordinal 方法，这就表示应该使用整型值来代替，一般的规则就是，当你使用的枚举 enum 没有一个构造器，并且没有定义自己的方法，而且这时候需要用到性能改善的代码里，这时应该考虑使用 static final int 常量来代替。

好好利用内部类，如下面一个实例：

```
public class Foo {
    private int mValue;

    public void run() {
        Inner in = new Inner();
        mValue = 27;
        in.stuff();
    }

    private void doStuff(int value) {
        System.out.println("Value is " + value);
    }

    private class Inner {
        void stuff() {
            Foo.this.doStuff(Foo.this.mValue);
        }
    }
}
```

注意 在类 Foo 中定义的一个内部类 Inner，它可以直接访问外部类的私有方法和私有字段，这是合法的，并且也是正确的。

但是在 Android 的虚拟机 VM 看来，这是不合法的，因为虚拟机会认为从 Foo 的内部类来直接访问 Foo 的私有成员是不允许的，它们是两个不同的类，但在 Java 语言中，这是合法的，为了解决这个问题，编译器生成了两个合成类，实现方法如下：

```
/*package*/ static int Foo.access$100(Foo foo) {
    return foo.mValue;
```

```
}
/*package*/ static void Foo.access$200(Foo foo, int value) {
    foo.doStuff(value);
}
```

内部类代码需要访问外部类的 mValue 字段或者调用 doStuff 方法时都会调用这些 static 方法，也就是说，内部类访问外部类的私有字段或者私有方法时并不是直接访问的，而是通过生成的中间 static 方法来进行访问的。这就像之前讨论过的，间接访问与直接访问相比性能方面肯定会受到影响，这是隐性的，因为表面上看是直接访问的。我们可以避免这个问题，方法就是通过声明那些内部类需要访问的字段或方法为包内可见的，而不是私有的。这样就会运行更加快速，因为不用生成那些中间的 static 方法。

明智地使用浮点型数据。一般来说，在计算机上可以随意地使用浮点型数据，整形和浮点型的搭配使用使得可以很容易完成很多在应用中需要的功能。在 Android 设备上，浮点型数据比整形数据慢两倍，从速度上来说，float 型与 double 型并没有差异，但是在空间上来说，double 占用了 2 倍的空间。原因是嵌入式设备的处理器没有支持浮点运算的硬件，所有对“float”和“double”的运算都是通过软件实现的。一些基本的浮点运算，甚至需要毫秒级的时间才能完成。甚至是整数，一些芯片缺少对除法的支持，这种情况下，整数的除法和取模运算也是有软件来完成，所以在做大量数学运算时一定要小心谨慎。

知道怎么使用库。除了一般来说的对库喜好的原因外，主要是系统可以自由地代替来调用库方法。

明智的使用 Native 方法：Native 代码并一定比 Java 更高效，首先，第一个原因就是 java-native 调用所要产生的开销，而且 JIT 无法来跨进 native 进行优化，如果在 native 方法中分配了资源，如内存资源、文件描述器或者其他资源，产生的一个问题是很难及时地回收这些资源。为了让代码运行在某个架构平台上，需要细心地来编译代码，因为无法依赖 JIT 进行优化了。有时候，即使在同一个平台上，也要编译多个版本，举个简单的例子，即使你的代码能够很好地运行在带有 ARM 处理器的 G1 手机上，但是这些代码不一定在 NextOne 上能够很好的运行，在 NextOne 上运行的 Native 代码在 G1 上可能无法运行。

如果不是为了加速 Java 应用，Native 代码的使用有一个好处，那就是已经有了一个 native 代码库，并且你想将它移植到 Android 上来。

你可能发现 TraceView 在做代码分析时很有用，但是很重要的一点是，这个工具不支持 JIT，有些时候会因为这而导致在分析时会出现错误的时间属性，因为经过 JIT 的优化，有可能那些时间性能上会有所提升。特别重要的是，要注意在通过 TraceView 工具分析后，根据 TraceView 分析数据更改代码后，你要确信这个更改后的代码确实比不用 TraceView 得到的运行结果是好的。

7.3 针对响应的设计

所谓响应就是当你的应用程序在运行的过程中，用户触发了其中的某个事件后，得到结果的过程，如果响应的慢，那么用户将无法忍受，以后也就会很少使用你的程序。在移动设备开发过程中，尤其要注意事件响应的问题，因为即使可能通过所有方面的性能测试，也未必能让系统不出现响应超时的事情发生。例如，某个有可能导致响应时间超时的操作，某个操作占用系统资源过多导致其他事件无法响应等，都能导致无响应或者响应超时。在嵌入式设备上，响应超时的结果就是屏幕卡死或者弹出系统对话框告诉用户无响应，出现了这种事情，用户需要选择是否强制关闭或者等待，以继续等待事件完成。因此，在你的应用程序中响应的设计师很重要，设计的好，系统不会弹出要求等待或者强迫关闭的对话框，也会让用户感觉用的舒心。

在 Android 平台上，一般来说，当用户输入事件被阻塞时，系统会给用户显示 ANR 对话框。例如，阻塞在某个 I/O 操作上可以是频繁的网络访问，也可以是其他长时间未完成的操作。结果造成主线程无法处理用户触发的新的事件操作，过一段时间仍然未完成的话，系统就会认为当前应用程序处于冻结状态，并且会跳出一个 ANR 对话框来让用户 Kill 掉这个应用程序。

同样的，如果你的应用程序存在这样长时间的操作时，如建立复杂的内存操作或者长时间计算游戏中的下一个动作，系统就会认为应用程序被挂起了。所以要一直确信代码中的长时间的操作部分的代码是高效的，但是，即使是高效的代码有时候也难避免偶尔的超时运行。

这种情况是可以避免的，可以通过创建子线程，然后将这些可能超时的操作放进线程中去执行，这样就会让主线程一直保持运行，并且可以组织系统将其列为冻结状态。

下面说明一下 Android 系统是如何判断一个应用程序是否有响应的，并且会讲到如何来保证你的应用程序一直保持在响应状态。

1．什么引发了 ANR

在 Android 系统里，ActivityManager 和 WindowManager 系统服务负责管理应用程序的响应。当检测到某个应用程序出现下面两种情况时会认为该应用程序无响应，并且弹出 ANR 对话框：

（1）对输入事件无响应；

（2）一个 BroadcastReceiver 超过 10 秒钟没有执行完毕。

2．怎么样来避免 ANR 的出现

Android 应用程序一般是运行在单个主线程里的，这就意味这在主线程里运行任何超时的操作都会引发 ANR 对话框的出现，因为这个长时间的操作阻塞了用户的其他事件操作。因此，在主线程里做的事情越少越好，而其在整个生命周期中一个 Activity 中的 onCreate 和 onResume 函数中做的事情越少越好。最好是将移动平台上耗时的操作，如网络访问、数据库操作或者其他计算耗时的操作，如图片的大小裁剪等都应该放进一个子线程中。当然这并不意味着你的主线程需要被阻塞来等待子线程的完成，也不用调用 Thread.wait( )和 Thread.sleep( )。那么可能有疑问，主线程怎么才能知道子线程的操作是否完成了呢。为了知道子线程的操作是否完成，应该在主线程中定义一个 Handler，并将这个 Handler 传递给子线程，这样子线程就可以利用传进来的 Handler 来发消息到主线程。这样设计你的应用程序就可以保持一直处于响应状态，也可以避免超过 5 秒无响应而跳出的 ANR 对话框。

可能有些时候你无法判定某个操作是否是耗时的，推荐你使用一个工具 StrictMode 来帮助发现潜在的超时操作，如网络或者数据库操作等，这些有可能突然造成的超时操作。使用实例如下。

需要在你的 Application、Activity 或者其他应用组件的 onCreate 方法中加入下面代码：

```
public void onCreate() {
    if (DEVELOPER_MODE) {
        StrictMode.setThreadPolicy(new StrictMode.ThreadPolicy.Builder()
                .detectDiskReads()
                .detectDiskWrites()
                .detectNetwork()   // or .detectAll() for all detectable problems
                .penaltyLog()
                .build());
        StrictMode.setVmPolicy(new StrictMode.VmPolicy.Builder()
                .detectLeakedSqlLiteObjects()
                .penaltyLog()
                .penaltyDeath()
                .build());
    }
    super.onCreate();
}
```

你可以决定其中的一些方法是否使用，每个方法都有一个功能，例如，penaltyLog( )，当在应用程序中使用时遇到上面事件发生时，可以观察 adb logcat 输出的信息。不用指望可以解决 StrictMode 发现的所有问题，如果找出了超时操作，可以利用 Android 中的很多方法来解决，如 Thread、handler、AsyncTask、IntentService 等。特别是磁盘的读写操作，在整个 Activity 的生命周期有时会经常发生。利用 StrictMode 的一个目的是可以发现偶然发生的超时事件。需要注意的是，这个工具并不是一个安全的机制，并且也不能保证能找到所有的磁盘和网络访问。当在利用 Binder 进行进程间通信时，这个工具也是非常有用的机制，但是通过 JNI 访问从盘或者网络是无法引起这个工具的“兴趣”的。随着 Android 版本的不断更新，StrictMode 可能会有更多的操作功能，但是要记住，在应用程序发布的时候绝对不要禁用掉 StrictMode。

在 IntentReceiver 执行时有个特别的限制就是，执行一些简短的操作，如短小的、离散的幕后工作如保存设置或者注册一个 Notification。因此，就像其他方法在主线程中的调用一样，应用应该避免潜在长时间操作或者计算操作放进 BroadcastReceivers 中，如果非要进行一些耗时长的操作，不需要借助子线程来实现，可以让你的应用启动一个 Service 来执行那些费时的操作，并通过一个 Intent broadcast 进行响应。记住，别从一个 Intent Receiver 启动一个 Activity，这样会启动一个新的屏幕界面而把用户正在需要使用的界面给遮住。如果需要做一些用户操作，可以利用 Notification Manager 来给用户显示一些提示信息。

3．增强响应性

在使用应用程序时，如果 100～200 毫秒内用户得不到结果反映，就会觉得体验不是很好。下面我们列出一些额外的建议来避免 ANR 的出现，并且让用户感觉操作一直在响应。

■ 如果要做一些后台工作，可以通过显示一个进度条来给用户提示后台工作的进度。

■ 对于游戏运行来说，移动所需要的计算可以在子线程中完成。

■ 如果应用程序需要一个很久的初始化工作，可以考虑显示一个动态或者静态的图片，或者进入主界面后从后台慢慢异步加载数据。不管怎样，给用户一些提示，告诉用户程序在运行着，没有停止或者被冻结了。

7.4 无缝性设计

即使你的应用程序速度很快，响应也很快，有些设计仍然会导致一些问题，例如，与其他 Application 或者 Dialog 的交互没有考虑好，或者疏忽而丢失数据，意外的延迟等。为了避免这些问题，应该尽量使应用能够无缝地与系统或者其他应用进行交互。下面讲解应用会运行在什么样的上下文中，以及系统可能会如何影响你的应用。

无缝性设计时的一般问题就是，当一个应用的后台进程，如一个 Service 或者一个 BroadCaseReceiver 由于某个事件弹出了一个 Dialog。这个好像没有什么不妥，尤其是当在模拟器上独立运行和进行应用测试的时候。然而，当应用在真机上运行的时候，后台进程弹出的对话框并不是用户正在关注（focus）的应用程序，这可能导致应用弹出的对话框被当前活动的那个应用盖在后面，或者会把用户的注意力从他当前的应用（如拨号打电话）上面吸引走。这种行为无论是对你还是对用户恐怕都是不希望出现的。

我们可以避免这些问题，那就是通过使用系统的方法类 Notification 通知用户。通过使用 Notification，应用可以通过在 StatusBar 上面显示一个小图标或者播放音乐等来提示用户某件事发生了，而不是打断用户并吸引用户的注意力。

另一些无缝性设计出现的问题，就是有些 Activity 由于没有正确地实现 onPause( )类似的生命周期方法，从而导致无意间丢失状态或者数据；另外，如果想使应用能让其他应用使用你的数据并想提供数据接口的话，不要通过全局可读文件或数据库的方式来做，应通过 ContentProvider 实现。

上面讲的这些有一些共同的特点就是，使得应用可以很好地与系统以及其他应用进行合作。Android 系统在设计时，是将一个应用程序作为一系列组件地松耦合的组合，而不是一整块的黑盒代码。这种设计允许开发者把整个系统作为一系列组件的组合，这样就可以用同样的方式来开发应用程序，从而使你的应用程序与系统以及其他应用程序进行无缝的组合起来了。

下面来介绍一下常见的无缝性问题以及如何避免它们，有以下几个方面。

1．别失数据

永远不要忘了 Android 是一个移动平台，一定要记住，另一个 Activity（如有电话来了）随时能够在你的 Activity 上弹出来。这会触发 onSaveInstanceState( )和 onPause( )方法，并且可能会导致你的应用被杀掉。这就有可能导致用户数据丢失。

例如，当另一个 Activity 弹出来的时候，用户正在使用应用编辑文字。这个时候，如果应用被杀掉了，就可能会丢失用户数据。除非你在应用被杀掉前，保存了数据和状态。在 Android 上要保存数据，一般的做法是在接收数据或者有编辑功能的 Activity 中要重写 onSaveInstanceState( )方法，来通过某种合适的方式保存状态。当用户重新访问应用的时候，应用就能找回状态了。

以电子邮件应用为例，这是一个经典的例子。用户正在写邮件，此时有一个其他的 Activity 弹出来了，那么应用就及时地把正在写的邮件保存到草稿里了。

2．不要暴露原始数据

你想不想只穿着内衣走在大街上，恐怕不会有几个人会想吧，那么要记住，你的数据当然也不想那么暴露。虽然你可以穿着暴露，你的确也可以把应用的数据暴露成全局可见的，但是一般来说并不提倡。暴露原始数据有弊端，那就是需要其他应用了解你的数据格式，一旦改变了这些格式，依赖于这个格式的其他应用随之也就无法正常运行了。

在 Android 平台上，暴露数据的一个通用的做法就是通过一套干净的、精心考虑、可维护的 API，在这里，系统提供了一个 ContentProvider 数据共享方式，也就是可以方便地、含蓄地暴露数据。在使用 ContentProvider 的时候，有点像通过 Java 中的接口来分隔和组件化两块耦合度很强的代码。这就意味着，可以改变内部数据格式，但是不会影响通过 ContentProvider 暴露出去的接口，也就不会影响其他应用。

3．不要打断用户

如果用户正在运行一个应用（如打电话），最好认为，他就是想做这件事。这就是为什么应该避免弹出 Activity。除非这个 Activity 是用户对当前 Activity 操作的直接响应。

就是说，不要在后台的 BroadcastReceiver 或者 Service 里面调用 startActivity( )。否则，就有可能打断当前的应用，并且触怒用户。更糟的是，你的 Activity 有可能接收到用户在上一个 Activity 中正在进行的输入动作，从而成为“按键土匪”。这不是什么好应用。

不能直接从后台弹 Activity，你应该使用 Notification。Notification 会出现在 StatusBar 上，用户可以在空闲的时候点击，就可以看到应用想展示的信息了。

注意 全部这些，当 Activity 在前台的时候，都不适用。这种情况下，用户希望看到你的 Activity。

4．有一堆事情要做？放到线程里

如果你的应用需要进行代价很高的耗时运算操作，应该把它放到一个线程里。这会避免可怕的“ANR”对话框在用户面前出现，并导致用户在使用不满意的情况下删掉应用。

默认情况下，Activity 中的所有代码，包括所有的 View，都运行在同一个线程。这同样也是处理 UI 事件的线程。例如，当用户按键之后，一个 key-down 事件会被加到 Activity 的主线程的运行队列里。事件处理系统要很快地进行出列操作，并且处理事件。如果没能很快地处理完，几秒之后，系统会认为应用已经卡住了，并且提示用户，是否杀掉应用。

如果把很耗时的代码放在 Activity 里，实际上会阻塞事件处理线程。这会阻碍对输入的处理，从而导致出现 ANR 对话框。为了避免这个问题，把运算放到一个线程里。

5．别只用一个 Activity

一个有使用价值的应用，一般会有很多不同的界面。当设计这些界面的时候，要保证使用了多个 Activity 对象。

基于你的开发背景，可能会把一个 Activity 简单地当做类似 JavaApplet 的东西，把 Activity 作为应用的进入点。然而，这种做法并非很准确：Applet 的子类是 JavaApplet 的惟一入口，一个 Activity 应该被认为是应用的很多潜在入口之一。“主”Activity 和任何其他 Activity 的惟一不同，是“主”的 Activity 会在 AndroidManifest.xml 文件中，被描述为关心“android.intent.action.MAIN”这个动作。

所以，当设计应用的时候，要把应用当作 Activity 对象的联合。这个将会使代码在长时间的运行中获得更多的可维护性，而且，一个很好的额外效果是，可以与 Android 的应用栈和后退栈很好地协作。

6．使用系统主题

当我们谈到 UI 视感的时候，把它打扮漂亮是很重要的。用户进入新的应用的时候，会跟已经进入过的那个进行比较，并且期望两个看起来差不多。当设计 UI 的时候，应该尝试避免过分地使用自己的风格。要使用主题。你可以重载或者扩展一部分需要的主题，至少，与其他应用一样的主题。

7．设计 UI 的时候考虑不同的分辨率

不同的 Adnroid 设备可能支持不同的分辨率。一些设备可以横纵翻屏来转换分辨率。要保证你的 Layout 和 Drawable 足够灵活可以在不同的设备屏幕上显示。

幸运的是，要做到这一点很容易。简单说，要做的仅仅是为几个关键分辨率提供不同的图片，然后为不同的区域尺寸设计 Layout。（不要把界面位置用坐标固定，最好使用 RelativeLayout）。做了这些之后，系统会接管剩下的工作，然后应用就会在任何设备上表现出色了。

8．网速是非常慢的

Android 设备会支持不同种类的网络连接。这些网络连接都提供了数据访问的能力，但是其中一些会比较慢。速度最慢的标准是 GPRS，一个 GSM 网络下的非 3G 的数据服务。支持 3G 的设备，也会很长时间工作在非 3G 环境下，所以，网络慢这个现实将会持续相当长的时间。

这就是为什么在开发应用的时候，总是应该使网络访问频率和带宽消耗最小化。如果用户突然进入到了一个快的网络中，这非常好—这会改善用户的体验。你应该避免相反的情况：取决于用户所处的位置，应用在某些时间表现还行，但是其他时间很慢。这是开发应用应该考虑的。

当使用模拟器调试应用的时候，更应该小心这类问题。因为模拟器是使用 PC 网络连接的。PC 的网络连接会比无线网络快。所以，应该在模拟器设置中，降低模拟器的联网速度。可以通过在 Eclipse 的 Configuration 的“Emulator Settings”里面设置速度，或者在启动模拟器的时候通过命令行选项来设置速度。

9．别假设设备有触屏或者有键盘

Android 支持多种的设备外形。可以想象的是，Android 设备既可能有 qwerty 全键盘，也可能有 40 键、12 键或者其他种类的键盘配置。同样地，一些设备可能有触屏，另一些可能没有。

当构建应用的时候，要一直记住这些。不要假设特定的键盘配置，除非真的希望应用仅仅能在某几种设备上运行。

10．注意省电

一个移动设备，如果总是需要充电，就没那么方便了。移动设备是由电池供电的。让电池的续航时间越长，大家就越高兴（尤其是用户）。最耗电的两个，一个是处理器，另一个是无线电。这就是为什么应用应该尽可能少地“做事”，并且尽可能不那么频繁地使用网络。

你真的需要通过设计高效的代码来减少应用的处理器使用。为了减少无线电的耗电，应该“优雅”地处理错误，只发送必要的数据。例如，当一个网络操作失败后，不要频繁地重试。如果失败了一次，一般来说是因为用户没信号了，所以，就算立即重试，基本上也会失败，重试只是在浪费电。

用户是很精明的：如果你的程序非常耗电，他们肯定会注意到。

7.5 小结

本章是第一部分的最后一章，在这一章中，我们从几个方面讲解了如何开发出一个优秀的应用程序，以及如何对应用程序进行优化，涉及性能的优化需要很深的语言开发功底，开始的时候不必感到困难，可以尝试自己去写一些应用程序，不必为性能发愁，也不必为界面的丑陋而难过，多看看一些优秀的框架，一些优秀的开源程序，相信通过不断实践一样可以开发出好的应用程序。这些知识不用去记，简单了解就好，当你对程序有一定的想法的时候再回头来看一看，会事半功倍的。

第二部分 Android 调试技术与编译系统

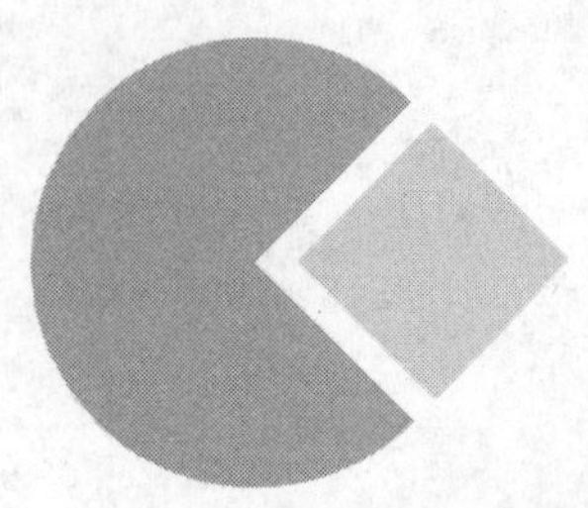

第 8 章　Android 工具介绍

在安装 Android SDK 后，tools 目录中有许多工具，用来帮助用户开发 Android 应用程序。最重要的是 Android 模拟器（Emulator）和 ADT（Android Development Tools）Eclipse 插件。此外，还包括 Android、apkbuilder、ddms、dmtracedump、draw9patch、etc1tool、fastboot、hierarchyviewer、hprof-conv、layoutopt、mksdcard、monkeyrunner、sqlite3、traceview、zipalign、aapt、adb、aidl、dexdump、dx、lib。

后面详细分析这些工具的作用和用法。

8.1 模拟器 Emulator 命令

Emulator 是命令行工具，启动 QEMU 模拟器，在启动时可以加一些参数。这个程序是由 QEMU CPU emulator 改造而来。现在介绍的是 Emulator 8.0 版本，编译版本为：build_id OPENMASTER-77661。具体用法为：

```
emulator [选项] [-qemu args]
```

下面详细解释每个 Emulator 命令。

1．emulator -sysdir <dir>

在目录<dir>中查找系统硬盘镜像（System Disk Images），系统硬盘镜像是只读的。然后列出在当前系统中这个镜像位于哪个目录。可以参考 emulator -help-disk-images 查看关于镜像的更详细的信息。

2．emulator -system <file>

从文件<file>中加载初始系统镜像，默认的镜像为<system>/system.img。注意，之前 Android SDK 版本中，使用 emulator -image <file>来完成这个功能。现在，使用 emulator -system <path>与 emulator -sysdir <path>是一样的。可以参考 emulator -help-disk-images 查看关于镜像的更详细的信息。

3．emulator -datadir <dir>

将用户数据写入到目录<dir>指定的镜像文件中，该镜像文件是可写的。然后列出在当前系统中这个镜像位于哪个目录。可以参考 emulator -help-disk-images 查看关于镜像的更详细的信息。

4．emulator -kernel <file>

使用特定的模拟器内核镜像文件<file>，它是 Linux 内核镜像，默认的镜像是<system>/

kernel-qemu。另外，也可以使用 emulator -debug-kernel 来查看内核中的调试信息，并把它显示到终端上。可以参考 emulator -help-disk-images 查看关于镜像的更详细的信息。

5．emulator -ramdisk <file>

指定 Linux RAM 镜像文件<file>作为模拟器的引导镜像，默认时是指<system>/ ramdisk.img。可以参考 emulator -help-disk-images 查看关于镜像的更详细的信息。

6．emulator -image <file>

旧用法，现不提倡用，使用命令 emulator -system <file>替代此命令。可以参考 emulator -help-disk-images 查看关于镜像的更详细的信息。

7．emulator -init-data <file>

指定初始数据镜像文件<file>，它是系统中/data 的分区文件，只有在创建新的读写数据镜像文件时，或者当使用 emulator -wipe-data 重置时才用到它。默认时是指<system>/ userdata.img。可以参考 emulator -help-disk-images 查看关于镜像的更详细的信息。

8．emulator -initdata <file>

功能同 emulator -init-data <file>。

9．emulator -data <file>

通过指定一个不同的/data 分区镜像文件<file>，它也是挂载到/data 目录下的。默认时是指<datadir>/userdata-qemu.img。

10．emulator -partition-size <size>

指定/system/data/分区大小，以 MB 为单位。

11．emulator -cache <file>

指定挂载到/cache 分区的镜像文件<file>，如果文件<file>不存在，将会创建一个新的空的镜像文件。默认时，模拟器关闭时会将临时文件删除，在删除这个临时文件之前将内容备份而得到/cache 分区。

使用 emulator -no-cache 可以禁用缓存分区镜像功能。可以参考 emulator -help-disk-images 查看关于镜像的更详细的信息。

12．emulator -no-cache

禁用模拟器系统中的/cache 分区。它是可选项，但是当其功能可用时，通常是浏览器将缓存的网页和图片等缓存到里面。可以参考 emulator -help-disk-images 查看关于镜像的更详细的信息。

13．emulator –nocache

功能同 emulator -no-cache。

14．emulator -sdcard <file>

指定 SD 卡镜像文件<file>，并将它挂载到系统的/sdcard 分区上。默认时是指 sdcard.img。如果它不存在时，启动了模拟器，它是没有挂载 SD 卡的。可以参考 emulator -help-disk-images 查看关于镜像的更详细的信息。

15．emulator -wipe-data

重置/data 分区，恢复到出厂设置，实际上是将 initdata 中的数据复制到/data 分区。它将会删除所有安装上的应用程序和各种设置信息。可以参考 emulator -help-disk-images 查看关于镜像的更详细的信息。

16．emulator -avd <name>

使用特定的 Android 虚拟设备（Android Virtual Device，AVD），它的名字为<name>。启动模拟器时需要指定 AVD，<name>必须是主机上所有已存在的 AVD 的名字之一。通过命令 emulator -help-virtual-device 查看如何创建 AVD。为方便起见，可以使用@<name>代替-avd <name>。

17．emulator -skindir <dir>

在目录<dir>内查找并使用模拟器皮肤。每个皮肤必须是目录<dir>的子目录。默认情况，模拟器会查找系统目录中的 skins 子目录。当使用-skindir <dir>选项时，也会要求-skin <name>选项的。

18．emulator -skin <name>

选择一个模拟器皮肤，每个模拟器皮肤对应于特定设备的外观，包括按扭和键盘，并且保存在<skin>根目录的子目录中。参考 emulator -help-skindir。注意，<skin>也可以用<width>x<height>（如 320x480）来设置 framebuffer 的大小。

19．emulator -no-skin

不使用任何模拟器皮肤。

20．emulator –noskin

功能同 emulator -no-skin。

21．emulator -memory <size>

指定物理 RAM 大小，以 MB 为单位。

22．emulator -netspeed <speed>

设置最大网络上传和下载速度。速度<speed>可以是如下几种之一：Gsm、Hscsd、Gprs、Edge、Umts、Hsdpa、Full、<num>、<up>：<down>。

如：maximum network download/upload speeds。

Android 模拟器支持网络控制，例如，高速网络连接、慢速网络带宽。通过选项-netspeed <speed>和-netdelay <delay>即可达到这种目的。

选项-netspeed 的格式是下面的格式之一，数字是以 kbits/s 为单位：

```
-netspeed gsm          GSM/CSD         (up: 14.4, down: 14.4)
-netspeed hscsd        HSCSD           (up: 14.4, down: 43.2)
-netspeed gprs         GPRS            (up: 40.0, down: 80.0)
-netspeed edge         EDGE/EGPRS      (up: 118.4, down: 236.8)
-netspeed umts         UMTS/3G         (up: 128.0, down: 1920.0)
-netspeed hsdpa        HSDPA           (up: 348.0, down: 14400.0)
-netspeed full         no limit        (up: 0.0, down: 0.0)

-netspeed <num>        select both upload and download speed
-netspeed <up>:<down>  select individual up and down speed
```

选项-netdelay 的格式是下面的格式之一，以毫秒为单位：

```
-netdelay gprs         GPRS            (min 150, max 550)
-netdelay edge         EDGE/EGPRS      (min 80, max 400)
-netdelay umts         UMTS/3G         (min 35, max 200)
-netdelay none         no latency      (min 0, max 0)
-netdelay <num>        select exact latency
-netdelay <min>:<max>  select min and max latencies
```

默认情况，网络速度为 full，网络延迟为 none。

23．emulator -netdelay <delay>

设置网络反应时间模拟到<delay>。<delay>参数模拟在特定类型的网络中真实延迟体验，可以使用的<delay>如下：

Gprs、Edge、Umts、None、<num>、<up>：<down>。可以参考 emulator -netspeed <speed>。

24．emulator –netfast

禁用网络。

25．emulator -trace <name>

启动代码分析功能。只有按下 F9 键后，代码分析才开始启动起来，也可以通过程序启动该功能。trace 信息存储在目录<name>中，在该目录下会创建一些文件。Android SDK 中的另一个工具 traceview 会使用这些文件来分析代码的运行情况。

> **注意**　当启动了代码分析功能时，程序的执行会比较慢，必须记录下执行代码的运行过程。如果没启动这个功能，它是不会影响系统运行速度的。

26．emulator -show-kernel

在当前终端上显示内核信息。检查引导过程是否运行正确是很有用的。

27．emulator –shell

在当前终端上启用控制台 shell 程序。它不同于 adb shell，因为它是一个 root shell 程序，有足够的权限来修改系统中的许多方面。当模拟器中的 adbd 守护进程崩溃时，它也可以正常工作。按下组合键<Ctrl-C>会结束掉模拟器，而不是 shell 程序。可以参考 emulator –shell-serial。

28．emulator -no-jni

在 Dalvik 虚拟机中禁用 JNI 检查。

29．emulator –nojni

功能同 emulator -no-jni。

30．emulator -logcat <tags>

启动 logcat，将指定<tags>的信息输出到当前终端。<tags>是空格和逗号隔开的过虑字符串，每个过滤字符串的格式为：

```
<componentName>:<logLevel>
```

<componentName>可以是‘*’，也可以是指定组件名称。<logLevel>可以是下面几种之一：

```
v        verbose level
d        debug level
i        informative log level
w        warning log level
e        error log level
s        silent log level
```

例如，下面的选项表示的是只显示来自‘GSM’组件的信息，最低信息级别为 i。

```
-logcat '*:s GSM:i'
```

如果没有使用选项-logcat <tags>，那么模拟器会在环境变量中查找 ANDROID_LOG_TAGS。如果使用了该选项，匹配<tags>的信息会输出到当前终端。

注意　这个选项不会阻止 ADB 或 DDMS 接收相同的或其他的<tags>的 LOG 信息。

31．emulator -no-audio

说明模拟器不支持音频功能。有时是必须的，如以下这些情况。

■ 至少两个用户已报告他们的 Windows 机器单独启动了，除非他们在启动模拟器时使用这些选项。问题很可能来自已有 bug 的音频驱动。

■ 在一些 Linux 机器上，模拟器在启动时可能因为启动了音频支持功能档机。这个问题很难重现，但可能与 ALSA 音频驱动有关系。

在 Linux 平台上，另外一种方法会尝试改变模拟器使用的默认音频后端，即通过设置环境变量 QEMU_AUDIO_DRV 改变，将该环境变量改成下面的值之一：

```
alsa      （使用 ALSA 后端）
esd       （使用 EsounD 后端）(use the EsounD backend)
sdl       （使用 SDL 音频后端，不支持音频输入）
oss       （使用 OSS 后端）
none      （不支持音频）
```

也可以使用不同的音频输入后端和音频输出后端，即通过设置环境变量 QEMU_AUDIO_OUT_DRV 和 QEMU_AUDIO_IN_DRV，其值为上面所列出的值之一。

32．emulator –noaudio

功能同 emulator -no-audio。

33．emulator -audio <backend>

在 Android 模拟器中使用特定音频后端<backend>播放和录制音频。该选项与同时使用选项-audio-in <backend>和-audio-out <backend>是一样的。

使用选项-help-audio-out 查看当前有效的输出后端值，使用选项-help-audio-in 查看当前有效的输入后端值，使用选项-audio none 完全禁用音频功能。

34．emulator -audio-in <backend>

在 Android 模拟器中使用特定音频后端<backend>播放音频。在 Linux 平台上，该选项是很有用的。在 Windows 和 Linux 系统上，会使用不同的音频后端。

注意　在一些 Linux 系统上，当使用音频录音功能时，崩溃的 Esd/ALSA/驱动实现会使模拟器没有任何响应。避免这种情况惟一的方法就是使用选项-audio-in none 禁用该功能。

35．emulator -audio-out <backend>

在 Android 模拟器中使用特定音频后端<backend>录制音频。在 Linux 平台上，该选项是很有用的。在 Windows 和 Linux 系统上，会使用不同的音频后端。

36．emulator -raw-keys

禁用 Unicode 键盘转换映射功能。不建议使用这个选项，因为在模拟器运行的时候可以使用组合键 Ctrl-K 来使用这个功能。它可以在 Unicode 和 raw 键盘模式之间相互切换。

默认情况下，模拟器会将键盘上输入的字符映射到设备相关的按键，这种方法可以在非

QWERTY 键盘上也能使模拟器使用键盘。

但是，它也意味着不能将像 Shift 或 Alt 的单个按键传给模拟器。选项-raw-keys 禁用映射功能，只有在 QWERTY 键盘上才能使用这个功能。

37．emulator -radio <device>

将 GSM 无线调制解调器接口重定向到一个外部字符设备和程序上，它会经过模拟器内部调制解调器，并且只能用作测试。可以参考-help-char-devices 查看<device>的格式。与外部设备或程序交换的数据是 GSM AT 命令。

> **注意**　当在模拟器上运行时，Android GSM 栈只支持最基本的 GSM 协议子集。将模拟器连接到 GSM 调制解调器很可能无法正常工作。

38．emulator -port <port>

指定 TCP 端口号，作为控制台端口使用。在模拟器启动时，它会将它的控制台绑定到从 5554 开始计数的一个空闲端口上，这个计数是每次增加 2 的。例如，第一次是 5554，然后是 5556、5558……。这种方式就可以允许在主机系统上运行多个模拟器实例，每一个模拟器实例对应一个不同的端口号。

本选项会强制一个模拟器实例使用<port>端口号。

> **注意**　<port>指定的端口号必须是 5554 到 5584 之间的某个偶数，<port>+1 也必须是空闲的，是为 adb 保留的。如果这些端口都已经被占用，启动模拟器会失败。

39．emulator -ports <consoleport>，<adbport>

指定 TCP 端口号，作为控制台和 adb 调试桥使用。该选项允许显式地设置 TCP 端口号，模拟器使用该端口作为它的控制台，并与 ADB 工具进行通信。

这是一个非常特殊的选项，一般使用 Android SDK 的应用程序开发者是不可能用它的，通常是用-port <port>选项。因为在 adb 或 DDMS 中可能看不到相应的模拟器实例。这个选项的目的是在一些特定的网络设置上使用模拟器。

TCP 端口<consoleport>绑定到控制台，而 TCP 端口<adbport>绑定到 ADB 本地传输通道上。如果两个端口号在模拟器启动时都不可用，模拟器将会退出。

40．emulator -onion <image>

在屏幕上使用覆盖图像<image>。指定的 PNG 图片以半透明的形式显示在模拟的 framebuffer 上。在检查 UI 元素是否被正确定位时是很有用的。默认透明度为 50%，但是也可能通过-onion-alpha <%age>选项选择不同的透明度，或者在模拟器运行时使用按键来改变，详细信息查看 emulator -onion-alpha <%age>。也可以设置图片的大小比值，查看 emulator -help-onion-rotate 帮助。

41．emulator -onion-alpha <%age>

指定 onion-skin 半透明度（百分比）。默认是 50%。<percent>必须是 0 到 100 的整数。也可以动态改变透明度，可以参考 emulator -help-keys。

42．emulator -onion-rotation 0|1|2|3

指定 onion-skin 使用的图片文件（通过-onion <file>加载）的旋转比值。有效的<rotation>值为：

```
0	无旋转
1	顺时针旋转 90°
2	顺时针旋转 180°
3	顺时针旋转 270°
```

43．emulator -scale <scale>

指定模拟器窗口大小（倍数），使其与真实设备大小差不多，这样就可以检查在真实设备上 UI 是否显示正常。正常情况是 1。

<scale>有 3 种。

- 如果<scale>是 0.1～3.0 的某一实数，它指的是模拟器窗口的比例因子。
- 如果<scale>是以 dpi 为单位的某一整数（如 110dpi），它指的是模拟器屏幕的分辨率。
- 如果<scale>是 auto，那么模拟器会自动调整模拟器屏幕分辨率并调整相应窗口大小。

> **注意** 这个过程不是可靠的，取决于操作系统类型、视频驱动和其他系统参数。在模拟器运行时也可以通过控制台改变窗口大小。参考 Window Scale 查看更多帮助信息。

44．emulator -dpi-device <dpi>

指定模拟器分辨率，<dpi>必须是 72～1000 的某一整数，默认值是从皮肤设置信息读取到的，如果皮肤设置信息中没有，使用 165dpi，这个数是在开发过程中的平均值。

模拟器分辨率也可以通过选项-scale 来重新设置模拟器窗口大小。另外参考-help-scale 查看详细信息。

45．emulator -http-proxy <proxy>

Android 模拟器可以通过 HTTP/HTTPS 代理建立 TCP 通信。通过选项-http-proxy <proxy>或者定义环境变量 http_proxy 来启动该功能。

<proxy>的值可以是以下之一：

```
http://<server>:<port>
http://<username>:<password>@<server>:<port>
```

前缀 http：//可以省略不写。如果没使用-http-proxy <proxy>，将会查找环境变量 http_proxy，并自动使用满足<proxy>格式的任何值。

46．emulator -timezone <timezone>

设置模拟器上使用的时区，而不用主机上默认的时区。使用该选项选择一个不同的时区。

> **注意** <timezone>的值必须是 zoneinfo 格式，例如，区域/地点或者是区域/较小区域/地点。

下面是几个有效的例子：

```
美国/洛杉矶
欧洲/巴黎
```

像 PST 或 CET 的简写是不起作用的，zoneinfo 数据库中没有定义的其他值也是不起作用的。

> **注意** M5 和老版本的 SDK 中的模拟器是不支持的。

47．emulator -dns-server <servers>

在模拟器上使用 DNS 服务器。默认时，模拟器会检测主机中使用的 DNS 服务器，并在模拟器防火墙网络中使用特殊的别名，以便让 Android 系统直接连到它们上面。使用选项-dns-server <servers>可以选择一组互不同的 DNS 服务器。

<servers>必须是逗号分隔的、至多为 4 个服务器名称或者 IP 地址。

注意	在 M5 和老版本的 SDK 中模拟器上，只使用这一组服务器中的第一个。

48．emulator -cpu-delay <cpudelay>

设置 CPU 延迟，模拟不同计算能力的 CPU。这个选项是为体验而设的，可能正如期望的那样不起作用。使用这个选项可以检查只有在非常低的 CPU 上的超慢速度的情况。

49．emulator -no-boot-anim

禁用模拟器开机引导时的动画。在较慢的模拟器上禁用引导动画可以加快引导速度。注意，在 M5 和老版本的 SDK 中模拟器是不支持这一功能的。

50．emulator -no-window

禁用图形窗口显示功能。

51．emulator –version

显示模拟器的版本号。

52．emulator -report-console <socket>

在启动模拟器之前，将自动分配的控制台端口号传送给远程 Socket（第三方）。<socket>必须是以下格式之一：

```
tcp:<port>[,server][,max=<seconds>]
unix:<path>[,server][,max=<seconds>]
```

如果使用了选项 server，模拟器会打开一个服务器 Socket，并等待连接。默认情况，它会建立一个到服务器 Socket 的客户端连接，并且，为了防止失败，它每隔 10 秒就重复一次这个操作。选项 max=<seconds>用来设置超时时间。

当建立了连接，模拟器以文本的形式将它的控制台端口号发送给远程第三方 Socket，然后关闭这个连接，之后才正常启动模拟器。在这个进程中产生的任何失败都将导致模拟器立即异常中止。

下面举一个例子，有一段 Unix shell 脚本，用来在后台启动模拟器，并在 netcat 工具的帮助下等待它的端口号：

```
MYPORT=5000
emulator -no-window -report-console tcp:$MYPORT &
CONSOLEPORT=`nc -l localhost $MYPORT`
```

53．emulator -gps <device>

该选项用来模拟兼容 NMEA 的 GPS，将 GPS 连接到外部字符设备或 Socket。<device>的格式同选项-radio <device>要求的格式一样。参考-help-char-devices 查看更详细的信息。

54．emulator -keyset <name>

在启动模拟器时指定按键集文件<name>。按键集文件<name>包含一组按键，用来控制模拟器和主机键盘之间的映射。

默认情况下，在 Windows 平台上模拟器会查看$HOME\.android\default.keyset。但是，如果使用了这个选项，模拟器会。

■ 首先，如果<name>没有扩展名，那它会加上后缀.keyset，例如，<name>为 foo，那么最后的全称为 foo.keyset。

■ 然后，模拟器会在如下目录下查找名为<name>的文件：

- 模拟器配置目录$HOME\.android；
- 目录<systemdir>的子目录 keysets；
- 程序所在目录的子目录 keysets。

如果相应的文件没有找到，就使用一个默认的按键集。

参考-help-keys 查看默认的所有按键集，参考-help-keyset-file 查看更多关于按键集文件格式的相关信息。

55．emulator -shell-serial <device>

以 Root 身份打开<devices>指定的模拟器的控制台，指定外部通信方式和主机设备。参考 emulator –shell。

选项-shell-serial stdio 和-shell 是一样的，也可以使用-shell-serial tcp：4444,server,nowait，通过本地 TCP 端口 4444 与 shell 通信。选项-shell-serial fdpair：3：6 可以让父进程使用 fds3 和 6 与 shell 进程通信。

参考-help-char-devices 查看可用的<device>。

注意	在某一时刻针对每一个模拟器实例只能使用一个 shell。

56．emulator-old-system

如果使用最近的模拟器程序运行老版本的 Android SDK 系统镜像，需要选项-old-system，老版本是指 1.4 之前的版本。

注意	使用选项-old-system 后模拟器可能不正常工作，但是可能不会立即注意到它，如启动模拟 GPS 硬件失败。

57．emulator -tcpdump <file>

抓取网络包，并保存到文件<file>中。这些网络包通过模拟器虚拟以太局域网（Ethernet LAN）发送出去的。可以使用 WireShark 工具来分析它们，并理解一下实际上都发生了什么。

注意	它抓取了所有以太网包，但是它不会限制 TCP 连接。

此外，还可以通过控制台动态启动或关闭抓取包功能。参考 network capture start 和 network capture stop 查看更详细信息。

58．emulator -bootchart <timeout>

启用系统引导图画。一些 Android 系统镜像有一个修改的 init 系统，它集成了 bootcharting 工具（参考 http：//www.bootchart.org/）。通过-bootchart <timeout>将 bootcharting 时间传给系统。

<timeout>是以秒为单位的，注意，如果你的 init 没有启动<timeout>，这个选项也就不起作用了。

59．emulator -charmap <file>

使用特定的按键字符映射文件<file>。<file>必须是全路径。

60．emulator -prop <name>=<value>

设置系统引导时的系统属性。<name>至多有 32 个字符的属性名，中间不能有空格，<value>是属性值，至多有 92 个字符。

相应的系统属性在启动时设置在模拟器中，在调试时是很有用的。

注意　可以通过该选项定义多个引导系统属性。

61．emulator -shared-net-id <number>

通过使用 IP 地址 10.1.2.<number>加入到共享网络。

通常，运行在模拟器中的 Android 实例是不能同其他实例直接通信的，因为每一个实例在虚拟路由器后面的。但是有时，如果它们都直接接入网络，那么就必须要测试应用程序的行为。

该选项说明模拟器可以加入到虚拟网络，所有的模拟器也必须使用这个选项。<number>构成 IP 地址 10.1.2.<number>，它一定是模拟器上的第二个接口。每个模拟器都必须使用不同的<number>。

62．emulator -memcheck <flags>

在启动模拟器时，启用内存访问检查功能。

<flags>启用或禁用内存访问检查，也控制着内存访问检查者将哪些事件记录到日志中。<flags>可以如下之一。

- 1 – 启用内存访问检查功能，并使用默认的日志输出级别（即“LIRW”）。
- 0 – 禁用内存访问检查功能。
- 以下的组合，顺序不分先后：
  - L - 在进程退出时记录内存泄漏日志；
  - I – 在使用 free、realloc 函数时试图使用无效指针的日志；
  - R - 在进行读操作时违反内存访问规则的日志；
  - W - 在进行写操作时违反内存访问规则的日志；
  - N – 新进程 ID 分配的日志；
  - F – 创建进程的日志。Logs guest's process forking；
  - S – 启动进程的日志。Logs guest's process starting；
  - E - 进程退出的日志。Logs guest's process exiting；
  - C - 创建（克隆）线程的日志。Logs guest's thread creation（clone）；
  - B – 模拟器系统中 libc.so 初始化的日志，initialization in the guest system；
  - M - 模拟器系统中模块加载与卸载的日志；
  - A - 所有模拟器事件的日志，与组合“LIRWFSECANBM”是一样的功能；
  - e – 从系统中接收到的“错误”级别信息的日志；
  - d – 从系统中接收到的“调试”级别信息日志；
  - i - 从系统中接收到的“信息”级别信息日志；

- a - 从系统中接收到的所有级别信息日志。与组合“edi”是一样的功能。

> **注意** 当启用了内存访问检查功能后，系统的运行可能会比较慢，主要是因为<tags>需要一些分析内存分配和内存访问的操作导致的。

63．emulator -qemu args...

将参数 args 传给模拟器 qemu。

64．emulator -qemu –h

显示模拟器 qemu 的帮助文件。

65．emulator –verbose

功能同 emulator -debug-init。

66．emulator -debug <tags>

启用或禁用调试信息。

67．emulator -debug-<tag>

启用特定调试信息，由<tag>指定。

68．emulator -debug-no-<tag>

禁用特定调试信息，由<tag>指定。

69．emulator –help

显示 emulator 命令的帮助信息。

70．emulator -help-<option>

显示<option>指定的帮助信息。

71．emulator -help-disk-images

模拟器需要一些关键的磁盘镜像文件才可以正常启动和运行。这些镜像文件的地址取决于所安装的 SDK 中的模拟器目录。至少需要以下几个镜像文件：

- kernel-qemu，模拟器的 Linux 内核镜像；
- ramdisk.img，启动系统的 ramdisk 镜像；
- system.img，初始化好的系统镜像；
- userdata.img，初始化好的用户数据分区镜像。

以上 4 个镜像文件分别通过选项-kernel <file>，-ramdisk <file>，-image<file>，-initdata<file>来指定特定的上述类型文件镜像。

模拟器还需要使用以下几个可写镜像文件：

- userdata-qemu.img，持久化/数据分区镜像文件；
- system-qemu.img，可选的持久化系统镜像文件；
- cache.img，可选的 cache 分区镜像文件，将挂载到/cache 上；
- sdcard.img，可选的 SD 卡分区镜像文件，将挂载到/sdcard 上，可以通过 SDK 带的‘mksdcard’工具创建一个新的镜像文件，如果它不存在，这样模拟器启动时就没有关联上 SD 卡。

如果使用虚拟设备（AVD），那么它的内容目录应该存储所有可写的镜像，只读的镜像应该在对应的 platform/add-on 目录下。参考-help-sdk-images 查看更详细信息。

如果在 Android 编译系统下编译，应该定义环境变量 ANDROID_PRODUCT_OUT，模拟器才可能自动找到正确的镜像文件。参考-help-build-images 查看更详细信息。

如果既没使用 SDK 也没使用 Android 编译系统，仍然可以通过显示指定所显示的磁盘镜像文件路径启动模拟器，通常是显示指定选项-sysdir，-datadir，-kernel，-ramdisk，-system，-data，-cache。

参考相应的-help-<option>条目查看更详细的信息。

其实相关选项是：

■ -init-data，指定另外一个初始化好的用户数据镜像文件；

■ -wipe-data，将初始化好的用户数据镜像文件（userdata.img）的内容复制到一个可写的用户数据镜像文件（userdata-qemu.img）中；

■ -no-cache，不使用/cache 分区，尽管这个分区可用。

72．emulator -help-keys

supported key bindings

当启动模拟器时，可以使用的按键如表 8.1 所示。

表 8.1　可使用的按键

模拟器按键	键 盘 按 键
HOME	HOME
Menu（左按键）	F2 或 PgUp
开始（右按键）	Shift-F2 或 PgDn
后退	ESC
呼叫或拨号键	F3
挂断或保持通话键	F4
查找键	F5
电源按键	F7
调高音量键	小键盘加号（+）（KEYPAD_PLUS，Ctrl-5）
调低音量键	小键盘负号（–）（KEYPAD_MINUS，Ctrl-F6）
照像键	Ctrl-KEYPAD_5，Ctrl-F3
切换到前一个布局方向（如水平和垂直）	KEYPAD_7，Ctrl-F11
切换到下一个布局方向（如水平和垂直）	KEYPAD_9，Ctrl-F12
禁用/启用所有网络	F8
切换代码跟踪	F9 （当且仅当有-trace 标记时有效）
切换全屏模式	Alt-Enter
切换跟踪球模式	F6
临时进入跟踪球模式（当按下键时）	Delete
方向键中心键	KEYPAD_5
方向键（左）	KEYPAD_4

续表

模拟器按键	键 盘 按 键
方向键（右）	KEYPAD_6
方向键（上）	KEYPAD_8
方向键（下）	KEYPAD_2
Onion alpha（升降）	KEYPAD_MULTIPLY（*）/ KEYPAD_DIVIDE（/）

注意 NumLock 键必须禁用后才能使用键盘上的按键。

73．emulator -help-debug-tags

使用选项-debug <tags>启用或禁用模拟器中特定的调试信息，是由<tags>指定的。<tags>是用空格、逗号或分号隔开的若干个<component>，所支持的<component>如表 8.2 所示。

表 8.2 支持的< component >

<Tags>	说　明
init	模拟器初始化
console	模拟器控制台
modem	模拟的 GSM 调制解调器
radio	模拟的 GSM AT 命令通道
keys	按键绑定和按键
slirp	内部路由器和防火墙
timezone	主机上时区检查
socket	网络套接字
proxy	网络代理支持
audio	音频子系统
audioin	音频输入后端
audioout	音频输出后端
surface	视频接口支持
qemud	qemud 守护进程
gps	模拟的 GPS
nand_limits	nand 或 flash 读写界限
hw_control	模拟的电源、闪光、LED 灯或振动
avd_config	Android 虚拟设备配置
sensors	模拟的传感器
memcheck	内存检查管理器
all	输出所有

每一个<component>前面可以加‘-’，表示禁用它的调试信息，例如：

```
-debug all,-socket,-keys
```

表示除了与网络套接字和按键绑定，输出所有调试信息。

74．emulator -help-char-devices

各种选项使用<devices>，它用来在模拟器或通信通道上设置一些钩子。表 8.3 是一些所支持的<devices>值。

表 8.3 支持的<devices>值

<Tags>	说 明
stdio	标准输入输出。遵循字符转换，如 LN <=> CR/LF
COM<n>	<n>是一个数字，是主机通信端口号（Windows 系统）
pipe：<filename>	命名管道<filename>
file：<filename>	写入到<filename>，不可读取
pty	伪 TTY，新的 PTY 会自动分配的（Linux 系统）
/dev/<file>	主机字符设备文件，如/dev/ttyS0，可能会要求 root 权限（Unix 系统）
/dev/parport<N>	使用主机并行端口，可能会要求 root 权限（Linux 系统）
unix：<path>[,server][,nowait]]	使用 Unix domain Socket。如果使用选项 server，模拟器将会创建 Socket，并等待客户端的连接。如果使用选项 nowait，则不等待（Unix 系统）
tcp：[<host>]：<port>[,server][,nowait][,nodelay]	使用 TCP socket。默认情况会将 host 设置为 localhost。如果使用选项 server，模拟器将会绑定到<port>，并等待客户端的连接。如果使用选项 nowait，则不等待。选项 nodelay 禁用 TCP Nagle 算法
telnet：[<host>]：<port>[,server][,nowait][,nodelay]	与 tcp：类似，但是它使用 telnet 协议而不使用 TCP 协议
udp：[<remote_host>]：<remote_port>[@[<src_ip>]：<src_port>]	将输出发送到远程 UDP 服务器。如果没有指定< remote_host>，它会使用默认的 0.0.0.0 作为服务器。通过在@之后加上特定的源地址就可以接收 UDP 输入了
fdpair：<fd1>,<fd2>	重定向输入输出到一对已打开的文件描述符上。脚本或用程序启动模拟器时是很有用的（Unix 系统）
none	没有设备可连接
null	空设备，在 Unix 平台是/dev/null，在 Win32 平台是 NUL

75．emulator -help-environment

Android 模拟器在启动时查找环境变量。

- 如果定义了 ANDROID_LOG_TAGS，即是使用选项-logcat <tags>。
- 如果定义了 http_proxy，即是使用选项-http-proxy <proxy>。
- 如果定义了 ANDROID_VERBOSE，它包含用逗号隔开的列表，例如：

```
ANDROID_VERBOSE=socket,radio
```

即是使用选项-verbose -verbose-socket -verbose-radio。

- 如果定义了 ANDROID_SDK_HOME，即是它使用.android 目录，这个目录里有 SDK 的各种数据（Android 虚拟设备、DDMS 设置信息和密钥库等）。
- 如果定义了 ANDROID_SDK_ROOT，即是它使用 SDK 安装目录。

76．emulator -help-keyset-file

模拟器启动时，它会查找 keyset 文件，里面包含着可用的按键配置信息。默认文件名为 default.keyset。如果这个默认文件不存在，模拟器会创建一个默认的文件。你也可以手机修改这个文件。它是文本文件，每一行格式如下：

```
<command> [<modifiers>]<key>
```

<command>是命令名称，它的取值是如下之一：

```
BUTTON_HOME         BUTTON_VOLUME_DOWN
BUTTON_DPAD_CENTER
BUTTON_MENU    BUTTON_CAMERA                  BUTTON_DPAD_LEFT
BUTTON_STAR         CHANGE_LAYOUT_PREV
BUTTON_DPAD_RIGHT
BUTTON_BACK         CHANGE_LAYOUT_NEXT             BUTTON_DPAD_UP
BUTTON_CALL         TOGGLE_NETWORK
BUTTON_DPAD_DOWN
BUTTON_HANGUP       TOGGLE_TRACING                 ONION_ALPHA_UP
BUTTON_POWER        TOGGLE_FULLSCREEN
ONION_ALPHA_DOWN
BUTTON_SEARCH       TOGGLE_TRACKBALL
BUTTON_VOLUME_UP    SHOW_TRACKBALL
```

<modifers> 是可选的，它的取值是如下之一：

```
Ctrl-       左 Ctrl 键
Shift-      左 Shift 键
Alt-        左 Alt 键
RCtrl-      右 Ctrl 键
RShift-     右 Shift 键
RAlt-       右 Alt 键
```

<key>是 QWERTY 键盘布局的按键，它的取值是如表 8.4 所示。

表 8.4　　key 的取值

按　键	值	全键盘按键	意　义
BACKSPACE	8	O	KEYPAD_0
TAB	9	P	UP
CLEAR	COLON	Q	DOWN
ENTER	SEMICOLON	R	RIGHT
PAUSE	LESS	S	LEFT
ESCAPE	EQUAL	T	INSERT
SPACE	GREATER	U	HOME
EXCLAM	QUESTION	V	END
DOUBLEQUOTE	AT	W	PAGEUP
HASH	LEFTBRACKET	X	PAGEDOWN
DOLLAR	BACKSLASH	Y	F1
AMPERSAND	RIGHTBRACKET	Z	F2
QUOTE	CARET	DELETE	F3
LPAREN	UNDERSCORE	KEYPAD_PLUS	F4
RPAREN	BACKQUOTE	KEYPAD_MINUS	F5
ASTERISK	A	KEYPAD_MULTIPLY	F6

续表

按　键	值	全键盘按键	意　义
PLUS	B	KEYPAD_DIVIDE	F7
COMMA	C	KEYPAD_ENTER	F8
MINUS	D	KEYPAD_PERIOD	F9
PERIOD	E	KEYPAD_EQUALS	F10
SLASH	F	KEYPAD_1	F11
0	G	KEYPAD_2	F12
1	H	KEYPAD_3	F13
2	I	KEYPAD_4	F14
3	J	KEYPAD_5	F15
4	K	KEYPAD_6	SCROLLOCK
5	L	KEYPAD_7	SYSREQ
6	M	KEYPAD_8	PRINT
7	N	KEYPAD_9	BREAK

大小写是无关紧要的。一个命令可以绑定多个按键，那么使用逗号将它们隔开，下面是一些合法的例子：

```
TOGGLE_NETWORK       F8                # toggle the network on/off
CHANGE_LAYOUT_PREV  Keypad_7,Ctrl-J   # switch to a previous skin layout
```

77．emulator -help-virtual-device

Android 虚拟设备（Android Virtual Device，AVD）模拟了一个设备，在这个模拟的设备上运行 Android 操作系统，Android 操作系统至少包含内核镜像、系统镜像和数据分区。

一个模拟器进程一次只能运行一个指定的 AVD，但是可以创建多个 AVD 并同时运行它们。在模拟器启动的时候，加上选项-avd <name>或者@<namae>就可以使用<name>指定的 AVD 了。例如，启动一个名字为 foo 的 AVD 的命令如下：

```
emulator -avd foo
emulator @foo
```

可以使用 android 工具来管理当前所有的 AVD，命令如下：

```
android create avd -n <name> -t 1    # 创建 AVD
android list avd                     # 列出当前所有可用的 AVD
```

详细使用方法请参考 android 命令工具。

每个 AVD 实际上对应着一个目录，在这个目录里保存着配置信息和可读写磁盘镜像。每个 AVD 是根据当前已有的 SDK 平台或 add-on 创建的。详细信息请参考 emulator -help-sdk-images

注意　如果不使用 SDK 提供的模拟器，而使用 Android 编译系统产生的模拟器，那么就需要定义环境变量 ANDROID_PRODUCT_OUT 了。详细信息请参考 emulator -help-build-images。

78．emulator -help-sdk-images

Android SDK 支持多个版本的 Android 平台，每个 SDK 平台对应着：

- 某一版本的 Android API；
- 相应的系统镜像文件；
- 编译和配置属性；
- 编译应用程序时用到的 android.jar 文件；
- 皮肤文件。

Android SDK 也支持 add-ons。每个 add-ons 基于已存在的平台，并提供了另外一些镜像文件、android.jar、硬件配置信息和/或皮肤文件。目的是允许厂商定制它们自己的系统镜像和 API，而不需要重复将其他 SDK 中已有的文件也打包发行。

在使用 SDK 之前，需要创建 AVD，然后按照以下的顺序依次搜索相应的目录查找系统镜像文件：

- 默认 AVD 目录；
- AVD 对应的 SDK add-on 目录；
- AVD 对应的 SDK 平台目录。

默认情况下，AVD 目录包含着下面的镜像文件：

- userdata-qemu.img - the /data partition image file；
- cache.img - the /cache partition image file。

可以使用选项-wipe-data 将/data 分区的数据恢复到出厂设置，它将会清除所有设置信息。

79．emulator -help-build-images

当使用自己编译的镜像文件时，模拟器通过检查环境变量 ANDROID_SDK_ROOT 知道当前使用的镜像来自哪个 Android 编译系统。

如果定义了该环境变量，它会指向包含系统镜像的目录。然后，模拟器会检查如下的镜像文件：

- kernel-qemu，模拟器的 Linux 内核镜像；
- ramdisk.img，用作启动系统的 ramdisk 镜像；
- system.img，初始化好的系统镜像；
- userdata.img ，初始化好的用户数据分区镜像。

如果 kernel-qemu 镜像在 out 目录中没有找到，就会到<build-root>/prebuilt/android-arm/kernel/目录下查找。

皮肤文件会在<build-root>/sdk/emulator/skins/目录中查找。

使用选项-sysdir、-system、-kernel、-ramdisk、-datadir、data 指定不同的查找目录或不同的镜像文件，也可以使用选项-cache 和-sdcard 分别指定特定的 cache 分区和 SD 卡镜像文件。

注意 下面是 build mode 下的操作。

- 当模拟器退出时，初始化好的系统镜像会复制到临时文件夹，这个临时文件夹会自动删除的。所以即使使用了选项-image <file>也不可能将一些改变的配置或数据信息保存到这个镜像文件中。

■ 使用选项-cache <file>后，临时文件会备份到 cache 分区镜像中，开始时是空的，程序退出时销毁。

8.2 Android 模拟器

上一节提到了 Emulator 命令工具，现在不得不说与之密切相关的 Android 模拟器，它是 Android SDK 中带的一个移动设备模拟器，基于 QEMU 的模拟设备工具，它是一个可以运行在计算机上的虚拟设备。Android 模拟器可以让你不需使用物理设备即可预览、开发和测试 Android 应用程序。

Android 模拟器能够模拟除了接听和拨打电话外的所有移动设备上的典型功能和行为。如图 8.1 所示，Android 模拟器提供了大量的导航和控制键，可以通过鼠标或键盘点击这些按键来为应用程序产生事件。同时它还有一个屏幕用于显示 Android 自带应用程序和自己的应用程序。

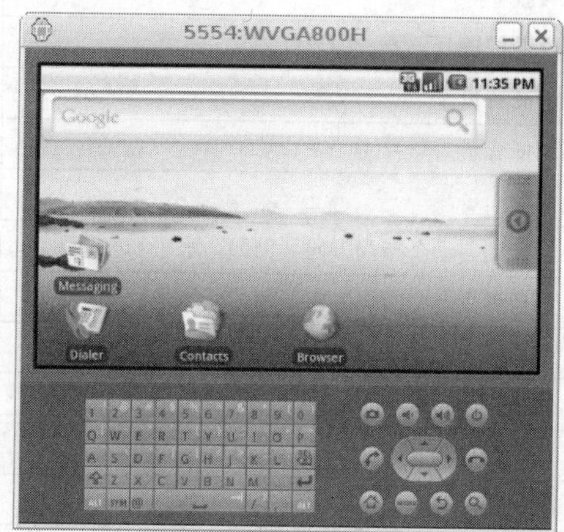

图 8.1 Android 模拟器

为了便于模拟和测试应用程序，模拟器支持 Android 虚拟设备（AVD）配置。AVD 可以设置硬件选项参数和改变模拟器皮肤，还可以配置 Android 平台，然后在模拟器上运行配置好的 Android 系统。一旦自己开发的应用程序在模拟器上运行了，它就可以通过 Android 平台服务调用其他程序、访问网络、播放音频和视频、存取数据、通知用户、渲染图像和主题。

Android 模拟器同样具有强大的调试能力，例如，能够将内核信息输出到控制台、模拟程序中断（如接收短信或打入电话）、模拟数据通道中的延时效果和丢失。

下面的章节将提供关于模拟器的详细信息，以及如何在开发应用程序中使用模拟器。

8.2.1 启动和关闭模拟器

要启动 Android 模拟器，首先进入 SDK 的 tools/文件夹，然后输入 emulator 或./emulator。这个操作将初始化 Android 系统，将会在屏幕上看到模拟器窗口。

要关闭模拟器，只需要关闭模拟器窗口即可。

8.2.2 操作模拟器

你可以通过模拟器的启动选项和控制台命令来控制模拟环境的行为和特性。一旦模拟器启动，就可以像操作真实手机设备一样，通过键盘和鼠标来“按”模拟器的按键，用以操作模拟器。

表 8.5 总结了模拟器按键和键盘按键之间的映射关系。

表 8.5　映射关系表

模拟器按键	键盘按键
HOME	HOME
Menu（左按键）	F2 或 PgUp
开始（右按键）	Shift-F2 或 PgDn
后退	ESC
呼叫	F3
挂断或保持通话	F4
查找	F5
电源按键	F7
调高音量	小键盘加号（+）（KEYPAD_PLUS，Ctrl-5）
调低音量	小键盘负号（-）（KEYPAD_MINUS，Ctrl-F6）
照像	Ctrl-KEYPAD_5，Ctrl-F3
切换到前一个布局方向（例如，水平和垂直）	KEYPAD_7，Ctrl-F11
切换到下一个布局方向（例如，水平和垂直）	KEYPAD_9，Ctrl-F12
禁用/启用所有网络	F8
切换代码跟踪	F9（当且仅当有-trace 标记时有效）
切换全屏模式	Alt-Enter
切换跟踪球模式	F6
临时进入跟踪球模式（当按下键时）	Delete
方向键（左上右下）	KEYPAD_4/8/6/2
中心建	KEYPAD_5
Onion alpha（升降）	KEYPAD_MULTIPLY（*）/ KEYPAD_DIVIDE（/）

8.2.3　模拟器启动选项

Android 模拟器提供了很多启动选项，可以在启动模拟器时指定，来控制其外观和行为。下面是用命令行的方式启动模拟器并指定参数的语法：

```
emulator [-option [value]] ... [-qemu args]
```

所有有效地选项请参考第一节。

8.2.4　使用模拟器控制台

每一个运行中的模拟器实例都包括一个控制台，可以利用控制台动态地查询和控制模拟设备的环境。例如，可以利用控制台动态地管理端口映射和网络特性，还可以模拟电话时间。要想进入控制台输入命令，需要使用 telnet 连接到控制台的端口号。

可以使用下面的命令随时随地连接到任何一个运行中的模拟器实例：

```
telnet localhost <port>
```

假设第一个模拟器实例的控制台使用 5554 端口，下一个实例使用的端口号会加 2，比如 5556、5558……。可以在启动模拟器时使用-verbose 选项来检测该模拟器实例使用的端口号，在调试输出的信息中找到“emulator console running on port number”这一行。另外，可以在命令行中使用 adb devices 来查看模拟器实例和他们的端口列表，最多可以有 16 个模拟器实例同时运行在控制台。

> **注意** 模拟器监听端口 5554～5587 来自任何计算机的连接。将来发布的版本将只接收本机的连接，但目前，需要用防火墙阻断外部对开发设备 5554～5587 这些端口的连接。

一旦连接上控制台，可以输入 help [command]来查看命令列表和指定命令的教程。

要离开控制台，使用 quit 或 exit 命令。

下面将介绍控制台的主要功能区域。

8.2.4.1 端口重定向

可以在模拟器运行期间添加和删除端口重定向。连接上控制台后，可以通过下面的方法管理端口重定向：

```
redir <list|add|del>redir
```

支持的子命令如表 8.6 所示。

表 8.6 支持的子命令

子命令	描述	注释
list	列出当前的端口重定向	(min 150，max 550)
add <protocol>：<host-port>：<guest-port>	添加新的端口重定向	<protocol> 必须是“tcp”或“udp”，<host-port> 是主机上开启的端口号，<guest-port> 是向模拟器/设备发送数据的端口号
del <protocol>：<host-port>	删除端口重定向	<protocol> and <host-port>的含义同上

8.2.4.2 网络状况

可以利用控制台检测网络状况和当前延迟、加速特性。要想检测网络状态需要连接到控制台，使用 netstatus 命令，下面是命令和输出的例子：

```
network status
```

8.2.4.3 网络延迟模拟

模拟器允许模拟多种网络延迟等级，因此，可以在更接近真实情况的环境下测试应用程序。可以在模拟器启动时设置延迟等级或范围，也可以在模拟器运行期间通过控制台动态修改延迟。

要想在模拟启动时设置延迟，使用-netdelay 选项，后面跟一个合法的 <delay>值。这里给出一些例子：

```
emulator -netdelay gprs
emulator -netdelay 40 100
```

要想在模拟器运行期间动态修改网络延迟，需要连接上控制台使用 netdelay 命令，后面跟合法的<delay>值。表 8.7 中列出了合法的<delay>值，实例如下所示：

```
network delay gprs<delay>
```

值的格式为表 8.7 中的一种（单位为毫秒）。

表 8.7 <delay>值

值	描　述	注　释
gprs	GPRS	(min 150，max 550)
edge	EDGE/EGPRS	(min 80，max 400)
umts	UMTS/3G	(min 35，max 200)
none	没有延迟	(min 0，max 0)
<num>	模拟一个准确的延迟(毫秒)	
<min>：<max>	模拟一个指定的延迟范围(min，max 毫秒)	

8.2.4.4 网速模拟

模拟器同样允许模拟多种网络传输速度。可以在模拟器启动时指定传输速度或范围，也可以在模拟器启动后通过控制台动态修改传输速度。

要想在模拟器启动时设置网络传输速度，使用-netspeed 选项，后面跟合法的 <speed>值。下面是一些例子：

```
emulator -netspeed gsm
emulator -netspeed 14.4 80
```

要想在模拟器运行中动态改变网络传输速度，需要连接上控制台，使用 netspeed 命令，后面跟合法的<speed>值。表 8.8 中列出了合法的<speed>值，实例如下所示：

```
network speed 14.4 80
```

<speed>值的格式为表 8.8 中的一种（单位为 kb/s）。

表 8.8 <speed>值

值	描　述	注　释
gsm	GSM/CSD	(Up：14.4，down：14.4)
hscsd	HSCSD	(Up：14.4，down：43.2)
gprs	GPRS	(Up：40.0，down：80.0)
edge	EDGE/EGPRS	(Up：118.4，down：236.8)
umts	UMTS/3G	(Up：128.0，down：1920.0)
hsdpa	HSDPA	(Up：348.0，down：14400.0)
full	无限制	(Up：0.0，down：0.0)
<num>	设置一个上行和下行公用的准确速度	
<up>：<down>	分别为上行和下行设置准确的速度	

8.2.4.5 电话功能模拟

Android 模拟器拥有自己的 GSM 模块，允许在模拟器上模拟电话功能。例如，可以模拟打入电话和建立/终止数据连接。Android 系统模拟电话呼叫与真实情况一样。

可以通过控制台访问模拟器的电话功能。连接上控制台后，可以使用下面的方法来调用电话功能：

```
gsm <call|data|voice>
```

GSM 命令支持表 8.9 中列出的子命令。

表 8.9 GSM 命令支持的子命令

子 命 令	描 述	注 释
call <phonenumber>	模拟来自电话号码为<phonenumber>的呼叫	
voice <state>	修改 GPRS 语音连接的状态为<state>	合法的<state>值为： unregistered — 无可用网络，home — 处于本地网、无漫游，roaming — 处于漫游网，searching — 查找网络，denied — 仅能用紧急呼叫，off— 同 ‘unregistered’ on —同 ‘home’
data <state>	修改 GPRS 数据连接的状态为<state>.	合法的<state>值为： unregistered — 无可用网络，home — 处于本地网、无漫游，roaming — 处于漫游网，searching — 查找网络，denied — 仅能用紧急呼叫，off — 同 ‘unregistered’，on — 同 ‘home’

8.2.5 使用模拟器皮肤

可以让模拟器使用表 8.10 中介绍的 4 种皮肤之一。要想指定皮肤，在启动模拟器时使用-skin <skinID>选项。

表 8.10 皮肤 ID 含义

皮肤 ID	描 述
QVGA-L	320×240，横屏（默认）
QVGA-P	240×320，竖屏
HVGA-L	480×320，横屏
HVGA-P	320×480，竖屏

例如：

```
emulator -skin HVGA-L
```

注意 <skinID> 必须用大写（如果开发设备对大小敏感）。

Android SDK 中包含多个模拟器皮肤，可以用它来控制分辨率和模拟设备的屏幕密度。为运行的模拟器选择一个特定的皮肤，需要创建一个使用这个皮肤的 AVD。请不要使用过时的模拟器选项来控制模拟器实例使用的皮肤，如-skin。

8.2.6 运行多个模拟器实例

如果必要的话，可以同时运行多个模拟器实例。每个模拟器实例使用独立的用户数据内存和不同的控制台端口。这可以独立地管理每一个模拟器实例。

如果要运行多个模拟器实例，请注意每个实例存储跨会话的持久用户数据的能力，即用户设置和安装的应用程序会受限制。具体如下所示。

- 只有第一个模拟器实例能根据会话保存用户数据。默认情况下它把用户数据保存在开发设备的～/.android/userdata.img（on Linux and Mac）或 C：\Documents and Settings\<user>\Local Settings\Android\userdata.img（on Windows）文件里。可以在启动模拟器时使用-data 选项来控制用户数据的存储（和加载）位置（请参考 8.2.5 小节模拟器启动选项）。
- 在第一个实例后启动的模拟器实例（并行的）在会话过程中也保存用户数据，但它们不为下一个会话保存它。这些实例将数据保存在临时文件中，当实例退出时，相应的临时文件会被删除。

8.2.7 在模拟器上安装应用程序

要想在模拟器上安装应用程序，要用到 adb 工具。

> **注意** 模拟器通过重启保存用户设置和安装的程序。默认情况下，模拟器将数据保存在开发设备的一个文件里。在 Linux 和 Mac 操作系统下，模拟器将用户数据保存在～/.android/userdata.img。在 Windows 下，模拟器将数据保存在 C：\Documents and Settings\<user>\Local Settings\Android\userdata.img。模拟器用 userdata.img 文件的内容作为 data/的目录。

8.2.8 SD 卡模拟

可以创建磁盘镜像并在模拟器启动时加载它，来模拟设备中用户的 SD 卡。下面的章节将介绍如何创建磁盘镜像、如何向磁盘镜像复制文件和如何在模拟器启动时加载镜像。

> **注意** 只能在模拟器启动时加载磁盘镜像。同理，模拟器运行时不能移除 SD 卡。但可以通过 adb 或模拟器浏览、发送、复制和删除模拟 SD 卡上的文件。

同时还要注意，模拟 SD 卡的大小不能超过 2GB。

8.2.8.1 使用 android 工具创建 SD 卡磁盘镜像

创建 SD 卡镜像最简单的方式就是使用 android 工具，命令如下所示：

```
android create avd -n <avd_name> -t <targetID> -c <size>[K|M]
```

详细信息请参考 AVD 部分。

8.2.8.2 使用 mksdcard 工具创建 SD 卡磁盘镜像

可以用 SDK 中的 mksdcard 工具来创建可以在模拟器启动时加载的 FAT32 磁盘镜像。可以在

SDK 的 tools/目录下找到 mksdcard，用下面的命令检测磁盘镜像：

```
mksdcard <size> <file>
```

示例：

```
mksdcard 512M SD.IMG  //这样就会在 tools 目录下生成一个 512MB 的 sd.img 文件
```

启动一个带有 SD 卡的模拟器：

```
emulator -avd g2 -sdcard sd.img  //g2 是先前设置好的 AVD 名称
```

8.2.8.3　复制文件到磁盘镜像

一旦创建了一个磁盘镜像，就可以在模拟器加载它之前复制文件到镜像中。要复制文件，可以将镜像加载为循环设备，然后向里面复制文件，或者可以使用 mtools 工具包中的 mcopy 直接将文件复制到镜像中。mtools 包在 Linux、Mac 和 Windows 下均可用。

8.2.8.4　在模拟器启动时加载磁盘镜像

要想在模拟器中加载 FAT32 格式的磁盘，启动模拟器时带上-sdcard 标记，并指定镜像的名称和路径（相对于当前工作目录）：

```
emulator -sdcard <filepath>
```

8.2.9　故障排除

adb 工具把模拟器当成一个真实的物理设备。因此，需要在使用 adb 命令（如 install）时加上-d 标记。-d 标记允许在众多连接设备中指定使用哪一个设备作为命令的目标。如果不指定-d，模拟器会选择列表中的第一个设备。想了解更多关于 adb 的信息，请参考 Android Debug Bridge。

对于运行在 Mac OS X 上的模拟器，如果在启动模拟器时遇到“Warning：No DNS servers found”错误，请查/etc/resolv.conf 文件是否存在。如果不存在，请在命令窗口中运行下面的命令：

```
ln -s /private/var/run/resolv.conf /etc/resolv.conf
```

8.2.10　模拟器的限制

当然，模拟器不是什么功能都能模拟出来，它存在如下限制：

- 不支持呼叫和接听实际来电，但可以通过控制台模拟电话呼叫（呼入和呼出）；
- 不支持 USB 连接；
- 不支持相机/视频捕捉；
- 不支持音频输入（捕捉），但支持输出（重放）；
- 不支持扩展耳机；
- 不能确定连接状态；
- 不能确定电池电量水平和交流充电状态；
- 不能确定 SD 卡的插入/弹出；
- 不支持蓝牙。

8.3 adb

Android 调试桥（Android Debug Bridge，adb）是多种用途的工具，管理设备或者仿真器的状态。它包括运行在后台预定程序下作为连接主机、仿真器、其他设备之间端口的一个 daemon。与命令行接口一样，通过控制 daemon、仿真器和其他设备。在其他使用当中，adb 使开发者能够：

- 快速更新设备或者仿真器代码，例如，应用程序或 Android 系统程序的更新；
- 在设备上运行 shell 命令；
- 在仿真器或设备上面管理预定端口；
- 仿真器或设备上同步文件。

Android 调试系统是一个面对客户服务系统，包括 3 个组成部分。

（1）一个用于开发程序的计算机上运行的客户端。可以通过 shell 端使用 adb 命令启动客户端。其他 Android 工具，如 ADT 插件和 DDMS 同样可以产生 adb 客户端。

（2）在用于开发的计算机上作为后台进程运行的服务器。该服务器负责管理客户端与运行于模拟器或设备上的 adb 守护程序（daemon）之间的通信。

（3）一个以后台进程的形式运行于模拟器或设备上的守护程序（daemon）。

当启动一个 adb 客户端，客户端首先确认是否已有一个 adb 服务进程在运行。如果没有，则启动服务进程。当服务器运行，adb 服务器就会绑定本地的 TCP 端口 5037，并监听 adb 客户端发来的命令（所有的 adb 客户端都是用端口 5037 与 adb 服务器对话的）。接着服务器将所有运行中的模拟器或设备实例建立连接。它通过扫描所有 5555 到 5585 范围内的奇数端口来定位所有的模拟器或设备。一旦服务器找到了 adb 守护程序，它将建立一个到该端口的连接。请注意，任何模拟器或设备实例会取得两个连续的端口——一个偶数端口用来与相应控制台的连接，和一个奇数端口用来响应 adb 连接，例如：

- 模拟器 1，控制台，端口 5554；
- 模拟器 1，adb 端口 5555；
- 控制台，端口 5556；
- adb 端口 5557……

如上所示，模拟器实例通过 5555 端口连接 adb，就如同使用 5554 端口连接控制台一样。

一旦服务器与所有模拟器实例建立连接，就可以使用 adb 命令控制和访问该实例。因为服务器管理模拟器/设备实例的连接，以及控制处理来自多个 adb 客户端发来的命令，可以通过任何客户端（或脚本）来控制任何模拟器或设备实例。

本小节详细描述了通过命令使用 adb 和管理模拟器/设备的状态。要注意的是，如果你用装有 ADT 插件的 Eclipse 开发 Android 程序，就不需要通过命令行使用 adb。ADT 插件已经透明地把 adb 集成到 Eclipse 中了。当然，如果必要的话也可以直接使用 adb，如调试程序。

8.3.1 发出 adb 命令

发出 Android 命令：可以用开发机上的命令行或脚本上发出 Android 命令，使用方法：

```
adb [-d|-e|-s <serialNumber>] <command>
```

当发出一个命令，系统启用 Android 客户端。客户端并不与模拟器实例相关，所以，如果双服务器/设备是运行中的，需要用-d 选项来为应被控制的命令确定目标实例。关于使用这个选项的更多信息，可以参考 8.3.7 小节 adb 命令列表，查看详细模拟器/设备实例控制命令。

8.3.2　查询模拟器/设备

在发布 adb 命令之前，有必要知道什么样的模拟器/设备实例与 adb 服务器是相连的。可以通过使用 devices 命令来得到一系列相关联的模拟器/设备：

```
adb devices
```

作为回应，adb 为每个实例都制定了相应的状态信息。

■ 序列号——由 adb 创建的一个字符串，这个字符串通过自己的控制端口<type>-<consolePort> 惟一地识别一个模拟器/设备实例。一个序列号的例子：

```
emulator-5554
```

■ 实例的连接状态有 3 种状态。

■ offline — 此实例没有与 adb 相连接或者无法响应。

■ device — 此实例正与 adb 服务器连接。注意，这个状态并不能百分之百地表示在运行和操作 Android 系统，因此，这个实例是当系统正在运行的时候与 adb 连接的。然而，在系统启动之后，就是一个模拟器/设备状态的正常运行状态了。

每个实例的输出都有如下固定的格式：

```
[serialNumber] [state]
```

下面是一个展示 devices 命令和输出的例子：

```
$ adb devices
List of devices attached
emulator-5554  device
emulator-5556  device
emulator-5558  device
```

如果当前没有模拟器/设备运行，adb 则返回 no device。

8.3.3　向特定的模拟器/设备发送命令

如果有多个模拟器/设备实例在运行，在发布 adb 命令时需要指定一个目标实例，请使用-s 选项的命令：

```
adb -s <serialNumber> <command>
```

如上所示，给一个命令指定了目标实例，这个目标实例使用由 adb 分配的序列号。可以使用 devices 命令来获得运行着的模拟器/设备实例的序列号。

示例如下所示：

```
adb -s emulator-5556 install HelloWorld.apk
```

> 注意　如果没有指定一个目标模拟器/设备实例就执行-s 这个命令的话，adb 会产生一个错误。

8.3.4 安装软件

可以使用 adb 从你用的开发计算机上复制一个应用程序，并且将其安装在一个模拟器/设备实例上。可以这样做，使用 install 命令。这个 install 命令要求你必须指定所要安装的.apk 文件的路径：

```
adb install <path_to_apk>
```

为了获取更多的关于怎样创建一个可以安装在模拟器/设备实例上的.apk 文件的信息，可参照 Android Asset Packaging Tool（aapt）。

要注意的是，如果正在使用 Eclipse IDE，并且已经安装过 ADT 插件，那么就不需要直接使用 adb（或者 aapt）去安装模拟器/设备上的应用程序。ADT 插件代你全权处理应用程序的打包和安装。

8.3.5 转发端口

可以使用 forward 命令进行任意端口的转发——一个模拟器/设备实例的某一特定主机端口向另一不同端口的转发请求。下面演示了如何建立从主机端口 6100 到模拟器/设备端口 7100 的转发：

```
adb forward tcp:6100 tcp:7100
```

同样地，可以使用 adb 来建立命名为抽象的 UNIX 域套接口，上述过程如下所示：

```
adb forward tcp:6100 local:logd
```

8.3.6 从模拟器/设备中导入导出文件

可以使用 adbpull、adb push 命令将文件复制到一个模拟器/设备实例中，或者是从一个模拟器/设备实例中将文件复制出来。install 命令只将一个.apk 文件复制到一个特定的位置，与其不同的是，pull 和 push 命令可复制任意的目录和文件到一个模拟器/设备实例中的任何位置。

从模拟器或者设备中复制文件或目录，使用如下命令：

```
adb pull <remote> <local>
```

将文件或目录复制到模拟器或者设备上，使用如下命令：

```
adb push <local> <remote>
```

在这些命令中，<local>和<remote>分别指通向自己的开发机（本地）和模拟器/设备实例（远程）上的目标文件/目录的路径

下面是一个例子：

```
adb push foo.txt /sdcard/foo.txt
```

8.3.7 adb 命令列表

下面列出了 adb 支持的所有命令选项，并对它们的意义和使用方法做了说明。

1．-d

仅仅通过 USB 接口来管理 abd。如果不只是用 USB 接口来管理则返回错误。

2．–e

仅仅通过模拟器实例来管理 adb。如果不是仅仅通过模拟器实例管理则返回错误。

3．-s <serialNumber>

通过模拟器/设备的允许的命令号码来发送命令来管理 adb（如“emulator-5556”）。如果没有指

定号码，则会报错。

4．Devices

查看所有连接模拟器/设备的清单。

5．Help

查看 adb 所支持的所有命令。

6．Version

查看 adb 的版本序列号。

7．Debug logcat [<option>] [<filter-specs>]

将日志数据输出到屏幕上。

8．bugreport

查看 Bug 的报告，如 dumpsys、dumpstate 和 logcat 信息。

9．jdwp

查看指定设备可用的 JDWP 信息。可以用 forward jdwp：<pid>端口映射信息来连接指定的 JDWP 进程，例如：

```
adb forward tcp:8000 jdwp:472
jdb -attach localhost:8000
```

10．install <path-to-apk>

将.apk 安装包安装到模拟器/设备的某一路径下。

11．pull <remote> <local>

将指定的文件从模拟器/设备上复制到计算机上。

12．push <local> <remote>

将指定的文件从计算机上复制到模拟器/设备中。

13．Ports and Networking forward <local> <remote>

用本地指定的端口通过 socket 方法远程连接模拟器/设备端口需要描述下列信息：

```
tcp:<portnum>
local:<UNIX domain socket name>
dev:<character device name>
jdwp:<pid>
```

14．ppp <tty> [parm]…

通过 USB 运行 ppp：

- <tty> — the tty for PPP stream，For exampledev：/dev/omap_csmi_ttyl。
- [parm]… &mdash zero or more PPP/PPPD options，such as defaultroute ，local，notty，etc.

需要提醒的是，不能自动启动 PDP 连接。

15．Scripting get-serialno

查看 adb 实例的序列号。查看 Querying for Emulator/Device Instances 可以获得更多信息。

16．get-state

查看模拟器/设施的当前状态。

17．wait-for-device

如果设备不联机就不让执行，也就是实例状态是 device 时，可以提前把命令转载在 adb 的命令器中，命令器中的命令在模拟器/设备连接之前是不会执行其他命令的.，示例如下：

```
adb wait-for-device shell getprop
```

需要提醒的是，这些命令在所有的系统启动起来之前是不会启动 adb 的，所以在所有的系统启动起来之前也不能执行其他的命令，例如：运用 install 的时候就需要 Android 包，这些包只有系统完全启动。例如：

```
adb wait-for-device install <app>.apk
```

上面的命令只有模拟器/设备连接上了 adb 服务才会被执行，而在 Android 系统完全启动前执行就会有错误发生。

18．Server start-server

选择服务是否启动 adb 服务进程。

19．kill-server

终止 adb 服务进程。

在某些情况下，可能需要终止 Android 调试系统的运行，然后再重新启动它。例如，如果 Android 调试系统不响应命令，可以先终止服务器然后再重启，这样就可能解决这个问题。

20．start-server

可以用 adb 发出的任何命令来重新启动服务器，命令如下：

```
adb start-server
```

21．Shell shell

通过远程 shell 命令来控制模拟器/设备实例。查看获取更多信息 for more information。

22．shell [<shellCommand>]

连接模拟器/设备执行 shell 命令，执行完毕后退出远程 shell 端。

8.3.8 启动 shell 命令

adb 提供了 shell 端，通过 shell 端可以在模拟器或设备上运行各种命令。这些命令以二进制的形式保存在本地的模拟器或设备的文件系统中：

/system/bin/...不管是否完全进入到模拟器/设备的 adb 远程 shell 端，都能用 shell 命令来执行命令。

当没有完全进入到远程 shell 的时候，这样使用 shell 命令来执行一条命令：

```
adb [-d|-e|-s {<serialNumber>}] shell <shellCommand>
```

在模拟器/设备中不用远程 shell 端时，这样使用 shell 命：

```
adb [-d|-e|-s {<serialNumber>}] shell
```

通过用 CTRL+D 组合键或 exit 就可以退出 shell 远程连接。

8.3.9 启动 logcat

Android 日志系统提供了记录和查看系统调试信息的功能。日志都是从各种软件和一些系统的缓冲区中记录下来的，缓冲区可以通过 logcat 命令来查看和使用。

8.3.9.1 使用 logcat 命令

可以用 logcat 命令来查看系统日志缓冲区的内容：

```
[adb] logcat [<option>] ... [<filter-spec>] ...
```

也可以在计算机或运行在模拟器/设备上的远程 adb shell 端来使用 logcat 命令，也可以在计算机上查看日志输出：

```
$ adb logcat
```

你也可以这样使用：

```
# logcat
```

8.3.9.2　过滤日志输出

每一个输出的 Android 日志信息都有一个标签和它的优先级。

日志的标签是系统部件原始信息的一个简要的标志（例如："View"就是查看系统的标签）。

优先级有下列集中，是按照从低到高顺利排列的：

- V — Verbose（低优先级）；
- D — Debug；
- I — Info；
- W — Warning；
- E — Error；
- F — Fatal；
- S — Silent。

在运行 logcat 的时候，在前两列的信息中就可以看到 logcat 的标签列表和优先级别，它是这样标出的：<priority>/<tag>。

下面是一个 logcat 输出的例子，它的优先级就似乎是 I，标签就是 ActivityManage：

```
I/ActivityManager(  585): Starting activity: Intent { action=android.intent.action...}
```

为了让日志输出能体现管理的级别，还可以用过滤器来控制日志输出，过滤器可以帮助你描述系统的标签等级。

过滤器语句按照下面的格式描述 tag：priority ...，tag 表示是标签，priority 表示标签报告的最低等级。从上面的 tag 中可以得到日志的优先级，可以在过滤器中多次写 tag：priority。

这些说明都只到空白结束。下面有一个列子，例子表示支持所有的日志信息，除了那些标签为"ActivityManager"和优先级为"Info"以上的和标签为"MyApp"和优先级为"Debug"以上的。小等级，优先权报告为 tag：

```
adb logcat ActivityManager:I MyApp:D *:S
```

上面表达式的最后的元素*：S，是设置所有的标签为"silent"，所有日志只显示有"View" and "MyApp"的，用*：S 的另一个用处是能够确保日志输出的时候，按照过滤器的说明限制的，让过滤器也作为一项输出到日志中。

下面的过滤语句指显示优先级为 warning 或更高的日志信息：

```
adb logcat *:W
```

如果计算机上运行 logcat，相比在远程 adb shell 端，还可以为环境变量 ANDROID_LOG_TAGS 输入一个参数来设置默认的过滤：

```
export ANDROID_LOG_TAGS="ActivityManager:I MyApp:D *:S"
```

需要注意的是，ANDROID_LOG_TAGS 过滤器如果通过远程 shell 运行 logcat 或用 adb shell logcat 来运行模拟器/设备不能输出日志。

8.3.9.3 控制日志输出格式

日志信息包括了许多元数据域，包括标签和优先级。可以修改日志的输出格式，所以，可以显示出特定的元数据域。可以通过-v 选项得到输出日志的相关信息。

- brief —显示 priority/tag 域和第一进程的 PID。这个是默认情况。
- process — 只显示 PID 域。
- tag —只显示 priority/tag 域。
- thread — 只显示 process：thread 和 priority/tag。
- raw — 显示原始日志信息，而没有其他元数据域。
- time — 显示日期、priority/tag、域和第一进程的 PID。
- long — 显示所有元数据域，这些数据以空白行分隔。

当启动了 logcat，可以通过-v 选项来指定输出格式：

```
[adb] logcat [-v <format>]
```

下面是用 thread 产生的日志格式：

```
adb logcat -v thread
```

需要注意的是，只能用-v 选项来规定输出格式 option。

8.3.9.4 查看可用日志缓冲区

Android 日志系统有循环缓冲区，并不是所有的日志系统都有默认循环缓冲区。为了得到日志信息，需要通过-b 选项来启动 logcat。如果要使用循环缓冲区，需要查看剩余的循环缓冲期：

- radio — 查看缓冲区的相关的信息；
- events — 查看和事件相关的缓冲区；
- main — 查看主要的日志缓冲区。

-b 选项使用方法：

```
[adb] logcat [-b <buffer>]
```

下面的例子表示怎么查看日志缓冲区，包含 radio 和 telephony 信息：

```
adb logcat -b radio
```

8.3.9.5 查看 stdout 和 stderr

在默认状态下，Android 系统有 stdout 和 stderr（System.out 和 System.err）输出到/dev/null，在运行 Dalvik VM 的进程中，有一个系统可以备份日志文件。在这种情况下，系统会用 stdout 和 stderr 和优先级 I 来记录日志信息。

通过这种方法指定输出的路径，停止运行的模拟器/设备，然后通过用 setprop 命令远程输入日志：

```
$ adb shell stop
$ adb shell setprop log.redirect-stdio true
$ adb shell start
```

系统直到你关闭模拟器/设备前设置会一直保留，通过添加/data/local.prop 可以使用模拟器/设备上的默认设置。

8.3.9.6 Logcat 命令列表

- -b <buffer>加载一个可使用的日志缓冲区供查看，如 event 和 radio。默认值是 main。具体查看 Viewing Alternative Log Buffers。
- -c 清除屏幕上的日志。
- -d 输出日志到屏幕上。
- -f <filename>指定输出日志信息的<filename>，默认是 stdout。
- -g 输出指定的日志缓冲区，输出后退出。
- -n <count> 设置日志的最大数目<count>，默认值是 4，需要和-r 选项一起使用。
- -r <kbytes> 每<kbytes>时输出日志，默认值为 16，需要和-f 选项一起使用。
- -s 设置默认的过滤级别为 silent。
- -v <format> 设置日志输入格式，默认的是 brief 格式，要了解更多的支持格式，参看 Controlling Log Output Format。

8.4 ADT 插件

ADT 为 Eclipse 集成开发环境增加了强大的功能，使得创建和调试 Android 应用程序更加简单和快速。如果使用 Eclipse 来开发 Android 应用，ADT 插件将给你带来极大的帮助。

- 可以从 Eclipse 集成开发环境内部访问别的 Android 开发工具。例如，ADT 允许你直接从 Eclipse 访问 DDMS 工具的很多功能，包括截屏、管理端口转发（port-forwarding）、设置断点、查看线程和进程信息。
- 它提供一个新的项目向导，用于快速创建一个新的 Android 应用需要的所有基本文件。
- 它使构建 Android 应用的过程自动化和简单化。
- 它提供一个 Android 代码编辑器，用于为 Android 的 manifest 和资源文件编写有效的 XML。

8.5 Android 虚拟设备

使用虚拟设备配置（Advanced Virtual Device，AVD）文件来表示 Android 模拟器或真机设备的特性。在每个配置中，可以指定在 Android 平台上运行、硬件选项、使用哪种模拟器皮肤。作为一个独立的设备，保存着与它相关的用户数据、SD 卡等自己的存储信息。

AVD 具有一些模拟器的配置选项，以便更好地模拟真机设备。

每个的 AVD 是由下列部分组成。

- 一个硬件配置文件。可以设置选项来定义虚拟设备的硬件功能。例如，可以定义该设备是否有一个摄像头、是否使用一个物理 QWERTY 键盘或拨号、内存有多少等。
- 一个映射到一个系统映像。可以定义 Android 系统的版本，可以选择一个标准的 Android 平台版本或系统映像打包带的 SDK 插件。

■ 其他选项。可以指定模拟器皮肤、要使用的 AVD、屏幕尺寸、外观等。也可以指定模拟器的 SD 卡使用的 AVD。

■ 开发设备上的一个专用存储区，存储着用户数据（已安装的应用程序、设置等）和模拟 SD 卡。

可以根据需要创建任意多个 AVD，根据设备类型、Android 平台和外部库为基础。有两种方式管理 AVD，一种是命令行方式，即使用 android 命令；另一种是界面方式，即使用 Android AVD Manager。AVD 管理包含：创建、删除、启动、修复。

8.5.1 界面方式

使用图形化工具 AVD Manager 创建 AVD 的基本过程。

（1）在 Eclipse 中选择 Window→Android SDK and AVD Manager。

（2）选择 Select Virtual Devices in the left panel。

（3）点击 New。

出现 Create new AVD 对话框（图 8.2）。

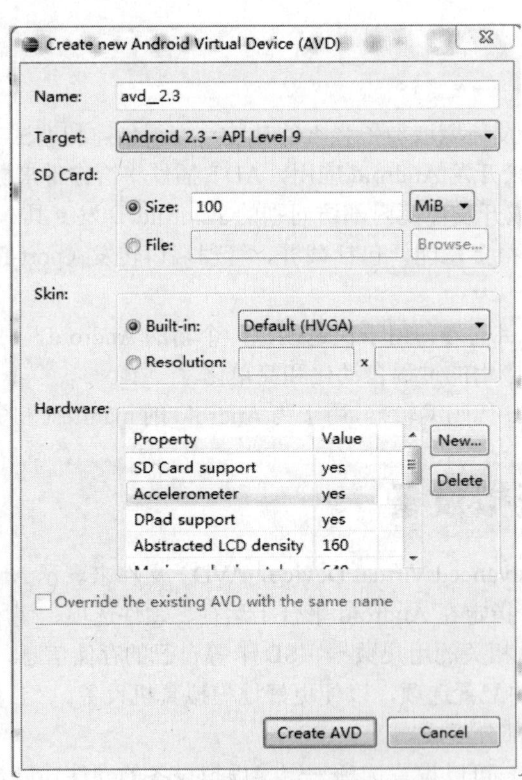

图 8.2 Create new AVD 对话框

（4）输入 AVD 名称，如“avd_2.3”。

（5）选择其他选项信息。

（6）点击“Create AVD”进行创建 AVD。

然后，就会出现当前所有的 AVD 列表界面，如图 8.3 所示。

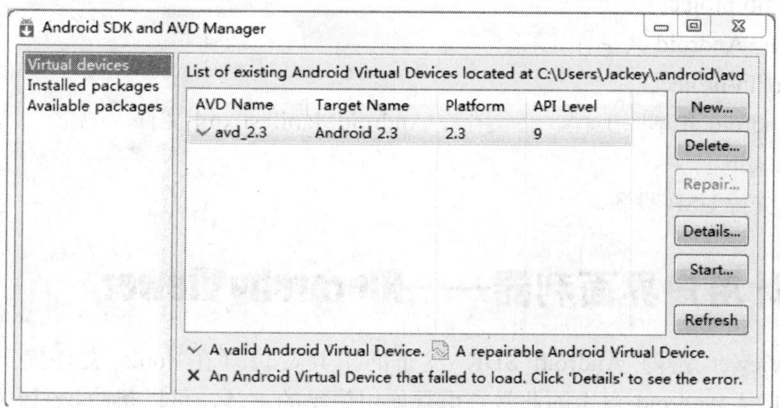

图 8.3　AVD 列表界面

8.5.2　命令行方式

android 工具在 SDK/tools 目录里，下面是它的选项。

1．-list

列出现有的目标或虚拟设备。

2．-list avd

列出现有的 AVD。

3．-list target

列出现有的目标

4．- create avd

创建 AVD。

5．-move avd

移动或重命名 AVD。

6．- delete avd

删除 AVD。

7．- update avd

更新 AVD 以满足一个新的 SDK 文件夹。

8．- create project

创建一个新的 Android 工程。

9．- update project

更新一个 Android 工程，必须存在 AndroidManifest.xml 文件。

10．-create test-project

创建一个带有测试包的新的 Android 工程。

11. update test-project

更新一个带有测试包的 Android 工程。必须存在 AndroidManifest.xml 文件。

12. - create lib-project

创建一个新的 Android 共享库工程。

13. - update lib-project

更新一个 Android 共享库工程。必须存在 AndroidManifest.xml 文件。

14. - update adb

更新 adb 以支持 USB 设备。

8.6 设计用户界面利器——Hierarchy Viewer

Hierarchy Viewer 是随 Android SDK 发布的工具，位置在 tools 文件夹下，名为 hierarchyviewer.bat。它是 Android 自带的非常有用且使用简单的工具，可以帮助我们更好地检视和设计用户界面（UI），绝对是 UI 检视的利器，但是好像很少有人提它，难道是因为太简单？

具体来说主要功能有两个。

（1）从可视化的角度直观地获得 UI 布局设计结构和各种属性的信息，帮助我们优化布局设计。

（2）结合 Debug 帮助观察特定的 UI 对象进行 invalidate 和 requestLayout 操作的过程。

1．基本使用方法

（1）Hierarchy Viewer 的使用非常简单，启动模拟器或者连接上真机后，启动 hierarchyviewer.bat，会看到如图 8.4 所示的界面，Devices 里列出了可以观察的设备，Windows 里列出的是当前选中的设备，可以用来显示 View 结构的 Window。

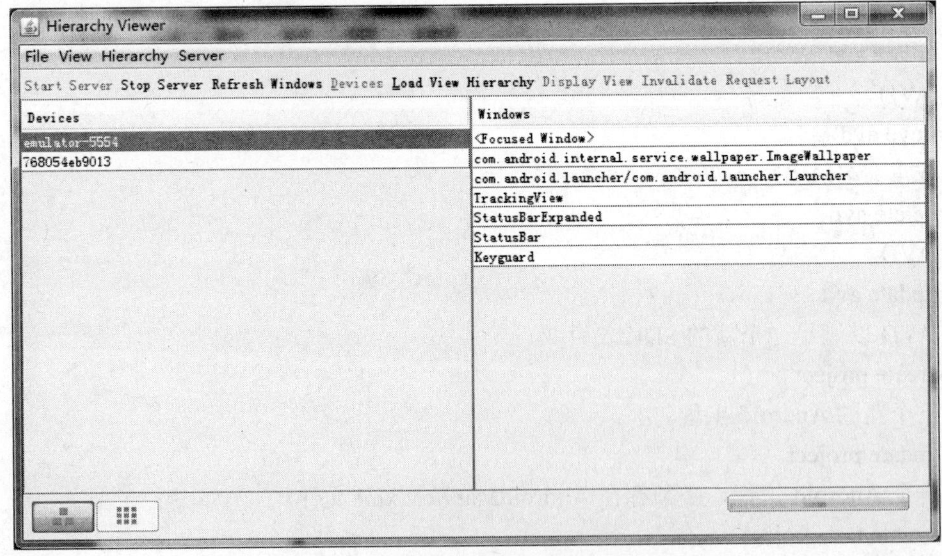

图 8.4 Hierarchy Viewer 界面（1）

选中某个想要观察的 Window，如上面列出的 com.android.launcher/com.android.launcher.Launcher 项，然后点击菜单栏的 Load View Hierarchy，就进入 Layout View，由于要解析相关 Window，所以，这个过程要几秒钟，左边列出的是当前窗口的树型布局结构图，右边列出的是当前选中的某个子 View 的属性信息 和在窗口中的位置，如图 8.5 所示。

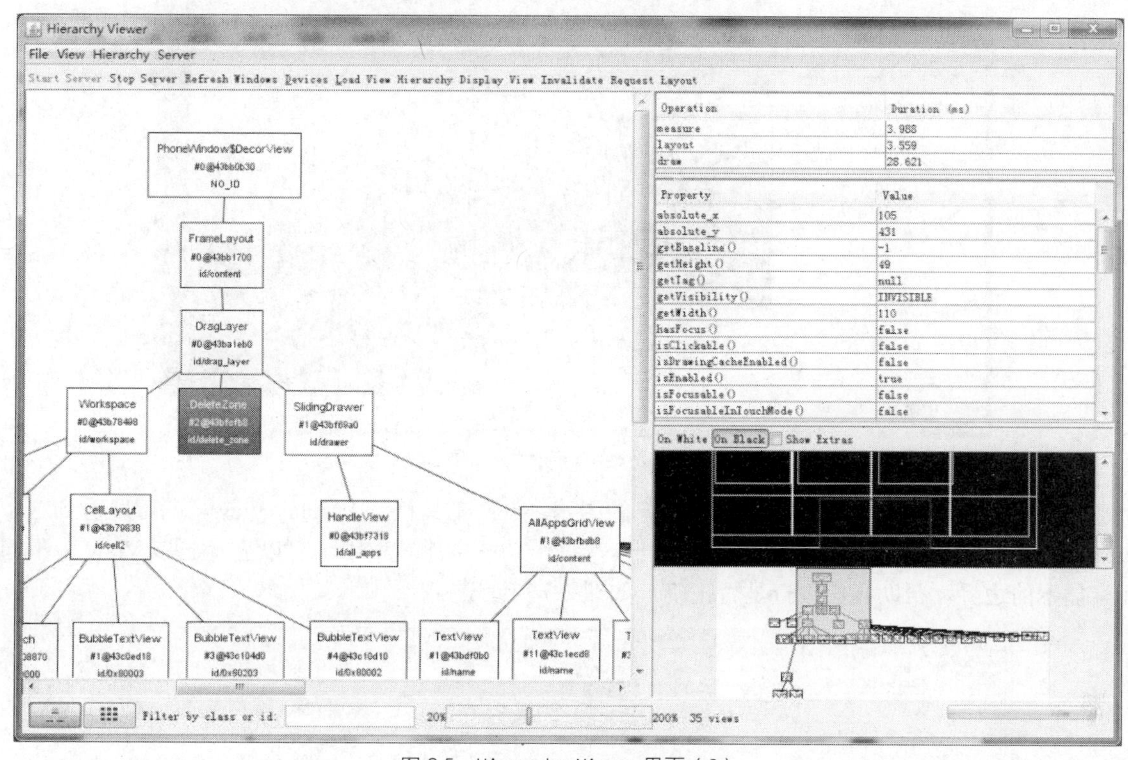

图 8.5　Hierarchy Viewer 界面（2）

需要注意的是：Layout View 列出的 View 结构是从视图的根节点开始的，比如针对 Launcher 使用的 layout，它的底层基础布局 DragLayer 实际上是放在一个 FrameLayout 里的，该 FrameLayout 又是被 PhoneWindow 的 DecorView 管理的。

（2）点击界面左下角类似九宫格的按钮，就进入了 Android 称之为 Pixel Perfect View 的界面，这个界面里主要是从细节上观察 UI 效果，如图 8.6 所示。

左边是浏览视图，中间是全局的视图，右边是当前关注地方的细节放大，是像素级别的，对于观察细节非常有用。

- Refresh Rate 用来控制 View 多久从模拟器或者真机上更新一次视图数据。
- Zoom 就是放大局部细节用的，细节显示在最右边的视图上。
- Overlay 比较有意思，主要用来测试在当前视图上加载新的图片后的效果，点击 Load...选择图片后，可以控制在当前界面上显示的透明度，滑动 0%～100%的控件即可。如果选择了 Show in Loupe，右侧的放大视图也会将加载的图片的细节结合着透明度显示出来。不过目前这个 Overlay 做的比较简单，合成的图只能从界面的左下角为原点画出来，不能移动。

图 8.6　Pixel Perfect View 界面

（3）在 Layout View 中，选中一个 View 的图示，点击工具栏的 Display View，就可以看到这个 View 的实际显示效果，可以点选 Show Extras，这个功能也比较实用，可以显示出该 View 中不同元素显示的边界，帮助我们检查是否正确，如图 8.7 所示。

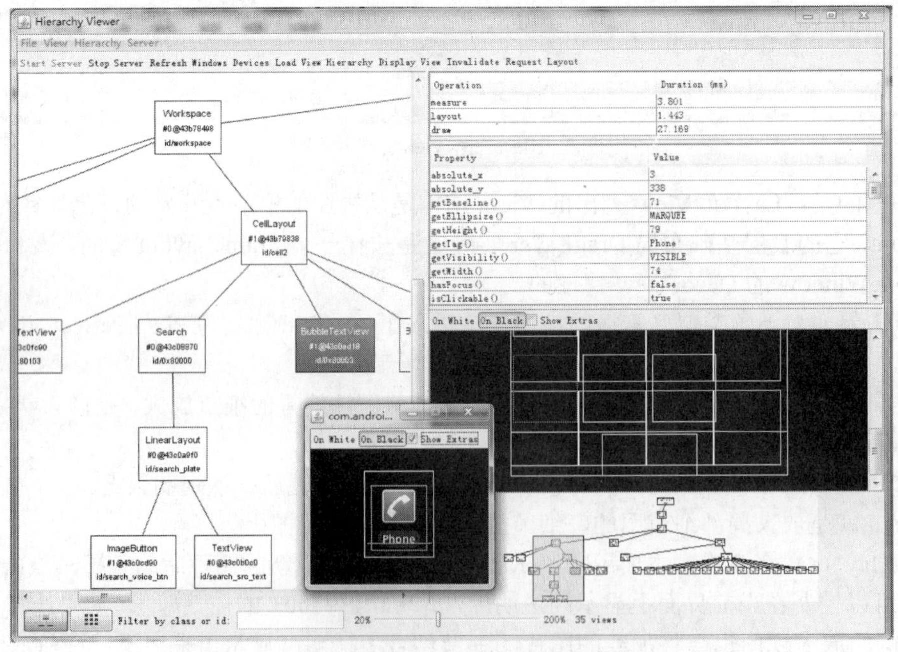

图 8.7　Hierarchy Viewer 界面（3）

2．Hierarchyviewer 的 invalidate 和 requestLayout 功能

对于 Android 的 UI 来说，invalidate 和 requestLayout 是最重要的过程，Hierarchy Viewer 提供了帮助我们 Debug 特定的 UI 执行 invalidate 和 requestLayout 过程的途径，方法很简单，只要选择希望执行这两种操作的 View 点击按钮就可以。当然，需要在例如 onMeasure( )这样的方法中打上断点。这个功能对于 UI 组件是自定义的非常有用，可以帮助单独观察相关界面显示逻辑是否正确。

8.7 layoutopt

layoutopt 是一个命令行工具，可以帮助优化布局和应用程序中布局的层次结构。可以针对布局文件或资源目录来快速检查低效的内容，这可能会影响其他类型的应用程序的性能。

要运行该工具，打开终端，输入 layoutopt <resources>命令，并分析该 resources。运行时，该工具加载指定的 XML 文件，并分析它们的布局结构和层次结构，这是根据预定义的规则进行的。如果它检测出问题，它就输出问题的相关信息：文件名、行号、描述等，并提出了解决问题的建议。

下面是一个例子：

```
$ layoutopt samples/
samples/compound.xml
   7:23 The root-level <FrameLayout/> can be replaced with <merge/>
   11:21 This LinearLayout layout or its FrameLayout parent is useless
samples/simple.xml
   7:7 The root-level <FrameLayout/> can be replaced with <merge/>
samples/too_deep.xml
   -1:-1 This layout has too many nested layouts: 13 levels, it should have <= 10!
   20:81 This LinearLayout layout or its LinearLayout parent is useless
   24:79 This LinearLayout layout or its LinearLayout parent is useless
   28:77 This LinearLayout layout or its LinearLayout parent is useless
   32:75 This LinearLayout layout or its LinearLayout parent is useless
   36:73 This LinearLayout layout or its LinearLayout parent is useless
   40:71 This LinearLayout layout or its LinearLayout parent is useless
   44:69 This LinearLayout layout or its LinearLayout parent is useless
   48:67 This LinearLayout layout or its LinearLayout parent is useless
   52:65 This LinearLayout layout or its LinearLayout parent is useless
   56:63 This LinearLayout layout or its LinearLayout parent is useless
samples/too_many.xml
   7:413 The root-level <FrameLayout/> can be replaced with <merge/>
   -1:-1 This layout has too many views: 81 views, it should have <= 80!
samples/useless.xml
   7:19 The root-level <FrameLayout/> can be replaced with <merge/>
   11:17 This LinearLayout layout or its FrameLayout parent is useless
```

用法。

针对某一布局文件运行 layout 工具：

```
layoutopt < xml文件或目录列表>
```

例如：

```
$ layoutopt res/layout-land
$ layoutopt res/layout/main.xml res/layout-land/main.xml
```

8.8 Draw 9-patch

对应于 android/tools/draw9patch，该工具是一个九宫格绘画工具，通过一个所见即所得（WYS|WYG）的 NinePatch 图形编辑器来创建一个九宫格 NinePatch 图。

下面是一个便捷指南。需要 PNG 图像来创建一个九宫格。

■ 从一个终端启动这个 draw9patch 应用程序，该程序位于 SDK/tools 目录下。

■ 把 PNG 图像拖放到这个工具的工作台窗口中（或者通过 File→Open 9-patch… 来定位文件），左边的窗格是自己绘画区域，可以在里面编辑可延伸的宫格和内容区域。右边窗格是预览区域，从中可以预览图形的拉伸。

■ 在一个像素周长里点击，绘制线条来定义可延伸宫格以及（可选的）内容区域，点击右键（或者在苹果机上，按住 Shift 键并点击）取消之前画的线。

■ 这些完成后，选择 File→Save 9-patch…保存，图片将以.9.png 文件名保存。

> **注意** 一个通常的 PNG 文件(*.png）加载时，将以一个空的单像素边界补充在图片周围，可以在里面画可延伸宫格和内容区域。一个前面保存的九宫格文件(*.9.png)将以原样加载，因为这个已经存在。

可选控制包括。

- 缩放 Zoom：调整图片大小。
- 宫格比例 Patch scale：调整预览视图中图像的比例。
- 显示锁定区域 Show lock：使不可画区域在鼠标光标移动到该区域上时显示出来。
- 显示宫格 Show patches：预览这个绘图区中的可延伸宫格（粉红色代表一个可延伸宫格）。
- 显示内容 Show content：预览视图中的高亮内容区域（紫色部分）。
- 显示坏宫格 Show bad patches：在宫格区域四周增加一个红色边界，这可能会在图像被延伸时产生人工痕迹，如果消除所有的坏宫格，延伸视图的视觉一致性将得到维护。

8.9 调试工具——DDMS

Android 配备了调试工具：Dalvik 调试监听服务（Dalvik Debug Monitor Service，DDMS）。它提供了端口转发服务、设备屏幕截取、设备上的线程和堆信息、logcat，进程和广播状态信息、来电和短信模拟，地理位置数据模拟等。

DDMS 包含在 SDK 的“tools/”目录中。在终端/控制台中进入 tools 目录，输入 ddms（或者 Mac/Linux 下输入./ddms）运行它。DDMS 工作在模拟器和连接设备（这里指真机）上。如果模拟器和真机设备都同时运行并且都连接到计算机上，那么 DDMS 默认工作在模拟器上。

8.9.1 DDMS 工作原理

DDMS 担当了连接 IDE 和运行在设备上的应用程序的“中间人”的角色。在 Android 上，每个应用运行在它自己的进程中，且都拥有自己的虚拟机（VM）。而且每个进程从不同的端口侦听调试器。

当 DDMS 启动的时候，它连接到 adb，在两者（adb 和 DDMS）之间启动设备监视服务，它将通知 DDMS 设备何时被连接、断开。当设备连接时，在 adb 和 DDMS 之间创建了虚拟机监听服务，它将通知 DDMS“设备上的虚拟机何时开始、终止”。一旦虚拟机运行，DDMS 通过 adb 取得虚拟机进程的 ID，并且通过 adb deamon（adbd）开启一个到虚拟机调试器的连接。DDMS 可以通过自定义的无线协议和虚拟机通信。

对设备上的每个虚拟机，DDMS 开启了一个端口来侦听调试器。对第一个 VM，DDMS 侦听端口 8600，下一个是 8601，以此类推。当调试器连接到那些端口的其中一个，所有的通信可以进一步地在调试器和对应的虚拟机之间进行。调试像任何远程调试会话一样进行。

DDMS 也开启另一个本地端口：DDMS“基本端口”（默认是 8700），同样在此端口上侦听调试器。当调试器连接到“基本端口”，所有的连接会被转移到 DDMS 中当前选择的虚拟机上，因此，这通常是你的调试器应该连接的端口。可以通过菜单 File→Preferences 设置 DDMS 参数。参数保存在“$HOME/.ddmsrc”中。

8.9.2　启动 DDMS

启动 DDMS 方法有两种，分别简介如下。

（1）DDMS 工具存放在$ANDROID_SDK_HOME/tools/路径下，直接双击 ddms.bat 启动。

（2）在 Eclipes 调试程序的过程中启动 DDMS。

在 Eclipes 中的界面的右上角点击“Open Perspective”项，如图 8.8 所示。

选择“Other”项，界面如图 8.9 所示。

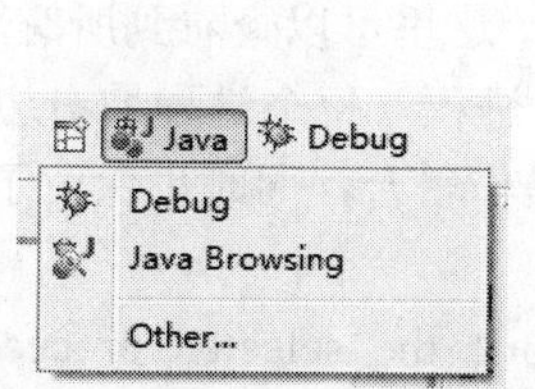

图 8.8　Open Perspective 界面

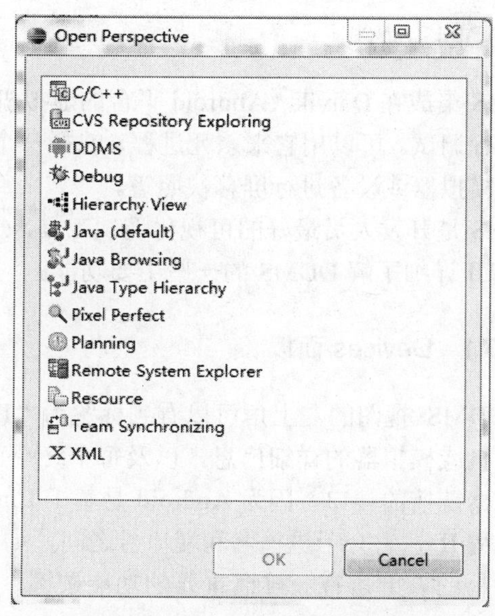

图 8.9　“Open Perspective”视图

选择 DDMS，点击 OK 按钮。然后就启动 DDMS 及其界面，如图 8.10 所示。

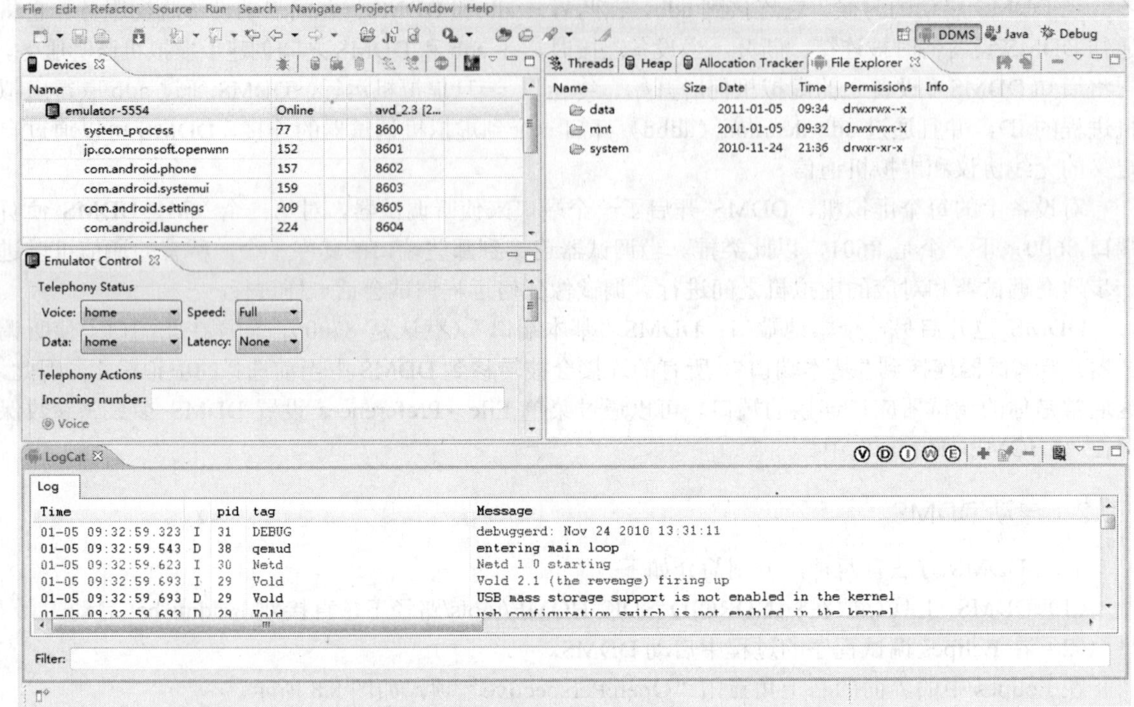

图 8.10 DDMS 视图

8.9.3 DDMS 功能

DDMS 集成在 Dalvik（Android 平台的虚拟机）中，用于管理运行在模拟器或设备上的进程，并协助进行调试。可以用它来杀死进程、选择一个特定程序来调试、生成跟踪数据、查看堆和线程数据、对模拟器或设备进行屏幕快照等。

DDMS 是开发人员最好的可视化调试工具，是每个从事 Android 开发的人员都不可缺少的。下边通过 GUI 详细了解 DDMS 的一些主要功能。

8.9.3.1 Devices 面板

在 DDMS 视图的左上角可以看到标签为“Devices”的面板，这里可以查看到所有与 DDMS 连接的手机或模拟器的详细信息，以及每个终端正在运行的 APP 进程，每个进程最右边相对应的是与调试器链接的端口。因为 Android 是基于 Linux 内核开发的操作平台，同时也保留了 Linux 中特有的进程 ID，它介于进程名和端口号之间，如图 8.11 所示。

在面板的右上角有一排很重要的功能按键，它们分别是 Debug the selected process、Update Threads、Update Heap、Stop Process 和 ScreenShot。

Devices

Name		
emulator-5554	Online	avd_2.3 [2.3, debug]
system_process	77	8600 / 8700
jp.co.omronsoft.openwnn	152	8601
com.android.phone	157	8602
com.android.systemui	159	8603
com.android.settings	209	8604
com.android.launcher	224	8605
com.android.deskclock	244	8606
android.process.acore	241	8607
android.process.media	272	8608
com.android.mms	295	8609
com.android.email	318	8610
com.android.quicksearchbox	335	8611
com.android.protips	345	8612
com.android.music	355	8613

图 8.11　Devices 面板

8.9.3.2　模拟控制——Emulator Control

通过这个面板的一些功能可以非常容易地使测试终端模拟真实手机所具备的一些交互功能，例如，接听电话，根据选项模拟各种不同网络情况，模拟接收 SMS 消息和发送虚拟地址坐标用于测试 GPS 功能等，如图 8.12 所示。

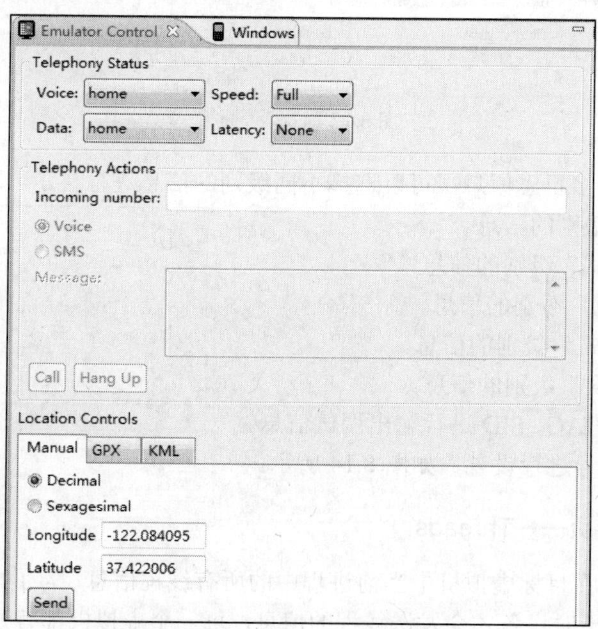

图 8.12　Emulator Control 面板

- Telephony Status：通过选项模拟语音质量以及信号连接模式，模拟不同的网络速度和延迟（GPRS、EDGE、UTMS）。

- Telephony Actions：还可以模拟电话接听和发送 SMS 到测试终端。
- Location Control：模拟地理坐标或者模拟动态的路线坐标变化，并显示预设的地理标识，可以通过以下 3 种方式。

（1）Manual：手动为终端发送二维经纬坐标。

（2）GPX：通过 GPX 文件导入序列动态变化地理坐标，从而模拟行进中 GPS 变化的数值。

（3）KML：通过 KML 文件导入独特的地理标识，并以动态形式根据变化的地理坐标显示在测试终端。

8.9.3.3 调示信息——LogCat

LogCat 用来显示系统中的调试信息，在程序中通过调用 Log 类的各个函数输出的信息，都会输出到这里。可以参考 adb 关于 LogCat 章节。利用 Log 信息是一种很重要的调试技术，请参考调试技术章节，如图 8.13 所示。

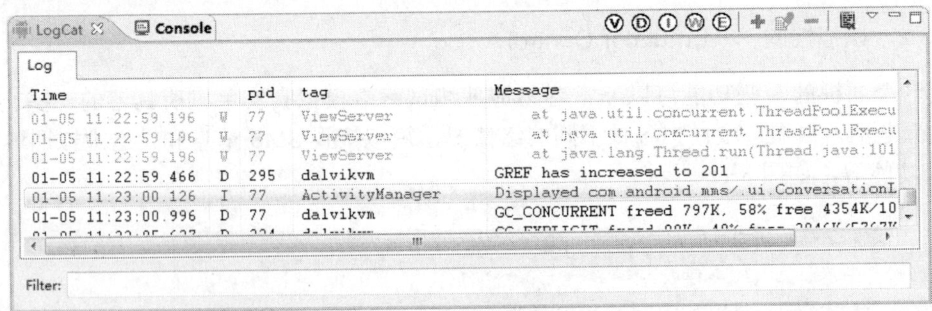

图 8.13 LogCat 面板

LogCat 中输出了很多日志信息，可以选择不同级别的信息进行显示。现在支持 5 种级别。

（1）V：输出所有级别的信息。

（2）D：输出“调试”级别的信息。

（3）I：输出“信息”级别的信息。

（4）W：输出“警告”级别的信息。

（5）E：输出“错误”级别的信息。

此外，还可以根据 TAG、PID 进行输出调试信息。可在面板中点击绿色加号进行设置，如图 8.14 所示。

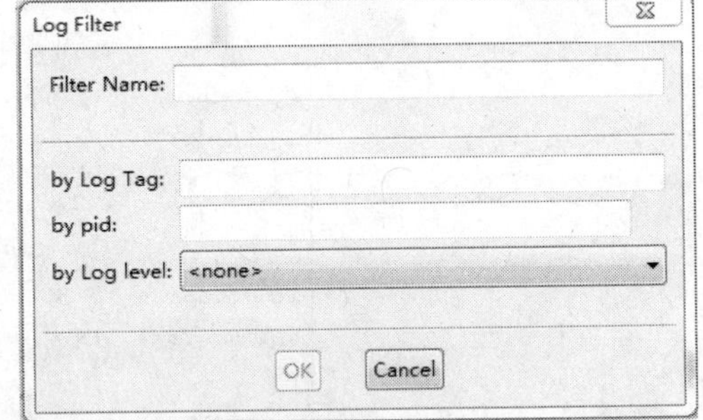

图 8.14 创建 Log 过滤器

8.9.3.4 线程标签页——Threads

线程标签页显示了在目标虚拟机中当前进程中的所有线程信息，为了减少数据传输，仅仅在工具栏的“threads”被按下时设备才会发送线程的信息，每一个虚拟机都有一个按钮开关，该标签页显示了如下信息。

（1）ID - 虚拟机分配的惟一线程 ID，在 Dalvik 中，该数字是一个从 3 开始的奇数。

（2）Tid - Linux 线程 ID，进程中主线程的 ID，会同进程的 ID 相匹配。

（3）状态-虚拟机线程状态，守护进程会附带一个‘*’，状态信息列表如下。

- running - 正在执行应用程序。
- sleeping - 执行了 Thread.sleep（）方法。
- monitor - 正等待获取一个监听锁。
- wait - 在 Object.wait（）方法中。
- native - 执行了原生代码。
- vmwait - 正在等待一个虚拟机资源。
- zombie - 该线程已死。
- init - 线程正在初始化（不会看到这个）。
- starting - 线程正在启动中（这个也不会看到）。

（4）utime - 执行用户代码的累计时间，单位为“jiffies（表示系统启动以来的 tick 数）”（通常是 10ms）。仅在 Linux 系统中适用。

（5）stime - 执行系统代码的累计时间，单位为“jiffies（表示系统启动以来的 tick 数）”。

（6）name - 线程的名字。

“ID”和“Name”在进程启动的时候就会显示，其余的字段每个一段时间更新一次（默认是 4 秒钟）。

8.9.3.5　显示内存堆的状态信息—Heap

显示内存堆的状态信息，每次垃圾回收的时候更新。当选择一个虚拟机时，如果虚拟机 Heap 面板变灰时，点击 Devices 面板上面的“update heap”按扭。然后返回到 Heap 面板，点击“Cause GC”进行垃圾回收并更新堆的统计信息，如图 8.15 所示。

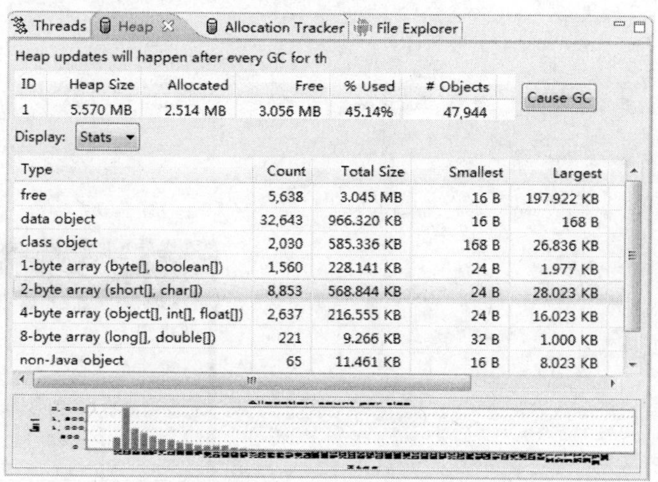

图 8.15　Heap 面板

8.9.3.6　File Exporler

通过 File Exporler 查看系统中的一些文件夹，也可以很方便地将系统中的文件导出到本地主机上、将本地主机上的文件导入到系统中。此外，还有删除系统中文件功能，如图 8.16 所示。

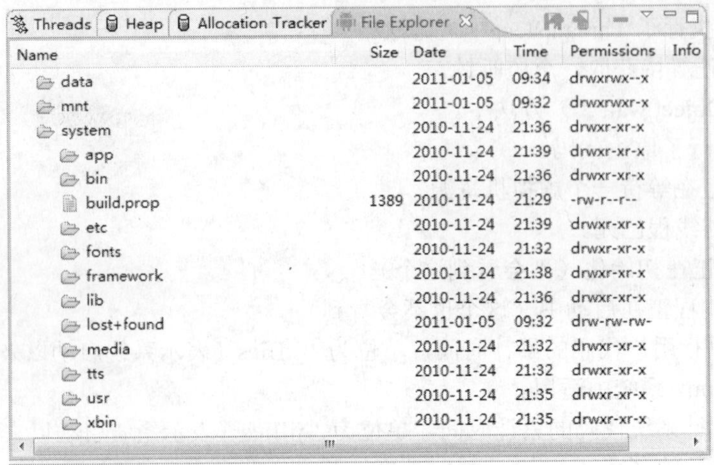

图 8.16 File Exporler 面板

8.9.3.7 DDMS 使用实例

1．发送短信

使用 DDMS 向模拟器发送短信，操作过程如下。

在 Emulator Control 面板的 Telephony Actions 中，在“Incoming number”中输入短信发送者的电话号码，即模拟器接到的时看到的电话号码。在 SMS 中写入短信内容，如图 8.17 所示。

点击发送后，模拟器会接收到该短信。在模拟器中打开 Messaging，看到下面的短信，如图 8.18 所示。

图 8.17 发送短信

图 8.18 接收到的短信

2．打电话

使用 DDMS 向模拟器模拟打电话的过程，操作过程如下。

在 Emulator Control 面板的 Telephony Actions 中，在“Incoming number”中输入打电话者的电话号码，即模拟器看到的来电电话号码，选择“Voice”。如图 8.19 所示。

点击打电话后，模拟器会接收到该电话号的来电。界面如图 8.20 所示。

图 8.19　打电话

图 8.20　来电接收图

8.10 资源打包工具——aapt

aapt 即 Android 资源打包工具（Android Asset Packaging Tool）：可以通过 aapt 工具来创建.apk 文件，这些文件包含了 Android 应用程序的二进制文件和资源文件。

aapt 即 Android Asset Packaging Tool，在 SDK 的 tools/目录下。该工具可以查看、创建和更新 ZIP 格式的文档附件（zip、jar、apk）。也可将资源文件编译成二进制文件。

尽管可能没有直接使用过 aapt 工具，但是 build scripts 和 IDE 插件会使用这个工具打包 apk 文件构成一个 Android 应用程序。

获取更多的实用信息，请打开终端控制台，到 tools/目录下，执行如下命令。

- Linux or Mac OS X：

```
./aapt
```

- Windows：

```
aapt.exe
```

8.11 IDL 语言——aidl

由于每个应用程序运行在它自己的进程，可以写一个服务运行在您的应用程序 UI 的不同进程时，这个服务有时需要连接进程间的对象。在 Android 平台，一个进程通常不能访问另一个进程的内存。所以，它们需要分解它们的对象成原语，使操作系统可以理解，并跨越边界“marshal”的对象。marshalling 代码编写是乏味的，所以，我们提供的 AIDL 工具来为你应用它。

aidl（Android 的接口定义语言）是一个 IDL 语言，用来生成代码，使 Android 设备两个进程通过进程间通信（IPC）进行沟通。如果你在一个进程中的代码（例如，在一个 Activity 中），需要在另一个进程调用一个对象的方法（例如，一个 Service），将使用的 AIDL 来生成代码 marshall 参数。

这个 aidl IPC 的机制是基于接口的，类似于 COM 或 Corba 的，是轻量级。它使用代理类在客户端与 implementation 之间传递数值。

8.11.1 用 aidl 实现 IPC

使用的 aidl 按照这些步骤执实现 IPC 服务。

（1）创建您的.aidl 文件-该文件定义了一个接口（YourInterface.aidl），它定义的方法和字段提供给客户。

（2）添加.aidl 文件到 makefile-（Eclipse 的 ADT 插件为你管理这个）。Android 包括 aidl 编译器，在 tools/目录中。

（3）实现你的接口方法-aidl 编译器从您的 aidl 接口创建一个 Java 编程语言接口。这个接口有一个内在的抽象类，名为 Stub，Stub 类继承了这个接口（并实现了一些额外方法，供 IPC 调用）。必须创建一个类--extendsYourInterface.Stub，并实现你的.aidl 文件中声明的方法。

（4）暴露你的接口给客户的-如果你正在编写一个服务，你应该继承服务，重写（override）Service.onBind（Intent）返回您的类的实例，它实现你的接口。

8.11.1.1 创建一个.aidl 文件

aidl 是一个简单的语法，让你声明一个或多个方法的接口，这个方法可以获取参数和返回值。这些参数和返回值可以是任何类型，甚至其他 aidl 生成的接口。不过，重要的是必须要注意 import 所有 non-built-in 类型，即使它们是定义在同一个包中的接口。下面是 aidl 可以支持的数据类型。

（1）原始 Java 编程语言类型（int，boolean 等）可以不用 import 语句。

（2）以下类型中不需要.import。

- String – 字符串数据类型。
- List - 列表中的所有元素都必须是此列表类型，包括其他 aidl 生成接口和 parcelables。名单可以选择作为一个“generic”类（如 List<String>）。
- Map – Map 中的所有元素必须是列表类型，包括其他 aidl 生成接口和 parcelables。
- CharSequence - 这非常有用，因为 CharSequence 类型是由 TextView 和其他 widget 对象所使用的。

（3）其他 aidl 生成的接口，它总是通过引用传递，需要 import 语句。

（4）自定义类实现 Parcelable 协议，并通过值传递，需要 import 语句。

这里是基本的 aidl 语法：

```
// aidl 文件，此处命令为 SomeClass.aidl。
// 注意需要遵守标准注释语法
// 在 import 和 package 声明语句之前的注释是不会添加到生成的接口文件中的
```

```
//但是在接口、函数、成员变量之前的注释会添加到生成的接口文件中的
// 包名
package com.android.sample;
// 导入需要的类或者包
import com.android.sample.IAtmService;
// 声明接口 IBankAccountService
interface IBankAccountService {
    // 声明两个函数，它们分别有 0 个和多个参数，返回一个整形值和空
    int getAccountBalance();
    void setOwnerNames(in List<String> names);

    // 这个函数甚至也可以使用另外 aidl 定义的参数，如 IAtmService
    BankAccount createAccount(in String name, int startingDeposit,
                              in IAtmService atmService);

    // 所有非 Java 支持的基本数据类型的参数（如 int 和 bool 等）需要指定参数方
    // 向（即传入参数或者是传出参数）: int, out, inout3 个值
    // 默认情况下，基本数据类型参数是传入参数。限定参数方向主要是为了降低在
    // 参数传递时的解析和封装的成本
    int getCustomerList(in String branch, out String[] customerList);
}
```

8.11.1.2 实现该接口

aidl 为您的接口文件生成具有相同名称的.aidl 文件。如果使用的是 Eclipse 的插件，将自动运行的 aidl 作为 build 过程（不需要先运行的 aidl，再 build 项目）。如果不使用插件，应该先运行 aidl。

生成的接口包括一个抽象的内部类名为 Stub，声明所有的方法——所有在.aidl 文件声明。Stub 还定义了一些辅助方法，最值得注意的如：asInterface( )，它采用一个 IBinder（当 application Context.bindService( )成功，传递给客户端的 onServiceConnected( )执行），并返回一个用于调用 IPC 方法的接口实例。要了解更多细节，请查看 Calling an IPC Method 部分。

要实现你的接口，扩展 YourInterface.Stub，实现方法（您可以创建.aidl 文件和执行 Stub 方法而不需要 build——Android 的 build 过程中会在 Java 文件之前处理.aidl 文件）。

这里是一个接口实现的例子，称为 IRemoteService，它使用一个匿名实例公开一个方法 getPid( ):

```
// 如果在同一个工程中，就不需要导入 IRemoteService
private final IRemoteService.Stub mBinder = new IRemoteService.Stub(){
    public int getPid(){
        return Process.myPid();
    }
}
```

关于实现接口有几个规则。

- 没有抛出异常，将被发送回调用方。
- 默认情况下，IPC 的调用是同步的。如果你知道的 IPC 服务需要超过几毫秒的时间完成，不应该在 Activity/View 线程调用它，因为它可能会挂起应用程序（Android 可能会显示一个“应用

程序没有响应”对话框）。尝试在一个单独的线程调用它们。

- 只有支持的方法可用，你不能在 AIDL 接口中声明一个静态字段。

8.11.1.3 接口暴露给客户端

现在你有你的接口实现，您需要暴露给客户端。这就是所谓的“发布您的服务”。要发布一个服务，继承服务和实现 Service.onBind（Intent）以返回一个类的实例，这个类实现了你的接口。下面是一个 Service 代码段，暴露 IRemoteService 接口给客户端。

```
public class RemoteService extends Service {
...
    @Override
    public IBinder onBind(Intent intent) {
        // 返回一个接口。如果这个 Service 只实现了一个接口，只需要返回它就可以
        // 而不需要检查其他 Intent 对象了
        if (IRemoteService.class.getName().equals(intent.getAction())) {
            return mBinder;
        }
        if (ISecondary.class.getName().equals(intent.getAction())) {
            return mSecondaryBinder;
        }
        return null;
    }

    // 通过 IDL 定义了接口 IRemoteInterface
    private final IRemoteService.Stub mBinder = new IRemoteService.Stub() {
        public void registerCallback(IRemoteServiceCallback cb) {
            if (cb != null) mCallbacks.register(cb);
        }
        public void unregisterCallback(IRemoteServiceCallback cb) {
            if (cb != null) mCallbacks.unregister(cb);
        }
    };

    // Service 的第二个接口
    private final ISecondary.Stub mSecondaryBinder = new ISecondary.Stub() {
        public int getPid() {
            return Process.myPid();
        }
        public void basicTypes(int anInt, long aLong, boolean aBoolean,
                float aFloat, double aDouble, String aString) {
        }
    };

}
```

8.11.1.4 Parcelables 作为参数

如果有一个类，想通过 aidl 接口从一个进程发送到另一个，你可以做到这一点。你必须确保你的类的代码能提供给 IPC 的另一面。一般来说，这意味着你在跟谁说话，你的服务开始了。

有 5 个部分，使一个类支持 Parcelable 协议。

（1）让你的类实现了 Parcelable 接口。

（2）实现方法 public void writeToParcel（Parcel out），是以对象的当前状态写入了一个 parcel。value in a parcel into your object.。

（3）添加一个 static 字段称为 Creator 的类，是一个对象实现 Parcelable.Creator 接口。

（4）最后但并非最不重要的，创建一个 aidl 文件，声明你的 parcelable 类（如下所示）。如果您使用的是自定义生成过程中，不添加 aidl 文件到您的构建。类似的 C 头文件，该 aidl 文件是没有编译。

aidl 将使用这些方法与字段在代码中以产生 marshall and unmarshall 对象。

下面是 Rect 类如何实现 Parcelable 协议的例子。

```
import android.os.Parcel;
import android.os.Parcelable;

public final class Rect implements Parcelable {
    public int left;
    public int top;
    public int right;
    public int bottom;

    public static final Parcelable.Creator<Rect> CREATOR =
            new Parcelable.Creator<Rect>() {
        public Rect createFromParcel(Parcel in) {
            return new Rect(in);
        }

        public Rect[] newArray(int size) {
            return new Rect[size];
        }
    };

    public Rect() {
    }

    private Rect(Parcel in) {
        readFromParcel(in);
    }

    public void writeToParcel(Parcel out) {
        out.writeInt(left);
        out.writeInt(top);
        out.writeInt(right);
        out.writeInt(bottom);
    }

    public void readFromParcel(Parcel in) {
        left = in.readInt();
        top = in.readInt();
        right = in.readInt();
        bottom = in.readInt();
    }
}
```

下面的是例子 Vect.aidl：

```
package android.graphics;
// Declare Rect so AIDL can find it and knows that it implements
// the parcelable protocol.
parcelable Rect;
```

在 Rect 类中 marshalling 是相当简单。看看 Parcel 其他方法，其他类型的值可以写一个 Parcel。

> **注意** 不要忘记从其他进程接收数据的安全问题。在这种情况下，矩形会从 parcel 读 4 个数字，但是无论调用者怎么做，您应确保这些值在可接受的范围。请查看更多关于安全性和权限相关文档，使您的应用程序免受恶意软件的侵害。

8.11.2 调用的 IPC 方法

下面是 calling class 调用远程接口步骤。

（1）声明一个您的.aidl 文件中定义的接口类型的变量。

（2）实现 ServiceConnection。

（3）调用 Context.bindService( )，通过在你的 ServiceConnection 实现。

（4）在您的 ServiceConnection.onServiceConnected( )实现中，您将收到一个 IBinder 实例（称为 Service）。CallYourInterfaceName.Stub.asInterface（（IBinder）service）返回你的参数至 YourInterface 类型。

（5）调用您在接口中定义的方法。应该总是 trap DeadObjectException 异常，这在连接失败时抛出，这将是远程方法抛出的惟一的异常。

（6）要断开，请用接口实例调用 Context.unbindService( )。

调用一个 IPC 的服务提出几点意见：

- 对象被跨进程引用计数；
- 可以发送匿名对象作为方法参数。

下面是一些示例代码演示调用一个 aidl 创建的服务，为 ApiDemos 例程中 Remote Service 样本：

```
public static class Binding extends Activity {
    /** The primary interface we will be calling on the service. */
    IRemoteService mService = null;
    /** Another interface we use on the service. */
    ISecondary mSecondaryService = null;

    Button mKillButton;
    TextView mCallbackText;

    private boolean mIsBound;

    /**
     * Standard initialization of this activity.  Set up the UI, then wait
     * for the user to poke it before doing anything.
     */
    @Override
    protected void onCreate(Bundle savedInstanceState) {
```

```
        super.onCreate(savedInstanceState);

        setContentView(R.layout.remote_service_binding);

        // Watch for button clicks.
        Button button = (Button)findViewById(R.id.bind);
        button.setOnClickListener(mBindListener);
        button = (Button)findViewById(R.id.unbind);
        button.setOnClickListener(mUnbindListener);
        mKillButton = (Button)findViewById(R.id.kill);
        mKillButton.setOnClickListener(mKillListener);
        mKillButton.setEnabled(false);

        mCallbackText = (TextView)findViewById(R.id.callback);
        mCallbackText.setText("Not attached.");
    }

    /**
     * Class for interacting with the main interface of the service.
     */
    private ServiceConnection mConnection = new ServiceConnection() {
        public void onServiceConnected(ComponentName className,
                IBinder service) {
            // This is called when the connection with the service has been
            // established, giving us the service object we can use to
            // interact with the service.  We are communicating with our
            // service through an IDL interface, so get a client-side
            // representation of that from the raw service object.
            mService = IRemoteService.Stub.asInterface(service);
            mKillButton.setEnabled(true);
            mCallbackText.setText("Attached.");

            // We want to monitor the service for as long as we are
            // connected to it.
            try {
                mService.registerCallback(mCallback);
            } catch (RemoteException e) {
                // In this case the service has crashed before we could even
                // do anything with it; we can count on soon being
                // disconnected (and then reconnected if it can be restarted)
                // so there is no need to do anything here.
            }

            // As part of the sample, tell the user what happened.
            Toast.makeText(Binding.this, R.string.remote_service_connected,
                    Toast.LENGTH_SHORT).show();
        }

        public void onServiceDisconnected(ComponentName className) {
            // This is called when the connection with the service has been
            // unexpectedly disconnected -- that is, its process crashed.
            mService = null;
            mKillButton.setEnabled(false);
            mCallbackText.setText("Disconnected.");
```

```
            // As part of the sample, tell the user what happened.
            Toast.makeText(Binding.this, R.string.remote_service_disconnected,
                    Toast.LENGTH_SHORT).show();
        }
    };

    /**
     * Class for interacting with the secondary interface of the service.
     */
    private ServiceConnection mSecondaryConnection = new ServiceConnection() {
        public void onServiceConnected(ComponentName className,
                IBinder service) {
            // Connecting to a secondary interface is the same as any
            // other interface.
            mSecondaryService = ISecondary.Stub.asInterface(service);
            mKillButton.setEnabled(true);
        }

        public void onServiceDisconnected(ComponentName className) {
            mSecondaryService = null;
            mKillButton.setEnabled(false);
        }
    };

    private OnClickListener mBindListener = new OnClickListener() {
        public void onClick(View v) {
            // Establish a couple connections with the service, binding
            // by interface names.  This allows other applications to be
            // installed that replace the remote service by implementing
            // the same interface.
            bindService(new Intent(IRemoteService.class.getName()),
                    mConnection, Context.BIND_AUTO_CREATE);
            bindService(new Intent(ISecondary.class.getName()),
                    mSecondaryConnection, Context.BIND_AUTO_CREATE);
            mIsBound = true;
            mCallbackText.setText("Binding.");
        }
    };

    private OnClickListener mUnbindListener = new OnClickListener() {
        public void onClick(View v) {
            if (mIsBound) {
                // If we have received the service, and hence registered with
                // it, then now is the time to unregister.
                if (mService != null) {
                    try {
                        mService.unregisterCallback(mCallback);
                    } catch (RemoteException e) {
                        // There is nothing special we need to do if the service
                        // has crashed.
                    }
                }

                // Detach our existing connection.
                unbindService(mConnection);
```

```
            unbindService(mSecondaryConnection);
            mKillButton.setEnabled(false);
            mIsBound = false;
            mCallbackText.setText("Unbinding.");
        }
    }
};

private OnClickListener mKillListener = new OnClickListener() {
    public void onClick(View v) {
        // To kill the process hosting our service, we need to know its
        // PID.  Conveniently our service has a call that will return
        // to us that information.
        if (mSecondaryService != null) {
            try {
                int pid = mSecondaryService.getPid();
                // Note that, though this API allows us to request to
                // kill any process based on its PID, the kernel will
                // still impose standard restrictions on which PIDs you
                // are actually able to kill.  Typically this means only
                // the process running your application and any additional
                // processes created by that app as shown here; packages
                // sharing a common UID will also be able to kill each
                // other's processes.
                Process.killProcess(pid);
                mCallbackText.setText("Killed service process.");
            } catch (RemoteException ex) {
                // Recover gracefully from the process hosting the
                // server dying.
                // Just for purposes of the sample, put up a notification.
                Toast.makeText(Binding.this,
                        R.string.remote_call_failed,
                        Toast.LENGTH_SHORT).show();
            }
        }
    }
};

// ----------------------------------------------------------------------
// Code showing how to deal with callbacks.
// ----------------------------------------------------------------------

/**
 * This implementation is used to receive callbacks from the remote
 * service.
 */
private IRemoteServiceCallback mCallback = new IRemoteServiceCallback.Stub() {
    /**
     * This is called by the remote service regularly to tell us about
     * new values.  Note that IPC calls are dispatched through a thread
     * pool running in each process, so the code executing here will
     * NOT be running in our main thread like most other things -- so,
     * to update the UI, we need to use a Handler to hop over there.
     */
    public void valueChanged(int value) {
```

```
            mHandler.sendMessage(mHandler.obtainMessage(BUMP_MSG, value, 0));
        }
    };

    private static final int BUMP_MSG = 1;

    private Handler mHandler = new Handler() {
        @Override public void handleMessage(Message msg) {
            switch (msg.what) {
                case BUMP_MSG:
                    mCallbackText.setText("Received from service: " + msg.arg1);
                    break;
                default:
                    super.handleMessage(msg);
            }
        }

    };
}
```

8.12 sqlite3

通过 adb shell 命令登录到模拟器或设备，可以通过内置工具 sqlite3 来管理数据库。sqlite3 工具包含了许多使用命令，例如：.dump 显示表的内容，.schema 可以显示出已经存在的表空间的 SQL CREATE 结果集。sqlite3 还允许远程执行 SQL 命令。

通过 sqlite3，按照前几节的方法登录模拟器的远程 Shell 端，然后启动工具就可以使用 sqlite3 命令。当 sqlite3 启动以后，还可以指定想查看的数据库的完整路径。模拟器/设备实例会在文件夹中保存 sqlite3 数据库./data/data/<package_name> /databases /。

示例如下所示：

```
$ adb -s emulator-5554 shell
# sqlite3 /data/data/com.example.google.rss.rssexample/databases/rssitems.db
SQLite version 3.3.12
Enter ".help" for instructions
... enter commands, then quit...
sqlite> .exit
```

当启动 sqlite3 的时候，就可以通过 shell 端发送 sqlite3 命令了。用 exit 或 Ctrl+D 组合键退出 adb 远程 Shell 端。

8.13 Traceview

Traceview 是一个查看分析程序运行日志的图形化工具。以下几节将描述这个工具的用法。

8.13.1 创建 Trace 文件

要使用 Traceview 进行分析，首先必须要生成想要分析的跟踪信息日志文件。可以这样生成跟踪信息日志文件，在你的代码中直接调用 Debug 类的方法来记录跟踪信息并输出到日志文件中。

当应用程序退出后，就可以使用 Traceview 来对日志文件进行分析程序运行时的方法调用及运行次数等情况了。

为了生成跟踪日志文件，应该在程序中包含 Debug 类并调用 startMethodTracing( )方法来开始进行日志跟踪，在这个调用方法中，应该为跟踪日志文件指定一个名字。调用 stopMethodTracing( )方法来停止跟踪。这些方法可以在虚拟机上任意开始和停止方法跟踪。例如，你在 Activity 的 onCreate( )方法中调用 startMethodTracing( )开始跟踪，并在 Activity 的 onDestroy( )方法中调用 stopMethodTracing( )来结束跟踪：

```
// start tracing to "/sdcard/calc.trace"
Debug.startMethodTracing("calc");
// ...
// stop tracing
Debug.stopMethodTracing();
```

当调用函数 startMethodTracing( )时，系统会创建名为<trace-base-name>.trace 的文件，它含有二进制函数跟踪数据和线程与函数名映射表。

跟踪开始后，系统对生成的跟踪数据是先进行缓存，直到程序调用了 stopMethodTracing( )方法时才把缓存的数据写到文件中。如果在调用 stopMethodTracing( )前，系统已经达到了缓存最大值时，则系统就停止跟踪并发一个通知到控制台。

当启用跟踪功能后，代码执行就会比较慢，所以就不可能得到程序运行的绝对时间。但是，在观察修改前后的程序时间变化时是很有用的。这些跟踪信息日志文件会写到 SD 卡上，所以不要忘了在启动模拟器时挂载 SD 卡。

8.13.2 将 Trace 文件复制到主机

当程序运行并在手机设备或者模拟器上生成了跟踪文件<trace-base-name>.data 和<trace-base-name>.key 后，必须把这些文件复制到开发环境的主机上。使用 adp 命令进行拷贝，以下例子说明如何从模拟器默认位置复制 calc.data 和 calc.key 到模拟器的主机的/tmp 目录下的：

```
adb pull /sdcard/calc.trace /tmp
```

8.13.3 使用 Traceview 查看跟踪文件

输入命令运行 traceview 工具来查看跟踪文件：

```
traceview <trace-base-name>
```

Traceview 载入日志文件并显示数据在两个面板上：

Timeline 面板：描述每个线程和方法的开始和终止。

Profile 面板：提供一个方法中发生了什么的摘要。

以下部分提供 Traceview 输出面板的详细信息。

8.13.3.1 Timeline 面板

图 8.21 显示了时间轴面板的一个结果。每个线程的执行都显示在随着时间渐增右移的各自行上。不同的方法用不同的颜色来表示。第一行下面的细线显示选中方法的调用时长（由进入到退出）。本例中的方法是 OnClickListener.onClick( )，它是在 profile 面板中选中的。

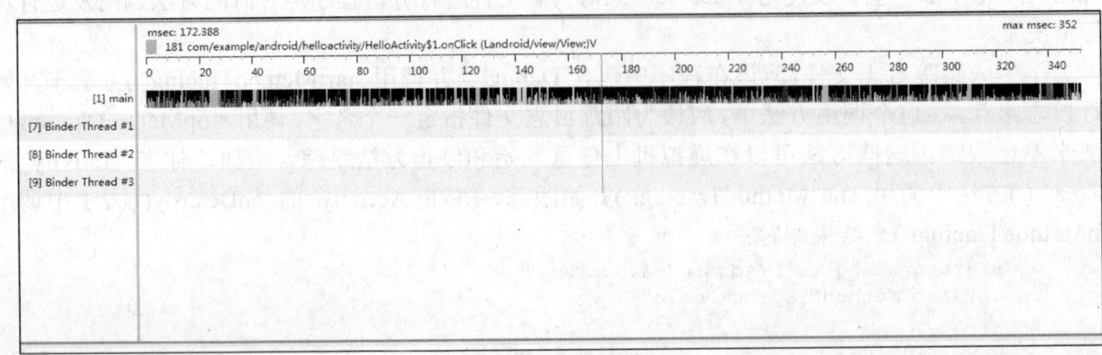

图 8.21 时间轴面板

8.13.3.2 Profile 面板

图 8.22 是 profile 面板，面板显示了每一个方法所花费时间的概要。包括 Inclusive 和 Exclusive 时间（同时用百分比表示）。Exclusive 时间是方法执行所花费的时间。Inclusive 时间是方法执行所花费的时间和方法调用所花费的时间。通常调用方法为“父节点”，被调用方法为“子节点”。当一个方法被选中（点击），它就展开并显示父子节点，背景色为紫色的是父节点，背景色为黄色的是子节点。表中最后一栏显示的是调用这个方法的次数和递归调用的次数。同时也表示的是调用次数/总调用次数。图 8.22 中，可以看出 OnClickListener. onClick ( )调用了两次。此时看一下时间轴面板，面板显示表明每次调用都没有花很长时间。

Name	Incl %	Inclusive	Excl %	Exclusive	Calls+Recur...	Time/Call
181 com/example/android/helloactivity/HelloActivity$1.onClick (Landroid/view/View;)V	0.8%	14.771	0.2%	2.703	2+0	7.386
Parents						
42 android/view/View.performClick ()Z	100.0%	14.771			2/2	
Children						
self	18.3%	2.703				
451 java/lang/StringBuilder.<init> (Ljava/lang/String;)V	19.5%	2.881			4/4	
300 dalvik/system/VMDebug.startClassPrep ()V	17.6%	2.603			2/5	
330 java/lang/StringBuilder.toString ()Ljava/lang/String;	11.6%	1.714			4/14	
587 java/lang/StringBuilder.append (I)Ljava/lang/StringBuilder;	10.4%	1.537			2/2	
191 java/lang/StringBuilder.append (Ljava/lang/String;)Ljava/lang/StringBuilder;	10.3%	1.520			2/22	
496 android/util/Log.i (Ljava/lang/String;Ljava/lang/String;)I	9.4%	1.390			2/3	
1012 java/lang/String.valueOf (Ljava/lang/Object;)Ljava/lang/String;	2.1%	0.305			2/2	
1197 com/example/android/helloactivity/HelloActivity.access$0 ()Ljava/lang/String;	0.8%	0.118			2/2	
182 android/os/ServiceManagerProxy.getService (Ljava/lang/String;)Landroid/os/IBinder;	0.8%	14.668	0.1%	1.337	2+0	7.334
183 android/os/Parcel.recycle ()V	0.8%	14.626	0.5%	7.927	43+0	0.340

Find:

图 8.22 Profile 面板

8.13.4 Traceview 文件格式

跟踪输出创建两个不同的文件：data 文件，用来保存跟踪数据，另一个是 key 文件，提供从二进制标识符到线程和方法名映射表。当跟踪完成时，这些文件被合并成一个单一的.trace 件。

以前版本的 Traceview 不会自动合并这些文件。如果有旧的 Data 和 Key 文件，需要手动合并它们，命令如下所示：

```
cat mytrace.key mytrace.data > mytrace.trace
```

8.13.4.1　Data 文件格式

Data 文件是以扩展名.data 的二进制文件，它的结构如下：

```
* File format:
* header
* record 0
* record 1
* ...
*
* Header format:
* u4 magic 0x574f4c53 ('SLOW')
* u2 version
* u2 offset to data
* u8 start date/time in usec
*
* Record format:
* u1 thread ID
* u4 method ID | method action
* u4 time delta since start, in usec
```

程序从文件开始解析 header 字段，并查找“偏移数据”，每次只读 9byte，直到 EOF 结束。以 u8 开始表示输出的日期/时间，这样，可以知道是昨天还是 3 天以前输出的了。方法动作用两个字节来表示，定义如下所示：

- 0 - 表示进行；
- 1 - 表示退出；
- 2 - 表示异常退出；
- 3 - 保留。

32 位的无符号整数可以表示 70 分钟以微秒为单位的时长。

8.13.4.2　Key 文件格式

Key 文件是一个由 3 部分组成的纯文本文件，每一部分用关键字‘*’作为开始，如果你看到某一行以‘*’开始，则表示这是新部分的开始。

文件可能如下：

```
*version
1
clock=global
*threads
1 main
6 JDWP Handler
5 Async GC
4 Reference Handler
3 Finalizer
2 Signal Handler
*methods
0x080f23f8 java/io/PrintStream write (BII)V
0x080f25d4 java/io/PrintStream print (Ljava/lang/String;)V
0x080f27f4 java/io/PrintStream println (Ljava/lang/String;)V
0x080da620 java/lang/RuntimeException   <init>   ()V
```

```
[...]
0x080f630c android/os/Debug startMethodTracing ()V
0x080f6350                    android/os/Debug                    startMethodTracing
(Ljava/lang/String;Ljava/lang/String;I)V
*end
```

- version 部分。

第一行是文件版本号，通常是 1，第二行 clock=global 描述所有线程共用的时钟。以后版本可能会用每个独立线程的 CPU 时钟来表示。

- threads 部分。

每个线程一行，每行包括两部分：线程 ID，一个 tab，线程名。线程名没有限制，到这行结尾都是线程名部分。

- methods 部分。

每行表示一个方法，一行由 4 部分组成，用 tab 标识进行分隔：方法 ID [TAB]类名[TAB]方法名[TAB]信号。无论是方法进入还是退出都会记录在这个列表上，注意：3 个标识符是必须的，它惟一表示了方法。

除线程、方法部分外的都是类别部分。

8.13.5 Traceview Known Issues

Traceview 日志对线程处理得不是很好，存在以下两个问题。

■ 如果一个线程存在于作分析图期间，这个线程是不会被发表的。

■ 虚拟机上线程 ID 重用问题，如果一个线程停止后另一个线程开始，它们可能使用了同一个线程 ID。

8.13.6 dmtracedump 用法

Android SDK 有一个 dmtracedump 工具，这个工具可以将跟踪日志转化成图形化的函数调用图和堆栈图。工具使用 Graphviz Dot 组件来生成图形，所以要运行 dmtracedump 就必须先安装 Graphviz。

Dmtracedump 用树状图来表示堆栈数据，每一个数据用一个节点来表示。用箭头来表示（从父节点到子节点的）调用。图 8.23 显示了 dmtracedump 输出的一个例子。

对于每个节点，dmtracedump 显示格式；<ref> callname （<inc-ms>，<exc-ms>，<numcalls>），其中：

■ <ref> -- 编号；

■ <inc-ms> -- Inclusive 时间总和（微秒为单位，包括子方法时间）；

■ <exc-ms> -- Exclusive 时间总和（微秒为单位，不包括子方法时间）；

■ <numcalls> -- 调用次数。

dmtracedump 命令用法：

```
dmtracedump [-ho] [-s sortable] [-d trace-base-name] [-g outfile] <trace-base-name>
```

这个工具从<trace-base-name>.data 和<trace-base-name>.key 加载日志数据。下面详细描述 dmtracedump 的选项。

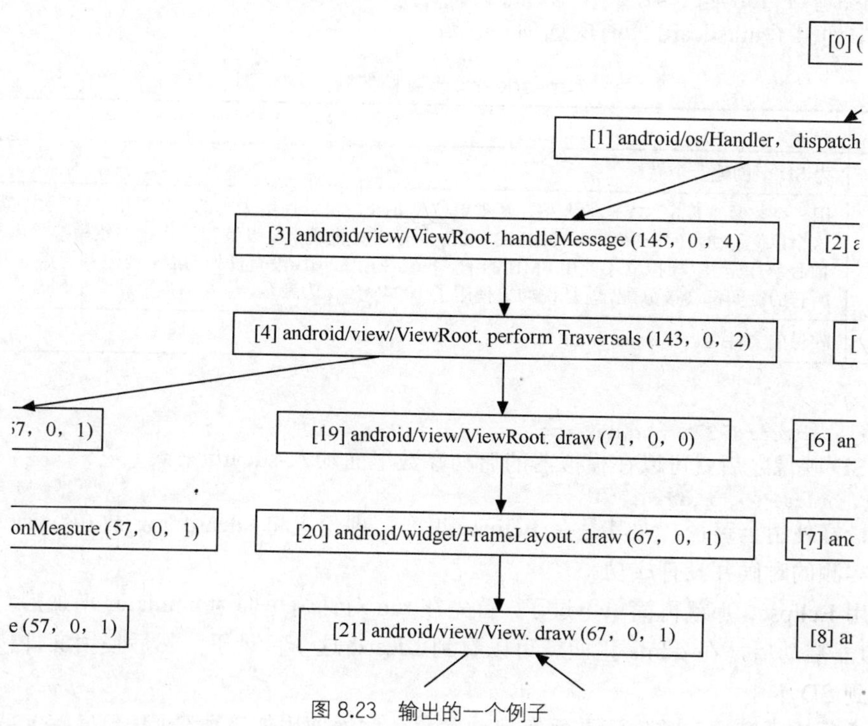

图 8.23　输出的一个例子

（1）-d <trace-base-name>

与当前 trace 比较不同之处。

（2）-g <outfile>

结果输出到文件<outfile>。

（3）-h

开启 HTML 输出。

（4）-o

将 trace 文件转储。

（5）-d <trace-base-name>

基于 URL 的 JavaScript 文件位置。

（6）-t <percent>

图中包含子结点的最小值。子 inclusive 时间是父 inclusive 时间的百分比。不使用此选项时，默认值是 20%。

8.14 mksdcard

mksdcard 工具是用来创建虚拟的 SD 卡映像的，它创建 SD 卡是 FAT32 格式。创建好的 SD 卡映像可以被载入模拟器，如同使用一个真正的 SD 设备。下面是它的用法：

```
mksdcard [-l label] <size>[K|M] <file>
```

表 8.11 中列出了 mksdcard 所有的选项和参数

表 8.11 mksdcard 选项和参数

参　数	注　释
–l	为 SD 卡创建一个卷标
size	用一个整数来设定 SD 卡的大小。缺省单位是 byte，可以使用大写的“K”和“M”跟在数值后面改变这个单位，如 1048576KB，1024MB（xing：有网友建议不要设置得太小，不然模拟器可能会崩溃。而且命令有提示，模拟器不能用 8MB 的卡。我现在用 32MB 没有任何问题。要注意一点，一旦生成映像，所有的空间都会被分配，就是说如果使用了 1024MB 作为参数，你的硬盘上就会出现一个 1GB 的文件）
file	映像的文件名。如 sdcard.img

例如：

```
mksdcard -l mycard 32M mycard.img
```

创建了 SD 映像之后就可以在模拟器的启动参数里面加入-sdcard 来载入它：

```
emulator -sdcard <file>
```

文件名最好使用全路径，尤其是在 Eclipse 里面，理论上将 sdcard.img 放在<system>下是可以载入的，但实测的时候并没有成功。

如果使用 Eclipse，那就再简单不过了。首先在 run 对话窗里面为 emulator 增加启动参数-sdcard <file>，模拟器启动后，在 ddms 里面就可以看到 sdcard 这个目录了，然后使用文件传送按钮就可以把文件传到 SD 卡中。

使用命令行也不麻烦，首先还是要有启动参数，然后使用如下命令：

```
adb push <local> <remote>
```

就可以将本地文件发送到模拟器，例如：

```
adb push temp.img /sdcard/audio
```

xing 这个 audio 目录是使用 adb shell 创建的，好像在播放视频的时候，模拟器会自己创建 video 目录。

8.15 bat 脚本——dx

dx 实际上是一个 bat 脚本，调用了真正的程序 dx.jar。dx 将.class 文件中的 Java 字节码（bytecode）转换为 Android 字节码，并保存在.dex 文件中。它可以将若干文件或目录下的若干文件转换成.dex 文件（Dalvik 可执行文件格式），然后就可以在 Android 系统上运行了。它也可以将 class 文件输出出来，并进行单元测试。

dx 工具的用法：

```
dx --dex [--debug] [--verbose] [--positions=<style>] [--no-locals][--no-optimize]
[--statistics] [--[no-]optimize-list=<file>] [--no-strict][--keep-classes]
[--output=<file>] [--dump-to=<file>] [--dump-width=<n>][--dump-method=<name>[*]]
[--verbose-dump] [--no-files] [--core-library][<file>.class | <file>.{zip,jar,apk} |
<directory>] ...
```

将 jar 或 zip 包中的若干 class 文件转换成 dex 文件，dex 文件名后缀必须以.dex、.jar、.zip 或.apk 结束。

可以阅读的方式转储 class 文件或者转换信息：

```
dx --annotool --annotation=<class> [--element=<element types>][--print=<print types>]dx
--dump  [--debug]  [--strict]  [--bytes]  [--optimize][--basic-blocks  |  --rop-blocks  |
--ssa-blocks | --dot] [--ssa-step=<step>][--width=<n>] [<file>.class | <file>.txt] ...
```

运行单元测试：

```
dx --junit [-wait] <TestClass>
```

将虚拟机选项传给运行 dx 文件的虚拟机：

```
dx -J<option> ... <arguments >
```

查看 dx 版本信息：

```
dx --version
```

查看 dx 帮助信息：

```
dx --help
```

8.16 压力测试工具——Monkey

8.16.1 Monkey 简介

Monkey 是 Android 中压力测试工具，它是一个命令行工具，可以运行在模拟器里或实际设备中。它向系统发送伪随机的用户事件流，实现对正在开发的应用程序进行压力测试。Monkey 包括许多选项，它们大致分为 4 大类。

- 基本配置选项，如设置尝试的事件数量。
- 运行约束选项，如设置只对单独的一个包进行测试。
- 事件类型和频率。
- 调试选项。

在 Monkey 运行的时候，它生成事件，并把它们发给系统。同时，Monkey 还对测试中的系统进行监测，对下列 3 种情况进行特殊处理。

（1）如果限定了 Monkey 运行在一个或几个特定的包上，那么它会监测试图转到其他包的操作，并对其进行阻止。

（2）如果应用程序崩溃或接收到任何失控异常，Monkey 将停止并报错。

（3）如果应用程序产生了应用程序不响应（application not responding）的错误，Monkey 将会停止并报错。

按照选定的不同级别的反馈信息，在 Monkey 中还可以看到其执行过程报告和生成的事件。

8.16.2 Monkey 的基本用法

可以通过开发机器上的命令行或脚本来启动 Monkey。由于 Monkey 运行在模拟器/设备环境中，所以，必须用其环境中的 shell 进行启动。可以通过在每条命令前加上 adb shell 来达到目的，也可以进入 shell 后直接输入 Monkey 命令。基本语法如下：

```
$ adb shell monkey [options]
```

如果不指定 options，Monkey 将以无反馈模式启动，并把事件任意发送到安装在目标环境中的全部包。下面是一个更为典型的命令行示例，它启动指定的应用程序，并向其发送 500 个伪随机事件：

```
$ adb shell monkey -p your.package.name -v 500
```

8.16.3 命令选项详解

下面列出了 Monkey 命令行可用的全部选项，并详细解释其含义。

1．选项-help

列出 Monkey 简单的用法。

2．选项-v

命令行的每一个-v 将增加反馈信息的级别。Level 0（缺省值）除启动提示、测试完成和最终结果之外，提供较少信息。Level 1 提供较为详细的测试信息，如逐个发送到 Activity 的事件。Level 2 提供更加详细的设置信息，如测试中被选中的或未被选中的 Activity。

3．选项-s <seed>

伪随机数生成器的 seed 值。如果用相同的 seed 值再次运行 Monkey，它将生成相同的事件序列。

4．选项-throttle <milliseconds>

在事件之间插入固定延迟。通过这个选项可以减缓 Monkey 的执行速度。如果不指定该选项，Monkey 将不会被延迟，事件将尽可能快地被产生。

5．选项-pct-touch <percent>

调整触摸事件的百分比（触摸事件是一个 down-up 事件，它发生在屏幕上的某单一位置）。

6．--pct-motion <percent>

调整动作事件的百分比（动作事件由屏幕上某处的一个 down 事件、一系列的伪随机事件和一个 up 事件组成）。

7．选项-pct-trackball <percent>

调整轨迹事件的百分比（轨迹事件由一个或几个随机的移动组成，有时还伴随有点击）。

8．选项-pct-nav <percent>

调整“基本”导航事件的百分比（导航事件由来自方向输入设备的 up/down/left/right 组成）。

9．选项-pct-majornav <percent>

调整“主要”导航事件的百分比（这些导航事件通常引发图形界面中的动作，如 5-way 键盘的中间按键、回退按键、菜单按键）。

10．选项-pct-syskeys <percent>

调整“系统”按键事件的百分比（这些按键通常被保留，由系统使用，如 Home、Back、Start Call、End Call 及音量控制键）。

11．选项-pct-appswitch <percent>

调整启动 Activity 的百分比。在随机间隔里，Monkey 将执行一个 startActivity( )调用，作为最大程度覆盖包中全部 Activity 的一种方法。

12．选项--pct-anyevent <percent>

调整其他类型事件的百分比。它包罗了所有其他类型的事件，如按键、其他不常用的设备按钮等。

13．选项-p <allowed-package-name>

如果用此参数指定了一个或几个包，Monkey 将只允许系统启动这些包里的 Activity。如果应用程序还需要访问其他包里的 Activity（如选择取一个联系人），那些包也需要在此同时指定。如果不指定任何包，Monkey 将允许系统启动全部包里的 Activity。要指定多个包，需要使用多个-p 选项，每个-p 选项只能用于一个包。

14．选项-c <main-category>

如果用此参数指定了一个或几个类别，Monkey 将只允许系统启动被这些类别中的某个类别列出的 Activity。如果不指定任何类别，Monkey 将选择下列类别中列出的 Activity：Intent.CATEGORY_LAUNCHER 或 Intent.CATEGORY_MONKEY。要指定多个类别，需要使用多个-c 选项，每个-c 选项只能用于一个类别。

15．选项-dbg-no-events

设置此选项，Monkey 将执行初始启动，进入到一个测试 Activity，然后不会再进一步生成事件。为了得到最佳结果，把它与-v、一个或几个包约束、以及一个保持 Monkey 运行 30 秒或更长时间的非零值联合起来，从而提供一个环境，可以监视应用程序所调用的包之间的转换。

16．选项-hprof

设置此选项，将在 Monkey 事件序列之前和之后立即生成 profiling 报告。这将会在 data/misc 中生成大文件（～5Mb），所以要小心使用它。

17．选项-ignore-crashes

通常，当应用程序崩溃或发生任何失控异常时，Monkey 将停止运行。如果设置此选项，Monkey 将继续向系统发送事件，直到计数完成。

18．选项-ignore-timeouts

通常，当应用程序发生任何超时错误（如“Application Not Responding”对话框）时，Monkey 将停止运行。如果设置此选项，Monkey 将继续向系统发送事件，直到计数完成。

19．选项-ignore-security-exceptions

通常，当应用程序发生许可错误（如启动一个需要某些许可的 Activity）时，Monkey 将停止运行。如果设置了此选项，Monkey 将继续向系统发送事件，直到计数完成。

20．选项-kill-process-after-error

通常，当 Monkey 由于一个错误而停止时，出错的应用程序将继续处于运行状态。当设置了此选项时，将会通知系统停止发生错误的进程。注意，正常的（成功的）结束，并没有停止启动的进程，设备只是在结束事件之后，简单地保持在最后的状态。

21．选项-monitor-native-crashes

监视并报告 Android 系统中本地代码的崩溃事件。如果设置了-kill-process-after-error，系统将停止运行。

22．选项-wait-dbg

停止执行中的 Monkey，直到有调试器和它相连接。

8.16.4　实例

用 Android 自带的 API 来测试：

```
输入adb shell monkey -p com.example.android.apis -v 500
```

然后就可以看到屏幕画面在不断的切换，测试已经开始。

8.17 android 工具

android 工具实际上是一个 bat 文件，用来管理 AVD 和生成 Ant 编译文件，这个 Ant 编译文件可以编译 Android 应用程序。它具有如下功能。

- 创建、删除、查看 AVD。
- 创建、更新 Android 工程。
- 将新平台、add-on 和文档更新到 Android SDK。

如果使用 Eclipse 和 ADT 插件来开发 Android 应用程序，通过 IDE 可视化操作界面来做这工作就可以了，而不需要自己去手动执行这么命令。

8.18 优化 APK 新工具——zipalign

Android 1.6 SDK 中包含了一个用于优化 APK 的新工具 zipalign。它提高了优化后的 Applications 与 Android 系统的交互效率（俗话："要致富先修路"，Android 小组重新为 Applications 与 Android 系统之间搭建了一条高速公路），可以使整个系统的运行速度有了较大的提升。Android 小组强烈建议开发者在发布新 Apps 之前使用 zipalign 优化工具，而且对于已经发布但不受限于系统版本的 Apps，建议用优化后的 APK 替换现有的版本。在下面的内容中将从 3 个方面介绍 zipalign：

- zipalign 如何优化；
- 如何使用 zipalign；
- 使用 zipalign 的理由。

根据官方文档的描述，Android 系统中 Application 的数据都保存在它的 APK 文件中，同时可以被多个进程访问，安装的过程包括如下几个步骤。

- Installer 通过每个 apk 的 manifest 文件获取与当前应用程序相关联的 permissions 信息。
- Home application 读取当前 APK 的 Name 和 Icon 等信息。
- System server 将读取一些与 Application 运行相关信息，例如，获取和处理 Application 的 notifications 请求等。
- 最后，APK 所包含的内容不仅限于当前 Application 所使用，而且可以被其他的 Application 调用，提高系统资源的可复用性。

zipalign 优化的最根本目的是帮助操作系统更高效率的根据请求索引资源，将 resource-handling code 统一将 Data structure alignment（数据结构对齐标准：DSA）限定为 4-byte boundaries。如果第一次接触有关 Data structurealignment 的内容，强烈建议搜索更多与其相关的内容来充分理解这样做的最终目的，这也是理解 zipalign 工作原理的关键。如果不采取对齐的标准，处理器无法准确和快速地在内存地址中定位相关资源。

目前的系统中使用 fallbackmechanism 机制处理那些没有应用 DSA 标准的应用程序，这的确方便了开发者无需关注繁琐的内存操作问题。但是相反，对于这样的应用程序将给普通用户带来一定的麻烦，不但影响程序的运行效率，而且使系统的整体执行效率下降和占用大量不必要的内存资源，甚至消耗一定的电池资源（battery life）。

在 Android SDK 中提供了 3 种应用 Align 操作的方法。

（1）使用 ADT

从 ADT 0.9.3 版本开始，可以通过 export wizard 自动对发布的 applicationpackages 执行 align 操作。设置方法：鼠标右键点击 Project，然后依次选择“Android Tools”→“ExportSigned Application Package…”。或者可以直接在 AndroidManifest.xml 中设置。

（2）使用 Ant

- 对于 API Level 大于等于 4 的 Application Packages 可以直接通过 Ant build script 来 Align 优化。但对于 API Level 小于 4 的情况，只能采取手动 Align 优化。
- 默认下应用 Ant build script 运行 Debug packages（API Level >= 4）时，将自动执行 Align 优化。
- 针对 Release packages。当使用 Ant build script 执行 Align 优化时，首先需要拥有足够的信息来 Sign packages。当完成 Signing 之后，才能执行 Align 优化。通过官方文档了解如何 Sign Packages。

（3）手动执行 Align 优化

- 利用 tools 文件夹下的 zipalign 工具。首先调出 cmd 命令行，然后执行：zipalign -v 4 source.apk androidres.apk。这个方法不受 API Level 的限制，可以对任何版本的 APK 执行 Align 优化。
- 同时可以利用 zipalign 工具检查当前 APK 是否已经执行过 Align 优化。命令：zipalign -c -v 4 androidres.apk

再一次提醒开发者，立刻应用 zipalign 工具强制优化已经发布的 application packages，并让用户使用最新的版本。

8.19 小结

本章详细讲解了 Android 中使用的工具和命令，并详细介绍了每个命令的参数，以及如何使用它们。这些工具都是 Android SDK 包中提供的，所以是每个开发者都可以访问的。它们涉及的领域很多，有编写程序用的，有调试程序用的，也有一些查看设备进程和 Log 日志的。读者可以把本章当成一个参考手册来用，用到某一工具或命令时，随时查阅即可，因每个命令都可能有很多参数，记住这些参数是比较困难的。

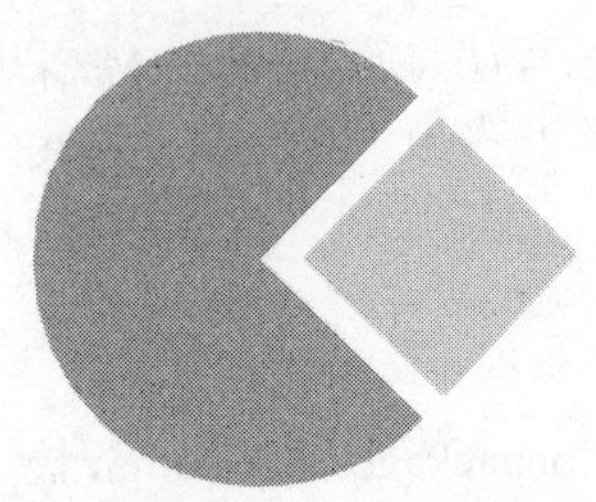

第 9 章　调试技术

代码编写是很重要的一部分，然而保证编写的代码能正确运行的一个最重的手段就是调试，通过调试可以看到程序运行的每一步，并发现错误所在。

程序员最喜欢写代码，但是整个开发过程中会遇到很多问题，如无数的 Bug，它们只有在程序员调试程序的时候才能看清楚。且调试程序占用非常多的时间，所以调试技术也是程序员必备的。在开发 Android 程序前，有必要总结一下如何调试 Android 程序。

9.1 Android 应用程序调试

本节所说的调试是指调试 Android 应用程序中的 Java 部分，关于通过 JNI 方式调用的 C/C++ 代码调试部分请参考后面 NDK 调试章节。

9.1.1 日志式调试

日志式调试就是利用 Android 类库中的 Log 类或其他文件操作类，把应用程序运行过程的信息输出到 LogCat 或者保存到文件中，这样就可以知道程序是否是正常运行了。

在 Android 中可以使用 Log 类，Log 类在 android.util 包中，可以使用它将运行过程的信息输出到 ADT 插件提供的 LogCat 面板中，直接查看程序运行的过程。Log 类提供了若干静态方法：

```
Log.v(String tag, String msg);
Log.d(String tag, String msg);
Log.i(String tag, String msg);
Log.w(String tag, String msg);
Log.e(String tag, String msg);
```

分别对应 Verbose、Debug、Info、Warning、Error。tag 是一个标识，可以是任意字符串，通常可以使用类名+方法名，主要是用来在查看日志时提供一个筛选条件。程序运行后，在 show view 中选择 LogCat 就可以直接看到输出了。也可以在程序运行后，通过 DDMS 查看程序的运行过程记录，并可以通过 String tag 来过滤输出的信息。

可以在 HelloActivity 的例子里实验这个方法，这个例子在 1.4.5 节讲解了。在 HelloActivity 的 onCreate 函数中加入下面几行代码来得到不同级别的信息：

```
String tag = "HelloActivity:testLog()";
Log.v(tag, "this is verbose log");
Log.d(tag, "this is debug log");
Log.i(tag, "this is info log");
```

```
Log.w(tag, "this is warning log");
Log.e(tag, "this is error log");
```

然后，可以在 DDMS 视图的 LogCat 面板中查看到这些信息，每种信息的颜色是不一样的。可以选择右上边的 VDIWE 分别显示自己所关心的不同级别的 Log 信息，进而达到调试的目的，如图 9.1 所示。

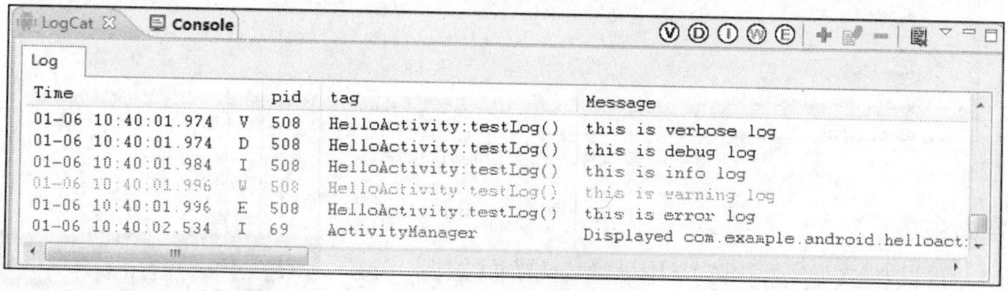

LogCat Console

Log

Time		pid	tag	Message
01-06 10:40:01.974	V	508	HelloActivity:testLog()	this is verbose log
01-06 10:40:01.974	D	508	HelloActivity:testLog()	this is debug log
01-06 10:40:01.984	I	508	HelloActivity:testLog()	this is info log
01-06 10:40:01.996	W	508	HelloActivity:testLog()	this is warning log
01-06 10:40:01.996	E	508	HelloActivity:testLog()	this is error log
01-06 10:40:02.534	I	69	ActivityManager	Displayed com.example.android.helloact:

图 9.1　LogCat 面板

除了以上方法外，也可以把程序运行过程信息的输出当作程序运行的一部分，如使用 Toast Notification 将输出信息显示在界面中，当然这些只是些调试代码，在发布程序时需要去掉。

最后一种方法，也是最有效的一种方法，直接将运行过程的信息以文件的方式存储，在程序运行后打开文件，查看输出的信息。在一些复杂的工具中，都是用这种日志文件的方法来记录文件运行的过程。

9.1.2　Eclipse 调试

日志式调试方法只是在发现问题后，从 Log 信息中找到问题的原因所在，然后解决问题，有些被动。下面就来讲一种主动地调试方法。

这是使用 Eclipse 工具开发 Android 应用必须熟练掌握的调试技术，主要包括：设置断点、查看变量值、查看当前堆栈等。需要给 Eclipse 安装 ADT 插件。

步骤如下所示。

1．设置断点

如图 9.2 所示，我们将断点设置在第 62 行。

```
59     OnClickListener testButton = new OnClickListener(){
60         @Override
61         public void onClick(View arg0) {
62             int a = 0;
63             int b = 1;
64             int c = 2;
65             a = b + c;
66             Log.i(LOG_TAG + ":testButton:onClick()", "{a = b + c}:"+a);
67         }
68     };
```

图 9.2　设置断点

2．以调试模式运行应用程序

在所要调试的工程上右键点击，在弹出的菜单中选择“Debug As”，再选择“Android

Application”，如图 9.3 所示。

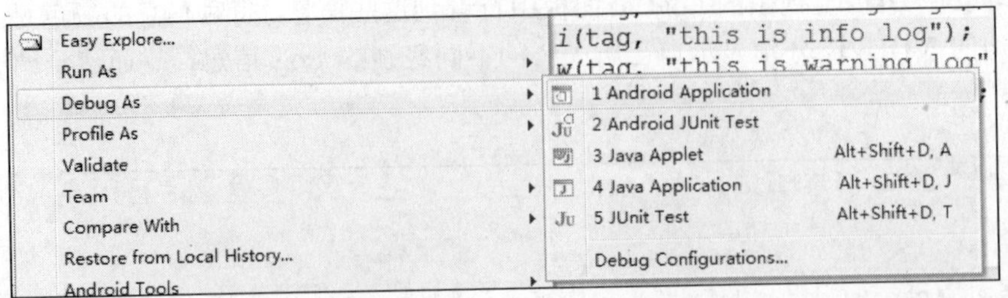

图 9.3　选择 Debug As 窗口

3．调试面板

这样就以调试模式启动了该应用程序，界面如图 9.4 所示。

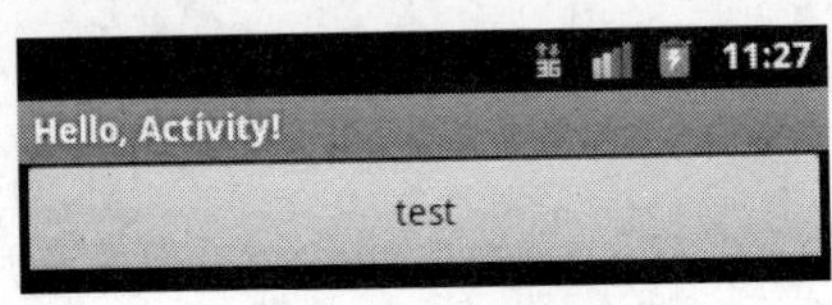

图 9.4　运行结果图

点击 test 按扭后，停在第 1 步设置的断点上。然后，就可以像调试其他程序一样查看变量、线程、进程、栈的信息，如图 9.5 所示。

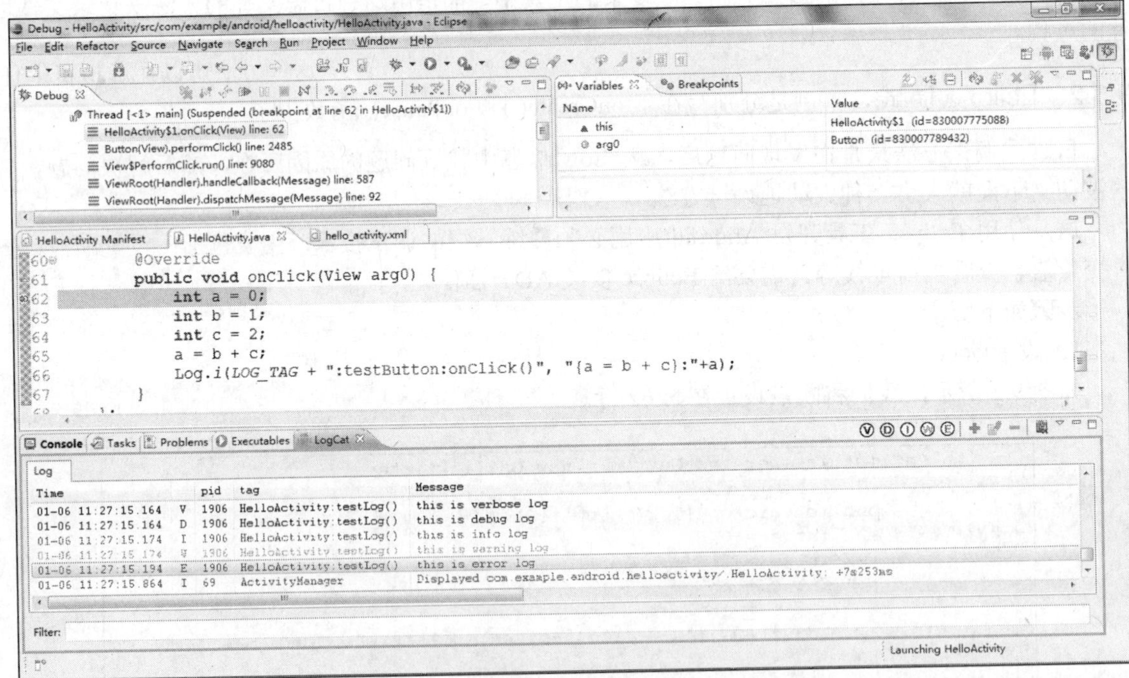
图 9.5　调试面板

9.1.3　TraceView 跟踪

在 Android 工具介绍一章已详细介绍了它的用法，现在，就以实例来说明如何应用，并根据提供的信息查看调用和运行情况。

9.1.3.1　创建 trace 文件

我们在 onCreate( )函数中插入如下代码：

```
public void onCreate(Bundle savedInstanceState) {
    super.onCreate(savedInstanceState);
    // start tracing to "/mnt/sdcard/HelloActivity.trace"
    Debug.startMethodTracing("HelloActivity");

    setContentView(R.layout.hello_activity);
    button = (Button)findViewById(R.id.button_1);
    button.setOnClickListener(testButton);
    testLog();
}
```

我们在 onPause ( )函数中插入如下代码：

```
protected void onPause () {
super. onPause ();
    // 停止跟踪
    Debug.stopMethodTracing();
}
```

调用 Debug 类的 startMethodTracing( )函数来开始进行日志跟踪，在这个函数中，为跟踪日志文件指定一个名字。调用 stopMethodTracing( )函数来停止跟踪。当然，这些方法可以在虚拟机上任意开始和停止方法跟踪，本例是分别写在了 onCreate( )和 onPause( )函数中了。

启动该应用程序，点击按扭 test 两次，然后按下 HOME 键返回到主屏，就在 SD 卡上生成跟踪日志文件，文件名为 HelloActivity.trace。

9.1.3.2　将 trace 文件复制到主机

我们可以使用 DDMS 视图中的 File Explorer 面板的复制功能将 HelloActivity.trace 文件复制到主机，如图 9.6 所示。

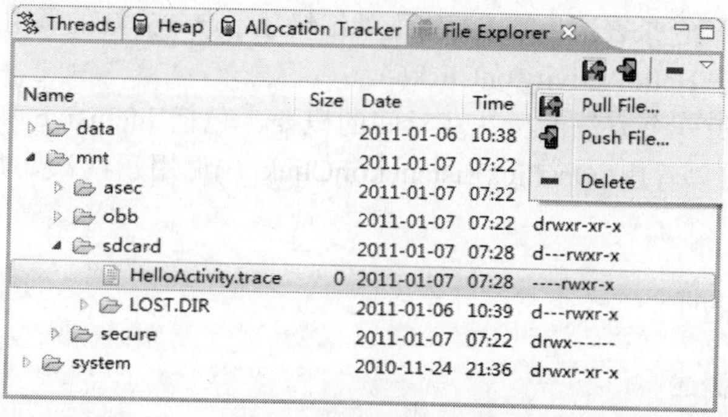

图 9.6　获取 trace 文件

此外，也可以通过以下命令将 HelloActivity.trace 文件复制到主机：

```
adb pull /mnt/sdcard/HelloActivity.trace D:\
```

9.1.3.3 traceview 查看跟踪文件

输入 traceview HelloActivity.trace 使用以下命令运行 traceview 工具来查看跟踪文件：

```
traceview D:\HelloActivity.trace
```

就会启动 traceview 工具界面，上面是时间轴面板，描述每个线程和方法的开始和终止。下面是 Profile 面板，提供一个方法中发生了什么的摘要，如图 9.7 所示。

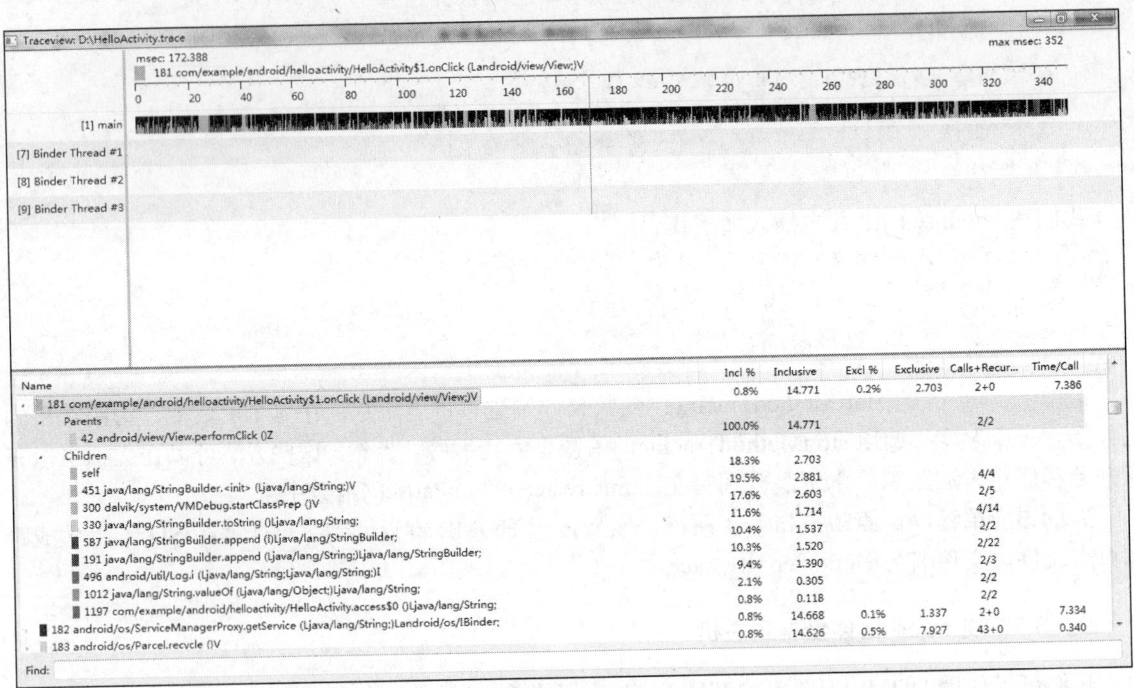

图 9.7 运行图

从图 9.7 所示的时间轴面板中可以看到，每个线程的执行都显示在随着时间渐增右移的各自行上。不同的方法用不同的颜色来表示。第一行下面的细线显示选中方法的调用时长（由进入到退出）。在 profile 面板中选中方法 HelloActivity.onClick( )。

profile 面板显示了每一个方法的所花费时间的概要。包括 inclusive 和 exclusive 时间（同时用百分比表示）。我们可以看出 OnClickListener.onClick ( )调用了两次，每次调用都没有花很长时间。

9.1.4 单元测试（JUNIT）

9.1.4.1 单元测试概述

Android 支持 JUnit 单元测试。JUnit 是采用测试驱动开发的方式，也就是说，在开发前先写好测试代码，用来说明被测试的代码会被如何使用、错误处理等；然后，写程序源代码，并在测试代码中逐步测试这些代码，直到在测试代码中完全通过。

JUnit 从核心来说就是将源代码与测试代码完全分开，将测试代码作为一个单独的程序。前面介绍的方法，都将源代码与测试代码合为一体，由于源代码的重要性大于测试代码，所以测试代码经常有不完整、结构不清晰等问题，这样程序员的单元测试也就不完整。JUnit 就是被用来做完整的单元测试，对当前的部分代码测试其在每种“环境”下的运行结果。

9.1.4.2　单元测试功能

JUnit 有 4 大功能，分别是。

（1）管理测试用例。修改了哪些代码，这些代码的修改将影响哪些部分，通过 JUnit 对这次修改做个完整的测试。这也就是 JUnit 中的 TestSuite。

（2）定义测试代码。这也就是 JUnit 中的 TestCase，根据源代码测试需要，定义每个 TestCase，并将这些 TestCase 加入到相应的 TestSuite 进行管理。

（3）定义测试环境。在 TestCase 测试前先调用“环境”配置，在测试中使用，也可以在测试用例中直接定义测试环境。

（4）检测测试结果。对于每种正常、异常情况下的测试，运行结果是什么、结果是否是预期的等都需要有明确的定义，在这方面 JUnit 提供了强大的功能。

单元测试的功能强大，但它与我们平时所使用的 IDE 调试是一样的，此外增加了测试用例管理、测试结果检测等功能，提高了单元测试的效率，保证了单元测试的完整性，明确了单元测试的目标。

9.1.4.3　单元测试原理

整个 JUnit 包是很强大的，一般情况下，每个工程不一定都需要这些包，比较实用的做法就是在 JUnit 部分包的基础上扩展出满足自己特定需求的包，Android SDK 中关于 JUnit 的包也是基于这样的思路扩展的。在这我们分析 Android SDK 中包含的那些 JUnit 包，以及 Android SDK 在 JUnit 的基础上扩展的包如表 9.1 所示。

表 9.1　包含的 JUnit 包

SDK	功 能 说 明
junit.framework	JUnit 测试框架
junit.runner	实用工具类支持 JUnit 测试框架
android.test	Android 对 JUnit 测试框架的扩展包
android.test.mock	Android 的一些辅助类
android.test.suitebuilder	实用工具类，支持类的测试运行

最重要的两个包是：junit.framework、android.test，前者是 JUnit 的核心包，后者是 Andoid SDK 在 Junit.framework 的基础上扩展出来的包，下面将详细分析它们。

1．junit.framework 包

该包中类的 UML 如图 9.8 所示。

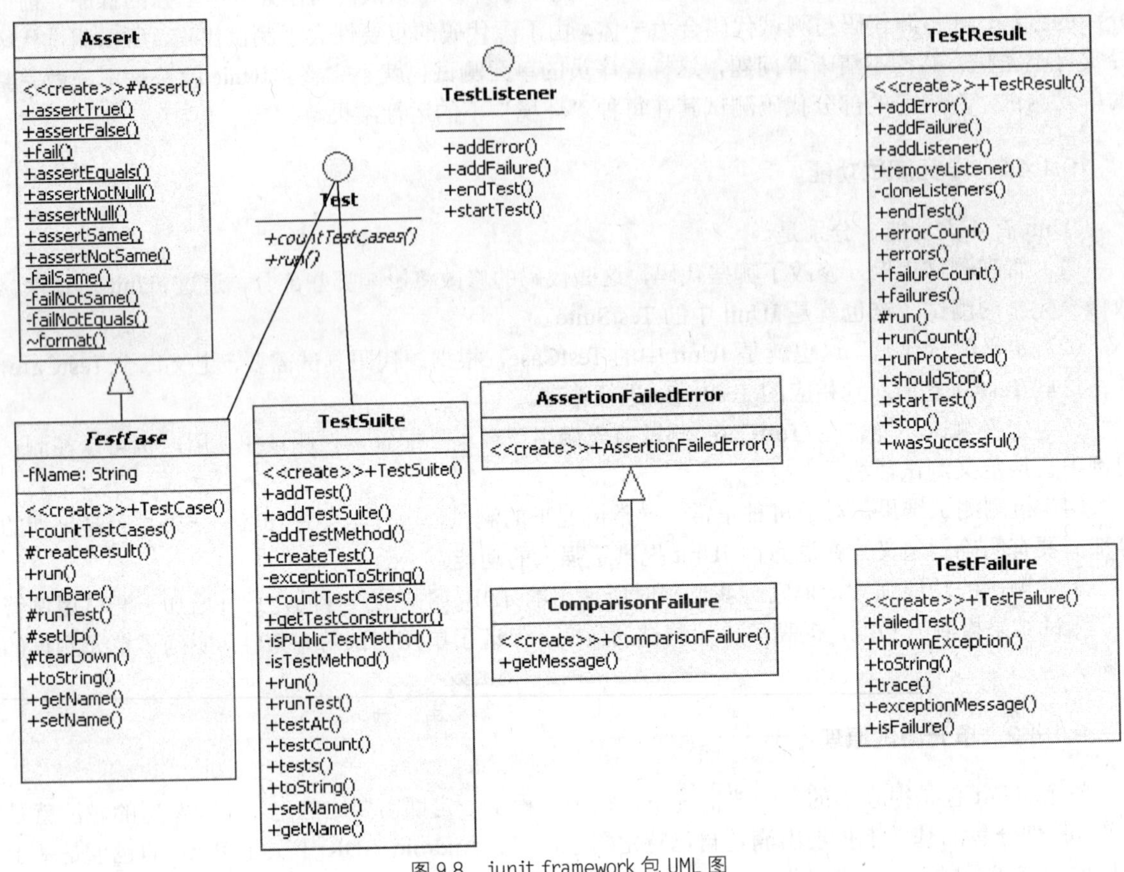

图 9.8 junit.framework 包 UML 图

上面的 UML 结构图表示出了 JUnit 的主要框架。下面分别介绍其中几个类。

（1）TestSuit：是测试用例的集合。

（2）TestCase：定义运行多个测试用例。

（3）TestResult：收集一个测试用例的结果，测试结果分为失败和错误，如果未能预计的断言就是失败，错误就是由于异常而导致的无法预料的问题。

（4）TestFailure：测试失败时捕获的异常。

（5）Assert：断言的方法集，当断言失败时显示信息。

其中，TestCase 与 TestSuite 之间的关系类似于图元对象与容器对象之间的关系。

2．junit.runner 包

该包中类的 UML 如图 9.9 所示。

这个包是 junit.framework 包的辅助包，其中主要是 BaseTestRunner 类，实现了 TestListener 接口，主要是检查测试过程中出现的 Error、Failure。

junit.framework 包中的 TestListener 接口，这个接口的函数如表 9.2 所示。

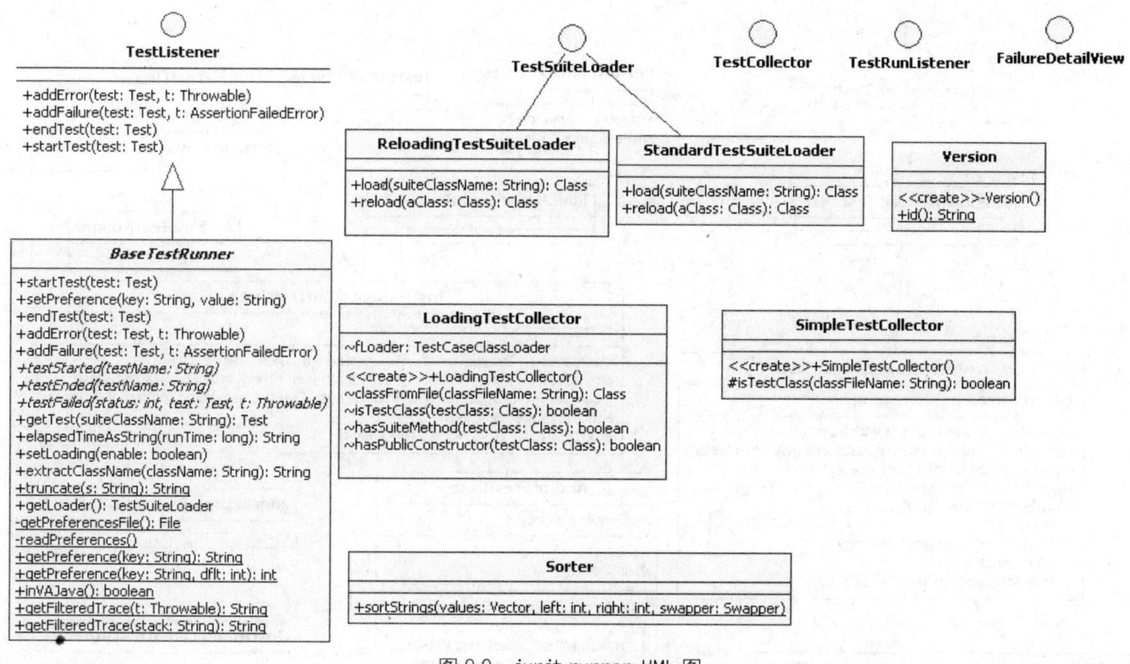

图 9.9　junit.runner UML 图

表 9.2　　TestListener 接口的函数

类　型	函　数
abstract void	addError（Test test，Throwable t） 产生一个错误
abstract void	addFailure（Test test，AssertionFailedError t） 产生一个失败
abstract void	endTest（Test test） 结束一个测试
abstract void	startTest（Test test） 开始一个测试

与这个接口相关的类只有 TestResult 类，相关接口函数如表 9.3 所示。

表 9.3　　相关接口函数

类　型	函　数
synchronized void	addListener（TestListener listener） 注册 TestListener
synchronized void	removeListener（TestListener listener） 注销 TestListener

3．android.test 包

Android SDK 中的 android.test 包扩展自 junit.framework 包，该包中主要类的 UML 如图 9.10 所示。

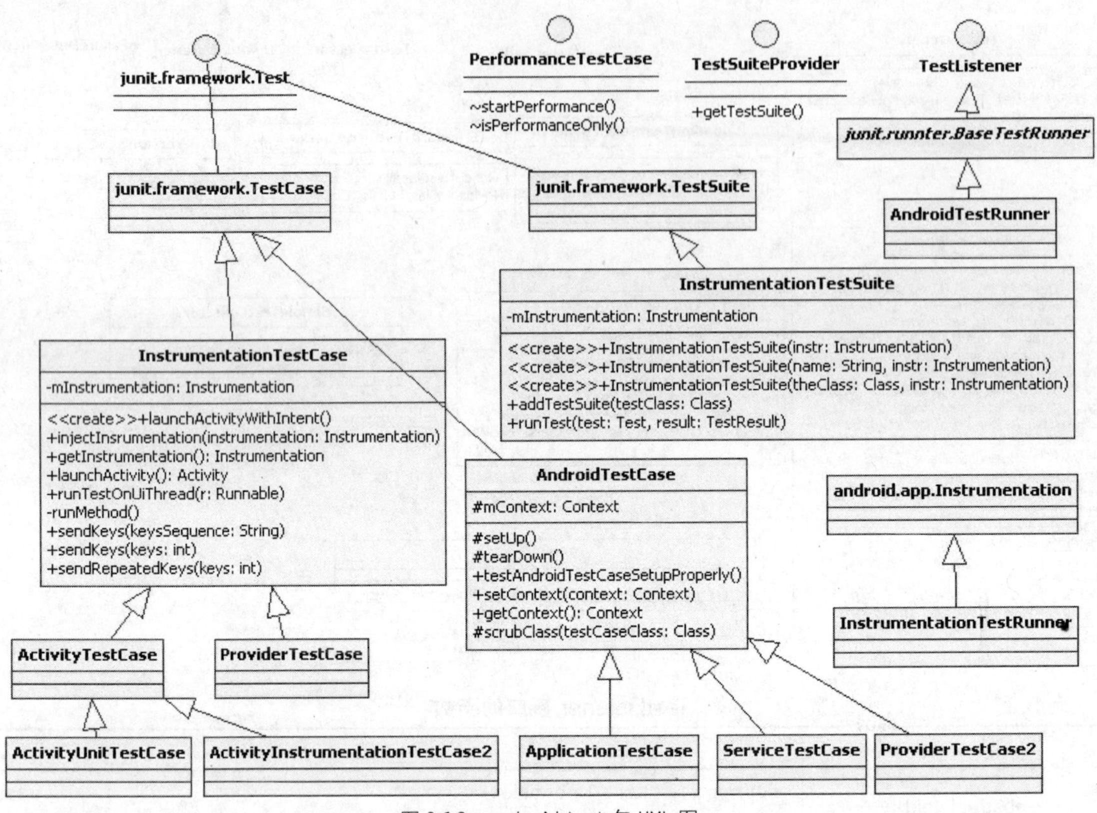

图 9.10 android.test 包 UML 图

前面提到 TestCase 与 TestSuite 之间的关系有点像图元对象与容器对象之间的关系。我们在 UML 结构图中从上往下看：首先是 TestCase 类，然后是 InstrumentationTestCase、AndroidTestCase，最后是 ApplicationTestCase、ProviderTestCase2、ServiceTestCase、ActivityTestCase。这就是 Android 系统中 4 大组件：Activity、Provider、Service、BroadCast 中的前 3 个。此外，Android SDK 中有关于这几个 TestCasc 的说明如表 9.4 所示。

表 9.4 TestCase 的说明

类	说　明
AndroidTestCase	如果访问的资源或其他东西依赖于 Activity 的环境，那么在这个类的基础上扩展
ActivityInstrumentationTestCase2 <T extends Activity>	这个类提供了一个单一的活动功能测试
ApplicationTestCase <T extends Application>	提供了一个框架，可以在受控环境中测试 Application 类
ProviderTestCase2 <T extends ContentProvider>	提供了一个框架，可以在受控环境中测试 ContentProvider 类
ServiceTestCase <T extends Service>	提供了一个框架，可以在受控环境中测试 Service 类

此外，AndroidTestRunner 类是 android.test 包中很重要的一个类，它有好多的接口函数，其中接口函数：

```
void setContext(Context context)
```

它的参数 Context context，即可以设置测试的运行环境，是 Junit 与 Android 的结合点，这个类是 android.test 的核心控制类。举一个简要的例子如下：

```
AndroidTestRunner testRunner = new AndroidTestRunner();
testRunner.setTest( new ExampleSuite() );
testRunner.addTestListener( this );
testRunner.setContext( parentActivity );
testRunner.runTest();
```

通过 AndroidTestRunner 控制整个测试，并可以与 Activity 结合。

下面举例来说明如何使用这些类：

```
//MathTest.java
import android.test.AndroidTestCase;
import android.util.Log;
public class MathTest extends AndroidTestCase
{
   protected double fValue1;
   protected double fValue2;
   protected double fRe;
   static final String LOG_TAG = "MathTest";
   protected void setUp() {
     fValue1= 2.0;
     fValue2= 3.0;
     fRe = 5.0;
   }
   public void testAdd(){
     Log.d( LOG_TAG, "testAdd" );
     assertTrue( LOG_TAG+"1", ( (fValue1 + fValue2 ) == fRe ) );
   }
}
//ExampleSuite.java
import junit.framework.TestSuite;
public class ExampleSuite extends TestSuite
{
   public ExampleSuite(){
     addTestSuite( MathTest.class );
   }
}
```

在 Android 模拟器上运行程序后看到的结果如图 9.11 所示。

点击按钮“Launch test”运行测试用例，输出测试结果，我们的测试都通过了。这个测试界面是我们自己编写的单元测试界面，下面会重点介绍这部分。

9.1.4.4　单元测试实例

1．新建 Android 工程 SimpleCalculator

它是一个标准的 Android 应用程序，只实现简单的加、减、乘、除运算功能。过程同前面章节介绍的一样，这里就省略了，最终界面效果如图 9.12 所示。

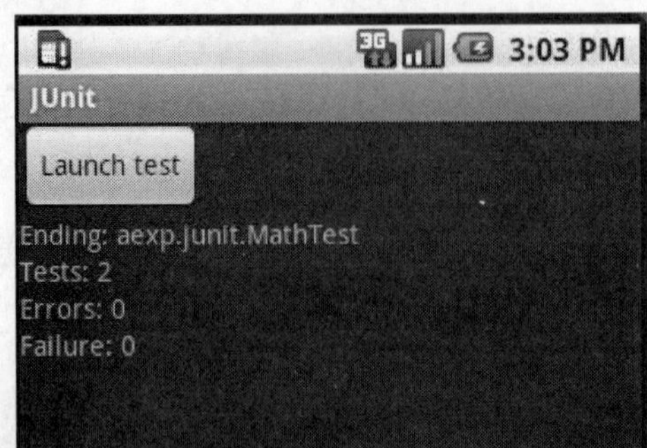

图 9.11　运行程序界面

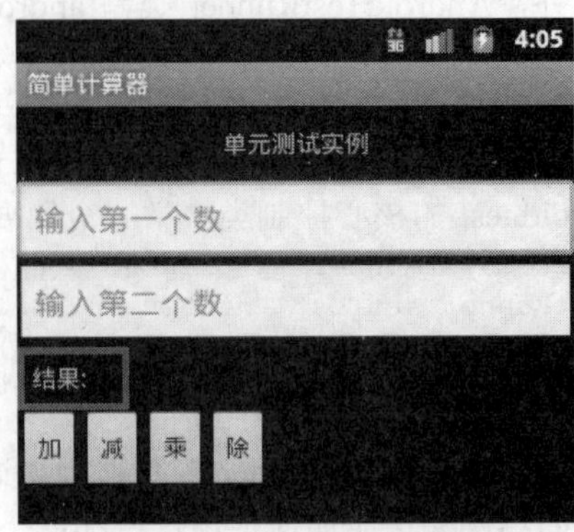

图 9.12　计算器效果图

其中按扭处理事件代码如下：

```
final EditText value1 = (EditText) findViewById(R.id.value1);
final EditText value2 = (EditText) findViewById(R.id.value2);
final TextView result = (TextView) findViewById(R.id.result);
//加
Button addButton = (Button) findViewById(R.id.addValues);
addButton.setOnClickListener(new OnClickListener() {
    public void onClick(View v) {
        try {
            int val1 = Integer.parseInt(value1.getText().toString());
            int val2 = Integer.parseInt(value2.getText().toString());

            Integer answer = val1 + val2;
            result.setText(answer.toString());
        } catch (Exception e) {
            Log.e(LOG_TAG, "Failed to add numbers", e);
        }
    }
});
//减
Button subButton = (Button) findViewById(R.id.subValues);
subButton.setOnClickListener(new OnClickListener() {
    public void onClick(View v) {
        try {
            int val1 = Integer.parseInt(value1.getText().toString());
            int val2 = Integer.parseInt(value2.getText().toString());

            Integer answer = val1 - val2;
            result.setText(answer.toString());
        } catch (Exception e) {
            Log.e(LOG_TAG, "Failed to sub numbers", e);
        }
    }
});
//乘
Button multiplyButton = (Button) findViewById(R.id.multiplyValues);
multiplyButton.setOnClickListener(new OnClickListener() {
    public void onClick(View v) {
```

```
        try {
            int val1 = Integer.parseInt(value1.getText().toString());
            int val2 = Integer.parseInt(value2.getText().toString());

            Integer answer = val1 * val2;
            result.setText(answer.toString());
        } catch (Exception e) {
            Log.e(LOG_TAG, "Failed to multiply numbers", e);
        }
    }
});
//除
Button divideButton = (Button) findViewById(R.id.divideValues);
divideButton.setOnClickListener(new OnClickListener() {
    public void onClick(View v) {
        try {
            int val1 = Integer.parseInt(value1.getText().toString());
            int val2 = Integer.parseInt(value2.getText().toString());

            Integer answer = val1 / val2;
            result.setText(answer.toString());
        } catch (Exception e) {
            Log.e(LOG_TAG, "Failed to divide numbers", e);
            }
        }
    });
}
```

2．新建 Android 测试工程

为了测试 SimpleCalculator 工程，需要相应的 Android 测试工程 SimpleCalculatorTest。创建 Android 测试工程的方法有两种，一种是在创建新的 Android 工程时，即在新建 SimpleCalculator 工程创建向导时同时创建单元测试工程；另一种是针对已有的 Android 工程添加一个单元测试工程。本例采第二种方法，方法如图 9.13 所示。

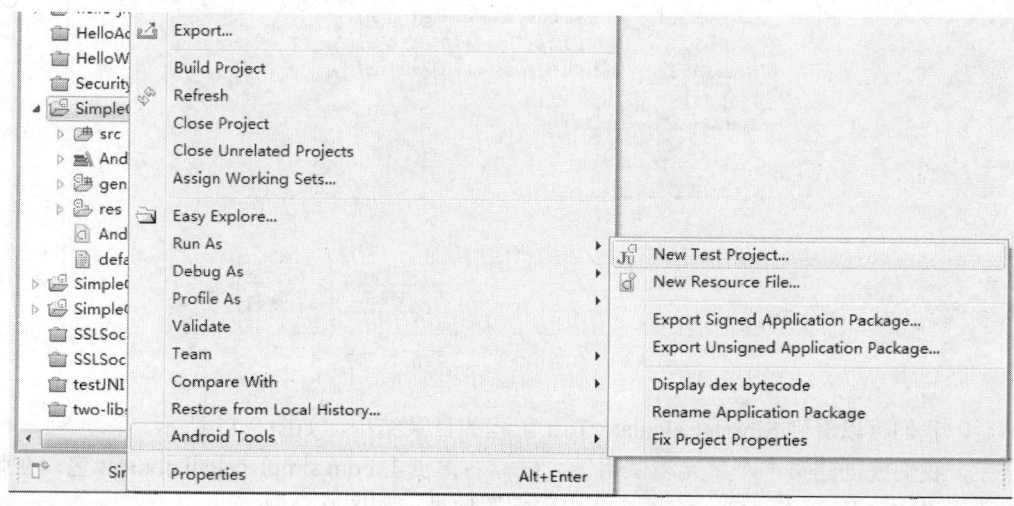

图 9.13　新建 Android Test Project

选择“New Test Project”选项，出现测试工程配置界面，填写其中各项。

- Test Project Name：SimpleCalculatorTest。
- Location：可以随意设置。
- Select the project to test：选择已经存在的 SimpleCalculator。
- Build Target：选择 Android 2.3。
- Application Name：SimpleCalculatorTest。
- Package Name：设置为 com.simplecalculator.test。

设置界面如图 9.14 所示。

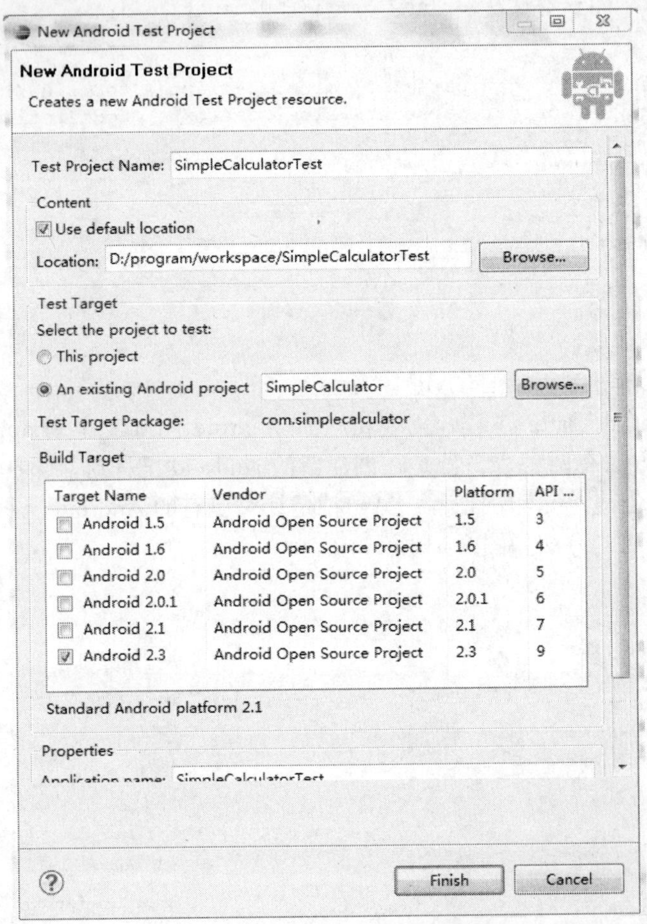

图 9.14　Android 测试工程配置向导

然后，我们可以看到 SimpleCalculatorTest 工程的目录结构，如图 9.15 所示。

现在，我们就创建第一个单元测试用例，鼠标右键点击 com.simplecalculator.test 包，在弹出的菜单中选择“New JUnit Test Case”项，会出现配置向导，如图 9.16 所示。

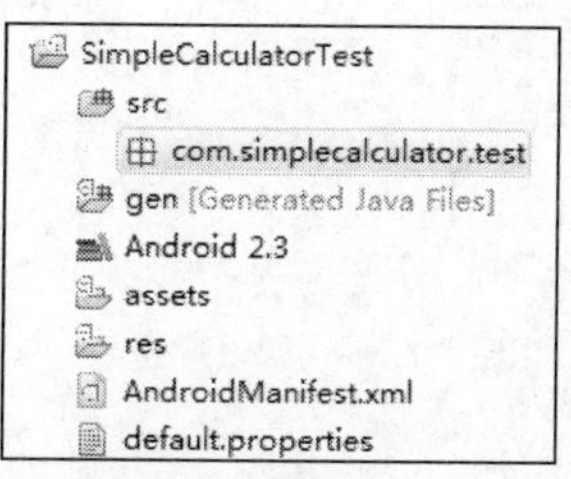

图 9.15　SimpleCalculatorTest 工程的目录结构

图 9.16　新建测试用例配置向导

填写其中各项。

- 选择使用 New Junit 3 Test。
- Source folder：设置为 SimpleCalculatorTest 工程的代码目录。
- Package：这里设置为 com.simplecalculator.test。
- Name：MathTest。
- Superclass：android.test.ActivityInstrumentationTestCase2，这个是用来测试 Activity 的 Android 的测试用例。
- 将多选框中的 setUp0 和 constructor 两个都勾选上。

点击“Finish”按钮后，就创建了 MathTest.java 测试用例，其中包括如下几个部分：construction、setUp( )、方法的测试用例、tearDown( )和 destruction。setUp( )方法主要是实现一些在测试工作开始前初始化资源及环境设置等，需要用户自己编写针对方法的测试用例，一般是以“test+方法名”。而在每个测试方法之后运行 tearDown( )，用来撤销其初始化的测试环境。

MathTest.java 的代码如下：

```
package com.simplecalculator.test;
import android.test.ActivityInstrumentationTestCase2;
public class MathTest extends
        ActivityInstrumentationTestCase2<MainActivity> {
    public MathTest(String name) {
        super(name);
```

```
    }
    protected void setUp() throws Exception {
        super.setUp();
    }
}
```

修改 MathTest 的构造函数，将正在使用的测试父类与测试环境设置进行绑定。

```
public MathValidation() {
    super("com.simplecalculator", MainActivity.class);
}
```

接下来测试 SimpleCalculator 的各个计算函数。在 setUp 方法中通过 getActivity( )方法获得当前的 Activity，程序如下所示：

```
MainActivity mainActivity = getActivity();
```

接着，获得名为 R.id.result 的 textview 控件的实例，实际上它保存着运算结果，代码如下所示：

```
package com. simplecalculator.test;

import android.test.ActivityInstrumentationTestCase2;
import android.widget.TextView;
import com. simplecalculator.MainActivity;
import com. simplecalculator.R;
public class MathValidation extends ActivityInstrumentationTestCase2<MainActivity> {
   private TextView result;
   public MathValidation() {
       super ("com.simplecalculator", MainActivity.class);
   }
   @Override
   protected void setUp() throws Exception {
       super.setUp();
       MainActivity mainActivity = getActivity();
       result = (TextView) mainActivity.findViewById(R.id.result);
   }
}
```

现在就针对 SimpleCalculator 的加法编写测试用例。这个测试用例中，会输入两个数（23 和 45），并测试是否其结果等于 68。为了模拟在输入数字后点击按钮的效果，我们使用了 sendkeys 方法，这个方法的优点在于可以在输入后自动将焦点切换到下一个控件上。最后，使用 assertTrue 去判断实际结果是否就是等于 68，实现程序如下：

```
private static final String NUMBER_23 = "2 3 ENTER ";
private static final String NUMBER_45 = "4 5 ENTER ";
   private static final String ADD_RESULT = "68";
   public void testAddValues() {
      sendKeys(NUMBER_23);
      sendKeys(NUMBER_45);
      sendKeys("ENTER");
      String mathResult = result.getText().toString();
      assertTrue("Add result should be 68", mathResult.equals(ADD_RESULT));
   }
```

每次测试时不需要清除旧的值，因为每次测试时，其实都是使用同一个 Activity。所以，可以在一个 sendKeys( )方法中，发送一系列的输入命令，下面的这句代码相当于上面所写的 3

行代码：

```
sendKeys(NUMBER_23 + NUMBER_45 + "ENTER");
```

同样，我们去编写减法、乘法和除法的单元测试用例，这里继续使用 sendKeys( )方法，由于减法、乘法和除法的按钮就在加法的按钮右边一个位置、两个位置、三个位置，所以在用 sendKey( )方法模拟输入了两个数后，发送一个、两个或三个“DRAD_RIGHT”的消息就可以了：

```
public void testSubValues() {
    sendKeys("4 8 ENTER " + "2 ENTER "  + " DPAD_RIGHT ENTER");
    String mathResult = result.getText().toString();
    assertTrue("Sub result should be " + "46" + " but was "
          + mathResult, mathResult.equals("46"));
}
public void testMultiplyValues() {
    sendKeys("4 8 ENTER "+"2 ENTER "+" DPAD_RIGHT DPAD_RIGHT ENTER");
    String mathResult = result.getText().toString();
    assertTrue("Multiply result should be " + "96" + " but was "
          + mathResult, mathResult.equals("96"));
}
public void testdivideValues() {
    sendKeys("4 8 ENTER "+"2 ENTER " +" DPAD_RIGHT DPAD_RIGHT DPAD_RIGHT ENTER");
    String mathResult = result.getText().toString();
    assertTrue("Divide result should be " + "24" + " but was "
          + mathResult, mathResult.equals("23"));
}
```

运行单元测试，鼠标右键点击工程，在弹出的菜单中选择“Debug AS→Android JUnit Test”项，运行结果如图 9.17 和图 9.18 所示。

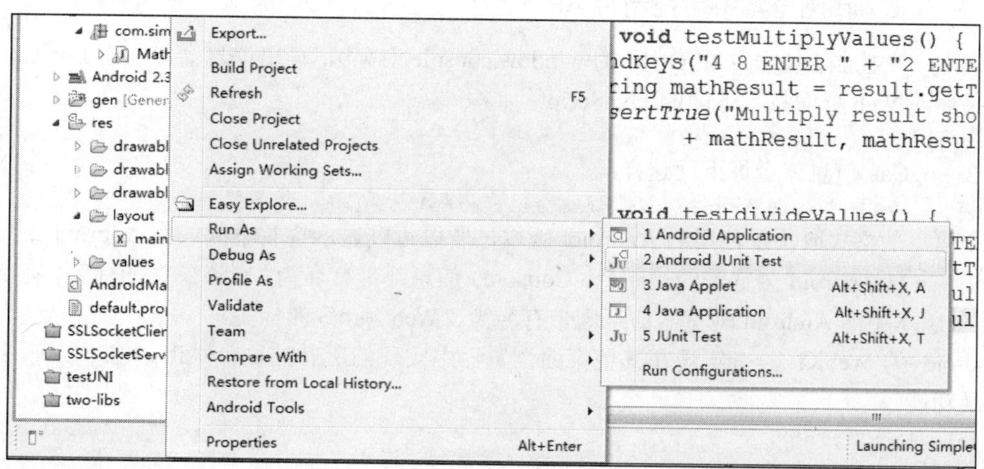

图 9.17　运行单元测试

其中红色的表示测试没办法通过，绿色的条状表示测试已经通过。在右边的视图中可以看到错误出现的调用栈情况。

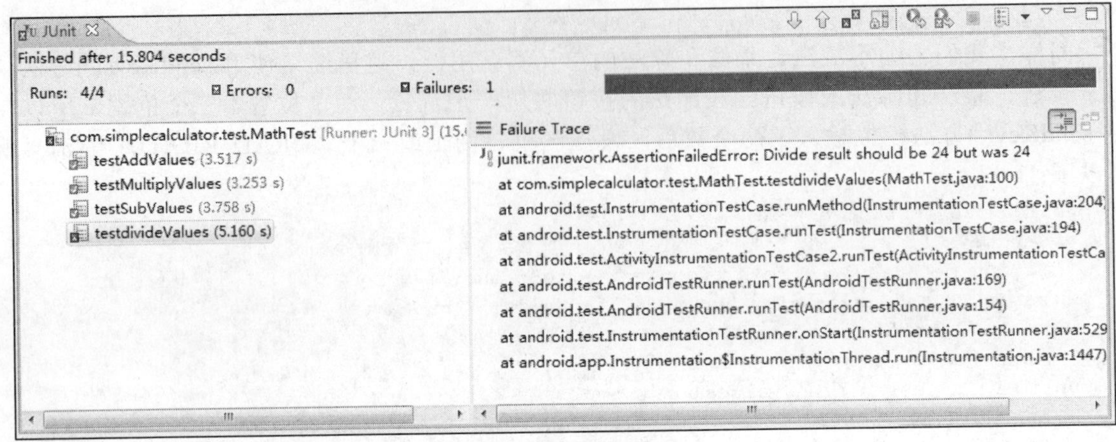

图 9.18　运行测试结果图

9.2 Web 应用程序调试

本节主要介绍如何调试 Android Web 应用程序，方法是使用控制台（Console）JavaScript API 调试 JavaScript，调试消息输出到 LogCat。如果你熟悉使用 Firebug 或 Web Inspector 来调试 Web 页面，那么你可能熟悉使用控制台，如执行 console.log( )。Android 的 WebKit 框架支持大部分相同的 API，所以，在 Android 浏览器或你的 WebView 中调试时，可以从 Web 页面接收到日志。

9.2.1 在 Android 浏览器中用控制台 API

当调用一个控制台功能（在 DOM 的 window.console 对象），输出信息会出现在 LogCat 中。例如，如果你的 Web 页面执行下面的 JavaScript：

```
console.log("Hello World");
```

那么 LogCat 信息就会像下面这样：

```
Console: Hello World http://www.example.com/hello.html :82
```

这个信息的格式取决于使用的 Android 版本，所以可能显示会有不同。在 Android 2.1 以及更高版本中，来自 Android 浏览器的控制台（Console）信息都带有名为“browser”的标签。在 Android 1.6 及更低版本中的 Android 浏览器信息则带有名为“WebCore”的标签。

Android 的 WebKit 没有实现在其他桌面浏览器中实现的所有控制台 API。但可以使用基本的文本记录功能：

```
console.log(String)
console.info(String)
console.warn(String)
console.error(String)
```

使用其他的控制台（Console）功能并不会引起错误，但可能不会像你期望的和其他 Web 浏览器相同。

9.2.2　在 WebView 中用控制台 API

如果在应用程序中实现了定制的 WebView，同样，在调试这个 WebView 的 Web 页面时，也是支持控制台 API 的。在 Android 1.6 和更低版本下，控制台信息自动发送到 LogCat，并加以“WebCore”标签。如果是针对 Android 2.1（API Level 7）或更高版本，为了使控制台的信息显示到 LogCat 中，必须提供一个 WebChromeClient 实现 onConsoleMessage( )回调的方法。

此外，在 API Level 7 引入的 onConsoleMessage（String，int，String）方法已经弃用了，在 API Level 8 中支持 onConsoleMessage（ConsoleMessage）。

在 Android 2.1（API Level 7）或更高版本上开发，必须实现 WebChromeClient 并重写适当的 onConsoleMessage( )回调方法。然后，用 setWebChromeClient( )将 WebChromeClient 应用到你所定制的 WebView 中。

使用 API Level 7 的话，重写 onConsoleMessage（String，int，String）的代码是如下这样：

```
WebView myWebView = (WebView) findViewById(R.id.webview);
myWebView.setWebChromeClient(new WebChromeClient() {
  public void onConsoleMessage(String message, int lineNumber, String sourceID) {
    Log.d("MyApplication", message + " -- From line "
                    + lineNumber + " of "
                    + sourceID);
  }
});
```

使用 API Level 8 或更高版本的话，onConsoleMessage（ConsoleMessage）的代码是如下这样：

```
WebView myWebView = (WebView) findViewById(R.id.webview);
myWebView.setWebChromeClient(new WebChromeClient() {
  public boolean onConsoleMessage(ConsoleMessage cm) {
    Log.d("MyApplication", cm.message() + " -- From line "
                    + cm.lineNumber() + " of "
                    + cm.sourceId() );
    return true;
  }
});
```

该 ConsoleMessage 还包括一个 MessageLevel 表示控制台传递信息类型。可以用 message Level( )查询信息级别，以确定信息的严重程度，然后使用适当的 Log 方法或采取其他适当的措施。

当在 Web 页面中执行一个控制台方法时，不论是使用 onConsoleMessage（String，int，String）还是 onConsoleMessage（ConsoleMessage），Android 都会呼叫对应的 onConsoleMessage( )，以便可以报告错误。例如，使用上面例子的代码，LogCat 打印出的信息将会是如下这样：

```
Hello World -- From line 82 of http://www.example.com/hello.html
```

9.3　NDK 调试

本节所说的调试是指调试 Android 应用程序中的本地代码部分，主要是通过 JNI 方式调用的 C/C++代码调试部分。

9.3.1 日志式调试

调试时为了能在 C/C++代码中输出必要的信息，可以使用 Android 提供的函数。在需要打印信息的文件中加入下面的代码即可，它像 Java 层的 Log 类的各个函数一样，将信息输出到 LogCat 中，并且用不同的颜色区分各个级别：

```
#include <android/log.h>
#define TAG "MY_LOG_TAG"
#define LOGV(...) __android_log_print(ANDROID_LOG_VERBOSE,TAG,__VA_ARGS__)
#define LOGD(...) __android_log_print(ANDROID_LOG_DEBUG, TAG,__VA_ARGS__)
#define LOGI(...) __android_log_print(ANDROID_LOG_INFO, TAG,__VA_ARGS__)
#define LOGW(...) __android_log_print(ANDROID_LOG_WARN, TAG,__VA_ARGS__)
#define LOGE(...) __android_log_print(ANDROID_LOG_ERROR, TAG,__VA_ARGS__)
```

另外在 Android.mk 中增加：

LOCAL_LDLIBS：= -llog

然后，就可以像使用 printf 函数一样输出打印信息了。下面是使用的例子：

```
LOGV("this is verbose level.");
LOGD("this is debug level.");
LOGI("this is info level. {result of add(1, 2) = %d}", add(1, 2));
LOGW("this is warning level.");
LOGE("this is error level.");
```

在 DDMS 的 LogCat 中可以看到如下信息，如图 9.19 所示。

LogCat

Log

Time		pid	tag	Message
01-21 15:05:09.433	V	32220	MY_LOG_TAG	this is verbose level.
01-21 15:05:09.453	D	32220	MY_LOG_TAG	this is debug level.
01-21 15:05:09.453	I	32220	MY_LOG_TAG	this is info level. {result of add(1, 2) = 3}
01-21 15:05:09.453	W	32220	MY_LOG_TAG	this is warning level.
01-21 15:05:09.453	E	32220	MY_LOG_TAG	this is error level.

图 9.19 不同级别的 Log 信息

9.3.2 ndk-gdb 调试

前面已经讲解了 Android NDK 开发，本节来讲解使用 NDK 开发包中的 ndk-gdb 工具跟踪调试本地代码，给做移植工作和底层开发者带来了方便。

下面来讲解 ndk-gdb 使用的基本步骤。

1. 建立 Android hello-jni-debug 工程

我们就在 NDK Sample 中 hellojni 工程的基础上修改，在这里重命名为 hello-jni-debug，以方便调试时可以看到其中变量的变化。功能为将一个字符串转换成全大写状态，其中小写字母转换成大写字母，大写字母就不用变化。增加 main.xml 文件，构造界面如图 9.20 所示。

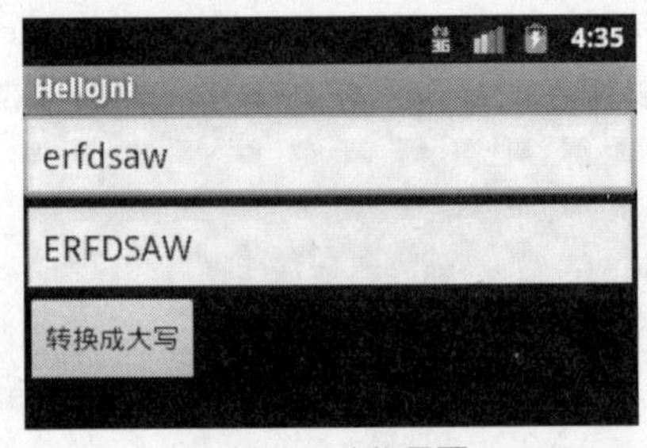

图 9.20 功能界面

然后，在 HelloJni.java 中增加相应的按扭事件处理函数，转换大写功能封装成一个本地函数 toUpper，代码如下所示：

```
source = (EditText)findViewById(R.id.source);
dest = (EditText)findViewById(R.id.dest);
change = (Button)findViewById(R.id.change);
change.setOnClickListener(new OnClickListener() {
    @Override
    public void onClick(View v) {
      String result = toUpper(source.getText().toString());
      dest.setText(result);
    }
});
```

转换大写功能函数 toUpper 的 Java 端代码如下：

```
public native String  toUpper(String source);
```

转换大写功能函数 toUpper 的本地实现代码如下：

```
jstring
Java_com_example_hellojni_HelloJni_toUpper( JNIEnv* env,
                                              jobject thiz,
                                              jstring source)
{
    int i ;
    const char *temp1 = (*env)->GetStringUTFChars(env, source, NULL);
    int len = strlen(temp1);
    jstring dest;
    char *temp2 = (char *)malloc(len + 1);
    for(i = 0 ; i < len ; i++) {
      if((temp1[i] >='a') && (temp1[i] <='z')) {
        temp2[i] = temp1[i] - 'a' + 'A' ;
      }else{
        temp2[i] = temp1[i];
      }
    }
    temp2[i] = '\0';
    LOGD("len=%d\n", len);
    LOGD("temp1=%s\n", temp1);
    LOGD("temp2=%s\n", temp2);
    dest = (*env)->NewStringUTF(env, temp2);
    (*env)->ReleaseStringUTFChars(env, source, temp1);
    free(temp2);
    return  dest;
}
```

jni 目录下的 Android.mk 文件如下，其中：

```
LOCAL_PATH := $(call my-dir)
include $(CLEAR_VARS)
LOCAL_MODULE    := hello-jni
LOCAL_SRC_FILES := hello-jni.c
LOCAL_LDLIBS := -g -llog
include $(BUILD_SHARED_LIBRARY)
```

为 LOCAL_LDLIBS 增加编译选项-g，以支持调试，如粗体所示。

2．修改 AndroidManifest.xml

在 Android 工程的 AndroidManifest.xml 文件中的<application>元素下增加如下代码：

```
android:debuggable="true"
```

3．编译 jni 目录

进入到 jni 目录下，运行$NDK/ndk-build 编译当前目录，生成相应的 so 文件。

4．调试运行 hello-jni-debug 工程

在 Eclipse 下，右键点击工程，在弹出的菜单中选择“Debug As”项，调试运行 hello-jni-debug 工程。

5．在 hello-jni-debug 工程目录下运行 $NDK/ndk-gdb，启动本地调试。

然后，我们就看到了熟悉的 gdb 提示符：

```
Jackey@Jackey-PC /cygdrive/d/program/workspace/hello-jni-debug
$ $NDK/ndk-gdb
GNU gdb 6.6
Copyright (C) 2006 Free Software Foundation, Inc.
GDB is free software, covered by the GNU General Public License, and you are
welcome to change it and/or distribute copies of it under certain conditions.
Type "show copying" to see the conditions.
There is absolutely no warranty for GDB.  Type "show warranty" for details.
This GDB was configured as "--host=i586-mingw32msvc --target=arm-elf-linux".
(no debugging symbols found)
Error while mapping shared library sections:
/system/bin/linker: No such file or directory.
……
 (no debugging symbols found)
warning: Unable to find dynamic linker breakpoint function.
GDB will be unable to debug shared library initializers
and track explicitly loaded dynamic code.
warning: shared library handler failed to enable breakpoint
0xafd0c51c in epoll_wait ()
   from D:/program/workspace/hello-jni-debug/obj/local/armeabi/libc.so
(gdb)
```

6．添加断点

在 gdb 提示符下输入以下命令添加断点：

```
b <linenumber>
```

7．继续执行

在 gdb 提示符下输入以下命令等待程序运行，直到遇见断点并停在该处：

```
Continue
```

然后通过键盘输入若干字母，接着点击“转换成大写”按扭。程序会停在前面设置的断点处，如图 9.21 所示。

然后就可使用 gdb 的一些命令了，参考 gdb 操作手册。

下面是几点说明。

（1）Android 本地调试的基本原理并不是本地的 gdb 程序，而是在模拟器（或者真机）上启

动了 gdbserver，位于/data/data/<package>/lib/目录下，通过 adb 的 tcp 中转，让开发者本机的 gdb 与模拟器或者真机上的 gdbserver 进行连接，然后进行调试。详细过程可以看 ndk-gdb 脚本实现源代码。

图 9.21　停在断点处

（2）在 hello-jni-debug 工程中，我们将本地函数调用放在了按扭事件处理中，是为了方便看到事件产生后，程序停到设置的断点处。否则，像原来的 hello-jni 工程的本地函数的调用是放在 Activity 的 oncreate 函数中的，程序启动时就接着调用了本地函数。在 PC 端的 gdb 连接模拟器 gdbserver 的时候，本地函数调用已经完成了。我们设置断点是不起作用的了。

所以，使用 ndk-gdb 的时候只是启动了 Activity，并不会真的调用所写的本地函数 toUpper，当设置好断点以后，再运行“continue”命令，然后点击一下按钮，这个时候才会真的运行到断点处并停下来。

（3）本地调试系统要求。不必要求 Android 工程是 Android 2.2 API 或以上版本，但是 NDK 调试一定要在 Android 2.2 或以上版本中，即 ndk-gdb 一定要在 Android 2.2 或以上版本中才可以正常运行。

如果使用 ADT，那么 ADT 版本要求在 0.9.7 或以上版本。

如果使用 ant，那么要求 Android SDK 是最新的版本，即如表 9.5 所示。

表 9.5　　　　使用的版本对应关系

Android 1.5	r4
Android 1.6	r3
Android 2.1	r2
Android 2.2	r1

9.4 系统源代码调试

本节所说的源代码调试是指调试 Android 工程源代码中 Java 代码部分，并且在 DDMS 的 Devices 面板中显示出进程的调试。需要的条件。

- 平台：Ubuntu。
- 工具：Eclipse、DDMS。
- 源码：Android 工程源代码。

主要是为了调试时模拟器中执行代码对应到相应的源代码。基本的开发环境与之前已搭建好的环境是一样的。下面主要讲关于系统源代码调试部分相关的。

9.4.1 编译 Android 源代码

获取 Android 工程源代码和编译等详细步骤请参考 Android 系统编译环境搭建章节。如果不想用自己编译出来的 DDMS、模拟器和系统镜像，只想用 SDK 带的 DDMS、模拟器和系统镜像，这一步可以忽略。但是，有可能导致调试时运行的行号与实际源代码不一致。如果保证 SDK 中系统镜像的版本与 Android 源代码的版本相同，这种情况就不会出现了。例如，所使用的 SDK 中系统镜像的版本是 2.3，但获取的 Android 源代码的版本也是 2.3。

9.4.2 导入 Android 源代码工程

1．增大 Eclipse 内存设置

把 eclipse.ini（在 Eclipse 软件的安装根目录下）的 3 个值增大一些，如改为下面的值：

```
-Xms128m
-Xmx512m
-XX:MaxPermSize=256m
```

2．导入 Android 工程相关配置文件

导入 Android 工程针对 Eclipse 的配置文件 android-formatting.xml、.classpath 和 android.importorder，这些文件都位于$ANDROID_SOURCE/development/ide/eclipse/目录下，把它们复制到 Android 源代码根目录下，$ANDROID_SOURCE 是指 Android 工程源代码根目录。其中，android-formatting.xml 用来配置 Eclipse 编辑器的代码风格，android.importorder 用来配置 Eclipse 的 import 的顺序和结构。

具体导入 Eclipse 方法：在 Window→preferences→java→Code style→Formatter 中导入代码风格

文件 android-formatting.xml，在 window→preferences→java→Code style→Organize Imports 中导入 android.importorder。

3．导入 Android 源代码

把 Android 源代码作为一个普通 Java 工程导入 Eclipse。导入前先检查.classpath 里的文件在 Android 源代码中是否有相应的文件（文件夹），否则也会破坏 Android 源代码（一般是多添加文件/文件夹），.classpath 里多余的路径可删除。

新建 Java Project（不是 Android Project，否则会破坏 Android 源代码），工程名任意，取消默认选择的“Use default location”，点击“Browser”按扭，选择$ANDROID_SOURCE 目录，点击完成，如图 9.22 所示。

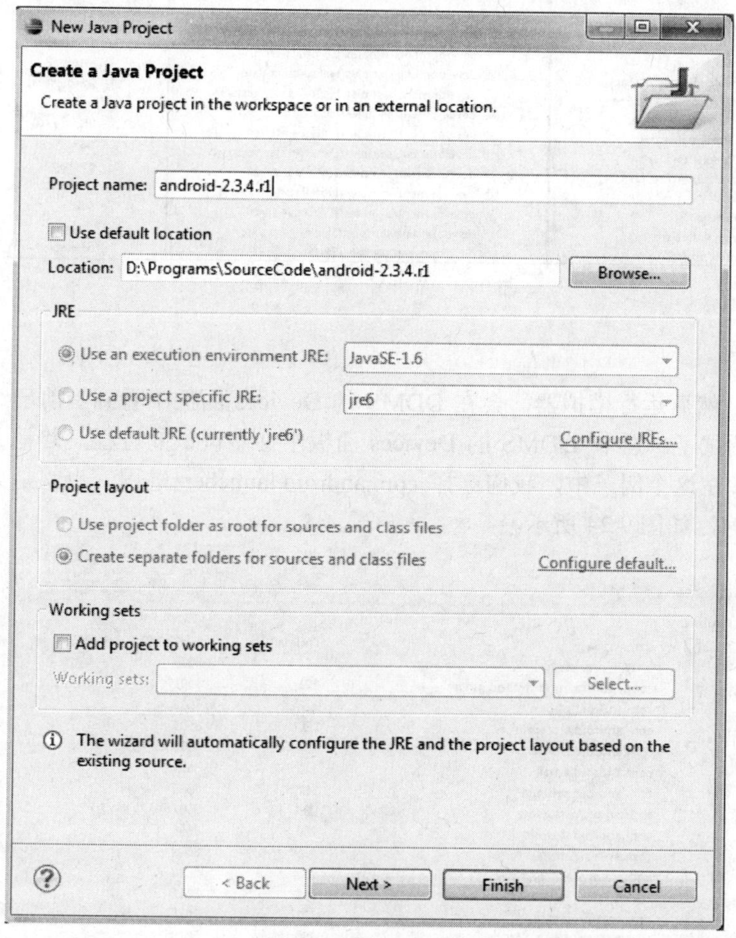

图 9.22　新建 Java 工程

导入时，Eclipse 会编译工程，比较慢。导入完成后，一般都没有错误。完成之后，可以看到如图 9.23 所示的所有源代码结构。

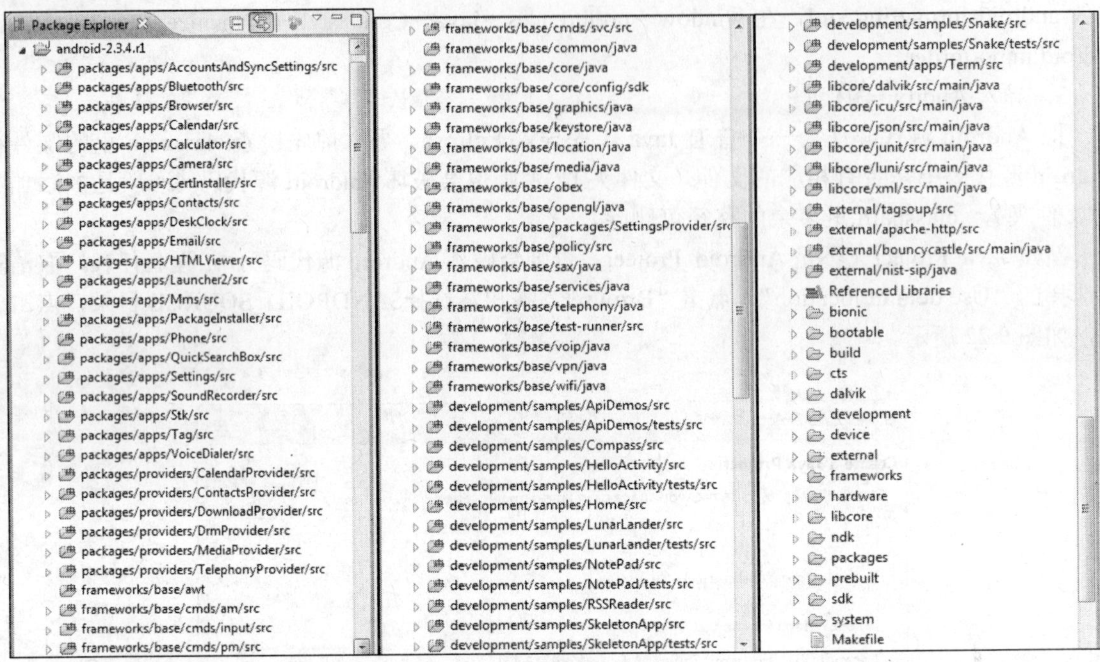

图 9.23　Android 源代码结构图

9.4.3　调试程序

启动 DDMS，然后运行模拟器，会在 DDMS 的 Devices 面板中看到当前已经运行的进程，说明可以使用它们调试了。选中 DDMS 的 Devices 面板中你想调试的进程，并记下它所对应的端口号，后面会用到。在这个例子中，我们选择 com.android.launcher 进程，也就是桌面对应的进程，它的端口号是 8604，如图 9.24 所示。

Name		
emulator 5554	Online	avd 2.3 [2.3, debug]
system_process	62	8600
com.android.inputmethod.pinyin	121	8601
com.android.phone	126	8602
com.android.systemui	130	8603
com.android.launcher	134	8604 / 8700
com.android.email	140	8605
com.android.settings	181	8606
android.process.acore	200	8607
com.android.deskclock	209	8608
com.android.mms	226	8609
android.process.media	232	8610
com.tencent.mm	259	8611
org.servalproject	271	8612
com.hytworld.qxin	280	8613
com.amazon.venezia	290	8614
com.android.protips	302	8615
com.android.music	321	8616
com.android.quicksearchbox	329	8617

图 9.24　Devices 面板

然后，在 Eclipse 的 Android 源代码工程中选择进程相应的源代码，本例子中就是 packages/apps/Launcher2，点击右键，在弹出的菜单中选择“Debug As”，然后再选择“Debug Configurations”。出现调试配置窗口，如图 9.25 所示。

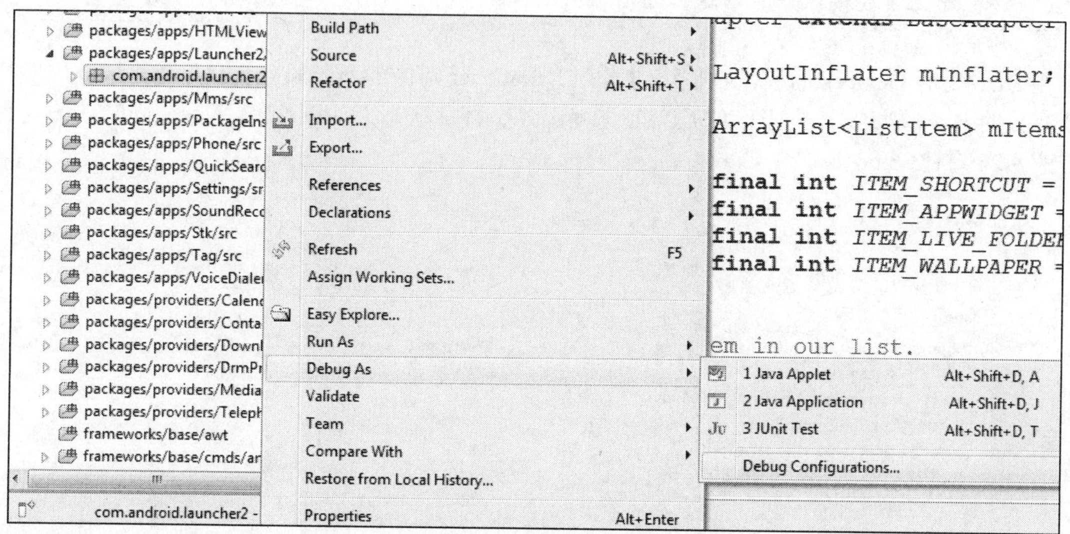

图 9.25　设置配置信息

然后，双击“Remote Java Application”，会出现如图 9.26 所示界面。

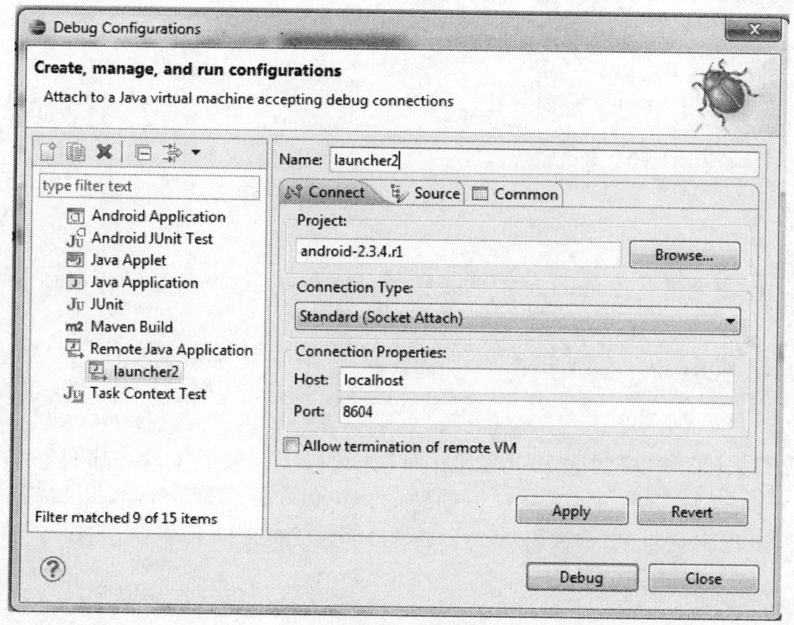

图 9.26　调试视图

注意 在“Connection Properties”面板的“Port”中输入之前在 DDMS 的 Devices 面板中选择该进程时看到的端口号。这样 DDMS 就可以与 Android 系统中的 adb daemon 建立了连接，并可以进行通信了。

在 DDMS 的 Devices 面板，我们可以看到 Launbcher 对应的 com.android.launbcher 进程一行，有个绿色的 Bug 图标了，它表示的是当前进程正处在调试状态。如图 9.27 所示，同时，请读者将它与图 9.24 对比一下。

Name				
emulator-5554	Online		avd_2.3 [2.3, debug]	
system_process	62		8600	
com.android.inputmethod.pinyin	121		8601	
com.android.phone	126		8602	
com.android.systemui	130		8603	
com.android.launcher	134		8604 / 8700	
com.android.email	140		8605	
com.android.settings	181		8606	
android.process.acore	200		8607	
com.android.deskclock	209		8608	
com.android.mms	226		8609	
android.process.media	232		8610	
com.tencent.mm	259		8611	
org.servalproject	271		8612	
com.hytworld.qxin	280		8613	
com.amazon.venezia	290		8614	
com.android.protips	302		8615	
com.android.music	321		8616	
com.android.quicksearchbox	329		8617	

图 9.27 调试状态的 launcher 进程

作为一个实例，我们就在 Launcher 类的函数处设置断点，这个函数的作用是，当用户在 HOME 的空白处长按时，系统调用它，我们来看一下它的函数全名：

```
public boolean onLongClick(View v) {
…
}
```

接下来，我们就可在模拟器上 HOME 的空白处长按了，来触发这一事件。当有长按事件时，Eclipse 会自动转向调试视图（如果没有自动转向，可以手动点击“Debug”转向调试视图），进入了调试状态。可以设置断点、查看变量、线程和进程的各种状态了。图 9.28 表示的是这个状态。

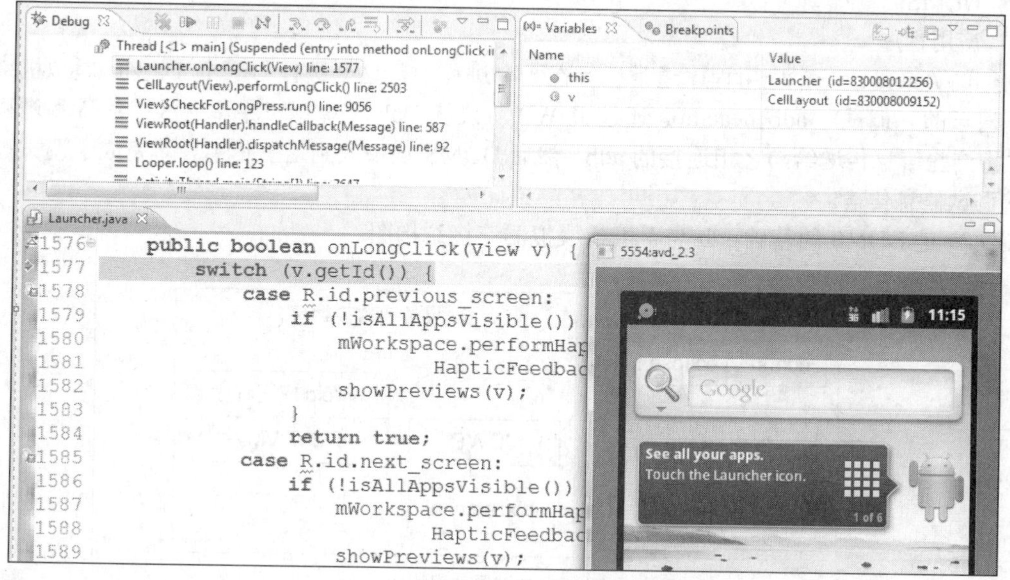

图 9.28　调试视图

9.4.4　调试说明

这种调试方法有一些局限性。

（1）可以使用 Eclipse 来编辑 Java 程序、检查错误（主要是类库包含和语法方面），但是不能在 Eclipse 上编译运行 Android 源代码，还需要在 Linux 平台编译。

（2）把 Android 源代码作为一个工程导入 Eclipse 时，必须注意两点。

- 新建的工程必须是 Java Project，不能是 Android Project，否则会破坏 Android 源代码（一般是多添加文件/文件夹）。
- 导入前最好检查.classpath 里的文件在 Android 源代码中是否有相应的文件（文件夹），否则也会破坏 Android 源代码（一般是多添加文件/文件夹）。

（3）这种系统调试方法，没有办法像调试普通 Android 应用程序那样，从程序的入口函数，即 Activity.onCreate( )函数开始调试。只有在相应的进程运行起来了以后，将相应的源代码依附到选中的进程上去，然后，触发之前设置好的断点以后，才可以单步调试。

（4）只可以调试系统代码中的 Java 代码部分。

9.5　Android 程序调试原理

调试应用程序时，需要建立应用程序与 Eclipse 的连接，在这一过程中需要有。

- adb，运行在本地主机上，起到调试桥的作用。
- adb daemon，运行在手机设备或模拟器中，负责与 adb server 进行连接。
- Dalvik 虚拟机。

■ DDMS。
■ 应用程序。

它们的关系是：一个应用程序通常运行在一个进程中，这个进程与一个 Dalvik 虚拟机绑定，都是一对一的。调试时 adb deaemon 通过 JDWP 协议从 Dalvik 虚拟机中拿到栈、线程和进程等信息，并将这些信息传送给与之相连接的 adb，然后 DDMS 从中取到这些信息，即完成了调试过程的连接和调试信息传输。

图 9.29 是 DDMS 的基础 adb 与手机或模拟器连接结构图。

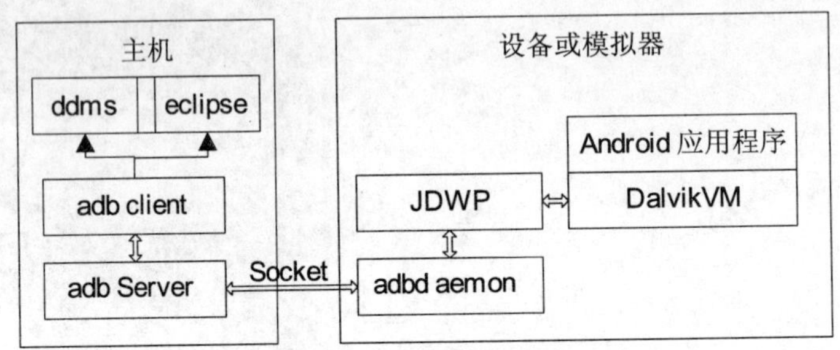

图 9.29 调试原理架构图

启动 Eclipse 时，它会自动将这些必要的组件启动起来。但是没有建立调试连接，也就是本地源代码没有与远程设备或模拟器上的对应应用程序建立连接。一旦建立了调试连接，就可以从 DalvikVM 中读取出线程、进程、栈的信息了。

DDMS 会建立一个 Device Monitoring Service，用于监控设备或模拟器，如果找到一个，那么 DDMS 才会再开启另一个 Service，叫 VM Monitoring Sevice 用于监控该 Emulator 下的 VM。adb Client 可以多个实例，DDMS 的 Service 通过从 adb Client 与 adb Server 的交互结果来维护自身的数据。

如果 VM Monitor 找到 Emulator 的一个 VM，那么 DDMS 会利用 adb 获取目标 VM 的进程 ID，同时通过 adb Client 与 adb daemon 建立起与 Dalvik 虚拟机的 debugger 的新连接。注意，新连接的交互端口是从 8600 开始的，这个新连接可以让 DDMS 获得与 Dalvik 虚拟机的实际交互。

剩下的就是 DDMS 把读取到的数据再传给 Eclispe 的 debugger(它们之间默认通过 8700 端口，可更改，因为与 Dalvik 虚拟机的交互端口从 8600 开始使用的话可能会不够)，这样 IDE 的 Debug 视图就能正确工作了。

9.6 小结

本章详细讲解了 Android 编程时用到的调试技术，这是编程中非常重要的一个环节，编写程序是为了实现某些功能，调试则使这一功能出现最小的 Bug。首先讲解了 Android 应用程序级别的调试技术，然后又指出了针对 Web 应用程序的调试技术，这同普通 Android 应用程序调试是不一样的。接下来，介绍了 Android NDK 调试技术，调试 C 或 C++编写的源代码。之后，介绍了系统源代码调试过程。为了能深入理解这些调试是如何工作，最后分析了 Android 程序调试原理。

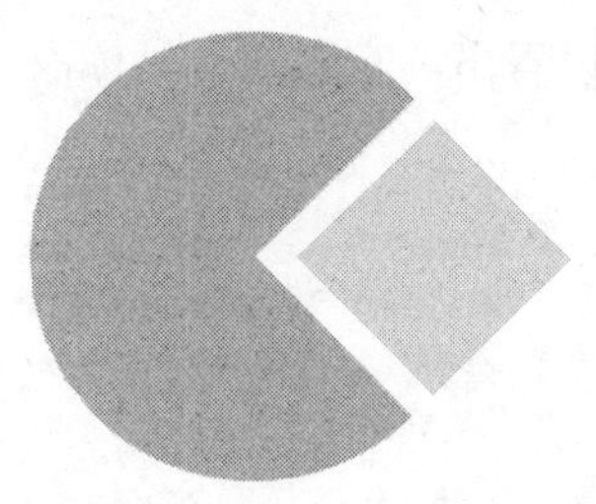

第 10 章 Android 编译系统

Android 系统对 GNU Makefile 文件格式进行封装，使生成工具、可执行程序和文档更加简单。本文对 Android 编译系统做了一个概述，同时给出了简单的编译步骤。

Android 编译系统是基于 Make 命令的，需要 GNU Make 的最新版本，需要注意的是，Android 编译系统使用了 GNU Make 的一些官方网站上都没有写出的高级特性。在开始本文中的例子之前，请检查一下你的 Linux 系统中 GNU Make 的版本，命令为 make -v。如果版本低于 3.8，需要更新它。

10.1 Android 编译系统概述

Android 工程中源程序文件不计其数，按照其类型、功能、模块分别放在不同目录中，Makefile 定义了一系列的规则来管理源程序，即定义了生成目标所需的源程序文件依赖关系以及生成规则，指定哪些文件需要先编译、哪些文件需要后编译、哪些文件需要重新编译、如何链接，指定根据编译环境和编译目标选择哪些编译工具、编译参数以及选择编译安装哪些模块。所有这些 Makefile 文件组成了 Android 工程源程序的整个编译架构图。

Makefile 是由一组规则（Rule）组成，每条规则的格式是：

```
target ... : prerequisites ...
    command1
    command2
    ...
```

目标（Target）和条件（Prerequisite）之间的关系是：想要更新目标，必须首先更新它的所有条件；所有条件中只要有一个条件被更新了，目标也必须随之被更新。所谓“更新”就是执行一遍规则中的命令列表（command），命令列表中的每条命令必须以一个 Tab 开头，注意不能是空格，Makefile 的格式不像 C 语言的缩进那么随意，对于 Makefile 中的每个以 Tab 开头的命令，Make 会创建一个 Shell 进程去执行它。

Make 是一个命令工具，是一个解释 Makefile 文件的命令工具，最主要也是最基本的功能就是通过 Makefile 文件生成源程序文件之间的依赖关系，并自动维护编译工作。Make 处理 Makefile 的过程分为两个阶段。

（1）首先，从前到后读取所有规则，建立起一个完整的依赖关系如图 10.1 所示。

（2）然后，从缺省目标或者命令行指定的目标开始，根据依赖关系图选择适当的规则执行。执行 Makefile 中的规则和执行 C 代码不一样，并不是从前到后按顺序执行，也不是所有规则都要执行一遍，例如，Make 缺省目标时不会更新 clean 目标，因为从图 10.1 可以看出，它跟缺省目标没有任何依赖关系。

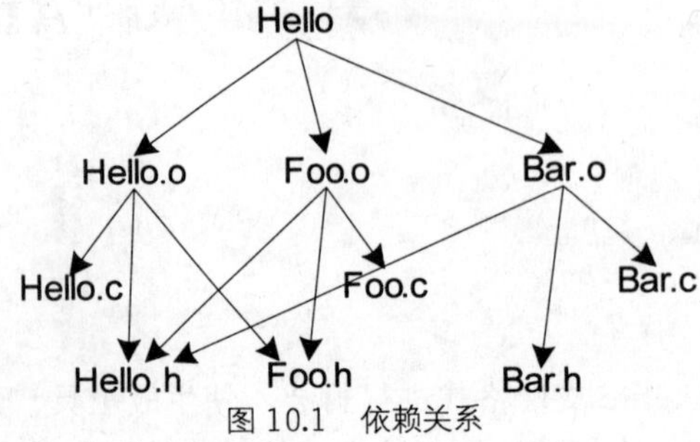

图 10.1　依赖关系

Makefile 带来的好处就是分模块来管理源程序工程和自动化编译，一旦写好，只需要一个 Make 命令，整个工程完全自动编译，极大地提高了软件开发效率和维护难度。

10.2 编译系统入口

Android 编译系统的入口文件位于$ANDRROID_HOME 目录下，当在命令界面运行 Make 时，解析的第一个文件是 Makefile，它的全部内容如下：

```
### DO NOT EDIT THIS FILE ###
include build/core/main.mk
### DO NOT EDIT THIS FILE ###
```

可以看到，它实际上是加载另外一个文件 build/core/main.mk。而 build 目录才是编译系统的构建者，而其他每个目录下的 Makefile 文件，都是使用到了这个里面的定义的变量和函数等。

10.3 Makefile 文件

10.3.1 理解 Makefile 文件

在 Android 编译系统中，GNU Makefile 文件名为 Android.mk，它说明如何编译特定的应用程序，它一般包含下面的元素。

（1）名称。即编译后的文件名，格式为：

```
LOCAL_MODULE := <build_name>
```

（2）局部变量。使用下面的格式清除编译期间会使用到的局部变量：

```
include $(CLEAR_VARS)
```

（3）文件。即应用程序依赖的文件，格式为：

```
LOCAL_SRC_FILES := main.c
```

（4）标签。有必要的可以定义一些标签，格式为：

```
LOCAL_MODULE_TAGS := eng development
```

（5）共享库（动态链接库）。即应用程序需要链接的共享库，格式为：

```
LOCAL_SHARED_LIBRARIES := cutils
```

（6）模板文件。把模板文件包含进来以便让 Make 工具知道将生成什么目标文件，格式为：

```
include $(BUILD_EXECUTABLE)
```

我们来看下面的 Makefile 文件代码片段：

```
LOCAL_PATH := $(my-dir)
include $(CLEAR_VARS)
LOCAL_MODULE := <buil_name>
LOCAL_SRC_FILES := main.c
LOCAL_MODULE_TAGS := eng development
LOCAL_SHARED_LIBRARIES := cutils
include $(BUILD_EXECUTABLE)
(HOST_)EXECUTABLE,
(HOST_)JAVA_LIBRARY,
(HOST_)PREBUILT,
(HOST_)SHARED_LIBRARY,
       (HOST_)STATIC_LIBRARY,
       PACKAGE,
       JAVADOC,
       RAW_EXECUTABLE,
       RAW_STATIC_LIBRARY,
       COPY_HEADERS,
       KEY_CHAR_MAP
```

其中：

my-dir 是命令包名称，以“define”开始、以“endef”结束的命令序列，使用$（my-dir）即可，它的功能是 Makefile 所在的当前目录，其定义体在 build/core/definitions.mk，后面会详细讲解 build 目录下的内容：

```
define my-dir
$(patsubst %/,%,$(dir $(lastword $(MAKEFILE_LIST),$(MAKEFILE_LIST))))
endef build/core/clear_vars.mk。
```

CLEAR_VARS 是清除当前 Makefile 文件中将使用到的局部变量，其定义在 build/core/config.mk：

```
CLEAR_VARS:= $(BUILD_SYSTEM)/clear_vars.mk
```

上面讲的一个典型的 Makefile 文件格式，实际上 Makefile 文件中还可以使用编译系统中提供的很多变量和函数。

10.3.2 简单 APK 的 Makefile

编写简单的 APK 应用程序包的 Makefile 文件，只需要指明应用程序 Java 源代码文件，以及编译成目标文件类型和名字即可，详细 Makefile 文件代码如下所示：

```
LOCAL_PATH := $(call my-dir)
include $(CLEAR_VARS)

# Build all java files in the java subdirectory
LOCAL_SRC_FILES := $(call all-subdir-java-files)

# Name of the APK to build
LOCAL_PACKAGE_NAME := LocalPackage

# Tell it to build an APK
include $(BUILD_PACKAGE)
```

其中，目标应用程序包的名字为 LocalPackage.apk。include $（BUILD_PACKAGE）表示编译的目标应用程序包的类型为 APK。

10.3.3 使用 jar 文件的 APK 的 Makefile 文件

使用已有的 jar 文件和 Java 源代码文件来构建 Android 应用程序包，也是可以的，它对应的 Makefile 文件，同样需要指明应用程序 Java 源代码文件，以及编译成目标文件类型和名字，此外，还需要指明所引用的 jar 文件。典型的 Makefile 文件代码如下所示：

```
LOCAL_PATH := $(call my-dir)
include $(CLEAR_VARS)

# List of static libraries to include in the package
LOCAL_STATIC_JAVA_LIBRARIES := static-library

# Build all java files in the java subdirectory
LOCAL_SRC_FILES := $(call all-subdir-java-files)

# Name of the APK to build
LOCAL_PACKAGE_NAME := LocalPackage

# Tell it to build an APK
include $(BUILD_PACKAGE)
```

其中，目标应用程序包的名字为 LocalPackage.apk。include $（BUILD_PACKAGE）表示编译的目标应用程序包的类型为 APK。引用已存在的 jar 文件的代码是 LOCAL_STATIC_JAVA_LIBRARIES：= static-library。

10.3.4 平台密钥签名的 APK 的 Makefile 文件

可以使用平台密钥来签名应用程序 APK 文件，那么它除了具有构建普通 APK 文件的 Makefile 文件代码外，还需指定变量 LOCAL_CERTIFICATE。典型的 Makefile 文件代码如下所示：

```
LOCAL_PATH := $(call my-dir)
include $(CLEAR_VARS)

# Build all java files in the java subdirectory
LOCAL_SRC_FILES := $(call all-subdir-java-files)

# Name of the APK to build
LOCAL_PACKAGE_NAME := LocalPackage

LOCAL_CERTIFICATE := platform

# Tell it to build an APK
include $(BUILD_PACKAGE)
```

其中，目标应用程序包的名字为 LocalPackage.apk。include $（BUILD_PACKAGE）表示编译的目标应用程序包的类型为 APK。使用平台的密钥是通过指定 LOCAL_CERTIFICATE 变量的值为 platform 来实现的。

10.3.5 特定厂商签名的 APK 的 Makefile 文件

可以使用特定厂商的密钥来签名应用程序 APK 文件，那么它除了具有构建普通 APK 文件的 Makefile 文件代码外，还需指定变量 LOCAL_CERTIFICATE。典型的 Makefile 文件代码如下所示：

```
LOCAL_PATH := $(call my-dir)
include $(CLEAR_VARS)

# Build all java files in the java subdirectory
LOCAL_SRC_FILES := $(call all-subdir-java-files)

# Name of the APK to build
LOCAL_PACKAGE_NAME := LocalPackage

LOCAL_CERTIFICATE := vendor/example/certs/app

# Tell it to build an APK
include $(BUILD_PACKAGE)
```

其中，目标应用程序包的名字为 LocalPackage.apk。include $（BUILD_PACKAGE）表示编译的目标应用程序包的类型为 APK。使用特定厂商的密钥是通过指定 LOCAL_CERTIFICATE 变量的值为 vendor/example/certs/app 来实现的。

10.3.6 增加已编译好的 APK 的 Makefile 文件

Android 编译系统允许增加一个预编译好的 Android 应用程序 APK 文件，其典型的 Makefile 文件代码如下所示：

```
LOCAL_PATH := $(call my-dir)
include $(CLEAR_VARS)

# Module name should match apk name to be installed.
LOCAL_MODULE := LocalModuleName
LOCAL_SRC_FILES := $(LOCAL_MODULE).apk
LOCAL_MODULE_CLASS := APPS
LOCAL_MODULE_SUFFIX := $(COMMON_ANDROID_PACKAGE_SUFFIX)

include $(BUILD_PREBUILT)
```

其中，目标应用程序包的名字为 LocalModuleName，原文件名字为 LocalModuleName.apk。include $（BUILD_PREBUILT）表示预编译的目标应用程序包。

10.3.7 增加静态 Java 库

Android 编译系统允许编译一个静态 Java 库，其典型的 Makefile 文件代码如下所示：

```
LOCAL_PATH := $(call my-dir)
include $(CLEAR_VARS)

# Build all java files in the java subdirectory
LOCAL_SRC_FILES := $(call all-subdir-java-files)

# Any libraries that this library depends on
LOCAL_JAVA_LIBRARIES := android.test.runner

# The name of the jar file to create
LOCAL_MODULE := sample

# Build a static jar file.
include $(BUILD_STATIC_JAVA_LIBRARY)
```

其中，LOCAL_JAVA_LIBRARIES 变量表示当前目标 Java 类库依赖的基他类库，LOCAL_MODULE 表示目标 Java 类库的名字，编译成静态 Java 类库的功能是通过 include $（BUILD_STATIC_JAVA_LIBRARY）来完成的。

10.4 编译层次结构

编译层次结构包含表 10.1 中描述的各个抽象层。每一层与它上面层的关系为一对多的关系。例如，处理器架构可以有多种主板，而每种主板又可以有多种设备。所以每个层次都需要指定一种特定的类型。这种设计是为了避免重复复制并简化维护工作。

表 10.1　编译层次结构包含的各个抽象层

层	例　子	说　明
Product	myProduct myProduct_eu myProduct_eu_fr j2 sdk	Product 层指定了特定的产品类型，指明了需要编译哪些模块以及如何配置选项。例如，根据地区不同提供不同的类型产品，或者是有照相机功能
Device	myDevice myDevice_eu myDevice_eu_lite	Device 层表示配置不同的物理设备。例如，将在北美地区出售的设备有 QWERTY 键盘，而在法国出售的设备有 AZERTY 键盘。设备的外围硬件一般是 Device 层有关的
Board	sardine，trout，goldfish	Board 层表示的是产品的原理图。所以设备的外围硬件可以还与 Board 层有关
Arch	arm（arm5te）（arm6） x86 68k	Arch 层指的是运行在主板上的处理器

10.5 配置新产品的 Makefile

10.5.1　配置步骤

下面详细介绍如何为新的移动设备或产品配置 makefile 文件，以便让它们能够运行 Android 系统。

（1）新建目录//vendor/，用来存放某一厂商的文件：

```
mkdir vendor/<company_name>
```

（2）新建目录/product/，位于第一步中新建的目录下，用来存放该厂商的某一产品的文件：

```
mkdir vendor/<company_name>/products/
```

（3）新建该产品相应的 Makefile 文件，文件名为<first_product_name>.mk，vendor/ <company_name>/products/，<first_product_name>.mk 文件中至少应该包含以下代码：

```
$(call inherit-product, $(SRC_TARGET_DIR)/product/generic.mk)
#
# Overrides
```

```
PRODUCT_NAME := <first_product_name>
PRODUCT_DEVICE := <board_name>
```

（4）也可向该产品的 Makefile 文件增加其他一些有用的变量。

（5）在 product 目录下，新建 AndroidProducts.mk 文件，用来查找一个单独的产品 Makefile 文件。代码如下所示：

```
# 这个文件应该设置变量 PRODUCT_MAKEFILES，其值指向该产品的 Makefile 文
# 件，并将这些文件告诉编译系统。变量 LOCAL_DIR 的值也设置为包含这些文件
# 的目录。
#
# 这个文件除了依赖 LOCAL_DIR 变量的值外，不应该依赖于其他的变量，也不使
# 用其他的条件，或者查找本文件中没有的、或者它所包含的文件的其他变量值。
#
PRODUCT_MAKEFILES := \
  $(LOCAL_DIR)/first_product_name.mk \
```

（6）新建主板相关的目录<board_name>，放在<company_name>目录下，它与 PRODUCT_DEVICE 变量相匹配。它包含一个 Makefile 文件，使用这个主板的产品可以访问到它：

```
mkdir vendor/<company_name>/<board_name>
```

（7）在第 6 步中的<board_name>目录下，新建 BoardConfig.mk 文件：

```
# TARGET_NO_BOOTLOADER := false
#
TARGET_USE_GENERIC_AUDIO := true
```

（8）如果想修改系统属性，新建 system.prop 文件，放在<board_name>目录下，即 vendor/<company_name>/<board_name>。system.prop 文件中的设置会覆盖掉 products/generic/system.prop 文件中的设置：

```
# rild.libpath=/system/lib/libreference-ril.so
# rild.libargs=-d /dev/ttyS0
```

（9）在 products/AndroidProducts.mk 文件中增加指向<second_product_name>.mk 的代码，代码如下所示：

```
PRODUCT_MAKEFILES := \
  $(LOCAL_DIR)/first_product_name.mk \
  $(LOCAL_DIR)/second_product_name.mk
```

（10）在 vendor/<company_name>/<board_name>文件中必须包含 Android.mk 文件，其中代码至少应该有如下所示的内容：

```
# make file for new hardware  from
#
LOCAL_PATH := $(call my-dir)
#
# this is here to use the pre-built kernel
ifeq ($(TARGET_PREBUILT_KERNEL),)
TARGET_PREBUILT_KERNEL := $(LOCAL_PATH)/kernel
endif
#
file := $(INSTALLED_KERNEL_TARGET)
ALL_PREBUILT += $(file)
$(file): $(TARGET_PREBUILT_KERNEL) | $(ACP)
    $(transform-prebuilt-to-target)
#
# no boot loader, so we don't need any of that stuff..
#
```

```
LOCAL_PATH := vendor/<company_name>/<board_name>
#
include $(CLEAR_VARS)
```

（11）为了给同样的主板创建第二个产品，需要新建它所对应的 Makefile 文件，其名称为<second_product_name>.mk，放在 vendor/company_name/products/目录下，这个文件的内容如下所示：

```
$(call inherit-product, $(SRC_TARGET_DIR)/product/generic.mk)
#
# Overrides
PRODUCT_NAME := <second_product_name>
PRODUCT_DEVICE := <board_name>
```

到现在为止，就有两个产品了，名字分别为<first_product_name>和<second_product_name>。比如以<first_product_name >为例来说明，为了验证这些产品是否被正确地配置了，需要执行下面的代码：

```
. build/envsetup.sh
make PRODUCT-<first_product_name>-user
```

在/out/target/product/<board_name>目录下就可以看到有一个新生成的二进制文件。

10.5.2 新产品的文件结构树

下面文件结构树说明了经过 10.5 节的配置步骤后的情况，它是一个层次结构，如图 10.2 所示。

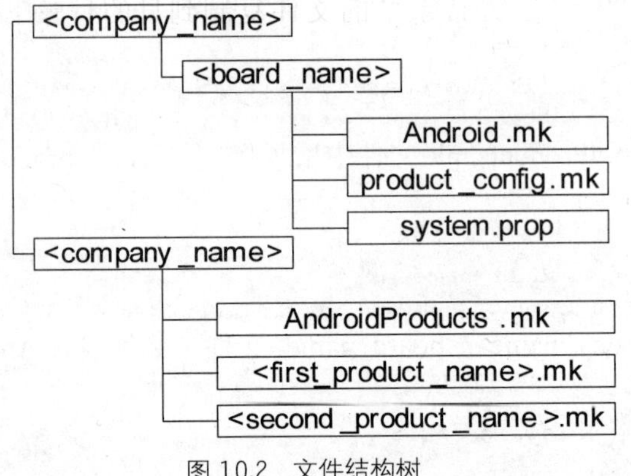

图 10.2 文件结构树

10.5.3 产品定义文件

在产品定义文件中定义了许多与产品相关的变量，这个文件还可以从其他产品定义文件中继承过来，以此来降低维护成本。

这个文件中定义的产品相关的变量有很多，下面来详细讲解它们。

（1）PRODUCT_NAME 变量。

最终用户可看到的变量名称，如出现在“关于手机”信息中。

（2）PRODUCT_MODEL 变量。

最终用户在发布的产品中可看到的变量名称。

（3）PRODUCT_LOCALES 变量。

以空格隔开的两字符语言码和两字符国家码对列表，用来表示用户设置信息，如界面语言、时间、日期和货币格式。如果从来没有设置过地区的话，默认地区是该变量的第一个值。

以空格隔开的两字符语言码和两字符国家码对形式如下所示：

```
PRODUCT_LOCALES := en_GB de_DE es_ES fr_CA
```

（4）PRODUCT_PACKAGES 变量。

该变量表示的是安装的应用程序包名称列表，例如：

```
PRODUCT_PACKAGES := Calendar Contacts
```

（5）PRODUCT_DEVICE 变量。

该变量表示的是产品设备名称，例如，可能是 HTC 的 dream 手机。

（6）PRODUCT_MANUFACTURER 变量。

该变量表示的是设备生产产家，例如，可能是 HTC 等。

（7）PRODUCT_BRAND 变量。

该变量表示的是电信运营商的名称，一般是厂商为它们有针对性的做一些定制。

（8）PRODUCT_PROPERTY_OVERRIDES 变量。

该变量表示的是设备属性，形式是键值对（key=value）。

（9）PRODUCT_COPY_FILES 变量。

该变量表示的是复制文件的源目录（source_path）和目的目录（destination_path）。也就是，在针对这个产品编译源代码时，将源目录下的文件复制到目的目录下。复制步骤的具体规则在 config/Makefile 下。

（10）PRODUCT_OTA_PUBLIC_KEYS 变量。

该变量表示的是该版本产品下的 OTA 公钥。

（11）PRODUCT_POLICY 变量。

该变量表示的是该版本产品采用的策略。

（12）PRODUCT_PACKAGE_OVERLAYS 变量。

该变量表示的是使用默认资源或者增加产品规范，例如，如下代码所示：

```
PRODUCT_PACKAGE_OVERLAYS  := vendor/acme/overlay
```

（13）PRODUCT_CONTRIBUTORS_FILE 变量。

该变量表示的是代码贡献者的文件。

（14）PRODUCT_TAGS 变量。

该变量表示的是以空格隔开的若干产品名称列表。

下面的代码片段说明了一个典型的产品定义文件的内容：

```
$(call inherit-product, build/target/product/generic.mk)

#Overrides
PRODUCT_NAME := MyDevice
PRODUCT_MANUFACTURER := acme
PRODUCT_BRAND := acme_us
PRODUCT_LOCALES := en_GB es_ES fr_FR
PRODUCT_PACKAGE_OVERLAYS := vendor/acme/overlay
```

10.6 编译系统的结构

图 10.3 简要介绍了 Android 编译系统的主要构成及相互关系。解析这些文件的顺序是从左到右、从上到下。其中，最左边是 Makefile 文件，它位于 Android 源代码的顶层。在执行 Make 命令时，第一个要执行的 Makefile 就是它。然后，Make 命令解析其中的内容，定义变量或包含其他 Makefile 文件。

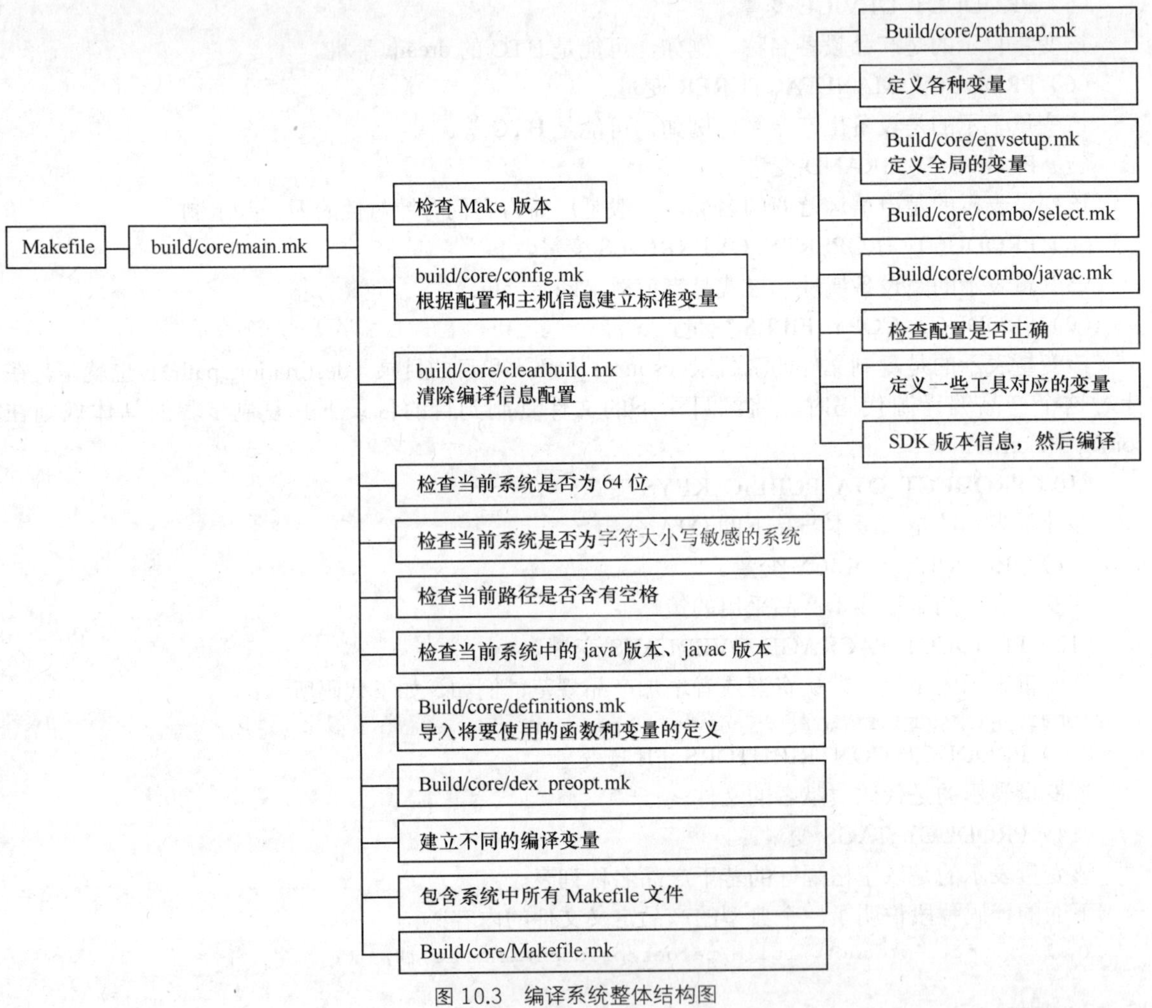

图 10.3　编译系统整体结构图

build/core/main.mk 文件将所有编译系统的任务组织了起来，然后再将其他相关和类似的任务拆分成小的任务，在另外的文件中定义和声明。这也是它包含另外的*.mk 文件的原因。其中，main.mk 文件中有一个功能，就是找到$（TOP）目录下所有 Android.mk 文件，并将它们包含进来。

build/core/config.mk 是配置当前编译系统的重要的文件，包括一些定义路径、全局 Makefile 变量、检查配置是否正确和定义编译时使用到的工具对应的变量等。

build/core/main.mk 文件还包含了 build/core/Makefile 文件，这个文件定义了生成各种系统镜像的方式，包括 ramdisk.img、userdata.img、system.img、update.zip 和 recover.img 等。

10.7 小结

本章详细讲解了 Android 编译系统，虽然它不能为源代码增加任何功能，而且它的编写占用了很多的时间和精力，但是它是无处不在，起着管理 Android 所有的源代码如何编译的作用。首先，简单介绍了 Makefile 文件解析的原理，然后，跟随 Android 源代码中第一个 Makefile 文件，即编译系统解析的“入口”，逐步分析它们。分析了为编译不同类型的目标文件而需要编写相应的 Makefile 文件形式。接下来分析了编译层次结构，以及为增加新产品到 Android 源代码中需要的流程。最后，结合 Android 源代码中的 Makefile 文件给出了编译系统的结构图。

第 11 章　Android 系统编译环境搭建

11.1 系统要求

（1）硬盘大小。

源代码大约 2.1GB 左右，为了保证编译能正常进行，至少需要 8GB 的硬盘空间。

（2）内存大小。

推荐内存大小为 1GB 及以上。

（3）操作系统。

操作系统为 Linux，本书中采用的操作系统发行版为 Ubuntu 10.10（32 位 X86 版）。

（4）处理器。

采用最常用的 X86 兼容处理器。

（5）JDK 版本。

JDK 版本为 JDK 1.6.0_15。

（6）源代码版本控制工具。

采用 git 和 repo 源代码版本控制工具。

（7）编译相关软件。

编译 Android 源代码时需要的相关软件为 flex、bison、gperf、libsdl-dev、libesd0-dev、libwxgtk2.6-dev（可选）、build-essential、zip、curl。

（8）Valgrind（可选），此工具可以帮助查找内存泄漏、堆栈破坏以及数组访问越界等错误。

11.2 安装工具

（1）安装 git：

```
$ sudo apt-get install git-core
```

（2）安装 repo。

创建存放 repo 目录：

```
$ cd ~
$ mkdir bin
$ export PATH=~/bin:$PATH
```

（3）初始化 repo。

下载 repo，并改变权限：

```
$ curl http://android.git.kernel.org/repo >~/bin/repo
$ chmod a+x ~/bin/repo
```

（4）安装 JDK。

安装 JDK6.0 update 15 或更高版本，目前最高版本是 JDK 1.6.0_23：

```
$ sudo apt-get install sun-java6-jdk
```

然后在 ~/.bashrc 文件中添加环境变量 JAVA_HOME 和 ANDROID_JAVA_HOME：

```
$ sudo vim ~/.bashrc
```

在.bashrc 文件的最后面加入如下两行，即将 JDK 的安装路径加入到环境变量中：

```
export JAVA_HOME=/usr/lib/jvm/java-6-sun
export ANDROID_JAVA_HOME=$JAVA_HOME
```

完成后，关闭终端，重新开启窗口，环境变量起作用。或者使用如下命令更新：

```
$ sudo source ~/.bashrc
```

之后，测试环境变量是否设置好。

```
$ echo $JAVA_HOME
/usr/lib/jvm/java-6-sun
$ echo $ ANDROID_JAVA_HOME
/usr/lib/jvm/java-6-sun
```

运行　$ java -version，将出现下面提示：

```
$ java -version
java version "1.6.0_15"
Java(TM) SE Runtime Environment (build 1.6.0_15-b03)
Java HotSpot(TM) Client VM (build 14.1-b02, mixed mode, sharing)
```

说明 Java 已经成功被安装了。

（5）安装 flex、bison、gperf、libsdl-dev、libesd0-dev、libwxgtk2.6-dev（可选）、build-essential、zip、curl：

```
  $ sudo apt-get install flex bison gperf libsdl-dev libesd0-dev libwxgtk2.6-dev build-essential
zip curl libncurses5-dev zlib1g-dev
  sudo apt-get install git-core gnupg flex bison gperf build-essential zip curl zlib1g-dev
gcc-multilib g++-multilib libc6-dev-i386 lib32ncurses5-dev ia32-libs x11proto-core-dev
libx11-dev lib32readline5-dev lib32z-dev java-common unixodbc
```

（6）安装 Valgrind（可选），此工具可以帮你查找内存泄漏、堆栈破坏以及数组访问越界等错误：

```
$ sudo apt-get install valgrind
```

11.3 获取源代码

本小节介绍如何下载 Android 源代码及其步骤：

```
$ mkdir mydroid
$ cd mydroid
$ repo init -u git://android.git.kernel.org/platform/manifest.git
$ repo sync
```

上面这种方式，下载的是 master 分支。如果要下载其中某一个分支，可以用下面的命令查看当前可以下载的所有的分支：

```
$ repo init -u git://android.git.kernel.org/platform/manifest.git
```

我们会看到如下输出：

```
$repo init -u git://android.git.kernel.org/platform/manifest.git
…….
From git://android.git.kernel.org/platform/manifest
 * [new branch]      android-2.2.1_r2 -> origin/android-2.2.1_r2
 * [new branch]      android-2.3.1_r1 -> origin/android-2.3.1_r1
 * [new branch]      android-2.3_r1 -> origin/android-2.3_r1
   9eb5b70..3a78eff  donut      -> origin/donut
   b3a7d09..a5153b0  froyo      -> origin/froyo
 * [new branch]      froyo-plus-aosp -> origin/froyo-plus-aosp
 * [new branch]      gingerbread -> origin/gingerbread
   8c5d0a7..35f92a1  master     -> origin/master
   e23a316..d434a44  tools_r8   -> origin/tools_r8
 * [new branch]      tools_r9   -> origin/tools_r9
 * [new tag]         android-2.2.1_r2 -> android-2.2.1_r2
 * [new tag]         android-2.3.1_r1 -> android-2.3.1_r1
 * [new tag]         android-2.3_r1 -> android-2.3_r1
   ……
```

粗体表示的是默认下载分支。例如，我们要下载最新的分支 gingerbread 的源码，使用下面的命令即可：

```
$ repo init -u git://android.git.kernel.org/platform/manifest.git -b gingerbread
$ repo sync
```

11.4 编译源代码

切换到 Android 源代码根目录，运行下面的命令：

```
$ cd ~/mydroid
$ source build/envsetup.sh
$ lunch
$ make
```

如果出现“run-java-tool”，说明没有设置环境变量 ANDROID_JAVA_HOME，在～/.bashrc 文件中设置环境变量，具体如下所示：

```
$ export ANDROID_JAVA_HOME=$JAVA_HOME
```

然后更新，具体如下所示：

```
$ sudo source ~/.bashrc
```

再运行 Make 命令就可以了。

如果没有遇到什么错误，在命令行运行 emulator &就可以看到如图 11.1、图 11.2 和图 11.3 所示的界面。

执行命令 emulator 时，如果出现下面的错误提示：

```
$ emulator &
$ No command 'emulator' found, did you mean:
 Command 'qemulator' from package 'qemulator' (universe)
emulator: command not found
```

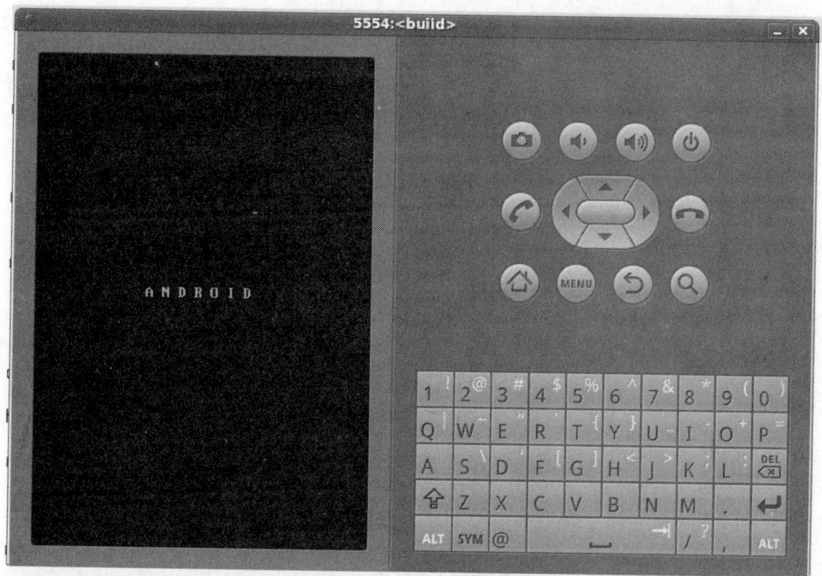

图 11.1　Android 模拟器默认启动时

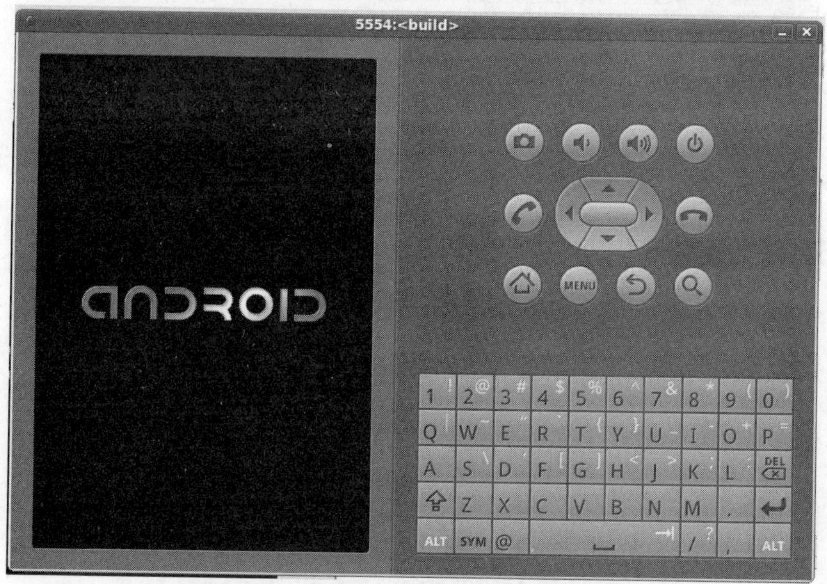

图 11.2　Android 模拟器默认启动过程中

是因为没有设置环境变量 PATH 和 ANDROID_PRODUCT_OUT。在~/.bashrc 文件的最后添加环境变量的代码：

```
export ANDROID_PRODUCT_OUT=$ANDROID_HOME/out/target/product/generic
export PATH=$PATH:$ANDROID_HOME/out/host/linux-x86/bin/
```

如果想使用 DDMS 来可视化地看启动的 Log 信息，还需要在～/.bashrc 文件的最后加入如下环境变量的代码：

```
export ANDROID_SWT=$ANDROID_HOME/out/host/linux-x86/framework
```

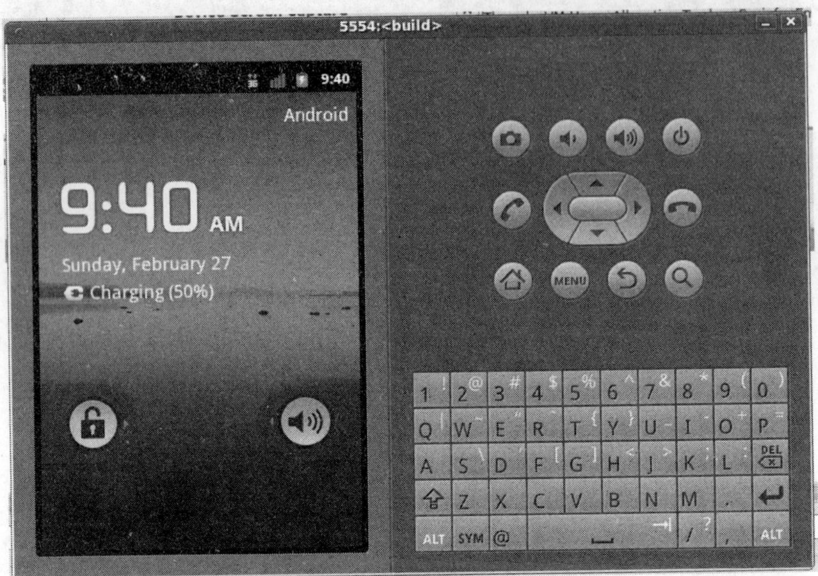

图 11.3　Android 模拟器默认启动成功图

否则，会出现下面的错误提示信息：

```
$ DDMS &
$ SWT folder '/android-fa9/out/host/linux-x86/framework/x86' does not exist.
Please export ANDROID_SWT to point to the folder containing swt.jar for your platform.
```

11.5 模块编译

Android 中的一个应用程序可以单独编译，编译后要重新生成 system.img

在源代码根目录$ANDROID_HOME 下运行如下命令：

```
$ . build/envsetup.sh
```

就可以使用下面这些命令了：

```
- croot:      Changes directory to the top of the tree.
- m:          Makes from the top of the tree.
- mm:         Builds all of the modules in the current directory.
- mmm:        Builds all of the modules in the supplied directories.
- cgrep:      Greps on all local C/C++ files.
- jgrep:      Greps on all local Java files.
- resgrep:    Greps on all local res/*.xml files.
- godir:      Go to the directory containing a file.
```

也可以在这些命令后加选项—help 查看其详细用法。

例如，可以使用 mmm 来编译指定目录的模块，如编译联系人，命令如下：

```
$ mmm packages/apps/Contacts/
```

编完之后生成两个文件：

```
$ANDROID_HOME/out/target/product/generic/data/app/ContactsTests.apk
$ANDROID_HOME/out/target/product/generic/system/app/Contacts.apk
```

可以使用下面的命令重新生成 system.img：

```
$ make snod
```

然后再运行模拟器，此时使用的镜像是新生成的 system.img。

11.6 编译 Android 内核

用 repo 获得的 Android 源代码目录中没有 kernel 目录，即 kernel 源代码默认是不随 Android 源代码一起下载的，所以 kernel 源代码需要再重新下载。下面详细介绍了如何下载 kernel 源代码和如何编译 kernel 源代码。

1．查看内核分支

查看本地和远程所有的可用 kernel 分支，以及当前使用的哪个分支（用*号表示），命令如下所示：

```
$ git branch -a
* android-2.6.27
  remotes/origin/HEAD -> origin/android-2.6.27
  remotes/origin/android-2.6.25
  remotes/origin/android-2.6.27
  remotes/origin/android-2.6.29
  remotes/origin/android-2.6.32
  remotes/origin/android-2.6.35
  remotes/origin/android-2.6.35-rc3
  remotes/origin/android-2.6.36
  remotes/origin/android-goldfish-2.6.27
  remotes/origin/android-goldfish-2.6.29
```

如果只查看本地的 kernel 分支，就不用使用选项-a。

如果只查看远程的 kernel 分支，就使用选项-r。

2．获取源代码

默认的 kernel 分支是 android：

```
$ git clone git://android.git.kernel.org/kernel/common.git
```

下载下来的内核源代码在$ANDROID_HOME/kernel/common 文件夹中。

如果要获取不同的分支，就执行如下命令：

```
$ git checkout --track -b android-kernel-version origin/android- kernel-version
```

为简化代码管理，使本地分支名字与远程分支名字是一样的。本书中选择的分支是 android-goldfish-2.6.29，所以用下面的命令修改源代码分支：

```
$ git checkout -b android-goldfish-2.6.29 origin/android-goldfish-2.6.29
```

检查选择分支是否成功：

```
$ git branch -a
android-2.6.27
* android-goldfish-2.6.29
  remotes/origin/HEAD -> origin/android-2.6.27
  remotes/origin/android-2.6.25
  remotes/origin/android-2.6.27
  remotes/origin/android-2.6.29
```

```
remotes/origin/android-2.6.32
remotes/origin/android-2.6.35
remotes/origin/android-2.6.35-rc3
remotes/origin/android-2.6.36
remotes/origin/android-goldfish-2.6.27
remotes/origin/android-goldfish-2.6.29
```

如果过程中出现错误：fatal：Unable to look up（port 9418）（Name or service not known），请检查下 Linux 系统的网络是否可用。

3．设置环境变量

打开~/.bashrc 文件，在文件末尾加入如下环境变量：

```
export PATH=$PATH:/android23/prebuilt/linux-x86/toolchain/arm-eabi-4.4.3/bin
export ARCH=arm
```

4．设定交叉编译参数

进入$ANDROID_HOME/kernel/common 目录，修改其 Makefile 文件，修改下面的变量：

```
ARCH = arm
CROSS_COMPILE = arm-eabi-
```

5．编译内核

在$ANDROID_HOME/kernel/common 目录下，运行下面的命令，配置编译选项：

```
jackey@jackey-laptop:/android23/kernel/common$ make goldfish_defconfig
#
# configuration written to .config
#
```

然后，编译内核命令如下：

```
jackey@jackey-laptop:/android23/kernel/common$ make
```

最终，如果编译成功了，我们会看到如下信息：

```
......
Kernel: arch/arm/boot/zImage is ready
```

6．测试自己编译的内核

测试生成的内核映像，启动模拟器时使用选项-kernel，命令如下所示：

```
$ emulator -kernel /android23/kernel/common/arch/arm/boot/zImage
```

7 所示编译环境变量

本小节重点介绍在编译内核过程中遇到的一些重要的编译环境变量的含义，如表 11.1 所示。

表 11.1 编译环境的含义

eng	默认值。使用 Make 命令和 make eng 是一样的 安装带有标签 eng、debug、user 和/，或者 development 的模块 安装没有指定标签的非 APK 模块 安装 APK 需要根据产品定义文件，还有标签 APK ro.secure=0 ro.debuggable=1 ro.kernel.android.checkjni=1 默认是启动 adb 的
User	make user 安装带有 user 标签的模块 安装没有指定标签的非 APK 模块

续表

User	安装 APK 需要根据产品定义文件 ro.secure=1 ro.debuggable=0 默认会禁用 adb
userdebug	命令 make userdebug，作用是同 make user 一样的，除了安装带有 Debug 标签的模块 ro.debuggable=1 默认启用 adb

如果想编译一种版本，然后又想编译另一个版本，那么就需要在两次 Make 之间运行命令 make installclean，以避免使用之前版本编译出来的文件。命令 make clean 也可以，但是可能会很耗时间。

11.7 编译问题

本节列出了一些在编译源代码时遇到的常见问题，以供读者查阅参考。

11.7.1　Git 工具详解

Git 是 Linux Torvalds 为了帮助管理 Linux 内核开发而开发的一个开放源代码的分布式版本控制软件，不同于 Subversion、CVS 这样的集中式版本控制系统。

在集中式版本控制系统中只有一个仓库（repository），许多个工作目录（working copy）。Git 这样的分布式版本控制系统中，例如，BitKeeper、Mercurial、GNU Arch、Bazaar、Darcs、SVK、Monotone 等，每一个工作目录都包含一个完整仓库，它们可以支持离线工作，本地提交可以稍后提交到服务器上。

分布式系统理论上也比集中式的单服务器系统更健壮，单服务器系统一旦服务器出现问题，整个系统就不能运行了，分布式系统通常不会因为一两个节点而受到影响。

下面来介绍 Git 工具的一些常用命令。

（1）Git 初始化，通常有两种方式来进行初始化。

■ git clone

这是较为简单的一种初始化方式，当在本地已经有远程的 Git 版本库时，只需要在本地复制一份，命令如下所示：

```
git clone git://android.git.kernel.org/kernel/common.git
```

作用是将 URL 地址为 git：//android.git.kernel.org/kernel/common.git 的远程版本库复制到本地当前目录下面。

■ git init 和 git remote

这种方式稍微复杂，当在本地创建了一个工作目录时，进入这个目录后可以使用命令 git init 进行初始化，以后 git 就对该目录下的文件进行版本控制。

此时，如果需要将它放到远程服务器上，可以在远程服务器上创建一个目录，并把可访问的 URL 记录下来，此时就可以使用命令 git remote add 增加一个远程服务器端，例如：

```
git remote add origin git://android.git.kernel.org/someone/another_project.git
```

作用是增加 URL 地址为 git：//android.git.kernel.org/someone/another_project.git、名称为 origin 的远程服务器，以后提交代码的时候只需要使用 origin 别名就可以了。

（2）git pull。

将远程或是本地版本库代码更新到本地。

（3）git add。

将当前更改或者新增的文件加入到 Git 的索引中，加入到 Git 的索引中表示记入了版本历史中，这也是提交之前所需要执行的一步。

（4）git rm。

从当前的工作空间中和索引中删除文件。

（5）git commit。

提交当前工作空间的修改内容，与 SVN 的 commit 命令功能类似。

（6）git push。

将本地 commit 的代码更新到远程版本库中。

（7）git log。

查看代码更新历史日志。

（8）git revert。

还原到某一个版本，使用这个命令时必须提供一个具体的 Git 版本号，例如：

```
git revert XXXXXXXXXXXXXXXXXX
```

Git 的版本号都是生成的一个哈希值，上面的若干个 X 表示的就是这个哈希值。

（9）git branch。

对分支进行增、删、查等操作，例如，从当前的工作版本创建一个名为 new_branch 的新分支：

```
git branch new_branch
```

就会强制删除叫做 new_branch 的分支的命令如下：

```
git branch -D new_branch
```

列出本地所有的分支的命令如下：

```
git branch
```

（10）git checkout。

该命令有两个作用，一是在不同的 branch 之间进行切换，例如，下面的命令将会切换到 new_branch 的分支上：

```
git checkout new_branch
```

另一个是还原代码，例如，下面的命令将 user.rb 文件从上一个已提交的版本中更新回来，未提交的内容全部会回滚：

```
git checkout app/model/user.rb
```

（11）git stash。

将当前未提交的工作存入 Git 工作栈中，需要的时候再将某一版本应用回来。

例如，可以将当前未提交到本地和服务器的代码存入到 Git 的栈中，这时候当前工作区间和上一次提交的内容是完全一样的，所以，可以放心地修改本地代码，然后提交本地代码到服务器上后，这时可以使用命令 git stash apply，将以前一半的工作应用回来。

当然，多次使用命令 git stash 后，可以将未提交的代码存入到栈中，使用命令 git stash list 将当前的 Git 栈信息全部打印出来，使用命令 git stash apply stash@{1}就可以将指定版本号为 stash@{1}的工作取出来。如果要将所有的栈都应用回来，需要使用命令 git stash clear 将栈清空。

（12）git config。

增加和更改 Git 的各种设置，例如，将 master 的远程版本库设置为别名叫做 origin 版本库，具体命令如下：

```
git config branch.master.remote origin
```

（13）git tag。

给某个版本设置一个标签，这样不需要记忆版本号的哈希值了。

11.7.2　repo 工具详解

因为 Android 是由 kernel、Dalvik、Bionic、prebuilt、build 等多个 Git 项目组成，所以 Android 项目编写了一个名为 repo 的 Python 的脚本来统一管理这些项目的仓库，使得 Git 的使用更加简单，主要是用来下载、管理 Android 项目的软件仓库，用来管理 Git 管理的若干项目代码仓库。

（1）repo help [command]。

查看 repo 的命令 command 的帮助信息。

（2）repo init -u URL。

在当前目录安装代码仓库，会在当前目录创建一个目录.repo，参数-u 指定一个 URL，然后从该 URL 中取得代码仓库的 manifest 文件。

使用-m 参数来选择获取代码仓库中的某一个特定的 manifest 文件，如果没有具体指定它，那么指的是默认的 mamifest 文件，即 default.xml，具体如下所示：

```
repo init -u git://android.git.kernel.org/platform/manifest.git -m dalvik-plus.xml
```

使用-b 参数来指定某个具体的 manifest 分支，如果没有具体指定-b 参数，那么会默认使用 master 分支，具体如下所示：

```
repo init -u git://android.git.kernel.org/platform/manifest.git -b XXXXXX
```

（3）repo sync [project-list]。

同步本地工作文件和远程 repository 中的代码。可选项用来指定需要同步的工程，如果不指定任何参数，会同步整个所有的工程。

第一次运行 repo sync 时，它等价于 git clone，会将 repository 中的所有内容都同步到本地。如果不是第一次运行这个命令，那么它等价于命令 git remote update。

（4）repo update[project-list]。

提交本地修改的代码。如果本地代码修改过，那么运行 repo sync 时，会提示是否要提交修改的代码。

（5）repo diff [project-list]。

显示提交的代码和当前工作目录代码之间的差异。

（6）repo download　target revision。

将特定的修改版本的代码下载到本地，例如，下面命令的作用就是下载修改版本为 1234 的代码：

```
repo download pltform/frameworks/base 1234
```

（7）repo start newbranchname。

创建新分支。注意，其中的"." 表示的是当前工作的分支。

（8）repo prune [project list]。

删除已经合并到本地工作目录中的 project。

（9）repo foreach [project-lists] -c command。

对每一个项目执行一次 command 命令。

（10）repo status。

显示项目中每个代码仓库的状态，并打印仓库名称。

11.7.3 32 位操作系统无法编译问题

如果编译期间出现下面的问题：

```
warning ************************************************************
warning You are attempting to build on a 32-bit system.
warning Only 64-bit build environments are supported beyond froyo/2.2.
warning ************************************************************
```

说明我们正在使用 32 位的操作系统编译 Android 工程源代码。这些信息来自 build/core/main.mk，可以找到与上面相关的代码行：

ifneq（64,$（findstring 64,$（build_arch）））

```
$(warning ************************************************************)
$(warning You are attempting to build on a 32-bit system.)
$(warning Only 64-bit build environments are supported beyond froyo/2.2.)
$(warning ************************************************************)
$(error stop)
endif
```

将粗体部分代码改成：

```
ifneq (i686,$(findstring i686,$(build_arch)))
```

然后，我们还需要修改以下几个文件：

```
external/clearsilver/cgi/Android.mk,
external/clearsilver/java-jni/Android.mk,
external/clearsilver/util/Android.mk,
external/clearsilver/cs/Android.mk
```

找到下面的代码行：

```
LOCAL_CFLAGS += -m64
LOCAL_LDFLAGS += -m64
```

并修改为：

```
LOCAL_CFLAGS += -m32
LOCAL_LDFLAGS += -m32
```

11.7.4 JDK 版本

可以通过 apt-get 方式安装 JDK5 和 JDK6，这样就可以直接添加到 Ubuntu 的 JDK 菜单里了，查看当前正使用的 Java 和 Javac 版本命令如下：

```
sudo update-alternatives --config java
sudo update-alternatives --config javac
```

如果没有在 JDK 菜单里，可以如下方式添加：

```
update-alternatives --install /usr/bin/java java /usr/lib/jvm/java/jdk1.6.0_15/bin/java 300
update-alternatives --install /usr/bin/javac javac /usr/lib/jvm/java/jdk1.6.0_15/bin/javac 300
```

考虑到有时应用会用到指定的 JDK 版本，所以需要切换，其实很简单，和查看 JDK 菜单中当前正使用的版本命令是一样的，具体命令如下：

```
sudo update-alternatives --config java
sudo update-alternatives --config javac
```

选择序号，回车即可。

然后，使用命令可以查看当前 Java 和 javac 版本：

```
java -version
javac -version
```

11.7.5　arm-eabi-4.4.3 版本问题

如果编译期间出现下面的问题：

```
prebuilt/linux-x86/toolchain/arm-eabi-4.4.3/bin/arm-eabi-gcc -mthumb-interwork -Ibionic/libc/private -o out/target/product/generic/obj/lib/crtbegin_dynamic.o -c bionic/libc/arch-arm/bionic/crtbegin_dynamic.S
prebuilt/linux-x86/toolchain/arm-eabi-4.4.3/bin/arm-eabi-gcc: /lib/tls/i686/cmov/libc.so.6: version `GLIBC_2.11' not found (required by prebuilt/linux-x86/toolchain/arm-eabi-4.4.3/bin/arm-eabi-gcc)
make: *** [out/target/product/generic/obj/lib/crtbegin_dynamic.o] 错误 1
```

因为最新的 Android 2.3 是在 64 位 Ubuntu 10.04 系统上编译的，使用的 JDK 是 64 位的 Sun JDK，toolchain 依赖 64 位的 gcc 和 JDK。为了在 32 位的 Ubuntu 系统上编译通过，这就是 arm-eabi-4.4.3 版本的问题，所以使用 arm-eabi-4.4.0，做如下修改：

```
$ cd gingerbread/prebuilt/linux-x86/toolchain
$ mv arm-eabi-4.4.3 to arm-eabi-4.4.3.old
$ ln -s arm-eabi-4.4.0  arm-eabi-4.4.3
```

11.7.6　libOpenSLES.so 问题

```
out/target/product/generic/obj/lib/libOpenSLES.so: undefined reference to `typeinfo for android::SortedVectorImpl'
out/target/product/generic/obj/lib/libOpenSLES.so: undefined reference to `vtable for __cxxabiv1::__vmi_class_type_info'
collect2: ld returned 1 exit status
make: *** [out/target/product/generic/obj/EXECUTABLES/BufferQueue_test_intermediates/LINKED/BufferQueue_test] 错误 1
```

首先将 system/media/opensles/libopensles 目录下的文件 IAndroidEffect.c 改成 IAndroidEffect.cpp 文件：

```
mv IAndroidEffect.c IAndroidEffect.cpp
```

然后修改文件 system/media/opensles/libopensles/Android.mk，粗体部分表示的是修改后的代码：

```
LOCAL_SRC_FILES:= \
CEngine.c \
COutputMix.c \
IAndroidConfiguration.c \
IAndroidEffect.cpp \
IAndroidEffectCapabilities.c \
IAndroidEffectSend.c \
IBassBoost.c
```

11.7.7 libclearsilver-jni.so 问题

如果编译期间出现下面的问题：

```
host C: libclearsilver-jni <= external/clearsilver/java-jni/j_neo_util.c
In file included from /usr/include/features.h:378,
             from /usr/include/string.h:26,
             from external/clearsilver/java-jni/j_neo_util.c:1:
/usr/include/gnu/stubs.h:9:27: error: gnu/stubs-64.h: 没有那个文件或目录
make: *** [out/host/linux-x86/obj/SHARED_LIBRARIES/libclearsilver-jni_intermediates/
j_neo_util.o]错误"
```

这是因为缺少软件 lib64z1-dev、libc6-dev-amd64、g++-multilib 和 lib64stdc++6，所以安装这些软件后就不再会出现这些问题了，安装命令为：

```
sudo apt-get install lib64z1-dev libc6-dev-amd64 g++-multilib lib64stdc++6
```

11.7.8 LOCAL_MODULE_TAGS 问题

如果编译期间出现下面的问题：

```
build/core/base_rules.mk:76: *
build/core/base_rules.mk:77: * Each module must use a LOCAL_MODULE_TAGS in its
build/core/base_rules.mk:78: * Android.mk. Possible tags declared by a module:
build/core/base_rules.mk:79: *
build/core/base_rules.mk:80: *     optional, debug, eng, tests, samples
build/core/base_rules.mk:81: *
build/core/base_rules.mk:82: * If the module is expected to be in all builds
build/core/base_rules.mk:83: * of a product, then it should use the
build/core/base_rules.mk:84: * "optional" tag:
build/core/base_rules.mk:85: *
build/core/base_rules.mk:86: *    Add "LOCAL_MODULE_TAGS := optional" in the
build/core/base_rules.mk:87: *    Android.mk for the affected module, and add
build/core/base_rules.mk:88: *    the LOCAL_MODULE value for that component
build/core/base_rules.mk:89: *    into the PRODUCT_PACKAGES section of product
build/core/base_rules.mk:90: *    makefile(s) where it's necessary, if
build/core/base_rules.mk:91: *    appropriate.
build/core/base_rules.mk:92: *
build/core/base_rules.mk:93: * If the component should be in EVERY build of ALL
build/core/base_rules.mk:94: * products, then add its LOCAL_MODULE value to the
build/core/base_rules.mk:95: * PRODUCT_PACKAGES section of
build/core/base_rules.mk:96: * build/target/product/core.mk
build/core/base_rules.mk:97: *
build/core/base_rules.mk:98: *** user tag detected on new module - user tags are only
supported on legacy modules.  Stop
```

那么需在出现这一问题的 Android.mk 文件中增加变量，增加代码如下：

```
LOCAL_MODULE_TAGS := optional
```

11.8 小结

本章主要介绍的是 Android 系统编译环境搭建，主要是流程或者说是过程，给想亲手编译

Android 源代码的开发者提供指导。首先指出了 Android 源代码编译的硬件和软件环境要求，然后获取 Android 源代码，接下来就可以选择全部编译了。在默认情况下，虽然选择全部编译源代码，但是内核部分也是不会编译的。所以，对如何需要编译内核的开发者也提供了指导。最后，列举了一些编译期间出现的错误及解决方法，供读者参考。

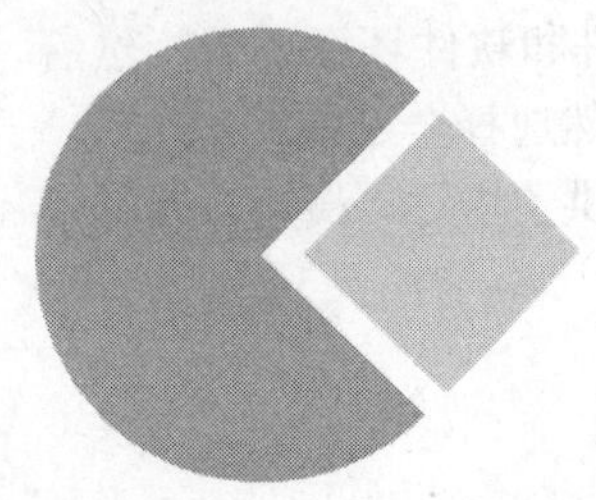

第 12 章　NDK 开发

本章 NDK 开发讲的是 Android 本地开发过程中遇到的各种选项和如何编写 Makefile 文件等，更侧重于原理性的 NDK 开发方面的知识。

12.1 NDK 开发概述

Android NDK 是一套开发工具，允许 Android 应用开发者使用 C、C++语言开发效率敏感的程序，将其编译成共享库（以 so 文件的形式），加入到应用程序 apk 文件中，通过 JNI 方式调用这些共享库的函数。

需要注意的是，Android NDK 只能用于 Cupcake（1.5）或是更高版本中，1.0 和 1.1 版本的系统映像不支持 NDK，这是国为在 1.5 及以上版本对 toolchain 和相关 ABI 做了改变。

Android 的 Java 虚拟机允许应用程序 Java 源代码通过 JNI 调用 C、C++语言开发的本地代码的函数。也就是说应用程序 Java 部分源代码中将用 native 关键字声明一个或多个 Java 函数，表明这些 Java 函数实际是通过本地代码来实现的。例如：

```
public native byte[] loadFile(String filePath);
```

同时，还必须提供一个真正实现 Java 函数功的本地函数，并将其编译成本地共享库，然后将该共享库打包到应用程序的 apk 文件中。这个共享库需要根据标准的 UNIX 的规则来命名，像 lib<something>.so 这样，例如：libFileLoader.so。

然后，在应用程序中必须明确地加载这个库。可以在应用程序的开始加载它，只需将以下代码添加到应用程序的源代码中。其中，共享库的名字为 FileLoader，而不是 libFileLoader.so：

```
static {
System.loadLibrary("FileLoader");
}
```

Android NDK 是对 Android SDK 的补充，可以生成 JNI 兼容共享库，这些共享库可以运行在 ARM 处理器上的 Android1.5 以及更高版本平台上；还可以将生成的共享库复制到应用程序工程路径的正确位置，那么它们将被自动添加到 apk 文件中。在 NDK R5 的版本中，可以支持通过一个远程的 gdb 连接来帮助调试本地代码和更多的源和符号信息，增加本地调试能力。

此外，Android NDK 提供一套交叉工具链（编译器、连接器等），可以产生本地的 ARM 二进制文件，可以在 Linux、OS X 和 Windows 操作系统运用（使用 Cygwin）。一套系统头文件，对应于 Android 平台支持的稳定本地 API 列表。

在以后发布的平台中，Android 系统映像中大多数的本地系统库并不是一成不变的，有可能会被彻底地改变、甚至删除。

Android NDK 还提供了一个编译系统，它允许开发者编写 Makefile 文件来描述哪些代码是需要编译的，并且描述如何编译它们。

此外，以后的 Android NDK 版本，可能会添加支持更多的工具、平台、系统接口，而不需要改变开发编译文件。

Android NDK 不是用来编写通用的运行在 Android 设备上的本地代码。需要注意，应用程序仍然应该使用 Java 语言来编写，以便处理 Android 系统事件，还应该避免弹出“应用程序没有响应”对话框或处理应用程序的生命周期。

这种 NDK 开发方式适用于，采用本地代码编写一个复杂的应用程序与一个小的用于启动或者停止的“应用程序外壳”。需要深入理解 JNI，因为许多业务层面的操作需要程序开发者来控制，不能通过本地指针直接访问 VM（虚拟机）对象的内容，需要明确提到管理本地代码时，要保持 VM 对象同 JNI 调用间的句柄。

自从 Android NDKr 5 版本开始，安装 NDK 的步骤很简单，只需要将安装包解压到某一目录就可以了。具体步骤可以参照 NDK 环境搭建和开发章节。

12.2 Android.mk 语法规范

Android.mk 文件的作用是向 Android NDK 编译系统描述 C\C++源代码文件如何组织编译的，其中文件语法格式同 GNU Makefile 文件语法格式是一样的。它是 GNU Makefile 的一小部分，会被编译系统解析一次或多次。所以，应尽量减少声明的变量，不要认为某些变量在解析过程中不会被定义。

通过 Android.mk 可以将源代码编译成模块，即静态库或者共享库，其中共享库将随应用程序一样发布。可以在每一个 Android.mk 文件中定义一个或多个模块，也可以在几个模块中使用同一个源代码文件。

下面举一个简单的例子：

```
<helloworld>/jni/helloworld.c
<helloworld>/jni/Android.mk
```

helloworld.c 文件是一个 JNI 共享库的源文件，实现返回“hello world”字符串的本地方法。

相应的 Android.mk 文件如下：

```
LOCAL_PATH := $(call my-dir)
include $(CLEAR_VARS)
LOCAL_MODULE := helloworld
LOCAL_SRC_FILES := helloworld.c
include $(BUILD_SHARED_LIBRARY)
```

下面讲解该 Makefile 的含义：

```
LOCAL_PATH := $(call my-dir)
```

一个 Android.mk 文件在开头处必须定义好 LOCAL_PATH 变量，用于在源代码树中查找源文件。在这个例子中，LOCAL_PATH 变量的值是宏函数‘my-dir’返回值，它是由编译系统提供，用于返回当前路径（即包含 Android.mk 文件所处的目录）。

```
include $( CLEAR_VARS)
```

CLEAR_VARS 也是由编译系统提供，用于清除许多类似于 LOCAL_XXX 变量，例如 LOCAL_MODULE、LOCAL_SRC_FILES、LOCAL_STATIC_LIBRARIES 等。其中不包括 LOCAL_PATH。因为所有的编译控制文件都在同一个 GNU MAKE 执行环境中，所有的变量都是全局的，所以，在执行当前的 Android.mk 文件时需要清除以下有关的变量：

```
LOCAL_MODULE := helloworld
```

LOCAL_MODULE 变量必须定义，用来表示需要生成的模块名称，名称必须是惟一的，而且不包含任何空格。注意编译系统会自动产生合适的前缀和后缀，例如，一个被命名为 'foo' 的共享库模块，将会生成 'libfoo.so' 文件。注意，如果把库命名为 'libfoo'，编译系统将不会添加任何的 lib 前缀，也会生成 libfoo.so，这是为了支持来源于 Android 平台的源代码的 Android.mk 文件：

```
LOCAL_SRC_FILES := helloworld.c
```

LOCAL_SRC_FILES 变量表示生成的模块对应的源程序文件，而不需要在这里列出头文件和包含文件，因为编译系统将会自动找出依赖型的文件，仅列出直接传递给编译器的源代码文件就可以了。

> **注意** 默认的 C++源代码文件的扩展名是 '.cpp'。指定一个不同的扩展名也是可能的，只要定义 LOCAL_DEFAULT_CPP_EXTENSION 变量，不要忘记开始的小圆点，也就是 '.cxx'，而不是 'cxx'。

```
include $(BUILD_SHARED_LIBRARY)
```

BUILD_SHARED_LIBRARY 是 Android 编译系统提供的变量，指向一个 GNU Makefile 脚本，负责收集自从上次调用 'include $（CLEAR_VARS）' 以来，定义在 LOCAL_XXX 变量中的所有信息，并且决定编译什么、如何编译。其中，BUILD_STATIC_LIBRARY 变量生成静态库。

12.2.1 NDK 提供的变量

Android NDK 提供了一些 GNU Make 变量，它们在当前所写的 Android.mk 文件解析之前，由编译系统定义好。在某些情况下，NDK 可能分析 Android.mk 几次，每一次某些变量的定义会有不同。下面分别详细讲解这些变量。

1．CLEAR_VARS

该变量指向一个编译脚本，几乎所有未定义的 LOCAL_XXX 变量都在"Module-description"节中列出，所以，必须在生成一个新模块的最开始处包含这个脚本，其代码如下：

```
include $(CLEAR_VARS)
```

2．BUILD_SHARED_LIBRARY

该变量指向编译脚本，用来收集所有在 LOCAL_XXX 变量中提供的信息，并且决定如何将列出的源代码文件编译成一个共享库。注意，必须在包含这个文件之前定义 LOCAL_MODULE 和 LOCAL_SRC_FILES，其代码如下：

```
include $(BUILD_SHARED_LIBRARY)
```

执行完后，将生成一个名为 lib$（LOCAL_MODULE）.so 的共享库文件。

3．BUILD_STATIC_LIBRARY

与 BUILD_SHARED_LIBRARY 变量对应，BUILD_STATIC_LIBRARY 变量用于编译一个静态

库。静态库不会复制到 project/packages 中，但可以用来编译共享库，其使用代码如下：

```
include $(BUILD_STATIC_LIBRARY)
```

执行完后，将会生成一个名为 lib$（LOCAL_MODULE）.a 的静态库文件。

4．PREBUILT_SHARED_LIBRARY

该变量指向编译脚本，用来指示预编译好的共享库文件，与 BUILD_SHARED_LIBRARY 和 BUILD_STATIC_LIBRARY 变量不同，LOCAL_SRC_FILES 变量需要指向一个预编译好的共享库文件，而不是源代码文件。然后，就可以在其他模块中使用这个预编译好的共享库文件了。下面来讲一个简单的例子。

用于引入预编译库 libfoo.so 的 Makefile 代码如下，将其封装成另一个名字 foo-prebuilt：

```
LOCAL_PATH := $(call my-dir)
include $(CLEAR_VARS)
LOCAL_MODULE := foo-prebuilt
LOCAL_SRC_FILES := libfoo.so
include $(PREBUILT_SHARED_LIBRARY)
```

用于在其他模块 foo-user 中使用上面的预编译模块 foo-prebuilt 的 Makefile 代码如下：

```
include $(CLEAR_VARS)
LOCAL_MODULE := foo-user
LOCAL_SRC_FILES := foo-user.c
LOCAL_SHARED_LIBRARY := foo-prebuilt
include $(BUILD_SHARED_LIBRARY)
```

5．PREBUILT_STATIC_LIBRARY

该变量的功能同 PREBUILT_SHARED_LIBRARY，用来指示预编译好的静态库文件，LOCAL_SRC_FILES 变量需要指向一个预编译好的静态库文件，而不是源代码文件。然后，就可以在其他模块中使用这个预编译好的静态库文件了。

6．TARGET_ARCH

该变量表示的是目标 CPU 平台的名字，如果是 ARM，表示要生成 ARM 兼容的指令，与 CPU 架构修订版无关。

7．TARGET_PLATFORM

该变量表示的是解析 Android.mk 文件的时候，目标 Android 平台的名字。

8．TARGET_ARCH_ABI

该变量表示的是解析 Android.mk 文件的时候，目标 CPU+ABI 的名字，当前只支持两个值：一个是针对 ARMv5TE 的 armeabi，另一个是 armeabi-v7a。在以后的 Android NDK 版本中，会引进其他目标 ABI 并有不同的名字。注意，所有基于 ARM 的 ABI 都会把 TARGET_ARCH 定义成 ARM，但是会有不同的 TARGET_ARCH_ABI。

9．TARGET_ABI

该变量表示的是目标平台和 ABI 的组合，事实上，它被定义成$（TARGET_PLATFORM）-$（TARGET_ARCH_ABI）。在真实的设备中针对一个特别的目标系统进行测试时，该变量是会有用的。在默认的情况下，它会是‘android-3-arm’

12.2.2　NDK 提供的宏

下面来分别讲解一些 GNU Make 提供的具有某些功能的宏，必须通过使用$（call <function>）

的形式来取值，然后返回文本信息。

1．my-dir

这个宏返回当前 Android.mk 所在的目录路径，相对于 NDK 编译系统的顶层。这是有用的，在 Android.mk 文件的开头定义如下：

```
LOCAL_PATH := $(call my-dir)
```

2．all-subdir-makefiles

这个宏返回一个位于当前‘my-dir’路径下的所有子目录中的 Makefile 文件列表。例如，看下面的目录层次：

```
sources/foo/Android.mk
sources/foo/lib1/Android.mk
sources/foo/lib2/Android.mk
```

如果 sources/foo/Android.mk 包含下面这样的代码时：

```
include $(call all-subdir-makefiles)
```

那么，它就会自动包含 sources/foo/lib1/Android.mk 和 sources/foo/lib2/Android.mk。

这项功能用于向编译系统提供深层次嵌套的代码目录层次。注意，在默认情况下，NDK 将会只搜索在 sources/*/Android.mk 中的文件。

3．this-makefile

这个宏返回当前 Makefile 的路径，也就是调用这个函数的目录位置。

4．parent-makefile

这个宏返回调用树中父 Makefile 路径。即包含当前 Makefile 的 Makefile 路径。

5．grand-parent-makefile

这个宏返回祖父级 Makefile 的路径。

6．import-module

这个宏按名字查找并包含另一个模块的 Android.mk 文件，例如：

```
$(call import-module,<name>)
```

它会从环境变量 NDK_MODULE_PATH 指定的目录中查找名字为<name>的模块，然后将相应的 Android.mk 文件包含进来。

12.2.3 NDK 模块描述变量

NDK 模块描述变量用于向编译系统描述用到的模块，应该将它们定义在 include $（CLEAR_VARS）和 include $（BUILD_XXXXX）之间。

1．LOCAL_PATH

这个变量表示的是当前文件的路径。必须在 Android.mk 的开头定义它，可以这样使用：

```
LOCAL_PATH := $(call my-dir)
```

因为每个 Android.mk 只需要定义一次，所以这个变量不会被$（CLEAR_VARS）清除。这里所说的每个 Android.mk 只需要定义一次，是指在一个文件中定义了几个模块的情况时。

2．LOCAL_MODULE

这个变量表示的是模块的名字，它必须是惟一的，而且不能包含空格。必须在包含任一的$（BUILD_XXXX）脚本之前定义它。模块的名字决定了生成文件的名字，例如，如果一个共享库模块的名字是<foo>，那么生成文件的名字就是 lib<foo>.so。

3．LOCAL_MODULE_FILENAME

这个变量是可选的，允许重新定义生成的文件的名称。默认情况下，模块<foo>将生成一个静态库名字为 lib<foo>.a 或者一个共享库 lib<foo>.so，这是标准的 UNIX 规定。也可以通过覆盖定义 LOCAL_MODULE_FILENAME，例如：

```
LOCAL_MODULE := foo-version-1
LOCAL_MODULE_FILENAME := libfoo
```

不应该把一个路径或文件扩展名在 LOCAL_MODULE_FILENAME 上，它们将自动被编译系统处理。

4．LOCAL_SRC_FILES

这个变量表示的是生成模块需要编译的源代码文件列表。列出需要编译器编译的源代码文件，编译系统会自动计算源代码之间的依赖关系。注意，源代码文件都是相对路径，是相对于 LOCAL_PATH 的，也可以使用路径部分，例如：

```
LOCAL_SRC_FILES := foo.c \
                   toto/bar.c
```

路径分隔符都要使用 UNIX 风格的斜杠（/），Windows 风格的反斜杠（\）是不会被正确的处理。

5．LOCAL_CPP_EXTENSION

这是一个可选变量，用来指定 C++代码文件的扩展名，默认是.cpp，但是可以改变它，例如下面的代码，就将默认的.cpp 扩展名改成了.cxx：

```
LOCAL_CPP_EXTENSION := .cxx
```

6．LOCAL_C_INCLUDES

该变量是一个相对于 NDK 根目录的可选列表的路径，将被追加到本地 include 搜索路径里。例如：

```
LOCAL_C_INCLUDES := sources/foo
```

或者：

```
LOCAL_C_INCLUDES := $(LOCAL_PATH)/../foo
```

这些放在任何相应 LOCAL_CFLAGS/LOCAL_CPPFLAGS 的前面，LOCAL_C_INCLUDES 路径自动使用 ndk-gdb 的本地调试。

7．LOCAL_CFLAGS

这个变量是可选的编译器选项，在编译 C 代码文件的时候使用。当指定一个附加的相对于 NDK 的顶层目录的包含路径、宏定义或者编译选项时，这个变量是比较有用的。

需要提醒的是，不要在 Android.mk 中改变 optimization/debugging 级别，只要在 Application.mk 中指定合适的信息，就会自动地处理这个问题，在调试期间，会让 NDK 自动生成有用的数据文件。

8．LOCAL_CXXFLAGS

这个变量的作用与 C 源代码文件的 LOCAL_CFLAGS 编译选项功能一样，只不过是该变量是针对 C++源代码文件的。

9．LOCAL_CPPFLAGS

这个变量的功能与 LOCAL_CFLAGS 相同，但是对 C 和 C++源代码文件都适用。

10．LOCAL_STATIC_LIBRARIES

这个变量的功能是链接其他静态库列表（使用 BUILD_STATIC_LIBRARY 生成），这仅仅对共享库模块才有意义。

11．LOCAL_SHARED_LIBRARIES

这个变量的功能是模块在运行时要依赖的其他共享库模块列表，在链接时需要，在生成文件时嵌入的相应的信息。

12．LOCAL_LDLIBS

这个变量的功能是编译模块时需要使用的附加的链接器选项。这对于使用“- 1”前缀传递指定库的名字是有用的。例如，下面的代码片段将告诉链接器生成的模块在加载时需要链接到/system/lib/libz.so：

```
LOCAL_LDLIBS := -lz
```

13．LOCAL_ALLOW_UNDEFINED_SYMBOLS

默认情况下，在尝试编译一个共享库时，任何未定义的引用将导致一个“未定义的符号”错误。这对于在你的源代码文件中捕捉错误是有很大帮助的。然而，如果你因为某些原因，不需要启动这项检查，把这个变量设为 true。注意，相应的共享库可能在运行时加载失败。

14．LOCAL_ARM_MODE

默认情况下，ARM 目标二进制文件将生成‘thumb’模式，其中每个指令都是 16 位。可以定义该变量‘arm’，如果想强制模块的目标文件为‘arm’（32 位指令）模式。例如：

```
LOCAL_ARM_MODE := arm
```

也可以指示编译系统只建立特定在 ARM 模式源通过追加一个‘.arm’它的源文件后缀。例如，使用下面的代码告诉编译系统也编译‘bar.c’在 ARM 模式，并 根据 LOCAL_ARM_MODE 编译 foo.c：

```
LOCAL_SRC_FILES := foo.c bar.c.arm
```

注意　在 Application.mk 中设置 APP_OPTIM 为‘debug’会强制生成 ARM 二进制模式。

15．LOCAL_ARM_NEON

这个变量定义为‘true’时，允许在 C/C++源代码中使用 ARM 高级 SIMD 以及 NEON 指令集文件中。应该只定义‘armeabi-v7a’ABI 符合 ARMv7 的设置。注意，并非所有的 ARMv7 基于 CPU 支持的 NEON 指令集扩展，而且应该执行运行时的检测，以便能够在运行时使用这个代码安全。

此外，也可以指定只有特定的源文件，可能是编译的 NEON 支持的，需要使用‘.neon’，

例如下面的代码，‘foo.c’将被编译为 thumb+neon 模式，‘bar.c’将编译为‘thumb’模式，‘zoo.c’将编译为‘arm+neon’模式。如果同时使用，那么‘.neon’后缀必须出现在‘.arm’后缀之后，也就是 foo.c.arm.neon，但不能是 foo.c.neon.arm：

```
LOCAL_SRC_FILES = foo.c.neon bar.c zoo.c.arm.neon
```

16．LOCAL_DISABLE_NO_EXECUTE

Android NDK r4 中增加“NX bit”安全功能的支持，是默认启用，当然，需要通过设置此变量为‘true’也可以禁用它。

此功能不修改 ABI，只启用内核对象的 ARMv6 + CPU 的设备。生成的机器码启用此功能在设备上运行不修改运行早期的 CPU 架构。

17. LOCAL_EXPORT_CFLAGS

这个变量用来记录 C/C++编译器的相关选项，这些编译器选项将会被添加到所有其他模块的 LOCAL_CFLAGS 变量中。同时，这些模块还会使用 LOCAL_STATIC_LIBRARIES 变量或 LOCAL_SHARED_LIBRARIES 变量。

例如，模块 foo 定义如下：

```
include $(CLEAR_VARS)
LOCAL_MODULE := foo
LOCAL_SRC_FILES := foo/foo.c
LOCAL_EXPORT_CFLAGS := -DFOO=1
include $(BUILD_STATIC_LIBRARY)
```

另一个模块名为 bar，依赖于 foo，其代码如下：

```
include $(CLEAR_VARS)
LOCAL_MODULE := bar
LOCAL_SRC_FILES := bar.c
LOCAL_CFLAGS := -DBAR=2
LOCAL_STATIC_LIBRARIES := foo
include $(BUILD_SHARED_LIBRARY)
```

然后，当编译 bar.c 时，选项-DFOO=1、-DBAR=2 将被传递给编译器。

导出的选项添加到模块的 LOCAL_CFLAGS 变量中，所以可以覆盖它们原来的值。如果 zoo 取决于 bar，bar 依赖于 foo，这样 zoo 也将继承 foo 导出的所有选项。

最后，当编译那些导出选项的模块时，编译器是不会使用这些导出选项的。

在上述例子中，当编译 foo/foo.c 时，选项-DFOO=1 就不会传递给编译器。

18. LOCAL_EXPORT_CPPFLAGS

该变量与 LOCAL_EXPORT_CFLAGS 类似，是针对 C++的。

19. LOCAL_EXPORT_C_INCLUDES

该变量与 LOCAL_EXPORT_CFLAGS 类似，它是 C 的包含路径。这样就可以使用有条件选择 bar.c 包含的头文件给 foo。

20. LOCAL_EXPORT_LDLIBS

该变量与 LOCAL_EXPORT_CFLAGS 类似，但链接标记不同。注意，链接标志将被追加到模块的 LOCAL_LDLIBS，由 UNIX 链接器完成。通常这是非常有用的，模块 foo 是一个静态库，并依赖于一个系统库。然后，可以使用 LOCAL_EXPORT_LDLIBS 导出依赖。例如下面的代码：

```
include $(CLEAR_VARS)
LOCAL_MODULE := foo
LOCAL_SRC_FILES := foo/foo.c
LOCAL_EXPORT_LDLIBS := -llog
include $(BUILD_STATIC_LIBRARY)

include $(CLEAR_VARS)
LOCAL_MODULE := bar
LOCAL_SRC_FILES := bar.c
LOCAL_STATIC_LIBRARIES := foo
include $(BUILD_SHARED_LIBRARY)
```

因为它依赖于 foo，libbar.so 将编译时链接-llog 在最后。

21．LOCAL_FILTER_ASM

这个变量是定义给 shell 命令的，用于过滤程序集文件，或从 LOCAL_SRC_FILES 中产生。当它定义时，有如下情况。

（1）任何 C 或 C++源文件生成一个临时文件，而不是被编译成目标文件。

（2）任何临时文件，LOCAL_SRC_FILES 列出的文件通过发送 LOCAL_FILTER_ASM 命令生成_another_临时文件。

（3）这些过滤汇编文件被编译成目标文件。

也就是说，如果有如下代码时：

```
LOCAL_SRC_FILES  := foo.c bar.S
LOCAL_FILTER_ASM := myasmfilter
```

下面是源代码编译、过滤和汇编的流程：

```
foo.c -1→ $OBJS_DIR/foo.S.original--2→ $OBJS_DIR/foo.S--3→ $OBJS_DIR/foo.o
bar.S                                          --2 →   $OBJS_DIR/bar.S--3 →
$OBJS_DIR/bar.o
```

上面的数字 1 对应的是编译器，数字 2 对应的是过滤器，数字 3 对应的是汇编器。该过滤器必须是一个独立的 shell 命令，它的名称作为它的第一个参数输入文件、输出的名称文件作为第二个参数输入文件，例如：

```
myasmfilter $OBJS_DIR/foo.S.original $OBJS_DIR/foo.S
myasmfilter bar.S $OBJS_DIR/bar.S
```

12.3 Application.mk 语法规范

本小节描述 Application.mk 文件的语法，这个文件的功能就是描述 Android 应用程序需要的本地模块（native module）。

每个 Application.mk 必须放置在$PROJECT/jni/目录下，例如下面的路径，$PROJECT 指向 Android 应用程序工程目录。

```
$PROJECT/jni/Application.mk
```

此外，还可以将 Application.mk 必须放置在顶层 apps 目录的子目录下，例如下面的路径：

```
$NDK/apps/<myapp>/Application.mk
```

这里，<myapp>是一个短名称，用于向 NDK 编译系统描述应用程序，当然，这个名字不会进入生成的共享库或者最终的应用程序 APK 包里。

实际上 Application.mk 是一个小的 GNU Makefile 片段，所以，在这个文件中也定义了一些变量，下面来详细讲解它们。

1．APP_PROJECT_PATH

在 Application.mk 文件中必须包含这个变量，应该给出应用程序工程的绝对路径，这是用于将去除了一些符号表、调试符号等信息的共享库复制或者安装到 APK 生成器所知道的位置。

2．APP_MODULES

这个变量是可选的，如果没有定义它，NDK 将会默认编译 Android.mk 中声明的_all_模块和所有它包含的子 Makefile 文件涉及的模块。

如果定义了 APP_MODULES，它的值是用空格分割的模块名字列表，这个模块名字与在 Android.mk 文件中 LOCAL_MODULE 定义是一样的。

3．APP_OPTIM

这个变量是可选的，可以定义成两个值 release 或者 Debug，用于修改编译程序模块时的优化等级。默认是 release 模式，比较高的优化二进制文件，Debug 模式则不优化二进制文件，使得调试更容易进行。

如果应用程序是可调试的，例如，Manifest.xml 中的<application>结点的属性 android：debuggable 为 true，这个变量则是 Debug，而不是 release。当然，通过设置 APP_OPTIM 为 release，就可以覆盖之前设置的值。

调试 release 和 Debug 二进制文件都是可能的，但是 release 版本的二进制文件在调试时看到的调试信息是很少的，例如一些变量因为优化而不存在了，也就无法查看它的值，还有一些代码被重新排序，跟踪代码也就变得很困难，堆栈追踪也不可靠等。

4．APP_CFLAGS

一些编译器选项，在编译任何一个模块的 C 或 C++代码时使用。这可能用于根据应用程序来改变特定模块的生成，而不需要修改 Android.mk 文件本身。

注意　所有在这些编译选项中的路径都是相对于 NDK 顶层目录的。例如，如果有下面的设置：

```
sources/foo/Android.mk
sources/bar/Android.mk
```

在编译时，要在 foo/Android.mk 中指定想要添加 bar 的路径，应该用如下两行代码中的一行来完成：

```
APP_CFLAGS += -Isources/bar
APP_CFLAGS += -I$(LOCAL_PATH)/../bar
```

使用-I../bar 是没有用的，因为它等价于：

```
-I$NDK_ROOT/../bar
```

5．APP_CXXFLAGS

是 APP_CFLAGS 的别名，功能与 APP_CFLAGS 相同，不提倡使用了，以后的 NDK 版本中也不会再使用这个变量。

6．APP_CPPFLAGS

当编译 C++源代码文件时，用于 C++编译器的编译选项，当然，只用于编译 C++源代码时。

7．APP_BUILD_SCRIPT

默认，NDK 编译系统在$（APP_PROJECT_PATH）/jni 目录下查找名字为 Android.mk 的文件，例如查找到$（APP_PROJECT_PATH）/jni/Android.mk 文件。

如果不采用默认的查找路径方法，那么就定义 APP_BUILD_SCRIPT 变量，让该变量指向另外的编译脚本。如果是相对路径，就是相对于 NDK 顶层目录而言的。

8．APP_ABI

默认情况下，NDK 编译系统生成 armabi 要求的二进制代码，它对应于 ARMv5TE 的 CPU，支持浮点数运算。也可以通过设置 APP_ABI 来选择另一个 ABI。例如，为了在 ARMv7 的设备上支持硬件 FPU 指令，就可以通过下面的代码来完成这样的功能：

```
APP_ABI := armeabi-v7a
```

当然，为了在 ARMv5TE 和 ARMv7 的设备上都能够支持硬件 FPU 指令，通过下面的代码来完成这样的功能：

```
APP_ABI := armeabi armeabi-v7a
```

9. APP_STL

默认情况下，NDK 编译系统提供 C++头文件，以便来支持最小的 C++运行库，即 Android 系统中/system/lib/libstdc++.so 文件。

但是，随 NDK 编译系统发布的还有另外一个 C++运行库，在应用程序开发时可以使用，这时就需要使用 APP_STL 变量来显示指定了，例如：

```
APP_STL := stlport_static      --> static STLport library
APP_STL := stlport_shared     --> shared STLport library
APP_STL := system            --> default C++ runtime library
```

12.4 导入模块功能

从 NDK R5 版本开始，Android NDK 就具有一个新的功能，即允许共享或重用第三方开发的模块。因而，可以在自己的工程源代码树之外安装 NDK 模块，也可以非常方便地将第三方模块导入自己的工程中，从而使共享代码变得更加容易。

下面先从整体上讲解使用该功能的步骤如下。

（1）NDK_MODULE_PATH 环境变量包含系统中搜索路径，用来查找模块。需要手动设置 NDK_MODULE_PATH 变量，然后将需要的模块复制到这个目录下。

（2）为了导入模块，需要在 Android.mk 文件的最后加入下面的一行代码，它的作用是在 NDK_MODULE_PATH 变量所示的目录中查找<tag>/Android.mk 文件：

```
$(call import-module,<tag>)
```

将上面的这行代码放在 Android.mk 文件的最后，是为了防止与 my-dir 的结果混了。

（3）声明当前工程想要生成的模块名称，LOCAL_STATIC_LIBRARIES 变量和 LOCAL_SHARED_LIBRARIES 变量中已表示。例如：

```
LOCAL_STATIC_LIBRARIES += <tag>
```

（4）重新编译。

NDK R5 还有一项功能，支持模块导出声明给依赖它的其他模块用。

下面来详细讲解该功能的全部细节。

12.4.1 NDK_MODULE_PATH 变量

NDK_MODULE_PATH 变量必须包含一系列目录。

（1）由于 GNU Make 的缺陷，NDK_MODULE_PATH 变量的值是不能包含任何空格的。否则，NDK 会报错的。

（2）使用冒号（:）作为路径分隔符。

（3）在 Windows 系统上，使用斜杠（/）作为路径分隔符。

NDK 编译系统会依次查找 NDK_MODULE_PATH 变量表示的所有目录。在查找过程中会自动包含第一个<path>/<tag>/Android.mk 文件。

此外，NDK 编译系统会将$NDK/下的源代码文件附加到 NDK_MODULE_PATH 的定义中，可以很容易地导入需要的其他库。

12.4.2 编写导入模块

编写一个使用其他模块的模块与编写普通的模块差不多。下面是实现步骤。

（1）在 NDK_MODULE_PATH 变量表示的其中某一目录下新建一个子目录。例如，假设 NDK_MODULE_PATH 定义为/home/user/ndk-modules，那么就在这个目录下新建目录 my-module。

（2）将 Android.mk 和源代码文件放到第（1）步中新建的 my-module 目录下。

编写普通模块时，Android.mk 和源代码文件放到$PROJECT_PATH/目录下。但是对于该类型工程而言，就上面的例子，Android.mk 和源代码文件放到/home/user/ndk-modules/my-module 目录下。此时，所有 Application.mk 文件是不起任何作用的，而被忽略。

（3）任何依赖于刚新建的模块的模块，通过调用 import-module 函数来导入，代码如下所示：

```
$(call import-module,my-first-module)
```

已经导入其他模块的模块能够再导入其他的模块，但是不允许递归的。模块间的依赖是可以传递的，NDK 编译系统会计算所有的依赖关系。

NDK 编译系统不会将目标文件或者可执行文件放到导入模块的目录下的，而是会放到工程编译目录下，如是$PROJECT_PATH/obj/目录。

12.4.3 命名导入模块

理解一些关于导入模块命令的事情是很重要的，比如下面几条。

（1）import-module 函数的功能是通过使用 NDK_MODULE_PATH 变量值来查找文件名为 Android.mk。

被包含进来的 Android.mk 可以定义任意名字的任意个模块，因些，下面的代码中的<name>之间是没有直接关系的。

```
$(call import-module,<tag>/<name>)
```

其中，模块名字定义在<tag>/<name>/Android.mk 中。

如果只提供一个导入模块的话，导入目录一样给它命令就可以了。另一方面，为了提供模块的共享库版本和静态库版本，在相同的目录层次的 Android.mk 下需要使用不同的名字。例如，$NDK_MODULE_PATH/foo/bar/Android.mk 文件内容如下：

```
LOCAL_PATH := $(call my-dir)

# Static version of the library is named 'bar_static'
include $(CLEAR_VARS)
LOCAL_MODULE := bar_static
LOCAL_SRC_FILES := bar.c
# Ensure our dependees can include <bar.h> too
LOCAL_EXPORT_C_INCLUDES := $(LOCAL_PATH)
```

```
include $(BUILD_STATIC_LIBRARY)

# Shared version of the library is named 'bar_shared'
LOCAL_MODULE := bar_shared
LOCAL_SRC_FILES := bar.c
LOCAL_EXPORT_C_INCLUDES := $(LOCAL_PATH)
include $(BUILD_SHARED_LIBRARY)
```

在另一个模块中引用它，可以通过下面的方式。

（a）导入 foo/bar，Android.mk 中增加的代码如下：

```
$(call import-module,foo/bar)
```

（b）使用静态库，具体代码如下：

```
...
LOCAL_STATIC_LIBRARIES := bar_static
```

（c）或者使用共享库，具体代码如下：

```
...
LOCAL_SHARED_LIBRARIES := bar_shared
```

（2）保证模块命令空间内的命令不冲突。

可以使用 LOCAL_MODULE_FILENAME 变量给模块文件命令，与它的 LOCAL_MODULE 变量是相互独立的，例如：

```
include $(CLEAR_VARS)
LOCAL_MODULE := super_foo
LOCAL_MODULE_FILENAME := foo   # will give libfoo.so
LOCAL_SRC_FILES := foo-src.c
LOCAL_CFLAGS := -DVOLUME=11
include $(BUILD_SHARED_LIBRARY)

include $(CLEAR_VARS)
LOCAL_MODULE := normal_foo
LOCAL_MODULE_FILENAME := foo   # will also give libfoo.so
LOCAL_SRC_FILES := foo-src.c
include $(BUILD_SHARED_LIBRARY)
```

定义了两个模块，一个名为 super_foo，另一个名为 normal_foo，它们都会生成一个名为 libfoo.so 的共享库。因此，在工程中只可以使用它们两者之一，否则就会冲突。当在 Java 源代码中使用相同的简单的加载共享库的代码时，就会让你在 NDK 编译脚本中来选择正常版本或者是优化版本了：

```
static {
    System.loadLibrary("foo");
}
```

12.4.4 一些建议

（1）只有不能引用模块时，才考虑导入它。

（2）在 Android.mk 文件末尾调用 import-module 函数，是为了避免干扰 my-dir 函数的结果。

（3）强烈建议为导入的标签使用子目录，具体如下所示：

```
$(call import-module,gtk/glib)
```

或者，像下面的代码所示：

```
$(call import-module,com.example/awesomelib)
```

Android 导入目录和所有它的子目录都为 NDK 编译系统使用而保留，其他的导入模块不在此范围，可随意放。

12.5 NDK 预编译功能

Android NDK R5 版本开始支持预编译共享库或是静态库，也就是，可以包含并使用预编译版本的各种库。

向第三方 NDK 开发者发布自己的库而不公布源代码时，或者使用预编译好的库来加快应用程序开发时，NDK 预编译功能就非常有用。本节来详细讲解这一功能的工作原理。

12.5.1 声明预编译库模块

必须向编译系统将每个预编译库声明为单个的独立模块。假如，在 Android.mk 文件相同的目录下有一个 libfoo.so 需要处理，那么 Android.mk 的内容如下：

```
LOCAL_PATH := $(call my-dir)

include $(CLEAR_VARS)
LOCAL_MODULE := foo-prebuilt
LOCAL_SRC_FILES := libfoo.so
include $(PREBUILT_SHARED_LIBRARY)
```

其中，需要指定模块名字，用变量 LOCAL_MODULE 来表示，在这个例子中，它的值是 foo-prebuilt，也就是编译后的名字，而不是预编译模块文件本身。

预编译模块文件用 LOCAL_SRC_FILES 来指定，在这个例子中，它的值是 libfoo.so 共享库。它是一个相对于 LOCAL_PATH 的相对路径。同时，要保证预编译库与目标 ABI 是一致的。

当使用这个预编译模块构建新的共享库时，需要包含 PREBUILT_SHARED_LIBRARY 变量，而不是 BUILD_SHARED_LIBRARY。当构建静态库时，需要包含 PREBUILT_STATIC_LIBRARY 变量。

实际上，预编译模块原文件与编译后的模块文件是一样的，没有经过任何处理。但是，预编译模块文件（共享库或者是静态库）的一份会复制到$PROJECT/obj/local 目录下，另一份预编译模块文件会去除调试信息等信息，然后复制到$PROJECT/libs/<abi>目录下。

12.5.2 引用预编译模块

通过在 Android.mk 文件中使用 LOCAL_STATIC_LIBRARIES 变量或者是 LOCAL_SHARED_LIBRARIES 变量，让它们指向所需要的预编译模块，就可以在其他模块中使用它们了。

例如，使用 libfoo.so 文件来编译新的共享库的代码如下。

```
include $(CLEAR_VARS)
LOCAL_MODULE := foo-user
LOCAL_SRC_FILES := foo-user.c
LOCAL_SHARED_LIBRARY := foo-prebuilt
include $(BUILD_SHARED_LIBRARY)
```

其中，LOCAL_MODULE 变量表示新编译的目标模块是 foo-user，其全称是 libfoo-user.so，其对应的源代码文件由 LOCAL_SRC_FILES 变量表示，源代码文件是 foo-user.c。目标模块 foo-user 依赖的预编译模块由 LOCAL_SHARED_LIBRARY 变量表示，也就是在前一步中生成的 foo-prebuilt 模块。

12.5.3 导出预编译模块的头文件

上面的例子中，源代码 foo-user.c 依赖于预编译模块的头文件 foo.h。也就是说，foo-user.c 文件中需要有下面一行代码：

```
#include <foo.h>
```

所以，在编译 foo-user 模块时，需要告诉编译器这个头文件以及它的路径。使用导出预编译模块的头文件的功能，就可以满足刚提到的要求。假如，foo.h 文件位于相对于预编译模块目录的 include 目录下，在 Android.mk 文件中就可以写成下面的代码：

```
include $(CLEAR_VARS)
LOCAL_MODULE := foo-prebuilt
LOCAL_SRC_FILES := libfoo.so
LOCAL_EXPORT_C_INCLUDES := $(LOCAL_PATH)/include
include $(PREBUILT_SHARED_LIBRARY)
```

其中，LOCAL_EXPORT_C_INCLUDES 变量能够保证所有依赖预编译模块文件的模块可以自动让 LOCAL_C_INCLUDES 预先考虑预编译模块的 inlcude 目录，并在这个目录下查找相应的头文件。

12.5.4 调试预编译模块

为了能调试预编译模块（通常是共享库），一定要使用包含有调试符号的共享库。安装到 $PROJECT/libs/<abi>/目录下的模块是不包含有调试符号，所以在调试时是看不到任何调试信息的。

12.5.5 预编译模块的 ABI

正如前面所说，在构建共库库时，一定要提供一个与目标 ABI 一致的预编译共享库。通过检查 TARGET_ARCH_ABI 的值就可以了，TARGET_ARCH_ABI 变量的值可以是以下几个值，如表 12.1 所示。

表 12.1　　　　变量的值

TARGET_ARCH_ABI	说　明
armeabi	ARMv5TE 或更高的 CPU
armeabi-v7a	ARMv7 或更高的 CPU
x86	X86 CPU

> **注意**　armeabi-v7a 系统能够运行 armabi 的二进制程序。

下面的这个例子中，有两种版本的预编译库，选择哪一个取决于目标 ABI，也就是由当前系统中 TARGET_ARCH_ABI 变量决定的：

```
include $(CLEAR_VARS)
LOCAL_MODULE := foo-prebuilt
LOCAL_SRC_FILES := $(TARGET_ARCH_ABI)/libfoo.so
```

```
LOCAL_EXPORT_C_INCLUDES := $(LOCAL_PATH)/include
include $(PREBUILT_SHARED_LIBRARY)
```

表 12.2 说明了一种针对某种目标 ABI 而复制文件的方式。

表 12.2　　复制文件的方式

文　件	说　明
Android.mk	上面的 Makefile 文件
armeabi/libfoo.so	armeabi 预编译共享库
armeabi-v7a/libfoo.so	armeabi-v7a 预编译共享库
include/foo.h	导出的头文件

注意　不需要提供 armeabi-v7a 预编译模块，因为 armeabi 预编译模块可以在相应的设备上运行得更好一些。

12.6 NDK 编译工具 ndk-build

自从 Ndk r4 版本以来，增加了一个 ndk-build 命令工具，实际上它是一个脚本程序，用来编译本地源代码。它位于 NDK 目录的顶层，使用时，切换到需要编译的目录下，然后运行这个 ndk-build 命令即可。这样，NDK 编译系统会查找当前目录下的 Android.mk 文件，并按照规则编译它。

ndk-build 命令也可以带有各种各样的选项，下面来详细讲解。

1．ndk-build

当 ndk-build 没有参数时，表示重新编译源代码，以生成新的二进制代码。

2．ndk-build clean

当 ndk-build 带有 clean 参数时，表示清除产生的二进制代码。

3．ndk-build NDK_DEBUG=1

当 ndk-build 带有 NDK_DEBUG=1 参数时，表示产生代有调试信息的二进制代码。

4．ndk-build V=1

当 ndk-build 带有 V=1 参数时，表示编译时显示详细的编译命令信息。

5．ndk-build –B

当 ndk-build 带有-B 参数时，表示强制性地进行一次重新编译。

6．ndk-build -B V=1

当 ndk-build 带有-B 和 V=1 两个参数时，表示强制性地进行一次重新编译，并且显示编译命令信息。

7．ndk-build NDK_LOG=

当 ndk-build 带有 NDK_LOG=参数时，表示显示内部 NDK 日志信息，主要用来调试 NDK 本身时使用。

8．ndk-build NDK_DEBUG=1

当 ndk-build 带有 NDK_DEBUG=1 参数时，表示生成调试版本的二进制代码。

9．ndk-build NDK_DEBUG=0

当 ndk-build 带有 NDK_DEBUG=0 参数时，表示生成发布版本的二进制代码。

10．ndk-build NDK_APP_APPLICATION_MK=<file>

当 ndk-build 带有 NDK_APP_APPLICATION_MK=<file>参数时，表示使用 Application.mk 文件中 NDK_APP_APPLICATION_MK 变量指定的值进行重新编译。

11．ndk-build -C <project>

当 ndk-build 带有-C <project>参数时，表示编译<project>目录下的项目表示的本地代码。如果不想切换到某一项目目录下进行编译时，直接使用这个命令可以轻松完成。

从 NDK R5 开始，ndk-build 命令工具使发布版本和调试版本的编译工作变得更加简单了，是通过设置 NDK_DEBUG 变量的值来完成的。

如果没有设置 NDK_DEBUG 变量的值，ndk-build 命令工具使用默认的值，即查看 AndroidManifest.xml 文件，看其中的<application>元素是不是有属性 android：debuggable="true"。注意，如果使用 SDK R8 及以上版本的编译工作时，则是无法访问 AndroidManifest.xml 文件的。因为编译调试版本时，例如使用 ant debug 或是 ADT 插件中相应的选项，ndk-build 会自动选择使用 NDK_DEBUG=1 而生成的本地调试文件。

为了方便，NDK 生成的发布版本和调试版本对象文件存储在不同的目录下，分别为 obj/local/<abi>/objs 和 obj/local/<abi>/objs-debug。这样就可以避免因为在两种模式下切换而重新编译全部的源代码。

不要忘了，使用 ndk-build 编译 Android 本地代码，需要安装 GNU Make 3.81 及以上版本。ndk-build 编译脚本会检查当前系统中使用的 Make 工具版本，并提示相应的信息。如果安装了 GNU Make 3.81 及以上版本，但是没有使用默认的 Make 命令启动它，那么需要在启动 ndk-build 编译脚本之前在环境变量中定义 GNUMAKE，例如：

```
GNUMAKE=/usr/local/bin/gmake ndk-build
```

或者：

```
export GNUMAKE=/usr/local/bin/gmake
ndk-build
```

ndk-build 编译脚本本身是对 GNU Make 工具的二次封装，目的是使调用 NDK 编译脚本更加简单明了，它实际上相当于如下的命令：

```
$GNUMAKE -f $NDK/build/core/build-local.mk [parameters]
```

其中，$GNUMAKE 指向 GNU Make 3.81 版本及以上版本，$NDK 指向当前 NDK 安装目录。

如果想在其他 shell 脚本或是自定义的 Makefile 文件中调用 NDK 编译脚本的话，就可以使用这样的命令。

12.7 NDK 调试工具 ndk-gdb

从 Android NDK R4 版本开始，增加了一个 shell 脚本命令工具 ndk-gdb，它用来启动一个本地调试会话，以便来调试 NDK 编译产生的本地代码。

现在，ndk-gdb 调试工具是需要 Unix Shell 来运行的，也就是说，在 Windows 操作系统上需要安装 Cygwin。在以后的 NDK 发行版本中可能会改变这一状况。此外，NDK 要求 GNU Make 版本需要在 3.81 及以上。

ndk-gdb 脚本命令工具位于 NDK 的顶层目录下，从命令行启动它时，需要在所需要调试代码的工程目录下或其子目录下，例如下面的例子：

```
cd $PROJECT
$NDK/ndk-gdb
```

其中变量$NDK 表示的是 NDK 安装路径。当然，也可以在环境变量 PATH 中增加这个路径。

NDK 本地调试比较特殊，使用 ndk-gdb 调试本地代码时，需要满足下面的所有条件。

（1）使用 ndk-build 命令工具编译应用程序，但采用 make APP=<name>的旧方式编译应用程序的是不支持 ndk-gdb 调试的。

（2）应用程序必须是可调试的。也就是说，AndroidManifest.xml 文件的<application>元素的 android：debuggable 属性值是 true。

（3）应用程序必须运行在 Android 2.2 及以上版本系统平台。如果在低版本的 Android 系统上运行应用程序，ndk-gdb 调试该应用程序是无效的。当然，这不是说该应用程序的 API 级别必须是 Android 2.2 API 及以上级别，只是说调试要求 Android 2.2 及以上版本系统平台或是模拟器系统镜像。

如果使用 ADT 插件编译应用程序的话，确保使用的 ADT 版本是 0.9.7 及以上版本。如果使用 ant 编译工具编译应用程序的话，确保使用的是最新的 SDK 平台版本。下面是所需要的最低版本，通过 SDK UPDATER 就可以获得这些版本软件，如表 12.3 所示。

表 12.3　**最低的版本要求**

版　本	修　改
Android 1.5	r4
Android 1.6	r3
Android 2.1	r2
Android 2.2	r1

如果不满足这些要求，而生成了应用程序 apk 包，那么这个 apk 包是不包含相应的调试信息的，进而也就无法调试。

ndk-gdb 工具会处理很多错误的，在遇到错误时，它将错误信息转存起来。例如，它会检查 adb 是否在 path 中，检查 AndroidManifest.xml 文件的<application>元素的 android：debuggable 属性值是否为 true，检查具有相同包名的已经安装的应用程序是否也是可调试的。

默认情况下，ndk-gdb 会查找正在运行的应用程序进程，如果没有找到，那么就会转储错误信息。在启动调试会话前，可以使用选项-start 或-launch=<name>自动启动 Activity。

当调试会话依附到应用程序进程上时，查找源代码与本地代码库的调试信息，之后 ndk-gdb 会出现 gdb 提示符，进入调试状态。此时，就可使用 b <location>建立断点，使用 c 恢复执行，其他的 gdb 调试命令请参考 GDB 手册。注意，当退出 gdb 调试后，刚才正调试的应用程序进程会停止，而不是继续执行，这是 gdb 的一个缺陷。

gdb 会把报告系统库的很多的错误信息，指出它们没有包含调试信息。这是正常的，因为当前的系统平台中的库是发行版本，而不是调试版本，其中是不包含任务调试信息。

NDK 调试工具 ndk-gdb 还支持很多功能，是通过选项来实现的，输入命令 ndk-gdb –help 就可以看到它的各种选项及其功能说明。下面详解这些选项。

（1）ndk-gdb –verbose。

调试时会输出所有信息。

（2）ndk-gdb –force。

默认情况下，如果 ndk-gdb 发现在同一个设备上存在着一个本地调试会话，那么它就会中止并退出。如果使用--force 选项，ndk-gdb 就会结束当前运行的本地调试会话，而重新启动一个新的本地调试会话。注意，当前被调试的应用程序是不被中止。

（3）ndk-gdb –start。

默认情况下，ndk-gdb 会尝试依附到设备或模拟器上的正在运行的应用程序实例上。但是，可以使用该选项显式地在建立调试会话之前，启动一个新的应用程序实例。此时，启动的 Activity 是 AndroidManifest.xml 文件指定的可启动的 Activity。当然，可以使用选项--launch=<name>启动另外一个 Activity。

（4）ndk-gdb --launch=<name>。

该选项的作用同--start 类似，除了可以启动一个应用程序中的特定 Activity。当应用程序的 AndroidManifest.xml 文件中有多个可启动的 Activity 时是非常有用的。

（5）ndk-gdb --launch-list。

该选项的作用是打印应用程序的 AndroidManifest.xml 中所有的可启动 Activity。

（6）ndk-gdb --project=<path>。

指定应用程序工程目录，如果不想切换路径而想启动 ndk-gdb 时非常有用的。

（7）ndk-gdb --port=<port>。

默认情况下，ndk-gdb 会使用本地 TCP 端口 5039 与被调试应用程序进行通信。如果使用另外不同的端口，在本地调试一个运行在另外的设备或者模拟器上的程序也是可能的。

（8）ndk-gdb --adb=<file>。

为了防止 adb 不在环境变量中，显式指定 adb 工具。

（9）ndk-gdb -d，-e，-s <serial>。

这个标志选项的作用同 adb 工具的选项类似，用来处理与开发机器相连接的多个设备或者模拟器。其中详细含义如表 12.4 所示。

表 12.4　选项的含义

选　项	说　明
-d	连接单个物理设备
-e	连接单个模拟器设备
-s <serial>	连接单个物理设备或者模拟器设备，其中<serial>表示设备名称，通过 adb devices 命令可以查看到

当然，也可以定义 ADB_SERIAL 环境变量来列举特定的设备。

（10）ndk-gdb --exec=<file>或 ndk-gdb -x <file>。

与调试进程建立连接后，执行<file>中的 GDB 初始化命令。如果想重复做一些事情时，这个选项是很有用的，例如，建立一系列断点，然后自动恢复执行时。

如果应用程序运行在 2.3 版本以下的 Android 系统中，ndk-gdb 将不能调试本地多线程。但是，调试器会在主线程中设置断点，而无视其他线程的存在。

随着 NDK 一起发布的 gdbserver 含有特殊的代码，用以检测运行时的这种情况，并自动调整它的行为。也就是说，调试本地代码时不需要额外做任何工作。

（1）如果在 Android 2.3 平台上，或是打上补丁的之前版本的平台，能够自动调试本地多线程。

（2）如果不是上述情况，只能调试主线程。当启动 ndk-gdb 时，在没出现 gdb 提示符前，也会看到下面的信息：

```
Thread debugging is unsupported on this Android platform!
```

如果在一个非主线程的某一函数处设置了断点，那么程序会出现下面的提示信息，然后退出：

```
Program terminated with signal SIGTRAP, Trace/breakpoint trap.
The program no longer exists.
```

12.8 小结

本章详细讲解了 Android NDK 开发的各个方面，为编译高质量和高效率的底层共享库提供基础。首先介绍了 NDK 开发的原因和目的。然后分析了 NDK 开发过程中的 Makefile 文件格式及其使用到的关键变量和宏等，分别介绍了 Android.mk 文件和 Application.mk 语法规范。为了便于使用已有的和第三方开发的共享库，介绍了使用它们的方式和流程。接下来，介绍了 NDK 预编译功能，最后介绍了 Android NDK 开发包中的两个命令行工具，一个是编译工具 ndk-build，另一个是调试工具 ndk-gdb。

第三部分 Android 子系统分析

第 13 章 Android 系统架构

13.1 Android 概念

从官方文档中可以看到 Android 的定义是这样的：Android 是一款专门针对移动设备的软件集，它包括一个操作系统，中间件和一些重要的应用程序。Android SDK 提供了在 Android 平台上使用 Java 语言进行 Android 应用开发必须的工具和 API 接口。

2007 年 11 月 05 日，以 Google 为主导，由几十个手机相关企业建立了开放手机联盟（OHA，Open Handset Alliance）宣布成立，同时宣布将开发基于 Linux 2.6 内核的开源手机系统平台——Android。

该平台由操作系统、中间件、用户界面和一系列应用软件组成。它采用的框架主要分为 3 部分：底层以 Linux 内核工作为基础，由 C 语言开发，只提供基本功能；中间层包括函数库 Library 和虚拟机 Virtual Machine，由 C++开发。最上层是各种应用软件，包括通话程序，短信程序等，应用软件以 Java 为主作为编写程序的语言，可以由第三方来开发，也可以由开发商来开发。不存在任何以往阻碍移动产业创新的专有权障碍，号称是首款为移动终端打造的真正开放和完整的移动软件。

13.2 Android 平台特性

Android 平台具有以下特性。

（1）具有完整的应用程序框架。这个框架支持组件的重用与替换。

（2）Dalvik 虚拟机。该虚拟机基于 Java 虚拟机改造，专为移动设备进行了优化。

（3）集成了浏览器。该浏览器基于开源的 WebKit 引擎开发的。

（4）优化的图形库。集成了 2D 图形库，基于 OpenGL ES 1.0（硬件加速可选）的 3D 图形库。

（5）SQLite 数据库。利用 SQLite 轻量级数据库作为结构化的数据存储。

（6）多媒体支持。支持包括常见的音频、视频和静态图像格式，如 MPEG4、H.264，MP3、AAC、AMR、JPG、PNG、GIF 等。

（7）GSM 电话技术。该技术依赖于硬件。

（8）具有蓝牙 Bluetooth、EDGE、3G 和 WiFi 功能（依赖于硬件）。

（9）具有照相机、GPS、指南针和加速度计（accelerometer）等功能（依赖于硬件）。

（10）完善的开发环境。包括设备模拟器、调试工具、内存及性能分析图表和 Eclipse 集成开发环境插件。

13.3 Android 架构

Android 的整个架构其实是很清晰的，包括各个层以及各层包含的功能。具体如图 13.1 所示。图 13.1 显示的是 Android 操作系统的主要组件。每一部分将会在下面具体描述。

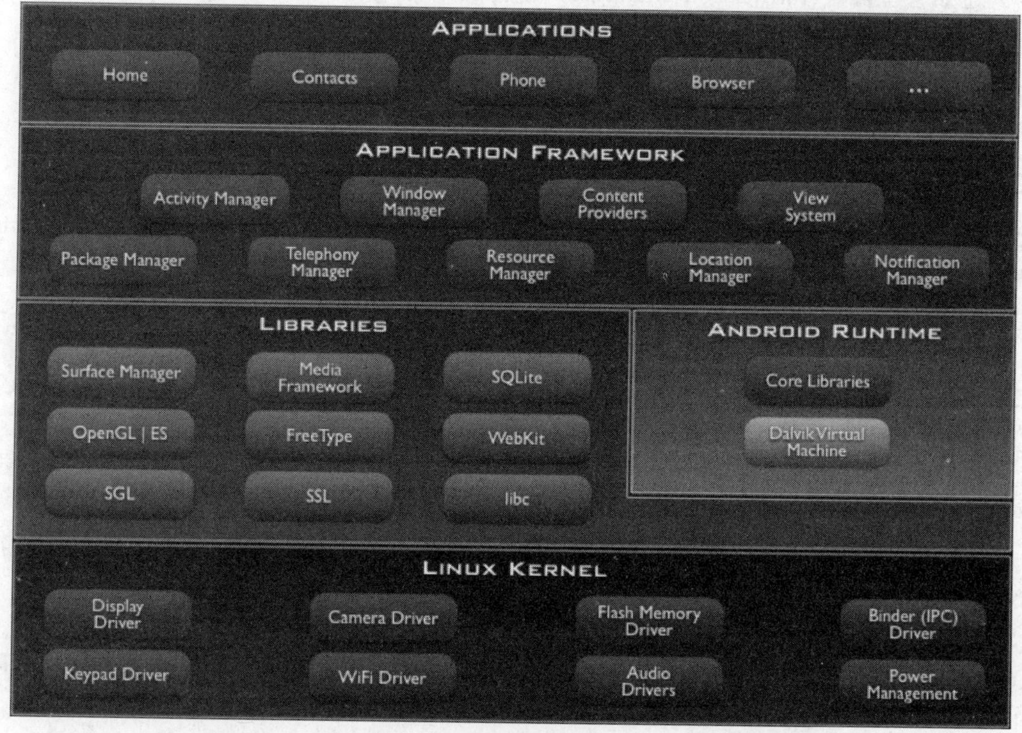

图 13.1　Android 系统架构图

13.3.1　Android 应用程序层

Android 平台已经包含了一些应用程序。这些应用程序会同一系列核心应用程序包一起发布，这些应用程序包包括 Email 客户端、SMS 短消息程序、日历、地图、浏览器、联系人管理程序等。所有的应用程序都是使用 Java 语言编写的。

13.3.2　Android 应用程序框架层

开发人员也可以完全访问核心应用程序所使用的 API 框架。该应用程序的架构设计简化了组件的重用。任何一个应用程序都可以发布它的功能块，并且任何其他的应用程序都可以使用其所发布的功能块（不过得遵循框架的安全性限制）。同样，该应用程序重用机制也使用户可以方便地替换程序组件。隐藏在每个应用后面的是一系列的服务和系统，其中包括以下几项。

（1）丰富而又可扩展的视图（Views）可以用来构建应用程序，它包括列表（lists），网格（grids），文本框（text boxes），按钮（buttons），甚至可嵌入的 Web 浏览器。

（2）内容提供器（Content Providers）使得应用程序可以访问另一个应用程序的数据（如联系人数据库），或者共享它们自己的数据。

（3）资源管理器（Resource Manager）提供非代码资源的访问，如本地字符串、图形和布局文件（Layout Files ）。

（4）通知管理器（Notification Manager）使得应用程序可以在状态栏中显示自定义的提示信息。

（5）活动管理器（Activity Manager）用来管理应用程序生命周期并提供常用的导航回退功能。

13.3.3　Android 程序库

Android 包含一些 C/C++库，这些库能被 Android 系统中不同的组件使用。它们通过 Android 应用程序框架为开发者提供服务。以下是一些核心库。

（1）系统 C 库。一个从 BSD 继承来的标准 C 系统函数库（libc），它是专门为基于 embedded linux 的设备定制的。

（2）媒体库。基于 PacketVideo OpenCORE，该库支持多种常用的音频、视频格式回放和录制，同时支持静态图像文件。编码格式包括 MPEG4、H.264、MP3、AAC、AMR、JPG、PNG。

（3）Surface Manager。对显示子系统的管理，并且为多个应用程序提供了 2D 和 3D 图层的无缝融合。

（4）LibWebCore。一个最新的 Web 浏览器引擎，支持 Android 浏览器和一个可嵌入的 Web 视图。

（5）SGL。底层的 2D 图形引擎。

（6）3D libraries。基于 OpenGL ES 1.0 APIs 实现，该库可以使用硬件 3D 加速（如果可用）或者使用高度优化的 3D 软加速。

（7）FreeType。位图（bitmap）和矢量（vector）字体显示。

（8）SQLite。一个对于所有应用程序可用、功能强劲的轻型关系型数据库引擎。

13.3.4　Android 运行时库

Android 包括了一个运行时核心库，该核心库提供了 Java 编程语言核心库的大多数功能。每一款 Android 应用程序都在它自己的进程中运行，都拥有一个独立的 Dalvik 虚拟机实例。Dalvik 被设计成一个可以同时高效地运行多个虚拟机的系统。Dalvik 虚拟机执行.dex 格式的可执行文件，该格式文件针对小内存使用做了优化。同时该虚拟机是基于寄存器的，所有的类都经由 Java 编译器编译，然后通过 SDK 中的“dx”工具转化成.dex 格式，并交由虚拟机执行。

Dalvik 虚拟机依赖于 Linux 内核的一些功能，如线程机制和底层内存管理机制。

13.3.5　Linux 内核

Android 是基于 Linux 2.6 内核开发的，为 Android 提供核心系统服务，这些服务包括安全机制、内存管理、进程管理、网络协议栈以及一系列驱动模型。Linux 内核扮演的是硬件层和系统其他层次之间的一个抽象层的概念。需要注意的是，这个内核操作系统并非类 GNU/Linux 的，所以其系统库、系统初始化和编程接口都和标准的 Linux 系统有所不同。它没有采用虚拟内存文件系统，而是采用 YAFFS2 文件系统。

13.4 Android 版本演化

自 2009 年 2 月 9 日，发布 Android 1.1 版本以来，Android 已经发布了多个版本更新，这些更新主要是修复了前一版本的 Bug，并增加了一些新的特性。

通常，每一次版本发布，除了给每一代 Android 操作系统命名一个数字编号外，还有一个以甜食命名的代号，并有着 A、B、C、D、E……这样的首字母排序。目前已知的包括 1.5 版 Cupcake（纸杯蛋糕），1.6 版 Donut（甜甜圈）、2.0/2.1 版 Eclair（法式奶油夹心甜点）、2.2 版 Froyo（冻酸奶）以及 2.3 版 Gingerbread（姜饼）。表 13.给出了 Android 各个版本的主要特性以及代表机型。

表 13.1　Android 各版本的主要特性

版本号 发布日期 Linux 版本	特　性	代表机型
版本号：1.1 发布日期：2009.2.9	闹钟、API 示例、浏览器、计算器、摄像头、联系人、开发工具包、拨号应用、电子邮件、地图（包含街景）、信息服务、音乐、图片、设置	2008 年 9 月 23 日在美国，谷歌联合 HTC 和 T-Mobile 联合发布了史上第一台 Android 手机，即 T-Mobile G1，其采用的是 Android1.0 版本
版本号：1.5 代号：Cupcake 发布日期：2009.4.30 Linux 版本：2.6.27	用户界面得到了极大的改良，并且增添了以下功能： 支持拍摄和回放视频，并支持上传视频到 YouTube 以及 Picasa； 支持蓝牙 A2DP 和 AVRCP，并支持自动蓝牙连接； 支持复制/粘帖，增加新的软（虚拟）键盘； 增加新的主屏 widgets，支持动态界面切换	HTC 在 MWC2009 大会上发布了 HTC Magic，民间俗称 G2； 2009 年 5 月，HTC 发布 HTC Hero，采用了 HTC Sense 的 UI
版本号：1.6 代号：Donut 发布日期：2009.9.15 Linux 版本：2.6.29	主要的更新如下： Android 应用市场集成； 照相、摄像以及浏览，多选/删除功能； 手势搜索； 语音搜索应用集成，极大提升了语音阅读功能，支持文字转语音系统（TXT-2-speech）； 对非标准分辨率有了更好的支持； 支持 CDMA 网络	HTC Tattoo（G4） 联想乐 Phone

续表

版本号 发布日期 Linux 版本	特　性	代表机型
版本号：2.0/2.1 代号：Eclair 发布日期：分别于 2009.12.3 和 2010.1.12 Linux 版本：2.6.29	其主要更新如下： 优化硬件速度； 支持更多的屏幕分辨率； 增加新的浏览器 UI 并支持 HTML5； 新的联系人列表； 优化 Google Maps 3.1.2； 支持 Microsoft Exchange； 支持多点触摸； 优化了虚拟键盘； 支持蓝牙 2.1； 支持活动墙纸	索尼爱立信 X10 摩托罗拉 Milestone（XT702，Droid） Google 自有品牌的 Nexus One（G5）
版本号：2.2 代号：Froyo（Frozen Yogurt） 发布日期：2010.5.20 Linux 版本：2.6.32	主要的更新：综合 Android OS 速度、内存及其性能优化；JIT 的实现，大幅度提升了应用程序的速度；大量 Exchange 支持改进，支持 Exchange 2010，包括远程数据抹除，自动发现服务，完整的日程表支持，全局联系人列表查找。 蓝牙语音拨号和共享联系人； 增加数据连接使能选项； 支持多键盘语言； 支持浏览器的文件上传功能，支持 GIF； 支持将应用程序安装在可扩展的存储器上（如 SD 卡）； 支持 Adobe Flash 10.1； 最多支持 8 个设备连接的移动热点功能	Google Nexus One（G5） HTC Desire
版本号：2.3 代号：Gingerbread 发布日期：近期发布 Linux 版本：2.6.33 或.34	已经确认的新特性：支持 WebM 视频回放；提高复制、粘贴功能；提高社群网络特征； 未经确认的新特性：支持 Android Market 音乐存储；重新设计的 UI；支持 WXGA（1366 x 768）；支持视频电话，支持 WebP 图像文件；支持 Google TV	HTC
版本号：3.0 代号：Honeycomb 发布日期：2011 年上半年	Android 3.0 新系统对硬件有了要求，最低配置 1GHz 处理器、512MB RAM、3.5 英寸屏幕	平板产品

13.5 小结

本章详细介绍了 Android 系统的整个架构，以及分别详细分析了各组成部分。按照 Android 系统架构从上到下层次，对各组成部分的内部组织做了充分的分析，以及各层之间的关系。最后，给出了 Android 已发布的版本特性的演化，对 Android 各版本有个清晰的认识。

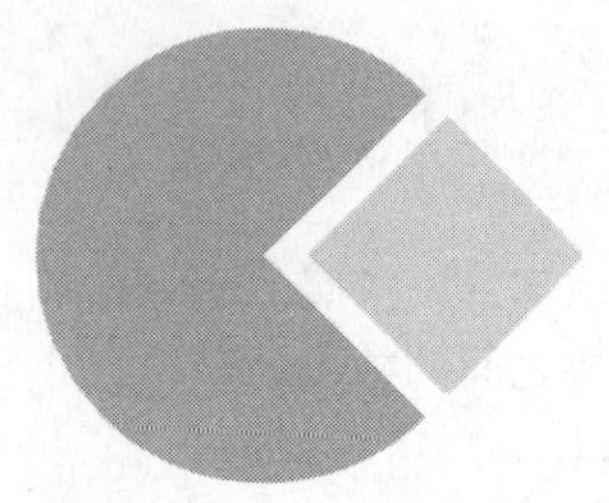

第 14 章　系统服务模型

14.1 系统服务模型概述

在 Android 中定义了很多系统服务，便于将服务请求者与服务提供分离开来，降低耦合度，在分析相关系统时也介绍了它们对应的系统及其名称，如图形系统 surfacefinger、电源管理 power、多媒体系统 media.player 等。

为了高效地管理这些系统服务，给其他客户端提供服务，Android 中定义了一套服务模型，如图 14.1 所示。

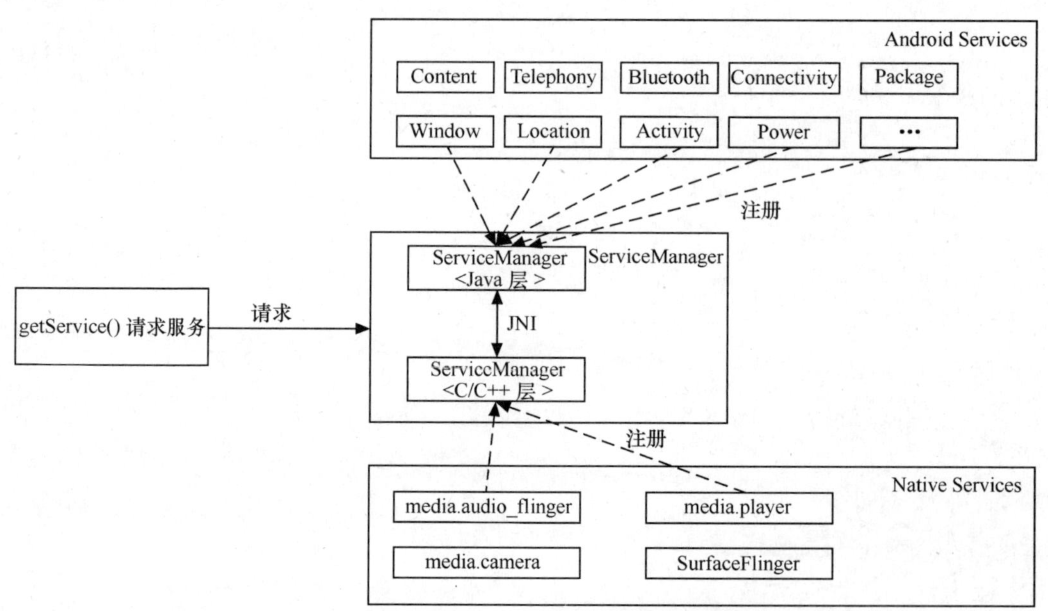

图 14.1　Android 服务模型

将本地硬件和函数库的各种能力抽象成互相独立的服务，同时对于上层应用程序运行的 4 大组件的管理、软件的管理、权限管理等也抽象成服务，这些服务都是系统级别的，在系统启动是注册到 ServiceManager 中，它实际上也是一个服务，只不过它的功能是管理其他服务。

在 C++层有一个 ServiceManager，在 Java 层也有一个 ServiceManager，它们是通过 JNI 方式交互的。这“两个” ServiceManager 实际上是一个实例，Java 层的 ServiceManager 只是 C++层的 ServiceManager 的一种封装，真正功能是由 C++层的 ServiceManager 来完成的。

由 Android 中的源代码 SystemServer.java 可以知道，Android 系统中有两种系统服务，分别称为 native services 和 Android services。为了避免歧议，我们也这样称它们，并使用英文名。

C++层的 native Service 都是像图 14.2 所示的模型一样的，其中深灰色部分是根据不同的服务修改为相应的类。

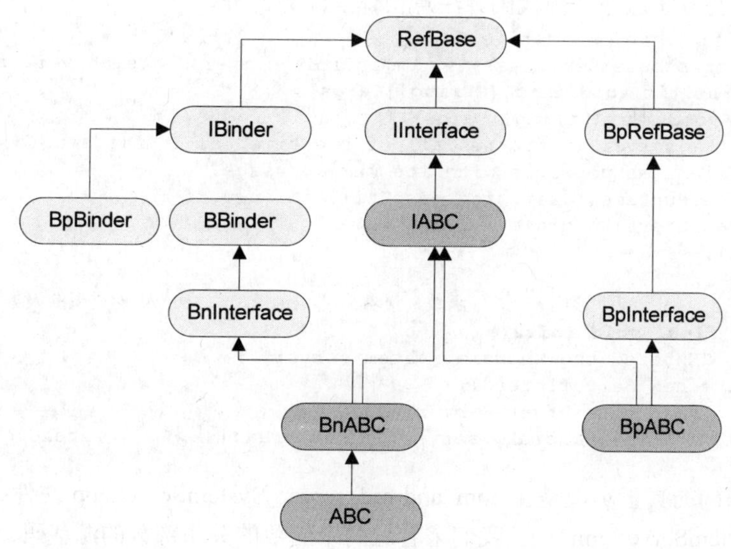

图 14.2　native Service 模型继承图

同样，在 Java 层也有这样类似的模型，Android Service 是像图 14.3 所示的模型一样。这名称为 Activity 系统服务的模型，而具体到每个服务多少都有所区别，主要是图中深灰色表示的内容会有所有不同，实现了相应的功能，可以参考本书中相关子系统章节的分析。

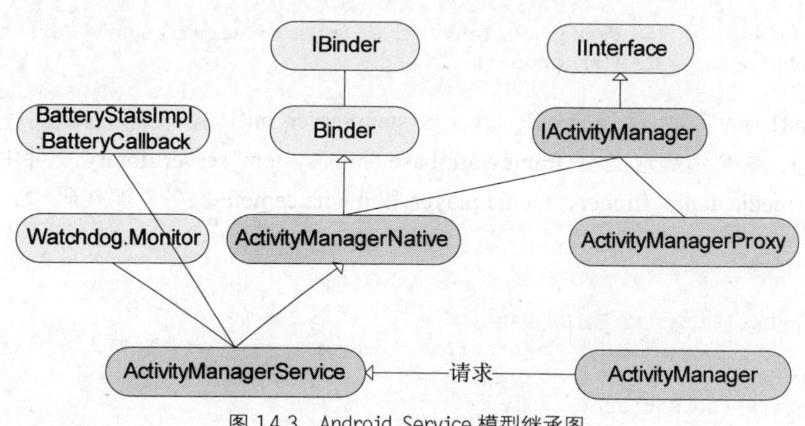

图 14.3　Android Service 模型继承图

14.2 Android 系统服务启动过程

由 Android 中的源代码 SystemServer.java，可以知道启动了 4 个 native Services 和若干 Android Services。main( )是入口函数，通过 JNI 方式调用本地函数 init1( )启动并注册 4 个 native Services，然后从本地函数返回到 init2( )函数，启动了名为 android.server.ServerThread 的线程，然后启动并注册若干 Android Services 到 ServiceManager。

下面是启动这些系统服务的源代码。注意粗体及注释部分。

```
//在本地函数 init1()中启动 4 个 native Services
//对应于 frameworks\base\services\jni\com_android_server_SystemServer.cpp
native public static void init1(String[] args);
public static void main(String[] args) {
    // The system server has to run all of the time, so it needs to be
    // as efficient as possible with its memory usage.
    VMRuntime.getRuntime().setTargetHeapUtilization(0.8f);
    System.loadLibrary("android_servers");
    init1(args);
}
//在本地函数 init1()中，返回到 init2()函数，接着启动 Android Service 类型的服务
public static final void init2() {
    Log.i(TAG, "Entered the Android system server!");
    Thread thr = new ServerThread();
    thr.setName("android.server.ServerThread");
    thr.start();//启动名为 android.server.ServerThread 的线程，启动 Android Services
}
```

本地函数 init1( )的真正实现是在 com_android_server_SystemServer.cpp 文件中，相应的函数是 android_server_SystemServer_init1( )。我们来看这两个函数的关系部分的源代码：

```
static JNINativeMethod gMethods[] = {
    /* name, signature, funcPtr */
    { "init1", "([Ljava/lang/String;]V", (void*) android_server_SystemServer_init1 },
};
```

在 Android 运行启动时，注册这种对应关系，代码如下所示：

```
int register_android_server_SystemServer(JNIEnv* env)
{
    return jniRegisterNativeMethods(env, "com/android/server/SystemServer",
            gMethods, NELEM(gMethods));
}
```

本地函数 init1( )的实体函数 android_server_SystemServer_init1( )，实际上调用了另外一个函数，即 system_init( )。这个函数定义在 framework\base\cmds\system_server\library\文件中。依次启动了 SurfaceFlinger、media.audio_flinger、media.player 和 media.camera 服务。源代码 如下所示：

```
extern "C" status_t system_init()
{
    ......
    char propBuf[PROPERTY_VALUE_MAX];
    property_get("system_init.startsurfaceflinger", propBuf, "1");
    if (strcmp(propBuf, "1") == 0) {
        // Start the SurfaceFlinger
        SurfaceFlinger::instantiate();
```

```
    }
    if (!proc->supportsProcesses()) {
        // Start the AudioFlinger
        AudioFlinger::instantiate();

        // Start the media playback service
        MediaPlayerService::instantiate();

        // Start the camera service
        CameraService::instantiate();
    }
    ......
    runtime->callStatic("com/android/server/SystemServer", "init2");//回调 init2()
    ......
}
```

表 14.1 中列出的就是 Android 系统中所有的服务，我们来详细看看这些系统服务及它们所对应的类，以及它们所在的文件。

表 14.1　　Android 系统中所有服务

服 务 名 称	服务对应类	服务启动所在文件
media.audio_flinger	AudioFlinger	AudioFlinger.cpp
media.player	MediaPlayerService	MediaPlayerService.cpp
media.camera	CameraService	CameraService.cpp
SurfaceFlinger	SurfaceFlinger	SurfaceFlinger.cpp
power	PowerManagerService	SystemServer.java
batteryinfo	BatteryStatsService	BatteryStatsService.java
usagestats	UsageStatsService	UsageStatsService.java
telephony.registry	TelephonyRegistry	SystemServer.java
package	PackageManagerService	PackageManagerService.java
activity	ActivityManagerService	ActivityManagerService.java
meminfo	MemBinder	ActivityManagerService.java
cpuinfo	CpuBinder	ActivityManagerService.java
activity.broadcasts	BroadcastsBinder	ActivityManagerService.java
activity.services	ServicesBinder	ActivityManagerService.java
activity.senders	SendersBinder	ActivityManagerService.java
activity.providers	ProvidersBinder	ActivityManagerService.java
permission	PermissionController	ActivityManagerService.java
content	ContentService	ContentService.java
battery	BatteryService	SystemServer.java
hardware	HardwareService	SystemServer.java
alarm	AlarmManagerService	SystemServer.java

续表

服 务 名 称	服务对应类	服务启动所在文件
Sensor	SensorService	SystemServer.java
window	WindowManagerService	SystemServer.java
Bluetooth	BluetoothDeviceService	SystemServer.java
bluetooth_a2dp	BluetoothA2dpService	SystemServer.java
statusbar	StatusBarService	SystemServer.java
clipboard	ClipboardService	SystemServer.java
input_method	InputMethodManagerService	SystemServer.java
netstat	NetStatService	SystemServer.java
wifi	WifiService	ConnectivityService.java
connectivity	ConnectivityService	SystemServer.java
notification	NotificationManagerService	SystemServer.java
mount	MountService	SystemServer.java
devicestoragemonitor	DeviceStorageMonitorService	SystemServer.java
location	LocationManagerService	SystemServer.java
search	SearchManagerService	SystemServer.java
checkin	FallbackCheckinService	SystemServer.java
wallpaper	WallpaperService	SystemServer.java
audio	AudioService	SystemServer.java
backup	BackupManagerService	SystemServer.java
appwidget	AppWidgetService	SystemServer.java

14.3 Android 系统服务注册

C++层的 ServiceManager 注册到内核的 Binder 中，而其他的服务注册到 ServiceManager 中。native services 注册到 C++层 ServiceManager 时用的函数是如下函数：

```
defaultServiceManager()->addService(service_name, service_object);
```

其中，参数 service_name 表示的是系统服务的名称，是一个字符串，如 media.player。参数 service_object 表示的是系统服务的对象。

Android services 注册到 Java 层 ServiceManager 时用的函数是如下函数：

```
ServiceManager.addService(serviceName, power);
```

其中，参数 serviceName 表示的是系统服务的名称，是一个 String 类型的字符串，如 Activity。参数 service_object 表示的是系统服务的对象。

Android services 注册函数是用 Java 语言编写的，但是实际功能是通过 JNI 调用 native services 注册函数进行注册的。

14.4 Android 系统服务请求

无论采用哪种系统服务注册形式，当它们注册到 ServiceManager 以后，就可以在客户端请求它们了。同样，由于编程语言的不同，请求系统服务的代码也不同，下面来分别来看。首先是请求 native service 的典型方法如下代码所示：

```
service_object = defaultServiceManager () →getService (service_name);
```

其中，参数 service_name 表示的是系统服务的名称，跟注册时用的名称是一样的，也是一个字符串。ServiceManager 只需要根据系统服务的名称字符串就可以查看到相应的服务对象。返回值就是这个查找到的服务对象，然后，就可以使用它提供的服务了。

当然，这种方法，在 Android 标准应用程序开发过程中是不会用到的，它一般涉及的都是 Java 层的 API。但是这不说明 Android 应用程序不能够使用 native 服务提供的服务，而只是说请求服务的方式不同。Java 层请求服务的方式如下代码所示：

```
serviceObject = ServiceManager.getService(serviceName);
```

这个函数的参数和返回值同 C++层请求服务的函数的参数和返回值是一样的。

14.5 小结

本章比较抽象地分析了 Android 系统服务模型，而不就某一具体系统服务来分析，让读者能够认识到，在 Android 中，系统服务并不是杂乱无章的；相反，而是井然有絮的，有一个“统一”的模型贯穿始终。然后，分析了系统服务的启动过程。最后，由于开发者可能会增加自己的服务到系统中，介绍了这些原生服务的注册和请求方式。

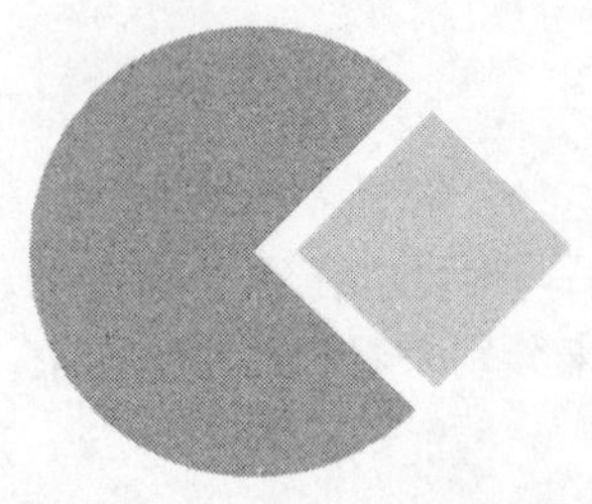

第 15 章　Android 启动过程

15.1 Android 初始化语言

Android 初始化语言（init.*.rc、init.conf 文件格式）的英文文档在 Android 源代码目录 system\core\init\readme.txt 中有详细说明，下面根据文档绍一下 Android 的初始化语言。

在 Android 系统中的初始化语言是在*.rc 和*.conf 格式的文件中使用的。其中 init.rc 记录了 Android 启动过程中所要启动的一系列事件，它所在的目录如下面所示：

```
system\core\rootdir\init.rc
out\target\product\generic\root
```

Android 初始化语言包含了 4 种类型的声明：Actions（行动）、Commands（命令）、Services（服务）和 Options（选项）。

所有这些都是以行为单位的，各种记号由空格来隔开。C 语言风格的反斜杠可用于在记号间插入空格。双引号也可用于防止字符串被空格分割成多个记号。行末的反斜杠用于换行。

注释行以井号（#）开头（允许以空格开头）。

Actions 和 Services 声明一个新的分组。所有的命令或选项都属于最近申明的分组。位于第一个分组之前的命令或选项将会被忽略。

Actions 和 Services 有惟一的名字。如果有重名的情况，第二个声明的将会被作为错误忽略。

15.1.1 Actions（行动）

Actions 其实就是一系列的命令（Commands）。Actions 都有一个触发器（trigger），它被用于决定 action 的执行时间。当一个符合 action 触发条件的事件发生时，action 会被加入到执行队列的末尾，除非它已经在队列里了。

队列中的每一个 action 都被依次提取出，而这个 action 中的每个命令（Command）都将被依次执行。Init 在这些命令的执行期间还控制着其他的活动，例如设备节点的创建和注销、属性的设置、进程的重启。

Actions 的形式如下：

```
on <trigger>
   <command>
   <command>
   <command>
```

15.1.2　Services（服务）

Services（服务）是一个程序，它在系统初始化时启动，并在退出时重启（可选）。Services（服务）的形式如下：

```
service <name> <pathname> [ <argument> ]*
   <option>
   <option>
   ...
```

15.1.3　Options（选项）

options 是一个 Services（服务）的修正者，它们能够决定 Services（服务）在何时，并以何种方式运行。

（1）critical（关键）

说明这是一个对于设备关键的服务。如果它 4 分钟内退出大于 4 次，系统将会重启并进入 recovery（恢复）模式。

（2）disabled（失效）

说明这个服务不会与 trigger（触发器）下的服务自动启动。它必须被明确的按名启动。

（3）setenv <name> <value>　（设置环境变量）

在进程启动时将环境变量<name>设置为<value>。

（4）socket <name> <type> <perm> [<user> [<group>]]

创建一个 UINX 域的名为/dev/socket/<name> 的套接字，并传递它的文件描述符给已启动的进程。<type> 必须是"dgram"或"stream"。User 和 group 默认为 0。

（5）user <username>

在启动这个服务前改变该服务的用户名。此时默认为 root。（？？？有可能的话应该默认为 nobody）。当前，如果你的进程要求 Linux capabilities（能力），你无法使用这个命令。即使你是 root，也必须在程序中请求 capabilities（能力）。然后降到你想要的 uid。

（6）group <groupname> [<groupname>]*

在启动这个服务前改变该服务的组名。除了（必需的）第一个组名，附加的组名通常被用于设置进程的补充组（通过 setgroups( )）。此时默认为 root。（？？？有可能的话应该默认为 nobody）。

（7）oneshot

服务退出时不重启。

（8）class <name>

指定一个服务类。所有同一类的服务可以同时启动和停止。如果不通过 class 选项指定一个类，则默认为"default"类服务。

（9）onrestart

当服务重启，执行一个命令（下面会有相对应的命令实例）。

15.1.4　Triggers（触发器）

Triggers（触发器）是一个用于匹配特定事件类型的字符串，用于使 Actions（行动）发生。

（1）boot

这是 init 执行后的第一个被触发的 Triggers（触发器），它在/init.conf（启动配置文件）被装载之后调用。

（2）<name> = <value>

这种形式的 Triggers（触发器）会在属性<name>被设置为指定的<value>时被触发。

（3）device-added-<path>和 device-removed-<path>

这种形式的 Triggers（触发器）会在一个设备节点文件被增删时触发。

（4）service-exited-<name>

这种形式的 Triggers（触发器）会在一个特定的服务退出时触发。

15.1.5 Commands（命令）

（1）exec <path> [<argument>]

创建和执行一个程序（<path>）。在程序完全执行前，init 将会阻塞。由于它不是内置命令，应尽量避免使用 exec，它可能会引起 init 卡死。

（2）export <name> <value>

在全局环境变量中设置环境变量 <name>的值为<value>（这将会被所有在这命令之后运行的进程所继承）。

（3）ifup <interface>

启动网络接口<interface>。

（4）import <filename>

解析一个 init 配置文件，扩展当前配置。

（5）hostname <name>

设置主机名。

（6）chmod <octal-mode> <path>

更改文件访问权限。

（7）chown <owner> <group> <path>

更改文件的所有者和组。

（8）class_start <serviceclass>

启动所有指定服务类下的未运行服务。

（9）class_stop <serviceclass>

停止指定服务类下的所有已运行的服务。

（10）domainname <name>

设置域名。

（11）insmod <path>

加载<path>中的模块。

（12）mkdir <path> [mode] [owner] [group]

创建一个目录<path>，可以选择性地指定 mode、owner 以及 group。如果没有指定，默认的权限为 755，并属于 root 用户和 root 组。

（13）mount <type> <device> <dir> [<mountoption>]*

试图在目录<dir>挂载指定的设备。<device>可以是以 mtd@name 的形式指定一个 mtd 块设备。<mountoption>包括 "ro"、"rw"、"remount"、"noatime"。

（14）setkey

暂时不可用。

（15）setprop <name> <value>

设置系统属性 <name>为<value>值。

（16）setrlimit <resource> <cur> <max>

设置<resource>的 rlimit（资源限制）。

（17）start <service>

启动指定服务（如果此服务还未运行）。

（18）stop <service>

停止指定服务（如果此服务在运行中）。

（19）symlink <target> <path>

创建一个指向<path>的软连接<target>。

（20）sysclktz <mins_west_of_gmt>

设置系统时钟基准（0 代表时钟滴答以格林威治平均时（GMT）为准）。

（21）trigger <event>

触发一个事件。用于将一个 action 与另一个 action 排列。

（22）write <path> <string> [<string>]*

打开路径为<path>的一个文件，并写入一个或多个字符串。

15.1.6　Properties（属性）

（1）Init

更新一些系统属性以提供对正在发生的事件的监控能力。

（2）init.action

此属性值为正在被执行的 action 的名字，如果没有则为“”。

（3）init.command

此属性值为正在被执行的 command 的名字，如果没有则为“”。

（4）init.svc.<name>

名为<name>中 Service 的状态，“stopped”表示停止，“running”表示运行，“restarting”表示重启。

15.1.7　iniot.conf 实例

下面，我们来看一下 Android 初始化语言的一个实例文件，下面是 init.conf 文件的代码片段：

```
on boot
  export PATH /sbin:/system/sbin:/system/bin
  export LD_LIBRARY_PATH /system/lib
  mkdir /dev
  mkdir /proc
  mkdir /sys
  mount tmpfs tmpfs /dev
  mkdir /dev/pts
  mkdir /dev/socket
  mount devpts devpts /dev/pts
  mount proc proc /proc
  mount sysfs sysfs /sys
  write /proc/cpu/alignment 4
  ifup lo
  hostname localhost
  domainname localhost
  mount yaffs2 mtd@system /system
  mount yaffs2 mtd@userdata /data
  import /system/etc/init.conf
  class_start default
service adbd /sbin/adbd
  user adb
  group adb
service usbd /system/bin/usbd -r
  user usbd
  group usbd
  socket usbd 666
service zygote /system/bin/app_process -Xzygote /system/bin --zygote
  socket zygote 666
service runtime /system/bin/runtime
  user system
  group system
on device-added-/dev/compass
  start akmd
on device-removed-/dev/compass
  stop akmd
service akmd /sbin/akmd
  disabled
  user akmd
  group akmd
```

15.1.8 Android 调试记录

在默认情况下，程序在被 init 执行时会将标准输出和标准错误都重定向到/dev/null（丢弃）。若想要获得调试信息，可以通过 Andoird 系统中的 logwrapper 程序执行你的程序。它会将标准输出/标准错误都重定向到 Android 日志系统（通过 LogCat 访问）。

如下面代码片段所示：

```
service akmd /system/bin/logwrapper /sbin/akmd
```

15.2 Android 启动过程

15.2.1 Android 概述

Android 的开机过程大致可以分为 3 个大阶段。

首先，是 OS 级别，由 bootloader 载入 Linux kernel 后（注：bootloader 和制造商有关，一般都是自己修改后的 bootloader，大同小异，无外乎加载了自己的安全机制，我们可以用最常见的 uboot 来考虑），kernel 开始初始化，并载入 built-in 的驱动程序。Kernel 完成开机后，载入 init process，切换至 user-space 后，结束 kernel 的循序过程（sequence），进入进程调度周期（process scheduling）。

然后，是 Android-level，由 init process 开始，读取 init.rc，Native 服务启动，并启动重要的外部程序，例如：servicemanager、Zygote 以及 System Server。

最后，是 Zygote-Mode，Zygote 启动完 SystemServer 后，进入 Zygote Mode，通过 Socket 接收命令。随后，使用者将看到一个桌面环境（Home Screen）。桌面环境由一个名为 Launcher 的应用程序负责提供。

注意 Zygote 是主要负责启动 System Server 和执行 Android 程序（APK）的。成功启动 System Server 后会使用 Socket 方式监听应用进程（monitor android apps/prcesses）。

15.2.2 Android 启动过程

我们可以通过 ps 命令查看到设备启动的所有进程，如表 15.1 所示，从 PID 和 PPID 就可清晰地看到它们之间的关系。

表 15.1 进程表

USER	PID	PPID	VSIZE	RSS	WCHAN	PC		NAME
root	1	0	268	180	c009b74c	0000875c	S	/init
root	2	0	0	0	c004e72c	00000000	S	kthreadd
root	3	2	0	0	c003fdc8	00000000	S	ksoftirqd/0
root	4	2	0	0	c004b2c4	00000000	S	events/0
root	5	2	0	0	c004b2c4	00000000	S	khelper
root	6	2	0	0	c004b2c4	00000000	S	suspend
root	7	2	0	0	c004b2c4	00000000	S	kblockd/0
root	8	2	0	0	c004b2c4	00000000	S	cqueue
root	9	2	0	0	c018179c	00000000	S	kseriod
root	10	2	0	0	c004b2c4	00000000	S	kmmcd
root	11	2	0	0	c006fc74	00000000	S	pdflush
root	12	2	0	0	c006fc74	00000000	S	pdflush
root	13	2	0	0	c00744e4	00000000	S	kswapd0

续表

USER	PID	PPID	VSIZE	RSS	WCHAN	PC		NAME
root	14	2	0	0	c004b2c4	00000000	S	aio/0
root	22	2	0	0	c017ef48	00000000	S	mtdblockd
root	23	2	0	0	c004b2c4	00000000	S	kstriped
root	24	2	0	0	c004b2c4	00000000	S	hid_compat
root	25	2	0	0	c004b2c4	00000000	S	rpciod/0
root	26	2	0	0	c019d16c	00000000	S	mmcqd
root	27	1	248	152	c009b74c	0000875c	S	/sbin/ueventd
system	28	1	804	280	c01a94a4	afd0b6fc	S	/system/bin/servicemanager
root	29	1	3916	700	ffffffff	afd0bdac	S	/system/bin/vold
root	30	1	3888	676	ffffffff	afd0bdac		/system/bin/netd
root	31	1	664	264	c01b52b4	afd0c0cc	S	/system/bin/debuggerd
radio	32	1	5412	728	ffffffff	afd0bdac	S	/system/bin/rild
root	33	1	63964	26860	c009b74c	afd0b844	S	zygote
media	34	1	17212	4196	ffffffff	afd0b6fc	S	/system/bin/mediaserver
root	35	1	812	320	c02181f4	afd0b45c	S	/system/bin/installd
keystore	36	1	1796	548	c01b52b4	afd0c0cc	S	/system/bin/keystore
root	38	1	824	344	c00b8fec	afd0c51c	S	/system/bin/qemud
system	41	33	125660	34652	ffffffff	afd0b6fc	S	system_server
shell	44	1	732	312	c0158eb0	afd0b45c	S	/system/bin/sh
root	45	1	3360	164	ffffffff	00008294	S	/sbin/adbd
app_12	109	33	76020	22580	ffffffff	afd0c51c	S	jp.co.omronsoft.openwnn
radio	113	33	89368	24148	fffffff	afd0c51c	S	com.android.phone
system	115	33	75248	24192	ffffff	afd0c51c	S	com.android.systemui
app_1	118	33	79200	26844	ffffffff	afd0c51c	S	com.android.launcher
app_5	183	33	76312	23224	ffffffff	afd0c51c	S	android.process.acore
app_9	192	33	75264	22060	ffffffff	afd0c51c	S	android.process.media
app_8	233	33	75184	21060	ffffffff	afd0c51c	S	com.android.deskclock
app_13	244	33	75620	22332	ffffffff	afd0c51c	S	com.android.email
app_11	259	33	72812	19676	ffffffff	afd0c51c	S	com.android.protips
app_20	270	33	73260	20104	ffffffff	afd0c51c	S	com.android.music
app_26	278	33	73852	20944	ffffffff	afd0c51c	S	com.android.quicksearchbox
root	292	45	732	332	c003da38	afd0c3ac	S	/system/bin/sh
root	293	292	888	332	000000	00afd0b4	R	ps

下面，我们来分析一下 Android 的启动过程，从内核之上，首先应该从文件系统的 init 开始，因为 init 是内核进入文件系统后第一个运行的程序，通常可以在 Linux 的命令行中指定内核第一个

调用堆，如果没指定，那么内核将会到/sbin/、/bin/等目录下查找默认的 init，如果没有找到那么就报告出错。

init 的源代码在文件：./system/core/init/init.c 中，init 会一步步完成下面的任务。

（1）初始化 Log 系统。

（2）解析/init.rc 和/init.%hardware%.rc 文件。

（3）执行早期的初始化，根据第（2）步的两个文件执行解析动作。

（4）设备初始化，例如，在 /dev 下面创建所有设备节点，下载 firmwares。

（5）初始化属性系统作为共享内存，逻辑上类似于 Windows 上的注册表。

（6）根据第（2）步的两个文件以及第（3）步的初步解析结果执行初始化动作。

（7）开启属性服务。

（8）根据第（2）步的解析，执行 early-boot 和 boot 动作。

（9）根据第（2）步的解析，执行属性定义的动作。

（10）进入一个无限循环，直到 device/property set/child process 发出退出指令。

例如，如果 SD 卡被插入，init 会收到一个设备插入事件，它会为这个设备创建节点。系统中比较重要的进程都是由 init 来 fork 的，所以，如果它们谁崩溃了，那么 init 将会收到一个 SIGCHLD 信号，把这个信号转化为子进程退出事件。所以，在 loop 中，init 会操作进程退出事件，并且执行*.rc 文件中定义的命令。在 init.rc 文件中定义了系统默认的服务启动顺序，当解析完 init.rc，执行默认的服务时，将会启动一下任务。

（1）console：启动一个 shell，源文件所在目录是在 device/system/bin/ash。

（2）adbd：启动一个 adb 守护进程，源文件所在目录为 in device/tools/adbd，默认情况下是关闭的。

（3）servicemanager：用来启动一个 Binder 系统，源文件所在目录为 device/commands/binder。

（4）mountd：用来挂载定义在目录文件/system/etc/mountd.conf 中的文件系统，从本地 Socket 中接收挂载文件系统的命令，源文件所在目录 device/system/bin/mountd。

（5）debuggerd：启动一个 Debug 系统，原文件所在目录/system/bin/debuggerd。

（6）rild：启动一个无线接口层守护进程（radio interface layer daemon），源文件所在目录 device/commands/rind。

（7）zygote：这是一个很重要的服务，启动 Android 的 Java 运行时（Android Java Runtime）以及系统服务（system server），源文件所在目录 device/servers/app。

（8）media：启动一个 AudioFlinger、MediaPlayerService 和 CameraService，原文件所在目录 device/commands/mediaserver。

（9）bootsound：播放默认的启动声音，文件所在目录 /system/media/audio/ui/boot.mp3，源代码所在目录 device/commands/playmp3。

（10）dbus：启动一个 dbus 守护进程，这个守护进程只能被 BlueZ 使用，源文件所在目录 device/system/Bluetooth/dbus-daemon。

（11）hcid：重定向 hcid 的 stdout 以及 stderr 到 Android 日志系统，原文件所在目录 device/system/bin/logwrapper，该功能在默认情况下是关闭的。

（12）hfag：启动 Bluetooth 音频免提网关，只能被 BlueZ 使用，源文件所在目录 device/system/Bluetooth/bluez-utils，该功能在默认情况下是关闭的。

（13）hsag：启动 Bluetooth 耳机音频网关，只能被 BlueZ 使用，源文件所在目录 device/system/Bluetooth/bluez-utils，该功能在默认情况下是关闭的。

（14）installd：启动一个安装应用程序的守护进程，源文件所在目录 device/servers/installd。

（15）flash_recovery：用于将/system/recovery.img 系统恢复文件调进来。原文件所在目录 device/commands/recovery/mtdutils。

或许你还不知道 Zygote 服务，下面让我们来了解一下，Zygote 是 Android 系统中最重要的一个服务，它将一步一步完成下面的任务。

主要工作时启动 Android Java Runtime 和启动 system server。源文件所在目录是 device/servers/app。具体的详细功能如下。

（1）创建 Java 虚拟机。

（2）为 Java 虚拟机注册 Android 本地函数。

（3）调用 com.android.internal.os.ZygoteInit 类中的 main 函数，在目录文件 android/com/android/internal/os/ZygoteInit.java 中。其中执行了一系列的动作。

（a）装载 ZygoteInit 类。

（b）注册 zygote socket。

（c）装载 preload classes（默认文件是 device/java/android/preloaded-classes）。

（d）装载 Load preload 资源。

（e）调用 Zygote：：forkSystemServer（定义在./dalvik/vm/InternalNative.c）来 fork 一个新的进程，在新进程中调用 com.android.server.SystemServer 的 main 函数。

（f）装载 libandroid_servers.so 库。

（g）调用在 device/libs/android_servers/com_android_server_SystemServers 文件中实现的 JNI native 函数 init1，它仅仅调用在 device/servers/system/library/system_init.cpp 文件中实现的 system_init 方法，如果运行在模拟器上，将会在这实例化一个 ioFlinger、MediaPlayerService 和 CameraService。

（h）调用定义在 com.android.server.SystemServer 类中的 init2 函数。源文件所在目录 device/java/services/com/android/server，这个函数对于 Android 系统来说是很关键的，因为通过它启动了所有的 Java 服务，如果不是运行在模拟器上的话，会调用 IPCThreadState：：self( )→joinThreadPool( )来进入服务的派发。

函数 SystemServer：：init2 将会启动一个新的是线程来启动下面的所有 Java 服务，这些 Java 服务包含两部分服务，一部分是核心服务，另一部分是属于其他服务，具体如下所示。

Core（核心）服务。

（1）Starting Power Manager（电源管理）。

（2）Creating Activity Manager（活动服务）。

（3）Starting Telephony Registry（电话注册服务）。

（4）Starting Package Manager（包管理器）。

（5）Set Activity Manager Service as System Process。

（6）Starting Context Manager。

（7）Starting System Context Providers。

（8）Starting Battery Service（电池服务）。

（9）Starting Alarm Manager（闹钟服务）。

（10）Starting Sensor Service。

（11）Starting Window Manager（启动窗口管理器）。

（12）Starting Blutooth Service（蓝牙服务）。

（13）Starting Mount Service。

其他 Services。

（1）Starting Status Bar Service（状态服务）。

（2）Starting Hardware Service（硬件服务）。

（3）Starting NetStat Service（网络状态服务）。

（4）Starting Connectivity Service。

（5）Starting Notification Manager。

（6）Starting DeviceStorageMonitor Service。

（7）Starting Location Manager。

（8）Starting Search Service（查询服务）。

（9）Starting Clipboard Service。

（10）Starting Checkin Service。

（11）Starting Wallpaper Service。

（12）Starting A io Service。

（13）Starting HeadsetObserver。

（14）Starting AdbSettingsObserver。

最后 SystemServer：：init2 将会调用 ActivityManagerService.systemReady 通过发送 Intent.CATEGORY_HOME intent 来启动第一个 Activity。

15.2.3　init.rc 文件解析过程

我们来看一下 init.c 是对 init.rc 文件内容如何解析的。对 init.rc 中定义的初始化语言进行解析的函数，我们可以看出 init.rc 的具体执行过程。

下面是 init.c 文件的内容，源代码如下所示：

```
INFO("reading config file\n");
parse_config_file("/init.rc");
/* pull the kernel commandline and ramdisk properties file in */
qemu_init();
import_kernel_cmdline(0);
get_hardware_name();
snprintf(tmp, sizeof(tmp), "/init.%s.rc", hardware);
parse_config_file(tmp);
```

其中，我们注意到函数　parse_config_file( )，然后跟着 parse_config_file( )调用走，会看到它调用了 parse_config( )函数，接着又调用了 parse_new_section( )函数。

源代码如下所示：

```
switch(kw) {
    case K_service:
        state->context = parse_service(state, nargs, args);
        if (state->context) {
            state->parse_line = parse_line_service;
            return;
        }
        break;
    case K_on:
        state->context = parse_action(state, nargs, args);
        if (state->context) {
            state->parse_line = parse_line_action;
            return;
        }
        break;
    }
```

从上面的源代码中可以看到，如果是 action，就通过 parse_line_action 解析：

```
kw = lookup_keyword(args[0]);
    if (!kw_is(kw, COMMAND)) {
        parse_error(state, "invalid command '%s'\n", args[0]);
        return;
    }
    n = kw_nargs(kw);
    if (nargs < n) {
        parse_error(state, "%s requires %d %s\n",args[0], n - 1,
            n > 2 ? "arguments" : "argument");
        return;
    }
    cmd = malloc(sizeof(*cmd) + sizeof(char*) * nargs);
    cmd->func = kw_func(kw);
    cmd->nargs = nargs;
    memcpy(cmd->args, args, sizeof(char*) * nargs);
    list_add_tail(&act->commands, &cmd->clist);
```

其中，需要注意两个函数，下面来分别分析。

（1）kw = lookup_keyword（args[0]）。

这个函数主要功能是用于找出 action 类型。下面是这个函数的源代码：

```
int lookup_keyword(const char *s)
{
    switch (*s++) {
    case 'c':
    if (!strcmp(s, "opy")) return K_copy;
        if (!strcmp(s, "apability")) return K_capability;
        if (!strcmp(s, "hdir")) return K_chdir;
        if (!strcmp(s, "hroot")) return K_chroot;
        if (!strcmp(s, "lass")) return K_class;
        ...
        if (!strcmp(s, "ritical")) return K_critical;
        break;
    case 'd':
        if (!strcmp(s, "isabled")) return K_disabled;
        if (!strcmp(s, "omainname")) return K_domainname;
        if (!strcmp(s, "evice")) return K_device;
```

```
        break;
    case 'e':
    }
    return K_UNKNOWN;
```

（2）cmd→func = kw_func（kw）。

这个函数的主要功能是真正实现赋予 handle，有点面向对象的意思，下面是这个函数的源代码：

```
#define kw_func(kw)
(keyword_info[kw].func) //宏，将方法数组赋予 handle。
//keyword_info 在 Keywords.h
定义，在 Builtins.c 实现，截取:
/* 文件 Keywords.h */
#ifndef KEYWORD
int do_chroot(int nargs, char **args);
int do_chdir(int nargs, char **args);
int do_class_start(int nargs, char **args);
int do_class_stop(int nargs, char **args);
...
enum {
    K_UNKNOWN,
#endif
    KEYWORD(capability, OPTION, 0, 0)
    KEYWORD(chdir, COMMAND, 1,
do_chdir)
    KEYWORD(chroot, COMMAND, 1, do_chroot)
    KEYWORD(class, OPTION, 0, 0)
    KEYWORD(class_start, COMMAND, 1, do_class_start)
    KEYWORD(class_stop, COMMAND, 1, do_class_stop)
/* 文件 Builtins.c */
static int write_file(const char *path, const char *value)
{
    int fd, ret, len;
    fd = open(path, O_WRONLY|O_CREAT,0622);
    if (fd <0)
        return -errno;
    len = strlen(value);
    do {
        ret = write(fd, value, len);
    } while (ret< 0 &&errno ==EINTR);
    close(fd);
    if (ret < 0) {
        return -errno;
    } else {
        return 0;
    }
}
//装载模块函数
static int insmod(const char *filename, char *options)
{
    void *module;
    unsigned size;
    int ret;
    module = read_file(filename, &size);
    if (!module)
```

```
        return -1;
    ret = init_module(module, size, options);
    free(module);
    return ret;
}
static int setkey(struct kbentry *kbe)
{
    int fd, ret;
    fd = open("/dev/tty0", O_RDWR | O_SYNC);
    if (fd < 0)
        return -1;
    ret = ioctl(fd, KDSKBENT, kbe);
    close(fd);
    return ret;
}
...
```

因此，action 类的命令实现方法放在 Builtins.c，其中重要的数据结构是两个列表和一个队列：

```
static list_declare(service_list);
static list_declare(action_list);
static list_declare(action_queue);
```

*.rc 脚本中所有 Service 关键字定义的服务将会添加到 service_list 列表中。

*.rc 脚本中所有 on 关键开头的项将会被添加到 action_list 列表中。

每个 action 列表项都有一个列表，此列表用来保存该段落下的 Commands。

脚本解析过程是由 parse_config_file( )函数完成的，源码如下所示：

```
parse_config_file("/init.rc")
int parse_config_file(const char *fn)
{
    char *data;
    data = read_file(fn, 0);
    if (!data) return -1;
    parse_config(fn, data);
    DUMP();
    return 0;
}
```

parse_config_file( )函数又调用了 parse_config( )函数，下面来看一下这个函数都做了哪些事情。下面是这个函数的源代码：

```
static void parse_config(const char *fn, char *s)
{
    ...
    case T_NEWLINE:
        if (nargs) {
            int kw = lookup_keyword(args[0]);
            if (kw_is(kw, SECTION)) {
                state.parse_line(&state, 0, 0);
                parse_new_section(&state, kw, nargs, args);
            } else {
                state.parse_line(&state, nargs, args);
            }
            nargs = 0;
        }
    ...
}
```

parse_config 会逐行对脚本进行解析，如果关键字类型为 SECTION，那么将会执行 parse_new_section( )。

类型为 SECTION 的关键字有：on 和 sevice。

关键字类型定义在 Parser.c （system\core\init）文件中，具体如下所示：

```
Parser.c (system\core\init)
#define SECTION 0x01
#define COMMAND 0x02
#define OPTION  0x04
```

关键字属性：

```
capability,   OPTION,  0, 0)
class,        OPTION,  0, 0)
class_start,  COMMAND, 1, do_class_start)
class_stop,  COMMAND, 1, do_class_stop)
console,      OPTION,  0, 0)
critical,     OPTION,  0, 0)
disabled,     OPTION,  0, 0)
domainname,  COMMAND, 1, do_domainname)
exec,         COMMAND, 1, do_exec)
export,       COMMAND, 2, do_export)
group,        OPTION,  0, 0)
hostname,    COMMAND, 1, do_hostname)
ifup,         COMMAND, 1, do_ifup)
insmod,       COMMAND, 1, do_insmod)
import,       COMMAND, 1, do_import)
keycodes,    OPTION,  0, 0)
mkdir,        COMMAND, 1, do_mkdir)
mount,        COMMAND, 3, do_mount)
on,           SECTION, 0, 0)
oneshot,      OPTION,  0, 0)
onrestart,    OPTION,  0, 0)
restart,      COMMAND, 1, do_restart)
service,      SECTION, 0, 0)
setenv,       OPTION,  2, 0)
setkey,       COMMAND, 0, do_setkey)
setprop,      COMMAND, 2, do_setprop)
setrlimit,    COMMAND, 3, do_setrlimit)
socket,       OPTION,  0, 0)
start,        COMMAND, 1, do_start)
stop,         COMMAND, 1, do_stop)
trigger,      COMMAND, 1, do_trigger)
symlink,      COMMAND, 1, do_symlink)
sysclktz,     COMMAND, 1, do_sysclktz)
user,         OPTION,  0, 0)
write,        COMMAND, 2, do_write)
chown,        COMMAND, 2, do_chown)
chmod,        COMMAND, 2, do_chmod)
loglevel,     COMMAND, 1, do_loglevel)
device,       COMMAND, 4, do_device)
```

函数 parse_new_section( )中再分别对 service 或者 on 关键字开头的内容进行解析。源代码如下所示：

```
ase K_service:
        state->context = parse_service(state, nargs, args);
```

```
        if (state->context) {
            state->parse_line = parse_line_service;
            return;
        }
        break;
case K_on:
        state->context = parse_action(state, nargs, args);
        if (state->context) {
            state->parse_line = parse_line_action;
            return;
        }
        break;
}
```

其中，对 on 关键字开头的内容进行解析是在函数 parse_action( )中实现的，这个函数的源代码如下所示：

```
static void *parse_action(struct parse_state *state, int nargs, char **args)
{
    ...
    act = calloc(1, sizeof(*act));
    act->name = args[1];
    list_init(&act->commands);
    list_add_tail(&action_list, &act->alist);
    ...
}
```

对 service 关键字开头的内容进行解析是在函数 parse_service( )中实现的，这个函数的源代码如下所示：

```
static void *parse_service(struct parse_state *state, int nargs, char **args)
{
    struct service *svc;
    if (nargs < 3) {
        parse_error(state, "services must have a name and a program\n");
        return 0;
    }
    if (!valid_name(args[1])) {
        parse_error(state, "invalid service name '%s'\n", args[1]);
        return 0;
    }
    //如果服务已经存在 service_list 列表中将会被忽略
    svc = service_find_by_name(args[1]);
    if (svc) {
        parse_error(state, "ignored duplicate definition of service '%s'\n", args[1]);
        return 0;
    }
    nargs -= 2;
    svc = calloc(1, sizeof(*svc) + sizeof(char*) * nargs);
    if (!svc) {
        parse_error(state, "out of memory\n");
        return 0;
    }
    svc->name = args[1];
    svc->classname = "default";
    memcpy(svc->args, args + 2, sizeof(char*) * nargs);
    svc->args[nargs] = 0;
```

```
    svc->nargs = nargs;
    svc->onrestart.name = "onrestart";
    list_init(&svc->onrestart.commands);
    //添加该服务到 service_list 列表
    list_add_tail(&service_list, &svc->slist);
    return svc;
}
```

在前面，我们已经看到了服务的格式如下：

```
service <name> <pathname> [ <argument> ]*
<option>
<option>
...
```

申请一个 Service 结构体，然后挂接到 service_list 链表上，name 为服务的名称，pathname 为执行的命令，argument 为命令的参数。之后的 option 用来控制这个 Service 结构体的属性，parse_line_service 会对 Service 关键字后的内容进行解析并填充到 Service 结构中，当遇到下一个 Service 或者 on 关键字的时候，此 Service 选项解析结束。

例如：

```
service zygote /system/bin/app_process -Xzygote /system/bin --zygote --start-system-server
    socket zygote stream 666
    onrestart write /sys/android_power/request_state wake
```

- 服务名称为：zygote。
- 启动该服务执行的命令：/system/bin/app_process。
- 命令的参数：-Xzygote /system/bin --zygote --start-system-server。

socket zygote stream 666：创建一个名为/dev/socket/zygote 的 socket，类型为 stream。

当*.rc 文件解析完成以后。

action_list 列表项目如下：

```
on init
on boot
on property:ro.kernel.qemu=1
on property:persist.service.adb.enable=1
on property:persist.service.adb.enable=0
init.marvell.rc 文件
on early-init
on init
on early-boot
on boot
```

service_list 列表中的项有：

```
service console
service adbd
service servicemanager
service mountd
service debuggerd
service ril-daemon
service zygote
service media
service bootsound
service dbus
service hcid
service hfag
```

```
service hsag
service installd
service flash_recovery
```

状态服务器相关。

在 init.c 的 main 函数中启动状态服务器：

```
property_set_fd = start_property_service();
```

状态读取函数：

```
Property_service.c (system\core\init)
const char* property_get(const char *name)
Properties.c (system\core\libcutils)
int property_get(const char *key, char *value, const char *default_value)
```

状态设置函数：

```
Property_service.c (system\core\init)
int property_set(const char *name, const char *value)
Properties.c (system\core\libcutils)
int property_set(const char *key, const char *value)
```

在终端模式下可以执行命令 setprop <key> <value>。

setprop 工具源代码所在文件如下所示：

```
Setprop.c (system\core\toolbox)
Getprop.c (system\core\toolbox):
property_get(argv[1], value, default_value);
Property_service.c (system\core\init)
```

定义的状态读取和设置函数仅供 init 进程调用：

```
handle_property_set_fd(property_set_fd);
 property_set()   //Property_service.c (system\core\init)
 property_changed(name, value) //Init.c (system\core\init)
 queue_property_triggers(name, value)
 drain_action_queue()
```

只要属性一改变就会被触发，然后执行相应的命令。

例如，在 init.rc 文件中有：

```
on property:persist.service.adb.enable=1
  start adbd
on property:persist.service.adb.enable=0
  stop adbd
```

所以，如果在终端下输入：

```
setprop property:persist.service.adb.enable 1或者 0
```

那么将会开启或者关闭 adbd 程序。

下面，我们来看一下执行 action_list 中的命令。

从 action_list 中取出 act→name 为 early-init 的列表项，再调用 action_add_queue_tail（act）将其插入到队列 action_queue 尾部。drain_action_queue( )从 action_list 队列中取出队列项，然后执行 act→commands 列表中的所有命令。

在文件./system/core/init/init.c 中的 mian( )函数的程序片段：

```
action_for_each_trigger("early-init", action_add_queue_tail);
drain_action_queue();
action_for_each_trigger("init", action_add_queue_tail);
drain_action_queue();
action_for_each_trigger("early-boot", action_add_queue_tail);
```

```
action_for_each_trigger("boot", action_add_queue_tail);
drain_action_queue();
/* run all property triggers based on current state of the properties */
queue_all_property_triggers();
drain_action_queue();
```

可以看出，在解析完 init.rc init.marvell.rc 文件后，action 命令执行顺序为：

执行 act→name 为 early-init，act→commands 列表中的所有命令

执行 act→name 为 init，act→commands 列表中的所有命令

执行 act→name 为 early-boot，act→commands 列表中的所有命令

执行 act→name 为 boot，act→commands 列表中的所有命令

关键的几个命令如下所示。

class_start default 启动所有 Service 关键字定义的服务。

class_start 在 act→name 为 boot 的 act→commands 列表中，所以，当 class_start 被触发后，实际上调用的是函数 do_class_start( )

```
int do_class_start(int nargs, char **args)
{
        /* Starting a class does not start services
         * which are explicitly disabled.  They must
         * be started individually.
         */
    service_for_each_class(args[1], service_start_if_not_disabled);
    return 0;
}
void service_for_each_class(const char *classname,
                            void (*func)(struct service *svc))
{
    struct listnode *node;
    struct service *svc;
    list_for_each(node, &service_list) {
        svc = node_to_item(node, struct service, slist);
        if (!strcmp(svc->classname, classname)) {
            func(svc);
        }
    }
}
```

因为在调用 parse_service( )添加服务列表的时候，所有服务 svc→classname 默认取值“default”，所以 service_list 中的所有服务将会被执行。

15.3 小结

本章详细介绍了 Android 系统启动过程，首先介绍了 Android 初始化语言及其语法格式，并以 init.conf 为实例进行了讲解。然后分析了各进程在启动过程中的创建顺序，最后，结合源代码详细解析了初始化语言编写的 init.rc 文件的函数及其调用过程。让读者对 Android 启动过程有个全面的认识。

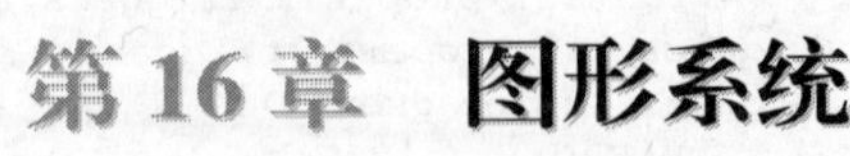

第16章 图形系统

16.1 图形系统概述

Android 图形系统由客户端和服务端两部分组成，这和 Android 的设计理念一致，也就是要求服务和应用分开。客户端是指那些要求在屏幕上显示内容的程序或进程，向服务端发送要显示的东西。而服务端负责将各个客户端发送的请求综合在一起，最后集中显示在屏幕上。

客户端和服务端的通信是通过 Binder 驱动。图 16.1 是 Android 图形系统的架构图。

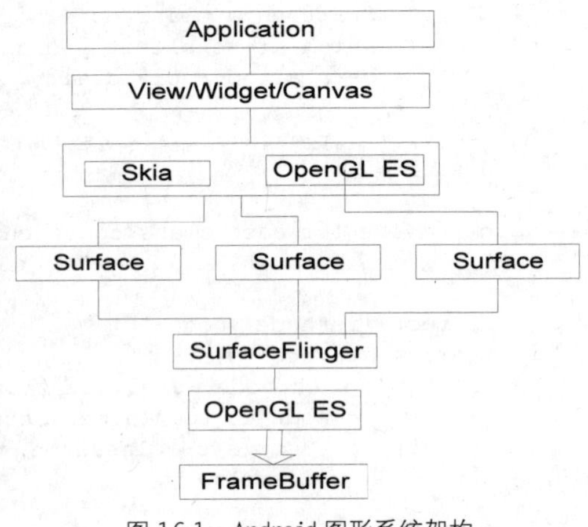

图 16.1 Android 图形系统架构

Application 是最上层的应用程序，一个可以显示图形的应用程序一定包含了 View、Widget、Canvas 等图形元素，对应于 Surface 类。操作这些图形元素进行绘图时，实际上是操作相应的 Surface。图形库 Skia 和 OpenGL ES 为这些操作提供必要的图形函数基本操作，方便对图形元素的操作，也即对 Surface 的操作。

服务端即是一个服务进程 SurfaceFlinger。客户端将要显示的图形通过 Binder 驱动发送到 SurfaceFlinger。由于可能有多个客户端，所以在 SurfaceFlinger 要做一个汇总的操作，即对每个客户端发过来的图形做一个 Z 序排列，经过汇总并排列后的图形发送到最底层的 FrameBuffer。

16.2 驱动程序接口之一——Framebuffer 分析

FrameBuffer 是出现在 Linux 2.2.xx 内核当中的一种驱动程序接口，是显卡硬件结构的抽象，用户可以方便地对显示内存进行读写操作。因此，用户不必关心物理显存的位置、换页机制等具体细节。可以将 FrameBuffer 看成是显示内存的一个映像，将其映射到进程地址空间之后，就可以直接进行读写操作，而写操作可以立即反应在屏幕上。

Android 系统是基于 Linux 的系统，它对于显存的操作也是依赖于 FrameBuffer 的。在 Android

环境中，FrameBuffer 设备的位置是/dev/graphics/fb0。

操作 framebuffer 的主要步骤如下：

（1）打开一个可用的 FrameBuffer 设备；

（2）通过 mmap 调用将显卡的物理内存空间映射到用户空间；

（3）更改内存空间里的像素数据并显示；

（4）退出时关闭 Framebuffer 设备。

16.3 OpenGL ES 分析

OpenGL ES（OpenGL for Embedded Systems）是从 OpenGL 裁剪定制而来的，去除了 glBegin/glEnd、四边形（GL_QUADS）、多边形（GL_POLYGONS）等复杂图元等许多非绝对必要的特性，主要适用的领域是手机、PDA 和游戏主机等嵌入式设备。

目前 Android 系统上支持的版本是 OpenGL ES 2.0。可以直接通过 Android 上的 Native C++调用 OpenGL ES 对其进行操作，也可以通过 Android SDK 提供的 Java API 来操作 OpenGL ES。例如，以下 Java 包是用来支持 OpenGL ES。

（1）android.opengl 包。

我们来看一下 android.opengl 包中类和接口，如表 16.1 所示。

表 16.1 android.opengl 包

接 口	说 明
GLSurfaceView .EGLConfigChooser	用于从可选配置中选择 EGLConfig 配置的接口
GLSurfaceView .EGLContextFactory	用于定制 eglCreateContext 和 eglDestroyContext 调用的接口
GLSurfaceView .EGLWindowSurfaceFactory	用于定制 eglCreateWindowSurface 和 eglDestroySurface 调用的接口
GLSurfaceView.GLWrapper	用于封装 GL 接口的接口
GLSurfaceView.Renderer	渲染接口
ETC1	提供对 ETC1 的一些编码与解码的函数
ETC1Util	提供一些使用 ETC1 纹理压缩的函数
ETC1Util.ETC1Texture	提供一些封装 ETC1 纹理压缩的功能
GLDebugHelper	调试 OpenGL ES 应用程序的类
GLES10	—
GLES10Ext	—
GLES11	—
GLES11Ext	—

续表

接　口	说　明
GLES20	OpenGL ES 2.0
GLSurfaceView	SurfaceView 的实现类，用以渲染图形
GLU	提供 GL 公共工具功能的类
GLUtils	连接 OpenGL ES 和 Android API 的工具类，其中提供了纹理图片的操作
Matrix	Matrix math utilities。矩阵运算工具类
Visibility	提供一些计算三角网格能见度的功能函数
GLException	OpenGL 异常类

（2）javax.microedition.khronos.egl 包。

我们来看一下 javax.microedition.khronos.egl 包中类和接口，如表 16.2 所示。

表 16.2　　javax.microedition.khronos.egl 包

接　口	说　明
EGL	GL 的配置接口
EGL10	GL1.0 的配置接口
EGL11	GL1.1 的配置接口
类	说　明
EGLConfig	GL 配置的类
EGLContext	GL 运行环境的类
EGLDisplay	GL 显示窗口的类
EGLSurface	可渲染 GL 的视图类

（3）javax.microedition.khronos.opengles 包。

我们来看一下 android.opengl 包中类和接口，如表 16.3 所示。

表 16.3　　javax.microedition.khronos.opengles 包

接　口	说　明
GL	Opengles 的接口
GL10	Opengles1.0 的接口
GL10Ext	Opengles1.0 的扩展接口
GL11:	Opengles1.1 的接口
GL11Ext:	Opengles1.1 的扩展接口
GLExtentsionPack:	Opengles 的扩展接口

利用 Android 的 OpenGl ES 的 Java 层 API 完成图形绘画工作，当然也可以不使用 Java 的封装

直接调用 OpenGL ES 来进行写屏，在源代码的 frameworks/base/opengl/tests 目录下有几个例子，可以参考一下。

16.4　Skia 图形库分析

Android 系统采用 Skia 作为其 2D 图形引擎，它是个 2D 向量图形处理函数库，包含字型、坐标转换，以及位图都有高效能并且简洁的表现。它封装底层的图形硬件，为上层的图形库提供最基础的操作图形硬件的函数接口。Skia 搭配 OpenGL/ES 与特定的硬件特征，强化图形显示的效果。

Skia 图形渲染引擎主要的特点有：

（1）高度优化的软件抽象光栅；

（2）可选择的 OpenGL ES 硬件加速特性；

（3）支持动画能力；

（4）内建 SVG 支援；

（5）支持多种图像格式，PNG、JPEG、GIF、BMP、WBMP、ICO；

（6）支持多种文字格式（但缺乏泰文，藏文等复杂文字）；

（7）性能特性，对图像和某些其他数据类型的 Copy-on-write；内存回收机制减少不必要的分配和内存碎片；线程安全返回。

Skia 图形引擎在 Android 源代码库当中的位置，其头文件位于目录 external/skia/include，其中还包含以下几个子目录：animator、core、effects、images、views 等，最重要的就是 core 目录了，在这里的分析也主要针对 core 目录里面的 API。源文件位于 external/skia/src 目录，子目录结构和头文件目录相同。

Android 对 Skia 引擎进行了封装，以便让 Java 代码方便调用，对 Skia 封装的代码存在于 framework/base/core/jn,以及 framework/base/core/jni/android/graphics，主要是对 Canvas、Bitmap、Graphics、Picture 等的封装，以及和 libui 库的结合使用。

Android 图形系统的具体实现比较复杂，大致就是前面提到的 SurfaceFlinger 负责各个应用提供的 Surface 的合成，然后把它显示在屏幕上。它们之间是通过 binder 进行通信的。图 16.2 表示的是图形系统的渲染逻辑结构图。

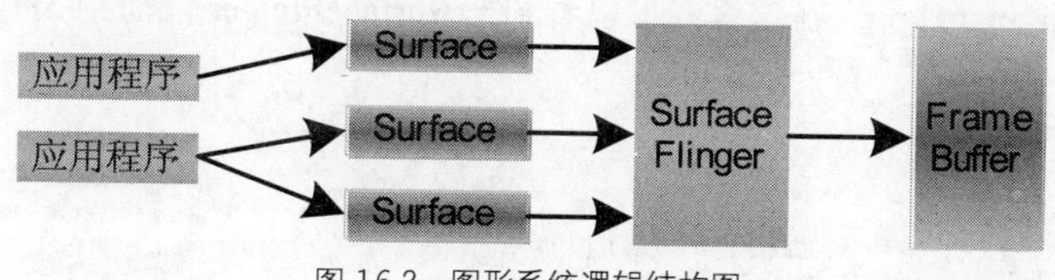

图 16.2　图形系统逻辑结构图

在图 16.3 中，可以清楚地看到图形系统中关键的类以及它们之间的关系，一定要好好阅读这个图。

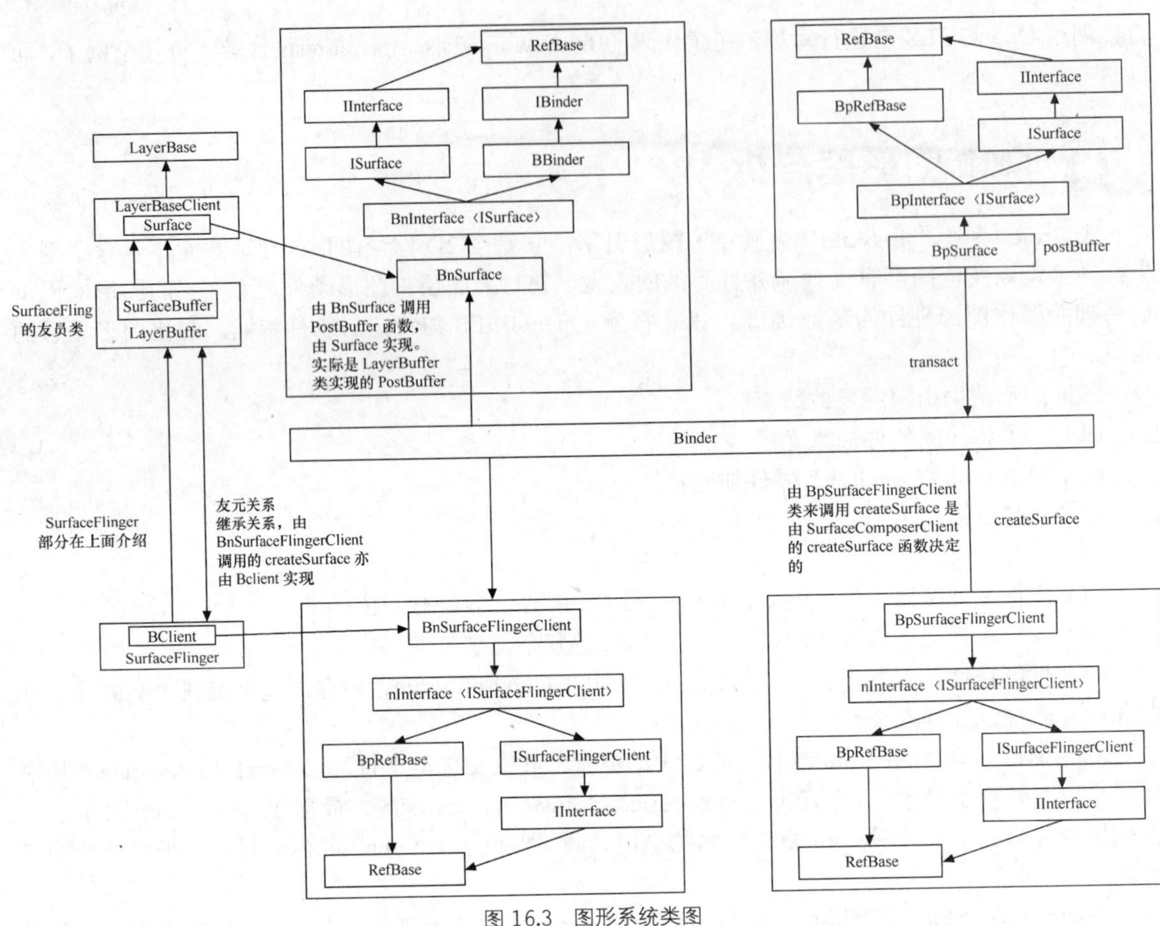

图 16.3　图形系统类图

16.5 SurfaceFlinger 服务

在 Android 系统中，SurfaceFlinger 服务是一个系统服务，服务名也是 SurfaceFlinger，是在开机时就启动的。在 Android 的 init.rc 文件中会启动 system_server，它的路径是 framework/base/cmds/system_server/system_main.cpp。在这里，可以看到把 SurfaceFlinger 注册到 ServiceManager 中，并加入到线程池的语句：

```
...
SurfaceFlinger::instantiate();
...
ProcessState::self()->startThreadPool();
IPCThreadState::self()->joinThreadPool();
```

这样就启动了 SurfaceFlinger 服务，而 SurfaceFlinger 的 instantiate 函数的功能就是向 Service Manager 注册，代码如下所示：

```
defaultServiceManager()->addService(
    String16("SurfaceFlinger"), new SurfaceFlinger());
```

SurfaceFlinger 类是继承自 BnSurfaceComposer 和 Thread。在 SurfaceFlinger 的构造函数中会调用 init 函数做一些初始化的工作：

```
mServerHeap = new MemoryDealer(4096, MemoryDealer::READ_ONLY);
mServerCblkMemory = mServerHeap->allocate(4096);
mServerCblk = static_cast<surface_flinger_cblk_t*>(mServerCblkMemory->pointer());
new(mServerCblk) surface_flinger_cblk_t;
mSurfaceHeapManager = new SurfaceHeapManager(8 << 20);
mGPU = new GPUHardware();
```

这个构造函数做了一些初始化的工作，主要是分配内存和创建一个 GPUHardware 的对象。

在 SurfaceFlinger 中又实现了 onFirstRef 函数，所以这个函数也会被触发：

```
void SurfaceFlinger::onFirstRef()
{
    run("SurfaceFlinger", PRIORITY_URGENT_DISPLAY);
    mReadyToRunBarrier.wait();
}
```

根据 Android 的线程封装机制，Run 会触发 readyToRun 和 threadLoop 两个函数。而 mReadyToRunBarrier 是等待 readyToRun 初始化工作的完成，主要做的工作是初始化主显示屏（initialize the main display，这是源代码中注释的说法，翻译的可能不准确，故列出来）。

```
GraphicPlane& plane(graphicPlane(dpy));
DisplayHardware* const hw = new DisplayHardware(this, dpy);
plane.setDisplayHardware(hw);
```

这里的代码十分重要，因为在 DisplayHardware 类中初始化了 egl 系统，并且创建了 EGLDisplay Surface 对象，在这个对象的构造函数中会调用 mapFrameBuffer 函数，最终打开了 framebuffer：

```
status_t EGLDisplaySurface::mapFrameBuffer()
{
    char const * const device_template[] = {
            "/dev/graphics/fb%u",
            "/dev/fb%u",
            0 };
    int fd = -1;
    int i=0;
    char name[64];
    while ((fd==-1) && device_template[i]) {
        snprintf(name, 64, device_template[i], 0);
        fd = open(name, O_RDWR, 0);
        i++;
    }
    ...
}
```

EGLDisplaySurface 的初始化工作创建了本地窗口对象 egl_native_window_t，这就是主显示屏。readyToRun 初始化主显示屏，接着初始化内存共享控制块和 OpenGL ES。

threadLoop 是主线程的循环函数，它的流程主要是等待来自客户端进程的 surface 更新，如果有把后台的 buffer 替换前台的 buffer，并在屏幕上显示出来。当然有一些优化的工作，例如，只画改变的区域来提高效率，代码如下所示：

```
bool SurfaceFlinger::threadLoop()
{
    waitForEvent();
    ….
```

```
    handlePageFlip();
    const DisplayHardware& hw(graphicPlane(0).displayHardware());
    ….
    handleRepaint();
    ….
    executeScheduledBroadcasts();
    ….
    postFramebuffer();
    ….
}
```

16.6 Surface 显示过程

Surface 的显示过程也就是客户端发送 Surface 到服务端，然后让服务端将其渲染出来。实际上，在 Surface 和 surfaceflinger 之间还有一个 SurfaceComposerClient 的类，主要是起桥梁的作用。

当创建一个 Surface 对象的时候，先创建一个 SurfaceComposerClient 对象，在创建这个对象时请求 SurfaceFlinger 服务得到服务的远程对象。紧接着利用这个远程对象调用 createConnection 方法，该方法会返回一个 BClient 的远程对象。

从图 16.3 的类关系图可知，BClient 是继承自 BnSurfaceFlingerClient 的，这就建立起了客户和服务的一个连接。利用这个 BClient 的远程对象请求 createSurface 方法，最终会调用 surfaceFlinger 的 createSurface 方法，在服务端会创建 Surface 对应的 Layer。

下面看一下源代码，尤其注意粗体部分：

```
sp<Surface> SurfaceComposerClient::createSurface(
        int pid,
        DisplayID display,
        uint32_t w,
        uint32_t h,
        PixelFormat format,
        uint32_t flags)
{
    sp<Surface> result;
    if (mStatus == NO_ERROR) {
        ISurfaceFlingerClient::surface_data_t data;
        sp<ISurface> surface = mClient->createSurface(&data, pid,
                display, w, h, format, flags);
        if (surface != 0) {
            if (uint32_t(data.token) < NUM_LAYERS_MAX) {
                result = new Surface(this, surface, data, w, h, format, flags);
            }
        }
    }
    return result;
}
```

会通过 IPC 调用到 mClient→createSurface 函数，该函数的源代码如下所示。注意粗体标识部分：

```
sp<ISurface> BClient::createSurface(
        ISurfaceFlingerClient::surface_data_t* params, int pid,
        DisplayID display, uint32_t w, uint32_t h, PixelFormat format,
```

```
        uint32_t flags)
{
    return mFlinger->createSurface(mId, pid, params, display, w, h, format, flags);
}
```

进一步调用 SurfaceFlinger 的 createSurface 函数，该函数的源代码如下所示：

```
sp<ISurface> SurfaceFlinger::createSurface(ClientID clientId, int pid,
        ISurfaceFlingerClient::surface_data_t* params,
        DisplayID d, uint32_t w, uint32_t h, PixelFormat format,
        uint32_t flags)
{
    LayerBaseClient* layer = 0;
    sp<LayerBaseClient::Surface> surfaceHandle;
    Mutex::Autolock _l(mStateLock);
    Client* const c = mClientsMap.valueFor(clientId);
      ….
    int32_t id = c->generateId(pid);
    if (uint32_t(id) >= NUM_LAYERS_MAX) {
        LOGE("createSurface() failed, generateId = %d", id);
        return surfaceHandle;
    }
    switch (flags & eFXSurfaceMask) {
        case eFXSurfaceNormal:
            if (UNLIKELY(flags & ePushBuffers)) {
                layer = createPushBuffersSurfaceLocked(c, d, id, w, h, flags);
            } else {
                layer = createNormalSurfaceLocked(c, d, id, w, h, format, flags);
            }
            break;
        case eFXSurfaceBlur:
            layer = createBlurSurfaceLocked(c, d, id, w, h, flags);
            break;
        case eFXSurfaceDim:
            layer = createDimSurfaceLocked(c, d, id, w, h, flags);
            break;
    }
    if (layer) {
        setTransactionFlags(eTransactionNeeded);
        surfaceHandle = layer->getSurface();
        if (surfaceHandle != 0)
            surfaceHandle->getSurfaceData(params);
    }
    return surfaceHandle;
}
```

在这里会创建出 LayBuffer 对象，这是图像合成的关键。

以上是创建 Surface 的过程，下面根据一个实际的例子来说明把 Surface 发送到服务端的过程。例子是 Camera 的预览功能，首先简单介绍一下 Camera 预览功能的流程。

Android 的 Camera 是通过客户端和服务端的形式来实现的，服务端管理着硬件，客户端可以向服务端发送请求，它们之间的通信通过 Binder 机制实现。客户端请求服务端的 startPreview 方法之前，首先必须调用服务端的 setPreviewDisplay，它的服务端实现代码如下所示：

```
status_t CameraService::Client::setPreviewDisplay(const sp<ISurface>& surface)
{
    LOGD("setPreviewDisplay(%p)", surface.get());
```

```
    Mutex::Autolock lock(mLock);
    Mutex::Autolock surfaceLock(mSurfaceLock);
    // asBinder() is safe on NULL (returns NULL)
    if (surface->asBinder() != mSurface->asBinder()) {
        if (mSurface != 0) {
            LOGD("clearing old preview surface %p", mSurface.get());
            mSurface->unregisterBuffers();
        }
        mSurface = surface;
    }
    return NO_ERROR;
}
```

也就是，客户端必须先把一个 ISurface 的远程对象送给服务端，服务端把它保存在 mSurface 中。然后客户端调用服务端的 startPreview 函数，实际上会触发 CameraHardwareStub 的 startPreview，在这个线程里新开启一个线程 previewThread 来做预览这件事情。

previewThread 具体实现代码如下所示：

```
int CameraHardwareStub::previewThread()
{
    mLock.lock();
    int previewFrameRate = mParameters.getPreviewFrameRate();
    ssize_t offset = mCurrentPreviewFrame * mPreviewFrameSize;
    sp<MemoryHeapBase> heap = mHeap;
    FakeCamera* fakeCamera = mFakeCamera;
    sp<MemoryBase> buffer = mBuffers[mCurrentPreviewFrame];
    mLock.unlock();
    if (buffer != 0) {
        // Calculate how long to wait between frames.
        int delay = (int)(1000000.0f / float(previewFrameRate));
        // This is always valid, even if the client died -- the memory
        // is still mapped in our process.
        void *base = heap->base();
        // Fill the current frame with the fake camera.
        uint8_t *frame = ((uint8_t *)base) + offset;
        fakeCamera->getNextFrameAsYuv422(frame);
        // Notify the client of a new frame.
        mPreviewCallback(buffer, mPreviewCallbackCookie);
        // Advance the buffer pointer.
        mCurrentPreviewFrame = (mCurrentPreviewFrame + 1) % kBufferCount;
        // Wait for it...
        usleep(delay);
    }
    return NO_ERROR;
}
```

可以看到，这里具体做的事情就是根据客户端设定的刷新频率，向 FakeCamera 请求数据。当然这里的 FakeCamera 是模拟器的实现方式，假如是真机的话，那么请求的对象就是 Camera 驱动了。其中 fakeCamera→getNextFrameAsYuv422（frame）就是画好一幅图片填充到 frame 中（就是当运行模拟器的 Camera 程序时看到的灰白色格子）。当得到一幅图片后调用 mPreviewCallback 进行处理，服务端把图像显示到屏幕上，不用回调到客户端。

在服务端，PreviewCallback 的实现代码如下：

```
void CameraService::Client::previewCallback(const sp<IMemory>& mem, void* user)
{
    sp<Client> client = getClientFromCookie(user);
    if (client == 0) {
        return;
    }
    ….
    // The strong pointer guarantees the client will exist, but no lock is held.
    client->postFrame(mem);
}
```

client→postFrame 的实现代码如下：

```
void CameraService::Client::postFrame(const sp<IMemory>& mem)
{
    ssize_t offset;
    size_t size;
    sp<IMemoryHeap> heap = mem->getMemory(&offset, &size);
    sp<MemoryBase> frame;
    {
        Mutex::Autolock surfaceLock(mSurfaceLock);
        if (mSurface != NULL)
            mSurface->postBuffer(offset);
    }
    ….
}
```

其中，代码 mSurface→postBuffer（offset）是真正的向 SurfaceFlinger 服务请求显示的过程。

根据前面介绍的类继承关系图，LayerBaseClient 的内嵌类 Surface 是继承了 BnSurface 的，但是这个类也是个虚类，它是由 LayerBuffer 的内嵌类 SurfaceBuffer 继承实现的。所以 mSurface 的 registerBuffers 方法会调用 SurfaceBuffer 类的 postBuffer 方法，在这个方法中又调用了 LayerBuffer 的 postBuffer 方法，所以，最终实现的代码为：

```
void LayerBuffer::postBuffer(ssize_t offset)
{
    sp<IMemoryHeap> heap;
    int w, h, hs, vs, f;
    { // scope for the lock
        Mutex::Autolock _l(mLock);
        w = mWidth;
        h = mHeight;
        hs= mHStride;
        vs= mVStride;
        f = mFormat;
        heap = mHeap;
    }

    sp<Buffer> buffer;
    if (heap != 0) {
        buffer = new Buffer(heap, offset, w, h, hs, vs, f);
        if (buffer->getStatus() != NO_ERROR)
            buffer.clear();
        setBuffer(buffer);
        invalidate();
    }
}
```

这里最重要的是 setBuffer（buffer），它会设置 mBuffer = buffer。而 invalidate 会发送信号，也就是前面提到的服务在等待的信号。

16.7 小结

本章介绍了 Android 图形系统的结构以及内部实现机理，首先是从宏观上认识 Android 图形系统，给出了其总体架构示意图。然后，逐步分析了 Framebuffer、OpenGL ES 和二维图形库以及它们提供的功能和作用。接下来，分析了对图形系统的基础服务 sufferflinger、系统服务，最后指出基于 sufferfling 服务 Android 图形系统中图形的渲染过程。

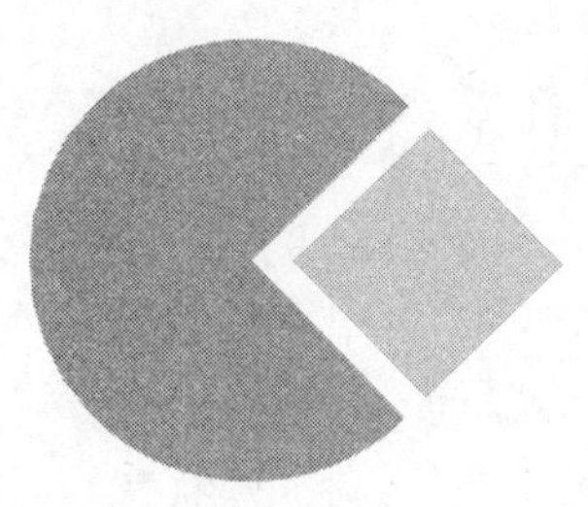

第 17 章　蓝牙系统

17.1 蓝牙系统概述

Android 平台包括蓝牙网络协议栈，它支持设备以无线方式与其他具有蓝牙功能的设备进行无线数据通信，应用程序框架给上层应用程序开发提供了各种各样的 API，以访问蓝牙的各项功能。这些 API 让应用程序以无线方式连接到其他蓝牙设备，具有点对点和多点无线功能。

17.2 蓝牙系统架构

Android 蓝牙协议栈使用的是 BlueZ，支持 GAP、SDP 和 RFCOMM 规范，是一个 SIG 认证的蓝牙协议栈。

Bluez 是 GPL 许可的，因此 Android 的框架内与用户空间的 BlueZ 代码通过 DBUS 进程通信，进行交互，以避免专有代码。

耳机（Headset）和免提式耳机（Handsfree）1.5 版本规范是在 Android 框架中实现的，它是跟电话应用程序紧密耦合的。这些规范也是 SIG 认证的。

图 17.1 表示的是从库的角度看到的蓝牙协议栈整体结构图。实线框的是 Android 模块，虚线部分为芯片商提供的指定模块。

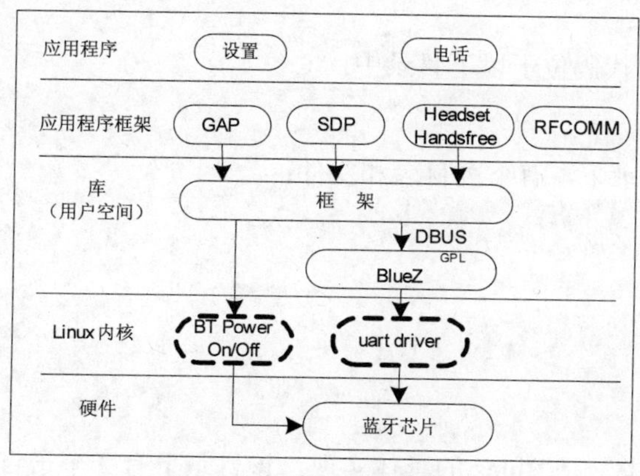

图 17.1　蓝牙系统架构图 1

图 17.2 表示的是从进程的角度上看到的蓝牙协议栈结构图。

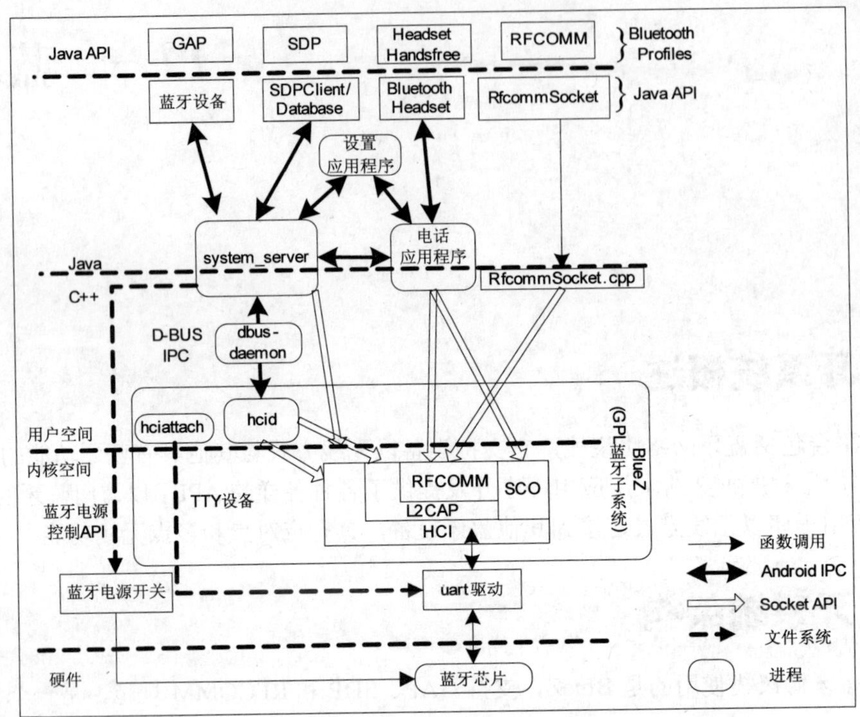

图 17.2　蓝牙系统架构图 2

17.3 蓝牙系统源代码分析

17.3.1　蓝牙服务的启动和关闭

我们先来看一下 Android 源代码中关/开蓝牙的代码所在位置，然后再分析蓝牙启动过程和依赖的相关服务。

Android 蓝牙系统的源代码位于以下目录中：

```
system/bluetooth
external/Bluetooth
```

在 system/bluetooth 目录下，有下列目录和文件：

```
Android.mk
CleanSpec.mk
Bluedroid
bluez-clean-headers
brcm_patchram_plus
brfpatch
Data
tools
```

在 external/Bluetooth 中，是 Bluez 的具体实现，该目录下有 3 个子目录，分别是：

```
bluez
glib
hcidump
```

Android 中蓝牙是通过 system/bluetooth/bluedroid/bluetooth.c 启动的。这个文件中主要的函数完成的功能为：

（1）检查蓝牙电源状态、打开蓝牙电源。

电源的状态是通过 rfkill 文件状态来标示的，‘1’为打开，‘0’为关闭。下面来看一下这两个函数的实现：

```
static int check_bluetooth_power() {      //检查蓝牙电源状态
    int sz;
    int fd = -1;
    int ret = -1;
    char buffer;
    if (rfkill_id == -1) {
        if (init_rfkill()) goto out;
    }
    fd = open(rfkill_state_path, O_RDONLY);
    if (fd < 0) {
        LOGE("open(%s) failed: %s (%d)", rfkill_state_path, strerror(errno),
            errno);
        goto out;
    }
    sz = read(fd, &buffer, 1);
    if (sz != 1) {
        LOGE("read(%s) failed: %s (%d)", rfkill_state_path, strerror(errno),
            errno);
        goto out;
    }
    switch (buffer) {
    case '1':          //蓝牙电源已打开
        ret = 1;
        break;
    case '0':          //蓝牙电源关闭
        ret = 0;
        break;
    }
out:
    if (fd >= 0) close(fd);
    return ret;
}
```

打开蓝牙电源的函数是 set_bluetooth_power，它的源代码如下所示。注意粗体部分的注解：

```
static int set_bluetooth_power(int on) {      //打开蓝牙电源
    int sz;
    int fd = -1;
    int ret = -1;
    const char buffer = (on ? '1' : '0');      //蓝牙电源是否已打开，'1' 为打开，'0' 关闭
    if (rfkill_id == -1) {
        if (init_rfkill()) goto out;
    }
    fd = open(rfkill_state_path, O_WRONLY);   //打开
    if (fd < 0) {
        LOGE("open(%s) for write failed: %s (%d)", rfkill_state_path,
```

```
            strerror(errno), errno);
        goto out;
    }
    sz = write(fd, &buffer, 1); //写入
    if (sz < 0) {
        LOGE("write(%s) failed: %s (%d)", rfkill_state_path, strerror(errno),
            errno);
        goto out;
    }
    ret = 0;
out:
    if (fd >= 0) close(fd);
    return ret;
}
```

（2）启动蓝牙。

在启动蓝牙守护进程之前，先打开蓝牙电源，然后启动 hciattach 守护进程。hciattach 守护进程先通过软硬件发送指令打开 hci 设备，如果失败了，间隔 10 毫秒就再尝试去打开，共持续 1000 次。

下面来看一下这个函数的实现，代码如下所示：

```
int bt_enable() {
    LOGV(__FUNCTION__);
    int ret = -1;
    int hci_sock = -1;
    int attempt;
    if (set_bluetooth_power(1) < 0)
        goto out;                                          //打开蓝牙电源，如果失败则直接返回
    LOGI("Starting hciattach daemon");
    if (property_set("ctl.start", "hciattach") < 0) {  //启动 hciattach 守护进程
        LOGE("Failed to start hciattach");
        goto out;
    }
    // Try for 10 seconds, this can only succeed once hciattach has sent the
    // firmware and then turned on hci device via HCIUARTSETPROTO ioctl
    for (attempt = 1000; attempt > 0;  attempt--) {
        hci_sock = create_hci_sock();                      //建立 hci 连接
        if (hci_sock < 0) goto out;
        if (!ioctl(hci_sock, HCIDEVUP, HCI_DEV_ID)) {      //打开 hci 设备
            break;
        }
        close(hci_sock);                                   //关闭连接
        usleep(10000);                                     // 10 ms retry delay
    }
    if (attempt == 0) {
        LOGE("%s: Timeout waiting for HCI device to come up", __FUNCTION__);
        goto out;
    }
    LOGI("Starting bluetoothd deamon");
    if (property_set("ctl.start", "bluetoothd") < 0) {//启动 bluetoothd 守护进程
        LOGE("Failed to start bluetoothd");
        goto out;
    }
    ret = 0;
out:
    if (hci_sock >= 0) close(hci_sock);                    //关闭 hci-sock 连接
```

```
    return ret;
}
```

（3）关闭蓝牙。

关闭蓝牙守护进程之后，hciattach 守护进程先通过软硬件发送指令关闭 hci 设备，然后再关闭 hciattach 守护进程，最后关闭蓝牙电源。

下面看一下这个函数的实现，代码如下所示：

```
int bt_disable() {
    LOGV(__FUNCTION__);
    int ret = -1;
    int hci_sock = -1;
    LOGI("Stopping bluetoothd deamon");
    if (property_set("ctl.stop", "bluetoothd") < 0) {  //关闭 bluetoothd 守护进程
        LOGE("Error stopping bluetoothd");
        goto out;
    }
    usleep(HCID_STOP_DELAY_USEC);
    hci_sock = create_hci_sock();                      //建立连接
    if (hci_sock < 0) goto out;
    ioctl(hci_sock, HCIDEVDOWN, HCI_DEV_ID);           //关闭 hci-sock 设备

    LOGI("Stopping hciattach deamon");
    if (property_set("ctl.stop", "hciattach") < 0) {   //关闭 hciattach 设备
        LOGE("Error stopping hciattach");
        goto out;
    }
    if (set_bluetooth_power(0) < 0) {                  //设置 bluetooth 电源状态为关闭
        goto out;
    }
    ret = 0;
out:
    if (hci_sock >= 0) close(hci_sock);                //关闭 hci 连接
    return ret;
}
```

如果想在编译出的镜像中使用蓝牙服务，那么就要在 init.rc 文件中加入启动 hciattach 的代码，因为 hciattach 在 init.rc 中是没有的，init.rc 在 server/core/rootdir 目录下，添加代码如下：

```
service hciattach /system/bin/hciattach -n /dev/ttyS1 any 38400 flow
    user root
    disabled
    oneshot
```

> **注意**　-*n* 这个选项很重要，必须添加。否则，hciattach 服务是不能启动成功的。这样编译的镜像就支持开启蓝牙功能了。当然还需要有硬件的支持。

17.3.2　蓝牙系统与蓝牙耳机的连接

Android 实现了对 Headset 和 Handsfree 两种模式的支持，其实现核心是 BluetoothHeadsetService，在 PhoneApp 创建的时候会启动它。如下面的源代码中粗体所示：

```
if (getSystemService(Context.BLUETOOTH_SERVICE) != null) {
    mBtHandsfree = new BluetoothHandsfree(this, phone);
    startService(new Intent(this, BluetoothHeadsetService.class));
```

```
    } else {
      // Device is not bluetooth capable
      mBtHandsfree = null;
    }
```

BluetoothHeadsetService 通过接收 ENABLED_ACTION、BONDING_CREATED_ACTION、DISABLED_ACTION 和 REMOTE_DEVICE_DISCONNECT_REQUESTEDACTION 来改变状态，它也会监听电话的状态变化。

BluetoothHeadsetService 收到 ENABLED_ACTION 时，会先向 BlueZ 注册 Headset 和 Handsfree 两种模式（通过执行 sdptool 来实现的，均作为 Audio Gateway），然后让 BluetoothAudioGateway 接收 RFCOMM 连接，让 BluetoothHandsfree 接收 SCO 连接，这些操作都是为了让蓝牙耳机能主动连上 Android。

下面，我们来讲解蓝牙系统跟蓝牙耳机建立连接的两种方式。

（1）Android 蓝牙系统主动跟蓝牙耳机连接。

BluetoothSettings 和蓝牙耳机配对上之后，BluetoothHeadsetService 会收到 BONDING_CREATED_ACTION，这个时候 BluetoothHeadsetService 会主动和蓝牙耳机建立 RFCOMM 连接。具体实现代码如下所示：

```
    if (action.equals(BluetoothIntent.BONDING_CREATED_ACTION)) {
     if (mState == BluetoothHeadset.STATE_DISCONNECTED) {
       // Lets try and initiate an RFCOMM connection
        try {
           mBinder.connectHeadset(address, null);
        } catch (RemoteException e) {}
      }
    }
```

RFCOMM 连接的真正实现是在 ConnectionThread 中，它分两步，第一步先通过 SDPClient 查询蓝牙设备支持的 Headset 和 Handsfree 配置，第二步才是去真正建立 RFCOMM 连接。

当 RFCOMM 连接成功建立后，BluetoothHeadsetDevice 会收到 RFCOMM_CONNECTED 消息，它会调用 BluetoothHandsfree 来建立 SCO 连接，广播通知 Headset 状态变化的 Intent（PhoneApp 和 BluetoothSettings 会接收这个 Intent）。

BluetoothHandsfree 会先做一些初始化工作，如根据是 Headset 还是 Handsfree 初始化不同的 ATParser，并且启动一个接收线程从已建立的 RFCOMM 上接收蓝牙耳机过来的控制命令（也就是 AT 命令），接着判断如果是在打电话过程中，才去建立 SCO 连接来打通数据通道。是下面的函数来实现的：

```
    void connectHeadset(HeadsetBase headset, int headsetType)
```

建立 SCO 连接是通过 SCOSocket 实现的，当 SCO 连接成功建立后，BluetoothHandsfree 会收到 SCO_CONNECTED 消息，它就会去调用 AudioManager 的 setBluetoothScoOn 函数，从而通知音频系统有蓝牙耳机可用了。

现在，Android 蓝牙系统完成了和蓝牙耳机的全部连接。

（2）蓝牙耳机主动跟 Android 蓝牙系统连接。

首先，BluetoothAudioGateway 会在一个线程中收到来自蓝牙耳机的 RFCOMM 连接，然后发送消息给 BluetoothHeadsetService。具体实现代码如下所示：

```
mConnectingHeadsetRfcommChannel = -1;
mConnectingHandsfreeRfcommChannel = -1;
if(waitForHandsfreeConnectNative(SELECT_WAIT_TIMEOUT) == false) {
 if (mTimeoutRemainingMs > 0) {
  try {
   Log.i(tag, "select thread timed out, but " +
   mTimeoutRemainingMs + "ms of
   waiting remain.");
   Thread.sleep(mTimeoutRemainingMs);
  } catch (InterruptedException e) {
   Log.i(tag, "select thread was interrupted (2),
   exiting");
   mInterrupted = true;
  }
 }
}
```

BluetoothHeadsetService 会根据当前的状态来处理消息，分 3 种情况，第一是当前状态是非连接状态，会发送 RFCOMM_CONNECTED 消息。

如果当前是正在连接状态，则先停掉已经存在的 ConnectThread，并直接调用 BluetoothHandsfree 去建立 SCO 连接。

如果当前是已连接的状态，这种情况是一种错误的，所以直接断掉所有连接。

蓝牙耳机也可能会主动发起 SCO 连接，BluetoothHandsfree 会接收到一个 SCO_ACCEPTED 消息，它会去调用 AudioManager 的 setBluetoothScoOn 函数，从而通知音频系统有个蓝牙耳机可用了。这样，蓝牙耳机就完成了和 Android 的全部连接。

17.4 移植和编译

17.4.1 移植

BlueZ 是兼容蓝牙 2.1 的，可以工作在任何 2.1 芯片以及向后兼容的旧的蓝牙版本，主要有两个方面：串口驱动（UART driver）和蓝牙电源开关（Bluetooth Power On/Off）。

关于串口驱动，BlueZ 核心子系统使用 hciattach 守护进程添加指定硬件的串口驱动。

关于蓝牙电源开关，蓝牙芯片的电源开关方法 1.0 和 Post 1.0 是不同的，具体如下：

（1）1.0 版本情况时：Android 框架写 0 或 1 到/sys/modules/board_[PLATFORM]/parameters/bluetooth_power_on。

（2）1.0 版本以后的情况：Android 框架使用 linux rfkill API，参考 arch/arm/mach-msm/board-trout-rfkill.c 例子。

17.4.2 编译

重新编译 Android 源代码用以打开蓝牙支持，需要添加下面这行内容到 BoardConfig.mk：

```
BOARD_HAVE_BLUETOOTH :=true
```

17.4.3 遇到的问题

（1）调试。

调试蓝牙实现，可以通过读与蓝牙相关的 logs（adb logcat）和查找 ERROR 和警告消息。Android 使用 Bluez，同时会带来一些有用的调试工具。下面的片段是为了提供一个建议的例子：

```
    hciconfig -a
    # print BT chipset address and features. Useful to check if you can communicate with your
BT chipset.
    hcidump -XVt
    # print live HCI UART traffic.
    hcitool scan
    # scan for local devices. Useful to check if RX/TX works.
    l2ping ADDRESS
    # ping another BT device. Useful to check if RX/TX works.
    sdptool records ADDRESS # request the SDP records of another BT device.
```

（2）守护进程日志。

hcid（STDOUT）和 hciattach（STDERR）的守护进程日志缺省是被写到/dev/null。编辑 init.rc 和 init.PLATFORM.rc 在 logwrapper 下运行这些守护进程，把它们输出到 LogCat。

17.4.4 工具

BlueZ 为调试与蓝牙子系统的通信，提供了很多设置命令行工具，包含下面这些：

```
    hciconfig
    hcitool
    hcidump
    sdptool
    dbus-send
    dbus-monitor
```

这些工具对应的源代码在 external\bluez\utils\tools 下，目录下的 Android.mk 文件说明了这些工具是由哪些源代码生成的。

17.5 蓝牙新特性

这一部分提供在每个 Android 版本中的蓝牙的一些变化，主要是一些性能参数上的改进。

（1）Android 1.0 蓝牙特性。

平台特点列举如下。

- 基于 Bluez 3.36 和 Linux 内核 2.6.25 版本。
- 蓝牙 2.0+EDR host stack。
- 音频网关中的 Headset Profile 1.0。
- 音频网关中的 Handsfree Profile 1.5，包括三方通话和 AT 命令的电话簿。

代表产品有：HTC Dream / T-Mobile G1。

（2）Android 1.1 蓝牙特性。

与 Android1.0 版本的蓝牙系统一样，没有变化。

（3）Android 1.5 蓝牙特性（cupcake）。

平台特点列举如下。

■　基于 Bluez 3.36 和 Linux 内核 2.6.27。

■　蓝牙 2.0+EDR host stack，支持与‘0000’设备自动配对。

■　音频网关中的 Headset Profile 1.1。

■　音频网关中的 Handsfree Profile 1.5，主要是三方通话、AT 命令的电话簿、音量同步、eSCO 和一些错误与兼容性改进。

■　立体声蓝牙（A2DP 1.2），主要是接听者和发起者中的 AVDTP 1.2 版本、GAVDTP 1.0 版本和 44.1 khz 立体声软件 SBC 解码。

■　远程控制功能（AVRCP 1.0）。

（4）Android 2.0/2.1 蓝牙特性（eclair）。

平台特点。

■　基于 Bluez 4.47 和 Linux 内核 2.6.29 版本。

■　蓝牙 2.1+EDR host stack，支持与‘0000’设备自动配对，以及简单安全配对功能。

■　音频网关中的 Headset Profile 1.1。

■　音频网关中的 Handsfree Profile 1.5。主要是三方通话、AT 命令的电话簿、音量同步、eSCO 和一些错误与兼容性改进。

■　立体声蓝牙（A2DP 1.2），主要是接听者和发起者中的 AVDTP 1.2 版本、GAVDTP 1.0 版本和 44.1 kHz 立体声软件 SBC 解码。

■　远程控制功能（AVRCP 1.0）。

■　OPP（Object Push Profile）版本 1.1，包括增加传输图片和视频。在这一版本中不支持通过 vCard 来转移联系人信息。

■　电话薄版本 1.0，支持 PSE（Phone Book Server Equipment）。

■　通过使用 Java 蓝牙，Android 应用程序可以支持很多功能，如扫描其他蓝牙设备、查询本地蓝牙适配器以查看是否有配对蓝牙设备、建立 RFCOMM 通道、通过服务发现并与其他设备建立连接、与其他设备互传数据和管理多个连接。

（5）Android 2.2 蓝牙特性（Froyo）。

平台特点。

■　基于 Bluez 4.47 和 Linux 内核 2.6.32 版本。

■　增加功能：通过使用 vCard 来共享联系人信息。

■　增加功能：导出所有联系人信息。

（6）未来 Android 发行版本的特性。

未来 Android 系统发行版本中蓝牙可能会有更多的改进，比如下面列出的就是一些。

■　改进与耳机和车载设备相关的蓝牙功能。

■　模拟器中支持蓝牙。

■　低功耗蓝牙。

17.6 小结

本章主要讲了 Android 蓝牙系统的整体架构，分别从 Android 整体层次结构和进程的角度上给出了其架构图，然后，针对蓝牙的最基本功能，例如，蓝牙电源状态、蓝牙启动、蓝牙关闭、蓝牙守护进程、hciattatchd 守护进程，进行了源代码分析，看它们是如何实现的，从实现的角度理解它们。然后，讲解了如何编译蓝牙模块，以及给出了移植时应该考虑哪些方面和做哪些工作。在编译过程和调试过程中遇到很多问题，也给出了一些常见问题的解决方法。

由于 Android 蓝牙系统也不是一次就完成了，而是随着后来的版本发展而不断完善的，所以最后一部分列出了各个版本中不同的蓝牙功能特性。

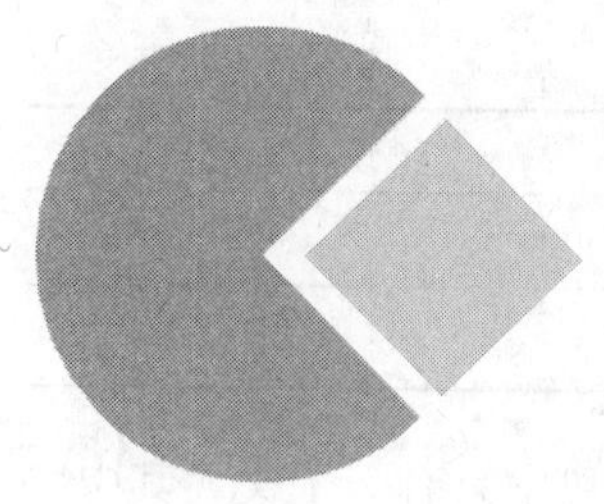

第 18 章　电话系统

18.1 电话系统概述

毕竟 Android 系统是手机上的操作系统，所以电话和短信功能仍然是整个系统的核心部分。和其他功能模块一样，在应用程序框架层封装了 C/C++编写的服务部分，然后给应用程序层中用 Java 语言编写的 Android 应用开发提供各项功能。应用程序框架层服务通过 JNI 的方式调用 C/C++层系统服务。

我们可以从分析电话或短信应用程序源代码开始理解其中的某些原理，也可以参考 Android SDK 提供的相关包，它们分别是：

```
android.telephony
android.telephony.cdma
android.telephony.gsm
```

android.telephony 主要提供一些监视基本电话信息的功能，例如，网络类型和连接状态，以及操作电话号码串等。其中包含的类如表 18.1 所示。

表 18.1　android.telephony 包

类　　名	说　明
CellLocation	表示设备位置的抽象类
NeighboringCellInfo	表示邻近电话信息，包括接收信号强度和电话号码位置等
PhoneNumberFormattingTextWatcher	监视一个 TextView 控件，如果有电话号码输入，就用 formatNumber（）函数来格式化处理号码
PhoneNumberUtils	各种处理电话号码字符串的函数
PhoneStateListener	监视手机中电话状态变化的监听类，包括服务状态、信号强度和语音信箱等
ServiceState	包含电话状态和相关的服务信息
SignalStrength	信号强度信息
SmsManager	Manages SMS operations such as sending data，text，and pdu SMS messages
SmsMessage	管理各种短信操作

续表

类　名	说　明
SmsMessage.SubmitPdu	
TelephonyManager	提供对手机中电话服务信息的访问

android.telephony.cdma 包提供一些与 CDMA 相关的功能。其实这个包中只有一个类。其中包含的类如表 18.2 所示。

表 18.2　　android.telephony.cdma 包

类　名	说　明
CdmaCellLocation	表示 CDMA 手机设备上的电话位置

android.telephony.gsm 包提供一些与 GSM 相关的功能，例如，文本、数据或者 PDU 格式的短信。其中包含的类如表 18.3 所示。

表 18.3　　android.telephony.gsm 包

类　名	说　明
GsmCellLocation	表示 GSM 手机设备上的电话位置
SmsManager	这个类不再推荐使用 推荐使用类 android.telephony.SmsManager 来支持 GSM 和 CDMA 两种制式
SmsMessage	这个类不再推荐使用 推荐使用类 android.telephony.SmsMessage 来支持 GSM 和 CDMA 两种制式
SmsMessage.SubmitPdu	这个类不再推荐使用 推荐使用类 android.telephony.SmsMessage

18.2 Android 无线接口层

18.2.1 Android 无线接口总述

Android 无线接口层 RIL（Radio interface layer）提供了 Android 电话服务与无线电硬件之间的抽象层。RIL 是与通信无关的，提供基于 GSM 的网络支持。

图 18.1 显示了 RIL 在 Android 电话系统架构中的位置。实线框表示 Android 部分，虚线框表示 RIL 专用的部分。

RIL 包含 RIL 守护进程（RIL Daemon）和厂商 RIL（Vendor RIL）两个基本部件。其中，RIL 守护进程初始化 Vendor RIL，管理所有来自 Android 通信服务的通信，将其作为被请求的命令（solicited commands）调度给 Vendor RIL。另一个基本部件是 Vendor RIL，ril.h 文件中的无线电专用 Vendor RIL 掌管着所有和无线电硬件的通信，并且通过未被请求的命令（unsolicited commands）分发给 RIL 守护进程。

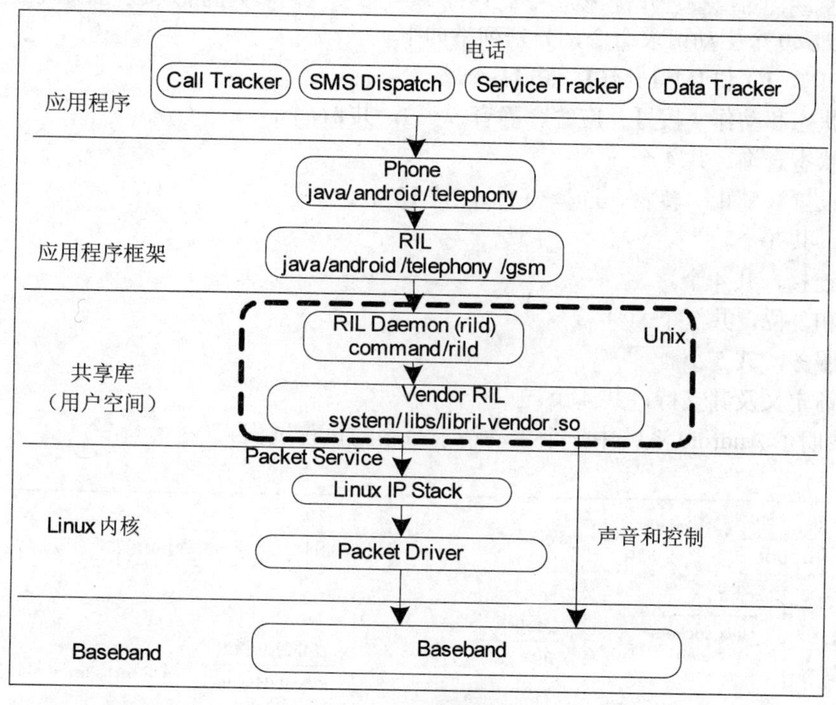

图 18.1　电话系统

18.2.2　RIL 初始化

在 Android 系统启动时初始化通信栈和 Vendor RIL。

首先，RIL 守护进程（rild）读取 rild.lib 路径和 rild.libargs 系统参数，决定应该使用的 Vendor RIL 库和向 Vendor RIL 提供的初始化参数。然后，RIL 守护进程加载 Vendor RIL 库，执行 RIL_Init 初始化 RIL 并为 RIL 函数获取参数。最后，RIL 守护进程调用 Android 通信栈中 RIL_register，为 Vendor RIL 函数提供参考。

rild 守护进程的源代码位于 hardware\ril\rild，名称为 rild.c。详细参考 GSM 驱动模块中的 RIL 初始化章节。

18.2.3　RIL 交互

RIL 提供了两种交互方式，一种是主动请求命令（Solicited commands），也就是主动请求命令来自 RIL 库，如 DIAL 和 HANGUP；另一种是被动请求命令（Unsolicited responses），也就是被动请求命令来自基带，如 CALL_STATE_CHANGED 和 NEW_SMS。下面来分别详细介绍。

（1）主动请求。

下面两个函数就属于主动请求命令方式：

```
void OnRequest (int request_id, void *data, size_t datalen, RIL_Token t);
void OnRequestComplete (RIL_Token t, RIL_Error e, void *response, size_t responselen);
```

总共有超过 60 个主动请求命令，分别列举如下。

- SIM PIN，IO 和 IMSI/IMEI，共 11 个。
- 电话状态和动作（拨号、应答、静音……），共 16 个。
- 网络状态查询，共 4 个。
- 网络设置（禁止、转发、选择……），共 12 个。
- 短信，共 3 个。
- PDP 连接，共 4 个。
- 电源和复位，共 2 个。
- 辅助服务，共 5 个。
- 供应商定义及其支持，共 4 个。

图 18.2 表明了 Android 系统中一个主动请求命令的执行过程。

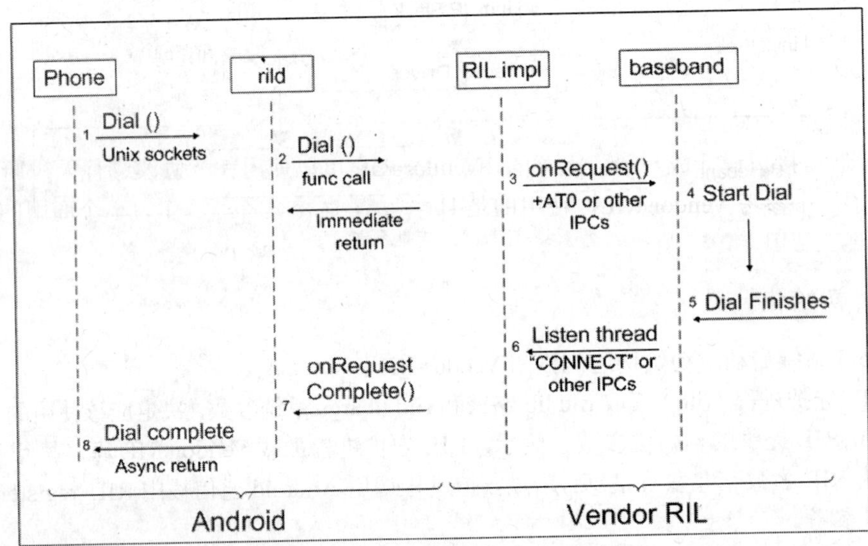

图 18.2　主动请求命令执行过程序列图

（2）被动请求。

下面这个函数就属于被动请求命令方式：

```
void OnUnsolicitedResponse (int unsolResponse, void *data, size_t datalen);
```

总共有超过 10 个被动请求命令，分别列举如下。

- 网络状态改变，共 4 个。
- 新短信通知，共 3 个。
- 新 USSD 通知，共 2 个。
- 信号强度和时间改变，共 2 个。

图 18.3 表明了 Android 系统中一个被动请求命令的执行过程。

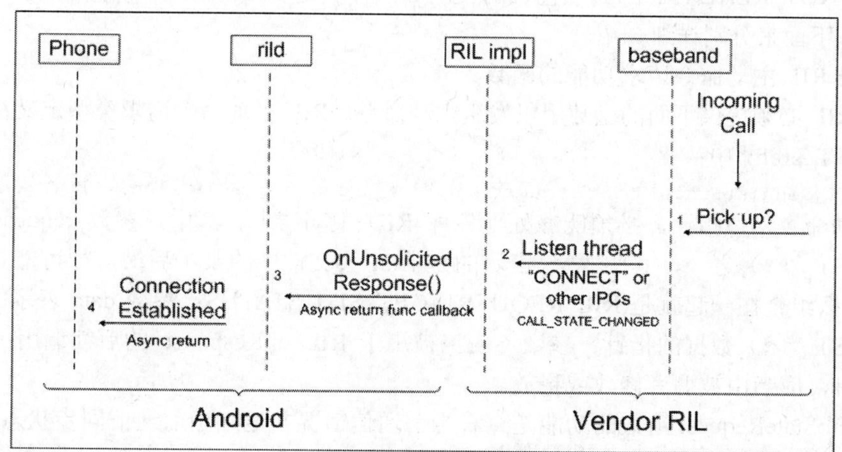

图 18.3　被动请求命令执行过程序列图

18.2.4　RIL 实现

为了实现一个通信专用 RIL，定义了一系列函数以保证 Android 能够响应无线通信请求，实现为通信专用 RIL，所有函数被声明在 ril.h 头文件中（/include/telephony/ril.h）。

Android 通信接口设计成与通信无关的，Vendor RIL 可以使用任意协议进行无线通信。Android 系统中提供了一个参考 Vendor RIL，使用的是 Hayes AT 命令设备，可作为一个商用的快速入门指导以及通信测试使用。RIL 源代码在目录 commands/reference-ril/下。一般情况下，将 Vendor RIL 编译为 libril-<companyname>-<RIL version>.so 的形式，如 libril-acme-124.so。其中，libril 是所有 vendor RIL 的开头，<companyname>表示某一公司名称缩写，<RIL version>表示 RIL 版本号，so 表示的是文件扩展名。

（1）RIL 初始化。

Vendor RIL 必须定义一个初始化函数，提供一系列函数以处理每一个通信请求。Android rild 守护进程会在启动时调用 RIL_Init 以初始化 RIL：

```
RIL_RadioFunctions *RIL_Init (RIL_Env* env, int argc, char **argv);
```

RIL_Init 函数返回一个 RIL_RadioFunctions 结构体，它包含无线电函数指针。下面是这个结构体的定义：

```
type structure {
    int RIL_version;
    RIL_RequestFunc onRequest;
    RIL_RadioStateRequest onStateRequest;
    RIL_Supports supports;
    RIL_Cancel onCancel;
    RIL_GetVersion getVersion;
} RIL_RadioFunctions;
```

（2）RIL 函数。

ril.h 文件中定义了 RIL 状态和变量，如 RIL_UNSOL_STK_CALL_SETUP、RIL_SIM_READY

和 RIL_SIM_NOT_READY 等。其中包含两类函数，一类是 RIL 主动命令请求，另一类是 RIL 被动命令请求。下面来分别详细介绍。

首先介绍 RIL 主动命令请求功能的函数。

Vendor RIL 必须提供下面的函数用以发送主动命令。RIL 主动命令请求类型定义在 ril.h 文件的 RIL_REQUEST_prefix 中：

```
void (*RIL_RequestFunc) (int request, void *data, size_t datalen, RIL_Token t);
```

RIL 主动命令入口指针，必须能够处理各种 RIL 主动请求。其中，参数 request 的值是常量 RIL_REQUEST_（*）之一，其中“*”表示的是 ril.h 头文件中的某个后缀，如可能是 GET_SIM_STATUS，那么组合在一起就是 RIL_REQUEST_GET_SIM_STATUS；参数 data 表示的是一个指向 RIL_REQUEST_（*）数据的指针；参数 t 应当被用于 RIL_onResponse 的后续调用；参数 datalen 由调用者所有，应当由被调者修改或释放。

RIL_RadioStateRequest 函数的功能是查看当前通信情况并返回当前通信同步状态：

```
RIL_RadioState (*RIL_RadioStateRequest)();
```

RIL_Supports 函数的功能是：如果提供指定 RIL_REQUEST 代码，返回 1，否则返回 0。函数声明如下所示：

```
int (*RIL_Supports)(int requestCode);
```

RIL_Cancel 函数用来指示取消一个待处理请求，它将被一个独立线程所调用，而不是 RIL_RequestFunc 函数。一旦取消，被调用者应当尽量放弃请求，并在这之后调用 RIL_onRequest Complete 函数的 RIL_Errno CANCELLED。响应请求后调用 RIL_onRequestComplete 并产生其他结果是可以被接受的，但会被忽略。RIL_Cancel 函数调用应该被立刻返回，不需要等待取消：

```
void (*RIL_Cancel)(RIL_Token t);
```

RIL_GetVersion 函数表示的是向 Vendor RIL 返回版本字符串信息：

```
const char * (*RIL_GetVersion) (void);
```

Vendor RIL 使用以下回调函数与 Android RIL 守护进程通信。下面这个 RIL_onRequest Complete( )函数的功能是完成通信请求，它的函数声明如下。其中，参数 t 是之前通信传递至 RIL_Notification 的参数；如果参数 e 的值不为 SUCCESS，则可以没有响应，并且被忽略；参数 response 由调用者所有，应当由被调用者修改或者释放：

```
void RIL_onRequestComplete(RIL_Token t, RIL_Errno e, void *response, size_t responselen);
```

下面是 RIL_requestTimedCallback 函数的声明。用户指定的回调函数的线程中，RIL_RequestFunc 函数被调用。如果指定了 relativeTime，那么回调前将等待一个特定的时间值。如果 relativeTime 为空，或者指针指向了一个空的结构体，回调函数会尽快被执行：

```
void RIL_requestTimedCallback (RIL_TimedCallback callback, void *param, const struct
timeval *relativeTime);
```

上面，我们介绍 RIL 主动命令请求功能的函数，下面来介绍 RIL 被动命令请求功能的函数。下面这个函数是 Vedor RIL 使用的回调函数，用来唤醒被动命令在 Android 平台的相应机制，它的函数声明如下所示。其中，参数 unsolResponse 是 RIL_UNSOL_RESPONSE_（*）常量其中之一；data 是指向 IL_UNSOL_RESPONSE_（*）数据的指针；参数 data 被调用者所有，应当由被调用者修改或者释放：

```
void RIL_onUnsolicitedResponse(int unsolResponse, const void *data, size_t datalen);
```

18.3 GSM 驱动模块

18.3.1 GSM 基本架构及初始化

Android 的 RIL 驱动模块在 hardware/ril 目录下，有 rild、libril.so 和 librefrence_ril.so3 个部分，另有 radiooptions 可供自动或手动调试使用。这些都依赖于 include 目录中 ril.h 头文件。这里分析的是 GSM 驱动。

GSM 模块，由于 Modem（调制解调器）的历史原因，AP 一直是通过基于串口的 AT 命令与 BB 交互。包括目前的一些 EDGE 或 3G 模块，或像 OMAP 这类 AP 和 BP 集成的芯片，已经使用了 USB 或其他等高速总线通信，但大多仍然使用模拟串口机制来使用 AT 命令。这里的 RIL 层，主要也就是基于 AT 命令的操作，如发送命令和响应解析等。

以下是详细分析，本文主要涉及基本架构和初始化的内容。

首先介绍一下 rild、libril.so、librefrence_ril.so 和 radiooptions 之间的关系。rild 是可执行程序，包含的 main 函数作为整个 ril 层的入口，负责完成初始化。

libril.so 共享库，它与 rild 结合相当紧密，rild 可执行程序使用 libril.so 共享库提供的函数，编译时就已经建立了这一关系。其源代码文件为 ril.cpp 和 ril_event.cpp。libril.so 存在于 rild 守护进程中，主要完成同上层通信的工作，接受 ril 请求并传递给 librefrence_ril.so，同时把来自 librefrence_ril.so 的反馈回传给调用进程。

librefrence_ril.so 也是共享库。rild 通过手动的 dlopen 方式加载，这也是因为 librefrence_ril.so 主要负责跟 Modem 硬件通信，这样也就更方便替换或修改以适合更多的 Modem 种类。它将来自 libril.so 的请求转换为 AT 命令，同时监控 Modem 的反馈信息，并传递回 libril.so。在初始化时，rild 通过符号 RIL_Init 获取一组函数指针并以此与之建立联系。

radiooptions 是可执行程序，它通过获取启动参数，利用 socket 与 rild 守护进程进行通信，可供调试时配置 Modem 参数。

接下来分析初始化流程，主入口是 rild.c 中的 main 函数，主要完成 3 个任务。

（1）开启 libril.so 中的 event 机制，在 RIL_startEventLoop 中，是最核心的由多路 I/O 驱动的消息循环。

（2）初始化 librefrence_ril.so，也就是与硬件或模拟硬件 modem 通信的部分，通过 RIL_Init 函数完成。

（3）通过 RIL_Init 获取一组函数指针 RIL_RadioFunctions，并通过 RIL_register 完成注册，同时，打开接受上层命令的 Socket 通道。

首先看第一个任务中的 RIL_startEventLoop 函数，它在 ril.cpp 中实现，主要目的是通过 pthread_create（&s_tid_dispatch，&attr，eventLoop，NULL）建立一个分发线程，入口在 eventLoop。而在 eventLoop 中，会调 ril_event.cpp 中的 ril_event_loop( )函数，建立起消息队列机制。

消息队列机制对应的代码都在 ril_event.cpp 中。下面是与消息队列机制有关的功能函数的声明。

```
void ril_event_init();
void ril_event_set(struct ril_event * ev, int fd, bool persist, ril_event_cb func, void *
```

```
param);
   void ril_event_add(struct ril_event * ev);
   void ril_timer_add(struct ril_event * ev, struct timeval * tv);
   void ril_event_del(struct ril_event * ev);
   void ril_event_loop();
   struct ril_event {
       struct ril_event *next;
       struct ril_event *prev;
       int fd;
       int index;
       bool persist;
       struct timeval timeout;
       ril_event_cb func;
       void *param;
   };
```

每个 ril_event 结构与一个文件描述符 fd 绑定，它可以是文件、socket、管道等，并且带一个 func 指针去执行指定的操作。

ril_event_init( )函数初始化完成以后，通过 ril_event_set 来配置 ril_event，并通过消息队列添加功能函数 ril_event_add( )加入到消息队列，将队列里所有 ril_event 的 fd 放入一个 fd 集合 readFds 中。这样 ril_event_loop 能通过一个多路复用 I/O 的机制来等待这些 fd，如果任何一个 fd 有数据写入，则进入分析流程 processTimeouts( )、processReadReadies( )和 firePending( )。

这样便建立起了基于事件的队列的消息循环，然后就可以接受上层发来的的请求了。

第二个任务的入口是 RIL_Init，RIL_Init 首先通过参数获取硬件接口的设备文件或模拟硬件接口的套接字（Socket）。接下来便新创建一个线程继续初始化，即 mainLoop。

mainLoop 的主要任务是建立与硬件的通信，然后通过 read 函数阻塞等待硬件的主动上报或响应。在注册基础回调函数之后，如 timeout 和 readerclose，mainLoop 首先打开硬件设备文件，建立起与硬件的通信，s_device_path 和 s_port 是前面获取的设备路径参数，并将其打开。

然后，通过 at_open 函数建立起这一设备文件上的 reader 等待循环，这也是通过新建一个线程完成，即代码 ret = pthread_create（&s_tid_reader，&attr，readerLoop，&attr），入口点 readerLoop。

AT 命令都是以\r\n 或\n\r 的换行符来作为分隔符的，所以 readerLoop 是行驱动的，除非出错、超时等，否则会读到一行完整的响应或主动上报才会返回。这个循环运行以后，基本的 AT 响应机制已经建立了起来。

有了响应的机制，通过函数 RIL_requestTimedCallback（initializeCallback，NULL，&TIMEVAL_0）回调 initializeCallback 函数，执行一些调制解调器的初始化命令，主要是 AT 命令的方式，是一些参数配置以及网络状态的检查等。至此，硬件已经可以访问了。

第三个任务是由 RIL_Init 的返回值开始的，这是一个 RIL_RadioFunctions 结构的指针。它的定义如下所示：

```
typedef struct {
    int version;
    RIL_RequestFunc onRequest;
    RIL_RadioStateRequest onStateRequest;
    RIL_Supports supports;
    RIL_Cancel onCancel;
```

```
    RIL_GetVersion getVersion;
} RIL_RadioFunctions;
```

其中，最重要的成员是 onRequest，上层的请求都由这个函数进行映射后转换成对应的 AT 命令，然后再发送给硬件的。

Rild 守护进程通过 RIL_register 注册这一指针。

RIL_register 还需要完成另一个任务，就是打开与上层通信的 Socket 接口，s_fdListen 是主接口，s_fdDebug 供调试时使用。然后将这两个 Socket 接口使用第一个任务中实现的机制进行注册：

```
ril_event_set (&s_listen_event, s_fdListen, false, listenCallback, NULL);
rilEventAddWakeup (&s_listen_event);
```

这样将两个 Socket 添加到第一个任务，以建立起多路复用 I/O 的检查句柄集合，一旦有上层的请求，事件机制便能响应处理了。

18.3.2　请求流程

（1）多路复用 I/O 机制的运转。

ril_event_set 函数负责配置一个 event，主要有两种事件（event）：一个是由 ril_event_add 函数添加使用多路 I/O 的事件，它负责将其添加到队列，同时将事件的通道句柄 fd 加入到 watch_table，然后通过 select 进行等待；另一个是由 ril_timer_add 函数添加计时器事件（timer event），它将其添加到队列，同时重新计算最短超时时间。

无论哪种调用哪种添加函数，最后都会调用 triggerEvLoop 来刷新队列、更新超时值或等待对象。

队列刷新之后，ril_event_loop 从阻塞的位置 select 返回，只有两种可能，一是超时返回，二是等待到了某 I/O 操作而返回。超时的处理在 processTimeouts 中，从队列中取下超时的事件，然后加入到 pending_list 队列中。检查有 I/O 操作的通道的处理在 processReadReadies 中，将超时的事件加入 pending_list 队列中。最后在 firePending 中，检索 pending_list 队列中的事件并依次执行 event→func 函数。这些操作完之后，计算新超时时间，并重新 select 阻塞于多路复用 I/O。

从前面的初始化流程分析可知，初始化完成以后，队列上已经有了 3 个事件对象，分别是。

- s_listen_event：名为 rild 的套接字（Socket），主要请求和响应通道。
- s_debug_event：名为 rild-debug 的套接字（Socket），调试用请求和响应通道，其流程与 s_listen_event 基本相同。
- s_wakeupfd_event：无名管道，用于队列主动唤醒，前面提到的队列刷新，就用它来实现。

（2）请求的传入和分发。

理解了事件队列的基本运行流程，再来分析请求是怎么传入和分发的，就比较好理解了。

上层 Java 部分的核心代码在文件 RIL.java 中，它位于目录 frameworks/base/telephony/java/com/android/internal/telephony/gsm 下，这是 Android Java 框架处理 radio（gsm）的核心组件。如文件 RIL.java 中的 dial 函数，其代码如下所示：

```
public void dial (String address, int clirMode, Message result)
{
        RILRequest rr = RILRequest.obtain(RIL_REQUEST_DIAL, result);
        rr.mp.writeString(address);
        rr.mp.writeInt(clirMode);
```

```
        if (RILJ_LOGD) riljLog(rr.serialString() + "> " +  requestToString(rr.mRequest));
        send(rr);
}
```

其中，rr 是以 RIL_REQUEST_DIAL 为请求号而申请的一个 RILRequest 对象。这个请求号在 Java 框架和 rild 库中共享，可以看一下 RILConstants.java 文件，说明了这些值的由来。

RILRequest 初始化的时候，会连接名为 rild 的套接字，也就是 rild 中 s_listen_event 绑定的套接字，初始化数据传输的通道。

rr.mp 是 Parcel 对象，Parcel 是一套简单的序列化协议，用于将对象或对象的成员序列化成字节流，以供传递参数用。这里可以看到 address 和 clirMode 都是依次序列化的成员。

然后，通过 send 函数发送到 handleMessage 的流程。send 函数将 rr 直接传递给另一个线程的 handleMessage，handleMessage 执行 data = rr.mp.marshall( )进行序列化操作，并将 data 字节流写入到 rild 套接字。

这样，就回到 rild，select 发现 rild 套接字有了请求连接的信号，导致 s_listen_event 被添加到 pending_list 队列，执行 event→func，即：

```
static void listenCallback (int fd, short flags, void *param);
```

接下来，代码 s_fdCommand = accept（s_fdListen，（sockaddr *）&peeraddr，&socklen）获取传入的套接字描述符，也就是上层的 Java RIL 传入的连接。

然后，通过 record_stream_new 建立起一个 record_stream，将其与 s_fdCommand 绑定。从前面的事件队列机制分析中可知，一旦 s_fdCommand 上有数据，命令事件的回调函数 process CommandsCallback 就会被调用。

processCommandsCallback 回调函数通过 record_stream_get_next 阻塞读取 s_fdCommand 上发来的数据，直到收到完整的请求，然后发送到 processCommandBuffer。请求包的完整性由 record_stream 机制保证。

进入 processCommandBuffer 以后，就正式进入了命令的解析部分，每个命令都是 RequestInfo 形式。其代码表示如下所示：

```
typedef struct RequestInfo {
    int32_t token;
    CommandInfo *pCI;
    struct RequestInfo *p_next;
    char cancelled;
    char local;
} RequestInfo;
```

这里的 p_next 就是一个 RequestInfo 结构指针，从套接字接收的数据流，前面提到是 Parcel 处理过的序列化字节流，这里会通过反序列化的方法提取出来。上层和 rild 之间，request 号是统一的，它的定义是一个包含 ril_commands.h 的枚举，在 ril.cpp 中，代码如下所示：

```
static CommandInfo s_commands[] = {
    #include "ril_commands.h"
};
```

pRI 直接访问这个数组，来获取自己的 pCI。它是一个 CommandInfo 结构体类型指针，其定义代码如下所示：

```
typedef struct {
    int requestNumber;
```

```
    void (*dispatchFunction) (Parcel &p, struct RequestInfo *pRI);
    int(*responseFunction) (Parcel &p, void *response, size_t responselen);
} CommandInfo;
```

然后，pRI 被添加到等待的请求队列，执行具体的 pCI→dispatchFunction 进行分发事件，然后再详细解析它。

（3）请求的详细解析。

对 dial 函数来说，CommandInfo 结构体是这样初始化的：

```
{RIL_REQUEST_DIAL, dispatchDial, responseVoid},
```

事件分发执行 dispatchFunction，实际上就是执行 dispatchDial 函数。可以看到其实有很多种类的事件分发函数，如 dispatchVoid、dispatchStrings、dispatchSIM_IO 等，这些函数的区别在于 Parcel 传入的参数形式，Void 就是不带参数的，Strings 是以 string[]作参数，以此类推。

现在有了请求号和参数，那么可以进行具体的 request 函数调用了。

```
s_callbacks.onRequest(pRI->pCI->requestNumber, xxx, len, pRI)
```

s_callbacks 是 libreference-ril 的 RIL_RadioFunctions 结构指针。onRequest 函数主要是进行一个简单的分发，流程是 onRequest→ requestDial → at_send_command → at_send_command_full → at_send_command_full_nolock→ writeline。

其中，requestDial 将命令和参数转换成对应的 AT 命令，调用公共发送命令接口 at_send_command。除了这个接口之外，还有 at_send_command_singleline、at_send_command_sms、at_send_command_multiline 等，这是根据 AT 返回值，以及发送命令流程的类型来分类的。

然后执行 at_send_command_full，前面几个接口都会最终到这里，再通过一个互斥的 at_send_command_full_nolock 调用，然后完成最终的写出操作，在 writeline 中写到初始化时打开的设备中。writeline 返回之后，还有一些操作，如保存类型等信息，以供请求回来时使用，以及一些超时处理等。

18.3.3 响应流程

前面发送请求命令后，最终由 writeline 操作将命令写出到硬件设备，接下来就是等待硬件响应，也就是请求响应的过程。

AT 的响应有两种，一是主动上报的，如网络状态、短信、来电等都不需要经过请求，另一种才是真正意义上的响应，也就是命令的响应。

除了短信特殊外，所有的行都要经过 processLine，我们来看看这个流程。

```
processLine
|----no cmd--->handleUnsolicited                          //主动上报
|----isFinalResponseSuccess--->handleFinalResponse        //成功,标准响应
|----isFinalResponseError--->handleFinalResponse          //失败，标准响应
|----get '>'--->send sms pdu               //收到>符号，发送 sms 数据再继续等待响应
|----switch s_type--->具体响应              //命令有具体的响应信息需要对应分析
```

这里主要关注 handleUnsolicited 自动上报（会调用到前面 smsUnsolicite 也调用的 onUnsolicite），以及 switch s_type 具体响应信息，另外具体响应需要 handleFinalResponse 这样的标准响应来最终完成。

（1）主动上报响应。

```
static void onUnsolicited (const char *s, const char *sms_pdu);
```

短信的 AT 设计比较麻烦，这个函数的第二个参数完全就是为它准备的。

响应的主要解析过程，由 at_tok.c 中的函数完成，其实就是字符串按块解析，具体的解析方式由每条命令或上报信息自行决定。onUnsolicited 只解析出头部，一般是+XXXX 的形式，然后按类型决定下一步操作，操作为 RIL_onUnsolicitedResponse 和 RIL_requestTimedCallback 两种。

首先是 RIL_onUnsolicitedResponse 响应操作。将 unsolicited 的信息直接返回给上层。通过 Parcel 传递，将 RESPONSE_UNSOLICITED、unsolResponse 写入 Parcel，然后通过 s_unsolResponses 数组查找到对应的 responseFunction 完成进一步的解析，存入 Parcel 中。最终通过 sendResponse 将其发送给原进程。简单地流程可以看作是：sendResponse → sendResponseRaw → blockingWrite → write to s_fdCommand。

再讲一下 RIL_requestTimedCallback 响应操作。通过事件队列机制实现的 timer 机制，回调对应的内部处理函数。通过 internalRequestTimedCallback 将回调添加到事件循环，最终完成 callback 上的函数的回调，如 pollSIMState、onPDPContextListChanged 等回调。

（2）switch s_type（命令的具体响应）及 handleFinalResponse（标准响应）。

命令的类型（s_type）在发送命令的时候设置，其取值有 NO_RESULT、NUMERIC、SINGLELINE、MULTILINE 几种，供不同的 AT 使用。如 AT+CSQ 是 SINGLELINE，返回 at+csq=xx,xx，再加一行 OK。如一些设置命令，就是 no_result，只有一行 OK 或 ERROR。

这几个类型的解析都类似，通过一定的判断，如果是对应的响应，就通过 addIntermediate 挂到一个临时结果 sp_response→p_intermediates 队列里。如果不是对应响应，那它应该是穿插其中的自动上报，用 onUnsolicite 来处理。

具体响应，只起一个获取响应信息到临时结果，等待具体分析的作用。无论有无具体响应，最终都得以标准响应 handleFinalResponse 来完成，也就是接受到 OK、ERROR 等标准响应来结束，这是大多数 AT 命令的规范。

handleFinalResponse 会设置 s_commandcond 对象，也是 at_send_command_full_nolock 等待的对象。到这里，响应需要的完整信息已经完全获得，发送命令可以进一步处理返回的信息了。pp_outResponse 参数将 sp_response 返回给调用 at_send_command_full_nolock 的函数。这个函数其实是 requestDial，不过 requestDial 忽略了响应，所以，另外看一个例子，如 requestSignalStrength 命令其实就是前面提到的 at+csq：可以看到确实是通过 at_send_command_singleline 来进行的操作，响应在 p_response 中。

p_response 如果返回失败（也就是标准响应的 ERROR 等造成），则通过 RIL_onRequestComplete 发送返回数据给上层，结束命令。如果成功，则进一步分析 p_response→p_intermediates，同样是通过 at_tok.c 里的函数进行分析。并同样将结果通过 RIL_onRequestComplete 返回。

RIL_onRequestComplete 和 RIL_onUnsolicitedResponse 很相仿，功能也一致。通过 Parcel 来传递回上层，同样是先写入 RESPONSE_SOLICITED、pRI→token 和错误码。如果有 AT 响应，通过访问 pRI→pCI→responseFunction 来完成具体响应的解析，并写入 Parcel。然后通过同样的途径完成最终的响应传递，流程是这样的：sendResponse→sendResponseRaw→blockingWrite→写入到 s_fdCommand。

18.4 电话和短信

下面从应用程序使用的角度从上层到下层来分析，和前面章节讲的 RIL 和 GSM 驱动联系起来，对电话系统有一个更好的理解。

在 Android 应用程序中，当需要实现电话拨号时，需要进行如下调用：

```
ITelephony phone =
    (ITelephony)ITelephony.Stub.asInterface(ServiceManager.getService("phone"))
phone.dial("10086");
```

对于短信应用，需要调用 SmsManager，代码如下所示：

```
SmsManager manager = SmsManager.getDefault();
manager.sendTextMessage("10086",null,"hi,this is sms";null,null);
```

这里，SmsManager 对 ISms 做了一层包装，实际上是通过调用如下的代码：

```
ISms simISms = ISms.Stub.asInterface(ServiceManager.getService("isms"));
simISms.sendRawPdu...
```

可以看到，应用程序都是采用 AIDL 来实现 IPC 的进程间通信。

对于 AIDL 应用，调用进程方存在的是一个实现接口的 Proxy 对象，通过 Proxy 对象与被调用进程中的 Stub 对象进行通信来实现 IPC 进程间通信，所以，在被调用进程一端必定有一个 ITelephony.Stub 类以及 ISms.Stub 类的实现。以电话为例，这种关系的示意图如图 18.4 所示。

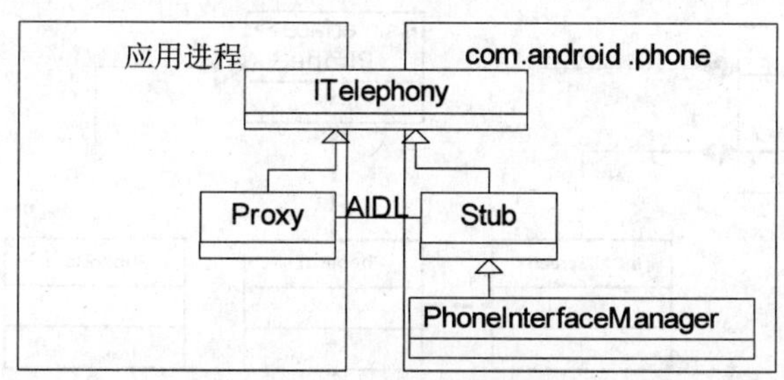

图 18.4 电话 AIDL 示意图

ITelephony.Stub 的实现类为 com.android.phone.PhoneInterfaceManager，ISms.Stub 的实现类为 com.android.internal.telephony.gsm.SimSmsInterfaceManager。从这两个类的构造函数的调用代码里可以看到它们分别进行了 Service 的注册工作。代码如下所示：

```
ServiceManager.addService("phone",this);
ServiceManager.addService("isms",this);
```

从 SimSmsInteferManager 的相关函数实现中可以看到，具体就是调用 GSMPhone 的 Sms Dispatcher 实例来进行相关操作的。

PhoneInterfaceManager 会维持一个 Phone 对象的引用，当拨号应用时，PhoneInterfaceManager 会将构造好的 Intent 传递给 PhoneApp 应用程序，该 Intent 的 className 指定为 InCallScreen，可以看到 InCallScreen 具体是通过 PhoneUtils 调用 Phone 的相关函数来实现。

具体涉及了 PhoneApp 这个类，这个类维护了一个 PhoneInterfaceManager 的引用（phoneMgr）以及一个 Phone 引用（phone），从该类的 onCreate 函数中可以看到，PhoneApp 通过 PhoneFactory

获取了一个 Phone 实例，并通过该实例实现了 PhoneInterfaceManager 对象。因此，现在我们只需要关心 PhoneFactory 具体提供的是一个什么样的 Phone 实例。

此外，PhoneApp 类还提供了一个静态函数 getInstance，以提供给 InCallScreen 调用，InCallScreen 正是通过调用该函数获得 PhoneApp 实例从而获得对应的 Phone 实例的。接下来，查看 PhoneFactory 的函数可以看到，Phone 对象对应的就是一个 GSMPhone 实例。对应的 UML 类图结构如图 18.5 所示。

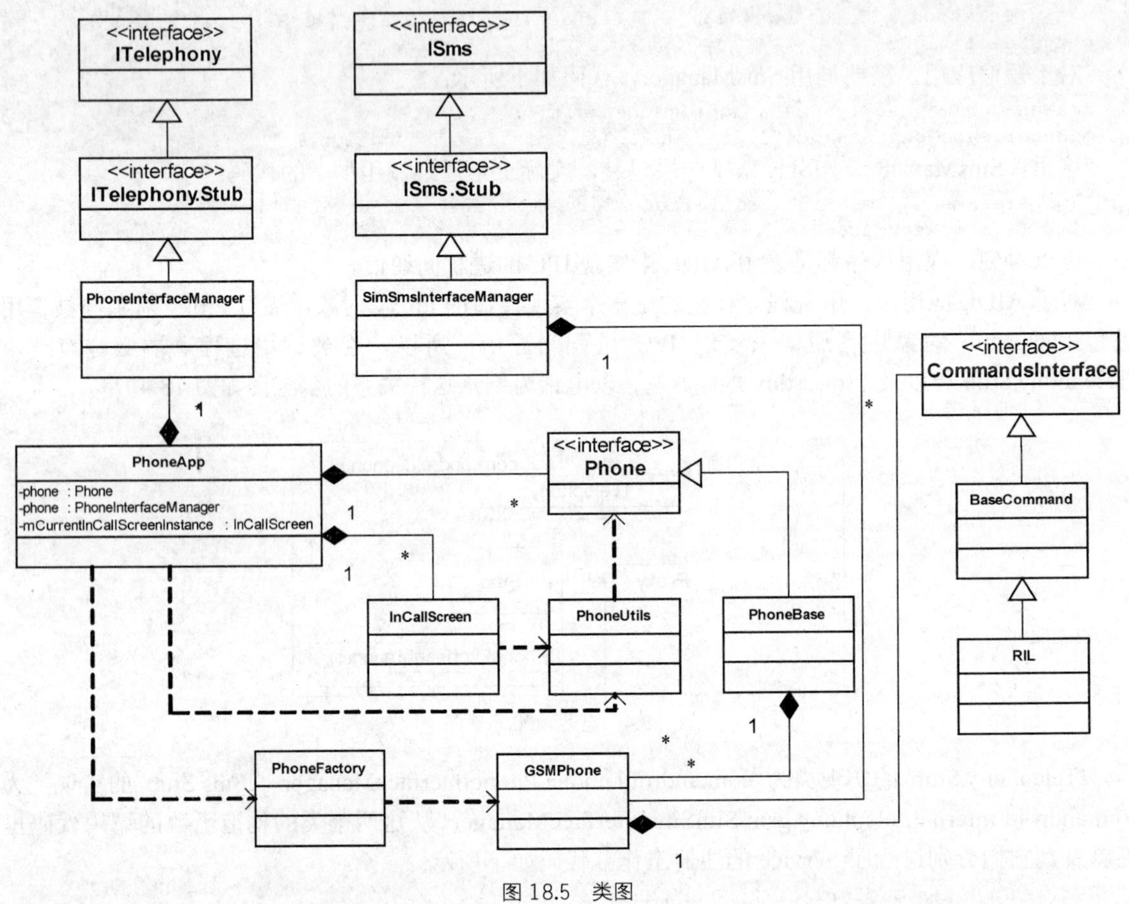

图 18.5 类图

18.5 小结

本章详细介绍了 Android 电话和短信系统，首先从应用程序 API 入手，它们提供给应用程序编译使用。然后，给出了电话和短信系统的总体架构，从宏观上对该系统有个整体认识。接下来，就开始详细分析电话系统的 RIL 的各个部分，以及建立的过程。针对 GSM 驱动模块也作了深入的分析。上层的电话和短信接口函数通过 AIDL 形式的进程间通信来完成的。

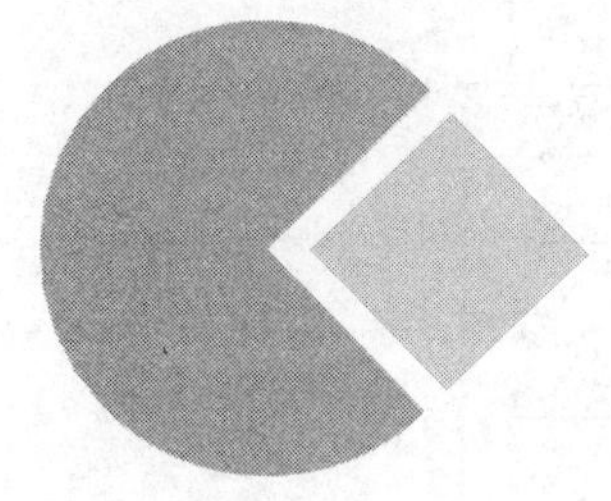

第 19 章　多媒体系统

19.1 多媒体概述

Android 多媒体系统是一个很重要的部分，包括音频、视频播放管理，以及录音和录视频功能。应用程序框架提供了一些类和接口供应用程序开发使用，例如 MediaPlayer 和 MediaRecord 类，具有音频、视频录制和播放功能。主是包含在 SDK 开发包中的两个包，android.media.audiofx 和 android.media.audiofx。在 Android 系统中还有两个原生应用程序 Music 和 Video。

Android 多媒体系统的实现是基于 OpenCore（PacketVideo）库的，同时还包含了进程间通信等内容，也就是 Binder 机制，在其他章节已经分析过了。

系统中有一个名称为 media.player 的系统服务，为框架层 MediaPlayer 类和 MediaRecorder 类提供播放和录制服务，但媒体播放的真正功能实现是在 PVPlayer、MidiFile 和 VorbisPlayer 中。media.player 服务与这种类型的播放器是通过 MediaPlayerServic:: Client 类交互的。media.player 服务的 creatPlayer( )接口会根据 playerType 建立不同的播放器：PVPlayer、MidiFile 和 VorbisPlayer。

19.2 多媒体系统架构

为了支持音频和视频的播放和录制，Android 多媒体系统在应用程序框架层提供了 MediaPlayer 和 MediaRecorder，便于应用程序开发设计，同时，通过 JNI 方式调用共享库，在共享库中相应实现了 C++版本的 MediaPlayer 和 MediaRecorder，并且它们都最终请求名称为 audioflinger 的系统服务来完成音频和视频的合成，播放和录制声音和视频数据。

多媒体系统整体架构如图 19.1 所示。其中，audioflinger 系统服务主要实现了一些基础音频功能。在 Android 平台上，AudioHardwareInterface 表示的硬件抽象层隐藏了特殊的音频驱动实现，设计的与硬件无关。硬件厂商只需要实现 AudioHardwareInterface 中定义的接口。

应用程序产生的声音和视频数据，需要 Audio Flinger 来合成，这种示意图表示了这个原理，如图 19.2 所示。

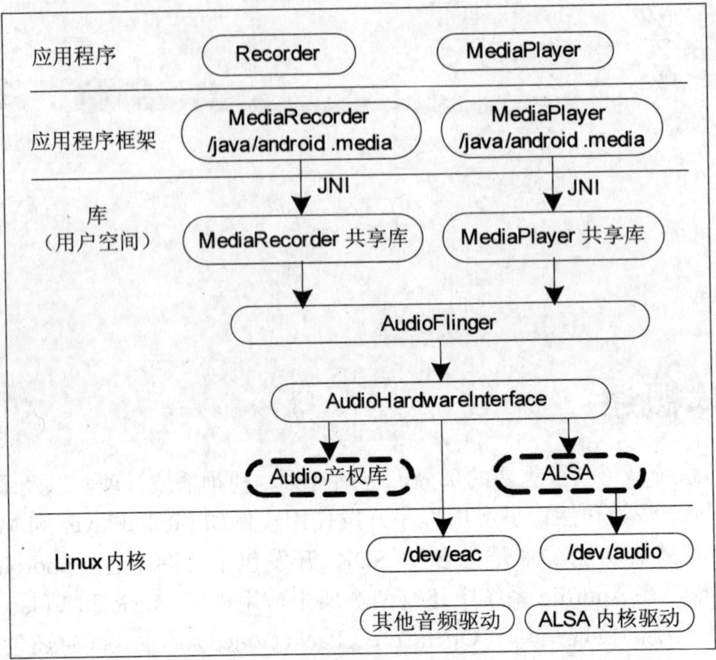

图 19.1 多媒体系统架构图

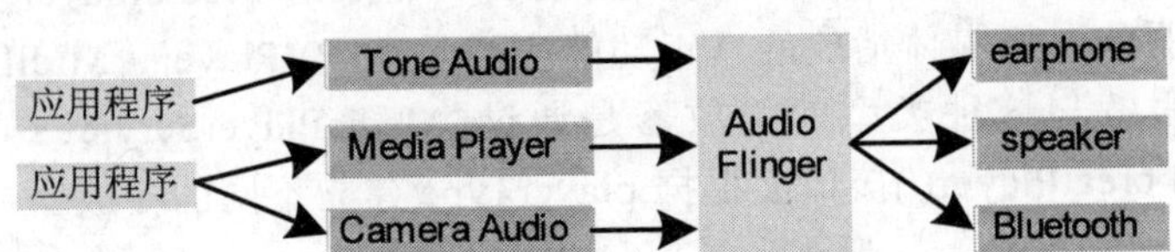

图 19.2 音频和视频的合成原理图

19.3 多媒体系统源代码分析

19.3.1 系统共享库架构及关系

音频视频相关的应用程序源代码位于 packages/apps 目录下，如前面提到的 music、recorder 等。应用框架中的类位于 frameworks/base/media/java/android/media/目录下，其中最重要的两个类文件是 MediaRecorder.java 和 MediaPlayer.java。

此外，还有支持 JNI 调用方式的 JNI 层代码文件，位于 frameworks/base/media/jni/目录下，与应用框架层的两个重要文件相对应的有 android_media_MediaRecorder.cpp 和 android_media_MediaPlayer.cpp。此目录下有个 Makefile 文件 Android.mk，可以看到这个目录下的文件被编译成了 libmedia_jni.so 共享库。

libmedia_jni.so 共享库中的文件起到承上启下的作用，承上是指上层 Java 应用程序中用到的

MediaRecorder.java 和 MediaPlayer.java，启下是指将下层的 C++语言编定的多媒体系统服务封装成一个一个的接口函数。

多媒体底层库相关的头文件和代码实现分别位于目录 frameworks/base/include/media/中和目录 frameworks/base/media/libmedia/中。这部分的内容被编译成共享库 libmedia.so。

多媒体服务是 Android 系统中的系统服务，注册到 Service Manager 中，供客户端请求使用，它的代码实现分别位于目录 frameworks/base/media/libmediaplayerservice/中，主要文件是 mediaplayerservice.h 和 mediaplayerservice.cpp。这部分内容被编译成共享库 libmediaplayerservice.so。

真正完成音频/视频的编解码的工作是由基于 OpenCore 的多媒体播放器，它的代码位于目录 external/opencore/下，这部分内容被编译成共享库 libopencoreplayer.so。libopencoreplayer.so 是主要的实现部分，而其他的库基本上都是在它上面进行封装和建立进程间通信的机制。

我们可以看一下 MediaPlayer 的各个共享库之间的关系，从而有一个直观的认识。示意图如图 19.3 所示，这也是调用关系示意图。

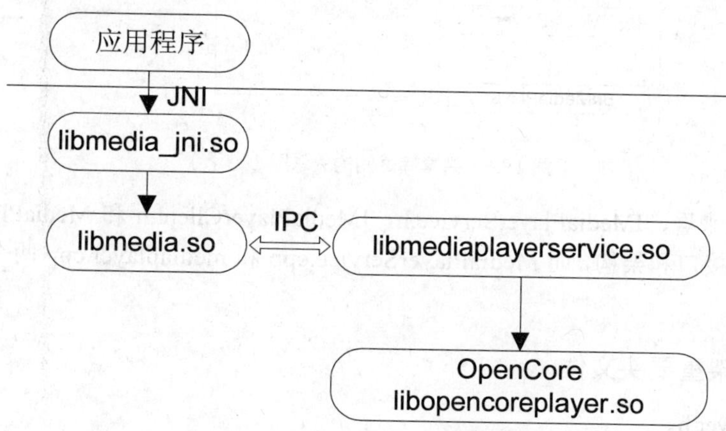

图 19.3　共享库之间的关系图

libmedia.so 位于核心的位置，它对上层提供的接口主要是通过 MediaPlayer 类，而 libmedia_jni.so 通过调用 libmedia.so 中的相关类，如 MediaPlayer 类提供 Java 接口，并且实现了 android.media.MediaPlayer 类，这样 Java 应用程序就可以通过调用该类来实现一些功能。

libmediaplayerservice.so 是服务端实现部分，它通过进程间通信机制与 libmedia.so 进行通信。libmediaplayerservice.so 的核心功能是通过调用 OpenCore 来完成。

MediaPlayer 这部分的头文件都在 frameworks/base/include/media/目录中，这个目录是和 libmedia.so 库源文件目录相对应的。主要的头文件有 IMediaPlayerClient.h、IMediaPlayer.h、ImediaPlayerService.h、MediaPlayerInterface.h 和 mediaplayer.h。其中，mediaplayer.h 提供了对上层的接口，而其他的几个头文件都是提供一些接口类，这些接口类必须被实现类继承才能够使用。

相对应于图 19.3，图 19.4 是以类继承的形式表示了这些共享库之间的调用关系。

根据服务的请求和响应关系，整个 MediaPlayer 系统结构可以大致上分成客户端和服务器端两个部分，而且，这两部分运行在两个进程中，服务器端是为了提供服务，是一直运行的，而客户端可以有很多，调用服务来完成某些任务。因为客户端和服务器端在两个进程中，所以进程间通信使用 Binder 机制实现。

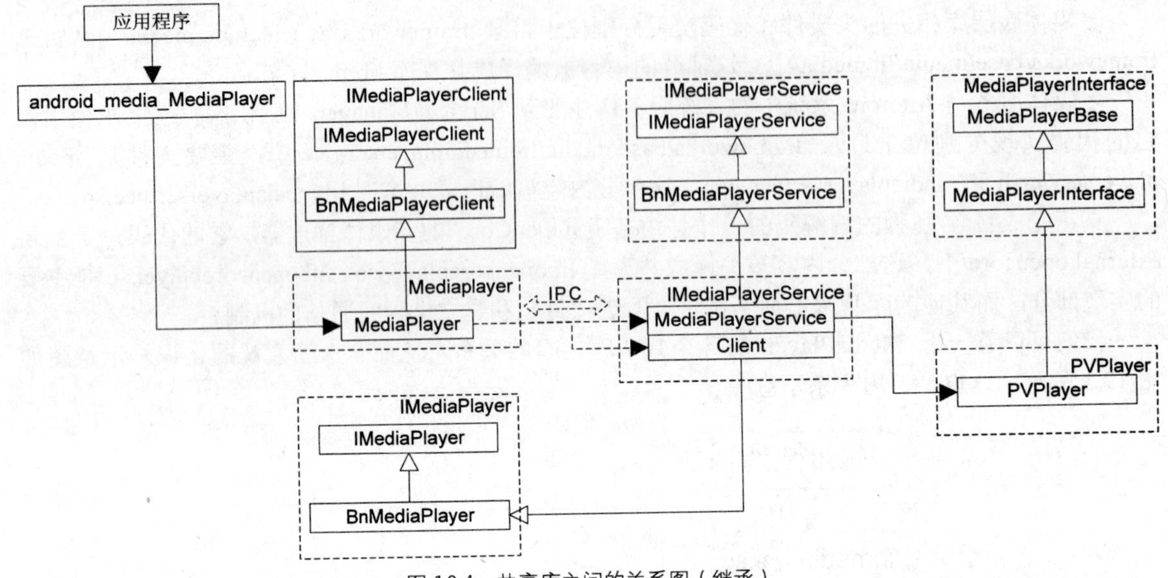

图 19.4　共享库之间的关系图（继承）

从框架结构上来看，IMediaPlayerService.h、IMediaPlayerClient.h 和 MediaPlayer.h 3 个类定义了 MeidaPlayer 的接口和架构，而 MediaPlayerService.cpp 和 mediaplayer.cpp 两个文件用于功能的具体实现。

19.3.2　系统框架重要头文件

（1）mediaplayer.h。

mediaplayer.h 头文件是 libmedia.so 共享库中的文件，定义向上层提供功能的各种接口，它最主要是定义了一个 MediaPlayer 类，源代码如下所示：

```
class MediaPlayer : public BnMediaPlayerClient
{
public:
    MediaPlayer();
    ~MediaPlayer();
    void onFirstRef();
    void disconnect();
    status_t    setDataSource(const char *url);
    status_t    setDataSource(int fd, int64_t offset, int64_t length);
    status_t    setVideoSurface(const sp<Surface>& surface);
    status_t    setListener(const sp<MediaPlayerListener>& listener);
    status_t    prepare();
    status_t    prepareAsync();
    status_t    start();
    status_t    stop();
    status_t    pause();
    bool        isPlaying();
    status_t    getVideoWidth(int *w);
```

```
        status_t    getVideoHeight(int *h);
        status_t    seekTo(int msec);
        status_t    getCurrentPosition(int *msec);
        status_t    getDuration(int *msec);
        status_t    reset();
        status_t    setAudioStreamType(int type);
        status_t    setLooping(int loop);
        status_t    setVolume(float leftVolume, float rightVolume);
        void    notify(int msg, int ext1, int ext2);
        static    sp<IMemory>    decode(const char* url, uint32_t *pSampleRate,
                                int* pNumChannels);
        static    sp<IMemory>    decode(int fd, int64_t offset, int64_t length,
                                uint32_t *pSampleRate, int*  pNumChannels);
    private:
      ……
    }
```

从接口中可以看到 MediaPlayer 类所实现的一些基本操作，包括播放（start）、停止（stop）、暂停（pause）等。

还定义了另外的一个类 DeathNotifier，这个类继承了 IBinder 类中的 DeathRecipient 类。为了实现进程间通信，事实上 MediaPlayer 类正是间接地继承了 IBinder，而 MediaPlayer:: DeathNotifier 类继承了 IBinder：DeathRecipient。DeathRecipient 类定义的代码如下：

```
class DeathNotifier: public IBinder:: DeathRecipient
{
public:
    DeathNotifier() {}
    virtual ~DeathNotifier();
    virtual void binderDied(const wp<IBinder>& who);
};
```

（2）IMediaPlayer.h。

IMediaPlayer.h 文件中主要是一个实现 MediaPlayer 功能的接口头文件，这个文件中定义了两个类 IMediaPlayer 和 BnMediaPlayer。IMediaPlayer 类的定义如下所示：

```
class IMediaPlayer: public IInterface
{
public:
    DECLARE_META_INTERFACE(MediaPlayer);
    virtual void    disconnect() = 0;
    virtual status_t    setVideoSurface(const sp<ISurface>& surface) = 0;
    virtual status_t    prepareAsync() = 0;
    virtual status_t    start() = 0;
    virtual status_t    stop() = 0;
    virtual status_t    pause() = 0;
    virtual status_t    isPlaying(bool* state) = 0;
    virtual status_t    getVideoSize(int* w, int* h) = 0;
    virtual status_t    seekTo(int msec) = 0;
    virtual status_t    getCurrentPosition(int* msec) = 0;
    virtual status_t    getDuration(int* msec) = 0;
    virtual status_t    reset() = 0;
    virtual status_t    setAudioStreamType(int type) = 0;
    virtual status_t    setLooping(int loop) = 0;
    virtual status_t    setVolume(float leftVolume, float rightVolume) = 0;
};
```

在 IMediaPlayer 类中，主要定义 MediaPlayer 的功能接口，这个类必须被继承才能够使用。这些接口和 MediaPlayer 类的接口有些类似，但是它们并没有直接的关系。事实上，在 MediaPlayer 类的各种实现中，一般都会通过调用 IMediaPlayer 类的实现类来完成。

BnMediaPlayer 类的定义如下所示：

```
class BnMediaPlayer: public BnInterface<IMediaPlayer>
{
public:
    virtual status_t    onTransact( uint32_t code,
                                    const Parcel& data,
                                    Parcel* reply,
                                    uint32_t flags = 0);
};
```

（3）IMediaPlayerService.h。

IMediaPlayerService.h 用于描述一个 MediaPlayer 的服务。由于纯虚函数，IMediaPlayerService 以及 BnMediaPlayerService 只有在被继承并且实现时才能够使用，而 IMediaPlayerService 定义的 create 和 decode 等一系列接口，有一部分需要被继承者实现并做一些动作。其中，create 函数的返回值的类型是 sp<IMediaPlayer>，这个 IMediaPlayer 正是提供实现功能的接口。

其源代码如下所示：

```
class IMediaPlayerService: public IInterface
{
public:
    DECLARE_META_INTERFACE(MediaPlayerService);
    virtual sp<IMediaPlayer> create(pid_t pid, const sp<IMediaPlayerClient>& client,
                           const char* url) = 0;
    virtual sp<IMediaPlayer> create(pid_t pid, const sp<IMediaPlayerClient>& client,
                          int fd, int64_t offset, int64_t length) = 0;
    virtual sp<IMemory> decode(const char* url, uint32_t *pSampleRate,
                         int* pNumChannels) = 0;
    virtual sp<IMemory> decode(int fd, int64_t offset, int64_t length,
                         uint32_t *pSampleRate, int* pNumChannels) = 0;
};
class BnMediaPlayerService: public BnInterface<IMediaPlayerService>
{
public:
    virtual status_t    onTransact( uint32_t code,
                                    const Parcel& data,
                                    Parcel* reply,
                                    uint32_t flags = 0);
};
```

19.3.3 MediaPlayer 分析

（1）应用程序层部分。

应用程序层中的 MediaPlaybackService 类调用了 MediaPlayer。可以查一下它的源代码，在 MediaPlaybackService.java 文件中包含对包的引用：

```
import android.media.MediaPlayer;
```

在 MediaPlaybackService 类的内部，定义了 MultiPlayer 类，代码如下所示：

```
private class MultiPlayer {
     private MediaPlayer mMediaPlayer = new MediaPlayer();
}
```

在代码中可以看到，MultiPlayer 类中定义了 MediaPlayer 对象，其中有一些对这个 MediaPlayer 的调用，调用的过程如下所示：

```
mMediaPlayer.reset();
mMediaPlayer.setDataSource(path);
mMediaPlayer.setAudioStreamType(AudioManager.STREAM_MUSIC);
```

代码中的 reset、setDataSource 和 setAudioStreamType 等接口就是通过 Java 本地调用（JNI）来实现的，通过直接调用本地代码来实现它的功能。

（2）Java 本地调用部分。

JNI 层代码在 frameworks/base/media/jni/目录下的 android_media_MediaPlayer.cpp 文件中。在这个文件中定义了一个 JNINativeMethod 类型的数组 gMethods，其中每一个数组元素表示的是 Java 层函数和本地 C 函数的对应关系，代码如下所示：

```
static JNINativeMethod gMethods[] = {
   {"setDataSource", "(Ljava/lang/String;)V",
             (void *)android_media_MediaPlayer_setDataSource},
   {"setDataSource", "(Ljava/io/FileDescriptor;JJ)V",
             (void *)android_media_MediaPlayer_setDataSourceFD},
    {"prepare", "()V", (void *)android_media_MediaPlayer_prepare},
    {"prepareAsync", "()V", (void *)android_media_MediaPlayer_prepareAsync},
    {"_start", "()V", (void *)android_media_MediaPlayer_start},
    {"_stop", "()V", (void *)android_media_MediaPlayer_stop},
    {"getVideoWidth", "()I", (void *)android_media_MediaPlayer_getVideoWidth},
    {"getVideoHeight", "()I", (void *)android_media_MediaPlayer_getVideoHeight},
    {"seekTo", "(I)V", (void *)android_media_MediaPlayer_seekTo},
    {"_pause", "()V", (void *)android_media_MediaPlayer_pause},
    {"isPlaying", "()Z", (void *)android_media_MediaPlayer_isPlaying},
    {"getCurrentPosition", "()I",
            (void *)android_media_MediaPlayer_getCurrentPosition},
    {"getDuration", "()I", (void *)android_media_MediaPlayer_getDuration},
    {"_release", "()V", (void *)android_media_MediaPlayer_release},
    {"_reset", "()V", (void *)android_media_MediaPlayer_reset},
   {"setAudioStreamType", "(I)V",
          (void *)android_media_MediaPlayer_setAudioStreamType},
    {"setLooping", "(Z)V", (void *)android_media_MediaPlayer_setLooping},
    {"setVolume", "(FF)V", (void *)android_media_MediaPlayer_setVolume},
    {"getFrameAt", "(I)Landroid/graphics/Bitmap;",
                 (void *)android_media_MediaPlayer_getFrameAt},
    {"native_setup", "(Ljava/lang/Object;)V",
                 (void *)android_media_MediaPlayer_native_setup},
    {"native_finalize", "()V", (void *)android_media_MediaPlayer_native_finalize},
}
```

结构体 Jninativemethod 的第一个成员是一个字符串，表示 Java 本地调用方法的名称，也就是说这个名称是在 Java 程序中调用的名称；第二个成员也是一个字符串，表示 Java 本地调用方法的参数和返回值；第三个成员是 Java 本地调用方法对应的 C 语言函数，也就是在 C 程序中使用的函数名。

其中，在 android_media_MediaPlayer_reset 的调用中，得到一个 MediaPlayer 指针，通过调用它实现实际的功能。这个函数的实现如下所示：

```
static void android_media_MediaPlayer_reset(JNIEnv *env, jobject thiz)
{
    sp<MediaPlayer> mp = getMediaPlayer(env, thiz);
    if (mp == NULL ) {
        jniThrowException(env, "java/lang/IllegalStateException", NULL);
        return;
    }
    process_media_player_call( env, thiz, mp->reset(), NULL, NULL );
}
```

有了 JNINativeMethod 类型的数组 gMethods，即本地函数和 Java 层函数的对应关系数据，通过 register_android_media_MediaPlayer 函数就可以将 gMethods 注册给类“android/media/MediaPlayer”，它对应着 Java 类 android.media.MediaPlayer。源代码实现如下所示：

```
static int register_android_media_MediaPlayer(JNIEnv *env)
{
   jclass clazz;
   clazz = env->FindClass("android/media/MediaPlayer");
  ...
  return AndroidRuntime::registerNativeMethods(env, "android/media/MediaPlayer",
                               gMethods, NELEM(gMethods));
}
```

（3）核心库 libmedia.so。

mediaplayer.cpp 文件用于实现 mediaplayer.h 提供的接口，其中有一个函数 getMediaPlayerService( )用于请求服务器端的引用，进而用来请求它的若干服务，源代码如下所示：

```
const sp<IMediaPlayerService>& MediaPlayer::getMediaPlayerService()
{
    Mutex::Autolock _l(mServiceLock);
    if (mMediaPlayerService.get() == 0) {
        sp<IServiceManager> sm = defaultServiceManager();
        sp<IBinder> binder;
      do {
           binder = sm->getService(String16("media.player"));
           if (binder != 0)
             break;
           LOGW("MediaPlayerService not published, waiting...");
           usleep(500000);
        } while(true);
        if (mDeathNotifier == NULL) {
        mDeathNotifier = new DeathNotifier();
    }
        binder->linkToDeath(mDeathNotifier);
        mMediaPlayerService = interface_cast<IMediaPlayerService>(binder);
    }
    LOGE_IF(mMediaPlayerService==0, "no MediaPlayerService!?");
    return mMediaPlayerService;
}
```

其中，binder = sm→getService（String16（"media.player"））语句表示的是从 Service Manager 中得到一个名称为“media.player”的系统服务，这个函数返回值的类型为 IBinder，然后将其转换成类型 IMediaPlayerService 后再使用。

一个具体的函数 setDataSource，设置播放数据源文件。在 setDataSource 函数中，调用 getMediaPlayerService 得到了一个 IMediaPlayerService，又从 IMediaPlayerService 中得到了

IMediaPlayer 类型的指针，通过这个指针执行具体的操作。实现为如下所示：

```
status_t MediaPlayer::setDataSource(const char *url)
{
    LOGV("setDataSource(%s)", url);
    status_t err = UNKNOWN_ERROR;
    if (url != NULL) {
        const sp<IMediaPlayerService>& service(getMediaPlayerService());
        if (service != 0) {
            sp<IMediaPlayer> player(service->create(getpid(), this, url));
            err = setDataSource(player);
        }
    }
    return err;
}
```

其他一些函数的实现与 setDataSource 类似。

为了实现 Binder 的具体功能，在这些类中还需要实现一个 BpXXX 的类，例如，文件 IMediaPlayerClient.cpp、BpMediaPlayerClient 的实现代码如下所示：

```
class BpMediaPlayerClient: public BpInterface<IMediaPlayerClient>
{
public:
    BpMediaPlayerClient(const sp<IBinder>& impl)
    : BpInterface<IMediaPlayerClient>(impl){}
    virtual void notify(int msg, int ext1, int ext2)
    {
        Parcel data, reply;
        data.writeInterfaceToken(IMediaPlayerClient::getInterfaceDescriptor());
        data.writeInt32(msg);
        data.writeInt32(ext1);
        data.writeInt32(ext2);
        remote()->transact(NOTIFY, data, &reply, IBinder::FLAG_ONEWAY);
    }
};
```

还需要定义宏 IMPLEMENT_META_INTERFACE，定义如下所示：

```
IMPLEMENT_META_INTERFACE(MediaPlayerClient, \
                          "android.hardware.IMediaPlayerClient");
```

以上的实现方式都是根据 Binder 框架结构完成，只需要按照模板实现即可。其中 BpXXX 的类为代理类（proxy），BnXXX 的类为本地类（native）。代理类的 transact 函数和本地类的 onTransact 函数实现对应的通信。

（4）多媒体的服务部分。

在设备的目录/servers/media/下有多媒体服务，它是由 MediaPlayerService.h 和 MediaPlayer Service.cpp 实现的，它们在 frameworks\base\media\libmediaplayerservice 目录下。

MediaPlayerService 是继承 BnMediaPlayerService，在这个类的内部又定义了 Client 类，MediaPlayerService:：Client 继承了 BnMediaPlayer。具体如下所示：

```
class MediaPlayerService : public BnMediaPlayerService
{
    class Client : public BnMediaPlayer
}
```

在 MediaPlayerService 中具有如下一个静态函数 instantiate，用于创建 media.player 服务，并将

其注册到 Service Manager 中。这个函数的源代码如下所示：

```
void MediaPlayerService::instantiate() {
    defaultServiceManager()->addService(
    String16("media.player"), new MediaPlayerService());
}
```

mediaplayer.cpp 中调用 getService 函数得到服务名称与 instantiate 函数注册时用的名称“media.player”是一样的。因此，在这里调用 addService 注册服务，在 mediaplayer.cpp 中可以按照名称“media.player”来调用服务。依靠 Binder 机制实现进程间通信，实际上，这个 MediaPlayerService 类是在服务端中运行，而 mediaplayer.cpp 调用的功能在应用中运行，但是在 mediaplayer.cpp 中却像一个进程的调用一样调用 MediaPlayerService 的功能。

在 MediaPlayerService.cpp 中的 createPlayer 函数如下所示：

```
static sp<MediaPlayerBase> createPlayer(player_type playerType, void* cookie,
                                         notify_callback_f notifyFunc)
{
    sp<MediaPlayerBase> p;
    switch (playerType) {
        case PV_PLAYER:
            LOGV(" create PVPlayer");
            p = new PVPlayer();
            break;
        case SONIVOX_PLAYER:
            LOGV(" create MidiFile");
            p = new MidiFile();
            break;
        case VORBIS_PLAYER:
            LOGV(" create VorbisPlayer");
            p = new VorbisPlayer();
            break;
    }
    ……
    return p;
}
```

从代码中可以看到，根据 playerType 的类型不同建立不同的播放器。类型是 PV_PLAYER 时，创建 PVPlayer 对象，建立一个 PVPlayer 类型播放器，然后将其转换成 MediaPlayerBase 后再使用；对于 Mini 文件的情况，类型为 SONIVOX_PLAYER，将会建立一个 MidiFile 对象；对于类型为 Ogg Vorbis 的情况，将会建立一个 VorbisPlayer 对象。

MidiFile.h 和 MidiFile.cpp 的实现 MidiFile，VorbisPlayer.h 和 VorbisPlayer.cpp 实现一个 VorbisPlayer。可以发现 PVPlayer、MidiFile 和 VorbisPlayer 3 个类都是继承 MediaPlayerInterface，而 MediaPlayerInterface 又是继承 MediaPlayerBase 的，因此 3 者具有相同接口类型。只有建立的时候会调用各自的构造函数，在建立之后，将只通过 MediaPlayerBase 接口来控制它们。

（5）多媒体的基础部分。

多媒体系统的基础是通过 OpenCore 提供最底的功能实现，它位于 external/opencore/目录下。最终编译成共享库 libopencoreplayer.so。OpenCore Player 是一个基于 OpenCore 的 Player 的实现。具体实现的文件为 playerdriver.cpp，其中实现了两个类：PlayerDriver 和 PVPlayer。PVPlayer 通过调用 PlayerDriver 的函数实现具体的功能。

19.4　OpenCore 概述

OpenCore 是一套多媒体框架的软件层的名称，是 PacketVideo 公司负责开发的，它是一个基于 C++语言的实现，定义了全功能的操作系统移植层，各种基本的功能均被封装成类的形式，各层次之间的接口多使用继承等方式。在 Android 系统中，将它引进过来，作为 Android 系统多媒体的基础，然后在它的基础上封装和增加一些进程间通信功能，以提供给上层应用程序开发使用。

OpenCore 是一个多媒体的框架，从宏观上来看，它主要包含了两大方面的内容。一是 PVPlayer，提供媒体播放器的功能，完成各种音频、视频流的回放功能；另一个是 PVAuthor，提供媒体流记录的功能，完成各种音频、视频流录制以及静态图像捕获功能。

PVPlayer 和 PVAuthor 通常是以 SDK 中封装的 API 的形式提供给开发者，可以在这个 SDK 之上构建多种应用程序和服务。在移动终端中使用的多媒体应用程序有媒体播放器、照相机、录像机、录音机等。

OpenCore 的整个框架结构如图 19.5 所示。最底层的是操作系统兼容库（Operating System Compatibility Library），包含了一些操作系统底层的操作，便于移植到不同操作系统，其中包含了基本数据类型、配置、字符串工具、IO、错误处理和线程等内容，好像是基础的 C++库。

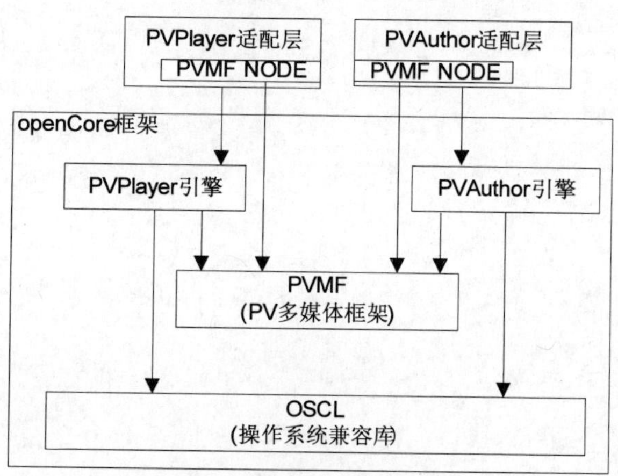

图 19.5　openCore 构架结构

PV 多媒体框架（PacketVideo Multimedia Framework）的功能是在框架内实现一个文件解析和组成及编解码的 NODE，也可以继承其通用的接口，在用户层实现一些 NODE。

在框架结构的最上层是 PVPlayer 引擎（PVPlayer Engine）和 PVAuthor 引擎（PVAuthor Engine）。上层的适配层和应用程序可以通过 openCore 提供的一些 API 调用相应的功能。

实际上，OpenCore 还包含很多其他方面的内容。从播放的角度，PVPlayer 的输入源是文件或者网络媒体流，输出是音频/视频输出设备，提供了媒体流控制、文件解析、音频/视频流的解码等方面的功能。除了播放本地媒体文件，还可以播放与网络相关的 RTSP 流（Real Time Stream Protocol）。

在媒体流录制方面，PVAuthor 的输入源可以是照相机和麦克风等设备，输出是各种文件，包含了流的同步、音频/视频流的编码，以及文件的写入等功能。

在使用 OpenCore SDK 提供的功能 API 时，在应用程序层可能需要实现一个适配器，在适配器之上实现具体的业务逻辑功能。PVMF 的 NODE 也可以基于通用的接口，在上层实现，以插件的形式使用。

19.5 小结

本章介绍了 Android 多媒体系统的架构，并结合源码分析其是如何实现的，对多媒体系统有更深刻的理解。首先是给出了多媒体系统整个架构，从宏观上把握；然后，以多媒体使用到的共享库以动态调用的方式认识 Android 中的具体实现过程，给读者一个立体的呈现。接下来，对源码逐步深入分析。最后，简单介绍了多媒体的真正实现基础 openCore。

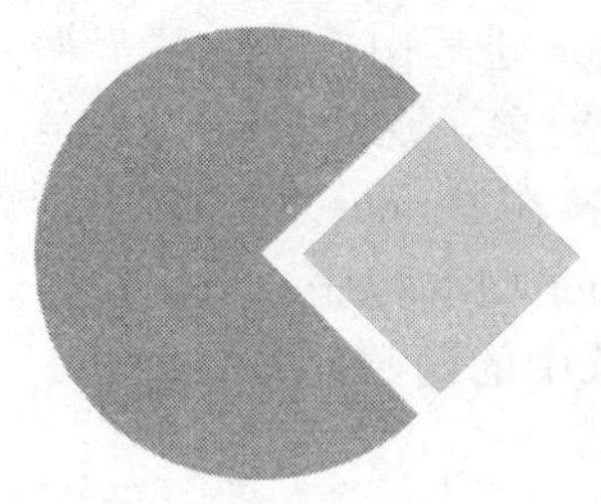

第 20 章 Binder 通信机制

20.1 Binder 通信机制概述

Android 系统是基于 Linux 的内核构建的，并且增加 Java 虚拟机（Dalvik 虚拟机），通过 Java 虚拟机支撑由 Java 语言开发的框架层和应用层系统。

我们知道，在 Linux 系统中，进程间的通信方式有很多种，如 Socket 通信、管道通信、消息队列通信和信号量通信等。在 Java 系统中的进程间通信方式也有很多，如 Socket 通信、命名管道通信等，因此，Android 应用程序当然也可以使用 Java 的进程间的通信。

但是，在 Android 系统中并没有使用这些通信机制，而使用了 Android 团队开发的一个新的进程间通信机制——Binder 通信机制。

无论采用哪种进程间通信机制，都避免不了讨论它的通信效率。Binder 通信方式的效率是比较高的，这也是采用它的很重要的一个原因，下面就来详细讲解它。

Binder 通信是通过 Linux 的 Binder Driver 来实现的，Binder 通信涉及的两个进程间通信，看起来就象是一个进程进入另一个进程执行代码，然后带着执行的结果返回。Binder 的用户空间为每一个进程维护着一个可用的线程池，线程池用于处理这种进程间调用请求，以及执行进程的本地消息，此外，Binder 通信是同步方式，而非异步方式。

Android 中的 Binder 通信是服务器（Server）和客户端（Client）形式的，所有需要 IBinder 通信的进程都必须创建一个 IBinder 接口，系统中有一个进程 system_manager 管理着所有的系统服务，这个进程可以看作是系统服务的管理器，当然，也可以把它看是一个特殊的系统服务。

对应用程序来说，我们也需要创建 Server，或者 Service 类用于进程间通信。系统服务中有一个名称为 Activity 的系统服务，它也是由 system_manager 进程管理着，它对应的代码源文件为 ActivityManagerService.java，管理着应用层所有的 Service 创建、连接（Connect）和断开连接（Disconnect），应用层所有的 Activity 也是通过这个系统服务来启动和加载的。

应用程序启动之前，也就是应用程序 Dalvik 虚拟机启动之前，系统会先启动 system_manager 进程，system_manager 打开 Binder 驱动，并通知 Binder Kernel 驱动程序这个进程将作为系统服务管理器（即 System Manager），然后该进程将进入一个循环，等待处理来自其他进程的数据。

用户创建一个系统服务后，通过 defaultServiceManager 获得远程 Service Manager 接口，通

过这个接口可以调用 addService 函数将系统服务添加到 system_manager 进程中，然后客户端可以通过 getService 函数获取到需要连接的目标系统服务的 IBinder 对象，这个 IBinder 是 Service 的 BBinder 在 Binder Kernel 的引用，所以目标系统服务 IBinder 在 Binder Kernel 中不会存在相同的两个 IBinder 对象，每一个客户端进程同样需要打开 Binder 驱动程序。对用户程序而言，获得这个对象后，就可以通过 Binder Kernel 访问目标服务对象中的函数。从而实现了跨进程间的通信。

20.2 Binder 通信机制工作原理

20.2.1 Binder 组织结构

Binder 通信机制主要是有 4 部分组成，Binder 驱动、系统服务、系统服务管理器和客户端，每部分都负责着不同的功能，它的整体结构如图 20.1 所示。

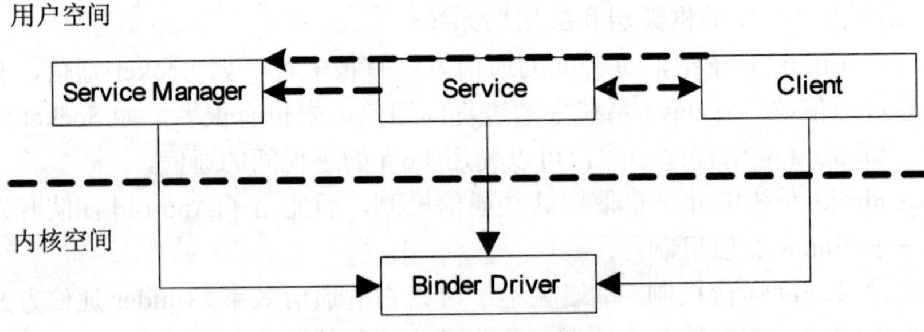

图 20.1　Binder 整体结构图

Binder 驱动，在 Linux 内核中实现，它是内核中的一个字符驱动设备，位于/dev/binder。实现源代码文件为 Binder.c。它是 Android 系统进程间通信的核心部分，通过它，客户端的服务代理向服务端发送请求，服务端也是通过它把处理结果返回给客户端的服务代理对象。

Binder 通信机制中涉及的服务指的是系统服务，而不是指应用程序框架中定义的服务，即 Java 语言编写的 Service 类。Android 系统中定义了 40 多个系统服务，只有一部分是可以供应用层级的程序用的，另一些在系统内部使用，而不暴露给应用层使用。

服务管理器（Service Manager），负责着管理 Android 系统中所有系统服务。客户端需要向系统管理器来查询和获得所需要服务。服务端也需要向系统管理器注册自己提供的服务。我们可以看出服务管理器是所有系统服务的管理者。

客户端一般是指 Android 系统上面的应用程序，它可以请求服务端中的服务，来完成一些功能更强的任务。

20.2.2 Binder 通信时序

新建一个客户端 A 和一个服务端 B，假设这个客户端 A 需要请求服务端 B 的服务，也就是需要建立客户端 A 和服务端 B 之间的进程间通信。这个完整的流程描述如下。

（1）服务端 B 打开 Binder 驱动，并将自己的进程信息注册到 Binder Kernel，然后再为服务端 B 创建一个对象的引用，即 binder_ref。

（2）服务端 B 通过 add_service 函数，将服务端 B 的一些信息添加到 service_manager 进程中，进行注册。

（3）服务端 B 的线程池挂起，以等待客户端的请求。

（4）客户端 A 调用 open_driver 打开 Binder 驱动，将自己的进程信息注册到 Binder Kernel，同时，为服务端创建一个 binder_ref。

（5）客户端 A 调用 defaultManagerService 的 getService 函数，得到服务端 B 在 Binder Kernel 中的 IBinder 对象。

（6）通过 transact 函数与 Binder kernel 通信，Binder Kernel 将 Client A 挂起。

（7）Binder Kernel 恢复服务端 B 的线程池中的线程，并在 joinThreadPool 函数中处理客户端的请求。

（8）Binder Kernel 挂起服务端 B，并将服务端 B 返回的数据写到客户端 A 指定的对象。

（9）Binder Kernle 恢复客户端 A，以完成整个通信。

Binder Kernel 在客户端 A 与服务端 B 之间起着中间代理的角色。任何通过 transact 函数传递的 IBinder 对象都会在 Binder Kernel 中创建一个与此相关联的惟一的 BInder 对象，用来区分不同的客户端。

下面来看一下 Binder 通信的时序图，如图 20.2、图 20.3 和图 20.4 所示。

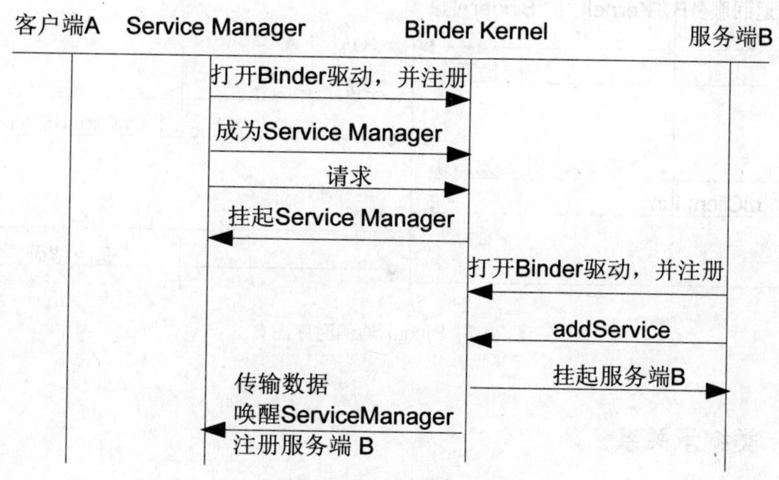

图 20.2 Binder 通信时序图 1

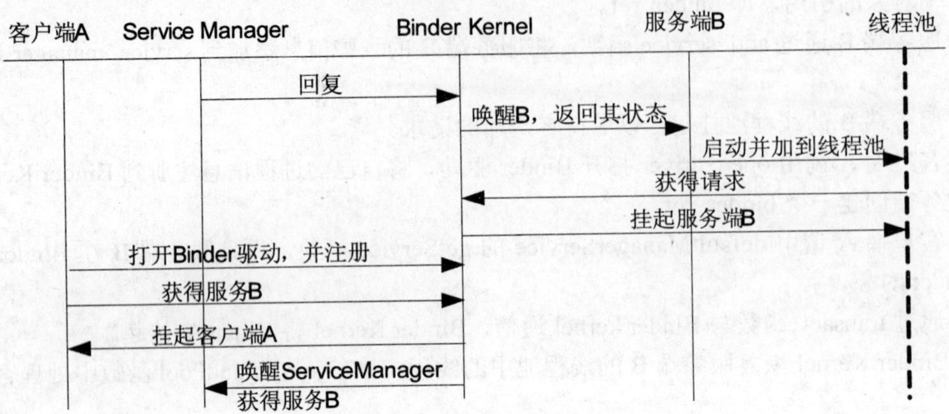

图 20.3 Binder 通信时序图 2

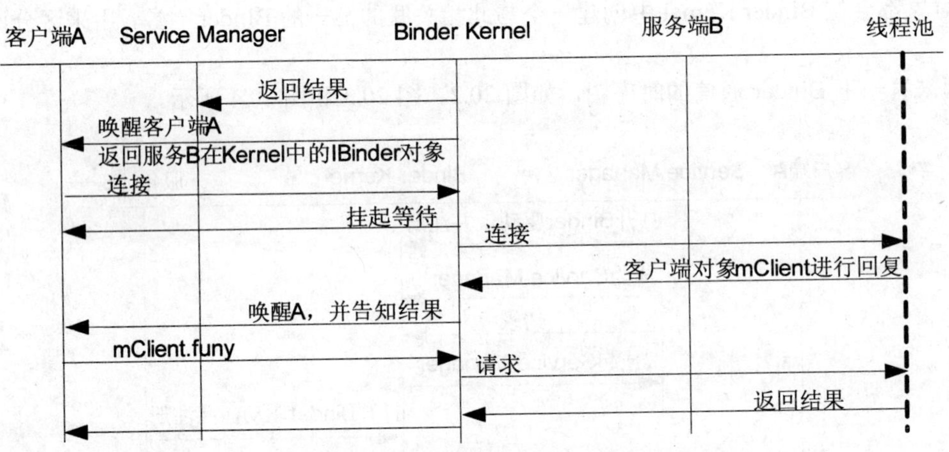

图 20.4 Binder 通信时序图 3

20.2.3 Binder 类继承关系

在 Binder 机制中，从静态的角度上看，定义了很多类构建 Binder 的完整结构，以提供相应的通信能力。Binder 机制中的类继承关系如图 20.5 所示。

其中，浅灰色是 Binder 机制框架类，为了便于扩展出服务端类和客户端类，深灰色便是真正的服务端类，提供真正的服务能力，需要实现。根据具体的服务功能，将其中的 ABC 替换为合适的名字。

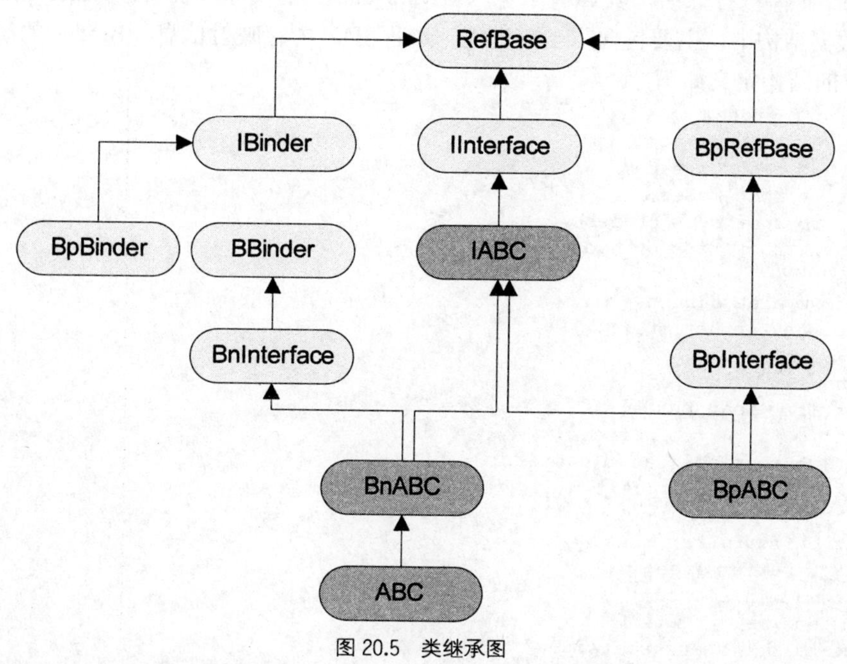

图 20.5　类继承图

20.3　Binder 源代码分析

20.3.1　Binder 源代码文件及其解析

（1）Binder 驱动程序。

Binder 驱动程序的源代码位于以下的文件中：

```
kernel/include/linux/binder.h
kernel/drivers/misc/binder.c
```

Binder 驱动程序是一个 misc device，主设备号为 10，此设备号使用动态获得（MISC_DYNAMIC_MINOR），其设备的节点为/dev/binder。Binder 驱动程序会在 proc 文件系统中建立自己的信息，其文件夹为/proc/binder，其中包含如下内容。

- proc 目录：调用 Binder 各个进程的内容。
- state 文件：使用函数 binder_read_proc_state。
- stats 文件：使用函数 binder_read_proc_stats。
- transactions 文件：使用函数 binder_read_proc_transactions。
- transaction_log 文件：使用函数 binder_read_proc_transaction_log，其参数为 binder_transaction_log，类型为 struct binder_transaction_log。
- failed_transaction_log 文件中：使用函数 binder_read_proc_transaction_log，其参数为 binder_transaction_log_failed，类型为 struct binder_transaction_log。

在 Binder 文件被打开后，其私有数据（private_data）的类型，struct binder_proc。在 struct binder_proc 数据结构中，主要包含了当前进程、进程 ID、内存映射信息、Binder 的统计信息和线程信息等。它的结构定义如下：

```
struct binder_proc {
    struct hlist_node proc_node;
    struct rb_root threads;
    struct rb_root nodes;
    struct rb_root refs_by_desc;
    struct rb_root refs_by_node;
    int pid;
    struct vm_area_struct *vma;
    struct task_struct *tsk;
    void *buffer;
    size_t user_buffer_offset;
    struct list_head buffers;
    struct rb_root free_buffers;
    struct rb_root allocated_buffers;
    size_t free_async_space;
    struct page **pages;
    size_t buffer_size;
    uint32_t buffer_free;
    struct list_head todo;
    wait_queue_head_t wait;
    struct binder_stats stats;
    struct list_head delivered_death;
    int max_threads;
    int requested_threads;
    int requested_threads_started;
    int ready_threads;
    long default_priority;
};
```

在用户空间对 Binder 驱动程序进行控制主要使用的接口是 mmap、poll 和 ioctl，其中，ioctl 主要使用的 ID 为：

```
#defineBINDER_WRITE_READ              _IOWR('b', 1, struct binder_write_read)
#define   BINDER_SET_IDLE_TIMEOUT     _IOW('b', 3, int64_t)
#define   BINDER_SET_MAX_THREADS      _IOW('b', 5, size_t)
#define   BINDER_SET_IDLE_PRIORITY    _IOW('b', 6, int)
#define   BINDER_SET_CONTEXT_MGR      _IOW('b', 7, int)
#define   BINDER_THREAD_EXIT          _IOW('b', 8, int)
#define   BINDER_VERSION              _IOWR('b', 9, struct binder_version)
```

我们来看第一个宏，BINDER_WRITE_READ 是最重要的 ioctl，它使用一个数据结构 binder_write_read 定义读写的数据：

```
struct binder_write_read {
        signed long   write_size;
        signed long   write_consumed;
        unsigned long   write_buffer;
        signed long   read_size;
        signed long   read_consumed;
        unsigned long   read_buffer;
};
```

在 binder.h 头文件中，有 BinderDriverReturnProtocol 枚举类型，表示 Binder 驱动返回协议。其

中，定义了 BR_XXX 的常量值，它们的取值分别由带参数的宏_IOR 指定。

还有 BinderDriverCommandProtocol 枚举类型，表示 Binder 驱动命令协议。其中，定义了 BC_XXX 的常量值，它们的取值分别由带参数的宏_IOW 指定。

结构体 binder_thread 是 Binder 驱动程序中使用的另外一个重要的数据结构，binder_thread 的各个成员信息是从 rb_node 中获得的。数据结构的定义如下所示：

```
struct binder_thread {
    struct binder_proc *proc;
        struct rb_node rb_node;
        int pid;
        int looper;
        struct binder_transaction *transaction_stack;
        struct list_head todo;
        uint32_t return_error;
        uint32_t return_error2;
        wait_queue_head_t wait;
        struct binder_stats stats;
};
```

（2）servicemanager。

前面我们已经介绍了 servicemanager，它是所有系统服务的管理者，实际上它也是一个系统服务，也需要注册到 Binder 驱动中。servicemanager 是一个守护进程，用于这个进程的和 Binder 驱动设备（即/dev/binder）通信，从而达到管理系统中各个服务的目的。

源代码文件涉及下面 3 个，详细路径为：

```
frameworks/base/cmds/servicemanager/binder.h
frameworks/base/cmds/servicemanager/binder.c
frameworks/base/cmds/servicemanager/service_manager.c
```

在这个目录下，可以看到有个 Android.mk 文件，编译成模块 servicemanager，然后放到设备的/system/bin/目录下。下面是 Makefile 文件的内容。

```
include $(CLEAR_VARS)
LOCAL_SHARED_LIBRARIES := liblog
LOCAL_SRC_FILES := service_manager.c binder.c
LOCAL_MODULE := servicemanager
include $(BUILD_EXECUTABLE)
```

service_manager.c 文件中有个 main 函数是程序的入口，程序执行的流程：首先是调用 binder_open ( )函数打开 binder 驱动，在 binder_open ( )函数调用 open( )函数真正打开 binder 驱动，之后调用 mmap()映射一个 128×1024 字节的内存，binder_become_context_manager( )函数用来设置上下文为 binder，然后就进入了主循环 binder_loop( )。

binder_parse( )进入 binder 处理过程循环处理，当处理 BR_TRANSACTION 的时候，调用 svcmgr_handler( )处理增加服务、检查服务等工作。各种服务存放在一个链表（svclist）中。其中调用 binder_等开头的函数，又会调用 ioctl 的各种命令。处理 BR_REPLY 的时候，填充 binder_io 类型的数据结构。

（3）Binder 的库。

Binder 相关的文件作为 Android 的 uitls 库的一部分，这个库编译后的名称为 libutils.so，是 Android 系统中的一个公共库。它相对应的文件位于目录 frameworks/base/include/utils/ 和 frameworks/base/libs/utils/下。下面就几个主要的文件简单介绍一下。

■ RefBase.h 文件，定义了类 RefBase，功能是引用计数，在图 20.5 的类继承图中我们可以看到它所处的位置。

■ Parcel.h 文件，定义类 Parcel，功能是为在 IPC 中传输的数据定义容器。

■ IBinder.h 文件，定义类 IBinder，功能是 Binder 对象的抽象接口。

■ Binder.h 文件，定义类 Binder 和 BpRefBase，实现了 Binder 对象的基本功能。

■ BpBinder.h 文件，定义类 BpBinder。

■ IInterface.h 文件，为抽象经过 Binder 的接口定义通用类，定义类 IInterface、类模板 BnInterface、类模板 BpInterface。

■ ProcessState.h 文件，定义类 ProcessState，表示进程状态的类。

■ IPCThreadState.h 文件，定义类 IPCThreadState，表示 IPC 线程的状态。

20.3.2 源代码分析

本节从源代码的角度分析前面讲到的 Binder 工作原理，首先从 ServiceManager 注册过程来逐步分析上述过程是如何实现的。

ServiceMananger 注册过程源代码分析，在文件 Service_manager.c 中。

（1）注册服务过程。

Service_manager 为其他进程的系统服务提供管理，这个服务程序必须在 Android 运行时启动之前运行，否则 Activity 系统服务就无法在 Service Manager 注册成功。源代码如下所示，其中包括打开 Binder 驱动，注册为 Service Manager，以及进入消息循环等关键操作：

```
int main(int argc, char **argv)
{
    struct binder_state *bs;
    void *svcmgr = BINDER_SERVICE_MANAGER;
    bs = binder_open(128*1024);                //打开/dev/binder 驱动
    if (binder_become_context_manager(bs)) {  //注册为 service manager
        LOGE("cannot become context manager (%s)\n", strerror(errno));
        return -1;
    }
    svcmgr_handle = svcmgr;
    binder_loop(bs, svcmgr_handler);  //进入消息循环
    return 0;
}
```

首先打开 binder 的驱动程序，然后通过 binder_become_context_manager 函数调用 ioctl 告诉 Binder Kernel 驱动程序这是一个系统服务管理进程，然后调用 binder_loop 等待来自其他进程的数据。其中，宏 BINDER_SERVICE_MANAGER 是服务管理进程的句柄，它的定义是：

```
/* the one magic object */
#define BINDER_SERVICE_MANAGER ((void*) 0)
```

如果客户端进程获取系统服务时所使用的句柄与此不符，Service Manager 将不接受客户端的请求。客户端如何设置这个句柄在下面会介绍。以 Camera 系统服务为例，它的源代码在 Main_mediaservice.c 文件中。下面是其入口函数的源代码：

```
int main(int argc, char** argv)
{
    sp<ProcessState> proc(ProcessState::self());
```

```
    sp<IServiceManager> sm = defaultServiceManager();
    LOGI("ServiceManager: %p", sm.get());
    AudioFlinger::instantiate();                //初始化 audio 服务，即注册服务
    MediaPlayerService::instantiate();          //初始化 mediaplayer 服务，即注册服务
    CameraService::instantiate();               //初始化 camera 服务，即注册服务
    ProcessState::self()->startThreadPool();    //为进程开启缓冲池
    IPCThreadState::self()->joinThreadPool();   //将进程加入到缓冲池
}
```

Camera 系统服务的初始化函数在 CameraService.cpp 文件中定义的，也是 Camera 服务的注册过程，即调用 addService 函数将字符串 media.camera 与 CameraService 对象的绑定关系注册到 Binder 中。它的源代码如下所示：

```
void CameraService::instantiate() {
    defaultServiceManager()->addService(
            String16("media.camera"), new CameraService());
}
```

从源代码中可以看到，创建 CameraService 服务对象，并添加到 Service Manager 中，完成了系统服务的注册。

接下来，就是客户端获取远程 IServiceManager IBinder 接口，以便使用系统服务，它对应的源代码如下：

```
sp<IServiceManager> defaultServiceManager()
{
    if (gDefaultServiceManager != NULL)
     return gDefaultServiceManager;
    {
        AutoMutex _l(gDefaultServiceManagerLock);
        if (gDefaultServiceManager == NULL) {
            gDefaultServiceManager = interface_cast<IServiceManager>(
                ProcessState::self()->getContextObject(NULL));
        }
    }
    return gDefaultServiceManager;
}
```

任何一个进程在第一次调用 defaultServiceManager 的时候，gDefaultServiceManager 变量的值为 NULL，所以该进程会通过 ProcessState：：self 得到 ProcessState 实例，ProcessState 将打开 Binder 驱动。它在 ProcessState.cpp 文件中，对应的源代码如下：

```
sp<ProcessState> ProcessState::self()
{
    if (gProcess != NULL)
     return gProcess;
    AutoMutex _l(gProcessMutex);
    if (gProcess == NULL)
     gProcess = new ProcessState();
    return gProcess;
}
```

ProcessState 对象会返回一个实例，然后调用 getContextObject( )函数获得 IBinder 对象，再转换成 IServiceManager 类型的接口。下面是 getContextObject( )函数的源代码：

```
sp<IBinder> ProcessState::getContextObject(const sp<IBinder>& caller)
{
    if (supportsProcesses()) {
```

```
        return getStrongProxyForHandle(0);
    } else {
        return getContextObject(String16("default"), caller);
    }
}
```

Android 是支持多进程的，会调用 getStrongProxyForHandle( )函数。这里参数为 0，正好与 Service_manager 中的 BINDER_SERVICE_MANAGER 一致。下面是 getStrongProxyForHandle( )函数的源代码：

```
sp<IBinder> ProcessState::getStrongProxyForHandle(int32_t handle)
{
    sp<IBinder> result;
    AutoMutex _l(mLock);
    handle_entry* e = lookupHandleLocked(handle);
    if (e != NULL) {
        // 如果当前没有 BpBinder 实例，就需要新创建一个。否则无法
     // 弱引用（weak reference）的
     // 读者可以参考 getWeakProxyForHandle() 中的注释部分
        IBinder* b = e->binder;              //第一次调用该函数 b 为 Null
        if (b == NULL || !e->refs->attemptIncWeak(this)) {
            b = new BpBinder(handle);
            e->binder = b;
            if (b) e->refs = b->getWeakRefs();
            result = b;
        } else {
            // 当一个实例没有 handle，而别的实例正好向我们发送数据时，就需要要做一些
      // 额外的工作，即向远程代理增加一些主引用（primary reference）
            result.force_set(b);
            e->refs->decWeak(this);
        }
    }
    return result;
}
```

首次调用该函数的时候，IBinder 对象 b 为 NULL，所以会为 b 生成一 BpBinder 对象，BpBinder 的构造函数的源代码如下：

```
BpBinder::BpBinder(int32_t handle)
    : mHandle(handle)
    , mAlive(1)
    , mObitsSent(0)
    , mObituaries(NULL)
{
    LOGV("Creating BpBinder %p handle %d\n", this, mHandle);
    extendObjectLifetime(OBJECT_LIFETIME_WEAK);
    IPCThreadState::self()->incWeakHandle(handle);
}
```

getContextObject( )函数返回了一个 BpBinder 对象。源码如下所示：

```
interface_cast<IServiceManager>(
                ProcessState::self()->getContextObject(NULL));
template<typename INTERFACE>
inline sp<INTERFACE> interface_cast(const sp<IBinder>& obj)
{
    return INTERFACE::asInterface(obj);
}
```

将这个宏扩展后最终得到的是下面的代码。

```
sp<IServiceManager> IServiceManager::asInterface(const sp<IBinder>& obj)
{
        sp<IServiceManager> intr;
        if (obj != NULL) {
            intr = static_cast<IServiceManager*>(
                obj->queryLocalInterface(
                        IServiceManager::descriptor).get());
            if (intr == NULL) {
                intr = new BpServiceManager(obj);
            }
        }
        return intr;
}
```

返回一个 BpServiceManager 对象，这里 obj 就是前面创建的 BpBInder 对象。这样，系统服务的注册工作就已经全部完成了。

（2）客户端请求服务端的服务。

下面，就来看下客户端请求服务端服务的说细过程。客户端请求服务端的服务，首先要获取服务端远程 IBinder 接口。还是以 Camera 系统服务为例。源码文件为 Camera.h 和 Camera.cpp，在 frameworks\base\libs\ui 目录下。其中，获得 camera 系统服务需要通过调用它的函数 getCameraService( )，它的源代码如下：

```
const sp<ICameraService>& Camera::getCameraService()
{
    Mutex::Autolock _l(mLock);
    if (mCameraService.get() == 0) {
        sp<IServiceManager> sm = defaultServiceManager(); //请求 Service manager
        sp<IBinder> binder;
        do {
            binder = sm->getService(String16("media.camera"));//获取 Camera 服务对象
            if (binder != 0)
                break;
            LOGW("CameraService not published, waiting...");
            usleep(500000); // 0.5 秒
        } while(true);
        if (mDeathNotifier == NULL) {
            mDeathNotifier = new DeathNotifier();
        }
        binder->linkToDeath(mDeathNotifier);
        mCameraService = interface_cast<ICameraService>(binder);
    }
    LOGE_IF(mCameraService==0, "no CameraService!?");
    return mCameraService;
}
```

由前面的分析可知，sm 是 BpCameraService 对象，通过调用 defaultServiceManager( )函数获得，也就是 Service Manager 的对象。然后，就可使用它提供的 getService( )函数得到真正想请求的系统服务的引用了。

下面是 getService( )函数的源代码：

```
virtual sp<IBinder> getService(const String16& name) const
{
```

```
        unsigned n;
        for (n = 0; n < 5; n++){
            sp<IBinder> svc = checkService(name);//对服务的名字进行检查
            if (svc != NULL) return svc;
            LOGI("Waiting for sevice %s...\n", String8(name).string());
            sleep(1);
        }
        return NULL;
}
```

在调用 Service Manager 提供的 getService( )函数时，需要查找当前请求的服务名，也就是 checkService 函数。

下面是 checkService 函数的源代码：

```
virtual sp<IBinder> checkService( const String16& name) const
{
        Parcel data, reply;
        data.writeInterfaceToken(IServiceManager::getInterfaceDescriptor());
        data.writeString16(name);
        remote()->transact(CHECK_SERVICE_TRANSACTION, data, &reply);
        return reply.readStrongBinder();
}
```

这里的 remote 变量就是前面得到 BpBinder 对象。所以 checkService( )函数将调用 BpBinder 中的 transact( )函数，源码如下所示：

```
status_t BpBinder::transact(
    uint32_t code, const Parcel& data, Parcel* reply, uint32_t flags)
{
    // 一旦binder实例销毁了，它就不能再被使用了
    if (mAlive) {
        status_t status = IPCThreadState::self()->transact(
            mHandle, code, data, reply, flags);
        if (status == DEAD_OBJECT) mAlive = 0;
        return status;
    }
    return DEAD_OBJECT;
}
```

transact( )函数的参数 mHandle 为 0，BpBinder 继续往下调用 IPCThreadState：transact 函数将数据发给与 mHandle 相关联的 Service Manager。再来看一下 IPCThreadState 的 transact( )函数，代码如下所示：

```
status_t IPCThreadState::transact(int32_t handle,
                                  uint32_t code, const Parcel& data,
                                  Parcel* reply, uint32_t flags)
{
   ....
    if (err == NO_ERROR) {
        LOG_ONEWAY(">>>> SEND from pid %d uid %d %s", getpid(), getuid(),
            (flags & TF_ONE_WAY) == 0 ? "READ REPLY" : "ONE WAY");
        err = writeTransactionData(BC_TRANSACTION, flags, handle,
                      code, data, NULL);
    }
    if (err != NO_ERROR) {
        if (reply) reply->setError(err);
        return (mLastError = err);
```

```
    }
    if ((flags & TF_ONE_WAY) == 0) {
        if (reply) {
            err = waitForResponse(reply);
        } else {
            Parcel fakeReply;
            err = waitForResponse(&fakeReply);
        }
      ...
    return err;
}
```

所需要的数据是通过 writeTransactionData( )函数写到客户端要求的地方，就可以让客户端获得所需要的返回数据了。

waitForResponse( )函数将调用 talkWithDriver( )函数与对 Binder kernel 进行读/写操作。当 Binder kernel 接收到数据后，Service Mananger 的线程池就会启动，Service Mananger 查找到 CameraService 服务后调用 binder_send_reply，将返回的数据写入 Binder kernel。通过上面的 ioctl 系统函数中 BINDER_WRITE_READ 对 Binder kernel 进行读/写。

下面就来介绍下客户端与 Binder kernel 通信的过程，涉及的文件是 Binder.c，位于目录 kernel\drivers\android 下。打开 Binder 驱动的函数是 binder_open，它的源代码如下：

```
static int binder_open(struct inode *nodp, struct file *filp)
{
    struct binder_proc *proc;
    if (binder_debug_mask & BINDER_DEBUG_OPEN_CLOSE)
      printk(KERN_INFO "binder_open: %d:%d\n",
           current->group_leader->pid, current->pid);
    proc = kzalloc(sizeof(*proc), GFP_KERNEL);
    if (proc == NULL)
      return -ENOMEM;
    get_task_struct(current);
    proc->tsk = current;    //保存打开/dev/binder 驱动的当前进程任务数据结构
    INIT_LIST_HEAD(&proc->todo);
    init_waitqueue_head(&proc->wait);
    proc->default_priority = task_nice(current);
    mutex_lock(&binder_lock);
    binder_stats.obj_created[BINDER_STAT_PROC]++;
    hlist_add_head(&proc->proc_node, &binder_procs);
    proc->pid = current->group_leader->pid;
    INIT_LIST_HEAD(&proc->delivered_death);
    filp->private_data = proc;
    mutex_unlock(&binder_lock);
    if (binder_proc_dir_entry_proc) {
      char strbuf[11];
      snprintf(strbuf, sizeof(strbuf), "%u", proc->pid);
      create_proc_read_entry(strbuf, S_IRUGO,
            binder_proc_dir_entry_proc, binder_read_proc_proc, proc);
    }
    return 0;
}
```

可以看到，每一个打开/dev/binder 的进程的信息都保存在 Binder Kernel 中，因而，当一个进程调用 ioctl 与 kernel Binder 通信时，Binder Kernel 就能查询到调用进程的信息。

BINDER_WRITE_READ 是调用 ioctl 进程与 Binder Kernel 通信一个非常重要的命令。可以看到在 IPCThreadState 中的 transact 函数，这个函数中调用 talkWithDriver 发送的命令就是 BINDER_WRITE_READ：

```
static long binder_ioctl(struct file *filp, unsigned int cmd, unsigned long arg)
{
int ret;
struct binder_proc *proc = filp->private_data;
struct binder_thread *thread;
unsigned int size = _IOC_SIZE(cmd);
void __user *ubuf = (void __user *)arg;
/*printk(KERN_INFO "binder_ioctl: %d:%d %x %lx\n", proc->pid, current->pid, cmd, arg);*/
    //将调用 ioctl 的进程挂起 caller 将挂起直到 service 返回
ret=wait_event_interruptible(binder_user_error_wait,  binder_stop_on_user_error<2);
if (ret)
   return ret;
mutex_lock(&binder_lock);
thread = binder_get_thread(proc);//根据当 caller 进程消息获取该进程线程池数据结构
if (thread == NULL) {
   ret = -ENOMEM;
   goto err;
}
switch (cmd) {
case BINDER_WRITE_READ: { //IPcThreadState 中 talkWithDriver 设置 ioctl 的 CMD
   struct binder_write_read bwr;
   if (size != sizeof(struct binder_write_read)) {
    ret = -EINVAL;
    goto err;
   }
   if (copy_from_user(&bwr, ubuf, sizeof(bwr))) {
    ret = -EFAULT;
    goto err;
   }
   if (binder_debug_mask & BINDER_DEBUG_READ_WRITE)
    printk(KERN_INFO "binder: %d:%d write %ld at %08lx, read %ld at %08lx\n",
          proc->pid, thread->pid, bwr.write_size,
     bwr.write_buffer, bwr.read_size, bwr.read_buffer);
   if (bwr.write_size > 0) {
    ret = binder_thread_write(proc, thread,
          (void __user *)bwr.write_buffer, bwr.write_size, &bwr.write_consumed);
    if (ret < 0) {
     bwr.read_consumed = 0;
     if (copy_to_user(ubuf, &bwr, sizeof(bwr)))
      ret = -EFAULT;
     goto err;
    }
   }
   if (bwr.read_size > 0) {              //数据写入到 caller process 中
    ret = binder_thread_read(proc, thread, (void __user *)bwr.read_buffer,
          bwr.read_size, &bwr.read_consumed, filp->f_flags & O_NONBLOCK);
    if (!list_empty(&proc->todo))
     wake_up_interruptible(&proc->wait);     //恢复挂起的调用者进程
    if (ret < 0) {
     if (copy_to_user(ubuf, &bwr, sizeof(bwr)))
      ret = -EFAULT;
```

```
        goto err;
      }
    }
    ...
}
```

至此，已经通过 getService( )函数连接到了 Service Manager 进程，Service Manager 进程得到服务请求后，如果它当前的状态是挂起的话，将会被唤醒。下面我们来看下 Service Manager 中的 binder_loop 函数，它定义在 Service_manager.c 文件中：

```
void binder_loop(struct binder_state *bs, binder_handler func)
{
    ...
    binder_write(bs, readbuf, sizeof(unsigned));
    for (;;) {
        bwr.read_size = sizeof(readbuf);
        bwr.read_consumed = 0;
        bwr.read_buffer = (unsigned) readbuf;
      res = ioctl(bs->fd, BINDER_WRITE_READ, &bwr);
        if (res < 0) {
            LOGE("binder_loop: ioctl failed (%s)\n", strerror(errno));
            break;
        }
    res = binder_parse(bs, 0, readbuf, bwr.read_consumed, func);
      ...
    }
}
```

这个函数是一个消息循环，如果没有要处理的服务请求的时候，就将当前进程挂起，如果接收到数据处理的请求则就处理这些请求，也就是调用 binder_parse( )函数来解析请求。并调用前面注册的回调函数查找调用者请求的系统服务。下面是 binder_parse( )函数的源代码：

```
int binder_parse(struct binder_state *bs, struct binder_io *bio,
                 uint32_t *ptr, uint32_t size, binder_handler func)
{
      ...
    switch(cmd) {
        ...
        case BR_TRANSACTION: {
          struct binder_txn *txn = (void *) ptr;
          if ((end - ptr) * sizeof(uint32_t) < sizeof(struct binder_txn)) {
              LOGE("parse: txn too small!\n");
              return -1;
          }
          binder_dump_txn(txn);
          if (func) {
              unsigned rdata[256/4];
              struct binder_io msg;
              struct binder_io reply;
              int res;
              bio_init(&reply, rdata, sizeof(rdata), 4);
              bio_init_from_txn(&msg, txn);
              res = func(bs, txn, &msg, &reply);
        binder_send_reply(bs, &reply, txn->data, res);
          }
          ptr += sizeof(*txn) / sizeof(uint32_t);
```

```
            break;
            ...
        }
}
```

其中，Binder 驱动通过调用 binder_send_reply( )函数将最终结果返回。从这里走出去后，调用者被唤醒，客户端进程就得到了所请求的系统服务的 IBinder 对象在 Binder Kernel 中的引用，这实际上是一个远程 BBinder 对象。

（3）客户端与服务端通信过程。

客户端需要与服务端建立连接，这个通信过程是能过 connect( )函数完成的。下面是这个函数的源代码：

```
virtual sp<ICamera> connect(const sp<ICameraClient>& cameraClient)
{
        Parcel data, reply;
        data.writeInterfaceToken(ICameraService::getInterfaceDescriptor());
        data.writeStrongBinder(cameraClient->asBinder());
        remote()->transact(BnCameraService::CONNECT, data, &reply);
        return interface_cast<ICamera>(reply.readStrongBinder());
}
```

这里 remote 是我们得到的 CameraService 的对象，调用者进程会调用到 CameraService 系统服务。Android 系统中的每一个进程都会创建一个线程池，这个线程池主要用于处理其他进程的请求。当没有数据的时候线程是挂起的，这时 Binder Kernel 唤醒了这个线程。

我们来看一下 IPCThreadState 类的 joinThreadPool 函数的代码：

```
IPCThreadState::joinThreadPool(bool isMain)
{
    LOG_THREADPOOL("**** THREAD %p (PID %d) IS JOINING THE THREAD
                POOL\n", (void*)pthread_self(), getpid());
    mOut.writeInt32(isMain ? BC_ENTER_LOOPER : BC_REGISTER_LOOPER);

    status_t result;
    do {
        int32_t cmd;
        result = talkWithDriver();
        if (result >= NO_ERROR) {
            size_t IN = mIn.dataAvail();          //Binder Kernel 传递数据到服务端
            if (IN < sizeof(int32_t)) continue;
            cmd = mIn.readInt32();
            IF_LOG_COMMANDS() {
                alog << "Processing top-level Command: "
                    << getReturnString(cmd) << endl;
            }
          result = executeCommand(cmd);           //服务端执行 Binder Kernel 请求的命令
        }
        // 如果不再需要这个线程，并且它也不是主线程，
        // 那么就将它从线程池中清理掉
        if(result == TIMED_OUT && !isMain) {
            break;
        }
    } while (result != -ECONNREFUSED && result != -EBADF);
    ...
}
```

在这个 joinThreadPool 函数中，关键的是调用 executeCommand( )函数执行 Binder Kernel 请求

的命令，来完成服务的响应工作。这个函数的源代码如下所示：

```
status_t IPCThreadState::executeCommand(int32_t cmd)
{
    BBinder* obj;
    RefBase::weakref_type* refs;
    status_t result = NO_ERROR;
  switch (cmd) {
    ...
     case BR_TRANSACTION:  //处理命令 BR_TRANSACTION
        {
            binder_transaction_data tr;
            result = mIn.read(&tr, sizeof(tr));
            LOG_ASSERT(result == NO_ERROR,
                "Not enough command data for brTRANSACTION");
            if (result != NO_ERROR) break;
            Parcel buffer;
            buffer.ipcSetDataReference(
                reinterpret_cast<const uint8_t*>(tr.data.ptr.buffer),
                tr.data_size,
                reinterpret_cast<const size_t*>(tr.data.ptr.offsets),
                tr.offsets_size/sizeof(size_t), freeBuffer, this);
            const pid_t origPid = mCallingPid;
            const uid_t origUid = mCallingUid;
            mCallingPid = tr.sender_pid;
            mCallingUid = tr.sender_euid;
            Parcel reply;
            ....
            if (tr.target.ptr) {
            sp<BBinder> b((BBinder*)tr.cookie);
            const status_t error = b->transact(tr.code, buffer, &reply, 0);
          if (error < NO_ERROR) reply.setError(error);
            } else {
                const status_t error=the_context_object->transact(tr.code,buffer, &reply,0);
                if (error < NO_ERROR) reply.setError(error);
            }
            //LOGI("<<<< TRANSACT from pid %d restore pid %d uid %d\n",
            //     mCallingPid, origPid, origUid);
            if ((tr.flags & TF_ONE_WAY) == 0) {
                LOG_ONEWAY("Sending reply to %d!", mCallingPid);
                sendReply(reply, 0);
            } else {
                LOG_ONEWAY("NOT sending reply to %d!", mCallingPid);
            }
            mCallingPid = origPid;
            mCallingUid = origUid;
            IF_LOG_TRANSACTIONS() {
                TextOutput::Bundle _b(alog);
                alog << "BC_REPLY thr " << (void*)pthread_self() << " / obj "
                    << tr.target.ptr << ": " << indent << reply << dedent << endl;
            }
          ...
      }
        break;
}
   ...
```

```
    if ((tr.flags & TF_ONE_WAY) == 0) {
        LOG_ONEWAY("Sending reply to %d!", mCallingPid);
          sendReply(reply, 0);
    } else {
          LOG_ONEWAY("NOT sending reply to %d!", mCallingPid);
     }
        if (result != NO_ERROR) {
            mLastError = result;
        }
        return result;
}
```

其中，sp<BBinder> b（(BBinder*）tr.cookie）语句是一种类型转换，实际上是指系统服务中Binder对象，也就是CameraService系统服务。然后，就调用了CameraService的onTransact( )函数完成进程间数据通信。sendReply( )函数通过Binder kernel返回数据到调用者进程。

调用CameraService BBinder对象中的transact函数，这个函数的定义如下所示：

```
status_t BBinder::transact(
    uint32_t code, const Parcel& data, Parcel* reply, uint32_t flags)
{
    ...
    switch (code) {
        case PING_TRANSACTION:
            reply->writeInt32(pingBinder());
            break;
        default:
            err = onTransact(code, data, reply, flags);
            break;
    }
    ...
    return err;
}
```

可以清晰地看到，BBinder对象的transact函数将调用CameraService的onTransact函数，因为CameraService 继承了 BBinder。最后，我们来看一下这个 onTransact( )函数的定义，源代码如下所示：

```
status_t BnCameraService::onTransact(
    uint32_t code, const Parcel& data, Parcel* reply, uint32_t flags)
{
    switch(code) {
        case CONNECT: {
            CHECK_INTERFACE(ICameraService, data, reply);
            sp<ICameraClient> cameraClient =
            interface_cast<ICameraClient>(data.readStrongBinder());
            sp<ICamera> camera = connect(cameraClient);
            reply->writeStrongBinder(camera->asBinder());
            return NO_ERROR;
        } break;
        default:
            return BBinder::onTransact(code, data, reply, flags);
    }
}
```

这样，就完成了一次从客户端到服务器端的通信。

20.4 小结

本章主要介绍了 Android 系统的进程间通信机制——Binder 通信机制，首先分析了 Binder 的整个架构，以及各个组成部分，还有通信过程和时序图，Binder 通信系统的类继承关系。从一个理论层面分析的，接下来，是从一个代码实现层面分析了 Binder 通信过程和时序。还指出了这些文件所在的位置，便于读者查阅。

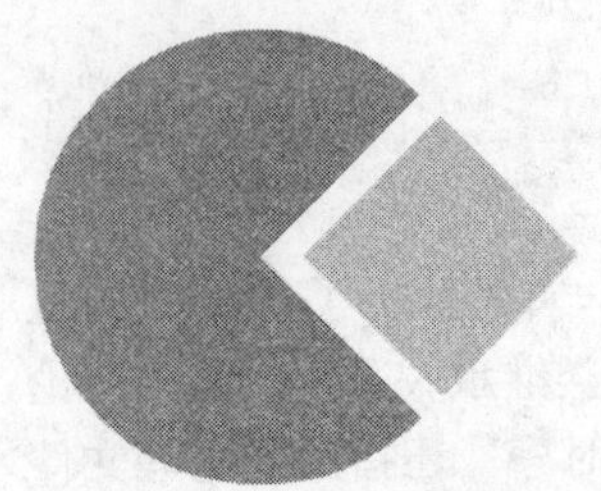

第 21 章　电源管理

21.1 电源管理概述

Android 系统中电源管理是一个重要的功能部分，主要是通过锁和定时器策略来切换系统的状态，以此来降低系统功耗。电源管理总体架构图如图 21.1 所示。

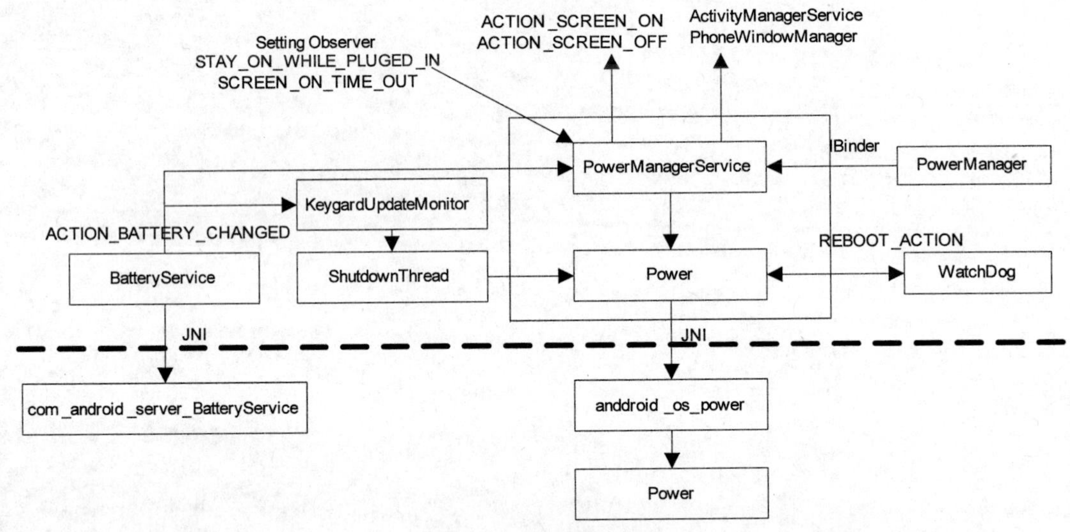

图 21.1　电源管理结构图

从电源管理总体加构图 21.1 中可以清楚的看到电源管理的各个组成架构，主要目的是为了支持省电以降低功耗，目前支持的功能主要有下面几种：

- 设置屏幕的打开与关闭；
- 屏幕背景灯的打开与关闭；
- 键盘控制背景灯的打开与关闭；
- 按钮控制背景灯的打开与关闭；
- 调整屏幕的亮度。

电源管理模块有 3 种方式来判断调整电源管理，它们分别是 RPC 调用、电池状态改变和电源设置发生改变。通过广播 Intent 或者直接调用相应 API 接口与其他的组件进行通信，也提供了重启和关闭服务功能。当电池电量低于可以维持的时候，它将自动关闭设备。还可以根据用户的设置选择让屏幕暗下来或者关闭屏幕。

当系统正常开机后，屏幕状态进入到唤醒（awake）状态，此时背光灯（Backlight）会从最亮慢慢调节到用户设定的亮度，系统屏幕关闭计时器（screen off timer）开始计时，在计时时间到之前，如果有触摸或者按键等事件发生，系统则将重置屏幕关闭计时器，从而使得系统保持在唤醒状态。系统电源状态转换示意图如图 21.2 所示。

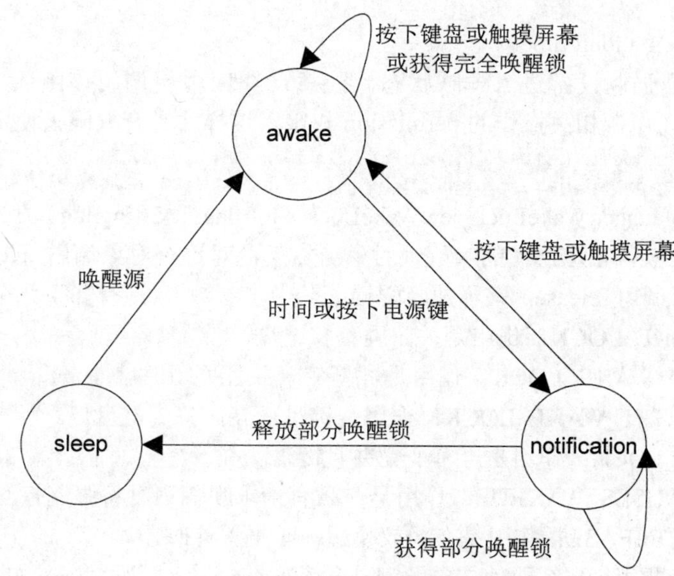

图 21.2　系统电源状态转换图

如果当前有应用程序在运行，而且没有申请完全保持唤醒状态的锁，那么系统会依照上面所说的规则来进行。如果有应用程序在这段时间内申请了完全唤醒锁，那么系统将保持在唤醒状态。当用户按下电源键时，系统则转向通知（notification）状态。在唤醒状态下如果电池电量低，此时即使是使用外部电源供电，在屏幕关闭计时器时间到的时候，虽然选中当插入外部设备时保持屏幕唤醒状态选项，背光灯也会被强制调节到暗的状态。

如果屏幕关闭计时器时间到了，并且没有完全唤醒锁，这时的情况和用户按了电源键一样，系统状态将会被切换到通知状态，并且调用所有已经注册的 g_early_suspend_handlers 函数，一般情况下 LCD 和背光灯驱动将会被注册成 early　suspend 类型，如有需要也可以把别的驱动注册成 early suspend，这样就会在第一阶段被关闭。

然后，系统会判断是否获得部分唤醒锁，如果有则等待其释放。在等待的过程中如果有触摸或者按键等事件发生，系统则马上回到唤醒状态。如果没有获得部分唤醒锁，那么系统会调用函数 pm_suspend 关闭其他相关的驱动，让 CPU 进入睡眠（sleep）状态。

系统在睡眠状态时如果检测到任何一个唤醒源，那么 CPU 会从睡眠状态中唤醒，并且调用相关驱动的 Resume 函数，然后马上调用前期注册的 early suspend 驱动的 resume 函数，最后系统回到唤醒状态。

21.2 电源管理源代码分析

Android 系统的电源管理涉及 Java 应用层、Android 框架层和 Linux 内核层 3 个层面。

首先，在 Java 应用层，可以使用系统封装好的类和方法实现电源管理的功能。Android 框架层提供了 android.os.PowerManager 类，该类提供了控制设备的电源状态间的切换，该类有 3 个接口函数。

（1）void goToSleep（long time）。

这个函数的功能是强制设备进入睡眠状态。注意：在应用层调用该函数，需要在 AndroidManifest.xml 文件中加入电源相关操作的 permission 权限，这样才具有权限去使用这些系统资源。

```
<uses-permission android:name="android.permission.DEVICE_POWER" />
<uses-permission android:name="android.permission.WAKE_LOCK" />
```

（2）public PowerManager.WakeLock newWakeLock（int flags，String tag）。

这个函数的功能是取得相应层次的唤醒锁对象。然后，对这个对象调用 acquire( )来获取唤醒锁，在使用完唤醒锁后调用 release( )来释放唤醒锁。其中，参数 flags 有如下几个取值。

■ PARTIAL_WAKE_LOCK：作用是关闭屏幕和键盘灯。

■ SCREEN_DIM_WAKE_LOCK：作用是屏幕变暗并且关闭键盘灯。

■ SCREEN_BRIGHT_WAKE_LOCK：作用是键盘变亮，关闭键盘灯。

■ FULL_WAKE_LOCK：作用是屏幕变亮并且键盘变亮。

■ ACQUIRE_CAUSES_WAKEUP：作用是一旦有请求唤醒锁时将强制打开屏幕和键盘灯。

■ ON_AFTER_RELEASE：作用是在释放唤醒锁时重置计时器。

如果申请了部分唤醒锁，那么即使按电源键，系统也不会进入睡眠状态，如音乐应用程序播放音乐时，如果申请了其他唤醒锁，按电源键，系统还是会进入睡眠状态。

（3）void userActivity（long when，boolean noChangeLights）。

当用户事件发生，设备屏幕会被切换到完全打开的状态，同时将重新设置屏幕关闭计时器。

在 Android 系统服务有一个名称为 power 的系统服务，它实际上就是电源管理系统服务，Java 应用层的 PowerManager 请求的所有操作都是在向 power 请求服务。它的注册工作也是由 SystemServer 做的，SystemServer.java 的 SystemThread.run( )通过调用 defaultServiceManager( )→addService( )将服务登记到 Binder Driver 中。具体代码如下所示：

```
power = new PowerManagerService();
ServiceManager.addService(Context.POWER_SERVICE, power);
```

PowerManagerService.java 是 power 服务功能的代码实现文件。

Power.java 提供底层的函数接口，通过 JNI 方式与低层进行交互，JNI 层代码主要在文件 android_os_power.cpp 中，与 Linux 内核交互是通过 power.c 来实现的，Android 电源管理跟内核的交互主要是通过 sys 文件的方式来实现的。

像普通文件一样打开这些 sys 文件，来操作硬件设置，这是按照 Linux 的设计原则。下面是与

sys 文件有关的字符常量数组：

```
const char * const OLD_PATHS[] = {
    "/sys/android_power/acquire_partial_wake_lock",
    "/sys/android_power/release_wake_lock",
    "/sys/android_power/request_state"
};
const char * const NEW_PATHS[] = {
    "/sys/power/wake_lock",
    "/sys/power/wake_unlock",
    "/sys/power/state"
};
```

在 Android 框架层包含了对应用层接口调用的 API 封装以及电源管理的协调工作，在该层中主要代码文件如下所示：

```
frameworks\base\core\java\android\os\PowerManager.java
frameworks\base\services\java\com\android\server\PowerManagerService.java
frameworks\base\core\java\android\os\Power.java
frameworks\base\core\jni\android_os_power.cpp
hardware\libhardware_legacy\include\ libhardware_legacy \power.h
hardware\libhardware_legacy\power\power.c
```

在负责 JNI 方式调用的关键文件 android_os_power.cpp 中，调用了 Linux 内核 power.h 文件中的函数，主要是获取和释放唤醒锁、打开和关闭屏幕、设置屏幕自动关闭需等待时长。这些函数的实现是在 power.c 文件中。这些函数的声明如下：

```
enum {
    PARTIAL_WAKE_LOCK = 1,  // CPU 运行，屏幕关闭
    FULL_WAKE_LOCK = 2      // CPU 运行，屏幕打开
};
// 获取和释放唤醒锁函数，用于控制状态转换
int acquire_wake_lock(int lock, const char* id);
int release_wake_lock(const char* id);
// 设置屏幕状态，打开为 true，关闭则为 false
int set_screen_state(int on);
// 在无用户事件产生的情况下，设置屏幕自动关闭需等待时长
int set_last_user_activity_timeout(int64_t delay);
```

21.3 系统休眠与唤醒源代码分析

前面，我们从宏观上分析了 Android 系统的休眠与唤醒的状态转换，本节着重从源代码上分析这种机制。

在 Android 中，休眠主要分 3 个主要的步骤：冻结用户态进程和内核态任务，调用注册的设备休眠的回调函数，调用回调函数的顺序依照注册顺序。

冻结进程进入休眠之前，休眠核心设备以及使 CPU 进入休眠状态需要保持现场，也就是内核把进程列表中所有进程的状态都设置为停止，并且保存所有进程的上下文。当唤醒这些进程的时候，恢复它们的上下文环境，然后继续执行休眠之前的工作。用户可以通过读写 sys 文件，其中，/sys/power/state 是实现控制系统进入休眠。

读写/sys/power/state 文件会调用 state_store( )函数，可以写入 const char * const pm_state[]中定义的字符串，如“mem”或者“standby”。然后，kernel\kernel\power\main.c 保存状态函数 state_store( )

会调用 request_suspend_state( )，它首先会检查一些状态参数，然后同步到文件系统。

Early suspend 是 Android 中引进的一种机制，它作用在关闭显示的时候，关闭一些和显示有关的设备，如 LCD 背光、重力感应器、触摸屏等，以减少显示相关设备的电源消耗。但是，系统在这个时候可能还处在运行状态，进行着任务的处理：

```
void request_suspend_state(suspend_state_t new_state)
{
    unsigned long irqflags;
    int old_sleep;
    spin_lock_irqsave(&state_lock, irqflags);
    old_sleep = state & SUSPEND_REQUESTED;
    if (debug_mask & DEBUG_USER_STATE) {
        struct timespec ts;
        struct rtc_time tm;
        getnstimeofday(&ts);
        rtc_time_to_tm(ts.tv_sec, &tm);
        pr_info("request_suspend_state: %s (%d->%d) at %lld "
            "(%d-%02d-%02d %02d:%02d:%02d.%09lu UTC)\n",
            new_state != PM_SUSPEND_ON ? "sleep" : "wakeup",
            requested_suspend_state, new_state,
            ktime_to_ns(ktime_get()),
            tm.tm_year + 1900, tm.tm_mon + 1, tm.tm_mday,
            tm.tm_hour, tm.tm_min, tm.tm_sec, ts.tv_nsec);
    }
    if (!old_sleep && new_state != PM_SUSPEND_ON) {
        state |= SUSPEND_REQUESTED;
        queue_work(suspend_work_queue, &early_suspend_work);
    } else if (old_sleep && new_state == PM_SUSPEND_ON) {
        state &= ~SUSPEND_REQUESTED;
        wake_lock(&main_wake_lock);
        queue_work(suspend_work_queue, &late_resume_work);
    }
    requested_suspend_state = new_state;
    spin_unlock_irqrestore(&state_lock, irqflags);
}
```

在 early_suspend( )函数中，首先会检查现在请求的状态还是否是休眠状态，来防止休眠的请求会在这个时候取消掉（因为这个时候用户进程还在运行），如果需要退出，就简单退出了；如果没有，这个函数就会把 early suspend 中注册的一系列的回调都调用一次，然后同步文件系统，再放弃掉 main_wake_lock，这个唤醒锁是一个没有超时的锁，如果这个锁不释放，那么系统就无法进入休眠。

下面是这个函数的源代码：

```
static void early_suspend(struct work_struct *work)
{
    struct early_suspend *pos;
    unsigned long irqflags;
    int abort = 0;
    mutex_lock(&early_suspend_lock); //获得访问 early_suspend_lock 的互斥锁
    spin_lock_irqsave(&state_lock, irqflags);
    if (state == SUSPEND_REQUESTED)
      state |= SUSPENDED;
    else
```

```
        abort = 1;
    spin_unlock_irqrestore(&state_lock, irqflags);
    if (abort) {
      if (debug_mask & DEBUG_SUSPEND)
          pr_info("early_suspend: abort, state %d\n", state);
      mutex_unlock(&early_suspend_lock);
      goto abort;
    }
    if (debug_mask & DEBUG_SUSPEND)
      pr_info("early_suspend: call handlers\n");
    list_for_each_entry(pos, &early_suspend_handlers, link) {
      if (pos->suspend != NULL)
          pos->suspend(pos);
    }
    mutex_unlock(&early_suspend_lock); //释放访问 early_suspend_lock 的互斥锁
    if (debug_mask & DEBUG_SUSPEND)
      pr_info("early_suspend: sync\n");
    sys_sync();  // 同步到文件系统
abort:
    spin_lock_irqsave(&state_lock, irqflags);
    if (state == SUSPEND_REQUESTED_AND_SUSPENDED)
      wake_unlock(&main_wake_lock);
    spin_unlock_irqrestore(&state_lock, irqflags);
}
```

Late Resume 是和 suspend 配套的一种机制，是在内核唤醒完成开始执行的，主要是唤醒在 Early Suspend 的时候休眠的所有设备。

下面是 late_resume 函数的源代码：

```
static void late_resume(struct work_struct *work)
{
    struct early_suspend *pos;
    unsigned long irqflags;
    int abort = 0;
    mutex_lock(&early_suspend_lock); //获得访问 early_suspend_lock 的互斥锁
    spin_lock_irqsave(&state_lock, irqflags);
    if (state == SUSPENDED)
      state &= ~SUSPENDED;
    else
      abort = 1;
    spin_unlock_irqrestore(&state_lock, irqflags);
    if (abort) {
      if (debug_mask & DEBUG_SUSPEND)
          pr_info("late_resume: abort, state %d\n", state);
      goto abort;
    }
    if (debug_mask & DEBUG_SUSPEND)
      pr_info("late_resume: call handlers\n");
    list_for_each_entry_r everse(pos, &early_suspend_handlers, link)
      if (pos->resume != NULL)
          pos->resume(pos);
    if (debug_mask & DEBUG_SUSPEND)
      pr_info("late_resume: done\n");
abort:
    mutex_unlock(&early_suspend_lock); //释放访问 early_suspend_lock 的互斥锁
}
```

在休眠和唤醒的转换过程中，唤醒锁在 Android 的电源管理系统中是一个很重要角色。唤醒锁是一种锁的机制，只要有人拿着这个锁，系统就无法进入休眠，它是可以被用户态程序和内核态程序获得的。唤醒锁可以设置为有超时的或者是没有超时的，超时的唤醒锁会在规定时间过去以后自动解锁。如果没有锁了或者超时了，内核就会启动休眠机制来进入休眠。

如果请求的是休眠，那么 early_suspend 这个 workqueue 就会被调用，并且进入 early_suspend 状态。

21.4 小结

本章主要介绍了 Android 系统中的电源管理部分，它是电池供电的嵌入式设备中最重要的，对电池的节能要求很高，在能省电的地方做到必要的省电。Android 系统主要是通过锁和定时器策略来切换系统的状态，进行有效地电源管理，以此来降低不必要的系统功耗。然后，结合源代码分析了电源管理，以及系统休眠和唤醒状态转换。

第四部分
Android 系统改造实战

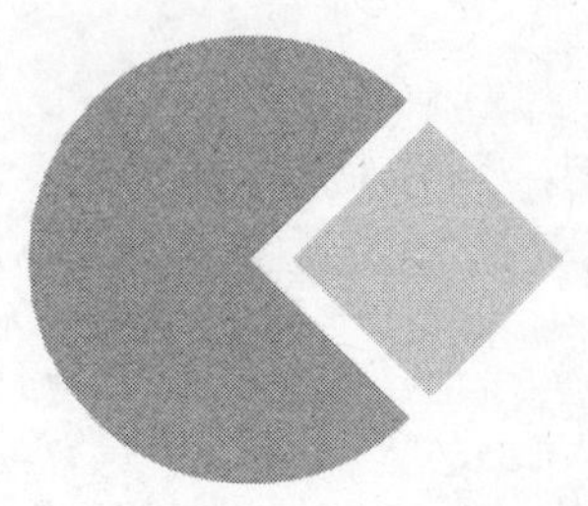

第 22 章　StatusBar 改造

22.1 StatusBar 概述

Android Status Bar 被划分为左右两边，它的 View 的 Layout 在 XML 中有定义。右边的图标部分是存放系统服务图标，左边是应用的一些图标。如果想改变这些图标，可以修改 StatusBarPolicy 类。

22.2 自定义 StatusBar 图标

本小节我们自定义一个可以在 statesBar 显示的图标。

22.2.1　制作图标

首先，我们来制做一个图标，命名为 test_home_icon.png，如图 22.1 所示。

图 22.1　test_home_icon.png 图标

将这个图标文件放进文件夹 frameworks/base/packages/SystemUI/res/drawable-hdpi 和 frameworks/base/packages/System UI/res/drawable-mdpi 中。

22.2.2　布局选择文件

然后，我们写一个 XML 文件命名为 btn_test_icon.xml。将这个 XML 文件放入下面的文件夹 frameworks/base/packages/SystemUI/res/drawable 下面。

该 XML 文件的内容如下：

```
<selector xmlns:android="http://schemas.android.com/apk/res/android">
    <item android:state_window_focused="false" android:state_enabled="true"
        android:drawable="@drawable/test_home_icon" />
    <item android:state_window_focused="false" android:state_enabled="false"
        android:drawable="@drawable/test_home_icon" />
    <item android:state_pressed="true"
        android:drawable="@drawable/test_home_icon" />
    <item android:state_focused="true" android:state_enabled="true"
        android:drawable="@drawable/test_home_icon" />
    <item android:state_enabled="true"
```

```
        android:drawable="@drawable/test_home_icon" />
    <item android:state_focused="true"
        android:drawable="@drawable/test_home_icon" />
    <item
         android:drawable="@drawable/test_home_icon"/>
</selector>
```

这里可以做几张不同的图片，替换 XML 中的图片，实现不同状态下的图片变换。

22.2.3　修改布局文件

最后，我们需要修改 status bar 的 Layerout 文件，该文字的名字为 status_bar.xml，它位于目录 frameworks/base/packages/SystemUI/res/layout 下。

在原来的 status_bar.xml 中的 linearlayout 中，新增一个 linearlayout，并在其中增加一个 image view，代码如下所示，其中粗体表示的是新增加的部分：

```
<LinearLayout android:id="@+id/icons"
      android:layout_width="match_parent"
      android:layout_height="match_parent"
      android:orientation="horizontal">
   <LinearLayout android:id="@+id/keys"
     android:layout_width="wrap_content"
     android:layout_height="fill_parent"
     android:orientation="horizontal">
     <ImageView android:id="@+id/test_status_home"
             android:layout_width="wrap_content"
             android:layout_height="match_parent"
             android:clickable="true"
             android:layout_gravity="top"
             android:paddingTop="1dip"
             android:paddingRight="1dip"
             android:paddingLeft="6dip"
         android:src="@drawable/btn_test_icon" />
   </LinearLayout>
     ...
</LinearLayout>
```

22.3　修改 Status Bar 图标默认值

既然要在 Status Bar 上增加那么几个按钮，当然是想要使用触摸操作的，Android 自带的 Status Bar 高度太小，不适用。对于 7 寸屏的话，50pixel 的高度应该是差不多了。

修改高度很简单，修改 frameworks/base/core/res/res/values/dimens.xml 的 status_bar_height 属性即可。其中的源代码如下所示：

```
<resources>
    <!-- The width that is used when creating thumbnails of applications. -->
    <dimen name="thumbnail_width">0dp</dimen>
    <!-- The height that is used when creating thumbnails of applications. -->
    <dimen name="thumbnail_height">0dp</dimen>
    <!-- The standard size (both width and height) of an application icon that
        will be displayed in the app launcher and elsewhere. -->
    <dimen name="app_icon_size">48dip</dimen>
```

```
    <dimen name="toast_y_offset">64dip</dimen>
    <!-- Height of the status bar -->
    <dimen name="status_bar_height">25dip</dimen>
    <!-- Height of the status bar -->
    <dimen name="status_bar_icon_size">25dip</dimen>
    <!-- Margin at the edge of the screen to ignore touch events for in the windowshade. -->
    <dimen name="status_bar_edge_ignore">5dp</dimen>
    <!-- Size of the fastscroll hint letter -->
    <dimen name="fastscroll_overlay_size">104dp</dimen>
    <!-- Width of the fastscroll thumb -->
    <dimen name="fastscroll_thumb_width">64dp</dimen>
    <!-- Height of the fastscroll thumb -->
    <dimen name="fastscroll_thumb_height">52dp</dimen>
    <!-- Default height of a key in the password keyboard -->
    <dimen name="password_keyboard_key_height">56dip</dimen>
    <!-- Default correction for the space key in the password keyboard -->
    <dimen name="password_keyboard_spacebar_vertical_correction">4dip</dimen>
</resources>
```

此外，也可以更改状态栏图标的大小，在 status_bar_icon.xml 文件中，它位于目录 frameworks/base/packages/SystemUI/res/layout/下：

```
<FrameLayout xmlns:android="http://schemas.android.com/apk/res/android"
    android:layout_width="25dp"
    android:layout_height="25dp"
>
...
</FrameLayout>
```

当然，如果想修改 title 的高度，可以修改文件 frameworks/base/core/res/res/values/themes.xml 中的 Window 属性的 windowTitleSize 值。其中关于 Windows 的代码属性如下所示：

```
<!-- Window attributes -->
<item name="windowBackground">@android:drawable/screen_background_dark</item>
<item name="windowFrame">@null</item>
<item name="windowNoTitle">false</item>
<item name="windowFullscreen">false</item>
<item name="windowIsFloating">false</item>
<item name="windowContentOverlay">@android:drawable/title_bar_shadow</item>
<item name="windowShowWallpaper">false</item>
<item name="windowTitleStyle">@android:style/WindowTitle</item>
<item name="windowTitleSize">25dip</item>
<item name="windowTitleBackgroundStyle">@android:style/WindowTitleBackground</item>
<item name="android:windowAnimationStyle">@android:style/Animation.Activity</item>
<item name="android:windowSoftInputMode">stateUnspecified|adjustUnspecified</item>
```

22.4 增加触摸事件

下面，我们就在这个图标上加入触摸事件。步骤如下所示。

（1）首先，我们已经在 status_bar.xml 中新增加了一个 ImageView 和一个 LinearLayout，然后，在目录 frameworks/base/packages/SystemUI/src/com/android/systemui/statusbar 下找到 StatusBar-View.java，并在类 StatusBarView 中定义如下的成员变量，代码如下所示：

```
private android.widget.ImageView btnTestHome;
private static final int KEY_HOME = 1000;
```

```
private android.widget.LinearLayout keysLayout;
```

（2）修改函数 protected void onFinishInflate( )，在该函数中加入以下代码。

这些代码的功能是找到图标对应的对象，然后，给其增加监听器事件：

```
keysLayout = (android.widget.LinearLayout)findViewById(R.id.keys);
btnTestHome = (android.widget.ImageView)findViewById(R.id.test_status_home);
btnTestHome.setOnClickListener(mTestsListener);
```

（3）定义事件处理。

在这个 onClick 方法中，我们采取 Android 系统中的 handler 消息机制，通过发送一个消息给 handler，然后在 handler 中来处理这个消息：

```
android.view.View.OnClickListener mTestsListener = new
    android.view.View.OnClickListener(){
    public void onClick(View v) {     //点击事件处理函数
    switch (v.getId()) {
      case R.id.test_status_home:     //发送一个消息给 handler
         mKeysHandler.sendEmptyMessage(KEY_HOME);
              break;
      default:
              break;
    }
  }
};
private Handler mKeysHandler = new Handler(){
    public void handleMessage(Message msg) {
     switch (msg.what) {
    case KEY_HOME:                    //handler 处理发送过来的消息
          sendKey(KeyEvent.KEYCODE_HOME);
          break;
    default:
      break;
}
}
private void sendKey(int keyCode) {
    long now = SystemClock.uptimeMillis();
    long n = System.currentTimeMillis();
    try {
    KeyEvent down = new KeyEvent(now, now, KeyEvent.ACTION_DOWN,
                        keyCode, 0);
    KeyEvent up = new KeyEvent(now, now, KeyEvent.ACTION_UP, keyCode, 0);
    IWindowManager wm =
    IWindowManager.Stub.asInterface(ServiceManager.getService("window"));
    wm.injectKeyEvent(down, false);
    wm.injectKeyEvent(up, false);
    } catch (RemoteException e) {
}
}
};
```

（4）增加图标事件处理。

在 Android 2.3 中，Status Bar 中的电池电量和电话信号量并没有 ontouch 事件，Status Bar 中的 touch 事件只有一个下拉的 Notification 视图。为了避免在按下这按钮时，触发下拉 Notification 视图，需要修改 onInterceptTouchEvent（MotionEvent event）函数。将这个函数的内容修改如下：

```
@Override
public boolean onInterceptTouchEvent(MotionEvent event) {
    if (keysLayout.getRight() < event.getX())
        return mService.interceptTouchEvent(event) ? true :
                super.onInterceptTouchEvent(event);
    return false;
}
```

22.5 小结

本章详细分析了 Status Bar 中的图标及其事件处理机制，首先是制作一个图标，然后，将它加入到系统 Status Bar 的布局文件中，之后，给其添加事件处理函数，达到响应事件的功能。

本章的主要目的是为了 Android 系统开发厂商或者是 Android 系统开发人员在进行系统改造时，定制化自己的 Status Bar，增加自己的特色，提供了技术知识和一种可行的解决方案。

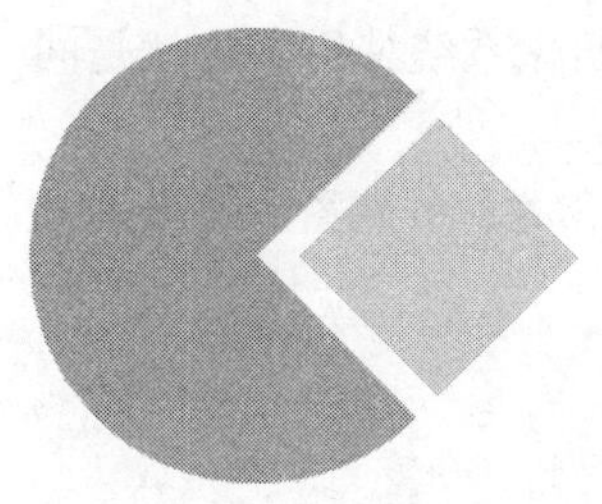

第 23 章　开机动画改造

23.1 开机动画概述

在 Android 开机过程中会出现 3 个画面，分别是下面这 3 个。

（1）Linux 系统启动时，出现 Linux 小企鹅画面（reboot）。Android 1.5 及以上版本已经取消加载图片。

（2）Android 平台启动初始化，出现“A N D R I O D”文字字样画面。

（3）Android 平台图形系统启动，出现含闪动的 ANDROID 字样的动画图片（start）。

在第三部分的动画，其实是一个开机动画文件 bootanimation.zip，它是一个压缩包，里面有若干张图片。所以动画实现原理也就是由系列图片连续刷屏实现的。

bootanimation.zip 是一个 zip 格式的压缩文件，压缩方式要求是存储压缩，包含一个文件和两个目录。

（1）动画属性描述文件：desc.txt。

（2）第一阶段动画图片目录：part0。

（3）第二阶段动画图片目录：part1。

其中，desc.txt 文件内容：

```
480 427 30
p 1 0 part0
p 0 10 part1
```

其中各个值表示的含义如下。

第一行的 3 列分别表示：宽、高、帧数。

第二行和第三行的 4 列分别表示：标志符、循环次数、阶段切换间隔时间、对应目录名。

这个文件就是说该动画显示的宽度为 480，高度为 427，动画的帧数为 30 帧。在动画的过程中，part0 文件夹下的图片只循环一次后进入 part1 文件夹下的图片进行每隔 10 毫秒一次进行无限循环的播放。

标志符必须是 p。

循环次数 0 表示本阶段无限循环。

阶段切换间隔时间：单位是一个帧的持续时间，比如帧数是 30，那么帧的持续时间就是 1 秒/30 = 33.3 毫秒。

阶段切换间隔时间期间开机动画进程进入休眠，把 CPU 时间让给初始化系统使用。也就是间隔长启动会快，但会影响动画效果。

在 part0 和 part1 目录内包含的是两个动画的系列图片，图片为 PNG 格式。系列图片文件的加载刷新按文件名的名称排序。

23.2 开机图片

这一阶段，Linux 系统启动，出现 Linux 小企鹅画面（reboot）。在 Android 1.5 及以上版本已经取消加载图片。Linux Kernel 引导启动后，加载该图片。

在 logo.c 中定义 nologo,在 fb_find_logo（int depth）函数中根据 nologo 的值判断是否需要加载相应图片，代码如下所示：

```
static int nologo;
module_param(nologo, bool, 0);
MODULE_PARM_DESC(nologo, "Disables startup logo");
/* logo's are marked __initdata. Use __init_refok to tell
* modpost that it is intended that this function uses data
* marked __initdata.
*/
const struct linux_logo * __init_refok fb_find_logo(int depth)
{
    const struct linux_logo *logo = NULL;
    if (nologo)
        return NULL;
    ...
}
```

所涉及的相关文件如下所示：

```
/kernel/common/drivers/video/fbmem.c
/kernel/ common/drivers/video/logo/logo.c
/kernel/ common/drivers/video/logo/Kconfig
/kernel/include/linux/linux_logo.h
```

23.3 开机文字

Android 系统启动后，init.c 中 main( )调用 load_565rle_image( )函数读取 initlogo.rle（一张 565 rle 压缩的位图），如果读取成功，则在/dev/graphics/fb0 显示 Logo 图片；如果读取失败，则将/dev/tty0 设为 text 模式，并打开/dev/tty0，输出文本“ANDRIOD”字样。

下面是定义加载图片文件名称，源代码如下所示：

```
#define INIT_IMAGE_FILE "/initlogo.rle"
int load_565rle_image( char *file_name );
#endif
```

init.c 中 main( )加载/initlogo.rle 文件：

```
if( load_565rle_image(INIT_IMAGE_FILE) ) {    //加载 initlogo.rle 文件
    fd = open("/dev/tty0", O_WRONLY);         //将/dev/tty0 设为 text 模式
    if (fd >= 0) {
        const char *msg;
```

```
        msg = "\n"
        "\n"
        "\n"
        "\n"
        "\n"
        "\n"
        "\n"  // console is 40 cols x 30 lines
        "\n"
        "\n"
        "\n"
        "\n"
        "\n"
        "\n"
        "\n"
        "            A N D R O I D "; //开机时的文字
        write(fd, msg, strlen(msg));
        close(fd);
    }
}
```

所涉及的相关文件如下所示：

```
/system/core/init/init.c
/system/core/init/init.h
/system/core/init/init.rc
/system/core/init/logo.c
```

*.rle 文件的制作步骤。

a．使用 GIMP 或者 Advanced Batch Converter 软件，将图像转换为 RAW 格式。

b．使用 Android 自带的 rgb2565 工具，将 RAW 格式文件转换为 RLE 格式（如 rgb2565 -rle < initlogo.raw > initlogo.rle）。

23.4 开机动画

开机动画在 Android 1.5 版本及以下和 Android 1.6 版本及以上是不同的，下面就两种版本分别介绍。

Android 1.5 版本：Android 的系统登录动画类似于 Windows 系统的滚动条，是由前景和背景两张 PNG 图片组成，这两张图片存在于手机或模拟器/system/framework/framework-res.apk 文件当中，对应原文件位于/frameworks/base/core/res/assets/images/。前景图片（android-logo-mask.png）上的 Android 文字部分镂空，背景图片（android-logo-shine.png）则是简单的纹理。系统登录时，前景图片在最上层显示，程序代码（BootAnimation.android( )）控制背景图片连续滚动，透过前景图片文字镂空部分滚动显示背景纹理，从而实现动画效果。

相关的文件如下所示：

```
frameworks/base/libs/surfaceflinger/BootAnimation.h
frameworks/base/libs/surfaceflinger/BootAnimation.cpp
```

下面这个文件是 Android 默认的前景图片，文字部分镂空，大小 256×64：

```
frameworks/base/core/res/assets/images/android-logo-mask.png
```

下面这个文件是 Android 默认的背景图片，有动感效果，大小 512×64：

```
frameworks/base/core/res/assets/images/android-logo-shine.png
```

Android 1.6 及以上版本与上面所说的是不一样的。下面我们来看一下。

init.c 解析 init.rc（其中定义服务："service bootanim /system/bin/bootanimation"），bootanim 服务由 SurfaceFlinger.readyToRun( )（property_set（"ctl.start"，"bootanim"）;）执行开机动画，bootFinished( )（property_set（"ctl.stop"，"bootanim"）;）执行停止开机动画。

BootAnimation.h 和 BootAnimation.cpp 文件放到了 frameworks/base/cmds/bootanimation 目录下了，增加了一个入口文件 bootanimation_main.cpp。在 Android.mk 文件中可以看到，将开机动画从原来的 SurfaceFlinger 里提取出来了，生成可执行文件 bootanimation。

Android.mk 文件的内容如下所示：

```
//=============Android.mk=====================
LOCAL_PATH:= $(call my-dir)
include $(CLEAR_VARS)
LOCAL_SRC_FILES:= \
    bootanimation_main.cpp \
    BootAnimation.cpp
# need "-lrt" on Linux simulator to pick up clock_gettime
ifeq ($(TARGET_SIMULATOR),true)
    ifeq ($(HOST_OS),linux)
        LOCAL_LDLIBS += -lrt
    endif
endif
LOCAL_SHARED_LIBRARIES := \
    libcutils \
    libutils \
    libui \
    libcorecg \
    libsgl \
    libEGL \
    libGLESv1_CM \
    libmedia
LOCAL_C_INCLUDES := \
    $(call include-path-for, corecg graphics)
LOCAL_MODULE:= bootanimation
include $(BUILD_EXECUTABLE)
//==========================================
```

（1）adb shell 后，可以直接运行"bootanimation"来重新看到开机动画，它会一直处于动画状态，而不会停止。

（2）adb shell 后，命令"setprop ctl.start bootanim"执行开机动画，命令"setprop ctl.stop bootanim"停止开机动画。这两句命令分别对应 SurfaceFlinger.cpp 的两句语句：property_set（"ctl.start"，"bootanim"）和 property_set（"ctl.stop"，"bootanim"）。

所涉及的相关文件如下所示：

```
/frameworks/base/cmds/bootanimation/BootAnimation.h
/frameworks/base/cmds/bootanimation/BootAnimation.cpp
/frameworks/base/cmds/bootanimation/bootanimation_main.cpp
/system/core/init/init.c
/system/core/rootdir/init.rc
```

23.5 开机动画定制

下面就来实践怎么来定制自己的开机动画，从前面章节所分析的一样，有以下几处地方可以实现开机动画改造。

（1）定制开机动画的第二步：开机文字，也就是 initlogo.rle 图片或开机文字 ANDROID。

（2）定制开机动画的第三步：开机动画，也就是 bootanimation.zip 开机动画压缩文件。

下面分别详细讲解这些改造过程。

23.5.1 制作 initlogo.rle

下面是制作 initlogo.rle 格式文件的步骤。

（1）首先，根据屏幕尺寸制作一张图片，使用 320*480 大小的图片。保存成 png 格式，名称为 initlogo.png。

（2）然后使用 ImageMagick 自带的 convert 命令，转换成 raw 格式，命令如下所示：

```
convert -depth 8 initlogo.png rgb:initlogo.raw
```

如果没有安装，请先安装 imageMagick 安装包，执行命令如下所示：

```
sudo apt-get install imagemagick
```

（3）编译出 Android 自带的 rgb2565 工具，其路径在 build\tools\rgb2565 下，编译命令如下：

```
gcc -O2 -Wall -Wno-unused-parameter -o rgb2565 to565.c
```

（4）将 initlogo.raw 文件转换成 rle565 格式，命令如下所示：

```
rgb2565 -rle < initlogo.raw > initlogo.rle
```

（5）最后，将制作好的 initlogo.rle 文件放到目录 system/core/rootdir 下。然后修改该目录下的 Android.mk 文件，粗体部分是新加的程序：

```
file := $(TARGET_ROOT_OUT)/init.goldfish.rc
$(file) : $(LOCAL_PATH)/etc/init.goldfish.rc | $(ACP)
   $(transform-prebuilt-to-target)
ALL_PREBUILT += $(file)
file := $(TARGET_ROOT_OUT)/initlogo.rle
$(file) : $(LOCAL_PATH)/initlogo.rle | $(ACP)
   $(transform-prebuilt-to-target)
ALL_PREBUILT += $(file)
# create some directories (some are mount points)
DIRS := $(addprefix $(TARGET_ROOT_OUT)/, \
      sbin \
      dev \
      proc \
      sys \
      system \
      data \
   ) \
$(TARGET_OUT_DATA)
```

（6）编译源代码，将会把 initlogo.rle 文件复制到 out/target/product/generic/root/下。编译日志如下：

```
Jackey@u9-laptop:/android-2.3$ make
============================================
```

```
PLATFORM_VERSION_CODENAME=AOSP
PLATFORM_VERSION=AOSP
TARGET_PRODUCT=generic
TARGET_BUILD_VARIANT=eng
TARGET_SIMULATOR=
TARGET_BUILD_TYPE=release
TARGET_BUILD_APPS=
TARGET_ARCH=arm
TARGET_ARCH_VARIANT=armv5te
HOST_ARCH=x86
HOST_OS=linux
HOST_BUILD_TYPE=release
BUILD_ID=OPENMASTER
============================================
target Prebuilt:  (out/target/product/generic/root/initlogo.rle)
Install: out/target/product/generic/system/app/Mms.apk
Target ram disk: out/target/product/generic/ramdisk.img
```

（7）启动模拟器后，我们会看到下面的效果图：

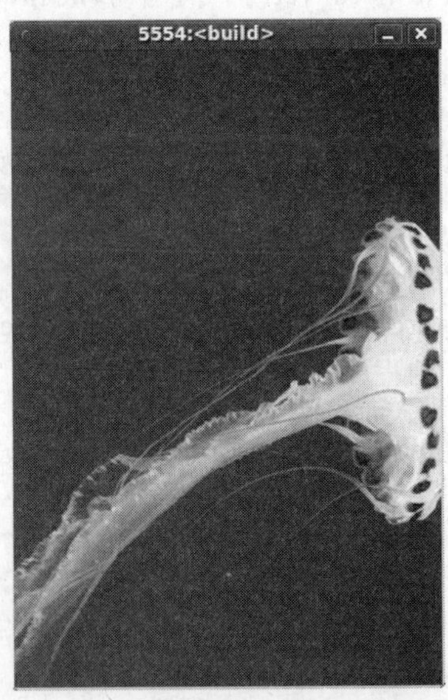

图 23.1　模拟器加载 initlogo.rle

注意　一定要使用 initlogo.rle 名字，因为在 system/core/init/init.h 中，定义了宏 INIT_IMAGE_FILE，其定义如下所示。

```
#define INIT_IMAGE_FILE "/ initlogo.rle"
```

23.5.2　修改开机文字

此外，还可以不使用 rle 格式文件作为开机动画，而使用开机文字。首先，找到源文件 system/core/init/init.c，找到如下代码片段：

```
    if( load_565rle_image(INIT_IMAGE_FILE) ) {
        fd = open("/dev/tty0", O_WRONLY);
        if (fd >= 0) {
            const char *msg;
                msg = "\n"
            "\n"
            "\n"
            "\n"
            "\n"
            "\n"
            "\n"  // console is 40 cols x 30 lines
            "\n"
            "\n"
            "\n"
            "\n"
            "\n"
            "\n"
            "\n"
            "             A N D R O I D "; //开机方字
            write(fd, msg, strlen(msg));
            close(fd);
        }
    }
```

它支持的窗口大小是 40 列*30 行。所以，可以在它表示的范围内更改成自己所想要显示的文字。例如，修改成如下代码：

```
    if( load_565rle_image(INIT_IMAGE_FILE) ) {
        fd = open("/dev/tty0", O_WRONLY);
        if (fd >= 0) {
            const char *msg;
                msg = "\n"
            "\n"
            "\n"
            "\n"
            "             Hello World 1" //新增加的开机文字
            "\n"
            "\n"         // console is 40 cols x 30 lines
            "\n"
            "\n"
            "\n"
            "\n"
            "\n"
            "\n"
            "\n"
            "             Welcome "; //新增加的开机文字
            "\n"
            "\n"
            "\n"
            ""
            "\n"
            "\n"         // console is 40 cols x 30 lines
```

```
            "\n"
            "\n"
            "\n"
            "\n"
            "            Hello World 2" //新增加的开机文字
            "\n"
            "\n"
            "\n"
            write(fd, msg, strlen(msg));
            close(fd);
        }
    }
```

重新编译下，然后运行模拟器就可以看到修改后的开机文字了。

23.5.3 制作开机动画 bootanimation

Android 开机动画首先读取的是/data/local/bootanimation.zip，如果该文件不存在，去读取默认的文件/system/media/bootanimation.zip。bootanimation.zip 文件有 3 部分，分别是动画图片文件夹 part0、part1 和描述文件 desc.txt。下面就按着前面的分析来制作自己的动画。

（1）制作动画图片，分成两部分，分别放到目录 part0 和 part1 中。

（2）编写动画描述文件 desc.txt。

（3）打包成 bootanimation.zip，并放到自定义目录/data/local/下。也可以放到默认目录/system/media/下。

于是自定义开机动画变得很简单，只需要把特定格式的开机动画放到/data/local/文件夹下就可以了。

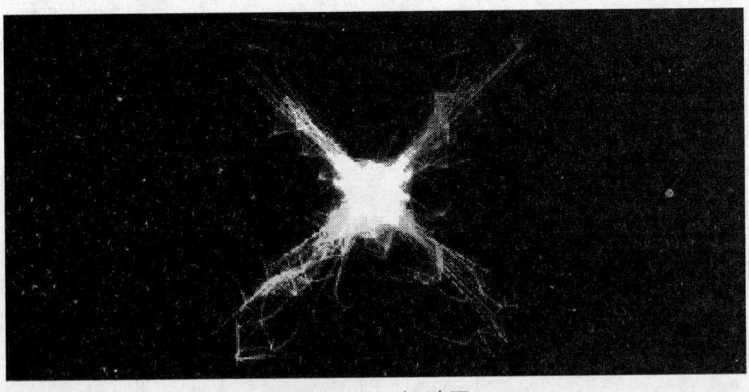

图 23.2 开机动画

用 adb shell 来完成这项工作，把开机动画的文件（bootanimation.zip）放到储存卡的根目录下，输入如下命令：

```
$ dd if=/sdcard/bootanimation.zip of=/data/local/bootanimation.zip
```

运行 adb shell 后，命令"setprop ctl.start bootanim"执行开机动画；命令"setprop ctl.stop bootanim"停止开机动画。这两句命令分别对应 SurfaceFlinger.cpp 的两句语句：property_set（"ctl.start"，"bootanim"）；和 property_set（"ctl.stop"，"bootanim"）。

23.6 小结

本章详细介绍了自定义 Android 系统中的开机动画。首先，从分析的角度详细介绍开机过程中出现的 3 种动画。然后，指出哪些开机动画可以定制，并且详细介绍了如何制作这些动画文件的步骤，以及修改开机文字所涉及的源代码文件。最后，给出了测试效果图，让读者有一个感性上的认识。

本章的主要目的是为了 Android 系统开发厂商或者是 Android 系统开发人员在进行系统改造时，定制化自己的开机动画，增加自己的特色，提供了一种可行的解决方案和技术知识。

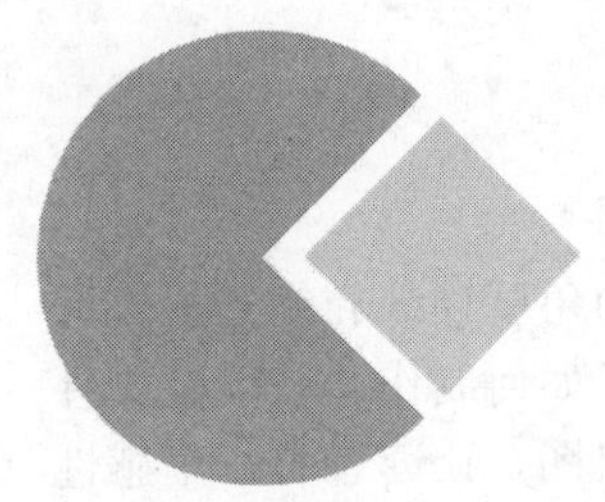

第 24 章　系统服务改造指南

在前面章节中，我们已经分析了 Android 系统服务模型，本章就增加这类型的系统服务，这些系统服务可以更接近系统底层驱动，能够充分提高效率。上层 Java 应用程序可以共同使用这些服务，有效降低 Java 应用程序的尺寸。我们写好系统服务，然后让它像其他系统服务一样在开机启动过程中启动。

24.1 自定义 Native 服务

本节我们写一个 Android 系统中第一类系统服务：native 服务，它是 C++语言实现的系统服务。将自己写的 native 系统服务命名为 helloworld.native。

图 24.1 表示的是服务 helloworld.native 的注册与请求结构示意图。

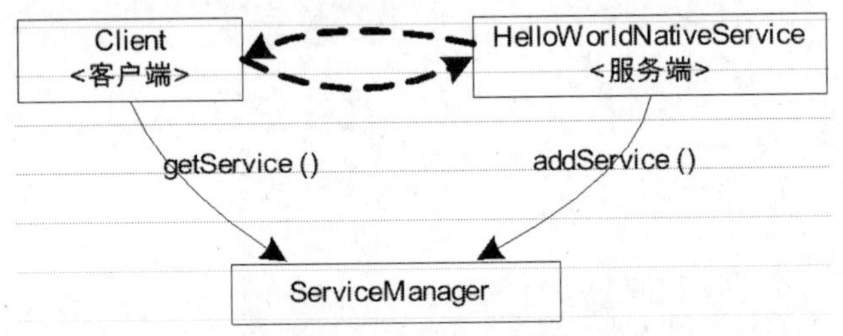

图 24.1　helloworld.native 服务结构图

首先，HelloWorldNativeService 到 ServiceManager 注册服务，即将字符串 helloworld.native 与 HelloWorldNativeService 对象进行绑定。

然后，客户端 Client 从 ServiceManager 请求名字为 helloworld.native 的服务对象 IBinder，通过调用 IBinder 对象的 transact 函数，同时需要将操作码 code、传入参数 data 和传出参数 replay 发送过去，helloworld.native 服务就开始执行其中的 OnTransact 函数，返回数据存在 replay 中。

最后，客户端 Client 就可以从付出参数 replay 中读到服务端返回的数据了。

24.1.1　自定义服务

像 Android 系统中的其他 native 服务一样，也在目录 frameworks\base\services 下增加自己的文件，文件夹名为 helloworldnative。其中有 3 个文件：HelloWorldNativeService.h、HelloWorldNativeService.cpp 和 Android.mk。下面是它们的程序源代码。

其中，HelloWorldNativeService.h 文件源代码如下所示：

```
#include <utils/RefBase.h>
#include <binder/IInterface.h>
#include <binder/Parcel.h>
namespace android {
    class HelloWorldNativeService: public BBinder{
      mutable Mutex mLock;
      int32_t mNextConnId;
    public:
      static int instantiate();            //初始化函数，实例化 HelloWorldNativeService 服务
      HelloWorldNativeService();           //构造函数
      virtual ~HelloWorldNativeService();//析构函数
      virtual status_t onTransact(uint32_t, const Parcel&, Parcel*, uint32_t);
    };
};
```

HelloWorldNativeService.cpp 文件是 helloworld.native 服务的实现主体，它所对应的源代码如下所示：

```
#include <binder/IServiceManager.h>
#include <binder/IPCThreadState.h>
#include "HelloWorldNativeService.h"
#define LOG_TAG "HelloWorldNativeService"    //在 LogCat 中显示的 TAG
namespace android {
    static struct sigaction oldact;
    static pthread_key_t sigbuskey;
    int HelloWorldNativeService::instantiate() {//实例化 helloworld.native 服务
      LOGI("HelloWorldNativeService instantiate");
      int r = defaultServiceManager()->HelloWorldNativeService (
                  String16("helloworld.native"), new HelloWorldNativeService());
      LOGI("HelloWorldNativeService r = %d\n", r);
      return r;
    }
    HelloWorldNativeService::HelloWorldNativeService(){
      LOGI("HelloWorldNativeService created");
      mNextConnId = 1;
      pthread_key_create(&sigbuskey, NULL);
    }
    HelloWorldNativeService::~HelloWorldNativeService (){
      pthread_key_delete(sigbuskey);
      LOGI("HelloWorldNativeService destroyed");
    }
    //服务响应函数，code 是操作码，data 是传入参数，reply 是传出参数
    status_t HelloWorldNativeService::onTransact(uint32_t code,
                                        const Parcel& data,
                                        Parcel* reply, uint32_t flags){
char *str = "helloworld.native";
      switch(code) {
      case 0:
           LOGI("helloworld.native receives:{%s}\n",
String8(data.readString16()).string());
           LOGI("helloworld.native sends:{%s}\n",str);
           reply->writeString16(String16(str));
```

```
            return NO_ERROR;
        default:
            return BBinder::onTransact(code, data, reply, flags);
        }
    }
};
```

我们需要将这个服务编译成共享库，即 so 文件，所以 Android.mk 文件代码如下所示：

```
LOCAL_PATH:= $(call my-dir)
include $(CLEAR_VARS)
LOCAL_SRC_FILES:= \
   HelloWorldService.cpp
LOCAL_SHARED_LIBRARIES := \
   libbinder \
   libutils
LOCAL_MODULE_TAGS := optional
LOCAL_MODULE := libHelloWorldNativeService
include $(BUILD_SHARED_LIBRARY)
```

编译成功之后，会生成 libHelloWorldNativeService.so 共享库，它存在于目录 out\target\product\generic\system\lib 下，这说明我们增加的 native 服务编译成功了。

24.1.2 注册服务

本小节，我们需要在系统启动过程中，注册刚写好的 helloworld.native 服务，即在 SystemServer.java 文件中的本地函数 init1 中添加启动该服务的代码。

SystemServer.java 文件在 frameworks\base\services\java\com\android\server 中，本地函数 init1 在文件 frameworks\base\services\jni\com_android_server_SystemServer.cpp 中声明。init1 函数实际上调用的是 system_init( ) 函数，而 system_init( ) 函数定义在 frameworks\base\cmds\system_server\library\system_init.cpp 文件中。

所以，我们将启动 HelloWorldNativeService 服务的代码添加到这里。如下 system_init.cpp 文件源代码所示，其中粗体表示新增的部分：

```
#include <HelloWorldNativeService.h>     //增加 helloworld.native 服务的头文件
……
// Start the sensor service
SensorService::instantiate();
//start my HelloWorldNativeService
HelloWorldNativeService:: instantiate(); //启动 helloworld.native 服务
// On the simulator, audioflinger et al don't get started the
// same way as on the device, and we need to start them here
if (!proc->supportsProcesses()) {
    // Start the AudioFlinger
    AudioFlinger::instantiate();
    // Start the media playback service
    MediaPlayerService::instantiate();
    // Start the camera service
    CameraService::instantiate();
    // Start the audio policy service
    AudioPolicyService::instantiate();
}
```

为了让 system_init( )函数能够成功启动 HelloWorldNativeService，我们还需要在 system_init.cpp 同级的 Android.mk 文件中增加 HelloWorldNativeService.h 所在目录。该 Android.mk 文件内容如下所示，其中粗体表示新增加的：

```
LOCAL_PATH:= $(call my-dir)
include $(CLEAR_VARS)
LOCAL_SRC_FILES:= \
   system_init.cpp
base = $(LOCAL_PATH)/../../..
LOCAL_C_INCLUDES := \
   $(base)/services/camera/libcameraservice \
   $(base)/services/audioflinger \
   $(base)/services/surfaceflinger \
   $(base)/services/sensorservice \
   $(base)/services/helloworldnative \
   $(base)/media/libmediaplayerservice \
   $(JNI_H_INCLUDE)
LOCAL_SHARED_LIBRARIES := \
   libandroid_runtime \
   libsensorservice \
   libHelloWorldNativeService \
   libsurfaceflinger \
   libaudioflinger \
   libcameraservice \
   libmediaplayerservice \
   libutils \
   libbinder \
   libcutils
LOCAL_MODULE:= libsystem_server
include $(BUILD_SHARED_LIBRARY)
```

如果编译成功了，就会生成 libsystem_server.so 共享库，它存在于目录 out/target/product/generic/system/lib 下，这说明我们修改后的 system_server 也编译成功了。

24.1.3　调用服务

现在，我们需要测试一下自定义的系统服务是否可以使用了。所以，我们需要再写一个客户端来调用刚才注册的 helloworld.native 服务。也在目录 frameworks\base\services 下增加自己的文件，文件夹名为 client。其中有两个文件 client.cpp 和 Android.mk。下面分别介绍它们。

其中，客户端 client.cpp 文件的源代码如下所示：

```
#include <binder/IServiceManager.h>
#include <binder/IPCThreadState.h>
#include <binder/Parcel.h>
#define LOG_TAG "client" //在 LogCat 中显示的 TAG
using namespace android;
int main(void)
{
   sp<IBinder> binder;
   sp<IServiceManager> sm = defaultServiceManager();
   binder = sm->getService(String16("helloworld.native"));//获取服务
   LOGI("sm->getService(): %p\n",sm.get());//将结果打印到 LogCat
   if (binder == 0) {
     LOGI("HelloWorldNativeService not published, waiting...");
```

```
        return 0;
      }
        char * str = "client";
      Parcel data, reply;
        LOGI("client sends:{%s}\n",str);
        data.writeString16(String16(str));
        binder->transact(0, data, &reply);//调用服务的功能，然后将结果打印到 LogCat
    LOGI("client receives:{%s}\n",String8(reply.readString16()).string());
    return 1;
}
```

Makefile 文件为 Android.mk，它的内容如下所示：

```
LOCAL_PATH:= $(call my-dir)
include $(CLEAR_VARS)
LOCAL_SRC_FILES:= \
    client.cpp
LOCAL_SHARED_LIBRARIES := \
    libbinder \
    libutils
LOCAL_MODULE_TAGS := optional
LOCAL_PRELINK_MODULE := false
LOCAL_MODULE := client
include $(BUILD_EXECUTABLE)
```

编译成功后，会生成可执行程序 client，存在于 out\target\product\generic\system\bin 目录下，这说明客户端也编译成功了。如果在上面的目录下没有 client，有可能会在 out\target\product\generic\symbols\system\bin 目录下，如果在这个目录下，说明它是带有调试信息的可执行程序，等模拟器运行起来后，需要手动将它放到模拟器中。

24.1.4 运行测试

启动模拟器后，然后等待系统启动好之后，会在 LogCat 中找到图 24.2 中标识的那条 Log 信息，如图 24.2 所示。

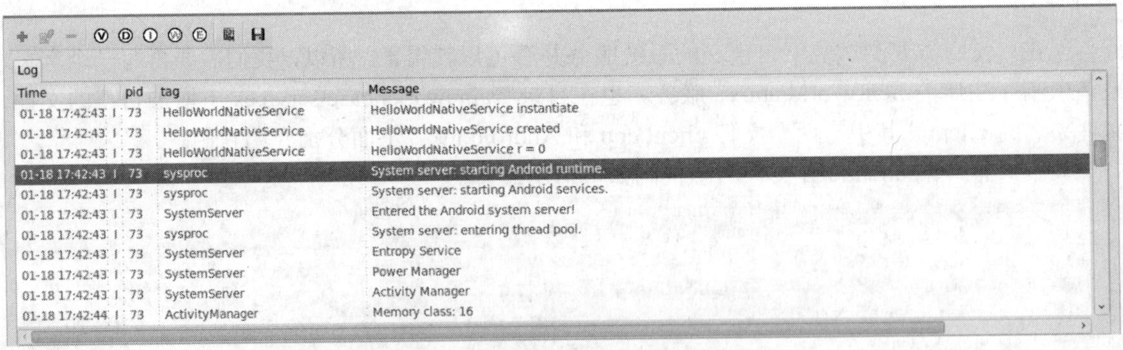

Time		pid	tag	Message
01-18 17:42:43	I	73	HelloWorldNativeService	HelloWorldNativeService instantiate
01-18 17:42:43	I	73	HelloWorldNativeService	HelloWorldNativeService created
01-18 17:42:43	I	73	HelloWorldNativeService	HelloWorldNativeService r = 0
01-18 17:42:43	I	73	sysproc	System server: starting Android runtime.
01-18 17:42:43	I	73	sysproc	System server: starting Android services.
01-18 17:42:43	I	73	SystemServer	Entered the Android system server!
01-18 17:42:43	I	73	sysproc	System server: entering thread pool.
01-18 17:42:43	I	73	SystemServer	Entropy Service
01-18 17:42:43	I	73	SystemServer	Power Manager
01-18 17:42:43	I	73	SystemServer	Activity Manager
01-18 17:42:44	I	73	ActivityManager	Memory class: 16

图 24.2 helloworld.native 服务启动信息

然后，启动可执行程序 client，让它来调用已启动好的 helloworld.native 服务，运行下面命令：

```
# ./client
```

调用服务的 Log 信息如果像是图 24.3 标识的那条 Log 信息，就表示调用 helloworld.native 服务成功了。

Time		pid	tag	Message
01-18 17:45:22	D	333	dalvikvm	GC_EXTERNAL_ALLOC freed 220K, 50% free 2921K/5767K, external 2088K/2091K, paused 124ms
01-18 17:45:22	D	333	dalvikvm	GC_EXPLICIT freed 66K, 51% free 2874K/5767K, external 2111K/2501K, paused 112ms
01-18 17:45:26	D	127	skia	purging 6K from font cache [1 entries]
01-18 17:45:26	D	127	dalvikvm	GC_EXPLICIT freed 89K, 53% free 2693K/5639K, external 1141K/1552K, paused 345ms
01-18 17:45:31	D	73	skia	purging 142K from font cache [17 entries]
01-18 17:45:31	D	73	dalvikvm	GC_EXPLICIT freed 265K, 48% free 4091K/7815K, external 2279K/2846K, paused 215ms
01-18 17:46:08	I	377	client	sm->getService(): 0xa680
01-18 17:46:08	I	377	client	client sends:{client}
01-18 17:46:08	I	73	HelloWorldNativeService	helloworld.native receives:{client}
01-18 17:46:08	I	73	HelloWorldNativeService	helloworld.native sends:{helloworld.native}
01-18 17:46:08	I	377	client	client receives:{helloworld.native}

图 24.3　client 调用服务信息

24.2 自定义 Android 服务

本节我们编写一个另一类系统服务 Android 服务，是通过 AIDL 方式定义的系统服务，由 Java 语言实现它。

图 24.4 所示是自定义服务 helloworld.aidl 的注册与请求结构示意图。

首先，HelloWorldAidlService 到 ServiceManager 注册服务，即将字符串 helloworld.aidl 与通过 HelloWorldAidlService 对象进行绑定。

然后，客户端 HelloWorldAidlManager 从 ServiceManager 请求名字为 helloworld.aidl 的服务对象 IBinder，将 IBinder 对象转换成 IHelloWorldAidlService 类型，就可以调用 IhelloWorldAidl Service.aidl 中声明的各个接口函数了。

HelloWorld 是一款应用程序，作为客户端，主要是用来测试在 Activity 中是否能成功调用服务。

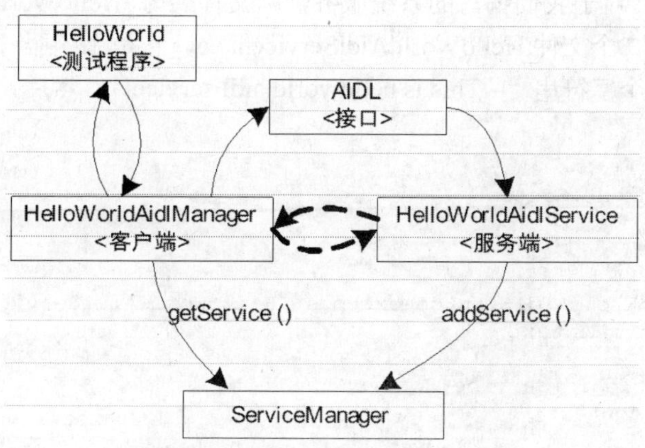

图 24.4　Helloworld.aidl 服务结构图

24.2.1　自定义服务

像系统中的其他 Android 服务一样，我们也在目录 frameworks\base\core\java\android 下增加一

个文件夹，文件夹名为 hello。其中有 3 个文件：IHelloWorldAidlService.aidl、HelloWorldAidlService.java 和 HelloWorldAidlManager.java。下面来分别详细介绍它们。

其中，IHelloWorldAidlService.aidl 文件源代码如下所示，它是一个接口定义文件：

```
package android.hello;
/**
 * {@hide}
 */
interface IHelloWorldAidlService {
    String sayHelloWorld(String str);
}
```

然后，修改 frameworks\base 目录下的 Android.mk，让编译系统知道我们增加了一个 aidl 文件，让编译系统生成相应的 Lava 接口文件。下面是这个 Makefile 文件的源代码，粗体表示的是增加部分：

```
......
LOCAL_SRC_FILES += \
    core/java/android/accessibilityservice/IAccessibilityServiceConnection.aidl \
    core/java/android/accessibilityservice/IEventListener.aidl \
    core/java/android/accounts/IAccountManager.aidl \
    core/java/android/accounts/IAccountManagerResponse.aidl \
    core/java/android/accounts/IAccountAuthenticator.aidl \
    core/java/android/accounts/IAccountAuthenticatorResponse.aidl \
    core/java/android/hello/IHelloWorldAidlService.aidl \
......
aidl_files := \
    frameworks/base/core/java/android/accounts/IAccountManager.aidl \
    frameworks/base/core/java/android/accounts/IAccountManagerResponse.aidl \
    frameworks/base/core/java/android/accounts/IAccountAuthenticator.aidl \
frameworks/base/core/java/android/accounts/IAccountAuthenticatorResponse.aidl \
    frameworks/base/core/java/android/hello/IHelloWorldAidlService.aidl \
......
```

frameworks\base 目录下的 Android.mk 的功能是生成 aidl 相应的 Java 文件，存放在 out\target\common\obj\JAVA_LIBRARIES\framework_intermediates\src\core\java\android\hello 目录下，文件名为 IXXX.java。针对于我们编写的系统服务，则文件名为 IHelloWorldAidlService.java。

然后，我们再看第二个文件 HelloWorldAidlService.java，它是系统服务的实现主体，它的功能是将传入字符串加上一个字符串"– This is helloworld.aidl service!"，然后，将它返回给调用者。它的源代码如下所示：

```
package android.hello;
import android.content.Context;
/**
* @hide
 */
public class HelloWroldAidlService extends IHelloWorldAidlService.Stub {
    private Context mContext;
    /** @hide */
    public HelloWroldAidlService(Context context) {
        mContext = context;
    }
    public String sayHelloWorld(String str) {
        return str + " - This is helloworld.aidl service!";//返回的字符串
    }
}
```

最后看一下客户端，它是 HelloWorldAidlManager.java 文件，调用 helloworld.aidl 中的服务。它

的源代码如下所示：

```
package android.hello;
import android.annotation.SdkConstant;
import android.annotation.SdkConstant.SdkConstantType;
import android.content.ComponentName;
import android.content.Context;
import android.os.Handler;
import android.os.IBinder;
import android.os.RemoteException;
import android.os.ServiceManager;
import android.util.Log;
public class HelloWorldAidlManager {
    private final Context mContext;
    private final Handler mHandler;
    private static String TAG = "HelloWorldAidlManager";
    private static IHelloWorldAidlService sService;
    /**
     * @hide
     */
    public HelloWorldAidlManager(Context context) {
        mContext = context;
        mHandler = new Handler(context.getMainLooper());
    }
    private static IHelloWorldAidlService getService()
    {
        if (sService != null) {
            return sService;
        }
        IBinder b = ServiceManager.getService("helloworld.aidl");
        sService = IHelloWorldAidlService.Stub.asInterface(b);
        return sService;
    }
    public String sayHelloWorld(String str) {
        IHelloWorldAidlService service = getService();
        String returnstring = null;
        try {
            returnstring = service.sayHelloWorld(str);//调用 helloworld.aidl 服务
        } catch (RemoteException e) {
            Log.e(TAG, "Dead object in sayHelloWorld", e);
        }
    return returnstring;
    }
}
```

24.2.2　注册服务

在系统启动过程中注册刚写的服务，即在 SystemServer.java 中的 init2 函数启动了一个 ServerThread 线程来完成的，ServerThread 线程的 run 函数负责启动所有的 Android 服务。

SystemServer.java 在 frameworks\base\services\java\com\android\server 中。所以，将启动 HelloWorldAidlService 服务的代码加到这里。SystemServer.java 文件代码如下所示，粗体表示新增的部分：

```
...
import android.hello.HelloWroldAidlService;                    //导入服务类
...
```

```
class ServerThread extends Thread {
...
    @Override
    public void run() {
...
        try {
            Slog.i(TAG, "helloworld.aidl Service");
            ServiceManager.addService("helloworld.aidl",                    //注册服务，服务名
                        new HelloWroldAidlService(context));            //服务对象实例
        } catch (Throwable e) {
            Slog.e(TAG, "Failure starting helloworld.aidl Service", e);
        }
...
    }
...
}
```

24.2.3 调用服务

我们再编写一个应用程序，作为客户端来调用上面所注册的服务 helloworld.aidl。本实例也说明了如何在 Android 源代码工程中增加自定义系统应用程序。

为了简单起见，我们就用系统应用改造章节的源代码。下面就新增加的部分进行说明，其中粗体部分表示的是新增加的代码：

```
public void onCreate(Bundle savedInstanceState) {
        super.onCreate(savedInstanceState);
        setContentView(R.layout.main);
mContext = this;
HelloWorldAidlManager hh  = new HelloWorldAidlManager(mContext);
final String LOG_TAG = "client of helloworld.aidl";
String str = "This is client";
Log.i(LOG_TAG, "sends:{" + str + "}");
str = hh.sayHelloWorld(str);              //调用 helloworld.aidl 服务提供的功能
Log.i(LOG_TAG, "receives:{" + str + "}");
}
```

像以前增加系统应用程序的过程一样，首先切换到 Android 源代码工程根目录下，然后执行下面的命令：

```
cd $ANDROID_HOME
. build/envsetup.sh
```

然后，进入到 packages\apps\HelloWorld 目录下，执行 mm snod 命令编译出新的 apk：

```
cd $ANDROID_HOME/packages/apps/HelloWorld
mm snod
```

编译完成后，在 out\target\product\generic\system 目录中找到 system.img 包，在目录 out\target\product\generic\system\app 下就会看到刚才编译出来的 HelloWorld.apk。

24.2.4 运行测试

启动模拟器后，然后等待系统启动好之后，会在 LogCat 中找到图 24.5 中标识的那条 Log 信息。

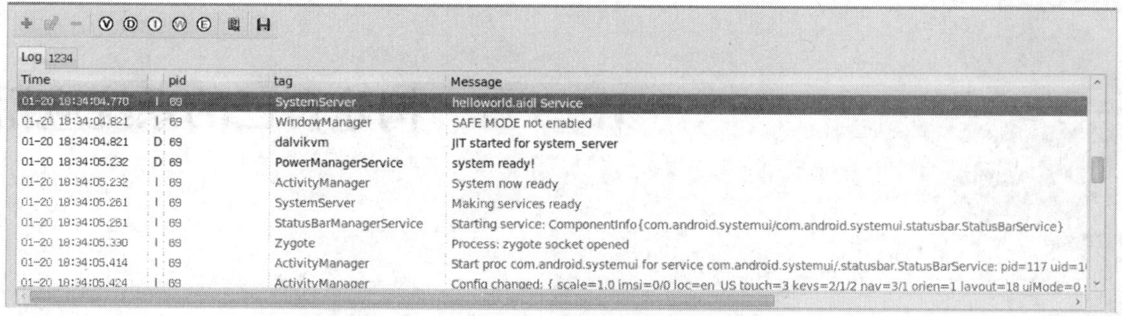

图 24.5　helloworld.aidl 服务启动信息

然后，我们启动应用程序 HelloWorld 来调用服务，调用服务的 Log 信息如果像图 24.6 所标识的那条 Log 信息，就表示调用成功了。

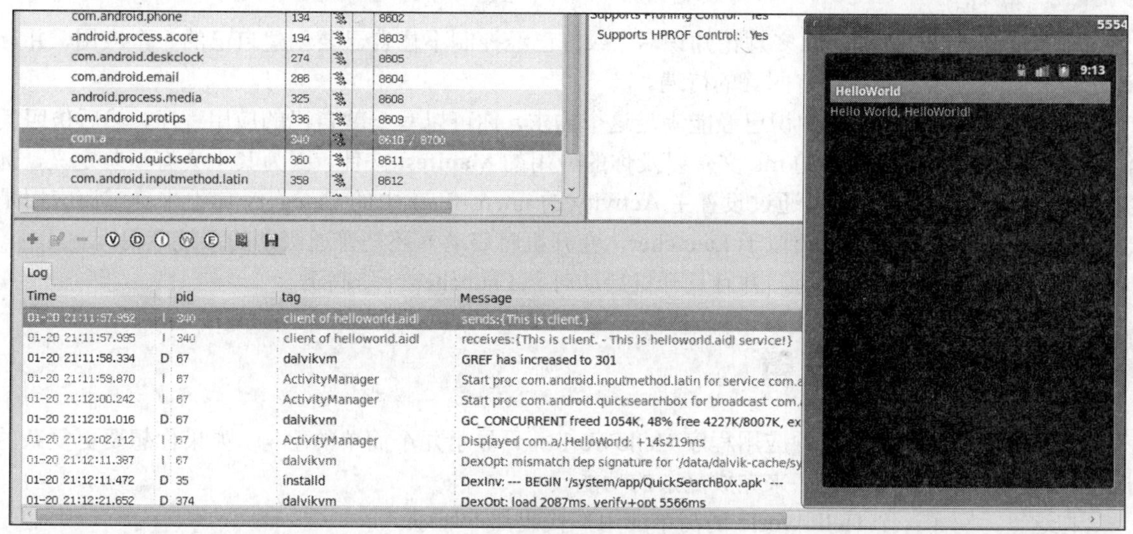

图 24.6　HelloWorld 调用服务信息

此外，我们可以看到，右侧是运行起来的模拟器，其中 HelloWorld 应用程序也正在运行，左上角表示的是进程信息，其中标识的是当前进程，它的 PID 是 340，包名为 com.a。

24.3 小结

本章详细介绍了自定义 Android 系统中的两种系统服务，并将它们加入到系统源工程中，如何定义系统服务、如何注册服务、如何调用服务，以及如何编写客户端程序并测试调用自定义系统服务提供的功能。

本章的主要目的是为了 Android 系统开发厂商或者是 Android 系统开发人员在进行系统改造时，增加自己的特色，或是以系统共享库，或者是以系统服务，或者是系统应用程序的形式，提供了一种可行的解决方案。

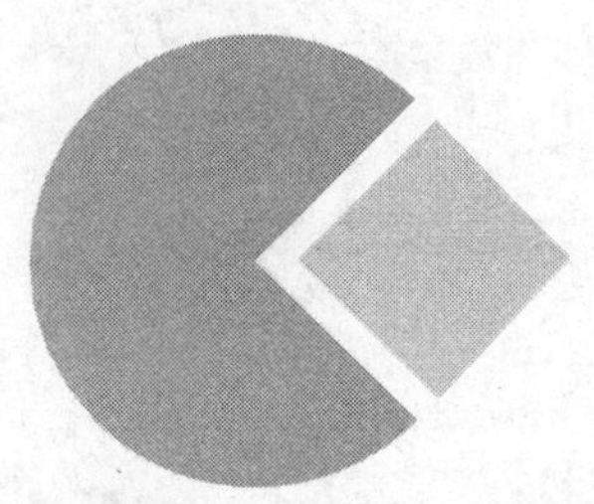

第 25 章　构建自己的系统应用

25.1 系统应用的概述

在了解了 Android 的那么多理论知识后，或许已经控制不住自己要创建自己的一个应用，并且让它和其他系统原生应用具有同等的待遇。

其实这很简单，前面的知识已经能满足这个需求，你可以写一款自己的应用程序，然后仿照其他原生应用程序一样编写你的 mk 文件以及你的应用的 Manifest 文件，因为其中会有一些定义，例如，在 Manifest 文件中，可以通过设置主 Activity 的 intent-filter 中的 Category 属性来确定该应用是一个桌面级别的系统应用（类似于 Launcher，在开机时启动）还是普通级别的系统应用。

下面开发一个自己的应用，并且是开机启动时和 Launcher 一争高下。

25.2 编写系统应用

这一部分编写一个简单的应用程序 HelloWorld，只显示几个简单的字符。如果你想要更复杂的操作，可以扩展这个应用程序来完成复杂的功能。

在这里，写了一个 HelloWorld 的简单应用，代码如下所示。

（1）HelloWorld.java 文件：

```
package com.a;                                    //自定义包名
import android.app.Activity;
import android.os.Bundle;
public class HelloWorld extends Activity {
    /** Called when the activity is first created. */
    @Override
    public void onCreate(Bundle savedInstanceState) {
        super.onCreate(savedInstanceState);
        setContentView(R.layout.main);          //加载布局文件 R.layout.main
    }
}
```

（2）AndroidManifest.xml 文件：

```
<?xml version="1.0" encoding="utf-8"?>
<manifest xmlns:android="http://schemas.android.com/apk/res/android"
      package="com.a"
      android:versionCode="1"
```

```
    android:versionName="1.0">
  <application android:icon="@drawable/icon"
       android:label="@string/app_name">
     <activity android:name=".HelloWorld"
            android:label="@string/app_name">
        <intent-filter>
           <action android:name="android.intent.action.MAIN" />
           <category android:name="android.intent.category.HOME" />
           <category android:name="android.intent.category.DEFAULT" />
        </intent-filter>
     </activity>
  </application>
</manifest>
```

其中，需要注意标签<intent-filter>下面的代码。此外，可以查看系统应用中 Launcher 中的定义是否一样。

action 的值为“android.intent.action.MAIN”，说明当前 Activity（HelloWorld）是整个程序的入口。

由于定义了 category 为“android.intent.category.HOME”，说明启动系统时，它的地位和 Launcher 的地位是一样的。应用写好后，接下来进行下一步，编写编译文件.mk 文件，并且进行编译。

25.3 模块化编译系统应用

首先，将在上一步编写好的应用程序源代码目录复制到 Android 的 packages/apps/目录里，文件夹名取 HelloWorld。然后，在 HelloWorld 文件夹中创建 android.mk 文件。它的源代码如下所示：

```
LOCAL_PATH := $(call my-dir)
include $(CLEAR_VARS)
LOCAL_MODULE_TAGS := optional
LOCAL_SRC_FILES := $(call all-subdir-java-files)
LOCAL_PACKAGE_NAME := HelloWorld
include $(BUILD_PACKAGE)
```

写好以后别忘了保存，然后，打开终端进行编译。需要先返回到源代码目录，然后执行命令：

```
cd $ANDROID_HOME
. build/envsetup.sh
```

注意　上面第二条命令，其中“.”后面有个空格。

然后，进入 packages/apps/HelloWorld 目录执行下面的命令，进行模块化编译：

```
make snod
```

编译完成后，会在 out\target\product\generic\system 目录中找到 system.img 包，在目录 out\target\product\generic\system\app 下就会看到刚才编译出来的 HelloWorld.apk。

25.4 运行系统应用

编译完后接下来运行 emulator 就可以启动自己的界面了。运行后得到的效果图如图 25.1 所示。

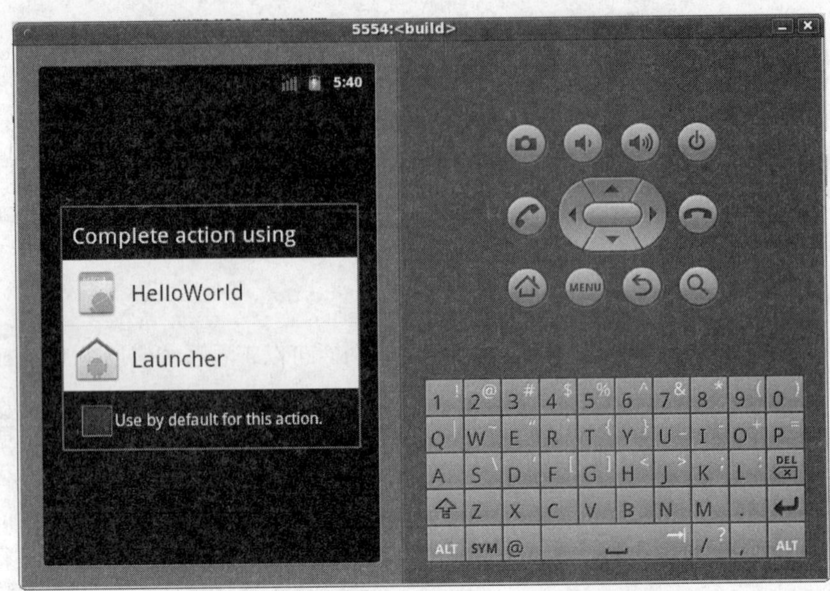

图 25.1　自定义系统应用 HelloWorld

至此，自己的系统应用就已经完成了，可以选择一个作为默认桌面，这样就不用每次启动都要选择了。这一章完成后，就可以定制自己的 Android 系统了，可以增加一个系统服务、也可以定制自己的桌面等。

25.5 小结

本章详细讲解了如何构建自定义系统应用，包括自定义系统应用程序的编写和 Android Manifest.xml 文件的编写，以及为了让其成为系统启动好之后第一个启动的应用程序，需要在 AndroidManifest.xml 文件中显式的写明。然后，详细介绍了编译和运行该应用的步骤。

本章的主要目的是为了满足 Android 系统开发商进行二次开发而需要修改系统应用这一需求的。